Marktforschung

Methoden · Anwendungen · Praxisbeispiele

mit 176 Abbildungen

von Claudia Fantapié Altobelli

Lucius & Lucius · Stuttgart

Anschrift der Autorin:

Prof. Dr. Claudia Fantapié Altobelli
Helmut Schmidt Universität – Universität der Bundeswehr Hamburg
FB Wirtschafts- und Organisationswissenschaften
Institut für Marketing
Holstenhofweg 85
22043 Hamburg
E-Mail: marketfa@hsu-hh.de

Bibliografische Information der Deutschen Nationalbibliothek

Die Deutsche Nationalbibliothek verzeichnet diese Publikation in der Deutschen Nationalbibliografie; detaillierte bibliografische Daten sind im Internet über http://dnb.d-nb.de abrufbar.

ISBN 978-3-8282-0377-8 (Lucius & Lucius)
© Lucius & Lucius Verlagsgesellschaft mbH Stuttgart 2007
   Gerokstr. 51, D-70184 Stuttgart
   www.luciusverlag.com

Druck und Einband: F. Pustet, Regensburg

Printed in Germany

UTB-Bestellnummer: 978-3-8252-8342-1

Vorwort

Marketingentscheidungen ohne zulässige Informationsgrundlagen sind notgedrungen fehlerhaft; eine methodisch fundierte Marktforschung ist daher für jedes Unternehmen unverzichtbar – unabhängig davon, ob das Unternehmen Marktforschungsaktivitäten selbst durchführt oder einem Marktforschungsinstitut im Auftrag gibt.

Das vorliegende Buch entstand aus dem Wunsch heraus, sowohl Studierende als auch Praktiker mit den wesentlichen Methoden und Anwendungsgebieten der Marktforschung vertraut zu machen. Im ersten Teil des Buches wird zunächst auf Gegenstand und Bedeutung der Marktforschung eingegangen. Der zweite Teil widmet sich der Planung einer Erhebung. Dazu gehören insb. die Bereiche Wahl des Forschungsansatzes, Festlegung des Auswahlplans, Wahl des Datenerhebungsverfahrens. Gegenstand des dritten Teils ist die Durchführung der Erhebung mit den Teilbereichen Datensammlung, Datenauswertung und Interpretation der Ergebnisse. Im vierten Teil werden anschließend die gebräuchlichsten Prognoseverfahren im Marketing dargelegt. Schließlich widmet sich der fünfte Teil ausgewählten Anwendungsgebieten der Marktforschung: Produktforschung, Werbeforschung und Preisforschung.

Bei der gesamten Darstellung wurde auf Verständlichkeit und Nachvollziehbarkeit der Ausführungen Wert gelegt. Aus diesem Grunde werden sämtliche dargestellten Verfahren durch geeignete Beispiele erläutert. Darüber hinaus werden die wichtigsten Methoden und Anwendungsgebiete durch konkrete Beispiele aus der Marktforschungspraxis illustriert, anhand derer der Leser Einblicke in die praktische Arbeit von Marktforschungsinstituten gewinnen kann.

Anders als in den meisten Lehrbüchern zu dieser Thematik wurde die qualitative Marktforschung explizit und umfassend behandelt. Dies folgt der Erkenntnis insb. aus der Marktforschungspraxis, dass viele Fragestellungen im Marketing – vor allem im Zusammenhang mit psychologischen Konstrukten – durch quantitative Forschungsansätze nicht adäquat abgebildet werden können.

Ein derart umfassendes Werk kann nicht ohne kräftige Unterstützung entstehen. Mein Dank gilt den vielen Marktforschungsinstituten, welche nicht nur bereitwillig Informationsmaterial zugeschickt haben, sondern auch zu persönlichen Gesprächen bereit waren. Stellvertretend seien hier A.C. Nielsen, GfK, Naether Marktforschung, Schaefer Marktforschung, TNS Infratest, Wegener Marktforschung genannt. Danken möchte ich natürlich auch meinen Mitarbeitern für zahlreiche kritische Anmerkungen und konstruktive Gespräche: Dr. Thorsten Granzow, Dipl.-Kfm. Sebastian Binger, Dipl.-Kfm. Sascha Hoffmann. Meine studentischen Hilfskräfte, Dipl.-Kfm. Constantin Hoya, Dipl.-Kfm. Robert Kramer, Dipl-Kffr. Nicole Hegner, Dipl. Soz. Tzvetomira Daskalova, cand. rer. pol. Silja Spijkers und cand. rer. pol. Christoph Zlobinski, haben in mühsamer Kleinarbeit viele Abbildungen erstellt und die formale Überprüfung des Manuskripts übernommen. Herr Dipl.-Kfm. Daniel Nolte hat dankenswerterweise zahlreiche Praxisbeispiele im Bereich der qualitativen Marktforschung zusammengetragen. Frau Barbara Naziri hat mit gewohntem Engagement nicht nur das Manuskript erstellt, sondern auch zahlreiche Abbildungen gestaltet. Herrn Dr.

Wulf von Lucius (v. Lucius u. v. Lucius Verlagsgesellschaft) gilt mein herzlicher Dank für die wie immer reibungslose Zusammenarbeit.

Nicht zuletzt möchte ich dem gesamten Team der Kita „Piratenschiff" danken, insb. Frau Sieglinde Freuer, Frau Leane Bettin, Frau Ramona Eckert, Frau Antje Schäfers. Ohne sie hätte ich nicht die geringste Chance gehabt, das Buch fertig zu stellen. Mein allergrößter Dank gilt meinen Kindern Philip und Dominik sowie meinem Ehemann Matthias, die während der gesamten Entstehungszeit des Buches erfolgreich verhindern konnten, dass ich mich auch an Wochenenden damit beschäftigte; dadurch konnten sie einen erheblichen Beitrag zur Normalität des Alltags leisten. Ihnen sei dieses Buch gewidmet.

Hamburg, im Oktober 2006   Claudia Fantapié Altobelli

Inhaltsübersicht

Teil 1: Grundlagen 1
1. Der Marketing-Informationsbedarf 1
2. Charakterisierung und Arten der Marktforschung 5
3. Ziele und Aufgaben der Marktforschung... 7
4. Träger der Marktforschung 8
5. Prozess der Marktforschung 17

Teil 2: Planung des Untersuchungsdesigns 23
1. Wahl des Forschungsansatzes... 23
2. Wahl der Erhebungsmethode 28
3. Messung, Operationalisierung und Skalierung der Variablen 162
4. Auswahl der Erhebungseinheiten... 182

Teil 3: Datensammlung und Datenauswertung 209
1. Durchführung der Feldarbeit... 209
2. Aufbereitung der Daten 212
3. Datenanalyse 219
4. Interpretation und Präsentation der Ergebnisse 355

Teil 4: Marketing-Prognosen 357
1. Überblick... 357
2. Prognosen auf der Grundlage von Zeitreihen... 359
3. Prognosen auf der Grundlage von Indikatoren 378
4. Prognosen auf der Grundlage von Primärerhebungen.................................. 381
5. Projektionsverfahren 400
6. Messung der Prognosegüte... 408

Teil 5: Ausgewählte Anwendungen der Marktforschung
1. Produktforschung 413
2. Werbeforschung... 434
3. Preisforschung... 450

Anhang: Statistische Tabellen 473

Literaturverzeichnis 479

Sachverzeichnis 496

Inhaltsverzeichnis

Teil 1: Grundlagen **1**

1. Der Marketing-Informationsbedarf 1
2. Charakterisierung und Arten der Marktforschung 5
3. Ziele und Aufgaben der Marktforschung 7
4. Träger der Marktforschung 8
   4.1 Betriebliche Marktforschung 8
   4.2 Institutsmarktforschung 14
   4.3 Sonstige Träger der Marktforschung 16
5. Prozess der Marktforschung 17

Teil 2: Planung des Untersuchungsdesigns **23**

1. Wahl des Forschungsansatzes 23
   1.1 Explorative Studien 23
   1.2 Deskriptive Studien 24
   1.3 Kausale Studien 26
2. Wahl der Erhebungsmethode 28
   2.1 Sekundärforschung
       2.1.1 Quellen der Sekundärforschung 28
       2.1.2 Beurteilung der Sekundärforschung 29
   2.2 Primärforschung 35
       2.2.1 Befragung 35
             2.2.1.1 Klassifikation und Charakterisierung von Befragungsmethoden 35
                     2.2.1.1.1 Kennzeichnung und Arten von Befragungen 35
                     2.2.1.1.2 Quantitative Befragungsmethoden 36
                     2.2.1.1.3 Qualitative Befragungsmethoden 43
             2.2.1.2 Planung von Befragungsinhalten und Befragungstechniken 60
                     2.2.1.2.1 Gestaltung des Fragebogens bei quantitativen ....
                               Befragungen 60
                     2.2.1.2.2 Gestaltung qualitativer Befragungen 87
       2.2.2 Beobachtung 95
             2.2.2.1 Klassifikation und Charakterisierung von Beobachtungsmethoden 95
                     2.2.2.1.1 Kennzeichnung und Arten von Beobachtungen 95
                     2.2.2.1.2 Quantitative vs. qualitative Beobachtung 100
             2.2.2.2 Aufzeichnungsverfahren der Beobachtung 103
                     2.2.2.2.1 Aufzeichnung durch den Beobachter 103
                     2.2.2.2.2 Apparative Verfahren 105
                     2.2.2.2.3 Computergestützte Verfahren 109
       2.2.3 Panelerhebungen und Kohortenanalysen 112
             2.2.3.1 Klassifikation und Charakterisierung von Panelerhebungen 112
                     2.2.3.1.1 Kennzeichnung und Arten von Panelerhebungen 112
                     2.2.3.1.2 Handelspanels 113
                     2.2.3.1.3 Verbraucherpanels 116
                     2.2.3.1.4 Spezialpanels 121

2.2.3.2 Erhebung und Auswertung von Paneldaten 123
      2.2.3.2.1 Handelspanels..124
      2.2.3.2.2 Verbraucherpanels 127
2.2.3.3 Methodische Probleme von Panelerhebungen 134
      2.2.3.3.1 Repräsentanz von Panelergebnissen............................134
      2.2.3.3.2 Validität von Panelergebnissen....................................135
2.2.3.4 Kohortenanalysen 136
2.2.4 Experimente...137
    2.2.4.1 Klassifikation und Charakterisierung von Experimenten 137
    2.2.4.2 Validität von Experimenten...141
      2.2.4.2.1 Interne vs. externe Validität 141
      2.2.4.2.2 Die Behandlung von Störgrößen bei experimentellen
              Designs 142
    2.2.4.3 Experimentelle Designs...147
      2.2.4.3.1 Notation 147
      2.2.4.3.2 Vorexperimentelle Designs 148
      2.2.4.3.3 Echte Experimente...150
      2.2.4.3.4 Quasi-Experimente...158
2.3 Weiterführende Literatur 161
3. Messung, Operationalisierung und Skalierung der Variablen 162
3.1 Messtheoretische Grundlagen...162
   3.1.1 Begriff der Messung...162
   3.1.2 Messverfahren...163
   3.1.3 Qualität von Messverfahren...164
      3.1.3.1 Fehlerquellen bei Erhebungen...164
      3.1.3.2 Anforderungen an Messverfahren 166
3.2 Operationalisierung..171
3.3 Skalierung 172
   3.3.1 Skalenniveaus und Skalenarten 172
   3.3.2 Skalierungsverfahren...174
      3.3.2.1 Komparative Skalierung..175
      3.3.2.2 Nichtkomparative Skalierung...177
3.4 Weiterführende Literatur 181
4. Auswahl der Erhebungseinheiten..182
4.1 Vollerhebung vs. Teilerhebung...182
4.2 Festlegung des Auswahlplans..183
   4.2.1 Elemente eines Auswahlplans...183
   4.2.2 Verfahren der nichtzufälligen Auswahl 185
      4.2.2.1 Willkürliche Auswahl..186
      4.2.2.2 Quotenauswahl...186
      4.2.2.3 Konzentrationsauswahl..187
   4.2.3 Verfahren der Zufallsauswahl 189
      4.2.3.1 Einfache Zufallsauswahl..190
      4.2.3.2 Geschichtete Zufallsauswahl..195
      4.2.3.3 Mehrstufige Zufallsauswahl 197
      4.2.3.4 Klumpenauswahl..199
      4.2.3.5 Auswahltechniken der Zufallsauswahl 199

4.2.4 Sonstige Verfahren der Stichprobenauswahl 202
4.2.5 Bestimmung des Stichprobenumfangs 205
4.3 Weiterführende Literatur 208

Teil 3: Datensammlung und Datenauswertung 209
1. Durchführung und Kontrolle der Feldarbeit 209
2. Aufbereitung der Daten 212
3. Datenanalyse 219
3.1 Überblick 219
3.2 Verfahren der Datenreduktion 221
    3.2.1 Univariate Verfahren der Datenreduktion 221
        3.2.1.1 Deskriptive Verfahren 222
        3.2.1.2 Induktive Verfahren 230
    3.2.2 Faktorenanalyse 236
        3.2.2.1 Grundgedanke 236
        3.2.2.2 Methodische Vorgehensweise 237
        3.2.2.3 Varianten der Faktorenanalyse 246
3.3 Verfahren der Klassifikation 248
    3.3.1 Clusteranalyse 248
        3.3.1.1 Grundgedanke 248
        3.3.1.2 Methodische Vorgehensweise 249
        3.3.1.3 Varianten der Clusteranalyse 255
    3.3.2 Diskriminanzanalyse 259
        3.3.2.1 Grundgedanke 259
        3.3.2.2 Methodische Vorgehensweise 260
        3.3.2.3 Varianten der Diskriminanzanalyse 270
    3.3.3 Multidimensionale Skalierung 270
        3.3.3.1 Grundgedanke 270
        3.3.3.2 Methodische Vorgehensweise 271
        3.3.3.3 Varianten der Multidimensionalen Skalierung 276
3.4 Verfahren zur Messung von Beziehungen 279
    3.4.1 Dependenzanalyse vs. Interdependenzanalyse 279
    3.4.2 Regressionsanalyse 280
        3.4.2.1 Grundgedanke 280
        3.4.2.2 Methodische Vorgehensweise 280
        3.4.2.3 Varianten der Regressionsanalyse 289
    3.4.3 Kausalanalyse 292
        3.4.3.1 Grundgedanke 292
        3.4.3.2 Methodische Vorgehensweise 296
    3.4.4 Varianzanalyse 305
        3.4.4.1 Grundgedanke 305
        3.4.4.2 Methodische Vorgehensweise 306
        3.4.4.3 Varianten der Varianzanalyse 311
    3.4.5 Kontingenzanalyse 321
        3.4.5.1 Grundgedanke 321
        3.4.5.2 Methodische Vorgehensweise 322
        3.4.5.3 Varianten der Kontingenzanalyse 324

3.4.6 Korrelationsanalyse 325
      3.4.6.1 Grundgedanke 325
      3.4.6.2 Methodische Vorgehensweise 325
      3.4.6.3 Varianten der Korrelationsanalyse 328
3.5 Die Conjoint-Analyse als Verfahren zur Messung von Präferenzen 335
   3.5.1 Grundgedanke 335
   3.5.2 Methodische Vorgehensweise 336
   3.5.3 Varianten der Conjoint-Analyse 344
3.6 Datenanalyse bei qualitativen Daten 346
   3.6.1 Überblick 346
   3.6.2 Qualitative Inhaltsanalyse 346
      3.6.2.1 Grundgedanke der qualitativen Inhaltsanalyse 346
      3.6.2.2 Techniken der qualitativen Inhaltsanalyse 350
   3.6.3 Besonderheiten bei der Analyse qualitativer Beobachtungen 352
   3.6.4 Beurteilung der qualitativen Inhaltsanalyse 353
3.7 Weiterführende Literatur 353
4. Interpretation und Präsentation der Ergebnisse 355

Teil 4: Marketing-Prognosen **357**

1. Überblick 357
2. Prognosen auf der Grundlage von Zeitreihen 359
2.1 Prognoseverfahren bei konstantem Datenverlauf 359
   2.1.1 Arithmetisches Mittel und gleitende Durchschnitte 360
   2.1.2 Exponentielle Glättung 1. Ordnung 361
2.2 Prognoseverfahren bei trendförmigem Datenverlauf 362
   2.2.1 Exponentielle Glättung 2. Ordnung 363
   2.2.2 Trendextrapolation 364
      2.2.2.1 Linearer Trend 365
      2.2.2.2 Nichtlinearer Trend 367
2.3 Prognoseverfahren bei saisonalen Schwankungen 372
2.4 Prognosen auf der Grundlage von Strukturmodellen 374
3. Prognosen auf der Grundlage von Indikatoren 378
4. Prognosen auf der Grundlage von Primärerhebungen 381
4.1 Prognosen auf der Grundlage von Befragungen 381
   4.1.1 Konsumentenbefragung 381
   4.1.2 Expertenbefragung 384
4.2 Prognosen auf der Grundlage von Testmarktuntersuchungen 393
4.3 Prognosen auf der Grundlage von Panelerhebungen 394
   4.3.1 Markov-Modell 394
   4.3.2 Parfitt-Collins-Modell 397
5. Projektionsverfahren 400
5.1 Szenario-Analyse 400
5.2 Cross-Impact-Analyse 402
5.3 Früherkennungssysteme 405
6. Messung der Prognosegüte 408
6.1 Ex-ante-Messung 408

6.2 Ex-post-Messung..409
7. Weiterführende Literatur...411

Teil 5: Ausgewählte Anwendungen der Marktforschung 413
1. Produktforschung 413
   1.1 Gegenstand der Produktforschung..413
   1.2 Produkttest...413
        1.2.1 Arten von Produkttests
        1.2.2 Ausgewählte Testanordnungen 413
               1.2.2.1 Konzepttest 417
               1.2.2.2 Produkttest i. e. S..419
               1.2.2.3 Partialtest...423
   1.3 Testmarktuntersuchungen..426
        1.3.1 Regionaler Markttest...426
        1.3.2 Testmarktsimulation 427
        1.3.3 Kontrollierter Markttest 428
        1.3.4 Elektronischer Testmarkt..430
   1.4 Weiterführende Literatur..433
2. Werbeforschung..434
   2.1 Gegenstand der Werbeforschung 434
   2.2 Werbeträgerforschung 436
        2.2.1 Überblick..436
        2.2.2 Gegenstand der Werbeträgerforschung..........................436
        2.2.3 Kennziffern der Werbeträgerforschung 437
   2.3 Werbemittelforschung 440
        2.3.1 Überblick..440
        2.3.2 Werbemittelpretests 442
        2.3.3 Werbemittelposttests..447
   2.4 Weiterführende Literatur..449
3. Preisforschung...450
   3.1 Gegenstand der Preisforschung 450
   3.2 Ermittlung angemessener Preise 450
   3.3 Ermittlung von Preiselastizitäten und Preisabsatzfunktionen.....453
        3.3.1 Ermittlung auf der Grundlage von Kaufdaten 454
        3.3.2 Ermittlung auf der Grundlage von Befragungen 458
        3.3.3 Ermittlung auf der Grundlage von Kaufangeboten........460
   3.4 Ermittlung der Zahlungsbereitschaft bei unterschiedlicher
        Produktausstattung...464
   3.5 Weiterführende Literatur..471

Anhang: Statistische Tabellen 473

Literaturverzeichnis...479

Sachverzeichnis 496

Abbildungsverzeichnis

Abb. 1.1:   Überblick über die Aufgabenbereiche des Marketing-Management 2

Abb. 1.2:   Umweltinformationen 3

Abb. 1.3:   Abgrenzung von Marktforschung und Marketingforschung 5

Abb. 1.4:   Formen der Marktforschung 6

Abb. 1.5:   Vor- und Nachteile eigener Marktforschungsaktivitäten gegenüber
der Fremdforschung durch unabhängige Institute 9

Abb. 1.6:   Marktforschung als Stabstelle 9

Abb. 1.7:   Marktforschung als Linieninstanz 10

Abb. 1.8:   Marktforschung als Service-Cost-Center in einer Spartenorganisation 10

Abb. 1.9:   Varianten der Marktforschungskooperation 11

Abb. 1.10: Gestaltungsalternativen der Prozesskooperation 12

Abb. 1.11: Elemente und Struktur eines Marketing-Informationssystems 13

Abb. 1.12: Sonstige Träger der Marktforschung 16

Abb. 1.13: Ablauf des Marktforschungsprozesses 17

Abb. 1.14: Zusammenhang zwischen Forschungsansatz, Erhebungsverfahren
und methodischem Ansatz 20

Abb. 2.1:   Ausgewählte unternehmensinterne Quellen der Sekundärforschung 28

Abb. 2.2:   Ausgewählte unternehmensexterne Quellen der Sekundärforschung 30

Abb. 2.3:   Einsatzgebiete externer Datenbanken im Marketing 31

Abb. 2.4:   Informationsbeschaffung aus Sekundärliteratur 33

Abb. 2.5:   Vor- und Nachteile der Sekundärforschung 34

Abb. 2.6:   Befragungstechniken 37

Abb. 2.7:   Vor- und Nachteile von Befragungsmethoden 42

Abb. 2.8:   Methoden qualitativer Befragung 43

Abb. 2.9:   Beispiel für einen Satzergänzungstest 47

Abb. 2.10: Beispiel für einen Personenzuordnungstest 48

Abb. 2.11: Beispiel für einen Ballontest 51

Abb. 2.12: Ablauf einer Synektik-Sitzung 58

Abb. 2.13: Morphologischer Kasten für eine Uhr 59

Abb. 2.14: Prozess der Fragebogengestaltung 61

Abb. 2.15: Einteilung der Fragen nach der Antwortmöglichkeit 73

Abb. 2.16: Beispiel für eine Dialogfrage 75

Abb. 2.17: Beispiele für Skalafragen 77

Abb. 2.18: Ergebnisunterschiede bei der Messung der Kaufabsicht mit und ohne
Verwendung einer neutralen Antwortkategorie 78

Abb. 2.19: Einfluss der Reihenfolge der Antwortkategorien auf die Antwortverteilung 79

Abb. 2.20: Unterteilung der Fragearten nach deren Aufgabe 81

Abb. 2.21: Das Means-End-Modell 90

Abb. 2.22: Anwendungsbeispiel für Means-End-Ketten 91

Abb. 2.23: Ablauf einer kumulierten Gruppendiskussion 93

Abb. 2.24: Protokoll zur Erfassung von Meinungsänderungen im Verlauf einer Gruppendiskussion 94

Abb. 2.25: Beobachtungssituationen 97

Abb. 2.26: Beispiel für eine Kundenlaufstudie 99

Abb. 2.27: Merkmale quantitativer und qualitativer Beobachtung 101

Abb. 2.28: Beobachtungsanleitung für Mystery Shopper zur Beurteilung der Servicequalität von Bankangestellten 105

Abb. 2.29: Überblick der gebräuchlichsten apparativen Verfahren 106

Abb. 2.30: EAN-Normalnummer 110

Abb. 2.31: Möglichkeiten des Scanning für Marktforschung und Marketingentscheidungen 111

Abb. 2.32: Arten von Handelspanels 114

Abb. 2.33: Erfasste Absatzkanäle ausgewählter Warengruppen im GfK Non Food-Panel. 117

Abb. 2.34: Arten von Verbraucherpanels 118

Abb. 2.35: Leistungsspektrum des Verbraucherpanels 129

Abb. 2.36: Käuferkumulation für eine Marke 130

Abb. 2.37: Analyse der Kaufintensität 132

Abb. 2.38: Beispiel für eine Gain-and-Loss-Innenmatrix 133

Abb. 2.39: Coverage von Verbraucher- und Handelspanels 134

Abb. 2.40: Elemente eines Experiments 138

Abb. 2.41: Klassifikation experimenteller Designs 141

Abb. 2.42: Störvariablen der internen und externen Validität 142

Abb. 2.43: Charakterisierung vorexperimenteller Designs 149

Abb. 2.44: Charakterisierung der Basisvarianten echter Experimente 153

Abb. 2.45: Vollständiger Zufallsplan 155

Abb. 2.46: Zufälliger Blockplan 156

Abb. 2.47: Lateinisches Quadrat 157

Abb. 2.48: Vollständiger bifaktorieller Zufallsplan 157

Abb. 2.49: Charakterisierung ausgewählter quasi-experimenteller Designs 160

Abb. 2.50: Operationalisierung, Skalierung und Messung von Variablen 162

Abb. 2.51: Quellen systematischer Fehler 165

Abb. 2.52: Anforderungen an Messverfahren im Überblick 166

Abb. 2.53: Kriterien der Reliabilität bei qualitativen Erhebungen 169

Abb. 2.54: Kriterien der Validität bei qualitativen Erhebungen 170

Abb. 2.55: Items zur operationalen Definition des Konstrukts „Umweltbewusstsein" 172

Abb. 2.56: Skalenniveaus in der Marktforschung 173

Abb. 2.57: Beispiele für verbal-numerische Skalen...174

Abb. 2.58: Gebräuchliche Skalierungsverfahren in der Marktforschung...........................175

Abb. 2.59: Vergleichende Kurzdarstellung ausgewählter Multiattributmodelle..............180

Abb. 2.60: Arbeitsschritte zur Festlegung des Auswahlplans 183

Abb. 2.61: Gebräuchliche Auswahlverfahren in der Marktforschung................................185

Abb. 2.62: Beispiel für eine Quotenauswahl..186

Abb. 2.63: Vor- und Nachteile des Quotenverfahrens 187

Abb. 2.64: Überblick über Verfahren der nichtzufälligen Auswahl....................................188

Abb. 2.65: Normalverteilung des Mittelswerts $\bar{x}$ im Bereich $\mu \pm 3\sigma$ 192

Abb. 2.66: Disproportionale (Quoten-)Stichprobe des GfK-Einzelhandelspanels............197

Abb. 2.67: Überblick über Verfahren der Zufallsauswahl 198

Abb. 2.68: Auszug aus einer Zufallszahlentafel...200

Abb. 2.69: Rahmenschema der ADM-Muster-Stichproben-Pläne..204

Abb. 3.1: Teilaufgaben im Rahmen der Durchführung der Feldarbeit..............................209

Abb. 3.2: Ablauf der Datenaufbereitung...212

Abb. 3.3: Auszug aus einem Codeplan 215

Abb. 3.4: Datenmatrix..217

Abb. 3.5: Einteilungskriterien von Verfahren der Datenanalyse.......................................219

Abb. 3.6: Überblick über die Verfahren der Datenanalyse 220

Abb. 3.7: Exemplarische Häufigkeitsverteilung der Variable „Alter"...............................223

Abb. 3.8: Gebräuchliche Lageparameter in Abhängigkeit vom Skalenniveau 224

Abb. 3.9: Die gebräuchlichsten Streuungsmaße in Abhängigkeit vom Skalenniveau.......226

Abb. 3.10: Ausgewählte idealtypische Formen von Häufigkeitsverteilungen 228

Abb. 3.11: Beispiel für eine Lorenz-Kurve 229

Abb. 3.12: Grundsätzlicher Ablauf eines Hypothesentests..230

Abb. 3.13: Die gebräuchlichsten Testverfahren im Überblick..231

Abb. 3.14: Ausgewählte statistische Testverfahren im Ein-Stichproben-Fall 233

Abb. 3.15: Ablehnungs- und Annahmebereiche beim z-Test des Mittelwerts.....................234

Abb. 3.16: Aufbau der Korrelationsmatrix 238

Abb. 3.17: Aufbau der Faktorladungsmatrix 238

Abb. 3.18: Rechtwinklige Varimax-Rotation 243

Abb. 3.19: Übersicht zu Anpassungsmaßen zur Beurteilung von konfirmatorischen Faktor-Analyse-Modellen 248

Abb. 3.20: Aufbau der Rohdatenmatrix 249

Abb. 3.21: Überblick über ausgewählte Proximitätsmaße 250

Abb. 3.22: Überblick über ausgewählte Clusteralgorithmen 254

Abb. 3.23: Dendrogramm beim Ward-Verfahren für Beispiel 3.18.......................................258

Abb. 3.24: Streuwerte und Diskriminanzachse im 2-Gruppen-2-Variablen-Fall...............261

Abb. 3.25: Kriterien zur Unterscheidung diskriminanzanalytischer Verfahren 270

Abb. 3.26: Beispiel eines Shepard-Diagramms mit willkürlicher Startkonfiguration und Transformation 274

Abb. 3.27: Beispiel eines Idealpunktmodells mit Idealpunkt, Nutzenmaximum und Isopräferenzlinien 277

Abb. 3.28: Beispiel eines Idealvektormodells mit Vektorpräferenz und Isopräferenzlinien ..278

Abb. 3.29: Ausgangssituation der einfachen linearen Regressionsanalyse 281

Abb. 3.30: Dummy-Codierung einer nominalskalierten Variable 292

Abb. 3.31: Aufbau eines kausalanalytischen Modells 293

Abb. 3.32 Pfadmodell mit drei latenten Variablen..298

Abb. 3.33: Gebräuchliche Kriterien zur Beurteilung der Anpassungsgüte eines Kausalmodells 305

Abb. 3.34: Ausgangstableau der einfaktoriellen Varianzanalyse.....................................307

Abb. 3.35: Ergebnistabelle einer einfaktoriellen Varianzanalyse 308

Abb. 3.36: Empirische Ermittlung von Mittelwertdifferenzen..309

Abb. 3.37: Ausgangstableau der Varianzanalyse beim zufälligen Blockplan 311

Abb. 3.38: Ausgangstableau der zweifaktoriellen Varianzanalyse 316

Abb. 3.39: Ausgangssituation der Varianzanalyse beim lateinischen Quadrat....................319

Abb. 3.40: Häufigkeitstabelle für die Kontingenzanalyse 322

Abb. 3.41: Bivariate Korrelationsarten 325

Abb. 3.42: Beispiele für Korrelationsdiagramme 326

Abb. 3.43: Trade-Off-Matrizen bei der Zwei-Faktor-Methode..339

Abb. 3.44: Lateinisches Quadrat für das Beispiel 3.43..340

Abb. 3.45: Beispielhafte Rangreihung des lateinischen Quadrats 340

Abb. 3.46: Ablaufmodell induktiver Kategorienbildung...349

Abb. 3.47: Ablaufmodell deduktiver Kategorienanwendung..350

Abb. 3.48: Beispiel für einen Kodierleitfaden...353

Abb. 4.1: Systematisierung von Prognoseverfahren..358

Abb. 4.2: Prognoseverfahren bei konstantem Datenverlauf..359

Abb. 4.3: Beispiel für Prognoseverfahren im Vergleich 361

Abb. 4.4: Die Größe des Gewichtungsfaktors α $(1-\alpha)^t$ für alternative Parameter im Rahmen der exponentiellen Glättung..362

Abb. 4.5: Beispiel für die exponentielle Glättung 1. Ordnung mit alternativen α-Werten...362

Abb. 4.6: Grafische Darstellung der Trendextrapolation 365

Abb. 4.7: Bestandsentwicklung und Neuübernahmen einer Innovation in verschiedenen Diffusionsmodellen 368

Abb. 4.8: Beispielhafte Funktionsverläufe für den Bestand und den Bestandszuwachs bei verschiedenen Wachstumsmodellen 370

Abb. 4.9: Ausgewählte Möglichkeiten der Berücksichtigung von Marketingvariablen in Diffusionsmodellen 371

Abb. 4.10: Beispielhafte Marktreaktionsfunktionen 376

Abb. 4.11: Grundschema von Indikatorprognosen..379

Abb. 4.12: Beurteilung von Konsumentenbefragungen als Prognoseinstument.................384

Abb. 4.13: Ausgangssituation der Expertenschätzung einer Werbewirkungsfunktion.......385

Abb. 4.14: Ablaufschema einer Delphi-Befragung..389

Abb. 4.15: Möglichkeiten der Visualisierung von Delphi-Ergebnissen...............................390

Abb. 4.16: Prognosegenauigkeit der Delphi-Methode bei alternativen Ausprägungen des wahren Werts...392

Abb. 4.17: Szenario-Analyse...400

Abb. 4.18: Phasen der Szenarioerstellung 401

Abb. 4.19: Ausgangswahrscheinlichkeiten und bedingte Eintrittswahrscheinlichkeiten als Ergebnis einer Cross-Impact-Analyse 403

Abb. 4.20: Reaktionsstrategien bei unterschiedlichen Graden der Ungewissheit..............407

Abb. 4.21: Gebräuchliche Fehlermaße zur Beurteilung der Prognosegüte.........................410

Abb. 5.1: Arten von Produkttests...414

Abb. 5.2: Vor- und Nachteile des Home-Use-Tests im Vergleich zum Studiotest..........416

Abb. 5.3: Ausgewählte Ausprägungen von Akzeptanztests..421

Abb. 5.4: Testmodelle von A. C. Nielsen Kontrollierter Markttest.................................429

Abb. 5.5: Die Struktur von GfK BehaviorScan 430

Abb. 5.6: Testmarktalternativen im Vergleich..432

Abb. 5.7: Projektionsverfahren für Testmarktdaten..433

Abb. 5.8: Stufenmodelle der Werbewirkung..435

Abb. 5.9: Kennziffern der Mediaforschung...439

Abb. 5.10: Systematik von Werbemitteltests 440

Abb. 5.11: Das Werbemitteltest-Portfolio von TNS Infratest..442

Abb. 5.12: Ergebnisse eines fiktiven Anzeigentestes nach AdEval 444

Abb. 5.13: Blickaufzeichnung beim Betrachten einer Website...446

Abb. 5.14: Mögliche Ergebnisse eines Preisbereitschaftstests 451

Abb. 5.15: Beispiel für einen Preisklassentest..452

Abb. 5.16: Mögliche Ergebnisse eines Preisreaktionstests 453

Abb. 5.17: Verfahren zur Ermittlung der individuellen Zahlungsbereitschaft...................454

Abb. 5.18: Preisabsatzfunktion auf Basis von empirischen Daten der Vergangenheit.......455

Abb. 5.19: Preisabsatzfunktionen auf Basis einer Expertenschätzung...............................460

Abb. 5.20: Beispiel für eine eBay-Auktion 461

Abb. 5.21: Gebotsübersicht am Ende einer eBay-Auktion 462

Abb. 5.22: Ermittlung von Zahlungsbereitschaften mittels einer Lotterie 464

Teil 1: Grundlagen

1. Der Marketing-Informationsbedarf

Rationales betriebswirtschaftliches Handeln setzt das Treffen von Entscheidungen voraus; diese wiederum erfordern die Berücksichtigung entscheidungsrelevanter Informationen. Damit wird deutlich, dass der betrieblichen Informationswirtschaft innerhalb der Unternehmensführung eine entscheidende Rolle zukommt. Zu beachten ist, dass sich der Informationsbedarf in zweifacher Hinsicht stellt (vgl. Hammann/Erichson 2000, S. 1):

– Zum einen werden Informationen bereits zur *Erkennung und Formulierung von Problemen* benötigt,
– zum anderen sind Informationen zur Beurteilung der mit den Entscheidungsalternativen verbundenen Konsequenzen, d. h. zur *Lösung von Problemen* erforderlich.

Im Rahmen des Marketing sind zahlreiche Entscheidungen sowohl auf strategischer als auch auf taktisch-operativer Ebene zu treffen. Abb. 1.1 zeigt allgemein den Planungs- und Entscheidungsprozess im Marketing.

Eine Informationsgewinnung über Umwelt, Märkte und Unternehmen findet zunächst im Rahmen der Situationsanalyse statt; allerdings werden Informationen auf jeder weiteren Stufe des Planungs- und Entscheidungsprozesses benötigt. Insofern wird der Marketing-Planungsprozess von einem Informationsbeschaffungspreis überlagert, da auf jeder Stufe des Planungsprozesses Teilentscheidungen zu treffen sind.

Die für Marketingentscheidungen erforderlichen Informationen lassen sich nach verschiedenen Kriterien einteilen (vgl. z. B. Berekoven/Eckert/Ellenrieder 2004, S. 20 ff; Böhler 2004, S. 23 ff.). Grundsätzlich lassen sich die Informationsbereiche des Marketing in

– Umweltinformationen und
– Unternehmensinformationen

gliedern. Während Umweltinformationen das Umfeld beschreiben, in welchem das Unternehmen bzw. dessen Geschäftsfelder auf den einzelnen Märkten agieren, beinhalten Unternehmensinformationen Aussagen über die Stärken und Schwächen des Unternehmens allgemein sowie in Bezug auf konkrete Problemstellungen. Eine ausführliche Darstellung von Umwelt- und Unternehmensinformationen findet sich bei Sander 1998. Umweltinformationen beinhalten zum einen die Rahmenbedingungen unternehmerischen Handelns (Dateninformationen), zum anderen Instrumentalinformationen, d. h. Informationen über Reaktionszusammenhänge zwischen Unternehmen und Umwelt (vgl. Abb. 1.2.).

Informationen über die globale Umwelt betreffen die verschiedenen ökonomischen, soziodemographischen, technologischen, politisch-rechtlichen sowie geographisch-infrastrukturelle Rahmenbedingungen und beschreiben damit die allgemeine Situation einer Volkswirtschaft.

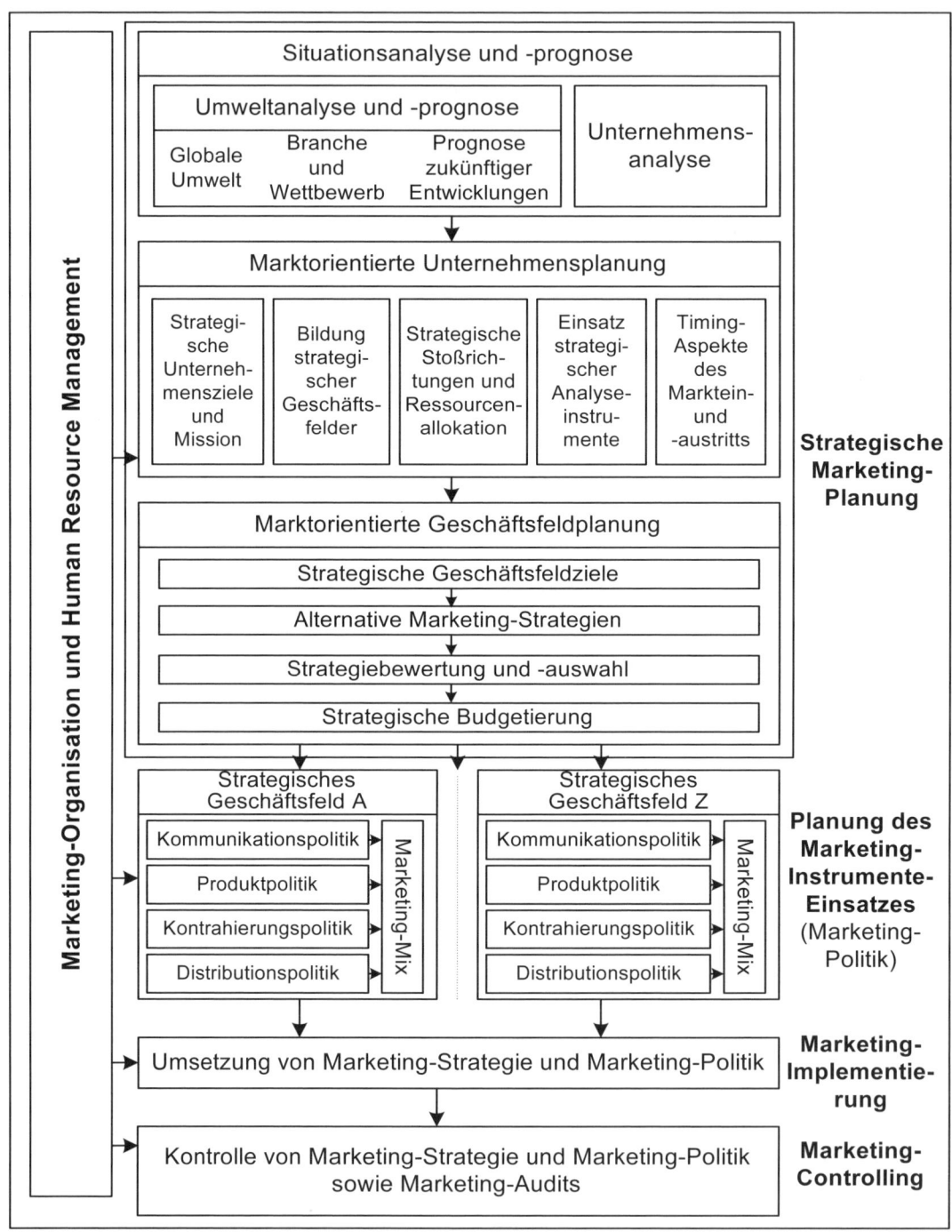

Quelle: Sander 2004, S. 290.

Abb. 1.1: Überblick über die Aufgabenbereiche des Marketing-Management

Globale Umweltdaten betreffen daher alle Unternehmen unabhängig von ihrer Branchenzugehörigkeit. Informationen über Branche und Wettbewerb umfassen Informationen über die allgemeine Branchenstruktur sowie über die Unternehmensmärkte (Beschaffungs- und Absatzmärkte). Solche Informationen sind nur für Unternehmen bzw. Geschäftsfelder relevant, die in einer bestimmten Branche tätig sind, und können daher branchenabhängig grundverschieden sein.

Von besonderer Bedeutung für das Marketing sind Informationen über die *Abnehmer*. Dateninformationen über die Abnehmer sind z. B. Informationen über Beschaffenheit und Größe der Marktsegmente, Bedarfsintensität, Bedürfnisstruktur, Kaufkraft; Instrumentalinformationen beinhalten u.a. Aussagen über Preiselastizitäten, Präferenzen, Werbeelastizitäten.

Dateninformationen	Globale Umwelt	Makroökonomische Umwelt	– Bruttosozialprodukt bzw. Bruttoinlandsprodukt – Inflationsrate – Rohstoff- und Energiepreise – ...
		Sozio-kulturelle Umwelt	– Gesellschaftliche Struktur – Demographische Entwicklung – Werte und Normen – ...
		Politisch-rechtliche Umwelt	– Gesetzgebung – Steuern und Subventionen – Politische Stabilität – ...
		Technologische Umwelt	– Technologischer Stand – Technologische Dynamik – ...
		Natürliche Umwelt	– Klima – Ressourcen – Infrastruktur
	Branche und Wettbewerb	Branchenstruktur	– Marktform – Eintrittsbarrieren – Kapitalintensität – ...
		Absatzmärkte	– Wettbewerber – Distributionspartner – Endnachfrager
		Beschaffungsmärkte	– Kapitalgeber – Arbeitskräfte – Lieferanten
Instrumental-informationen	Unternehmensreaktionen auf Umweltaktivitäten	Reaktionsinformationen in Bezug auf Abnehmermaßnahmen	
		Reaktionsinformationen über Konkurrenzmaßnahmen	
	Umweltreaktionen auf Marketingaktivitäten	Informationen über Abnehmerreaktionen Informationen über Konkurrenzreaktionen Informationen über Reaktionen staatlicher Instanzen	

Quelle: In Anlehnung an Bidlingmaier 1983, S. 35; Sander 1998, S. 43.
Abb. 1.2: Umweltinformationen

Unternehmensinformationen beinhalten Aussagen über Leistungs- und Führungspotenziale des Unternehmens (vgl. Bea/Haas 2001, S. 111 f.). Leistungspotenziale eines Unternehmens ergeben sich den Bereichen Beschaffung, Produktion, Absatz, Personal, Kapital, Technologie; Führungspotenziale resultieren aus den Bereichen Planung und Kontrolle, Information, Organisation, Unternehmenskultur. Unternehmensinformationen dienen somit der Beurteilung der Stärken und Schwächen eines Unternehmens, wohingegen die Erhebung von Umweltinformationen die Einschätzung von Chancen und Risiken ermöglicht.

2. Charakterisierung und Arten der Marktforschung

Gegenstand der Marktforschung ist die Bereitstellung relevanter Informationen für marketingpolitische Entscheidungen. Somit kann Marktforschung folgendermaßen definiert werden (vgl. Böhler 2004, S. 19):

> Marktforschung ist die systematische Sammlung, Aufbereitung, Analyse und Interpretation von Daten über Märkte und Marktbeeinflussungsmöglichkeiten zum Zweck der Informationsgewinnung für Marketingentscheidungen.

Gegenstand der Marktforschung sind somit Sachverhalte, welche Absatz- und Beschaffungsmärkte betreffen (Daten- und Instrumentalinformationen). Die Ermittlung der entscheidungsrelevanten Informationen erfolgt dabei planvoll unter Heranziehung wissenschaftlicher Methoden. Abzugrenzen ist der Begriff der Marktforschung von der Marketingforschung: Während die Marktforschung auf die Analyse von Absatz- und Beschaffungsmärkten abzielt, befasst sich die Marketingforschung auch mit Informationen aus nichtmarktlichen Bereichen (z. B. aus der politisch-rechtlichen, technischen, soziokulturellen und natürlichen Umwelt) wie auch mit unternehmensinternen Informationen, sofern sie für Marketingentscheidungen relevant sind. Allerdings beschränkt sich die Analyse auf die Absatzmärkte, d. h. Beschaffungsmärkte werden ausgeklammert. Der Zusammenhang zwischen Marktforschung und Marketingforschung ist in Abb. 1.3 dargestellt.

Marktforschung			
Marktinformationen		Umwelt-informationen	Interne Informationen
Beschaffungsmarkt-forschung	Absatzmarktforschung	Umwelt-informationen	Interne Informationen
	Marketingforschung		

Quelle: In Anlehnung an Weis/Steinmetz 2002, S. 16.
Abb. 1.3: Abgrenzung von Marktforschung und Marketingforschung

Die Ausführungen in diesem Buch beschränken sich auf Methoden und Fragestellungen der *Absatzmarktforschung,* d. h. Beschaffungsmarktforschung und die übrigen Bereiche der Informationswirtschaft werden hier nicht näher betrachtet.

Marktforschung kann nach verschiedenen Kriterien klassifiziert werden; einen Überblick bietet Abb. 1.4. Die Unterscheidungskriterien sind nicht immer überschneidungsfrei; auch sind viele rein akademischer Natur mit nur geringem praktischen Bezug. Aus diesem Grunde sollen nachfolgend nur die wichtigsten Unterscheidungsmerkmale kurz skizziert werden.

– Nach dem *Untersuchungsobjekt* wird zwischen demoskopischer und ökoskopischer Marktforschung unterschieden. Während sich die ökoskopische Marktforschung mit objektiven, von den Marktteilnehmern losgelösten Marktgrößen wie Umsätze, Produktpreise, Marktanbieter etc. befasst, beinhaltet die demoskopische Marktforschung die Untersuchung der mit den Marktteilnehmern untrennbar verbundenen Tatbestände wie soziodemographische Merkmale, Verhaltensweisen, psychische Merkmale (vgl. Meffert 1992, S. 177).

– Nach den untersuchten *Märkten* wird zwischen Beschaffungsmarktforschung, Absatzmarktforschung, Finanzmarktforschung differenziert.

– Die Heranziehung der *Marketinginstrumente* als Klassifikationsmerkmal führt zur Unterscheidung in Produktforschung, Werbeforschung, Preisforschung und Distributionsforschung.

– Nach der *Art der Messung* unterscheidet man in qualitative und quantitative Marktforschung. Während qualitative Untersuchungen explorativen Charakter haben und nur Tendenzaussagen erlauben, zielen quantitative Untersuchungen auf die Gewinnung verallgemeinbarer (i. S. von repräsentativen) Aussagen über die Grundgesamtheit ab.

– Nach der *räumlichen Dimension* wird zwischen nationaler und internationaler Marktforschung unterschieden (zu den Besonderheiten internationaler Marktforschung vgl. z. B. Berndt/Fantapié Altobelli/Sander 2003, S. 40-85).

Formen der Marktforschung	
Bezugszeitraum	• Einmalige Erhebung (Ad-hoc-Forschung, Querschnittanalysen) • Mehrmalige Erhebung (Tracking-Forschung, Längsschnittanalysen)
Art des Untersuchungsobjekts	• Ökoskopische Marktforschung • Demoskopische Marktforschung
Untersuchte Märkte	• Beschaffungsmarktforschung • Absatzmarktforschung • Finanzmarktforschung
Form der Informationsgewinnung	• Primärforschung • Sekundärforschung
Erhebungsmethode	• Befragung • Beobachtung
Untersuchte Marketinginstrumente	• Produktforschung • Preisforschung • Kommunikationsforschung • Vertriebsforschung
Untersuchte Marktteilnehmer	• Konsumentenforschung • Konkurrenzforschung • Absatzmittlerforschung
Methodischer Ansatz	• Quantitative Marktforschung • Qualitative Marktforschung
Träger der Marktforschung	• Betriebliche Marktforschung • Institutsmarktforschung
Ort der Messung	• Laboruntersuchung • Felduntersuchung
Räumlicher Geltungsbereich	• Nationale Marktforschung • Internationale Marktforschung

Quelle: In Anlehnung an Bruhn 2005, S. 90.
Abb. 1.4: Formen der Marktforschung

3. Ziele und Aufgaben der Marktforschung

Oberziel der Marktforschung ist die Bereitstellung von Informationen, welche als Grundlage für Marketingentscheidungen herangezogen werden können; dies impliziert die Erkundung, Beschreibung und Erklärung marketingrelevanter Sachverhalte. Aus dem Oberziel der Marktforschung – der Bereitstellung entscheidungsrelevanter Informationen für das Marketing – lassen sich folgende *Teilaufgaben* ableiten (vgl. Pepels 1995, S. 144):

– *Innovationsfunktion:* Es sollen Chancen und Trends erkannt werden, welche die Märkte und die Umwelt bieten.

– *Frühwarnfunktion:* Risiken müssen frühzeitig erkannt werden, um notwendige Entscheidungs- und Anpassungsprozesse zu ermöglichen.

– *Intelligenzverstärkungsfunktion:* Durch Förderung der Methodenkenntnisse und des Wissens über marktrelevante Zusammenhänge soll die Willensbildung in der Unternehmensführung unterstützt werden.

– *Unsicherheitsreduktionsfunktion:* Zuverlässige Informationen erhöhen die Wahrscheinlichkeit, dass die „richtige" Entscheidung getroffen wird.

– *Strukturierungsfunktion:* Eine planvolle, systematische Vorgehensweise unterstützt das Verständnis und erhöht damit die Qualität und Effizienz der Marketingplanung.

– *Selektionsfunktion:* Aus der Fülle verfügbarer Informationen sollen die relevanten Sachverhalte herausgefiltert und aufbereitet werden.

– *Prognosefunktion:* Veränderungen des marketingrelevanten Umfelds können aufgezeigt und deren Auswirkungen auf das eigene Geschäft abgeschätzt werden.

Die hier aufgeführten Ziele und Aufgaben der Marktforschung können jedoch nur unter Berücksichtigung wesentlicher *Restriktionen* verfolgt werden. Zum einen sind *finanzielle Restriktionen* zu beachten, welche regelmäßig aus einem begrenzten Marktforschungsbudget resultieren. Zum anderen schränken *personelle Rahmenbedingungen* – etwa das Fehlen von ausreichend für die Marktforschung qualifiziertem Personal – den Handlungsspielraum der Marktforschung ein. Schließlich sind auch *zeitliche Restriktionen* im Sinne eines begrenzten Zeitbudgets zu nennen. Aus dem bisher Genannten folgt, dass das Hauptziel der Marktforschung wie folgt formuliert werden kann:

> Ziel der Marktforschung ist die zeitgerechte Bereitstellung entscheidungsrelevanter Informationen für die Entscheidungsträger unter Berücksichtigung finanzieller, personeller und zeitlicher Restriktionen.

4.   Träger der Marktforschung

Träger der Marktforschung sind zum einen Stellen bzw. Abteilungen im Unternehmen (betriebliche Marktforschung), zum anderen externe Institute (Institutsmarktforschung) und sonstige Organe wie Marktforschungsberater und Informationsbroker. Im Folgenden sollen die einzelnen Träger der Marktforschung kurz charakterisiert werden.

4.1   Betriebliche Marktforschung

Aufgrund der großen Bedeutung der Marktforschung für betriebliche Entscheidungen nimmt eine effiziente Marktforschung eine Schlüsselstellung für die Erlangung von Wettbewerbsvorteilen ein. Die betriebliche Marktforschung beinhaltet die Marktforschungsaktivitäten, welche im Unternehmen selbst realisiert werden; im Normalfall geschieht dies durch eine eigene Marktforschungsabteilung oder durch einen hauptamtlich mit Marktforschungsaufgaben betrauten Mitarbeiter. Die meisten Unternehmen erledigen die anfallenden Marktforschungsaufgaben dabei nicht ausschließlich unternehmensintern, vielmehr erfolgt eine Aufgabenteilung zwischen betrieblicher Marktforschung und Institutsmarktforschung. Zentrale Aspekte im Zusammenhang mit der betrieblichen Marktforschung sind:

− der Umfang der im Unternehmen selbst durchgeführten Marktforschungsaktivitäten,

− die organisatorische Stellung der Marktforschung im Betrieb sowie

− die Gestaltung des betrieblichen Informationsmanagements.

Grundsätzlich beinhaltet die Marktforschung als Teilfunktion die systematische Beschaffung, Analyse, Aufbereitung und Speicherung von marktbezogenen Daten, die als Informationsgrundlage für betriebliche Entscheidungen dienen sollen. Der *Umfang der betrieblichen Marktforschung* hängt dabei von Art und Ausmaß der Aufgabenteilung zwischen Unternehmen und Institut ab. Die Aufgabenteilung zwischen betrieblicher Marktforschung und Institutsmarktforschung besteht typischerweise darin, dass die betriebliche Marktforschung schwerpunktmäßig konzeptionelle Aufgaben übernimmt, also die Vorbereitung und Planung von Marktforschungsaktivitäten, wohingegen sich die Institutsmarktforschung insb. mit der Datengewinnung und Datenauswertung befasst (vgl. Grundei 2000, S. 3).

Die einzelnen Aktivitäten sind dabei unbedingt zu verzahnen, etwa indem Mitarbeiter des Marktforschungsinstituts von Anfang an in die Konzeption der Erhebung einbezogen werden. Eine gute Zusammenarbeit zwischen betrieblicher und Institutsmarktforschung ist für die Qualität der Ergebnisse entscheidend. Welche Aktivitäten konkret selbst durchgeführt oder an Institute fremdvergeben werden, ist eine klassische Make-or-buy-Entscheidung. Die Vor- und Nachteile der Eigenforschung im Vergleich zur Fremdforschung sind in Abb. 1.5 skizziert; die einzelnen Punkte gelten spiegelbildlich für die Beurteilung der Fremdforschung.

Die *organisatorische Eingliederung* der Marktforschung im Unternehmen umfasst die folgenden Gestaltungsfelder (vgl. Grundei 2000, S. 8 ff.):

− Etablierung,

− Platzierung,

– Differenzierung und
– Kooperation.

Vorteile der Eigenforschung	Nachteile der Eigenforschung
• Größere Vertrautheit mit dem Problem • Stärkere Kontrolle und Koordination der Marktforschungsaktivitäten • Nutzung subjektiver Informationen der Entscheidungsträger des Unternehmens	• Vergleichsweise geringe Methodenkenntnisse • In der Regel wenig Erfahrung in der Anwendung unterschiedlicher Methoden • „Betriebsblindheit" mit der Folge unzureichender Informationserfassung und -auswertung • Geringere Objektivität (z. T. bewusste Ergebnisverzerrung) • Hohe Fixkosten

Quelle: Sander 2004, S. 236.
Abb. 1.5: Vor- und Nachteile eigener Marktforschungsaktivitäten gegenüber der Fremdforschung durch unabhängige Institute

Die *Etablierung* betrifft die Frage, ob spezielle Marktforschungseinheiten etabliert werden sollen (Spezialistenlösung), oder aber ob die Verantwortung für Marktforschungsaufgaben Mitarbeitern übertragen wird, welche primär mit anderen Aufgaben betraut sind, z. B. Produktmanager (Integrationslösung). Nicht alle Unternehmen verfügen über eine institutionalisierte betriebliche Marktforschung; einer Umfrage aus dem Jahre 1988 zufolge verfügten nur 31 % der befragten Unternehmen über eine eigene Marktforschungsabteilung oder -stelle. Dies ist jedoch größenabhängig. So betrug bei der Umsatzgrößenklasse „über 500 Mio. DM" der Anteil immerhin 62 % (vgl. Hüttner/Czenskowsky 1988).

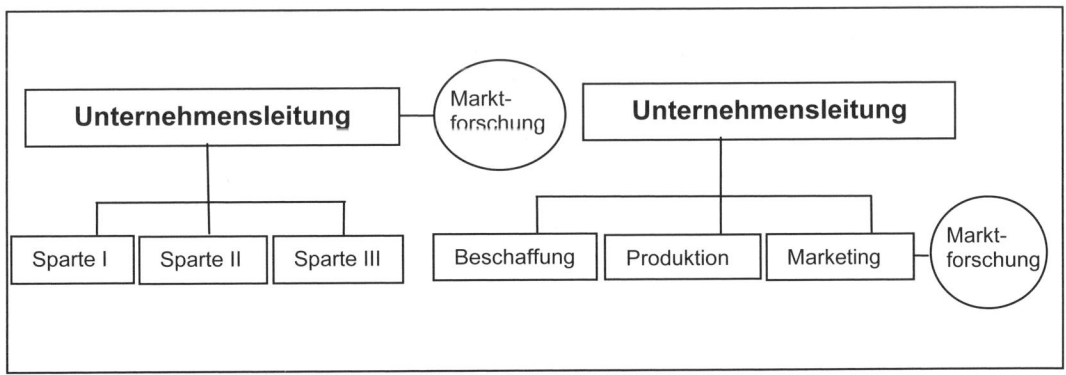

Abb. 1.6: Marktforschung als Stabstelle

Die *Platzierung* beinhaltet die Frage, wie eine institutionalisierte Marktforschungseinheit in die Organisationsstruktur des Unternehmens einzugliedern ist. Die häufigste Möglichkeit ist die Errichtung einer Stabstelle, welche je nach Bedeutung und Aufgabenschwerpunkt der Marktforschung im Betrieb entweder der Unternehmensleitung oder der Marketingleitung zugeordnet wird (vgl. Abb. 1.6).

Alternativ kann die Marktforschung auch als Linieninstanz angesiedelt werden. In einer funktionalen Organisation wird sie üblicherweise der Marketingabteilung zugeordnet, in einer divisionalen Organisation findet sich eine Marktforschungsinstanz u. U. in jeder Produktsparte. Insofern findet in diesem Falle eine vollständige Dezentralisierung von Marktforschungsaktivitäten statt (vgl. Abb. 1.7). Gegenüber der Stablösung verfügt die Marktforschung als Linieninstanz über eine höhere Autonomie und größere Entscheidungsfreiheit.

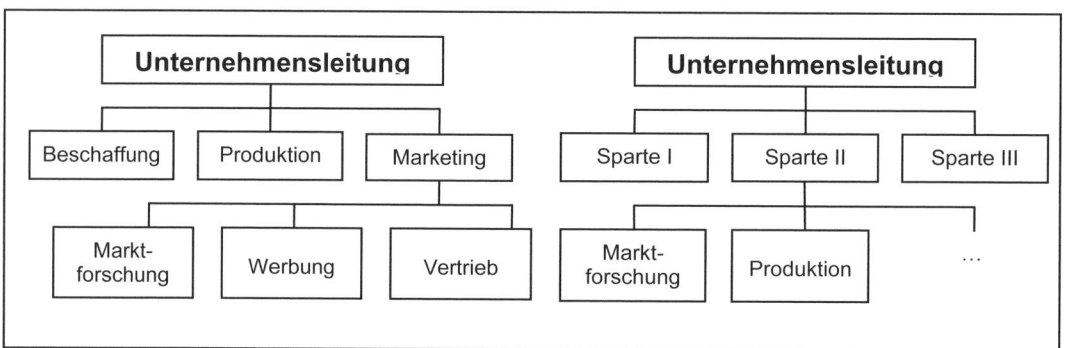

Abb. 1.7: Marktforschung als Linieninstanz

Im Rahmen einer Spartenorganisation ist eine völlige Dezentralisierung gemäß Abb. 1.7 jedoch eher selten. Typischerweise erfolgt eine Konzentration der Marktforschung in einem Zentralbereich. Die Marktforschungsaktivitäten werden aus den Geschäftsbereichen ausgegliedert und in einer zentralen Marktforschungsabteilung zusammengefasst (vgl. Frese/Werder 1993, S. 39).

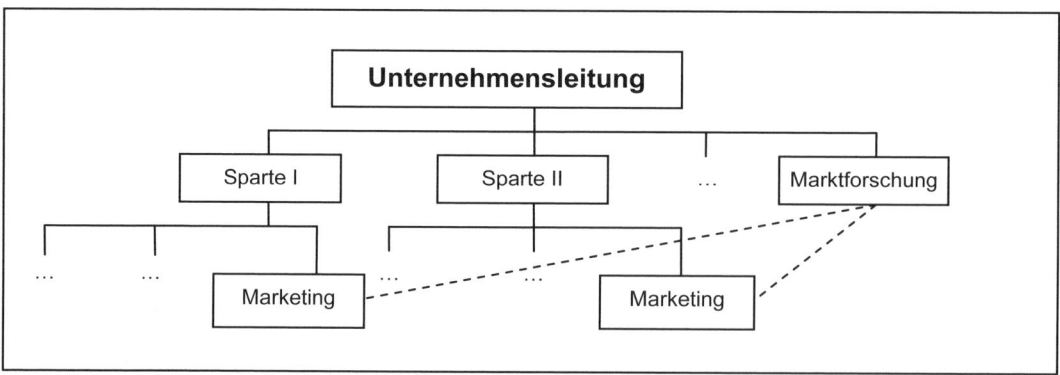

Abb. 1.8: Marktforschung als Service-Cost-Center in einer Spartenorganisation

Eine Variante dieses Modells ist das sog. *Service-Cost-Center* (vgl. Abb. 1.8). Marktforschungsaufgaben werden in einem Service-Cost-Center ausgegliedert, welches als Profit-

Center geführt wird (vgl. Sander 2004, S. 233). Die Abteilung kann von allen Unternehmenseinheiten in Anspruch genommen werden; diese müssen die angeforderten Leistungen jedoch bezahlen. Dabei werden interne Verrechnungspreise zu Grunde gelegt. Vorteilhaft ist an dieser Variante der Tatsache, dass die Sparten nur dann Aufträge an die Marktforschungsabteilung vergeben, wenn die Informationen tatsächlich benötigt werden und der Nutzen der Information höher beurteilt wird als die der Sparte entstehenden Kosten. Zu erwähnen ist, dass in der Praxis – insb. in Großunternehmen – häufig Mischformen realisiert werden, d. h. neben einer zentralen Abteilung bestehen auch dezentrale Marktforschungsstellen in den einzelnen Geschäftsbereichen.

Unter einer *Differenzierung* wird die interne Organisation des Marktforschungsbereichs verstanden. Typische Segmentierungsformen sind (vgl. Grundei 2000, S. 11 f.):
- nach methodischen Aspekten (z. B. quantitative vs. qualitative Marktforschung, Prognosen, Datenanalyse),
- nach Anwendungsschwerpunkten (z. B. Werbeforschung, Produkttests, Preisforschung),
- nach Phasen des Marktforschungsprozesses (z. B. Vorbereitung, Durchführung, Auswertung von Erhebungen).

Schließlich beinhaltet die *Kooperation* die Regelung von Kompetenz- und Kommunikationsbeziehungen zwischen denjenigen organisatorischen Einheiten, welche an der Durchführung von Marktforschungsaufgaben beteiligt sind. Hierbei ist zu unterscheiden in Kooperation zwischen mehreren Marktforschungseinheiten (Marktforschungskooperation) und Kooperation zwischen Marktforschung und Verwendern von Marktforschungsleistungen (Prozesskooperation).

Bezeichnung	Kurzcharakterisierung
Richtlinienmodell	Ein Marktforschungs-Zentralbereich ist für Marktforschungsentscheidungen allein entscheidungsbefugt. Die dezentralen Marktforschungseinheiten der Geschäftsbereiche treffen ihre Entscheidungen im Rahmen der vorgegeben Richtlinien.
Matrixmodell	Zentrale und dezentrale Marktforschungseinheiten (sog. Matrix-Einhelten) sind nur gemeinsam entscheidungsbefugt; die Entscheidungen werden von einem Matrixausschuss getroffen, welchem Mitarbeiter der zentralen und der dezentralen (operativen) Einheiten angehören.
Servicemodell	Die operativen Einheiten entscheiden darüber, ob und welche Marktforschungsmaßnahmen durchzuführen sind; der Zentralbereich entscheidet über die Art und Weise der konkreten Auftragsdurchführung.
Autarkiemodell	Die einzelnen Marktforschungseinheiten entscheiden und operieren völlig unabhängig voneinander. In vielen Fällen findet jedoch zumindest ein Informationsaustausch zwischen den einzelnen Einheiten statt.

Quelle: In Anlehnung an Grundei 2000, S. 12 ff.
Abb. 1.9: Varianten der Marktforschungskooperation

Marktforschungskooperation beinhaltet die Frage, in welcher Form die Beziehungen zwischen den unternehmerischen Einheiten, welche Marktforschungsaufgaben wahrnehmen, zu gestalten sind. Abb. 1.9 zeigt einige typische Organisationsmodelle der Marktforschungskooperation.

Prozesskooperation beinhaltet die Zusammenarbeit zwischen der Marktforschung und den Abnehmern ihrer Leistungen (z. B. Produktmanager). Abb. 1.10 zeigt einige typische Gestaltungsalternativen der Prozesskooperation in der Praxis.

Bezeichnung	Kurzcharakterisierung
Kernbereichsmodell	Marktforschungsaufgaben werden vollständig von den Produktbereichen als Zentraleinheit ausgegliedert. Der Kernbereich entscheidet selbstständig über die Durchführung von Erhebungen und führt sie ggf. auch autonom durch.
Matrixmodell	Marktforschung und Produktmanager entscheiden gemeinsam über Marktforschungsaktivitäten.
Servicemodell	Das Produktmanagement entscheidet darüber, ob und welche Untersuchungen erforderlich sind, die methodische Umsetzung obliegt der Marktforschung.
Stabsmodell	Der Marktforschung obliegt lediglich die Entscheidungsvorbereitung bzgl. der Durchführung von Erhebungen, die Entscheidungsfindung ist Aufgabe des Produktmanagements.

Quelle: In Anlehnung an Grundei 2000, S. 16 ff.
Abb. 1.10: Gestaltungsalternativen der Prozesskooperation

Angesichts der zentralen Rolle von Informationen für betriebliche Entscheidungen kommt der Gestaltung des betrieblichen *Informationsmanagement* eine große Bedeutung zu. Insofern ist Marktforschung lediglich ein Bestandteil des betrieblichen Informationsmanagement. Durch neue Medien – hier insb. das Internet – ist die potenziell nutzbare Informationsmenge dramatisch angestiegen. Dies führt nicht unbedingt zur Verbesserung der Informationsqualität, da die vorhandene Datenmenge zum einen nicht mehr handhabbar ist, zum anderen nicht immer methodischen Ansprüchen genügt. Um die dadurch entstehenden Probleme zu bewältigen, kann im Unternehmen ein Management-Informationssystem implementiert werden (vgl. hierzu z. B. Mertens/Griese 1991).

Ein Management-Informationssystem (MIS) beinhaltet den gesamten Komplex von miteinander verknüpften Regeln, Verfahren, Einrichtungen und Personen, welche dazu beitragen, den Informationsfluss zu gestalten, um Entscheidungs- und Kontrollaufgaben zu unterstützen. Übergeordnetes Ziel eines Management-Informationssystems ist allgemein, die benötigten Informationen den richtigen Stellen zur richtigen Zeit zur Verfügung zu stellen. Aufgaben eines MIS sind im Einzelnen die Erfassung, Aufbereitung, Speicherung, Verdichtung, Analyse und Übermittlung von Daten. Typischerweise werden dabei keine bereichsübergreifenden MIS realisiert, sondern Subsysteme für einzelne Unternehmensbereiche, z. B. für den Marketing-Bereich sog. Marketing-Informationssysteme (MAIS). Abb. 1.11 zeigt den grundsätzlichen Aufbau eines Marketing-Informationssystems. Wesentliche Elemente eines MAIS sind:

– eine *Datenbank*, welche der Sammlung inner- und außerbetrieblicher Informationen dient,
– eine *Methodenbank*, welche die Anwendungssoftware für die mathematisch-statistische Datenverarbeitung enthält, und
– eine Modellbank, welche Modelle enthält, mittels derer Markt- und Unternehmenszusammenhänge in mathematisch-quantitativer Form abgebildet werden (z. B. Prognosemodelle, Preisabsatzfunktionen, Werbewirkungsfunktionen).

Verknüpft werden die Daten-, Methoden- und Modellbank mit entsprechenden Managementsystemen, um die Wartung und Pflege des MAIS für den Systemadministrator zu erleichtern und für den Anwender eine benutzerfreundliche Oberfläche zu schaffen.

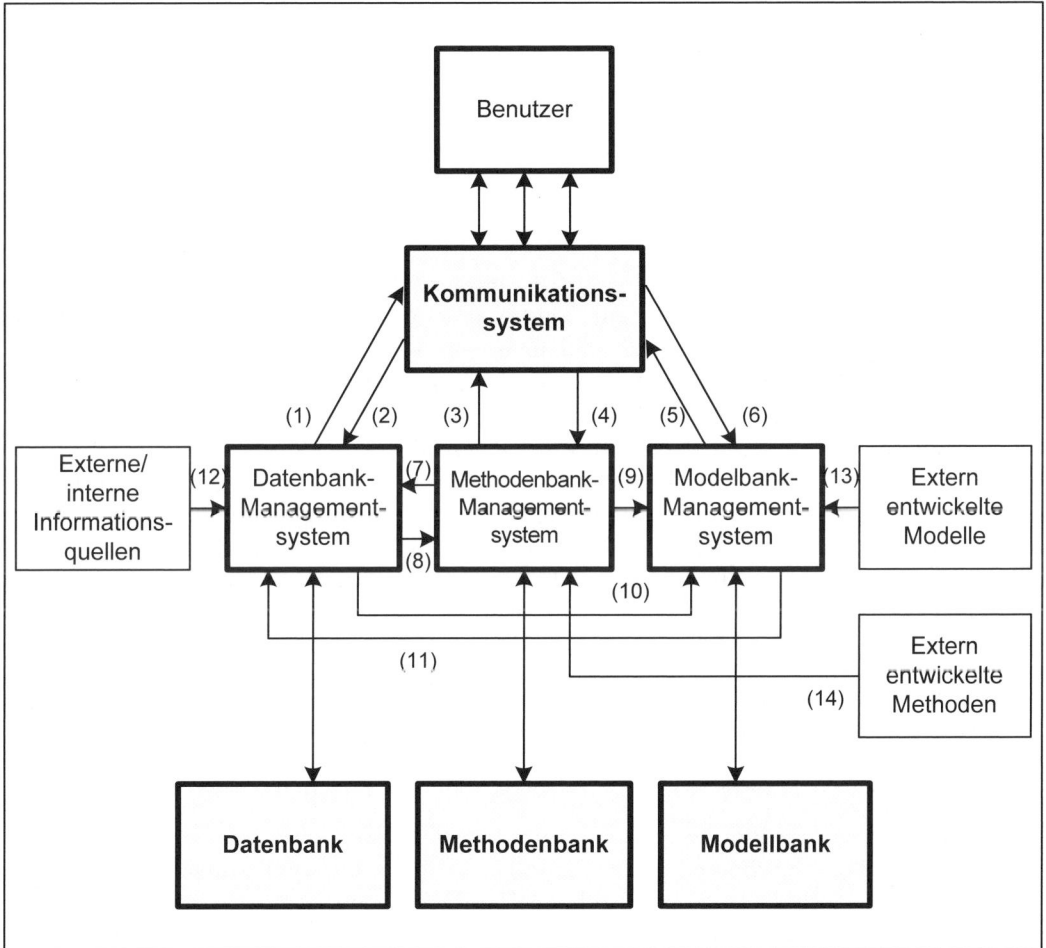

Quelle: Sander 2004, S. 232.
Abb. 1.11: Elemente und Struktur eines Marketing-Informationssystems

4.2 Institutsmarktforschung

Umfassende Primärerhebungen erfordern i. d. R. die Zusammenarbeit mit einem Marktforschungsinstitut. Ein Marktforschungsinstitut ist dabei ein selbstständiges kommerzielles Unternehmen, dessen Wertschöpfungsschwerpunkt in der Durchführung von Marktforschungsaktivitäten besteht und das Erhebungen selbstständig und ohne wesentliche Fremdhilfe durchführt (Full-Service-Institut). In dieser Definition nicht enthalten sind (vgl. zu den unterschiedlichen Abgrenzungen Hüttner/Schwarting 2002, S. 455 f.):

– nicht erwerbsorientierte Institute, z. B. Forschungsinstitute an Universitäten oder Wirtschaftsforschungsinstitute,

– Marktforschungsabteilungen von Unternehmen, z. B. von Werbeagenturen,

– Unternehmen, welche nur Teilleistungen anbieten (z. B. Feldorganisationen).

Nach ihrem *Tätigkeitsspektrum* können Marktforschungsinstitute unterteilt werden in allgemeine Institute, welche ein vollständiges Spektrum von Erhebungstypen und Dienstleistungen anbieten, und Spezialinstitute, welche sich auf bestimmte methodische Konzepte oder Branchen konzentrieren, etwa psychologische Marktforschung, Werbeforschung etc.

Gelegentlich finden sich Spezialinstitute als Tochtergesellschaften großer Institute, z. B. die GfK-Tochter I + G Gesundheitsforschung. Meist handelt es sich jedoch um kleinere, stark spezialisierte Institute, welche bestimmte Nischen bearbeiten und mit einer eigenständigen USP den Markt bearbeiten. Kleinere Institute haben eine überschaubare Anzahl von Kunden, die entsprechend persönlich betreut werden.

Die Anzahl der Marktforschungsinstitute kann nur schwer beziffert werden, da sie von der definitorischen Abgrenzung abhängt. Allgemein geht man davon aus, dass in Deutschland derzeit über 200 Marktforschungsinstitute vorhanden sind. Führend sind in Deutschland einige wenige Institute wie GfK (Nürnberg), TNS Infratest oder A.C. Nielsen, flankiert von einigen wenigen weiteren Unternehmen mittlerer Größe wie INRA, IPSOS oder das Institut für Demoskopie Allensbach. Der größte Anteil besteht jedoch aus kleinen bis sehr kleinen Instituten, welche teilweise sehr spezialisiert sind und oftmals nur sehr wenige Mitarbeiter beschäftigen. Die Branche ist dabei durch starke Konzentrationstendenzen charakterisiert, sei es durch Fusionen, sei es durch Kooperationen. Insbesondere im internationalen Bereich besteht die Tendenz zur Bildung von internationalen Netzwerken. Dabei ist festzustellen, dass der Wettbewerb ständig zunimmt.

Einen Gesamtüberblick über die Branche bietet das ähnlich erscheinende Handbuch der Marktforschungsunternehmen, welches vom Berufsverband Deutscher Markt- und Sozialforscher (BVM) herausgegeben wird. Neben Forschungsinstituten sind im Handbuch auch Berater, Studios, Feldorganisationen und andere Dienstleister vertreten; darüber hinaus zählen zu seinen Mitgliedern auch betriebliche und akademische Marktforscher. Ende 2005 zählte der Verband über 900 Mitglieder.

Verbände der Marktforschung sind auf nationaler Ebene der bereits erwähnte Berufsverband Deutscher Markt- und Sozialforscher e.V. (BVM) sowie der Arbeitskreis Deutscher Markt- und Sozialforschungsinstitute e.V. (ADM). Während der BVM die berufsständischen Interessen seiner Mitglieder vertritt, hat der ADM die Förderung der gemeinsamen Belange seiner Mitglieder wie auch eine gewisse Selbstkontrolle zum Ziel. Beide Verbände befassen sich auch mit berufsethischen Fragen, etwa Fragen der Vertraulichkeit und des

Datenschutzes, aber auch Stellungnahmen zu methodischen Fragen, z. B. Online-Befragungen, werden regelmäßig herausgegeben. Auf internationaler Ebene spielt insb. die ESOMAR eine Rolle (European Society for Opinion and Market-Research). Daneben ist auch die WAPOR (World Association for Public Opinion Research) zu erwähnen.

Typische *Felder der Institutsmarktforschung* sind nicht nur die Auftragsforschung, sondern auch die Durchführung „ungefragter" Erhebungen, welche anschließend an Interessenten vermarktet werden. Darüber hinaus werden immer wieder neue Untersuchungskonzepte entwickelt, um sich von der Konkurrenz abzuheben. In den letzten Jahren konnte dabei festgestellt werden, dass in zunehmendem Maße teilweise hochkomplexe Analyseverfahren eingesetzt werden, welche Spezialwissen erfordern und hohe Anforderungen an die Mitarbeiter stellen. Als Konsequenz können die methodischen Details von den Auftraggebern häufig kaum mehr nachvollzogen werden, sodass die Institute zunehmend Beratungsfunktionen wahrnehmen und auch Unterstützung bei der Implementierung bieten müssen (vgl. Berekoven/Eckert/Ellenrieder 2004, S. 39).

Hat sich ein Unternehmen für die Inanspruchnahme eines Instituts entschieden, ist eine *Auswahl* zu treffen. Folgende Kriterien können sich für die Auswahl als hilfreich erweisen (vgl. Pepels 1995, S. 149):
- Erfahrung bzw. Spezialisierung in relevanten Märkten oder in besonderen Erhebungsverfahren (z. B. Panelforschung),
- leistungsfähige personelle und sachliche Ausstattung,
- Größe und Zusammensetzung des Kundenkreises, ausgewiesen beispielsweise durch Referenzen anderer Auftraggeber,
- Mitgliedschaft in einschlägigen Fachverbänden wie BVM oder ADM, da die Mitgliedschaft an bestimmten Mindest(qualitäts-)anforderungen gebunden ist,
- Institutseigene Bemühungen und Grundsätze für Qualitätssicherung und Datenschutz,
- Möglichkeit des Konkurrenzausschlusses während der Projektdauer,
- Empfehlungen anderer Unternehmen (z. B. Lieferanten, Abnehmer) oder eigene Erfahrungen aus der Vergangenheit,
- laufende Kontrollmöglichkeiten seitens des Auftraggebers (Budget, Termine),
- „weiche" Kriterien wie räumliche Nähe, Sympathie etc.

Hat sich das Unternehmen für ein Institut entschieden, so muss es ein möglichst genaues Briefing erarbeiten, welches für das Institut Grundlage der Angebotsstellung ist. Dieses enthält z. B. Angaben über die konkrete Problemstellung, Zielgruppen, methodische Wünsche, Terminvorstellungen. Bei erstmaliger Zusammenarbeit werden i. A. Angebote verschiedener Institute eingeholt. Nach einer eventuellen Verhandlung über strittige Punkte erfolgt die Auftragsvergabe, in welcher folgende Sachverhalte verbindlich zu regeln sind (vgl. Pepels 1995, S. 150):
- ausführliche und präzise Problembeschreibung,
- Untersuchungsdesign (Stichprobe, Auswahlverfahren, Erhebungsverfahren etc.),
- Art der Ergebnisse,
- Kontaktpersonen im Institut und beim Auftraggeber,
- Leistungen, die der Auftraggeber beisteuert,

– detaillierte Kostenkalkulation mit Aufgliederung der Positionen in Vorarbeiten, Pretest, Feldarbeit, Auswertung, Präsentation usw.,
– Terminplanung (Zwischentermine, Berichtsabgabe, Präsentation),
– Form der Berichterstattung.

4.3 Sonstige Träger der Marktforschung

Externe Marktforschungsleistungen werden nicht nur von Instituten, sondern auch von einer ganzen Reihe weiterer Träger geliefert. Solche Träger bieten nicht das gesamte Leistungsspektrum eines Full-Service-Instituts, sondern sind auf bestimmte Leistungen spezialisiert. Abb. 1.12 zeigt die wichtigsten sonstigen Marktforschungsdienstleister im Überblick.

Träger	Kennzeichnung
Marktforschungs-berater	– Freiberufliche Spezialisten, die im Auftrag ihrer Kunden bei der Konzeption, Auswertung und Analyse von Erhebungen mitwirken – Oftmals fungieren sie als Bindeglied zwischen Unternehmen und Institut
Informationsbroker	– Spezialisten, die gegen Honorar bestimmte Informationen nachweisen, beschaffen und auswerten – Beispiel: Kundendatenverwerter, die das z. B. über Kundenkarten erhobene Material (Kaufverhalten, persönliche Daten) auswerten und ggf. an Dritte weitergeben
Marktforschungs-abteilungen von Werbeagenturen	– Betreuung bestimmter Kundenaufträge – Zusammenarbeit mit Instituten auf dem Gebiet der Werbeforschung
Feldorganisationen	– Bereitstellung von Interviewerstäben für den Auftraggeber (Unternehmen oder Institut – mittlerweile häufig auch Dateneingabe und -analyse
Teststudios	– Anbieter, welche Räumlichkeiten zur Durchführung von Interviews, Beobachtungen, Experimente zur Verfügung stellen – Sie bieten häufig auch personelle Kompetenzen an
Unternehmensver-bände	– unterhalten häufig eigene Marktforschungsstellen bzw. -abteilungen – führen eigene Studien für Verbandssmitglieder durch oder beauftragen ein Marktforschungsinstitut

Abb. 1.12: Sonstige Träger der Marktforschung

5. Prozess der Marktforschung

Eine fundierte Marktforschung setzt ein systematisches und planvolles Vorgehen voraus; in diesem Sinne kann die Marktforschungstätigkeit als ein Ablauf aufeinander folgender Phasen aufgefasst werden. Die verschiedenen Stufen des Marktforschungsprozesses sind in Abb. 1.13 dargestellt.

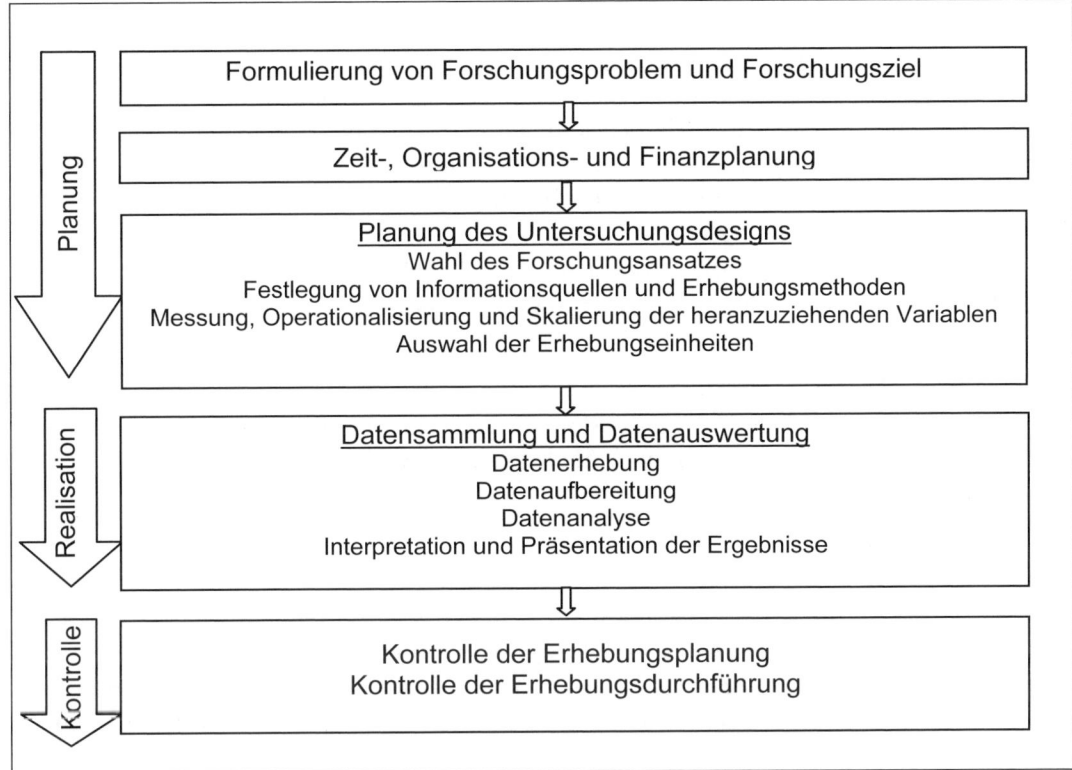

Abb. 1.13: Ablauf des Marktforschungsprozesses

Die erste Stufe des Marktforschungsprozesses bildet die *Formulierung des Forschungsproblems* und – darauf aufbauend – die Ableitung des konkreten Forschungsziels. Anstoß ist i. d. R. ein bestimmtes Marketing-Problem, etwa Verlust von Marktanteilen am Hauptkonkurrenten für ein bestimmtes Produkt, das vom Marketing-Management aufgedeckt und an die Marktforscher herangetragen wird. Daher sollten insbesondere in dieser Stufe Marketing-Manager und Marktforscher zusammenarbeiten, um das vorliegende Problem abzugrenzen, zu definieren und den konkreten Informationsbedarf festzustellen. Eine exakte Formulierung und schriftliche Fixierung des Forschungsproblems sind zu empfehlen (vgl. Sander 2004, S. 143). Auf dieser Grundlage wird das konkrete Forschungsziel i. S. einer Definition und Konkretisierung der Aufgabenstellung abgeleitet. So könnte im Falle eines Marktanteilrückgangs zu Gunsten des Hauptkonkurrenten (Marketingproblem) das Forschungsproblem beispielsweise lauten „Ermittlung der Ursachen für den Marktanteilsverlust". Daraus lässt sich z. B. folgendes Forschungsziel ableiten: „Erstellung eines Stärken-Schwächen-Profils des eigenen Produkts im Vergleich zum Konkurrenzprodukt unter Einbezug des Produkts selbst sowie der Produktvermarktung".

In der nächsten Stufe sind ein *Zeit-, Organisations- und Finanzplan* zu erstellen. In dieser Phase wird der Zeitrahmen für die Untersuchung abgesteckt; des Weiteren ist zu bestimmen, ob die Untersuchung unternehmensintern durch die betriebliche Marktforschung oder unternehmensextern durch ein Marktforschungsinstitut durchzuführen ist. Auch wird das zur Verfügung stehende Budget festgelegt.

Im Rahmen der *Planung des Untersuchungsdesigns* erfolgt die inhaltliche Planung und Konkretisierung der Erhebung. Unter einem Untersuchungsdesign versteht man dabei die Konzeption des Forschungsvorhabens, d .h. den Rahmen, welcher der Sammlung und Analyse der benötigten Informationen zu Grunde gelegt wird (vgl. Churchill/Iacobucci 2002, S. 90). Elemente eines Untersuchungsdesigns sind dabei
– der grundlegende Forschungsansatz,
– die Herkunft der Daten (Informationsquellen und Erhebungsmethoden),
– die Auswahl, Operationalisierung, Messung und Skalierung der heranzuziehenden Variablen sowie
– die Auswahl der Erhebungseinheiten.

Der grundlegende *Forschungsansatz* leitet sich zunächst aus den Forschungszielen ab; dementsprechend wird unterschieden in (vgl. Malhotra 2004, S. 75 f.)
– explorative Studien,
– deskriptive Studien und
– kausale Studien.

Während *explorative Studien* die Aufgabe haben, ein aktuelles Forschungsproblem zu erkunden und zu definieren, haben *deskriptive Studien* die Beschreibung von Sachverhalten – z. B. Marktphänomene – zum Gegenstand. *Kausale Studien* zielen schließlich auf die Ermittlung von Ursache-Wirkungszusammenhängen ab (vgl. ausführlich Kap. 1 im 2. Teil des Buches); dies erlaubt auch die Erstellung von Prognosen.

Damit zusammenhängend stellt sich auch die Frage, ob der heranzuziehende *methodische Ansatz* eher qualitativ oder eher quantitativ sein soll. *Quantitative Methoden* der Marktforschung richten sich insb. auf objektiv mengenmäßig messbare Größen. Die Datenerhebung erfolgt im Normalfall auf der Grundlage repräsentativer Stichproben mit dem Ziel, verallgemeinerbare Aussagen zu gewinnen. Typischerweise erfolgt die Datenauswertung unter Einsatz statistischer Verfahren. *Qualitative Methoden* stützen sich hingegen auf vergleichsweise kleine Fallzahlen und produzieren relativ „weiche" Daten. Auf eine Vorstrukturierung des Untersuchungsgegenstands wird verzichtet, um eine möglichst große Unvoreingenommenheit des Forschers zu gewährleisten. Die Interaktion zwischen Auskunftsperson und Forscher ist dabei integratives Merkmal qualitativer Methoden (vgl. Kepper 2000, S. 181 f.). Angestrebt wird weniger eine (statistische) Repräsentativität; vielmehr wird versucht, charakteristische Inhalte in Bezug auf das vorliegende Forschungsproblem herauszufiltern. Die Gewinnung von Erkenntnissen erfordert im Allgemeinen eine erhebliche Interpretationsleistung seitens des Forschers (vgl. Müller 2000, S. 131).

Forschungsziele qualitativer Forschungsmethoden sind insb. das Erkennen, Beschreiben und Verstehen psychologischer oder soziologischer Zusammenhänge, nicht aber deren Messung (vgl. Kepper 2000, S. 161). Aufgabenfelder qualitativer Marktforschung sind dabei (vgl. Kepper 1996, S. 140 ff.):

— *Strukturierung* des Untersuchungsfeldes durch Identifizierung und Erfassung relevanter Einflussfaktoren und Untersuchungsdimensionen;
— *qualitative Prognose* in solchen Fällen, bei denen Zahlenmaterial fehlt, Diskontinuitäten zu erwarten sind oder der Prognosegegenstand durch hohe Unsicherheit, Komplexität und Langfristigkeit gekennzeichnet ist;
— *Ursachenforschung,* insb. dann, wenn die Ursachen sehr komplex, tabuisiert oder noch wenig bekannt sind;
— *Ideengenerierung* durch Nutzung des kreativen Potenzials der Befragten;
— *Screening* von Alternativen, z. B. Ideen oder Konzepte.

Im Vergleich zu quantitativen Ansätzen zeichnen sich qualitative Methoden durch einen meist höheren zeitlichen und finanziellen Aufwand pro Erhebungsfall und durch eine schwierigere Codierung bzw. inhaltsanalytische Auswertung der Informationen aus; andererseits können einige Fragestellungen – z. B. Ideengenerierung, Ursachenforschung – nur mit Hilfe qualitativer Methoden angemessen bearbeitet werden (vgl. Tomczak 1992). Darüber hinaus liefern Studien auf der Grundlage qualitativer Methoden häufig den Input für quantitative Studien.

Nicht gleichzusetzen sind qualitative und quantitative Forschung mit subjektiver und objektiver Forschung: Zum einen sind beide Ansätze bemüht, objektive – i. S. von wertfreie – Daten zu erheben; zum anderen enthalten auch quantitative Methoden subjektive Elemente, z. B. bei der Auswahl und Operationalisierung der in die Untersuchung eingehenden Variablen, der Interpretation der Ergebnisse u.v.a.m. (vgl. Müller 2000, S. 135 ff.).

Nach der *Herkunft der Daten* werden Forschungsdesigns danach unterschieden, ob die benötigten Informationen auf der Grundlage von Sekundärerhebungen oder Primärerhebungen beschafft werden sollen. Im Rahmen der *Sekundärforschung* werden Daten gesammelt, die bereits zu einem früheren Zeitpunkt für ähnliche oder auch andere Zwecke erhoben wurden (vgl. Abschn. 2.1 im 2. Teil), wohingegen durch *Primärforschung* originäre Daten zum spezifischen Forschungsziel erhoben werden (vgl. Abschn. 2.2 im 2. Teil). Als Erhebungsmethoden unterscheidet man hierbei die Befragung sowie die Beobachtung. Darüber hinaus können als Sonderformen Panelerhebungen und Experimente unterschieden werden, welche Elemente einer Befragung und/oder einer Beobachtung beinhalten. Grundsätzlich wird eine Sekundäranalyse im Vorfeld durchgeführt; im Rahmen einer Primäranalyse werden anschließend diejenigen Informationen erhoben, welche die Sekundärforschung nicht oder nicht in der gewünschten Qualität zu liefern vermochte.

Bei der Entscheidung zwischen Primär- und Sekundärforschung spielen Zeit-, Kosten- und Nutzenaspekte eine Rolle. Eine Sekundärforschung ist in der Regel weniger zeit- und kostenintensiv als eine Primärforschung, ihr Nutzen ist aber auch häufig geringer – etwa weil die verfügbaren Daten nicht aktuell oder unvollständig sind. Eine Grundsatzentscheidung um Kosten und Nutzen der Beschaffung zusätzlicher Informationen kann mit Hilfe der

Bayes-Analyse getroffen werden (vgl. hierzu Berndt 1995, S. 113 ff.; Hammann/Erichson 2000, S. 54 ff.).

Wird eine Sekundärforschung gewählt, so sind Anforderungen an Menge und Qualität der Informationen zu formulieren sowie relevante *Datenquellen* zu identifizieren. Im Falle einer Primärforschung ist hingegen die *Erhebungsmethode* festzulegen (vgl. Kap. 2 im 2. Teil). Grundsätzlich ist die Eignung unterschiedlicher Erhebungsmethoden vom Konkretisierungsgrad des Marketingproblems und des daraus abgeleiteten Forschungsproblems abhängig (vgl. Böhler 2004, S. 30 f.). Bei schlecht strukturierten, komplexen und neuartigen Problemen eignen sich explorative Verfahren unter Anwendung einer qualitativen Marktforschung; bei klar definierten Problemen können je nach Forschungsziel deskriptive Forschungsdesigns auf der Grundlage quantitativer Erhebungsmethoden oder aber experimentelle Designs herangezogen werden. Im Rahmen des Untersuchungsdesigns ist weiterhin festzulegen, welche Merkmale bzw. Variablen in die Untersuchung einzubeziehen sind. Des Weiteren ist festzulegen, wie die Variablen zu messen und zu skalieren sind (vgl. Abschn. 3 im 2. Teil).

Grundsätzlich lassen sich die Ausprägungen der einzelnen Dimensionen von Forschungsdesigns beliebig miteinander kombinieren, einige Kombinationen sind jedoch nicht zweckmäßig oder unmöglich: So kann eine explorative Analyse nicht in Form eines Experiments stattfinden, da ein Experiment das Vorhandensein klar definierter Forschungshypothesen voraussetzt; andererseits sind Experimente die geeignetste Erhebungsmethode, um kausale Studien durchzuführen. Der Zusammenhang zwischen Forschungsansatz, Erhebungsverfahren und methodischem Ansatz ist in Abb. 1.14 dargestellt.

Erhebungs-verfahren / Forschungs-ansatz	Sekundär-erhebung	Primärerhebung					
		Befragung		Beobachtung		Panel	Experi-ment
		Quali-tativ	Quan-titativ	Quali-tativ	Quan-titativ		
Explorative Studien	•	•		•			
Deskriptive Studien	•		•		•	•	
Kausale Studien			(•)			(•)	•
• : zweckmäßige Kombination							

Abb. 1.14: Zusammenhang zwischen Forschungsansatz, Erhebungsverfahren und methodischem Ansatz

Unabhängig davon ist im Rahmen einer Primärerhebung festzulegen, welche *Erhebungseinheiten* in die Untersuchung gelangen sollen. Hier ist zunächst die Grundgesamtheit abzugrenzen; des Weiteren ist die Grundsatzentscheidung zwischen Vollerhebung und Teilerhebung zu treffen (vgl. Abschn. 4.1 im 2. Teil). Vollerhebungen bieten sich lediglich bei einer vergleichsweise kleinen Grundgesamtheit an, wie dies gelegentlich im Industriegütermarketing vorkommen kann; im Normalfall erfolgen Primäruntersuchungen jedoch auf der Grundlage von Teilerhebungen. In diesem Falle ist darüber zu befinden, welches Verfahren der Stichprobenauswahl heranzuziehen ist (vgl. Abschn. 4.2 im 2. Teil).

Liegt das Untersuchungsdesign fest, so sind in einer weiteren Stufe die Daten zu sammeln und auszuwerten, d. h. es findet die konkrete *Durchführung der Erhebung* statt. In einem ersten Teilschritt erfolgt die konkrete *Datenerhebung* (vgl. Abschn. 1 im 3. Teil). Im Rahmen einer Sekundäranalyse werden die Daten aus den identifizierten Quellen zusammengestellt und systematisiert. Bei einer Primärerhebung wird ggf. zunächst eine Pilotstudie durchgeführt (z. B. Test des Fragebogens im Hinblick auf Eindeutigkeit, Verständlichkeit usw.); anschließend erfolgt die eigentliche Feldarbeit, d. h. die konkrete (Haupt-)Erhebung der Daten.

Die erhobenen Daten werden anschließend *aufbereitet*. Hier werden z. B. nicht auswertbare Fragebögen aussortiert, die Daten werden anschließend editiert, codiert und in den Computer eingegeben (vgl. Abschn. 2 im 3. Teil). Daran schließt sich die (statistische oder qualitative) *Datenanalyse* an. Hierzu steht eine Vielzahl an Verfahren zur Verfügung (vgl. Abschn. 3 im 3. Teil), deren Eignung und Anwendbarkeit vom Forschungsziel sowie von der Art des zu Grunde liegenden Datenmaterials abhängt.

Die Ergebnisse der Datenanalyse werden anschließend interpretiert und dokumentiert (z. B. in Form eines zusammenfassenden schriftlichen Berichts). Üblicherweise erfolgt auch eine Ergebnispräsentation durch den (die) beauftragten Marktforscher gegenüber dem Auftraggeber. Im Rahmen einer Diskussion können Verständigungsprobleme beseitigt und Interpretationsspielräume der Ergebnisse ausgelotet werden.

In einem abschließenden Schritt erfolgt eine *Kontrolle* der Erhebung, um festzustellen, ob die Forschungsziele erfüllt wurden.

Es ist an dieser Stelle darauf hinzuweisen, dass zwischen den einzelnen Prozessstufen Rückkopplungen bestehen können, z. B. wenn im Rahmen der Datensammlung festgestellt wird, dass die Erhebungsmethode ungeeignet oder die Stichprobe nicht adäquat ist (vgl. Sander 2004, S. 142). Auch können bestimmte Teilphasen übersprungen werden, z. B. bei zeitlich wiederkehrenden Erhebungen zum gleichen Sachverhalt.

Teil 2: Planung des Erhebungsdesigns

1.   Wahl des Forschungsansatzes

Im Rahmen der Planung der Erhebung ist zunächst der grundlegende Forschungsansatz festzulegen. Wie in Kap. 5 des 1. Teils bereits erwähnt wurde, lassen sich Forschungsansätze in explorative, deskriptive und kausale Studien unterscheiden. Im Folgenden soll auf die einzelnen Forschungsansätze näher eingegangen werden.

1.1   Explorative Studien

Ziel einer *explorativen Analyse* ist die Gewinnung erster Einsichten zum aktuellen Forschungsproblem. Typischerweise finden explorative Analysen bei neuartigen, komplexen und schlecht strukturierten Forschungsproblemen Anwendung.

Explorative Studien sind geeignet, derartige Forschungsprobleme in wohldefinierte Teilprobleme herunterzubrechen und zu präzisieren und dienen somit der *Hypothesenfindung* (Churchill/Iacobucci 2002, S. 93). Typischerweise finden explorative Studien in einem frühen Stadium des Forschungsvorhabens statt, wenn es noch nicht möglich ist, konkrete Hypothesen zu formulieren. Darüber hinaus ist bei einem konkreten Marketingproblem häufig eine Fülle theoretisch möglicher Erklärungen gegeben – bei einem Umsatzrückgang etwa Missmanagement des Produktmanagers, schwache Werbekampagne, Wandel der Kundenbedürfnisse usw. Explorative Studien können hier dazu dienen, konkurrierende Erklärungen zu erkunden und auf der Grundlage der generierten Forschungshypothesen die vielversprechendsten zu selektieren. Insofern erlauben explorative Studien eine *Prioritätensetzung* bei der Projektauswahl (vgl. Böhler 2004, S. 37).

Weiterhin können explorative Analysen einen Beitrag zur Operationalisierung von Konstrukten leisten. Beispielsweise kann im Rahmen von Tiefeninterviews festgestellt werden, welche Dimensionen das Konstrukt „Kundenzufriedenheit" beinhaltet; diese Dimensionen können dann in der Hauptuntersuchung als Variablen in eine quantitative Repräsentativbefragung eingehen.

Aufgrund des zu Beginn einer Untersuchung geringen Kenntnisstands erfordern explorative Studien ein hohes Maß an Flexibilität und Kreativität seitens der Marktforscher; im Zuge des Forschungsvorhabens ist u. U. ein Wechsel der Forschungsmethode erforderlich, um sich dem veränderten Informationsstand anzupassen.

Der *methodische Ansatz* ist im Rahmen explorativer Analysen qualitativ orientiert; es wird nicht versucht, repräsentative Ergebnisse für die Grundgesamtheit zu gewinnen, sondern es wird eine kleine Gruppe von Untersuchungseinheiten möglichst umfassend und tiefgehend analysiert. In den meisten Fällen werden dabei psychologische oder soziologische Konstrukte untersucht.

Typische *Erhebungsverfahren* im Rahmen explorativer Analysen sind Sekundärerhebungen sowie (qualitative) Befragungen und Beobachtungen. Auch im Rahmen explorativer Analysen sollten zunächst Sekundärquellen herangezogen werden, da daraus erste Einblicke in mögliche Ursachen des aktuellen Problems gewonnen werden können. Besteht das aktuelle Marketingproblem etwa in einem Umsatzrückgang, so ist das Forschungsproblem grundlegend verschieden, wenn der Marktanteil des Unternehmens (ggf. im Vergleich zum Hauptkonkurrenten) stabil, steigend oder aber ebenfalls gesunken ist.

Darüber hinaus ist im Rahmen explorativer Untersuchungen die *Fallstudienanalyse* gebräuchlich (vgl. Churchill/Iacobucci 2002, S. 104 ff.). Hier werden ausgewählte Fälle des zu untersuchenden Sachverhalts intensiv analysiert. Durch das Herausfinden von Gemeinsamkeiten und Unterschieden können erste potenzielle Gesetzmäßigkeiten als Grundlage für die Formulierung von Forschungshypothesen festgestellt werden. Geeignete Fälle sind dabei solche,

– die Veränderungen reflektieren (z. B. im Zusammenhang mit der Einführung einer neuen Technologie),
– die Extrembeispiele darstellen (z. B. Fälle besonders erfolgreicher Unternehmen vs. Berichte spektakulärer Misserfolge) und
– welche die Abfolge von Ereignissen im Zeitablauf widerspiegeln.

Zu der Analyse ausgewählter Fälle zählt auch das häufig praktizierte *Benchmarking*. Benchmarking impliziert die Identifikation sog. Best Practice-Unternehmen; es handelt sich hierbei um Unternehmen, die bestimmte Aktivitäten im Vergleich zu anderen besonders erfolgreich durchführen. Dabei kann es sich um Konkurrenten aus derselben Branche handeln, besonders innovative Ansatzpunkte lassen sich jedoch auch aus der Analyse branchenfremder Unternehmen gewinnen. Im eigenen Unternehmen lassen sich Hinweise durch Vergleiche von erfolgreichen und weniger erfolgreichen Marketingmaßnahmen in der Vergangenheit gewinnen (Böhler 2004, S. 38); Voraussetzung hierfür ist die regelmäßige Erfassung und Aufbereitung unternehmensinterner Daten.

Im Rahmen von *Primärerhebungen* spielen bei explorativen Analysen qualitative Befragungs- und Beobachtungstechniken eine große Rolle. Gebräuchlich sind z. B. Tiefeninterviews und Gruppendiskussionen. Dadurch wird versucht, tiefere Einblicke in die Psychologie der Untersuchungseinheiten – z. B. Konsumenten – zu gewinnen. Qualitative Befragungen können nach der Anzahl der Befragten in Einzelinterviews und Gruppeninterviews unterschieden werden; nach dem Untersuchungssubjekt wird zwischen Konsumentenbefragung und Expertenbefragung differenziert. Da die verschiedenen Verfahren qualitativer Marktforschung in Abschn. 2.2.1.1.3 ausführlich behandelt werden, soll an dieser Stelle nicht näher darauf eingegangen werden.

1.2 Deskriptive Studien

Bei einem beträchtlichen Teil von Marktforschungsvorhaben handelt es sich um *deskriptive Analysen*. Ausgangspunkt deskriptiver Analysen sind konkrete Forschungshypothesen, welche z. B. durch explorative Analysen generiert wurden. Typische *Ziele* deskriptiver Analysen sind (vgl. Böhler 2004, S. 38; Churchill/Iacobucci 2002, S. 107):

– Beschreibung von Sachverhalten und Ermittlung der Häufigkeit ihres Auftretens (z. B.: „Wie viele Konsumenten gehören zu den Intensivverwendern eines Produkts, wie viele gehören zu den Normalverwendern und wie viele zu den Nichtverwendern?" „Durch welche Merkmale lassen sich Intensivverwender, Normalverwender bzw. Nichtverwender eines Produkts charakterisieren?"

– Ermittlung des Zusammenhangs zwischen Variablen (z. B.: „Führt eine Preissenkung zu einer Erhöhung des Anteils der Verwender eines Produkts?")

– Vorhersage von Entwicklungen zur Identifikation eines ggf. vorhandenen Handlungsbedarfs (z. B.: „Wie wird sich nach jetzigem Kenntnisstand der Umsatz in den nächsten fünf Jahren entwickeln?")

Deskriptive Studien gehen von einem genau festgelegten Forschungsziel und einem konkret definierten Informationsbedarf aus; auf dieser Grundlage wird ein detaillierter *Marktforschungsplan* erstellt, in welchem Inhalte, Methoden, Termine, Zuständigkeiten usw. festgelegt werden. Im Gegensatz zu explorativen Studien werden weniger Flexibilität und Kreativität, sondern vielmehr Objektivität, Validität und Reliabilität der Messungen gefordert (vgl. hierzu Abschn. 3.1.3.2). Deskriptive Analysen erfolgen zumeist in Form repräsentativer Teilerhebungen. Der *methodische Ansatz* bei deskriptiven Studien ist quantitativ. Erhoben werden die Daten bei einer großen Anzahl von repräsentativ ausgewählten Untersuchungseinheiten; die Daten werden anschließend umfassend statistisch ausgewertet. Typische Erhebungsmethoden sind dabei die Befragung und die Beobachtung (vgl. die Abschnitte 2.2.1 und 2.2.2 in diesem Teil), wobei der (standardisierten) Befragung die größte Bedeutung zukommt.

Je nachdem, ob die Daten zu einem bestimmten Zeitpunkt erfasst werden oder ob sie wiederholt erhoben werden, können folgende deskriptive Forschungsanordnungen unterschieden werden (vgl. Malhotra 2004, S. 80 ff.):

– Querschnittsanalysen und

– Längsschnittsanalysen.

Im Rahmen von *Querschnittsanalysen* werden Daten erhoben, die sich auf einen bestimmten Zeitpunkt beziehen (z. B. Image des Unternehmens bei den relevanten Zielgruppen). Insofern beschreiben Querschnittsanalysen den Status quo der untersuchten Größen. Querschnittsanalysen stellen die in der Praxis häufigste Form deskriptiver Studien dar und werden typischerweise auf der Grundlage standardisierter Fragebögen durchgeführt. Im Rahmen von Querschnittsanalysen werden i.d.R. mehrere Variablen gleichzeitig erhoben; neben der isolierten Betrachtung der Häufigkeitsverteilungen der einzelnen Variablen (z. B. Kaufmenge eines Produkts) werden zumeist auch Häufigkeiten des Auftretens der Variablenausprägungen mehrerer Variablen gleichzeitig untersucht (z. B. Kaufmenge bei Konsumenten unterschiedlicher Altersgruppen); dies bildet die Grundlage für Identifikation und statistische Überprüfung von Zusammenhangshypothesen.

Vorteilhaft an Querschnittsanalysen ist die Möglichkeit, relevante Sachverhalte umfassend zu erfassen, mit Hilfe statistischer Methoden zu analysieren und verallgemeinerbare Ergebnisse für die Grundgesamtheit zu gewinnen (entsprechende Qualität der Messmethoden vorausgesetzt). *Nachteilig* ist zum einen die vergleichsweise oberflächliche Beschreibung der Untersuchungsobjekte; zum anderen darf die Möglichkeit umfassender statistischer Auswertungen nicht darüber hinwegtäuschen, dass häufig nur eine Scheingenauigkeit erreicht wird. Darüber hinaus sind solche Studien vergleichsweise zeit- und kostenintensiv.

Während Querschnittsanalysen primär der Beschreibung von Sachverhalten dienen, eignen sich *Längsschnittanalysen* zur Erfassung von Entwicklungen, da hier die benötigten Daten wiederholt zu verschiedenen Zeitpunkten erhoben werden. Einen Spezialfall von Längsschnittanalysen stellen *Panelerhebungen* dar, bei welchen derselbe Personenkreis wiederholt zum selben Forschungsgegenstand befragt bzw. beobachtet wird (vgl. hierzu ausführlich Abschn. 2.2.3.1 in diesem Teil).

Längsschnittanalysen erlauben zum einen die Anwendung von Verfahren der Zeitreihenanalyse auf die einbezogenen Variablen und bilden damit die Grundlage für Prognosen. Zum anderen ermöglicht die Analyse von Längsschnittdaten auch die Untersuchung des Wechselverhaltens von Untersuchungseinheiten, z. B. Markenwechsel. Darüber hinaus können die aufgezeigten Entwicklungen zu anderen Variablen in Beziehung gesetzt werden, z. B. das Markenwahlverhalten in Abhängigkeit von bestimmten Ausprägungen von Marketingvariablen im Zeitablauf (etwa Werbekampagnen oder Preissenkungen; vgl. Malhotra 2004, S. 83 f.).

Zu beachten ist, dass deskriptive Studien zwar – neben der reinen Beschreibung von Sachverhalten – auch den Zusammenhang zwischen Variablen aufdecken können und somit auch zur Erklärung und (Wirkungs-)Prognose beitragen, z. B. Wirkungszusammenhang zwischen Preishöhe und Marktanteil; allerdings werden bei deskriptiven Studien sog. *Störgrößen* nicht explizit berücksichtigt (z. B. Marketingmaßnahmen der Konkurrenz, konjunkturelle Lage u.v.a.m.), sodass die ermittelten Zusammenhänge kritisch zu hinterfragen sind (vgl. Böhler 2004, S. 40).

1.3 Kausale Studien

Mit Hilfe kausaler Studien werden *Kausalhypothesen* überprüft. Kausalität bedeutet dabei, dass zwischen den untersuchten Variablen Ursache-Wirkungs-Beziehungen bestehen.

Im Gegensatz zum naturwissenschaftlichen Verständnis von Kausalität – Ursache X führt unter bestimmten Bedingungen immer und zwangsläufig zu Wirkung Y aufgrund natürlicher Gesetzmäßigkeiten – ist Kausalität im sozialwissenschaftlichen Sinne an folgende Aspekte gebunden (vgl. Churchill/Iacobucci 2002, S. 130 ff.):

– Bei der Untersuchung des Einflusses einer Variablen X auf eine Variable Y wird davon ausgegangen, dass die betrachtete erklärende Variable X nur *eine* der möglichen Ursachen für Variable Y ist, jedoch nicht die einzige.

– Wird ein Einfluss von Variable X auf Variable Y festgestellt, so impliziert dies, dass eine bestimmte Ausprägung von Variable X unter bestimmten Bedingungen eine spezifische Ausprägung der Variable Y *wahrscheinlich* zur Folge hat; ein strenger deterministischer Zusammenhang zwischen den betrachteten Variablen kann im Allgemeinen nicht angenommen werden.

– Dass Variable X die Ursache von Variable Y ist, kann im positiven Sinn nie *bewiesen* werden; allenfalls kann ein möglicher Zusammenhang widerlegt werden, allerdings auch nur mit einer bestimmten Wahrscheinlichkeit.

Der *methodische Ansatz* bei kausalen Studien ist typischerweise quantitativ. Zwar wird auch im Rahmen explorativer Studien nach Ursachen für bestimmte Phänomene gesucht, die Methodik ist dort jedoch qualitativ orientiert, Hypothesen liegen nicht vor. Im Rahmen kausaler Studien liegen hingegen konkrete Forschungshypothesen vor, welche im Detail zu überprüfen und statistisch abzusichern sind. Von deskriptiven Analysen, welche ebenfalls in der Lage sind, Ursache-Wirkungs-Beziehungen aufzudecken, unterscheiden sich kausale Studien durch den Versuch, Störgrößen explizit zu kontrollieren (vgl. Böhler 2004, S. 40). Darüber hinaus handelt es sich bei explorativen und deskriptiven Analysen umsog. „Ex post facto"- Forschung, d. h. bei Untersuchung der Kriteriumsvariable Y wird nachträglich und rückblickend nach möglichen Ursachen gesucht; bei kausalen Studien wird der Zusammenhang hingegen ex ante durch systematische Variation der unabhängigen Variable(n) analysiert. Kausale Studien erfolgen typischerweise mittels *Experimente*. Die einzelnen Versuchsanordnungen unterscheiden sich u. a. dadurch, in welcher Form und in welchem Ausmaß Störgrößen explizit berücksichtigt werden. Gemeinsam ist allen Experimenten, dass eine oder mehrere unabhängige Variable(n) durch den Experimentator variiert werden, wobei – im Idealfall – alle anderen Einflussfaktoren kontrolliert werden. Dies erlaubt die Isolierung der Wirkung der unabhängigen auf die abhängige(n) Variable(n). Als experimentelle Stimuli werden Marketing-Variablen herangezogen; als abhängige Variablen werden üblicherweise ökonomische (z. B. Absatzmenge) oder psychologische (z. B. Markenbekanntheit) Variablen untersucht. Zu erwähnen ist, dass Experimente – genauso wie Panelerhebungen und qualitative Erhebungsverfahren – keine eigenständigen Erhebungsverfahren darstellen, da die Datenerhebung in Form von Befragungen und/oder Beobachtungen erfolgt. Experimente werden ausführlich in Abschn. 2.2.4 dargestellt. Neben Experimenten können auch *Panelerhebungen* kausale Zusammenhänge aufdecken, sofern sie in deren Aufbau den Anforderungen an quasi-experimentelle Anordnungen genügen (vgl. Böhler 2004, S. 54).

2.   Wahl der Erhebungsmethode

2.1   Sekundärforschung

2.1.1   Quellen der Sekundärforschung

> Unter einer Sekundärerhebung versteht man die Sammlung und Auswertung von Daten, die zu einem früheren Zeitpunkt, ggf. auch zu einem anderen Zweck bereits erhoben wurden.

Insofern beschränkt sich die Sekundärforschung („desk research") auf die Suche, Sammlung, Sichtung und Auswertung von bereits vorhandenem Datenmaterial unter den speziellen Aspekten der aktuellen Fragestellung. *Quellen* der Sekundärforschung können unternehmensintern und unternehmensextern sein. *Interne Quellen* der Sekundärforschung sind insbesondere bei der Erhebung unternehmensspezifischer Informationen heranzuziehen. Rechnungswesen und Controlling liefern beispielsweise kontinuierliche Informationen über betriebswirtschaftliche Eckdaten (Kostenstruktur/Kostenentwicklung, Bilanzkennzahlen, Deckungsbeiträge usw.). Die Absatz- und Umsatzstatistik ermöglicht Einblicke in die Leistungstiefe eines Unternehmens, seiner Geschäftsbereiche, Märkte und Produkte. Eine weitere wichtige Quelle sind frühere Erhebungen des Unternehmens. Abb. 2.1 gibt einen Überblick über wichtige unternehmensinterne Quellen der Sekundärforschung.

Quellen	Beispiele
Rechnungswesen und Controlling	• Kostenstruktur und -entwicklung • Deckungsbeiträge • Bilanzkennzahlen • Rentabilität/Gewinn
Absatz- und Vertriebsstatistik	• Auftragseingänge und -bestände • Außendienstberichte • Kundendienstberichte (Garantiefälle, Reklamationen, Mahnungen etc.) • Vertriebswegeerfolgskennziffern
Produktions- und Lagerstatistik	• Produktionskapazität • Kapazitätsauslastung • Lagerbestände
Frühere Primärerhebungen	• Produktanalysen • Kundenanalysen • Wettbewerbsanalysen • Imageanalysen

Abb. 2.1: Ausgewählte unternehmensinterne Quellen der Sekundärforschung

Damit diese Daten für Marketingentscheidungen herangezogen werden können, sollten sie in entscheidungsrelevanten Untergliederungen vorliegen, z.B. nach (vgl. Böhler 2004, S. 65):

– Produkten bzw. Produktgruppen,
– Verkaufsgebieten,
– Absatzwegen,

– Kunden bzw. Kundengruppen,

– Auftragsgrößenklassen usw.

Durch die regelmäßige Erfassung und Speicherung o. g. Daten kann das Unternehmen eine *interne Datenbank* aufbauen, von der relevante Informationen jederzeit abrufbar sind. Zu beachten ist, dass die technischen Möglichkeiten moderner IT-Systeme solche Datenbanken sehr schnell zu einer kaum mehr handhabbaren Datenfülle führen. Schätzungen zufolge verfügen Unternehmen der Markenartikelindustrie heutzutage über die 100- bis 1000-fache Menge an Daten als noch vor wenigen Jahren, insb. als Konsequenz aus der Verbreitung der Scanner-Technologie. WalMart verfügt beispielsweise derzeit über eine Datenbank von 24 Terabytes (1 Terabyte = 1000 Gigabytes) (vgl. Churchill/Iacobucci 2002, S. 40).

Zur Auswertung einer derartigen Datenfülle hat sich das sog. *Data Mining* etabliert. Die Systeme arbeiten auf der Grundlage des sog. Massively Parallel Processing (MPP) oder des Symmetric Multiprocessing (SMP), welche es erlauben, eine Fülle von Daten simultan zu verarbeiten (vgl. Churchill/Iacobucci 2002, S. 41). Mit Hilfe des Data Mining wird das Verbraucherverhalten modelliert; als Analysemethoden werden neben den klassischen multivariaten Verfahren der Datenanalyse wie Regressionsanalyse, Clusteranalyse und Diskriminanzanalyse (vgl. hierzu den Überblick in Abschn. 3 im 3. Teil) auch neuere Ansätze, wie z. B. Neuronale Netze, herangezogen (vgl. Böhler 2004, S. 66).

Externe Quellen sind insbesondere zur Erhebung von Informationen über die globale Umwelt sowie von Brancheninformationen von Bedeutung. Sie können in konventioneller Form als Printprodukte oder aber in elektronischer Form vorliegen (CD ROMs, Online-Datenbanken, Internet). Abb. 2.2 gibt einen Überblick über wichtige unternehmensexterne Quellen der Sekundärforschung. Globale Umweltdaten (gesamtwirtschaftliche, politische, technologische etc. Rahmendaten) werden von diversen Institutionen regelmäßig erhoben und veröffentlicht. Die Publikationen der *amtlichen Statistik* (z. B. Statistisches Jahrbuch für die Bundesrepublik Deutschland, die Monatszeitschrift „Wirtschaft und Statistik" und der „Statistische Wochendienst") liefern Informationen auf gesamtdeutscher Ebene, wohingegen Informationsmaterialien der statistischen Ämter von Ländern und Gemeinden differenziertere Daten zu einzelnen Regionen/Gemeinden bereitstellen. *Ministerien* und *staatliche Institutionen* veröffentlichen ebenfalls allgemeine Wirtschaftsdaten, aber auch spezifische Informationen zu bestimmten Branchen. Detailliertere Brancheninformationen erhält man darüber hinaus von *Wirtschaftsverbänden*. Neben Branchenstatistiken, Branchenberichten und Betriebsvergleichen bereiten viele Verbände Daten amtlicher und nichtamtlicher Quellen für die Verbandsmitglieder auf.

Wertvolle Informationen sind von *wirtschaftswissenschaftlichen Instituten* erhältlich. So befasst sich z. B. das Ifo-Institut München insb. mit Konjunkturforschung sowie mit der Erforschung von Struktur und Entwicklung einzelner Wirtschaftszweige. Fragestellungen im Zusammenhang mit dem Handel werden am Institut für Handelsforschung (Köln) sowie an der Forschungsstelle für den Handel (Berlin) behandelt. Auch *Marktforschungsinstitute* liefern zahlreiche Sekundärmaterialien insb. in Form von Studien und Forschungsberichten zu speziellen Fragestellungen wie auch Paneldaten. Eine wichtige Quelle für Wettbewerbsinformationen liefern insb. Unternehmensveröffentlichungen, Imagebroschüren, Kataloge, Geschäftsberichte.

Quellen	Beispiele
Amtliche Statistik	• Statistisches Bundesamt • Statistische Landesämter • Statistische Ämter der Gemeinden • Statistisches Amt der Europäischen Gemeinschaften
Ministerien und staatliche Institutionen	• Bundes- und Landesministerien (z. B. für Wirtschaft, Finanzen, Landwirtschaft) • Öffentliche Anstalten, Ämter und Verwaltungen (z.B. Kraftfahrtbundesamt, Bundesagentur für Arbeit, Industrie- und Handelskammern) • Internationale Behörden (EU, OECD, GATT, UNCTAD) • Internationale Organisationen (z.B. IWF, Weltbank, FAO)
Wirtschaftsverbände	• Bundesverband der Deutschen Industrie (BDI) • Zentralverband Elektrotechnik und Elektronikindustrie (ZVEI) • Verband der Automobilindustrie e.V. (VDA) • Spezialverbände wie z.B. ZAW (Zentralausschuss der deutschen Werbewirtschaft), kommunikationsverband.de etc.
Wirtschaftswissenschaftliche Institute	• IFO-Institut, München • Institut für Handelsforschung an der Universität zu Köln • Hamburger Weltwirtschaftsarchiv (HWWA) • Institut für Weltwirtschaft, Kiel • Forschungsstelle für den Handel, Berlin
Markforschungsinstitute	• GfK-Gruppe • TNS Emnid • Institut für Demoskopie Allensbach • AC Nielsen • Forsa Gesellschaft für Sozialforschung und statistische Analysen
Allgemeine Fachpublikationen	• Zeitungen und Zeitschriften • Fachbücher, Fachzeitschriften • Firmenveröffentlichungen • Bibliographien
Datenbanken	• Offline-Datenbanken • Online-Datenbanken
Internetbasierte Informationsquellen	• Online-Publikationen • Suchmaschinen (z. B. Google, Lycos) • Webkataloge (z. B. Yahoo!) • Link-Listen

Abb. 2.2: Ausgewählte unternehmensexterne Quellen der Sekundärforschung

Eine steigende Bedeutung für die Beschaffung sekundärstatistischer Daten kommt *Datenbanken* zu. Die Fortschritte in der Telekommunikation haben gerade in den letzten Jahren dazu geführt, dass eine Vielzahl externer Datenbanken einem wachsenden Kreis von Nutzern zu akzeptablen Kosten zur Verfügung steht. Dadurch werden Recherchen zum einen erheblich beschleunigt, zum anderen bieten solche Datenbanken erhebliche Vorteile im Hinblick auf Aktualität, Quantität und Qualität der verfügbaren Informationen (vgl. Hammann/Erichson 2000, S. 78). Abb. 2.3 zeigt einige für Marketingentscheidungen relevante Datenbanken gegliedert nach Einsatzgebieten.

Anwendungsgebiet	Datenbank-Einsatz	Datenbank-Beispiele
1. Primärmarktforschung Stichprobenbildung, Stichprobenauswahl)	• Adress-Datenbanken • Unternehmensverzeichnisse	AZ Direct Marketing, Donnelly & Geradi, PAN-Adress, DUN´s, KOMPASS
2. Sekundärmarktforschung • Wettbewerbsbeobachtung und -analysen	• Wirtschaftspressedatenbanken • Unternehmensverzeichnisse • Markt-Abstracts • Paneldatenbanken • Technische Datenbanken • Patent-Datenbanken	PTS Newsletter, Textline DUN´s, KOMPASS, PTS PROMT, INMARKT, INF´ACT, FIZ-Technik-DB, JAPI, STN-Datenbanken
• Markt-/ Branchenbeobachtung und -analysen	• Markt-Abstracts • Wirtschaftspressedatenbanken • Statistik-Datenbanken • Marktstudienverzeichnisse • Paneldatenbanken	PTS PROMT, PTS Newsletter, Textline, DRI-/WEFA-Datenbanken, DATAMONITOR, EUROMONITOR, MAID, Findex, F&S, INMARKT INF´ACT
• Konjunkturbeobachtung und Länderanalysen	• Volkswirtschaftliche Datenbanken • Länderdatenbanken	DRI-/WEFA-Datenbanken, COUNTRY REPORT SERVICES, GLOBAL REPORT
• Umfeldbeobachtung und -analyse	• Wirtschaftspressedatenbanken • Sozialwissenschaftliche Datenbanken • Juristische Datenbanken • Technische Datenbanken	PTS Newsletter, Textline, PUBLIC OPINION ONLINE, JURIS, FIZ-Technik-Datenbanken
3. Database-Marketing • Direkt-Werbung	• Adress-Datenbanken	AZ Direct Marketing, Donnelly & Geradi, PAN-Adress
• Direktvertrieb	• Unternehmensverzeichnisse • Telefon/Fax-Verzeichnisse • Mikrogeographische Datenbanken	DUN´s, KOMPASS, World Fax Directory, Büro-Compact, LOCAL, IDENT, REFIO SELECT, SPA, DART, MICRO-TYP, CAS, MEDIAPOINT, SELECT-P
4. Werbung	• Anzeigen-Datenbanken • Messe-Datenbanken • Motiv-Datenbanenk • Media-Datenbanenk • Warenzeichen-Datenbanken • Werbestatistik • Werbeliteratur	Genios Operator, GOFI, MEDIA PIGE FAIR BASE, Eventline, M+A Messeplaner, IMAGE GALLERY, Grafik Bibliothek FIPS/ Bauer Marketing, MEDIATHEK/Media-Service, TRADEMARKSCAN, S+P/Nielsen, COMDATA
5. Produktpolitik • Ideensuche • Neue Produkte, neue Anwendungen	• Markt-Abstracts • Technische Datenbanken	PTS PROMT JAPI
6. Konditionenpolitik Preis-Monitoring	• Statistik-Datenbank • Panel-Datenbank	DRI, WEFA INMARKT, INF´ACT

Quelle: Heinzelbecker 1995, Sp. 425 f.
Abb. 2.3: Einsatzgebiete externer Datenbanken im Marketing

Grundsätzlich lassen sich Datenbanken in bibliographische Datenbanken, die lediglich auf bestimmte Informationen hinweisen (z. B. ABI/INFORM auf Management-Literatur), und

Fakten-Datenbanken, deren Inhalte unmittelbar verwertbar sind, unterteilen. Letztere lassen sich wiederum in nummerische Datenbanken (z. B. statistische Zeitreihen, Tabellen), Text-Datenbanken (Auszüge oder Volltext) und Verzeichnisse (Adressen, Herstellernachweise usw.) gliedern (vgl. Heinzelbecker 1995, Sp. 421 f.). Solche Datenbanken können sowohl off-line als CD-ROMS wie auch online verfügbar sein. Zu den Betreibern von *Online-Datenbanken* zählen (vgl. Fantapié Altobelli/Sander 2001, S. 72):

- *Professionelle Informationsdienste:* Die weltweit größten Informationsdienste sind durchweg im Internet präsent. Von großer Bedeutung ist GENIOS (www.genios.de), ein Dienst der Verlagsgruppe Handelsblatt, der die Suche in 500 Datenbanken in Deutschland und weiteren 150 in Österreich und in der Schweiz ermöglicht. Weitere Informationsdienste sind DIALOG (www.dialog.com), LEXIS-NEXIS (www.nexis.com), Questel (www.questel.orbit.com).
- *Amtliche bzw. halbamtliche Institutionen:* Dazu gehören z. B. Datenbanken des Statistischen Bundesamtes (www.statistik-bund.de) oder der Industrie- und Handelskammern (www.ihk.de), welche eine Vielzahl – teilweise gebührenpflichtiger – Informationen bereithalten.
- *Internationale Organisationen:* Datenbanken internationaler Organisationen stellen eine Vielzahl an Daten zu verschiedenen Ländern bzw. Ländergruppen zur Verfügung. Beispiele sind die Weltbank (www.worldbank.org), die OECD (www.oecd.org) oder die Welthandelsorganisation (www.wto.org.)

Neben Datenbanken können marketingrelevante Informationen aus einer Vielzahl weiterer *internetbasierter Quellen* entnommen werden (vgl. Fantapié Altobelli/Sander 2001, S. 72). Eine erste wichtige Gruppe stellen Online-Publikationen dar. Dazu gehören:

- *Wissenschaftliche Einrichtungen:* Gerade wissenschaftliche Einrichtungen wie Universitäten, Forschungsinstitute u. ä. ermöglichen den – meist kostenlosen – Zugriff auf aktuelle Forschungsberichte und Wirtschaftsdaten.
- *Unternehmen:* Unternehmensdaten können häufig über deren Website abgerufen werden. Viele Medienunternehmen unterhalten darüber hinaus Archive mit den verschiedensten Informationen, u. a. auch aktuelle Marketing-Studien, wie z. B. werben&verkaufen (www.wuv.de).
- *Marktforschungsinstitute:* Die renommierten Marktforschungsinstitute wie Forrester Research (www.forrester.com), Jupiter Communications (www.jup.com), Nielsen (www.acnielsen.com) und in Deutschland die Gesellschaft für Konsumforschung (www.gfk.de) oder W3B (www.w3b.de) bieten im Internet zum einen Zusammenfassungen und Auszüge aktueller Studien an, zum anderen können die vollständigen Studien – i. d. R. gegen Gebühr – per E-Mail bestellt werden.

Weitere internetbasierte Quellen der Sekundärforschung sind (vgl. Weis/Steinmetz 2002, S. 57 ff.):

- *Suchmaschinen.* Nach Eingabe eines Suchbegriffs erhält der Nutzer eine Liste von Webseiten, die diesen Suchbegriff enthalten. Bekannte Suchmaschinen sind Google, Lycos, Altavista und Excite.
- *Webkataloge.* Diese sind darauf spezialisiert, Quellen redaktionell zu überprüfen, aufzubereiten und die dazugehörigen WWW-Adressen in Themenbereichen zu katalogisieren. Bekanntester Webkatalog ist Yahoo!
- *Link-Listen.* Diese beinhalten eine Sammlung von Informationen zu bestimmten Themen in Form von Hinweisen auf themenverwandte Websites.

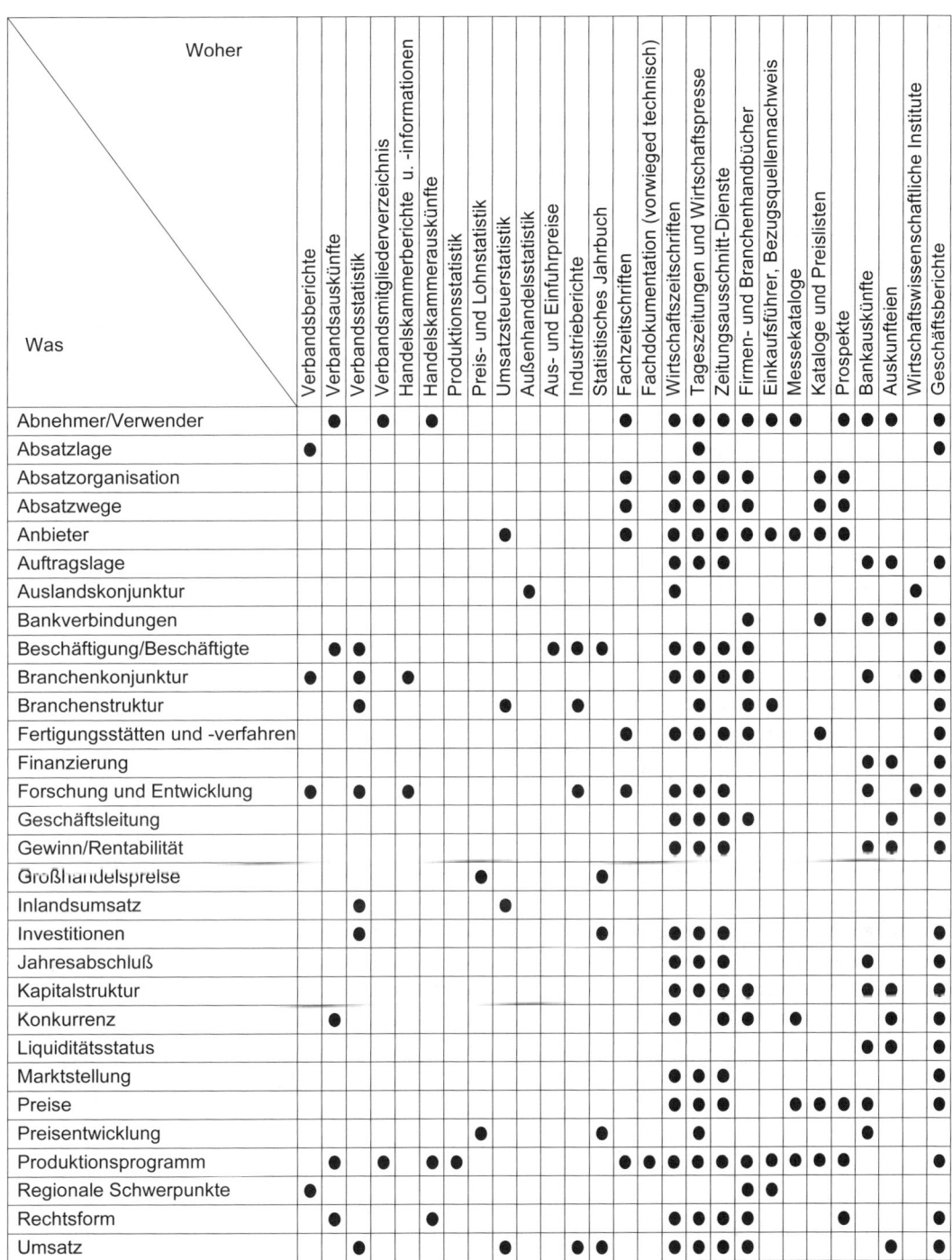

Was \ Woher	Verbandsberichte	Verbandsauskünfte	Verbandsstatistik	Verbandsmitgliederverzeichnis	Handelskammerberichte u. -informationen	Handelskammerauskünfte	Produktionsstatistik	Preis- und Lohnstatistik	Umsatzsteuerstatistik	Außenhandelsstatistik	Aus- und Einfuhrpreise	Industrieberichte	Statistisches Jahrbuch	Fachzeitschriften	Fachdokumentation (vorwieged technisch)	Wirtschaftszeitschriften	Tageszeitungen und Wirtschaftspresse	Zeitungsausschnitt-Dienste	Firmen- und Branchenhandbücher	Einkaufsführer, Bezugsquellennachweis	Messekataloge	Kataloge und Preislisten	Prospekte	Bankauskünfte	Auskunfteien	Wirtschaftswissenschaftliche Institute	Geschäftsberichte
Abnehmer/Verwender		•		•		•								•		•	•	•	•	•	•		•	•	•		•
Absatzlage	•															•											•
Absatzorganisation														•		•	•	•	•			•	•				
Absatzwege														•		•	•	•	•			•	•				
Anbieter								•						•		•	•	•	•	•	•	•					
Auftragslage														•		•	•							•	•		•
Auslandskonjunktur										•				•												•	
Bankverbindungen																			•				•	•	•		•
Beschäftigung/Beschäftigte		•	•						•	•	•			•		•	•										•
Branchenkonjunktur	•		•	•										•		•	•					•			•	•	•
Branchenstruktur		•						•			•			•					•	•							•
Fertigungsstätten und -verfahren														•		•	•	•			•						•
Finanzierung																								•	•		•
Forschung und Entwicklung	•		•	•						•	•		•	•	•	•						•			•	•	•
Geschäftsleitung														•		•	•	•							•		•
Gewinn/Rentabilität														•		•	•							•	•		•
Großhandelspreise								•					•														
Inlandsumsatz		•						•																			
Investitionen		•											•	•		•	•										•
Jahresabschluß														•		•	•							•			•
Kapitalstruktur														•		•	•	•						•	•		•
Konkurrenz		•												•			•	•		•					•		•
Liquiditätsstatus																								•	•		•
Marktstellung														•		•	•										•
Preise														•		•	•			•	•	•	•				•
Preisentwicklung								•					•	•											•		
Produktionsprogramm		•		•		•	•					•	•	•	•	•	•	•	•	•	•	•					•
Regionale Schwerpunkte	•																			•	•						
Rechtsform		•				•								•		•	•	•				•			•		•
Umsatz			•						•		•	•		•		•	•	•	•							•	•

Quelle: Schwarz 1987, S. 92.

Abb. 2.4: Informationsbeschaffung aus Sekundärliteratur

Abb. 2.4 enthält abschließend einen Überblick über die Eignung verschiedener Quellen der Sekundärforschung für die einzelnen Marketing-Fragestellungen.

2.1.2   Beurteilung der Sekundärmarktforschung

Wesentliche *Vorteile* sekundärstatistischer Datengewinnung liegen in der Schnelligkeit und Kostengünstigkeit der Informationsbeschaffung. Selbst kommerzielle Daten von Marktforschungsinstituten verursachen nur einen Bruchteil der Kosten, welche dem Unternehmen entstehen würden, würde es eine entsprechende Studie selbst durchführen oder in Auftrag geben. Auch sind Sekundärquellen für bestimmte Bereiche (z. B. Bevölkerungsstatistik, volkswirtschaftliche Gesamtrechnungen) häufig die einzige verfügbare Quelle.

In jedem Fall hat Sekundärforschung auch die Funktion, Primärforschung zu unterstützen – zum einen dadurch, dass sie Forschungslücken aufzeigt, die durch Primäranalysen geschlossen werden müssen, zum anderen aber auch dadurch, dass sie die Auswertung und Interpretation von Primärdaten erleichtern kann (vgl. Kamenz 2001, S. 67). Des Weiteren ist Primärforschung hilfreich, um einen Einblick in die relevante Fragestellung zu liefern.

Nichtsdestotrotz ist Sekundärforschung mit einer Reihe von *Nachteilen* behaftet (vgl. Berekoven/Eckert/Ellenrieder 2004, S. 47 ff.; Kamenz 2001, S. 67 f.; Weis/Steinmetz 2002, S. 59). So sind entscheidungsrelevante Daten zu bestimmten Fragestellungen häufig gar nicht verfügbar, oder aber – da sie nicht problemspezifisch erhoben wurden –entsprechen sie nicht exakt der eigentlichen Fragestellung. Ein weiteres Problem liegt in der häufig mangelhaften Aktualität der Daten; dieses Problem ist umso gravierender, je dynamischer die Entwicklung der relevanten Variablen ist.

Häufig ist die Gliederungssystematik der Daten nicht geeignet – etwa weil das Aggregationsniveau der Informationen zu grob ist. Bei bestimmten Quellen sind zudem die Objektivität, Validität und Reliabilität der Daten zu hinterfragen, insbesondere dann, wenn die Daten zu bestimmten – z. B. politischen – Zwecken erhoben wurden, oder keine Möglichkeit besteht, Einblicke in das methodische Vorgehen bei der Erstellung des Datenmaterials zu gewinnen.

Vorteile	Nachteile
• Schnelligkeit • Kostengünstigkeit • u. U. einzige verfügbare Datenquelle • Unterstützung der Primärforschung • liefert erste Einblicke in die relevante Fragestellung	• mangelnde Verfügbarkeit relevanter Informationen • mangelnde Entsprechung mit dem untersuchten Sachverhalt • mangelhafte Aktualität • ungeeignete Gliederungssystematik • mangelnde Objektivität, Reliabilität und Validität der Daten • mangelnde Vergleichbarkeit • Exklusivität nicht gewährleistet

Abb. 2.5: Vor- und Nachteile der Sekundärforschung

Darüber hinaus sind Daten aus verschiedenen Quellen häufig nicht vergleichbar; so sind definitorische Abgrenzungen häufig unterschiedlich (z. B. „Mittelständische Unternehmen", „Intensivverwender"), unterschiedliche Forschungsdesigns führen zu abweichenden Ergebnissen usw. Schließlich ist bei Sekundärinformationen keine Exklusivität gewährleistet, da grundsätzlich jeder Interessent Zugang zu den Informationen hat. Abb. 2.5 zeigt zusammenfassend die Vor- und Nachteile der Sekundärforschung.

Trotz der oben erwähnten Nachteile sollten bei einem konkreten betrieblichen Informationsbedarf zunächst die verfügbaren Quellen der Sekundärforschung ausgeschöpft werden; kann der Informationsbedarf nicht befriedigt werden, so ist ggf. eine primärstatistische Erhebung durchzuführen.

2.2   Primärforschung

> Im Rahmen einer Primärerhebung werden originäre Daten zum spezifischen Untersuchungszweck erhoben.

Grundlegende Techniken der Datenerhebung sind die Befragung und die Beobachtung. Daneben existieren Spezialformen von Erhebungen wie Panels und Experimente; diese stellen keine eigenständigen Verfahren der Datenerhebung dar, da auch bei Panelerhebungen und Experimenten die Daten mittels Befragung und/oder Beobachtung erhoben werden.

2.2.1   Befragung

2.2.1.1   Klassifikation und Charakterisierung von Befragungsmethoden

2.2.1.1.1   Kennzeichnung und Arten von Befragungen

> Eine Befragung beruht darauf, dass die Testpersonen selbst Auskünfte über den Befragungsgegenstand geben.

Die Befragung ist die am weitesten verbreitete Form der Primärforschung. Sehr unterschiedlich sind dabei die einzelnen *Befragungsarten*, welche nach einer Vielzahl von Kriterien klassifiziert werden können.Nach dem *methodischen Ansatz* können quantitative und qualitative Befragungstechniken unterschieden werden. Während quantitative Techniken auf die Sammlung einer Vielzahl statistisch auswertbarer Daten ausgerichtet sind, zielen qualitative Befragungstechniken auf die Erkundung psychologischer oder soziologischer Phänomene bei einer kleinen Gruppe von Probanden ab. Letztere finden insbesondere bei explorativen Studien Anwendung.

Nach dem Kriterium *„Art der Kommunikation"* kann grundsätzlich zwischen schriftlicher, persönlicher, telefonischer und Onlinebefragung unterschieden werden. Im Rahmen einer *schriftlichen* Befragung werden die Fragen den Auskunftspersonen schriftlich vorgelegt und von diesen schriftlich beantwortet. Bei einer *persönlichen* (Face-to-face-)Befragung wird hingegen ein Interviewer eingesetzt, d. h. die Äußerungen der Probanden werden im Wege persönlicher Kommunikation erfasst. Die Fragen werden mündlich gestellt und mündlich beantwortet. In zunehmendem Maße werden persönliche Interviews computergestützt durchgeführt. Im Rahmen einer *telefonischen Befragung* werden entweder Interviewer eingesetzt oder aber Tonbandstimmen. Auch telefonische Interviews werden häufig computergestützt durchgeführt. Bei einer *Onlinebefragung* handelt es sich schließlich um eine Form der unpersönlichen Kommunikation, bei welcher der Befragte den Fragebogen direkt am Computer im Online-Betrieb beantwortet.

Nach dem Kriterium *„Standardisierungsgrad der Fragen"* unterscheidet man zwischen der standardisierten und der nichtstandardisierten, freien Befragung. Im Rahmen einer *standardisierten Befragung* werden die Fragen vorab festgelegt und sämtlichen Auskunftspersonen mit dem gleichen Wortlaut und in derselben Reihenfolge gestellt. Standardisierte Befragungen finden typischerweise bei deskriptiven Studien statt. Im Rahmen einer *nichtstandardisierten Befragung* erhält der Interviewer lediglich einen Leitfaden; Ablauf und Fragenwortlaut werden nach freiem Ermessen des Interviewers in Abhängigkeit von der konkreten Befragungssituation fallweise bestimmt. Während standardisierte Befragungen Vorteile im Hinblick auf Vergleichbarkeit und Auswertbarkeit der Antworten haben, bieten freie Befragungen bessere Anpassungsmöglichkeiten an individuelle Situationen und sind somit für explorative Studien besonders geeignet; allerdings erfordern sie einen gut geschulten Interviewerstab und bergen darüber hinaus die Gefahr von Verzerrungen aufgrund des hohen Interviewereinflusses.

Nach dem Merkmal *„Anzahl der Teilnehmer an ein und derselben Befragung"* kann zwischen Einzel- und Gruppenbefragung unterschieden werden. Während bei einer *Einzelbefragung* jeweils nur eine Untersuchungseinheit (z. B. Einzelpersonen, Haushalt) befragt wird, werden bei *Gruppenbefragungen* mehrere Untersuchungseinheiten gleichzeitig interviewt. Das Einzelinterview stellt den Standardfall bei deskriptiven Studien dar, wohingegen Gruppeninterviews sehr häufig im Rahmen explorativer Studien eingesetzt werden. Durch Effekte der Gruppendynamik erhofft man sich den Abbau von Antworthemmungen sowie die Auslösung spontaner Reaktionen und Assoziationen.

Im Hinblick auf das Kriterium *„Häufigkeit der Befragung"* lassen sich einmalige und mehrmalige Befragungen unterscheiden. Einmalige Befragungen erfolgen im Rahmen von Querschnittsanalysen, wohingegen Längsschnittsanalysen mehrmalige Befragungen zum selben Untersuchungsgegenstand erfordern. Eine Sonderform mehrmaliger Befragungen stellen Panelbefragungen dar (zu Panelbefragungen vgl. ausführlich Abschn. 2.2.3 in diesem Teil).

Nach dem Kriterium *„Befragungsgegenstand"* lassen sich Einthemen- und Mehrthemenbefragungen unterscheiden. Eine *Einthemenbefragung* erfolgt zu einem einzigen Befragungsgegenstand; hingegen werden die Auskunftspersonen bei einer *Mehrthemenbefragung* (Omnibusbefragung) zu unterschiedlichen Erhebungsgegenständen befragt. Eine Omnibusbefragung wird meist im Auftrag mehrerer Auftraggeber durchgeführt, weswegen die auf das einzelne Unternehmen anfallenden Kosten relativ gering sind. Allerdings ist die Zahl der Fragen pro Thema eingeschränkt; des Weiteren muss auf Zielgruppenkongruenz wie auch auf Überschneidungsfreiheit der einzelnen Befragungsthemen geachtet werden.

2.2.1.1.2 Quantitative Befragungsmethoden

Quantitative Befragungsmethoden werden bei deskriptiven und im Rahmen von Experimenten bei kausalen Studien mit dem Ziel eingesetzt, eine Vielzahl statistisch auswertbarer Daten zu erhalten. Dadurch wird es möglich, die Ergebnisse aus der Stichprobe auf die interessierende Grundgesamtheit zu übertragen. Eine quantitative Befragung erfolgt immer auf der Grundlage eines standardisierten Fragebogens im Wege einer Einzelbefragung (z. B.

einzelne Personen, einzelne Haushalte). Sie kann ein- oder mehrmalig erfolgen und ein oder mehrere Erhebungsgegenstände aufweisen. Grundsätzlich können quantitative Befragungen schriftlich, persönlich, telefonisch oder als Online-Befragung erfolgen. Abb. 2.6 zeigt die gängigen Befragungsmethoden im Überblick.

Schriftliche Befragung	• Konventionell • Telefax • E-Mail • Elektronische Datenträger (z.B. CD ROM)
Persönliche Befragung	• Konventionell • Computer Assisted Personal Interview (CAPI)
Telefonische Befragung	• Konventionell • Computer Assisted Telephone Interview (CATI) • Telefonische Computerbefragung
Online-Befragung	• WWW-Befragung • Interaktives Fernsehen • Online-Kiosksystem

Abb. 2.6: Befragungstechniken

Schriftliche Befragung

Im Rahmen einer schriftlichen Befragung erfolgt die Kommunikation zwischen Befrager und Befragtem ausschließlich über einen Fragebogen. Der Fragebogen kann postalisch zugestellt, zugefaxt oder ausgelegt werden (z. B. in Wartezimmern), oder aber er kann Printerzeugnissen (z. B. Zeitungen, Zeitschriften, Katalogen) beigelegt werden. Nach dem Ausfüllen werden die Fragebögen vom Probanden zurückgeschickt bzw. von einem Institutsmitarbeiter gesammelt. Verstärkt werden Fragebögen in letzter Zeit in elektronisch lesbarer Form versendet, z. B. als E-Mail, Diskette oder CD-ROM (vgl. Böhler 2004, S. 92); dies erleichtert die Dateneingabe in den Computer.

Vorteilhaft an einer schriftlichen Befragung sind die vergleichsweise geringen *Kosten* pro Erhebungsfall, da keine Feldorganisation erforderlich ist. Darüber hinaus sind räumliche Entfernungen unerheblich. Ein weiterer Vorteil liegt darin, dass *Verzerrungen aufgrund der Interviewsituation* weitestgehend entfallen, da aufgrund der unpersönlichen Kommunikationsform keine Beeinflussungsmöglichkeit seitens des Interviewers gegeben ist. Allerdings steht diesen Vorteilen eine ganze Reihe von Nachteilen gegenüber.

Ein erstes typisches Problem schriftlicher Umfragen ist die *Repräsentanz*. Zwar werden standardisierte schriftliche Befragungen i. d. R. bei einer repräsentativ ausgewählten Stichprobe durchgeführt; da die Fragebögen jedoch im Allgemeinen versendet werden, müssen die Adressen der Auskunftspersonen bekannt sein. Postalische Adressen lassen sich relativ einfach ermitteln (z. B. Kundendatenbanken, Telefonverzeichnisse, Adresslisten von Adressenverlagen); allerdings sind solche Adresslisten häufig nicht auf dem neuesten Stand, oder aber sie erfassen die Grundgesamtheit nicht vollständig. Bei Telefax- und E-Mail-Befragungen verschärft sich das Problem dadurch, dass Verzeichnisse von Telefax-Anschlüssen und E-Mail-Adressen noch nicht weit verbreitet sind. Zudem ist bei den beiden letztgenannten

Formen die Grundgesamtheit auf Besitzer eines Telefax- bzw. Internet-Anschlusses einge-schränkt. Die Repräsentanz schriftlicher Umfragen wird zusätzlich durch die häufig geringe Rücklaufquote (zwischen 15 und 30% der versandten Fragebögen, vgl. Bereko-ven/Eckert/Ellenrieder 2004, S. 118) beeinträchtigt. Bei der Gestaltung des Fragebogens ist daher äußerste Sorgfalt anzuwenden, um die Befragten zur sorgfältigen Beantwortung und Rücksendung des Fragebogens zu motivieren (vgl. hierzu Abschn. 2.2.1.2). Auch emp-fehlen sich Nachfassaktionen, um die Rücklaufquote zu steigern.

Der *Zeitbedarf* pro Erhebungsfall ist bei einer schriftlichen Befragung höher als bei einer te-lefonischen oder einer Online-Befragung, jedoch niedriger als bei einer persönlichen Befra-gung. Zeitverzögerungen ergeben sich insb. bei notwendig werdenden Nachfassaktionen.

Aufgrund der unpersönlichen Befragungssituation unterliegen schriftliche Befragungen Grenzen im Hinblick auf *Fragebogenumfang, Art* und *Thematik* der Fragen. So sollte der Fra-gebogen möglichst kurz sein, die Bearbeitungszeit sollte 20 Minuten nicht überschreiten. Auch sollten „heikle" Fragen vermieden werden, da sie Antwortverweigerung herbeiführen. Problematisch ist auch die Tatsache, dass aufgrund der fehlenden Interaktion Verständnis-probleme auftreten können. Eine standardisierte schriftliche Befragung weist aufgrund ihrer Zielsetzung und grundlegenden Konzeption zudem eine geringe *Flexibilität* aus.

Ein weiterer Nachteil schriftlicher Befragungen liegt in der *Unkontrollierbarkeit* der Befra-gungssituation. Es ist nicht gewährleistet, dass die Auskunftsperson den Fragebogen auch selbst ausfüllt; darüber hinaus kann die Reihenfolge der Fragenbeantwortung nicht gesteu-ert werden. Auch ist nicht zu verhindern, dass die Auskunftsperson den Fragebogen zu-nächst vollständig durchliest und durch Vor- und Zurückblättern ihre Antworten aufeinan-der abstimmt (vgl. Berekoven/Eckert/Ellenrieder 2004, S. 120).

Persönliche Befragung

Die persönliche Befragung (*Face-to-face-Interview*) stellt die am häufigsten eingesetzte Befra-gungsart dar. Befragter und Befragender stehen sich physisch gegenüber, Fragestellung und Fragenbeantwortung erfolgen somit zur gleichen Zeit und am selben Ort. Persönliche Be-fragungen können beim Probanden zu Hause, auf der Straße, in Einkaufszentren oder in einem Marktforschungsstudio stattfinden. Der Interviewer liest die Fragen aus dem Frage-bogen vor – ggf. ergänzt durch Vorlage von Anschauungsmaterialien –, notiert die Antwor-ten des Befragten an den entsprechenden Stellen im Fragebogen und sendet den Fragebo-gen an das Marktforschungsinstitut zur Auswertung.

In zunehmendem Maße werden persönliche Interviews computergestützt durchgeführt. Als *Computer Assisted Personal Interviewing (CAPI)* bezeichnet man eine Variante, bei der der Pa-pierfragebogen durch ein Display ersetzt wird. Der Interviewer liest die Fragen vom Bild-schirm ab und gibt die Antworten über eine alphanummerische Tastatur ein; die Antworten werden zur Auswertung über das Telefonnetz online auf den Rechner des Marktfor-schungsinstituts überspielt. Im Einsatz sind auch sog. *Pentops*; diese besitzen keine Tastatur, sondern einen elektronischen Griffel, mit welchem die Antworten auf dem Bildschirm di-rekt angekreuzt werden können (vgl. Berekoven/Eckert/Ellenrieder 2004, S. 109).

Computergestützte Befragungen haben erhebliche Vorteile im Hinblick auf die Datenerfassung und Datenverarbeitung. Auch können komplexere Fragebögen verwendet werden, da eine automatische Filterführung eingebaut werden kann.

Die *Repräsentanz* persönlicher Befragungen ist im Allgemeinen als hoch einzustufen, sofern die Stichprobenbildung auf der Grundlage eines angemessenen Auswahlverfahrens erfolgt. Üblicherweise werden eine Quotenauswahl oder eine mehrstufige Klumpenauswahl vorgenommen (vgl. die Abschnitte 4.2.1.2 und 4.2.2.4). Gebräuchlich ist dabei das Random-Route-Verfahren: Nach dem Zufallsprinzip werden ausgewählte Ausgangspunkte – z. B. Straßen – für den Start der Befragung bestimmt, anschließend werden im Wege einer systematischen Zufallsauswahl Haushalte und ggf. Zielpersonen im Haushalt ausgewählt (vgl. Böhler 2004, S. 93). Die Rücklaufquote ist bei persönlichen Befragungen vergleichsweise hoch, jedoch mittlerweile rückläufig: Während früher 70 bis 80% der ausgewählten Personen zu mündlichen Aussagen bereit waren, sind es heute oft nur ca. 50% (vgl. Berekoven/Eckert/Ellenrieder 2002, S. 124). Problematisch ist auch die mangelnde Erreichbarkeit vieler Auskunftspersonen, insb. tagsüber.

Der *Zeitbedarf* für Face-to-face-Umfragen ist im Vergleich zu den anderen Formen von Befragungen am höchsten – bis zu 45 Minuten pro Interview; dasselbe gilt für die anfallenden *Kosten*, da der Einsatz von Interviewern sehr kostenintensiv ist. Für eine Face-to-face-Umfrage berechnen die Marktforschungsinstitute bei einer repräsentativen Stichprobe von 2000 Personen und einer Zeitdauer von 45 Minuten pro Interview mittlrweile ca. 70.000 € (vgl. Berekoven/Eckert/Ellenrieder 2004, S. 108). Erfolgt die Befragung computergestützt, so lässt sich jedoch zumindest der Zeitbedarf erheblich reduzieren.

Große Vorteile weist die Face-to-face-Befragung im Hinblick auf die *Flexibilität* auf. Aufgrund der persönlichen Interaktion können auch komplexere Fragestellungen zu Grunde gelegt werden, da Verständnisprobleme sofort ausgeräumt werden können. Der Umfang des Fragebogens kann größer sein, Art und Thematik der Fragen umfassender als bei schriftlichen Befragungen. Darüber hinaus können auch visuelle Stimuli eingesetzt werden.

Vorteilhaft ist die Face-to-face-Befragung auch im Hinblick auf die *Kontrollierbarkeit der Erhebungssituation*, da der Interviewer den Ablauf des Interviews steuern kann. Vollständigkeit der Antworten, Einhaltung der Fragenreihenfolge etc. sind daher eher gewährleistet als bei schriftlichen Umfragen.

Große Nachteile weisen Face-to-face-Interviews allerdings in Bezug auf mögliche *Verzerrungen durch Interviewsituation* auf. Die Interviewsituation ist zum einen durch die soziale Interaktion von Interviewer und Befragtem, zum anderen durch das Befragungsumfeld charakterisiert (vgl. Berekoven/Eckert/Ellenrieder 2004, S. 106). Verzerrungen im Rahmen sozialer Interaktion entstehen aufgrund der Verschiedenheit der Dialogpartner im Hinblick auf wahrnehmbare soziale Merkmale wie Alter, Geschlecht, soziale Klassenzugehörigkeit, Bildungsstand, Sprechweise etc. Sowohl der Befragte als auch der Interviewer entwickeln ein Bild über den Partner sowie Vorstellungen über die eigene Rolle und die Rolle des Partners. Beim Befragten wirkt sich das Bild des Interviewers auf sein Antwortverhalten aus; beim Interviewer besteht die Gefahr, dass sein Bild des Befragten seine Art der Fragestellung und die von ihm registrierten Antworten beeinflusst. Um diesen sozialen Interaktionsprozess möglichst ergebnisneutral zu halten, ist große Sorgfalt bei der Auswahl und Schulung der Interviewer erforderlich. Auch sollten Intervieweranweisungen möglichst detailliert sein.

Auch das Befragungsumfeld kann zu Ergebnisverzerrungen führen, etwa bei der Wahl eines ungünstigen Befragungsorts oder Befragungszeitpunkts, oder aber wenn ein Dritter bei der Befragung anwesend ist.

Telefonische Befragung

Aufgrund der Probleme bei Face-to-face-Umfragen werden in zunehmendem Maße telefonische Befragungen eingesetzt. Interviewer und Befragte kommunizieren mündlich miteinander, es fehlt jedoch das persönliche Gegenüber. Der Interviewer liest bei der konventionellen telefonischen Befragung dem Befragten die Fragen vor und notiert dessen Antworten. Die Durchführung der Befragung kann aus einem Call-Center oder aus der Wohnung des Interviewers erfolgen. In zunehmendem Maße erfolgen Telefonumfragen computergestützt *(CATI, Computer Assisted Telephone Interviewing)*. Die telefonische Befragung wird durch den Computer – bzw. die Software – gesteuert. Die Fragen erscheinen für den Interviewer am Bildschirm; der Interviewer liest die Fragen vor und gibt die Antworten direkt in den Computer ein (vgl. Kamenz 2001, S. 88). Automatische Wahlprogramme – sog. Auto-Dialer – führen die Telefonschaltung mit Nummernauswahl durch, übernehmen die komplette Filterführung und erlauben eine zufallsgesteuerte Rotation von Statements und Antwortvorgaben. Darüber hinaus zeigen sie Fehler sofort an, transferieren die Daten unmittelbar in die Auswertung und zeigen Zwischenergebnisse an (vgl. Berekoven/Eckert/ Ellenrieder 2004, S. 111 f.).

Ganz ohne Interviewer kommen telefonische Computerbefragungen aus. Im Rahmen von TDE (Touchtone Data Entry) wird der Interviewer durch eine Tonbandstimme ersetzt, der Befragte antwortet per Tastendruck (z. B.: „Lautet Ihre Antwort „ja", drücken Sie bitte auf die Eins. Lautet Ihre Antwort „nein", drücken sie bitte auf die Zwei."). Bei VRE (Voice Recognition) kann der Befragte verbal antworten, da der Computer über ein Stimmerkennungsprogramm verfügt.

Die *Repräsentanz* telefonischer Umfragen ist allgemein als hoch einzustufen. Aufgrund der in Deutschland sehr hohen Telefondichte ist die Grundgesamtheit nur unwesentlich eingeschränkt. Allerdings ist zu beachten, dass eine zunehmende Zahl an Nummern im Festnetz nicht eingetragen ist und Handy-Nummern kaum zu ermitteln sind; auch sind Telefonbücher häufig nicht mehr ganz aktuell. Aus diesem Grunde werden Telefonnummern zunehmend nach dem Zufallsprinzip ausgewählt *(Random-digit-dialing)*. Bei Zustandekommen eines Kontakts ist zu gewährleisten, dass die Zielperson am Apparat ist, sofern diese vorbestimmt ist (z. B. aufgrund der Einhaltung von Quotenvorgaben). Soll die Zielperson hingegen zufallsgesteuert ausgewählt werden, werden besondere Methoden eingesetzt, z. B. die Geburtsdatum-Auswahl (vgl. Abschn. 4.2.2). Die Antwortquote ist i. d. R. höher als bei schriftlichen Befragungen, sie ist aber sehr themenempfindlich. Bei besonders sensiblen Fragen liegt sie oft bei nur 10% , bei für die Befragten interessanten Themen kann sie aber auch über 80% betragen (vgl. Berekoven/Eckert/Ellenrieder 2004, S. 111). Wie bei Face-to-face-Umfragen liegt ein Problem in der schlechten Erreichbarkeit der Auskunftspersonen, wobei das Problem bei Telefonumfragen jedoch nicht so gravierend ist. Insbesondere bei computergestütztem Vorgehen wird der Interviewer erheblich entlastet, da das System die Auswahl der Telefonnummern, die Anwahl der Zielpersonen sowie die Auswahl von Ersatznummern bei Fehlversuchen übernimmt.

Der *Zeitbedarf* ist bei telefonischer Befragung im Vergleich zu den übrigen Befragungsformen am geringsten. Auch die Kosten halten sich in Grenzen: Im Vergleich zu einer Face-to-face-Umfrage belaufen sich die Kosten auf etwa die Hälfte (vgl. Berekoven/Eckert/Ellenrieder 2004, S. 114).

Die *Flexibilität* telefonischer Befragungen ist als gering einzustufen: Der Umfang des Fragebogens muss gering sein – die Dauer eines Telefoninterviews sollte 10-15 Minuten nicht überschreiten. Umfangreiche Fragenkomplexe müssen stark aufgegliedert werden, offene Fragen sowie breitgefächerte Antwortkategorien sollten vermieden werden. Hinzu kommt, dass visuelle Hilfen nicht eingesetzt werden können.

Im Hinblick auf die *Kontrollierbarkeit der Erhebungssituation* weisen Telefonbefragungen ähnliche Vorteile wie Face-to-face-Umfragen auf. Das Problem von *Verzerrungen* aufgrund der Interviewsituation ist zwar gegeben, jedoch nicht so gravierend wie bei Face-to-face-Umfragen. Insbesondere bei zentraler Durchführung von einem Call-Center aus kann die Aktivität der Interviewer besser kontrolliert werden.

Online-Befragung

Im Rahmen von Online-Befragungen spielen *Internet-Befragungen* im WorldWideWeb die größte Rolle. Daneben zählen zu den Formen der Online-Befragung die Befragung an Online-Kioskterminals am Point of Sale sowie Befragungen im interaktiven Fernsehen. Im Folgenden soll jedoch nur auf Internet-Befragungen im WWW eingegangen werden. Internet-Befragungen erfolgen auf der Grundlage eines interaktiv gestalteten Fragebogens, den der Befragte online am Bildschirm ausfüllt und durch Klicken auf einen „Senden"-Button an die befragende Instanz zurückschickt. Die ausgereiften technischen Möglichkeiten erlauben z. B. eine automatische Filterführung sowie den Einsatz von Bild und Ton (vgl. Fantapié Altobelli/Sander 2001, S. 73). Insofern haben internetbasierte Umfragen Gemeinsamkeiten mit einer schriftlichen Befragung; der Unterschied liegt in den informationstechnischen und medialen Charakteristika des Internet.

Große Probleme weisen Online-Befragungen im Hinblick auf die *Repräsentanz* auf. Die Grundgesamtheit ist auf Untersuchungseinheiten mit Internet-Zugang beschränkt, die einen speziellen Ausschnitt der deutschen Bevölkerung darstellen. Repräsentative Bevölkerungsumfragen sind also nicht möglich. Aber selbst wenn für bestimmte Themenstellungen die Grundgesamtheit der Internetnutzer interessiert, so ist deren Zusammensetzung erstens nicht bekannt, zweitens ist es nicht möglich, repräsentative Zufallsstichproben zu ziehen (vgl. im Einzelnen Hauptmanns/Lander 2003). Gebräuchliche Verfahren zur Rekrutierung von Teilnehmern wie Online Banners, Links oder Newsletters bewirken, dass die Stichprobe selbstselektierend ist, d. h. sie basiert auf freiwillige Teilnahme der Nutzer und nicht auf einer aktiven Rekrutierung seitens des Instituts. Das Problem der Selbstselektion kann durch sog. Pop-up-Rekrutierung gemildert werden, da nur jeder n-te Besucher einer Internetseite zur Teilnahme aufgefordert wird; zudem ist die Ausfallquote messbar, da die Teilnehmer, die nicht an der Umfrage teilnehmen wollen, das Pop-up wegklicken müssen (vgl. Starsetzki 2003, S. 47). Repräsentativ ist die Stichprobe allerdings ebenso wenig wie die aus einem Online-Access-Pool, da die Teilnahme am Pool selbst ebenfalls selbstselektierend ist. Die Antwortquote bei Internet-Befragungen gilt im Allgemeinen als gering, genaue Angaben lassen sich aber nur bei Pop-up-Rekrutierung machen.

Im Hinblick auf den *Zeitbedarf* weist eine Internet-Befragung Vorteile im Vergleich zur schriftlichen und Face-to-face-Befragung auf, wenn sie auch der telefonischen Befragung in dieser Hinsicht unterlegen ist. Deutliche Vorteile weist die Internet-Befragung in Bezug auf die *Kosten* auf, da ein Interviewerstab nicht erforderlich ist und Druckkosten für Fragebögen sowie die manuelle Eingabe der Antworten entfallen. So ist eine Internet-Befragung ca. zehnmal günstiger als eine schriftliche Befragung per Post und zwanzigmal günstiger als eine telefonische Befragung (vgl. Weis/Steinmetz 2002, S. 100).

Ein weiterer Vorteil von Internet-Befragungen liegt in ihrer *Flexibilität*, da ein Internet-Fragebogen nicht auf Text beschränkt ist, sondern multimedial unter Einbindung von Bildern, Ton, Anwendungsprogrammen usw. gestaltet werden kann (vgl. Batinic 2002, S. 81). Allerdings ist auf die technische Infrastruktur der Nutzer Rücksicht zu nehmen (z. B. veraltete Browserversionen, geringe Bildschirmauflösung, langsamer Internetzugang etc.). Untersuchungen haben darüber hinaus gezeigt, dass die wahrgenommene Anonymität bei WWW-Befragungen besonders hoch ist, sodass auch sensible Themen untersucht werden können. Wie bei schriftlichen Befragungen können allerdings Verständnisprobleme auftreten, da keine zwischenmenschliche Interaktion stattfindet.

Die *Kontrollierbarkeit der Erhebungssituation* ist einerseits ähnlich zu beurteilen wie bei der schriftlichen Befragung, da nicht gewährleistet ist, dass die anvisierte Auskunftsperson den Fragebogen selbst ausfüllt. Andererseits erlauben die automatisierte Filterführung und der Zwang zur Einhaltung der Fragenreihenfolge eine bessere Steuerung des Antwortverhaltens der Befragten.

Kriterien	Schriftliche Befragung	Face-to-face-Befragung	Telefonische Befragung	Online-Befragung
Repräsentanz	mittel	hoch	hoch	gering
Zeitbedarf pro Erhebungsfall	mittel	hoch bis mittel	niedrig bis sehr niedrig	niedrig
Kosten pro Erhebungsfall	sehr gering	hoch bis mittel	gering	sehr gering
Flexibilität	gering	sehr hoch	sehr gering	hoch
Kontrollierbarkeit der Erhebungssituation	gering	hoch	hoch	mittel
Verzerrungen durch Interviewsituation	gering	potenziell hoch	mittel bis hoch	gering

Abb. 2.7: Vor- und Nachteile von Befragungsmethoden

Aufgrund fehlender direkter Interaktion mit der befragenden Instanz gelten Internet-Umfragen als objektiv, d. h. der *Interviewereinfluss* ist weitestgehend ausgeschaltet. Eine Beeinflussung findet allenfalls durch die Gestaltung des Fragebogens statt, wobei durch zufallsgesteuerte Rotation der Fragen Reihenfolgeeffekte vermieden werden können (vgl. Böhler 2004, S. 97).

Abb. 2.7 gibt einen zusammenfassenden Überblick über die Vor- und Nachteile der einzelnen Befragungsformen. Welche Methode im Einzelfall zu wählen ist, hängt vom Forschungsziel, von der angestrebten Informationsqualität sowie vom zeitlichen und finanziellen Budget ab.

2.2.1.1.3   Qualitative Befragungsmethoden

Bei qualitativen Befragungsmethoden handelt es sich um Formen der persönlichen (Face-to-face)-Befragung; in der Regel sind sie nicht oder nur teilweise standardisiert und erfolgen bei einer vergleichsweise kleinen Anzahl an Probanden. Ziel ist die Ermittlung einer unverzerrten, nicht prädeterminierten und möglichst vollständigen Sammlung von Informationen zu dem interessierenden Untersuchungsgegenstand (vgl. Kepper 2000, S. 165). Techniken qualitativer Befragung können nach der Art der Auskunftsperson in Expertenbefragung und Konsumentenbefragung unterteilt werden; nach der Anzahl der Befragten unterscheidet man in Einzel- oder Gruppeninterviews. Abb. 2.8 zeigt die verschiedenen Verfahren qualitativer Befragung im Überblick.

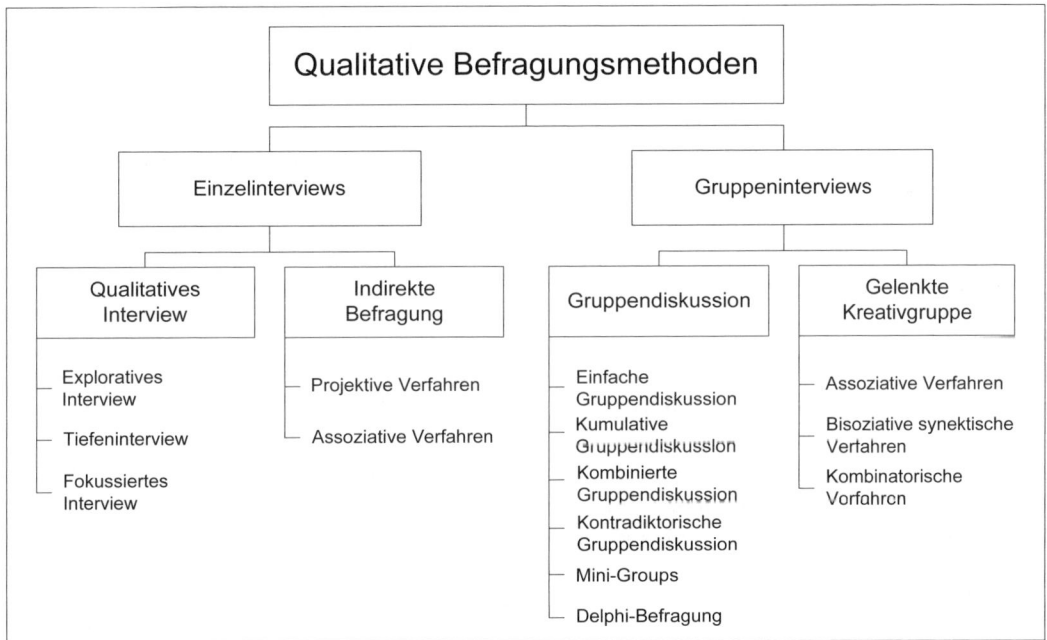

Abb. 2.8: Methoden qualitativer Befragung

Einzelinterviews

Wesentliche Formen des Einzelinterviews sind zum einen das qualitative Interview, zum anderen Techniken der indirekten Befragung. Befragt wird pro Interview jeweils eine Auskunftsperson.

Das *qualitative Interview* ist durch eine große Offenheit in der Gesprächsführung charakterisiert; dies ermöglicht es den Befragten, eigene Schwerpunkte zu setzen und diese mit eigenen Worten zu äußern (vgl. Kepper 2000, S. 165 f.). Gewählt werden offene Fragen ohne Vorgabe einer festen Reihenfolge; aufgezeichnet werden die Gespräche i. d. R. mit Tonband- oder Videoaufzeichnungsgeräten. Die Dauer eines qualitativen Interviews kann dabei durchaus mehrere Stunden umfassen. Grundlegende Varianten im Rahmen qualitativer Marktforschung sind:

– das explorative Interview,

– das Tiefeninterview und

– das fokussierte Interview.

Explorative Interviews sind offene und weitgehend nicht-standardisierte Befragungsgespräche, im Rahmen derer der Interviewer den Ablauf des Gesprächs mitgestaltet. Aufgabe explorativer Interviews ist die Ermittlung subjektiv relevanter Informationen der Befragten (z. B. Wissen, Erfahrung, Einstellungen) zum Untersuchungsgegenstand und nicht die Analyse tiefliegender Bewusstseinsstrukturen (vgl. Kepper 2000, S. 167). Der Interviewer nimmt dabei die Rolle eines interessierten Zuhörers ein und sorgt dafür, dass er eine möglichst umfassende und vollständige Sammlung von Informationen erhält. Im Rahmen explorativer Interviews können auch komplexe Fragestellungen analysiert werden. Die offene Art der Gesprächsführung erlaubt es, die Erlebniswelt des Probanden in seiner gesamten Breite zu erfassen. Häufig werden explorative Interviews im Rahmen von Expertenbefragungen eingesetzt.

Als Techniken der Gesprächsführung haben sich u. a. das narrative und das problemorientierte Interview bewährt (vgl. Kepper 2000, S. 168). Während die *narrative Interviewtechnik* durch ungerichtete Aufmunterung seitens des Interviewers eine maximale Freiheit der Erzählung des Befragten fördert, erfolgt bei der *problemorientierten Interviewtechnik* eine stärkere Thematisierung kritischer Inhalte durch entsprechend provozierende Kommunikationsstrategien.

Eine typische Anwendung explorativer Interviews ist die *Strukturierung des Untersuchungsfeldes* bei relativ neuen und unbekannten Forschungsproblemen. Auf diese Weise können relevante Dimensionen des Forschungsgegenstands identifiziert und wichtige Einflussfaktoren erfasst werden. Geeignet sind explorative Interviews auch für Prognosezwecke, insb. in Form von Expertenbefragungen. In diesem Zusammenhang spielen Projektionsverfahren eine wichtige Rolle (vgl. die Ausführungen in Kap. 4.5).

Das psychologische *Tiefeninterview* stellt die bekannteste Form qualitativer Interviews dar. Es handelt sich um ein relativ langes Interviewgespräch mit dem Ziel, unbewusste, verborgene oder nur schwer erfassbare Motive und Einstellungen des Befragten zu erfassen (vgl. Salcher 1995, S. 34). Geführt werden Tiefeninterviews von geschulten Psychologen, die das Gespräch nach eigenem Ermessen so steuern, dass sie möglichst tiefe Einblicke in die verborgenen Bereiche der Denkstruktur der Befragten gewinnen. Die aufgedeckten Zusammenhänge werden nachträglich vor dem Hintergrund bestimmter Theorien interpretiert.

Typisches Anwendungsgebiet von Tiefeninterviews ist die *Ursachenforschung.* Insbesondere bei neuartigen oder sensiblen Untersuchungsgegenständen können die Ursachen für bestimmte Verhaltensweisen, Motive und Einstellungen ergründet werden. Als Beispiel kann die Entwicklung von markenspezifischen Kundenprofilen genannt werden, welche auf der Grundlage von psychologischen Interviews von Kernverwendern einzelner Marken bzgl. ihrer Werte und Lebenseinstellungen erstellt werden können (vgl. Kaiser 2004, S. 6).

Beim *fokussierten Interview* erfolgt eine qualitative Befragung in Verbindung mit der Präsentation bestimmter Stimuli mit dem Ziel, das Gespräch auf bestimmte Aspekte oder Problembereiche zu beschränken (vgl. hierzu Merton/Fiske/Kendall 1990). Als Stimuli können Zeitungsausschnitte, Filme bzw. Filmausschnitte, Werbemittel und Ähnliches dienen. Im Anschluss an die Stimulusdarbietung erfolgt ein qualitatives Interview, das vom Interviewer jedoch im Vergleich zu den explorativen und Tiefeninterviews stärker gelenkt und auf bestimmte Aspekte fokussiert wird. Ziel ist die Analyse der Reaktion der Befragten auf den Stimulus. Im Marketing finden sich fokussierte Interviews u. a. im Rahmen der Werbewirkungsforschung, z. B. im Rahmen von Konzepttests (vgl. die Ausführungen in Kap. 2 des dritten Teils). Von den projektiven und assoziativen Techniken, die ebenfalls mit Stimuli arbeiten, unterscheidet sich das fokussierte Interview durch die direkte Fragestellung und die typische Gesprächssituation.

Nützlich sind fokussierte Interviews für die *Strukturierung* des Untersuchungsproblems; aus den von den Befragten gewählten Inhalten, der Reihenfolge und der Art und Weise der Darstellung können relevante Beurteilungsdimensionen für die präsentierten Stimuli erfasst werden. Darüber hinaus können im Gespräch die *Ursachen* für die Reaktionen der Probanden erkundet werden (vgl. Kepper 2000, S. 171).

Qualitative Interviews bieten eine ganze Reihe von *Vorteilen* (vgl. Chrzanowska 2002, S. 24; Kamenz 2001, S. 114):
– Sie erlauben tiefe Einblicke in die Denkkategorien der Teilnehmer und lassen ihre Einstellungen, Meinungen und Wünsche erkennbar werden.
– Es entsteht eine Vertrauensbasis zwischen Befragten und Interviewer, die ein intensives Nachfragen und das Ansprechen sehr persönlich gefärbter Themenbereiche möglich macht.

Demgegenüber sind jedoch auch einige *Nachteile* zu erwähnen (vgl. Salcher 1995, S. 29; Desai 2002, S. 3 f.):
– Qualitative Interviews sind nicht in der Lage, unbewusste Inhalte systematisch zu erfassen.
– Viele Verhaltensweisen sind automatisiert oder tief im Unterbewusstsein verankert, sodass sie vom Befragten nicht verbalisiert werden können.
– In der Interviewsituation kann es zur ungewollten Beeinflussung des Befragten durch den Interviewer kommen.
– Qualitative Interviews sind im Verhältnis zu anderen Erhebungsmethoden relativ teuer und zeitaufwändig: So belaufen sich die Kosten für ein qualitatives Interview (Dauer: 1 Stunde) im weltweiten Durchschnitt auf ca. 440 US-Dollar (vgl. Nolte 2004, S. 19).

Nachfolgendes *Beispiel* soll die Nutzungsmöglichkeiten qualitativer Interviews verdeutlichen.

Beispiel 2.1:

Im Rahmen einer qualitativen Forschungsstudie sollte analysiert werden, nach welchen Kriterien erfolgreiche australische Unternehmen ihr internationales Engagement auswählen und ob sich bei der Marktselektion ein bestimmter Prozess identifizieren ließ. Zu diesem Zweck wurden insgesamt 12 Entscheidungsträger in international tätigen australischen Unternehmen in einer Serie von qualitativen Interviews befragt. Die Unternehmen wurden bewusst aus unterschiedlichen Branchen und Größenklassen ausgewählt. Das erste Interview war vor allem explorativer Natur, um einen Gesamtüberblick zu erlangen; die anschließenden Interviews erfolgten durch die Gesprächstechnik des „laddering", wodurch die Auskunftspersonen dazu angeregt wurden, den Prozess der Marktselektion und die entscheidenden Faktoren zum Ausdruck zu bringen.

Ergebnis der Untersuchung war, dass für fast alle Unternehmen der erste Schritt auf ausländische Märkte eher ungeplanter Natur war (z. B. bedingt durch ausländische Kundenanfragen oder Übernahme durch ausländische Investoren und stärkeren inländischen Wettbewerb). Nur wenige Unternehmen waren auf das ausländische Engagement durch ein systematisches Auswahlverfahren adäquat vorbereitet; ein solches wurde meist erst mit zunehmender Erfahrung im internationalen Wettbewerb von den Unternehmen entwickelt.

Eine weiteres Ergebnis der Studie stellte die Erkenntnis dar, dass sich der Marktselektionsprozess in zwei verschiedenen Stufen vollzieht. Zunächst wird die Marktgröße anhand relevanter Variablen beurteilt, erst dann werden weitere Aspekte einbezogen. Es zeigte sich auf Basis der qualitativen Interviews, dass vor allem Märkte, die in ihrer Struktur zu der Unternehmensphilosophie bezüglich Wachstums- und Risikoaspekten passten, für ausländische Engagements ausgewählt wurden.

Quelle: Rahman 2003, S. 119 ff.

Techniken der *indirekten Befragung* versuchen, den interessierenden Sachverhalt mittels ablenkender Fragestellungen zu erfassen; dadurch soll der wahre Zweck der Fragen verschleiert werden und die Auskunftsperson zu einer wahrheitsgemäßen Beantwortung der Fragen verleitet werden. Indirekte Befragungstechniken werden auch in quantitativen Untersuchungen eingesetzt. Aufgrund ihres primär qualitativen, auf die Erkundung psychologischer Sachverhalte ausgerichteten methodischen Ansatzes werden sie jedoch an dieser Stelle behandelt. Bei indirekten Befragungstechniken handelt es sich durchweg um psychologische Tests; dazu gehören

– projektive Verfahren und
– assoziative Verfahren.

Diese Techniken sind überwiegend fest definiert und strukturiert. Typischerweise ist die Befragung teilweise standardisiert, um eine Vergleichbarkeit der Ergebnisse bei verschiedenen Probanden zu ermöglichen; die Frageform kann sowohl offen als auch geschlossen sein.

Projektive Verfahren beruhen darauf, dass Menschen eigene unangenehme und widerspruchsvolle Regungen oder aber affektgeladene, innere Wahrnehmungen nach außen bzw. auf andere Personen projizieren, um sich selbst zu entlasten (vgl. Salcher 1995, S. 56; Schub von Bossiatzky 1992, S. 102). Die Probanden werden vor bestimmte Aufgaben gestellt, im Rahmen derer mehrdeutige Stimuli präsentiert werden. Die Stimuli sind zum einen durch eine gewisse Unbestimmtheit charakterisiert, z. B. werden unklare Situationen dargestellt, die die Befragten auf der Grundlage ihrer eigenen Erfahrungen, Einstellungen und Wertvorstellungen interpretieren müssen. Zum anderen enthält die Aufgabe i. d. R. eine neuartige, spielerische Komponente, wodurch der Befragte motiviert aber gleichzeitig vom eigentlichen Zwecke der Befragung abgelenkt wird (vgl. Kepper 2000, S. 184). Aus der Art und Weise, wie die Auskunftspersonen mit der Aufgabe umgehen, können Rückschlüsse auf ihre Überzeugungen, Motive usw. gewonnen werden. Geeignet sind projektive Verfahren dann, wenn zu erwarten ist, dass die Auskunftspersonen nicht in der Lage oder nicht Willens sind, zu bestimmten Fragestellungen unmittelbar Stellung zu nehmen. Innerhalb der projektiven Verfahren lassen sich

– Ergänzungstechniken,

– Konstruktionstechniken und

– Expressive Verfahren unterscheiden.

Im Rahmen von *Ergänzungstechniken* werden die Auskunftspersonen gebeten, Anfänge von Sätzen oder auch Geschichten möglichst spontan und ohne bewusste Abwägung zu vervollständigen. Dadurch projiziert der Befragte eigene Meinungen und Einstellungen in die Sätze bzw. Geschichten, ohne sich selbst bloßzustellen.

Abb. 2.9: Beispiel für einen Satzergänzungstest

Ein Beispiel für einen Satzergänzungstest findet sich in Abb. 2.9 Aus der Art der Ergänzung lässt sich auf die Einstellung des Probanden zum betreffenden Produkt schließen. Anwendungsbeispiele von Satzergänzungstests finden sich in der Imageforschung, in Werbemittelpretests und in der Produktnamensgebung (vgl. Hammann/Erichson 2000, S. 105).

Als problematisch kann sich bei Ergänzungstests erweisen, dass die Befragten versuchen, sich dem sprachlichen Niveau der Vorlage anzupassen. Darüber hinaus suggeriert die Unvollständigkeit des Satzes bzw. der Geschichte, dass „richtige" oder „falsche" Antworten existieren. Beides kann die Spontaneität und Unvoreingenommenheit beeinträchtigen.

Konstruktionstechniken beruhen darauf, dass bei Vorlage bestimmter – meist bildlicher – Stimuli die Testpersonen eine Aussage formulieren oder eine ganze Geschichte konstruieren sollen. Der Befragte ist dabei bzgl. Inhalt und Wortwahl völlig frei.

Abb. 2.10: Beispiel für einen Personenzuordnungstest

Eine erste Gruppe innerhalb der Konstruktionstechniken bilden die sog. *Drittpersonentechniken*. Sie beruhen darauf, dass einem Objekt bzw. einer Person bestimmte Eigenschaften zugeschrieben werden. Gängige Techniken sind dabei die folgenden (vgl. z. B. Salcher 1995, S. 71 ff.; Kamenz 2003, S. 116 ff.):

– *Produktpersonifizierung:* Der Befragte wird gebeten, sich das betreffende Produkt als Person vorzustellen. Anschließend wird er gebeten, diese Person zu beschreiben.

– *Einkaufslistentest:* Dem Probanden werden fiktive Einkaufszettel vorgelegt. Anschließend muss der Befragte die Person beschreiben, welche diese Waren einkauft, oder aber er muss sich selbst für einen der Einkaufszettel entscheiden.

– *Symbolzuordnungstest:* Ähnlich wie bei der Produktpersonifizierung sollen dem Produkt bestimmte Symbole (z. B. Tiergattungen, Gegenstände, Farben) zugeordnet werden.

– *Zitatzuordnungstest:* Dem Probanden werden typische Äußerungen verschiedener Personen vorgelegt. Diese sollen dann als Verwender bzw. Nichtverwender vorgegebener Produkte eingeordnet werden.

– *Personenzuordnungstest:* Dem Probanden werden Bilder verschiedener Personentypen vorgelegt. Der Befragte soll angeben, welche der abgebildeten Personen er als typische Verwender des Produkts ansieht. Ein Beispiel für diese Technik findet sich in Abb. 2.10.

Beispiel 2.2:

Ein Beispiel für eine Produktpersonifizierung findet sich im Zusammenhang mit der Ermittlung des Markenkerns. Eine methodische Möglichkeit, die sog. „core values" einer Marke zu erheben, stellt dabei die Technik der *Grabrede* dar. In Kreativ-Gruppen werden die Teilnehmer dazu aufgefordert, eine Grabrede für die „verstorbene" Marke zu verfassen mit dem Ziel, Aussagen über und Begründungen für die Aktualität der Marke und den Grad der Kundenbindung zu gewinnen. Bei Anwendung dieser Technik können vor allem die positiven Aspekte, die mit einer Marke in Verbindung gebracht werden, besonders gut erhoben werden, wobei für die Analyse auch Aussagen über die Qualität des Lebens mit der Marke, Ausdrücke der Zuneigung, Vorstellungen über das Leben ohne die Marke und vor allem der Grad an Überraschung über den Tod von besonderer Wichtigkeit sind. Die nachfolgende Abbildung zeigt Beispiele für Grabreden eines Markenverwenders und eines ehemaligen Verwenders.

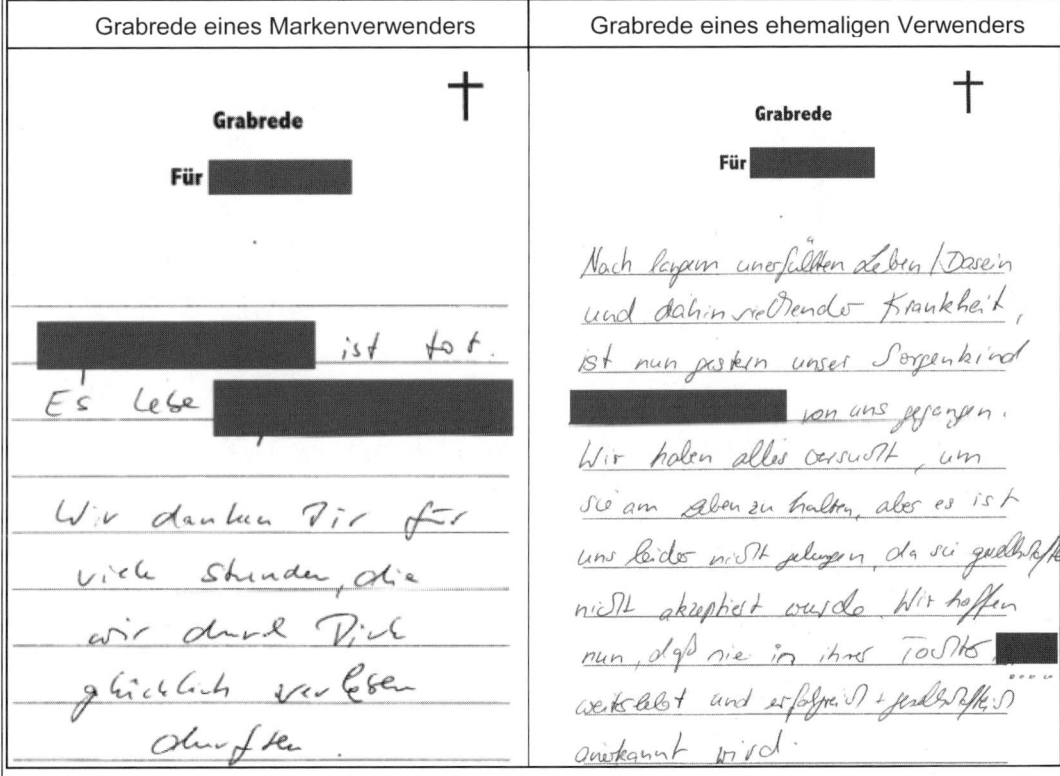

Die hier analysierte Marke ist eine Submarke einer großen etablierten und positiv belegten Marke, deren Submarken sich klar in Form und Nutzen unterscheiden. Die betreffende Submarke ist seit 15 Jahren auf dem Markt, besetzt eine Marktnische und wird wenig beworben. Kurz vor der Untersuchung gab es eine innovative Markenausweitung mit einem Produkt, dessen Nutzen teilweise ähnlich erlebt wird. Dieses scheint sich sowohl bei den Verwendern als auch bei den ehemaligen Verwendern besonders auszudrücken. Während bei den Verwendern durchaus Trauer über den „Tod" der

Marke zum Ausdruckt gebracht wird, welches von einer emotionalen Bindung zur Marke zeugt, fällt auch ihnen der Abschied verhältnismäßig leicht, da Ersatz in Sicht ist („XXX ist tot, es lebe XXX"). Für die ehemaligen Verwender kommt der Tod nicht verwunderlich, eine Auffassung von ungenügender „Performance" der Marke und Aussagen über eine mangelnde Marktakzeptanz aufgrund von Schwächen in der Persönlichkeit sind zu erkennen. Auch hier kommt der Aspekt, dass Ersatz in Sicht ist, zum Ausdruck („Wir hoffen nun, dass sie in ihrer Tochter XXX weiterlebt und gesellschaftlich anerkannt wird").

Es hat sich im Rahmen der gesamten Untersuchung gezeigt, dass der zentrale Produktvorteil der Marke zwar geschätzt wird, jedoch keine tiefe Markenbindung mehr besteht, da die Konkurrenz auf funktionaler Ebene zu merklichem Loyalitätsschwund geführt hat. Um dem entgegenzuwirken, müssten verstärkt werbliche Maßnahmen durchgeführt werden, die die Verbraucher wieder an das Produkt und seine Vorteile erinnern. Aus Mangel an Aktualisierungsmaßnahmen hat die Marke ihre ehemals ausgeprägte Modernität eingebüßt und wird inzwischen als „alt" erlebt. An diesem Aspekt könnte z. B. durch eine Modernisierung der Verpackungsgestaltung gearbeitet werden.

Quelle: Wegener Marktforschung 2004.

Der *Ballontest* als zweite Variante innerhalb der Konstruktionstechniken geht auf den Picture Frustration Test zurück. Dem Probanden wird eine Situation in Form eines Cartoons vorgestellt, in welchem eine leere Sprech- oder Gedankenblase vorhanden ist (vgl. Abb. 2.11). Die Szene kann eine testobjektbezogene Konfliktsituation darstellen (z. B. mangelnde Produktleistung), muss aber nicht. Der Befragte wird gebeten, sich in die präsentierte Situation hineinzuversetzen und die leere Sprechblase auszufüllen. Es wird dabei vermutet, dass sich der Befragte mit der abgebildeten Person identifiziert und seine Antwort daher seine eigene Disposition widerspiegelt (vgl. Kepper 2000, S. 180). Anwendung findet der Ballon-Test dort, wo Persönlichkeitsmerkmale oder Verhaltenspositionen erfasst werden sollen, z. B. bei der Erstellung von Konsumententypologien.

Als dritte Konstruktionstechnik ist schließlich der *Bildererzähltest* zu nennen, der auf dem Thematischen Apperzeptionstest (TAT) basiert. Der Testperson werden Bilder vorgelegt, die eine Situation um den Untersuchungsgegenstand darstellen, z. B. bestimmte Kauf- oder Konsumsituationen. Der Befragte hat die Aufgabe, zu den Bildern eine passende Geschichte zu erzählen bzw. die auf den Bildern dargestellte Situation zu erklären (vgl. Hammann/Erichson 2000, S. 103). Es wird dabei davon ausgegangen, dass durch die Charakterisierung der handelnden Personen und Ereignisse eigene Einstellungen, Werte und Verhaltensmuster einfließen. Beispielsweise stellen die Bilder eine Situation im Zusammenhang mit dem zu bewerbenden Produkt dar. Aus der Geschichte, die der Proband entwickelt, wird die Rolle des Produkts dann analysiert. Anwendung findet der Bildererzähltest u. a. im Bereich der Werbemittelforschung.

Expressive Verfahren unterscheiden sich von den Konstruktionstechniken dadurch, dass neben verbalen auch nonverbale Ausdrucksformen erfasst werden. Darüber hinaus liegt das Interesse des Forschers nicht nur im Ergebnis selbst, sondern auch in der Art und Weise, *wie* das Ergebnis erzielt wurde. Wie bei den Konstruktionstechniken besteht die Aufgabe des Probanden, komplexe Sachverhalte selbstständig zu entwickeln und darzustellen (vgl. Kepper 1996, S. 106 f.).

Abb. 2.11: Beispiel für einen Ballon-Test

Im Rahmen expressiver Verfahren werden häufig *Rollenspiele* eingesetzt (vgl. hierzu Haimerl/Roleff 2001, S. 111). Der Befragte wird gebeten, eine bestimmte Rolle zu übernehmen und nach kurzer Vorbereitungszeit eine oder mehrere Szenen zu spielen (*Psychodramatechnik*). Bei der Rolle kann es sich um den Befragten selbst in einer bestimmten Situation, um eine andere Person oder um ein Objekt – häufig ein bestimmtes Produkt – handeln. Es wird dabei davon ausgegangen, dass die Probanden eigene Dispositionen und Verhaltensmuster in ihre Rolle einfließen lassen, sodass wesentliche Persönlichkeits- und Verhaltensmerkmale erfasst werden können.

Beispiel 2.3:

Auf Basis von Erkenntnissen aus der Psychodramatechnik versucht Tetra-Pak in jüngster Zeit ein „reframing" ihres Markenimages durchzuführen. Tetra-Pak gilt als moderne und „conveniente" Verpackung, vom Verbraucher wird ihr aber nicht die gleiche hohe Wertigkeitswahrnehmung entgegengebracht wie z. B. Glas oder PET-Verpackungen. Aus diesem Grund betont Tetra-Pak vor allem den Schutz des Vitamingehalts durch die Kartonverpackungen gegenüber den durchsichtigen Behältnissen der Konkurrenz.

Quelle: Haimerl/Lebok 2004, S. 53 ff.

Als weiteres expressives Verfahren ist das sog. *Psychodrawing* zu nennen (vgl. Kepper 1996, S. 106 f.). Die Testpersonen werden im Rahmen dieser Technik gebeten, zu einem bestimmten Thema eine Zeichnung anzufertigen. In der Marktforschung gebräuchlich sind z. B. das Zeichnen eines Produkts bzw. des Unternehmens als Ganzes, einer Verwendungssituation oder von Gefühlen und Erfahrungen im Zusammenhang mit dem Produkt. Aus der

Art der Darstellung (Form- und Farbgebung, Bilddetails) können Rückschlüsse auf Gefühle, Einstellungen, Wichtigkeit von z. B. Produktmerkmalen gezogen werden. Zusätzliche Erkenntnisse können gewonnen werden, wenn der Befragte anschließend aufgefordert wird, seine Zeichnung zu erläutern.

Insgesamt betrachtet eignen sich projektive Techniken, um verborgene Meinungen und Einstellungen sichtbar zu machen, mögliche Antwortwiderstände (z. B. bei sensiblen Themen) zu umgehen und schwer verbalisierbare Sachverhalte zu erfassen (vgl. Kepper 2000, S. 190). Dadurch können sie einen erheblichen Beitrag zur *Strukturierung des Untersuchungsfelds* leisten, da bisher unbekannte Dimensionen des Forschungsfelds zum Vorschein kommen. Auch kann die subjektive Bedeutung bestimmter Aspekte des Untersuchungsproblems zu Tage gefördert werden. Des Weiteren sind projektive Techniken in der Lage, auch komplexe, schwer erfassbare und sensible Themen ganzheitlich zu erfassen.

Dadurch, dass projektive Verfahren Kontrollmechanismen des Probanden umgehen und auch unter- oder unbewusste Motive identifizieren können, eignen sie sich im besonderen Maße zur *Ursachenforschung*. Auf diese Weise wird es möglich, auch solche Motive, Einstellungen oder Erwartungen aufzudecken, welche die Ursache für bestimmte Verhaltensweisen darstellen und der Proband nicht artikulieren kann oder will. Problematisch ist, dass solche Techniken – insb. die expressiven Verfahren – hohe Anforderungen an den Probanden stellen und auf gewisse Hemmschwellen stoßen können (vgl. Kepper 1996, S. 108).

Beispiel 2.4:

Vor dem Hintergrund der Liberalisierung des Briefmarktes wollte die Deutsche Post AG ihren Status der Markenwahrnehmung bei Geschäfts- und Privatkunden erheben, um darauf aufbauend einen Markensteuerungsprozess implementieren zu können. Zu diesem Zweck führte das Market Research Service Center, Marktforschungsdienstleister des Konzerns Deutsche Post AG, eine qualitative Studie durch, bei der verschiedene projektive Verfahren zum Einsatz kamen. Fokus der Studie war es, Erkenntnisse über den emotionalen Nutzen der Marke Deutsche Post zu gewinnen. Dabei wurde in einem ersten Schritt in Mini-Groups eine Produktpersonifizierung durchgeführt, bei denen die Teilnehmer die Marke Deutsche Post AG und ihre Konkurrenten auf dem Kommunikationsmarkt mit einer „Markenpersönlichkeit" versehen sollten.

Zu diesem Zweck erarbeiteten die einzelnen Gruppen die sozial relevanten Bedingungen (Alter, Geschlecht, Familie, Beruf), den Lebensstil (Gewohnheiten, Handlungen) sowie die zentralen Persönlichkeitsmerkmale und die Biographie ihrer personifizierten Marke. In einem zweiten Schritt vertraten die Gruppen „ihre" Marke mit den wahrgenommenen Persönlichkeitsmerkmalen in allgemeinen und produktspezifischen Rollenspielen, wobei durch die direkte Interaktion Stärken und Schwächen in der Persönlichkeitsausstattung unmittelbar erlebbar wurden. In einem dritten Schritt wurde dann das Entwicklungspotenzial aus Kundensicht in den Gruppen erhoben, wobei eine geeignete „Therapie" für die Marke entworfen werden sollte, die einerseits zur Marke passt und andererseits ihr mehr Attraktivität im direkten Vergleich mit den Wettbewerbern verleihen sollte.

Aus diesen Erkenntnissen konnten dann Möglichkeiten und Grenzen einer beabsichtigten Umpositionierung der Marke aufgezeigt und Strategien der Markenweiterführung am Markt erarbeitet werden.

Quelle: Hensel/Meixner 2004, S. 70 ff.

Indirekte Befragungen können auch mit Hilfe *assoziativer Techniken* durchgeführt werden. Unter einer *Assoziation* versteht man spontane, ungelenkte Verknüpfungen einzelner Gedächtnis- und Gefühlsinhalte (vgl. Salcher 1995, S. 70 ff.). Die Aufgabe assoziativer Verfahren besteht darin, spontane Reaktionen auf bestimmte Stimuli zu fördern und dadurch gedankliche Verknüpfungen, die der Proband möglicherweise nicht verbalisieren kann oder will, offen zu legen.

Bekanntestes assoziatives Verfahren ist der sog. *Wortassoziationstest* (vgl. Daymon/Holloway 2002, S. 223). Dem Probanden wird eine Liste untersuchungsrelevanter Reizwörter vorgelegt, wobei die Liste üblicherweise auch neutrale Reizwörter enthält, um den Untersuchungszweck zu verschleiern. Der Proband muss auf jedes Reizwort spontan mit einer Assoziation reagieren. In der Marktforschung wird dies Verfahren beispielsweise eingesetzt, um bei Produktname- und Werbebotschaftentwicklungen festzustellen, was potenzielle Kunden mit bestimmten Wörtern verbinden.

Weitere assoziative Techniken sind *Techniken zur Bildung von Assoziationsketten*. Dem Probanden wird ein verbaler oder bildlicher Stimulus präsentiert; die Testperson soll darauf hin so viele assoziative Verknüpfungen herstellen, wie ihr einfallen. Dadurch kann das spontane, unreflektierte Erlebnisumfeld des Untersuchungsgegenstandes (z. B. Produkt, Marke) erkundet werden, was wichtige Hinweise für die Motiv- und Imageforschung liefern kann (vgl. Kepper 2000, S. 189).

Bei der Anwendung von Assoziationstechniken ist dabei zwischen freier und gelenkter Assoziation zu unterscheiden (vgl. Kamenz 2001, S. 120). Während im Rahmen einer *freien Assoziation* der Untersuchungsgegenstand nicht eingeschränkt wird und der Befragte Assoziationen zu allen möglichen Aspekten bilden kann, wird im Rahmen einer *gelenkten Assoziation* der Untersuchungsgegenstand eingeschränkt, sodass der Proband nur zu bestimmten interessierenden Aspekten Verknüpfungen herstellen muss. Ein Beispiel wäre „Gesundheit" als ungelenktes Reizwort und „kalorienreduzierte Ernährung" als gelenktes Reizwort.

Assoziative Techniken können insbesondere zur *Strukturierung des Untersuchungsgegenstandes* beitragen, da die von Probanden geäußerten Verknüpfungen ein Bild über relevante Dimensionen des Untersuchungsobjekts schaffen können. Zu anderen Zwecken – z. B. Ursachenforschung – sind sie hingegen weniger geeignet. Demgegenüber steht der Vorteil eines flexiblen und unkomplizierten Einsatzes.

Beispiel 2.5:

Das ZDF hat u. a. mit Hilfe von Assoziationsketten versucht, den Informationsaufbau ihrer Websites zu überprüfen und die Assoziationen der Nutzer zu stehenden Begriffen abgefragt und analysiert. Durch Assoziationen zu übergeordneten Kategorien konnten die Erwartungen der Testpersonen an die Website aufgenommen werden. Über die Assoziationen zu untergeordneten Kategorien konnte festgestellt werden, ob die Begriffe auch so verstanden wurden, wie sie gemeint waren, oder ob eine Umbenennung zweckmäßig wäre und zu mehr Klarheit führen würde. Auf Basis dieser Ergebnisse konnte die Informationsarchitektur der Website entscheidend verbessert und die Komplexität im Aufbau der Navigation reduziert werden.

Quelle: Frees/Bosenick 2004, S. 79 ff.

Gruppeninterviews

Gruppeninterviews sind dadurch gekennzeichnet, dass mehrere Personen gleichzeitig an einer Befragung teilnehmen. Als wichtige Unterformen können die Gruppendiskussion und die gelenkte Kreativgruppe unterschieden werden.

Im Rahmen einer *Gruppendiskussion* (Focus Group) wird eine Kleingruppe (6-10 Personen) eingesetzt, die das vorliegende Forschungsproblem unter Leitung eines geschulten Moderators während eines im Regelfall ein- bis anderthalbstündigen Zeitraums diskutiert (vgl. Kepper 2000, S. 162 ff.). Die Zusammensetzung der Gruppe sollte möglichst ausgewogen sein, um Positions- und Machtkämpfe zu vermeiden. Eine besondere Bedeutung kommt dabei dem Moderator zu. Seine Aufgabe besteht darin, Wortbeiträge zu stimulieren und möglichst alle Beteiligten zu Äußerungen anzuregen; er steuert die Diskussion im Hinblick auf die konkrete Problemstellung, ohne aber den spontanen Gesprächsverlauf zu hemmen.

Die Aufzeichnung erfolgt in Form von Gesprächsprotokollen, Tonband- und Videoaufnahmen. Bei der anschließenden Analyse der Aufzeichnungen kann der Forscher Rückschlüsse auf verborgene Kaufmotive, Einstellungen u. Ä. ziehen; weitere Erkenntnisse können aus dem Meinungsbildungsprozess, den Diskussionsschwerpunkten und den nonverbalen Reaktionen der Teilnehmer gewonnen werden (vgl. Berekoven/Eckert/ Ellenrieder 2004, S. 99). Mittlerweile können Gruppendiskussionen auch online durchgeführt werden. Neben der hier dargestellten Grundform einer Gruppendiskussion sind zahlreiche Varianten gebräuchlich, von denen die wichtigsten nachfolgend dargestellt werden sollten.

Bei der *kumulativen Gruppendiskussion* werden mehrere, aufeinander aufbauende Gesprächsrunden mit jeweils unterschiedlichen Befragten durchgeführt, wobei jede Gruppe die Ergebnisse der vorherigen Gruppe(n) als Ausgangsbasis für die eigene Diskussion erhält; dadurch wird ein zusätzlicher Auseinandersetzungsprozess mit dem Untersuchungsproblem erreicht (vgl. Kamenz 2001, S. 113; Salcher 1995, S. 51).

Ziel von *kombinierten Gruppendiskussionen* ist es, den Einfluss von Gruppenmeinungen auf den individuellen Meinungsbildungsprozess zu ermitteln (vgl. Salcher 1995, S. 52). Bei dieser Form der Gruppendiskussion steht dementsprechend weniger das Endergebnis als Gruppenmeinung im Vordergrund, sondern der Fokus liegt vielmehr auf der Prozesshaftigkeit des Verfahrens, d. h. in welcher Art und Weise sich Meinungen im Verlaufe der Diskussion bilden und verändern (vgl. Zanger/Sistenich 1996, S. 352 f.). Zu diesem Zweck werden vor der eigentlichen Gruppendiskussion mit allen Teilnehmern Einzelinterviews geführt, in welchen die ursprünglichen individuellen Ansichten bezüglich des Untersuchungsgegenstandes fixiert werden. In der nachfolgenden Gruppendiskussion wird festgehalten, wie und aufgrund welcher Argumente sich die einzelnen Meinungen durch den Gruppeneinfluss verändern. In abschließenden Einzelgesprächen wird dann die tatsächliche Abweichung von der ursprünglichen Auffassung überprüft und festgestellt, inwieweit die gemeinsame Diskussion dafür verantwortlich ist. Dieses Verfahren wird vor allem im Rahmen von Produkt- oder Werbekonzepttests eingesetzt, bei denen sowohl die Einzelmeinung als auch deren Veränderung im sozialen Umfeld von Interesse ist (vgl. Nolte 2004, S. 23 f.).

Bei der *kontradiktorischen Gruppendiskussion* wird ohne Wissen der Teilnehmer ein Mitarbeiter der Marktforschung in die Diskussionsrunde integriert mit der Aufgabe, einer zu schnellen

Einigung durch provozierende Äußerungen und neue Aspekte entgegenzuwirken (vgl. Kepper 1996, S. 69). Ziel dieses Verfahrens ist es, die Stabilität einer erreichten Gruppenmeinung zu überprüfen. Des Weiteren eignet sie sich auch dazu, konkrete, schon vorher identifizierte Stärken und Schwächen eines Untersuchungsgegenstandes, wie z. B. eines Produkt- oder Werbekonzepts, auf ihre Wichtigkeit hin zu überprüfen und die Reaktion und Argumente der Teilnehmer bei Kenntnis dieser Stärken und Schwächen zu ermitteln (vgl. Salcher 1995, S. 55).

Sogenannte *Mini-Groups* (4-6 Befragte) werden eingesetzt, wenn das Untersuchungsthema oder die Befragten selbst Besonderheiten aufweisen, die eine solche kleine Gruppe zulassen oder sogar erforderlich machen. Mini-Groups haben sich beispielsweise bei sensiblen Themen, bei Expertenbefragungen oder bei Kindern in der Praxis bewährt (vgl. Kepper 2000, S. 176).

Schließlich beinhaltet eine *Delphi-Befragung* eine mehrmalige, schriftliche Expertenbefragung auf der Grundlage eines standardisierten Fragebogens zu einem bestimmten Sachverhalt – häufig technologische Prognosen oder im Rahmen der Trendforschung. Die Aussagen der Experten werden statistisch ausgewertet, i.d.R. mit Hilfe des Medians und des Quartilabstands. Ziel ist dabei, eine Konvergenz zwischen den Expertenmeinungen zu erzielen (vgl. ausführlich Abschn. 4.1. im 4. Teil).

Gruppendiskussionen sind zur *Strukturierung des Untersuchungsfelds* besonders geeignet, da durch die gegenseitige Stimulation der Teilnehmer viele relevante Strukturen und Dimensionen offen gelegt werden. Zur Erstellung *qualitativer Prognosen* eignet sich insbesondere die Delphi-Befragung. Zur *Ideengenerierung* und *Screening* sind Gruppendiskussionen grundsätzlich ebenfalls geeignet (vgl. Kepper 2000, S. 179 ff.). In der Marketing-Praxis finden Gruppendiskussionen insb. bei Produktkonzepttests, Werbe- und Packungstests sowie bei Imagestudien Anwendung (vgl. Berekoven/Eckert/Ellenrieder 2004, S. 99).

Gruppendiskussionen weisen im Vergleich zu Einzelinterviews eine ganze Reihe von *Vorteilen* (vgl. Kamenz 2001, S. 112 ff.; Berekoven/Eckert/Ellenrieder 2004, S. 99) auf:
– Während der Diskussion werden Hemmungen der Teilnehmer abgebaut, sodass sich die Teilnehmer gegenseitig zu Äußerungen anregen.
– In der Gruppe werden häufig Meinungen geäußert, die man beim Einzelinterview nicht zum Ausdruck bringen würde; dadurch eignen sich Gruppendiskussionen besonders zur Erforschung sensibler Sachverhalte.
– Der Forscher kann Einblicke in die Beeinflussungsmechanismen und in die verbalen und non-verbalen Ausdrucksweisen innerhalb der Gruppe gewinnen.

Demgegenüber stehen jedoch auch einige *Nachteile*:
– Es besteht die Gefahr, dass der Einzelne seine Meinung an die Gruppennorm oder an einen Meinungsführer orientiert, sodass abweichende Einschätzungen, die für das Problem relevant sein könnten, unterdrückt werden.
– Der Erfolg einer Gruppendiskussion ist sehr stark von der Qualität der Moderation abhängig.

Beispiel 2.6:

Das Marktforschungsinstitut Naether Marktforschung aus Hamburg erstellte im Jahr 2001 die Studie „Young Parents", eine qualitative Studie, die sich mit den Werten und Einstellungen jungen Eltern befasste und welche das durch den neuen Lebensabschnitt gekennzeichnete Konsumverhalten und die Markenwahrnehmung unter die Lupe nahm. Im Rahmen von sechs Gruppendiskussionen mit jungen Eltern wurden dabei folgende Ergebnisse ermittelt: Auf dem Weg zum Elterndasein verändert sich das Konsumverhalten signifikant; ein Prozess vom unbedarften hin zum bewussten und aufgeklärten Konsumenten konnte festgestellt werden. Dabei spielt vor allem die Nutzung neuer Produktkategorien (Windeln, Babynahrung) eine Rolle. In allen Lebensbereichen konnte eine klare Tendenz zu Marken festgestellt werden, die von den jungen Eltern als besonders verlässlich und traditionell wahrgenommen werden und für Produkte mit guter Qualität stehen (Volkswagen, Daimler-Chrysler, Volvo). In diesem Zusammenhang wurden vor allem Marken genannt, die sich im internationalen Vergleich gegenüber kurzfristigen Trends profiliert haben und schon mit den eigenen Eltern in Verbindung gebracht wurden. Auch Aspekte wie Kinderfreundlichkeit und Kostengünstigkeit spielten bei der Markenwahrnehmung eine gesteigerte Rolle (IKEA, McDonald's). Nach einer Phase des sehr kritischen Umgangs mit Marken und Produkten kommt es dann wieder zu einem Einstellungswandel in Richtung pragmatischer Lösungen, wobei vor allem Lebensmitteldiscounter wie ALDI und Lidl von diesem Trend profitieren können. Negativ wurden vor allem Unternehmen wahrgenommen, deren Produkte als ungesund gelten (Marlboro) oder Unternehmen wie Microsoft, das als Inbegriff für den negativ belegten amerikanischen Kapitalismus steht und deren Produkte als überteuert gelten.

Quelle: Naether Marktforschung 2001a und 2001b.

Eine Sonderform des Gruppeninterviews ist die sog. *gelenkte Kreativgruppe*. Hierbei werden im Rahmen einer Gruppendiskussion gezielt Kreativitätstechniken integriert. Die Gruppenmitglieder werden mit der Anwendung der einzelnen Kreativitätstechniken vertraut gemacht; Je nachdem, wie anspruchsvoll die jeweilige Technik ist, reicht dies von einer einfachen Anleitung bis hin zu einer vollständigen Schulung. Kreativitätstechniken werden eingesetzt, um neue Problemlösungen zu finden. Deren Anwendung beruht auf der Erkenntnis, dass innovative Lösungen besonderer – bewusster oder unbewusster – Denkoperationen bedürfen; durch Stimulierung und Lenkung des kreativen Potenzials der Teilnehmer erhöht sich die Fähigkeit der Befragten, strukturiert und fokussiert innovative Problemlösungen zu erbringen. Die gelenkte Kreativgruppe unterscheidet sich von der herkömmlichen Gruppendiskussion durch folgende Merkmale (vgl. Kepper 2000, S. 177):

– Es wird bewusst darauf verzichtet, eine alltagsnahe Gesprächssituation mit dem innewohnenden spontanen Gesprächsverlauf zu erzeugen. Hingegen wird der Gesprächsverlauf stärker moderiert und fokussiert.

– Die Erfassung des Prozesses der Meinungsbildung und Meinungsbeeinflussung – ein weiteres Merkmal der klassischen Gruppendiskussion – erfolgt im Rahmen einer gelenkten Kreativgruppe nicht.

– Durch den systematischen Einsatz strukturierter Techniken fallen die Befragten aus ihrer Rolle als „normale" Konsumenten und werden in die Position von Kritikern mit Expertenwissen versetzt. Dies kann zu einer Verhaltensverzerrung führen.

Wesentliche Aufgaben von Kreativitätstechniken sind (vgl. den Überblick bei Schlicksupp 1995):

- Verstärkung des kreativen Potenzials der Befragten,
- Überwindung von Denkblockaden und
- Erzielung von Synergieeffekten aus der Teamarbeit.

Die verschiedenen Kreativitätstechniken lassen sich in drei *Gruppen* unterteilen:
- assoziative Verfahren,
- bisoziative (synektische) Verfahren und
- kombinatorische Verfahren.

Assoziative Verfahren beruhen darauf, dass aufgrund einer schriftlich, bildlich oder verbal dargestellten Reizsituation die Teilnehmer zu Assoziationen angeregt werden. Es handelt sich um vergleichsweise einfache Methoden, die dazu geeignet sind, latente Problemlösungsansätze sichtbar zu machen; echte innovative Lösungen sind allerdings selten. Bekanntestes Verfahren ist dabei das *Brainstorming* (vgl. hierzu Osborn 1953).

Eine Brainstorming-Gruppe setzt sich typischerweise aus vier bis sieben Personen aus unterschiedlichen Bereichen, jedoch aus derselben Hierarchiestufe zusammen. Das Team hat die Aufgabe, während einer festgelegten Zeitspanne (i. A. 15 bis 60 Minuten) möglichst viele Ideen zu produzieren. Zu beachten sind dabei folgende *Grundregeln*:
- Jegliche sachliche und persönliche Wertungen sollen unterbleiben, um den Ideenfluss nicht zu hemmen.
- Alle Teilnehmer sind aufgefordert, die Ideen anderer aufzugreifen und weiter zu entwickeln.
- Auch auf den ersten Blick als abwegig erscheinende Ideen sollen geäußert werden, da sie möglicherweise Anregungen für brauchbare Lösungsvorschläge liefern.
- Es sollen möglichst viele Ideen entwickelt werden, um die Wahrscheinlichkeit zu erhöhen, dass sich darunter brauchbare, innovative Vorschläge befinden.

Weitere assoziative Verfahren sind (vgl. Schlicksupp 1995, Sp. 1294):
- *Destruktiv-konstruktives Brainstorming:* In einer ersten Phase werden ausführlich Mängel und Schwächen des vorgegebenen Sachverhalts behandelt; in einer zweiten Phase werden zu jedem aufgedeckten Mangel im Rahmen einer Brainstorming-Sitzung Verbesserungsmöglichkeiten gesucht.
- *Methode 635:* 6 Personen tragen in ein Formular je drei Lösungen ein. Die Formulare werden nacheinander an die anderen Teilnehmer weitergereicht, die jeweils drei neue oder drei Modifikationen bisheriger Lösungen eintragen müssen.
- *Kärtchen-Technik:* Die Teilnehmer schreiben jeweils eine Idee auf ein Kärtchen, das anschließend an eine Pinwand geheftet wird. Die so gesammelten Ideen sollen zu weiteren Lösungen anregen.

Bisoziative oder synektische Verfahren beruhen darauf, dass Wissens- bzw. Erfahrungselemente von einem Gebiet auf ein anderes, nicht artverwandtes übertragen werden sollen. Die Teilnehmer sollen sich vom ursprünglichen Problem entfernen (Verfremdung) und dadurch zu neuen Ideen angeregt werden. Solche Techniken sind deutlich aufwändiger als assoziative Techniken und erfordern i. d. R. eine gezielte Schulung. Bekanntestes Verfahren ist die Synektik (vgl. hierzu Gordon 1961).

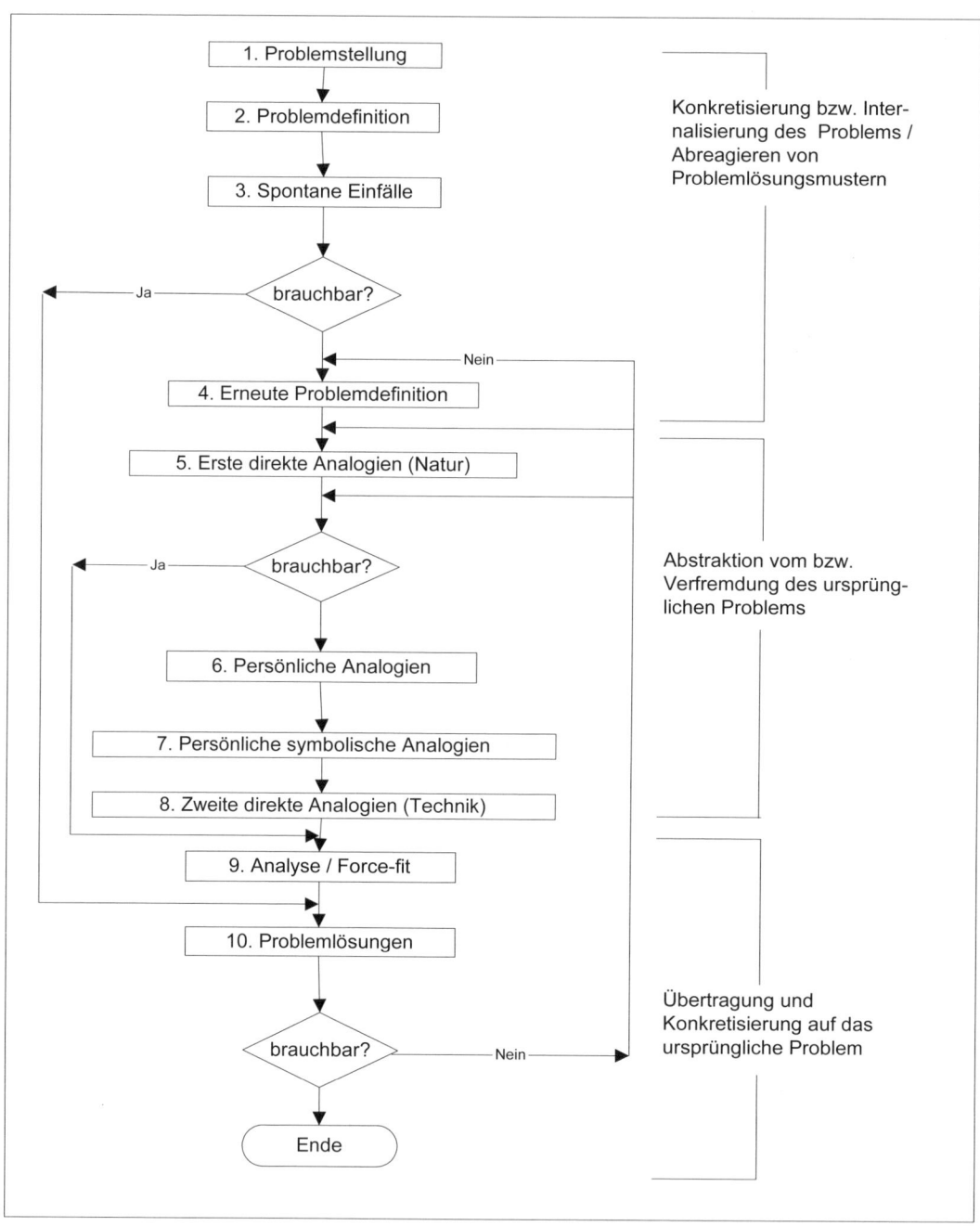

Quelle: Berndt 2004, S. 110.
Abb. 2.12: Ablauf einer Synektik-Sitzung

Die Grundidee der *Synektik* besteht darin, den normalerweise unbewusst verlaufenden kreativen Prozess bewusst zu stimulieren. Eine Synektik-Gruppe besteht i. d. R. aus fünf bis
sieben Teilnehmern, welche besonders geschult sind und häufig ein festes Team bilden. Ei-

ne Synektik-Sitzung kann bis zu drei Stunden dauern. Abb. 2.12 zeigt den grundlegenden Ablauf einer Synektik-Sitzung. Entscheidend ist dabei die Verfremdung vom Problem: Durch systematische Analogienbildung entfernt man sich immer weiter vom ursprünglichen Problem; im Anschluss an den Verfremdungsprozess soll sich die Synektikgruppe dann wieder auf das ursprüngliche Problem zurückbesinnen.

Weitere bisoziative Techniken sind (vgl. Schlicksupp 1995, Sp. 1296 ff.):

— *Reizwort-Analyse:* Per Zufall wird ein Gegenstand bestimmt, der gedanklich in Bausteine zerlegt wird. Die Denkelemente, die aus diesen „Bausteinen" erzeugt werden, sollen auf das ursprüngliche Problem übertragen werden.

— *Visuelle Synektik (Collage-Technik):* Kleinere Bilder werden zu neuen, ungewohnten Zusammenhängen kombiniert. Schlüsselbegriffe werden in Form von Bildern erfasst und beliebig zusammengesetzt; die so entwickelten Collagen sollen Anregungen für neue Ideen liefern.

Kombinatorische Verfahren beruhen darauf, dass ein Objekt systematisch analysiert wird. Es wird versucht, die Elemente eines Objekts zu neuartigen Kombinationen zusammen zu fügen. Diese Verfahren eigenen sich insb. zur Verbesserung und Weiterentwicklung bereits existierender Objekte (z. B. Produkte), weniger zur Entwicklung echter innovativer Problemlösungen.

Extensionale Merkmale			
Funktionselement	Mögliche Lösungen		
Energiequelle	Aufzug von Hand	Batterie	Temperaturschwankungen
Energiespeicher	Angehobene Gewichte	Feder	Akkumulator
Motor	Federmotor	Elektromotor	Hydraulischer Motor
Geschwindigkeitsregler	Fliehkraftregler	Hippsches Pendel	Netzfrequenz
Getriebe	Zahnradgetriebe	Kettengetriebe	Magnetgetriebe
Anzeige	Zeiger und Ziffernblatt	LCD-Anzeige	Akustische Anzeige

Quelle: In Anlehnung an Nieschlag/Dichtl/Hörschgen 2002, S. 699.
Abb. 2.13: Morphologischer Kasten für eine Uhr

Bekanntestes Verfahren ist die *Morphologische Methode* (vgl. hierzu Zwicky 1966). Das Verfahren beruht auf einer systematischen Zerlegung des Problems in seine Elemente; diese Elemente werden anschließend zu neuen Problemlösungen zusammengefügt. Abb. 2.13 zeigt ein Beispiel für einen morphologischen Kasten. Die Morphologische Methode vollzieht sich in folgenden Schritten:

— *Umschreibung und Verallgemeinerung des Problems.* Das Problem wird so allgemein wie möglich definiert, um das Spektrum möglicher Lösungen nicht unnötig einzuschränken.

– *Bestimmung der Parameter.* Das Problem wird in seine Elemente zerlegt (z. B. Produktbestandteile). Für die einzelnen Bestandteile (z. B. Energiequelle) werden alle denkbaren alternativen Ausprägungen gesucht (z.B. manuell, Batterie, Temperaturschwankungen).

– *Aufstellung des morphologischen Kastens.* Parameter und Ausprägungen werden in Matrixform angeordnet; die Problemlösungen entstehen durch Verbindung je einer Ausprägung pro Parameter mittels Linienzügen (z.B. von Hand aufzuziehende Uhr mit Federmechanik etc).

– *Analyse und Bewertung der Lösungsmöglichkeiten.* Die resultierenden Lösungen werden auf ihre Realisierbarkeit hin überprüft und einer Bewertung unterzogen.

– *Auswahl der weiter zu verfolgenden Lösungen.* Die vielversprechendsten Alternativen werden ausgewählt.

Weitere kombinatorische Techniken sind (vgl. Kamenz 2001, S. 116):

– *Attribute-Listing:* Es werden alle wichtigen Eigenschaften und Bestandteile einer bekannten Problemlösung aufgelistet; daraus werden Anregungen für Lösungsverbesserungen des konkreten Problems entwickelt.

– *Progressive Abstraktion:* Das Verfahren beruht auf einer systematischen Problemspezifizierung. Das Problem wird stufenweise in immer größeren Zusammenhängen betrachtet. Durch die gezielte Suche nach Kernelementen eines Problems werden systematisch neue Lösungsvorschläge entwickelt.

Gelenkte Kreativgruppen finden ihren Einsatz im Bereich der *Ideengenerierung*. Mit Einschränkungen können sie auch für das *Screening* eingesetzt werden, da die meisten Verfahren eine anschließende Beurteilung der entwickelten Ideen vorsehen. Aallerdings ist zu beachten, dass die Teilnehmer eher eine Expertenperspektive und weniger die gewünschte Konsumentenperspektive vertreten (vgl. Kepper 2000, S. 181).

Gelenkte Kreativgruppen können auch zur *Strukturierung* eines Problems beitragen. Insbesondere bei komplexen, neuartigen Problemen können wichtige Problemelemente und mögliche Ausprägungen identifiziert werden. Schließlich können Kreativgruppen auch zur Vorbereitung oder Strukturierung *qualitativer Prognosen* eingesetzt werden.

2.2.1.2   Planung von Befragungsinhalten und Befragungstechniken

Sowohl bei quantitativen als auch bei qualitativen Forschungsansätzen spielen die Gestaltung des Fragebogens bzw. des Interviewerleitfadens und die Befragungstaktik eine zentrale Rolle. Im Folgenden soll auf die jeweils wichtigsten Aspekte eingegangen werden.

2.2.1.2.1   Gestaltung des Fragebogens bei quantitativen Befragungen

Bei der Gestaltung eines Fragebogens erfolgt die Operationalisierung der Forschungsfrage, d. h. der zu untersuchende Sachverhalt wird in einzelne Variablen zerlegt und in konkrete Fragen umgesetzt, die auf den Kreis der Auskunftspersonen zugeschnitten sind (vgl. Böhler 2004, S. 98). Im Rahmen einer quantitativ ausgerichteten Befragung ist der Fragebogen dabei typischerweise standardisiert, d. h. allen Befragten werden dieselben Fragen im selben Wortlaut und in derselben Reihenfolge gestellt. Die Gestaltung des Fragebogens vollzieht sich in mehreren *Schritten* (vgl. Abb. 2.14).

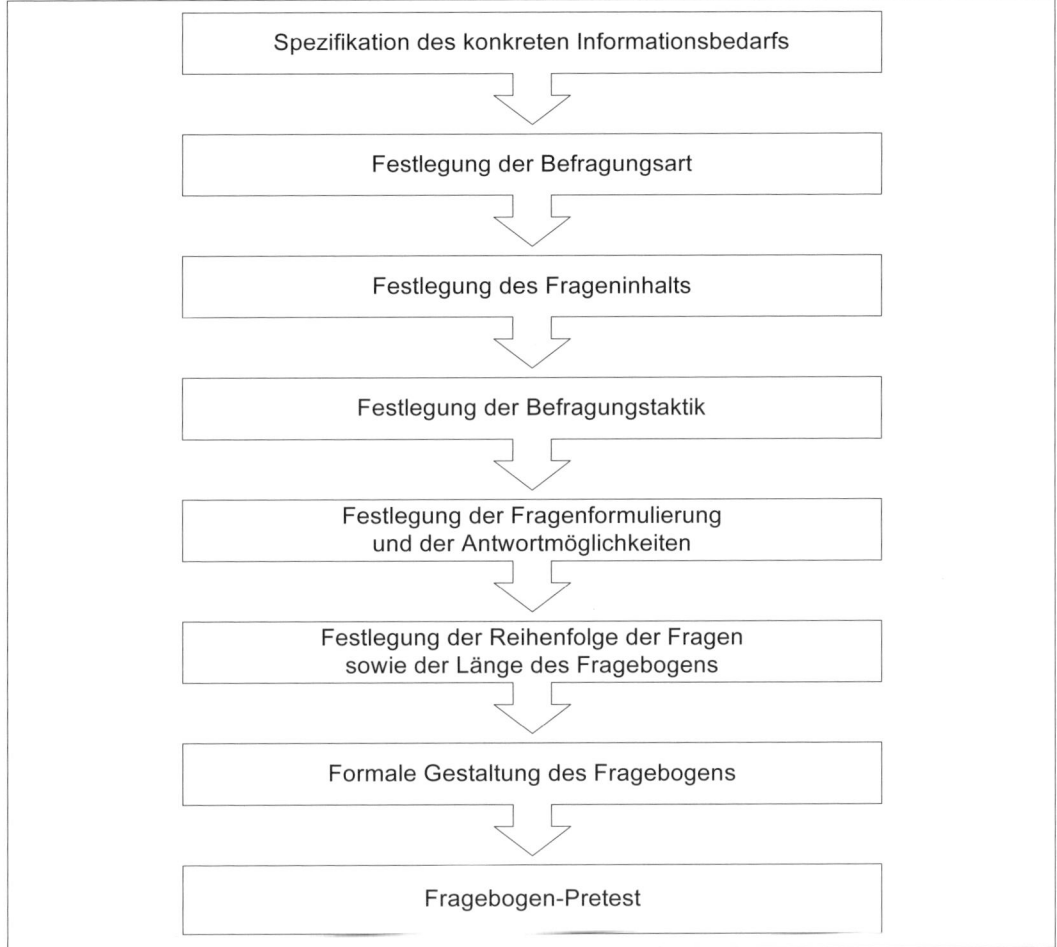

Abb. 2.14: Prozess der Fragebogengestaltung

Spezifikation des konkreten Informationsbedarfs

Quantitative Studien erfordern ein gewisses Maß an Vorkenntnissen, um geeignete Hypothesen als Grundlage für die Erhebung zu formulieren. Je sorgfältiger der Forscher im Vorfeld einer Untersuchung Forschungsprobleme und Forschungsziele definiert hat, umso einfacher ist in diesem Stadium die Bestimmung des konkreten Informationsbedarfs. Darüber hinaus sollte auf dieser Stufe genau definiert werden, an welche Adressaten sich der Fragebogen richtet, da die Merkmale der Befragten einen großen Einfluss auf die inhaltliche und sprachliche Gestaltung des Fragebogens haben (vgl. Malhotra 2004, S. 281).

Festlegung der Befragungsart

Nach der Spezifikation des konkreten Informationsbedarfs muss der Forscher bestimmen, in welcher Form die benötigten Daten abgefragt werden sollen. Fragenformulierung, Antwortmöglichkeiten, Länge des Fragebogens usw. hängen sehr stark davon ab, ob die Befragung schriftlich, face-to-face, telefonisch oder elektronisch erfolgt (vgl. die Ausführungen in Abschn. 2.2.1.1.2). Beispielsweise müssen Fragebögen für mündliche Befragungen – sei es telefonisch oder face-to-face – eher im Konversationston gehalten werden, da Befragter und Interviewer interagieren. Fragebögen für schriftliche Befragungen sollten detaillierte Anweisungen zur Beantwortung beinhalten, da kein Interviewer anwesend ist, der bei der Beantwortung Hilfestellung leisten kann. Auch die Festlegung der Antwortmöglichkeiten wird von der Art der Befragung beeinflusst: So ist es beispielsweise nicht sinnvoll, im Rahmen einer telefonischen Befragung eine längere Liste von Marken zu nennen und den Befragten zu bitten, diese in eine Reihenfolge gemäß seiner Markenpräferenz zu bringen, da der Befragte keinerlei Gedächtnisstütze hat, um die Frage zu beantworten. In diesem Falle empfiehlt es sich, die Marken einzeln zu nennen und den Befragten zu bitten, das Ausmaß seiner Wertschätzung für jede einzelne Marke anhand einer Ratingskala anzugeben. Erfordert die Befragung visuelle Stimuli, ist eine telefonische Befragung ausgeschlossen und auch eine schriftliche weniger empfehlenswert (vgl. Churchill/Iacobucci 2002, S. 316).

Die zu wählende Befragungsart hängt auch vom ermittelten Informationsbedarf und von der Art den konkret zu erhebenden Daten ab.

Beispiel 2.7:

Ein US-amerikanisches Unternehmen wollte im Rahmen einer Studie erheben, welche Anteile der Internetnutzer welche Multimedia-Plug-Ins nutzten. Aus Erfahrung wusste das beauftragte Marktforschungsinstitut, dass mindestens ein Drittel der Internetnutzer nicht genau weiß, welche Plug-Ins verwendet werden, insbesondere auch nicht in welcher Version. Aus diesem Grunde wären sowohl eine schriftliche als auch eine mündliche Befragung wenig sinnvoll gewesen, da ein hoher Anteil an Antwortausfällen resultiert wäre. Statt dessen entschied sich das Marktforschungsinstitut für eine Online-Befragung. Es wurden den Probanden per Internet eine Reihe von Bildern geschickt, welche in verschiedenen Plug-In-Formaten erstellt wurden. Bei jedem Bild mussten die Befragten angeben, ob sie es auf ihren Bildschirmen sehen konnten. Wurde die Frage bejaht, konnte auf das Vorhandensein des zugehörigen Plug-Ins auf dem PC des Nutzers geschlossen werden. Auf diese Weise konnten die Befragten Daten erzeugen, ohne jegliche technische Kenntnisse zu besitzen.

Quelle: Grecco/King 1999.

Festlegung des Frageninhalts

In Abhängigkeit von dem vorliegenden Informationsbedarf und der gewählten Art der Befragung ist auf dieser Stufe festzulegen, welchen Inhalt die einzelnen Fragen aufweisen sollen. Zunächst ist darüber zu befinden, ob jede Frage auch wirklich notwendig ist. Jede Frage in einem Fragebogen sollte zusätzliche Informationen erzeugen oder einem anderen, fest definierten Zweck dienen. Jede Frage sollte daher dahingehend überprüft werden, ob sie für den Untersuchungszweck auch wirklich erforderlich ist, da überflüssige Fragen lediglich den Fragebogen verlängern, ohne einen echten Nutzen herbeizuführen (vgl. Malhotra 2004, S. 284). Allerdings ist es häufig erforderlich, auch Fragen zu stellen, die nicht direkt mit dem Forschungsproblem zusammenhängen, etwa, um den Untersuchungszweck zu verschleiern. Insbesondere bei sensiblen Befragungsgegenständen kann es sinnvoll sein, zu Beginn der Befragung einige neutrale „Eisbrecherfragen" zu stellen, um eine positive Gesprächsatmosphäre zu erzeugen. Um Validität und Realität zu gewährleisten, sind darüber hinaus häufig Kontrollfragen einzubeziehen. Weiterhin ist zu überprüfen, ob einzelne Fragen nicht in mehrere Teilfragen aufgespalt werden sollten, um z. B. mehrdeutige Antworten zu vermeiden oder aber, weil unterschiedliche Bezugsebenen angesprochen werden.

Beispiel 2.8:

Beispiel für mehrdeutige Antworten:

„Empfinden Sie die kalorienreduzierten Tiefkühl-Lasagne von X als wohlschmeckend und gesund?"

Die Antwort „ja" ist eindeutig, nicht aber die Antwort „nein", da unklar ist, ob der Befragte den Geschmack, die Gesundheit oder beides verneint. Korrekt wäre es, zwei Fragen zu stellen:

„Empfinden Sie die kalorienreduzierten Tiefkühl-Lasagne von X als wohlschmeckend?"
„Halten Sie die kalorienreduzierten Tiefkühl-Lasagne von X für gesund?"

Beispiel für die Ansprache unterschiedlicher Bezugsebenen:

„Warum kaufen Sie Babynahrung der Marke X?"

Die möglichen Antworten könnten lauten: „weil sie qualitativ hochwertiger ist als andere Marken" oder „weil sie mir vom Kinderarzt empfohlen wurde". Dadurch werden zwei unterschiedliche Bezugsebenen angesprochen: zum einen der Grund für die Bevorzugung der Marke im Vergleich zu Konkurrenzprodukten, zum anderen der Anlass für das Kennenlernen bzw. für die erstmalige Nutzung der Marke. Korrekt wären daher folgende Fragen:

„Wie kamen Sie erstmalig dazu, Babynahrung der Marke X zu kaufen?"
„Was gefällt Ihnen besonders an Babynahrung der Marke X?"

Festlegung der Befragungstaktik

Im Rahmen der Befragungstaktik geht es darum, Auskunftsfähigkeit und Auskunftsbereitschaft der Befragten zu fördern.

Häufig sind die Befragten nicht in der Lage, bestimmte Fragen korrekt zu beantworten; eine zu erwartende mangelhafte Auskunftsfähigkeit sollte vom Forscher antizipiert werden, um Antwortausfälle oder falsche Antworten zu vermeiden. Typische *Gründe* für die Unfähigkeit, bestimmte Fragen zu beantworten, können sein:
– unzureichende Information,
– fehlendes Erinnerungsvermögen oder
– Unfähigkeit, bestimmte Antworten zu artikulieren.

Häufig werden Untersuchungseinheiten zu Themen befragt, worüber sie nur unzureichende oder gar keine *Informationen* besitzen. Dies kann zum einen einen Antwortausfall zur Folge haben, zum anderen aber eine Falschantwort, was deutlich bedenklicher ist.

Beispiel 2.9:

Im Rahmen einer US-amerikanischen Studie wurden die Befragten gebeten, das Ausmaß ihrer Zustimmung zu folgendem Statement anzugeben:

„Der National Bureau of Consumer Complaints ist ein wirksames Mittel für Konsumenten, welche ein fehlerhaftes Produkt erworben haben, damit sie zu ihrem Recht kommen."

96,1% der Rechtsanwälte und 95,0% des allgemeinen Publikums äußerten hierzu eine Meinung. Auch unter Vorgabe einer Antwortkategorie „weiß nicht" äußerten noch 51,9% der Rechtsanwälte und 75,0% des allgemeinen Publikums eine eindeutige Meinung. Der National Bureau of Consumer Complaints existierte allerdings nicht.

Quelle: Malhotra 2004, S. 285.

In einem solchen Fall empfiehlt es sich, Filterfragen in den Fragebogen einzubauen, um das Ausmaß der Vertrautheit mit dem Untersuchungsgegenstand zu erfassen (vgl. Schuman/Presser 1979). Wichtig ist auch, „weiß nicht" als Antwortkategorie vorzusehen, um den Anteil an Falschantworten zu reduzieren.

Ein weiterer Grund für fehlende oder falsche Antworten ist die Unfähigkeit der Befragten, sich an bestimmte Sachverhalte genau zu *erinnern*. Grundsätzlich ist die Erinnerungsfähigkeit eines Ereignisses von folgenden Faktoren abhängig (vgl. Churchill/Iacobucci 2002, S. 324 f.):

– subjektive Wichtigkeit,
– Länge des seither verstrichenen Zeitraums sowie
– Vorhandensein von Gedächtnisstützen.

Allgemein werden subjektiv unwichtige Ereignisse schlechter erinnert als wichtige. Für die meisten Befragten sind Kauf bzw. Nutzung bestimmter Marken, Kaufzeitpunkt etc. von geringer Bedeutung, da sie gegenüber den betreffenden Produkten nur ein geringes Involvement besitzen. Solche Ereignisse werden daher i. d. R. nur dann erinnert, wenn sie zeitlich nicht so weit zurückliegen. Das Erinnerungsvermögen kann erhöht werden, wenn visuelle oder verbale Gedächtnishilfen angeboten werden (z. B. Produktlisten).

Beispiel 2.10:

„Wie viele Liter Bier haben Sie in den letzten vier Wochen getrunken?"

Die Frage ist aus zwei Gründen unglücklich: Erstens wird Bier von den Befragten nicht liter- sondern flaschenweise konsumiert; an die Anzahl der Liter wird sich also sicherlich spontan niemand erinnern können. Zweitens ist ein Zeitraum von vier Wochen zu lang. Korrekt sollte die Frage z. B. folgendermaßen lauten:

„Wie häufig trinken Sie Bier im Laufe einer typischen Woche?"

a)   weniger als einmal die Woche
b)   1 – 3 Mal die Woche
c)   4 – 6 Mal die Woche
d)   täglich

Typische *Fehlerquellen* im Zusammenhang mit dem Erinnerungsvermögen sind dabei (vgl. Malhotra 2004, S. 286):

– Recall loss,
– Telescoping und
– Erfindung.

Recall loss bedeutet, dass sich ein Befragter an ein Ereignis gar nicht erinnern kann, obwohl er davon Kenntnis gehabt hat. *Telescoping* bedeutet, dass die meisten Menschen Ereignisse als zeitnäher erinnern, als es tatsächlich der Fall ist. Erfindung bedeutet schließlich, dass die Befragten Ereignisse „erinnern", die nie stattgefunden haben.

In Fällen, in denen der Forscher vermutet, dass das Erinnerungsvermögen der Befragten nicht zuverlässig ist, sollten daher Gedächtnishilfen angeboten werden.

Beispiel 2.11:

„Welche Zahnpasta-Marken haben Sie in den letzten 6 Monaten verwendet?"

Diese Fragestellung wird wahrscheinlich dazu führen, dass der Befragte sich – wenn überhaupt – an nur sehr wenige Marken erinnert. Sinnvoller ist es, im Rahmen z. B. eines gestützten Recalls den Befragten eine Liste von Marken vorzugeben, auf der er die genutzten Marken ankreuzen kann. Zur Überprüfung des Wahrheitsgehalts der Antwort werden häufig auch fiktive Markennamen einbezogen.

In manchen Fällen kommt es zu Antwortausfällen, weil die Befragten nicht in der Lage sind, ihre Antwort zu artikulieren.

Beispiel 2.12:

„Welchen Stil bevorzugen Sie bei Ihrer Wohnungseinrichtung?"

Die Antworten auf eine derart formulierte Frage werden – wenn überhaupt – „antik", „modern", „keine bevorzugte Stilrichtung" u. Ä. umfassen; für einen Möbelhersteller dürften die Antworten dennoch wenig hilfreich sein. Sinnvoller ist es, den Befragten Bilder von Möbeln und sonstigen Einrichtungsgegenständen zu zeigen und nach deren Präferenzen zu fragen.

Auch wenn die Befragten grundsätzlich in der Lage sind, eine bestimmte Frage zu beantworten, sind sie häufig nicht dazu bereit. Folgende Gründe können dafür ursächlich sein (vgl. Malhotra 2004, S. 287):
- Die Beantwortung erfordert zuviel Zeit und Mühe,
- die Frage erscheint im gegebenen Kontext als unpassend bzw. ein gerechtfertigter Grund für die geforderte Information wird nicht ersichtlich, oder
- die Frage berührt einen sensiblen Sachverhalt.

Viele Befragten sind nicht willens, zuviel Zeit und Mühe in die Beantwortung von Fragen zu investieren. Aus befragungstaktischen Gründen sollten die Fragen daher so gestellt werden, dass der *Beantwortungsaufwand* minimiert wird. Ansonsten besteht die Gefahr, dass nicht nur die betreffende Frage nicht oder nur ungenau beantwortet wird, sondern dass die Bearbeitung des Fragebogens als Ganzes abgebrochen wird (vgl. Churchill/Iacobucci 2002, S. 326).

Beispiel 2.13:

„Würden Sie mir bitte sagen, welchen Betrag Sie jährlich für Versicherungen ausgeben?"

Natürlich ist jeder Haushalt in der Lage, die entsprechenden Unterlagen zusammenzusuchen und die Einzelbeträge zusammenzurechnen. Ob ein Befragter hierzu Zeit und Lust hat, ist allerdings fraglich. Einfacher zu beantworten wäre folgende Fragestellung:

„Geben Sie bitte an, welche ungefähren Beträge Sie jährlich für die nachfolgend angeführten Versicherungen bezahlen:

	€ 200- unter 200 €	€ 400 - unter € 400	unter € 600	über € 600	weiß nicht	habe ich nicht
1. Wohngebäudeversicherung	☐	☐	☐	☐	☐
2. Hausratversicherung	☐	☐	☐	☐	☐
3. Haftpflichtversicherung	☐	☐	☐	☐	☐
⋮					
9. Ausbildungs-/Aussteuerversicherung	☐	☐	☐	☐	☐
Der Forscher kann dann die entsprechenden Beträge addieren.					

Gelegentlich wird die Antwort verweigert, weil die Frage im gegebenen Kontext als unpassend bzw. der Grund für die Frage dem Befragten nicht unmittelbar ersichtlich erscheint („Was soll das"-Effekt).

Beispiel 2.14:

Die Frage:

„Welche der nachfolgend angeführten Länder gehören zu Ihren bevorzugten Urlaubszielen?"

ist unproblematisch, wenn sie in einem Fragebogen zum Thema Freizeit, Urlaub o. Ä. gestellt wird oder das befragende Unternehmen der Tourismusbranche angehört. Wird dieselbe Frage in einem anderen Zusammenhang oder von einem anderen Auftraggeber gestellt – z. B. einem Hersteller von Spirituosen, der nach geeigneten Motiven für eine Werbekampagne sucht – wird die Frage möglicherweise als unpassend empfunden. In diesem Falle empfiehlt es sich, den Kontext zu verändern bzw. ergänzende Statements zu formulieren. Das Unternehmen könnte die Frage z. B. folgendermaßen stellen:

„Als namhafter Hersteller qualitativ hochwertiger alkoholischer Getränke ist es unser Anliegen, dass Sie unsere Produkte möglichst überall erhalten. Würden Sie uns daher bitte verraten, in welchen Ländern Sie bevorzugt Ihren Urlaub verbringen?"

Ein besonderes Problem stellt die Behandlung *sensibler Befragungsgegenstände* dar (vgl. hierzu ausführlich z. B. Lee 1993; Hill 1995; Tourangeau/Smith 1996). Solche Sachverhalte werden von den Befragten als potenziell bedrohlich oder peinlich angesehen (z. B. politische und religiöse Überzeugungen, Sexualverhalten), sodass mit einer hohen Antwortverweigerungsquote zu rechnen ist. Aber auch bei Befragungsgegenständen, die das Prestige der Befragten berühren (z. B. Einkommen), ist seitens der Forschers große Sorgfalt anzuwenden, weil sonst eine hohe Anzahl von Antwortverweigerungen bzw. Falschantworten zu erwarten ist. Es gibt jedoch eine Reihe von Techniken, die die Zuverlässigkeit der Antworten deutlich erhöhen können.

1) Sensible Fragen sollten möglichst an das *Ende des Fragebogens* platziert werden. Bis dahin wurde das anfängliche Misstrauen überwunden und es wurde eine Beziehung zum Befragten hergestellt, sodass die Neigung, die Frage zu beantworten, höher ist (vgl. Malhotra 2004, S. 288).

2) Eine weitere Möglichkeit besteht darin, sensible Fragen in eine Gruppe neutraler, harmloser Fragen unterzubringen. Dadurch wirkt die betreffende Frage weniger auffällig.

3) Um Falschantworten oder Antwortverweigerungen zu vermeiden, können auch verschiedene Varianten sog. *psychotaktisch-zweckmäßiger Befragung* herangezogen werden (vgl. Hüttner/Schwarting 2002, S. 92 f.).

Die persönliche Betroffenheit des Befragten kann z. B. dadurch reduziert werden, dass der eigentlichen Frage ein Statement vorangestellt wird, das bestimmte Eigenschaften bzw. ein bestimmtes Verhalten als keinesfalls außergewöhnlich hinstellt. Dadurch erhofft man sich, dass sich der Befragte als Teil einer Gemeinschaft fühlt und weniger Antworthemmnisse empfindet.

Beispiel 2.15:

Auf die Frage:
„Haben Sie Schulden? Wenn ja: Auf welcher Höhe belaufen sie sich?"
wird der Forscher kaum eine ehrliche Antwort erhalten. Besser ist folgende Formulierung:
„Die schwache Konjunkturlage und die ständigen Preiserhöhungen führen dazu, dass mittlerweile ein Großteil der Deutschen verschuldet ist. Sind Sie auch davon betroffen? Wenn ja: in welchem Umfang?"

Anstelle des tatsächlich interessierenden Sachverhalts können *Indikatoren* herangezogen werden, von denen aus auf die interessierende Variable geschlossen werden kann.

Beispiel 2.16:

Auf die Frage:
„Leben Sie gesundheitsbewusst?"
werden viele Befragte aus Prestigegründen mit „ja" antworten. Besser ist es, Indikatoren wie Konsum von z. B. Alkohol und Tabak, sportliche Aktivitäten, Kauf von Reformhausprodukten etc. abzufragen, da daraus eher auf das tatsächliche Gesundheitsbewusstsein geschlossen werden kann.

Für bestimmte Fragen – z. B. nach dem Einkommen oder dem Alter – empfiehlt es sich, keine genauen Angaben zu fordern, sondern die *Zugehörigkeit zu bestimmten Kategorien* abzufragen.

Beispiel 2.17:

Statt
„Wie hoch ist Ihr monatliches Haushaltsnettoeinkommen?",
empfiehlt sich folgende Formulierung:
„Wenn Sie mal zusammenrechnen, was nach Abzug von Steuern und Sozialversicherung in Ihrem Haushalt im Monat übrig bleibt – kreuzen Sie bitte das passende Kästchen an!"

- ☐ unter € 500
-    € 501 – 1000
- ☐ € 1001 – 2000
-    € 2001 – 3000
- ☐ € 3001 – 4000
-    über € 4000

Bestimmte Fragen, die die Privatsphäre betreffen, können sehr schnell als zu intim und aufdringlich empfunden werden, sodass ein höherer Anteil an Ausfällen oder Falschantworten entsteht. Problematisch sind auch Sachverhalte, bei denen die Gefahr sozial erwünschter Antworten besteht. Es empfiehlt sich in solchen Fällen, in die Fragestellung eine *Rechtfertigung* für das – ggf. sozial abweichende – Verhalten der Befragten einzubauen.

Beispiel 2.18:

„Wie häufig duschen Sie durchschnittlich pro Woche?"

Diese aus der Sicht eines Herstellers von Körperpflegemitteln durchaus wichtige Frage kann in dieser Form nicht gestellt werden, da viele Befragte aus Prestigegründen häufigeres Duschen angeben werden, als dies in Wirklichkeit der Fall ist. Geeigneter ist folgende Formulierung:

„Viele Menschen sind der Ansicht, dass zu häufiges Duschen der Haut schadet. Könnten Sie mir sagen, wie häufig Sie pro Woche durchschnittlich duschen?"

Zur Erfassung problematischer Sachverhalte sind grundsätzlich auch qualitative Befragungstechniken geeignet, insb. *projektive Verfahren* (vgl. hierzu Abschn. 2.2.1.1.3). Gebräuchlich ist insb. die sog. *Drittpersonentechnik*, d. h. die Frage wird so gestellt, dass der Befragte angeben soll, wie sich seiner Ansicht nach Drittpersonen in bestimmten Situationen verhalten würden. Dem liegt die Annahme zu Grunde, dass der Befragte seine eigenen Ansichten bzw. Verhaltensweisen in die Antwort hineinprojiziert.

Beispiel 2.19:

Die Frage

„Was ist Ihre Haltung zu Steuerhinterziehung?"

wird einen hohen Anteil sozial erwünschter Antworten erzeugen. Besser ist folgende Formulierung:

„Glauben Sie, dass viele Deutschen bei ihrer Einkommenssteuererklärung mogeln? Wenn ja, warum glauben Sie das?"

Ein viel versprechender Ansatz zur Erfassung sensibler Sachverhalte stellt die sog. *Randomized Response-Technik* (vgl. Pokropp 1996, S. 193 ff.). Die Grundidee basiert darauf, dass der Befragte die Fragen paarweise erhält. Eine Frage ist neutral, die andere Frage ist sensiblen Inhalts. Die neutrale Frage weist dabei eine bekannte Wahrscheinlichkeit einer „ja"-Antwort auf. Welche der beiden Fragen der Befragte beantworten muss, wird per Zufallsprinzip bestimmt. Der Interviewer weiß dabei nicht, welche der beiden Fragen die Auskunftsperson beantwortet hat. Unter diesen Bedingungen ist anzunehmen, dass der Befragte eher eine zutreffende Antwort gibt.

Beispiel 2.20:

Eine - hypothetische - Studie hat die Nutzung von Sex-Shops zum Gegenstand. Die sensible Frage A: „Haben Sie schon einmal einen Sex-Shop aufgesucht?" wird mit der Frage B: „Haben Sie im Dezember Geburtstag?" gepaart. Welche der beiden Fragen der Befragte zu beantworten hat, kann z. B. durch Ziehung einer Kugel aus einer Urne bestimmt werden, etwa Frage A bei Ziehung einer roten Kugel, Frage B bei Ziehung einer schwarzen Kugel.

Der Anteil an Befragten, die schon einmal einen Sex-Shop aufgesucht haben, kann mit Hilfe eines geeigneten statistischen Modells ermittelt werden, da der Anteil der Befragten, die Frage A oder B beantworten müssen, von den Anteilen an roten und schwarzen Kugeln in der Urne gesteuert wird.

Im einfachsten Fall einer Gleichverteilung roter und schwarzer Kugeln beträgt die Wahrscheinlichkeit, dass die sensible Frage beantwortet werden muss, genau 0,5. Die Wahrscheinlichkeit, dass ein Befragter im Dezember Geburtstag hat, ist z. B. aus den Daten einer Volkszählung zu ermitteln. In diesem Beispiel wird sie als 0,07 angenommen. Die Befragung ergibt, dass 15% der Befragten auf Frage A *oder* B mit „ja" geantwortet haben. Der Anteil der Befragten, der schon einmal einen Sex-Shop aufgesucht hat, kann dann wie folgt errechnet werden (vgl. Reinmuth/Geurts 1975):

Seien p = Anteil der Befragten, die eine der Fragen mit „ja" beantwortet haben,

q = Wahrscheinlichkeit, dass der Befragte die sensible Frage A beantworten musste,

π_A = Anteil der „ja"-Antworten auf die sensible Frage,

π_B = Anteil der „ja"-Antworten auf die neutrale Frage;

dann gilt:

$$p = q \cdot \pi_A + (1-p) \cdot \pi_B .$$

Einsetzen der Zahlenwerte ergibt:

$$0,15 = 0,5 \cdot \pi_A + 0,5 \cdot 0,07$$
$$\Rightarrow \pi_A = 0,23$$

d. h. 13% der Befragten haben schon einmal einen Sex-Shop aufgesucht.

Zum Randomized-Response-Modell sind mittlerweile zahlreiche methodische Beiträge erschienen (vgl. den Überblick bei Churchill/Iacobucci 2002, S. 328; Hüttner/Schwarting 2002, S. 99). Die Anwendung in der Marktforschungspraxis ist jedoch noch nicht weit verbreitet.

Festlegung der Fragenformulierung und der Antwortmöglichkeiten

Im Rahmen der *Fragenformulierung* ist der konkrete Wortlaut der einzelnen Fragen zu bestimmen. Sprachliche Aspekte sind insofern von großer Relevanz, als unglücklich formulierte Fragen zu einer falschen Beantwortung oder gar zur Antwortverweigerung führen können. Eine nicht korrekte Beantwortung führt zu Verzerrungen der Ergebnisse, eine Antwortverweigerung zu Problemen bei der Datenanalyse. Für die sprachliche Gestaltung eines Fragebogens sind daher eine ganze Reihe von *Grundsätzen* zu beachten (vgl. Hammann/Erichson 2000, S. 110 ff.; Churchill/Iacobucci 2002, S. 337 ff.; Malhotra 2004, S. 292 ff.):

– genaue Definition des Fragengegenstands,

– verständliche Wortwahl,

– Vermeidung vager Formulierungen,

– Vermeidung mehrdeutiger Formulierungen,

– Vermeidung von Suggestivfragen,

– Vermeidung impliziter Alternativen,

– Vermeidung verwirrender Anweisungen sowie

– Vermeidung von Verallgemeinerungen.

Der Wortlaut einer Frage muss den Inhalt der Frage so wiedergeben, dass er konkret und exakt definiert wird. Die Frageformulierung sollte daher dahingehend zu überprüft werden, ob das Wer? Was? Wann? Wo? Warum? und Wie? aus der Frage eindeutig hervorgehen.

Beispiel 2.21:

Die Frage
„Welche Zahnpastamarke benutzen Sie?"
definiert den Sachverhalt nur unzureichend:
Wer: Nur der Befragte selbst oder der Haushalt?
Was: Was ist, wenn im Haushalt verschiedene Marken verwendet werden?
Wann: Immer? Zuletzt verwendet? Am häufigsten verwendet?
Wo: Zu Hause?

Eine bessere Formulierung wäre:
„Welche der nachfolgend aufgelisteten Zahnpastamarken wurden im vergangenen Monat in Ihrem Haushalt verwendet?"

Um Missverständnisse zu vermeiden, sollte die Wortwahl *verständlich* und dem sprachlichen Niveau des Befragten angepasst werden. Das Bildungsniveau eines Marktforschers ist oftmals höher als beim Bevölkerungsdurchschnitt. Gewisse Wörter und Formulierungen, die für den Forscher zum normalen Sprachgebrauch gehören, sind u.U. für den Befragten unverständlich; Fremdwörter und Fachausdrücke sollten daher vermieden werden.

Beispiel 2.22:

Die Frage:
„Halten Sie den Distributionsgrad von Marke X für adäquat?"
dürfte bei vielen Befragten auf Verständnislosigkeit stoßen. Besser ist folgende Formulierung:
„Wenn Sie Marke X kaufen wollen, was meinen Sie: Ist sie im Handel im Vergleich zu anderen Marken leichter oder schwieriger zu bekommen?"

- ☐ leichter
- ☐ genauso leicht
- ☐ schwieriger
- ☐ weiß nicht

Um eine korrekte Beantwortung zu erzeugen, sollten *vage Formulierungen* vermieden werden, d. h. die verwendeten Begriffe dürfen keinen Spielraum für unterschiedliche Auffassungen beinhalten (vgl. ausführlich Schaeffer 1991).

Beispiel 2.23:

„Wie häufig nutzen Sie das Internet?"

- ☐ sehr häufig
-   häufig
- ☐ manchmal
-   nie

Eindeutig ist hier nur die Antwortkategorie „nie"; den übrigen Kategorien dürften unterschiedliche Befragte auch unterschiedliche Bedeutungen zuweisen. Besser sind folgende Antwortkategorien:

- ☐ täglich
-   3 - 4 Mal die Woche
- ☐ 1 - 2 Mal die Woche
-   nie

Vermeidung mehrdeutiger Formulierungen bedeutet, dass aus der Frage deutlich werden muss, was genau zu beantworten ist.

Beispiel 2.24:

„Sind Sie mit Farbe und Geschmack des Getränks X zufrieden?"
Die Antwort „ja" ist nicht eindeutig, da unklar ist, ob sie sich auf Farbe, Geschmack oder beides bezieht.

Suggestivfragen sind solche, welche dem Befragten eine bestimmte Antwort nahe legen. Dadurch manipuliert der Forscher bewusst oder unbewusst die Ergebnisse; die Antworttendenz wird in eine bestimmte Richtung gesteuert.

Beispiel 2.25:

„Wissenschaftler aus aller Welt warnen vor den möglichen Folgen genetisch manipulierter Nahrungsmittel. Würden Sie trotzdem genetisch manipulierte Nahrungsmittel kaufen?"

Dass bei dieser Formulierung ein hoher Anteil der Befragten – unzutreffender Weise – mit „nein" antwortet, ist wahrscheinlich. Folgende Formulierung ist besser:
„Die Wissenschaft macht es möglich, Nahrungsmittel genetisch zu verändern. Würden Sie entsprechende Produkte kaufen?"

Fragen sollten so formuliert werden, dass deren Beantwortung nicht von *impliziten Annahmen* über die Konsequenzen des interessierenden Sachverhalts abhängt. Unter einer impliziten Annahme versteht man dabei eine Annahme, die der Forscher zu Grunde legt, die aber den Befragten nicht bekannt ist.

Beispiel 2.26:

Im Rahmen einer US-amerikanischen Untersuchung wurde derselbe Sachverhalt – Einstellung zur Einführung einer gesetzlichen Gurtpflicht in PKWs – mit folgenden beiden alternativen Fragestellungen erhoben:

Variante A: Es ist eine gute Idee, ein Gesetz zu verabschieden, das Personen in PKWs verpflichtet, Sicherheitsgurte anzulegen.

Dass bei gesetzlicher Regelung die Nichteinhaltung der Gurtpflicht sanktioniert werden wird, wird hier nicht explizit angegeben. Auf die so formulierte Frage mit impliziter Annahme antworteten 73% mit „stimme zu".

Variante B: Es sollte ein Gesetz geben, dass Personen in PKWs sich entweder anschnallen oder eine Strafe zahlen.

Die Konsequenz wird hier explizit spezifiziert; das Ausmaß an Zustimmung betrug bei dieser Formulierung nur noch 50%.

Quelle: Ungar 1986, S. 90.

Ebenso wie implizite Annahmen sollten auch *implizite Alternativen* vermieden werden. Eine Frage mit impliziter Alternative bedeutet, dass ein bestimmter Sachverhalt erfragt wird – i. d. R. eine Präferenz für ein bestimmtes Objekt –, ohne dass alternative Möglichkeiten explizit erwähnt werden. Dies kann zu einer erheblichen Verzerrung der Antworten führen.

Beispiel 2.27:

Im Rahmen einer Untersuchung über die Einstellung von Hausfrauen zum Nachgehen einer Arbeit außer Haus wurden bei zwei repräsentativen Teilstichproben folgende Fragen gestellt:

Variante A: „Würden Sie gerne arbeiten gehen, wenn es möglich wäre?"

Variante B: „Würden Sie lieber arbeiten gehen, oder machen Sie lieber Ihre Hausarbeit?"

Bei Variante 1 gaben 19% an, sie würden lieber nicht arbeiten gehen. Bei der zweiten Teilstichprobe, welche mit Variante 2 konfrontiert wurde, gaben 68% an, sie würden lieber nicht arbeiten gehen, sondern ihre Hausarbeit machen.

Quelle: Noelle-Neumann 1970, S. 200.

Die Auskunftsfähigkeit der Befragten kann stark beeinträchtigt werden, wenn die Anweisungen für die Beantwortung der Fragen unklar, also z. B. zu umfangreich oder zu knapp sind. Wird dem Befragten nicht klar, worin seine Aufgabe besteht, führt dies im günstigsten Fall zu einem überhöhten Anteil von „weiß nicht"-Antworten, im schlimmsten Fall zum Antwortausfall.

Beispiel 2.28:

„Kreuzen Sie von den von Ihnen als zutreffend erachteten Eigenschaften diejenigen jeweils doppelt an, die Sie als besonders wichtig erachten und bringen Sie sie in eine Rangreihe der Wichtigkeit!"

Diese Fragestellung weist folgende Mängel auf:
– Die Testperson wird mit zu vielen Aufgaben gleichzeitig konfrontiert.
– Ob nur die besonders wichtigen oder alle Eigenschaften in eine Ran.gfolge gebracht werden sollen, bleibt unklar.

Quelle: Hammann/Erichson 2000, S. 112 f.

Grundsätzlich sollten Fragen so spezifisch wie möglich gestellt werden, d. h. der Befragte soll nicht dazu angehalten werden, *Verallgemeinerungen* vorzunehmen oder gar Berechnungen anstellen zu müssen. Dadurch wäre er zwar möglicherweise nicht überfordert, jedoch würde er den Aufwand für die Beantwortung der Fragen als zu hoch empfinden.

Beispiel 2.29:

„Wie hoch ist der durchschnittliche jährliche Pro-Kopf-Verbrauch an Erfrischungsgetränken in Ihrem Haushalt?"

Diese Fragestellung weist folgende Mängel auf:
– Eine durchschnittliche Auskunftsperson wird den Verbrauch pro Woche oder pro Monat angeben könne; der Zeitraum von einem ganzen Jahr ist zu lang; eine derart allgemeine Aussage kann der Befragte nicht treffen.
– Selbst wenn er den jährlichen Verbrauch angeben könnte, müsste er ihn durch die Zahl der Haushaltsmitglieder teilen.

Vorzuziehen wären daher folgende Formulierungen:
„Wie hoch ist der wöchentliche Konsum von Erfrischungsgetränken in Ihrem Haushalt?", und
„Wie viele Personen leben in Ihrem Haushalt?"
Die erforderlichen Berechnungen für den jährlichen Pro-Kopf-Verbrauch kann der Forscher selbst vornehmen.

Nicht nur die Fragenformulierung, sondern auch die vorgegebenen *Antwortmöglichkeiten* haben einen großen Einfluss auf die Qualität der Ergebnisse (vgl. hierzu ausführlich Hüttner/Schwarting 2002, S. 100 ff.). Abb. 2.15 zeigt die Einteilung von Fragen nach der Antwortmöglichkeit.

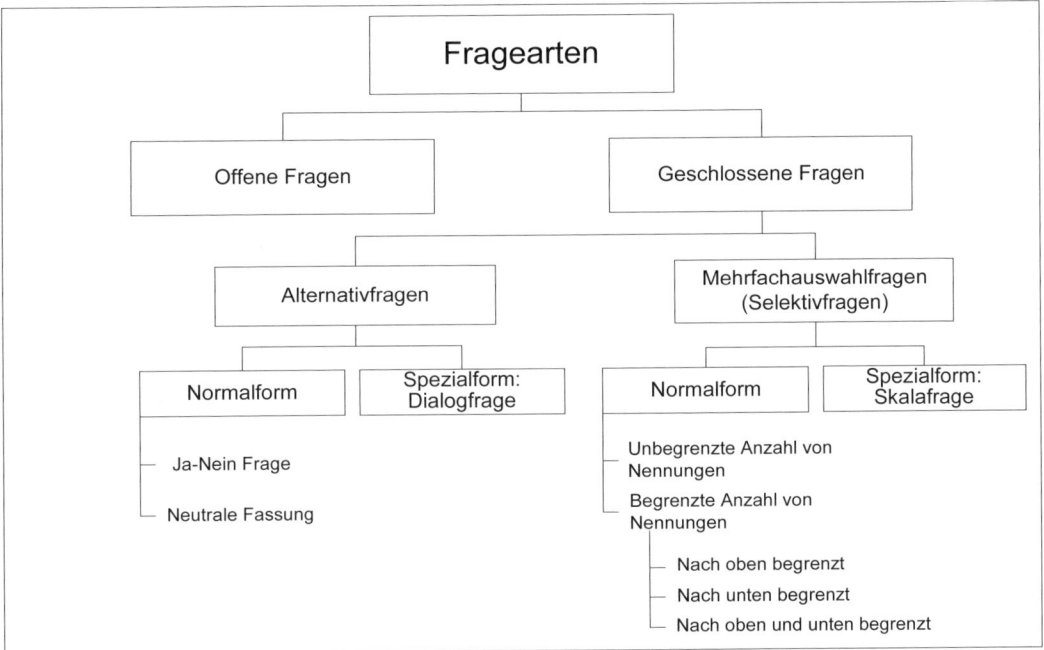

Quelle: Nach Hüttner/Schwarting 2002, S. 100.
Abb. 2.15: Einteilung der Fragen nach der Antwortmöglichkeit

Grundsätzlich können offene und geschlossene Fragen unterschieden werden. *Offene Fragen* (unstructured questions, open-ended questions) sind dadurch charakterisiert, dass die Auskunftsperson in ihrer Wortwahl völlig frei ist; es existieren keine festen Antwortkategorien, die Antwort des Befragten muss möglichst im genauen Wortlaut notiert werden, um Verzerrungen zu vermeiden. Offene Fragen finden sich insb. im Rahmen qualitativer Untersuchungen, sie werden aber auch für bestimmte Sachverhalte im Rahmen quantitativer Erhebungen verwendet. Offene Fragen können dabei in Normalform oder in Spezialform gestellt sein. Die *Normalform* beinhaltet, dass die Frage aus einem vollständigen Satz besteht.

Beispiel 2.30:

(1) „Warum haben Sie einen Fernseher der Marke X gekauft?"
....

(2) „Wie alt sind Sie?"
....

(3) „Was verbinden Sie mit der Marke Y?"
....

Im Rahmen qualitativer Untersuchungen werden offene Fragen häufig in Spezialform gestellt, z. B. als Satzergänzungstest, Picture Frustration Test bzw. Balloon-Test (vgl. die Ausführungen in Abschn. 2.2.1.1.3 und die dort angeführten Beispiele).

Offene Fragen erlauben es dem Befragten, seine Meinung unverzerrt kundzutun und eignen sich daher insb. zur Erforschung psychologischer Sachverhalte oder aber als Eisbrecherfragen am Anfang eines Fragebogens (vgl. Malhotra 2004, S. 290). Allerdings weisen sie auch eine ganze Reihe von *Nachteilen* auf:

– Das Potenzial für Verzerrungen durch den Interviewer im Rahmen der Antwortaufzeichnung ist hoch, es sei denn, die Antworten werden auf Tonband registriert.

– Die Kodierung der Antworten ist sehr aufwändig, es sei denn, es handelt sich um quantitative Daten (z. B. Alter, s. (2) in Beispiel 2.30), oder die Zahl möglicher Antworten ist begrenzt (z. B. Schulbildung, s. (3)). Werden hingegen psychologische Sachverhalte erfragt (siehe (1)), muss die Vielzahl an unterschiedlichen Antworten in geeigneter Weise kategorisiert werden, um die Daten anschließend interpretieren zu können (vgl. hierzu Popping 2000; Luyens 1995 sowie die Ausführungen in den Abschnitten 3.2.2 sowie 3.3.6).

– Implizit geben offene Fragestellungen denjenigen Befragten mehr Gewicht, welche sich freier und ausführlicher artikulieren können.

– Werden psychologische Sachverhalte erhoben, können offene Fragen im Prinzip nur bei mündlichen Befragungen gestellt werden, da Befragte dazu neigen, sich bei schriftlicher Beantwortung kurz zu fassen.

Bei *geschlossenen Fragen* (structured questions, fixed-alternative questions) werden die relevanten Antwortkategorien von vornherein vorgegeben. Der Befragte muss sich für eine der angegebenen Antwortkategorien entscheiden, unabhängig davon, ob er den Fragebogen selbst ausfüllt oder ein Interviewer seine Antworten notiert. Bei geschlossenen Fragen lassen sich dabei Alternativfragen und Mehrfachauswahlfragen (Mutiple-Choice-Fragen) unterscheiden.

Alternativfragen verfügen grundsätzlich nur über zwei Antwortkategorien, etwa „ja/nein", „stimme zu/stimme nicht zu" usw. Häufig findet sich neben den beiden eigentlich interessierenden Antwortalternativen auch eine sog. „neutrale" Alternative, z. B. „weiß nicht", „weder – noch", „sowohl – als auch" u. Ä. (vgl. Malhotra 2004, S. 291). Die Einbeziehung einer neutralen Kategorie ist insofern sinnvoll, als ein zutreffendes Bild der Situation häufig nur dann möglich ist, wenn auch die „Unentschlossenen" explizit erfasst werden (vgl. Hüttner/Schwarting 2002, S. 104 f.). Dies ist z. B. bei Wahlprognosen der Fall, aber auch bei Prognosen für Markt- oder Absatzpotenzial im Rahmen von Neuprodukteinführungen.

Alternativfragen können in Normalform oder in Spezialform auftreten. In der sog. *Normalform* unterscheidet man die *Ja-Nein-Frage*, bei welcher lediglich die Antwortmöglichkeiten „ja" und „nein" vorgegeben sind, und die *neutrale Fassung*, bei der die Alternative in der Frage mit genannt wird. Dies soll – im Sinne der Vermeidung impliziter Alternativen – verhindern, dass durch Nennung nur der eigentlich interessierenden Alternative diese bevorzugt wird.

Beispiel 2.31:

(1) Ja-Nein-Frage

„Beabsichtigen Sie, in diesem Sommer in den Urlaub zu fahren?"

☐ ja

☐ nein

☐ weiß nicht

(2) Neutrale Frage

„Beabsichtigen Sie, in diesem Sommer in den Urlaub zu fahren, oder bleiben Sie lieber zu Hause?"

☐ Ich fahre in den Urlaub.

☐ Ich bleibe zu Hause.

☐ Ich weiß es noch nicht.

Die Verteilung der Antworten auf die beiden Kategorien ist allerdings häufig davon abhängig, in welcher Reihenfolge die beiden Alternativen genannt werden (vgl. z. B. Schuman/ Presser 1981, S. 56 ff.; Wanke/Schwarz/Noelle-Neumann 1995).

Beispiel 2.32:

So wird die Frage (2) im vorangegangenen Beispiel mit großer Wahrscheinlichkeit eine andere Antwortverteilung herbeiführen, wenn sie folgendermaßen formuliert wird:

„Beabsichtigen Sie, Ihren Sommerurlaub zu Hause zu verbringen, oder wollen Sie verreisen?"

☐ Ich bleibe zu Hause.

☐ Ich werde verreisen.

☐ Ich weiß es noch nicht.

Abb. 2.16: Beispiel für eine Dialogfrage

Um diesen Bias zu umgehen, ist es sinnvoll, die sog. *Split-Ballot-Technik* anzuwenden: Die beiden Versionen der Frage werden zwei jeweils unabhängigen, repräsentativen Teilstichproben präsentiert. Die Ergebnisse werden entweder miteinander verglichen, oder es wird der Durchschnitt der Mittelwerte in beiden Stichproben ermittelt.

Die Spezialform der *Dialogfrage* besteht darin, dass den Auskunftspersonen die beiden Alternativen in Form einer kleinen Geschichte (nur textlich oder auch bildlich, z. B. als Cartoon) präsentiert werden, in der sich zwei Personen miteinander unterhalten. Der Befragte wird dann aufgefordert, einer der beiden Personen zuzustimmen. Ein Beispiel findet sich in Abb. 2.16. Auch hier kann mittels Splitting der Effekt der Reihenfolge der Alternativen reduziert werden.

Mehrfachauswahlfragen (Multiple-Choice-Fragen) sind dadurch charakterisiert, dass sie mehrere alternative Antwortkategorien zulassen. Der Befragte soll diejenige Kategorie(n) auswählen, die am ehesten seine Position wiedergibt bzw. wiedergeben. Die Anzahl der möglichen Nennungen kann dabei begrenzt oder unbegrenzt sein (vgl. Hüttner/Schwarting 2002, S. 106 f.).

Beispiel 2.33:

„Welche Kriterien spielen beim Kauf eines Fernsehgeräts für Sie eine Rolle?"
- ☐ Preis im Vergleich zu ähnlichen Modellen
- ☐ Haltbarkeit
- ☐ Bildqualität
- ☐ Erfahrung mit der Marke
- ☐ Service vor Ort
- ☐ Garantieleistungen
- ☐ Sonstiges, und zwar…………………………………………………......

(1) Unbegrenzte Zahl von Nennungen
„Bitte kreuzen Sie alle Kriterien an, die für Sie zutreffen!"

(2) Nach unten begrenzte Zahl von Nennungen
„Bitte kreuzen Sie mindestens zwei Kriterien an, die für Sie zutreffen!"

(3) Nach oben begrenzte Zahl von Nennungen
„Bitte kreuzen Sie bis zu drei für Sie zutreffende Kriterien an!"

(4) Nach oben und unten begrenzt
„Bitte kreuzen Sie die drei für Sie wichtigsten Kriterien an!"

Des Weiteren kann man Mehrfachauswahlfragen auch danach unterscheiden, ob sich die Antwortkategorien gegenseitig ausschließen (wie z. B. Altersklassen) oder Mehrfachnennungen wie in obigem Beispiel möglich sind.

Eine Sonderform von Mehrfachauswahlfragen stellt die sog. *Skalafrage* dar. Mit einer Skalafrage wird nicht nur das Vorhandensein eines Sachverhalts erhoben, sondern auch dessen Intensität (vgl. Hüttner/Schwarting 2002, S. 108). Abb. 2.17 zeigt Beispiele für in der Marktforschung verwendete Skalen. Da die verschiedenen Skalen ausführlich in Abschn. 3.3 behandelt werden, soll an dieser Stelle nicht näher darauf eingegangen werden.

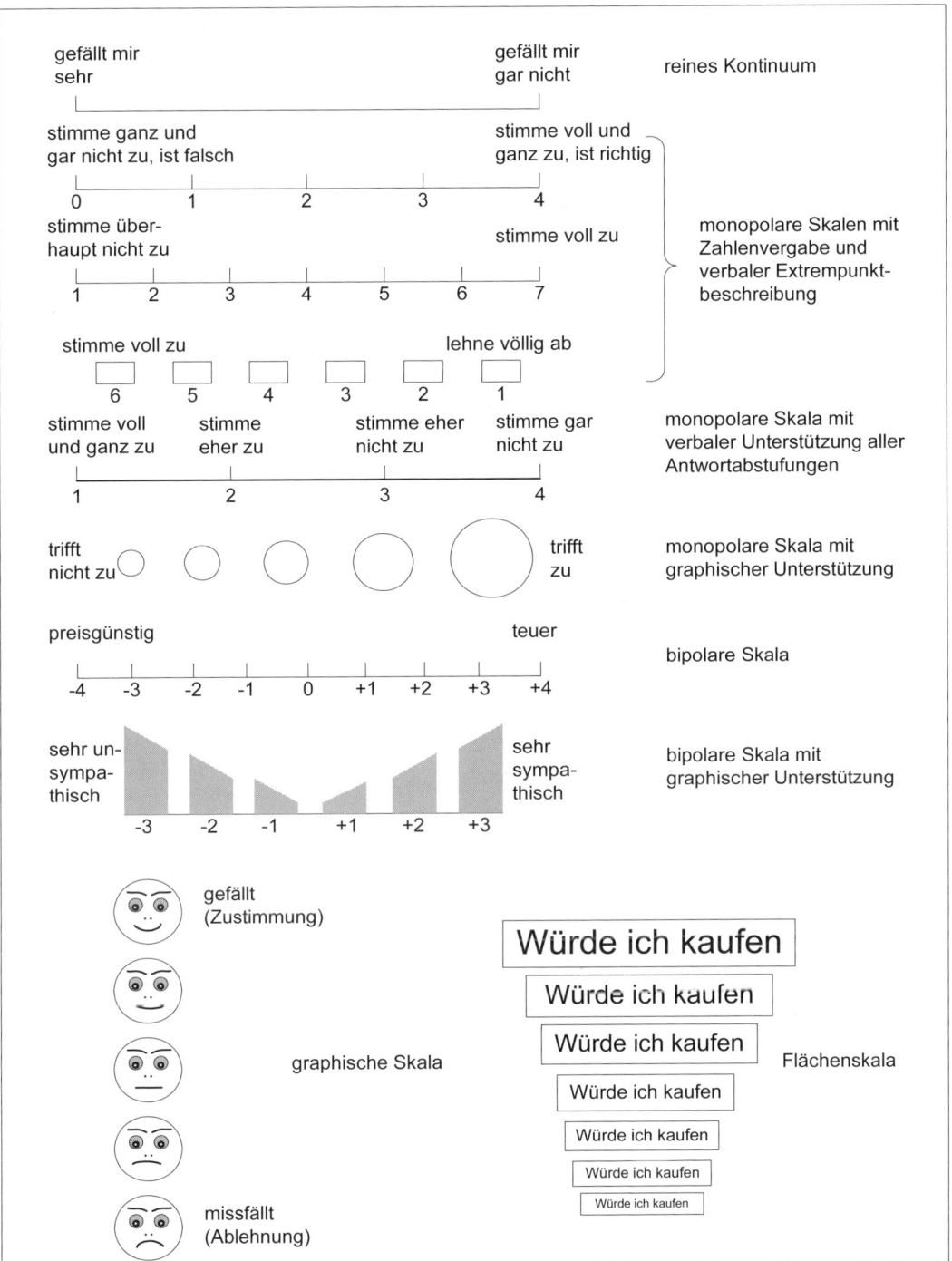

Quelle: Berekoven/Eckert/Ellenrieder 2004, S. 77.

Abb. 2.17: Beispiele für Skalafragen

Der *Vorteil* geschlossener Fragen im Vergleich zu offenen Fragen liegt in deren besserer Auswertbarkeit und in der hohen Vergleichbarkeit der Antworten. Dem gegenüber stehen jedoch auch verschiedene *Nachteile*:

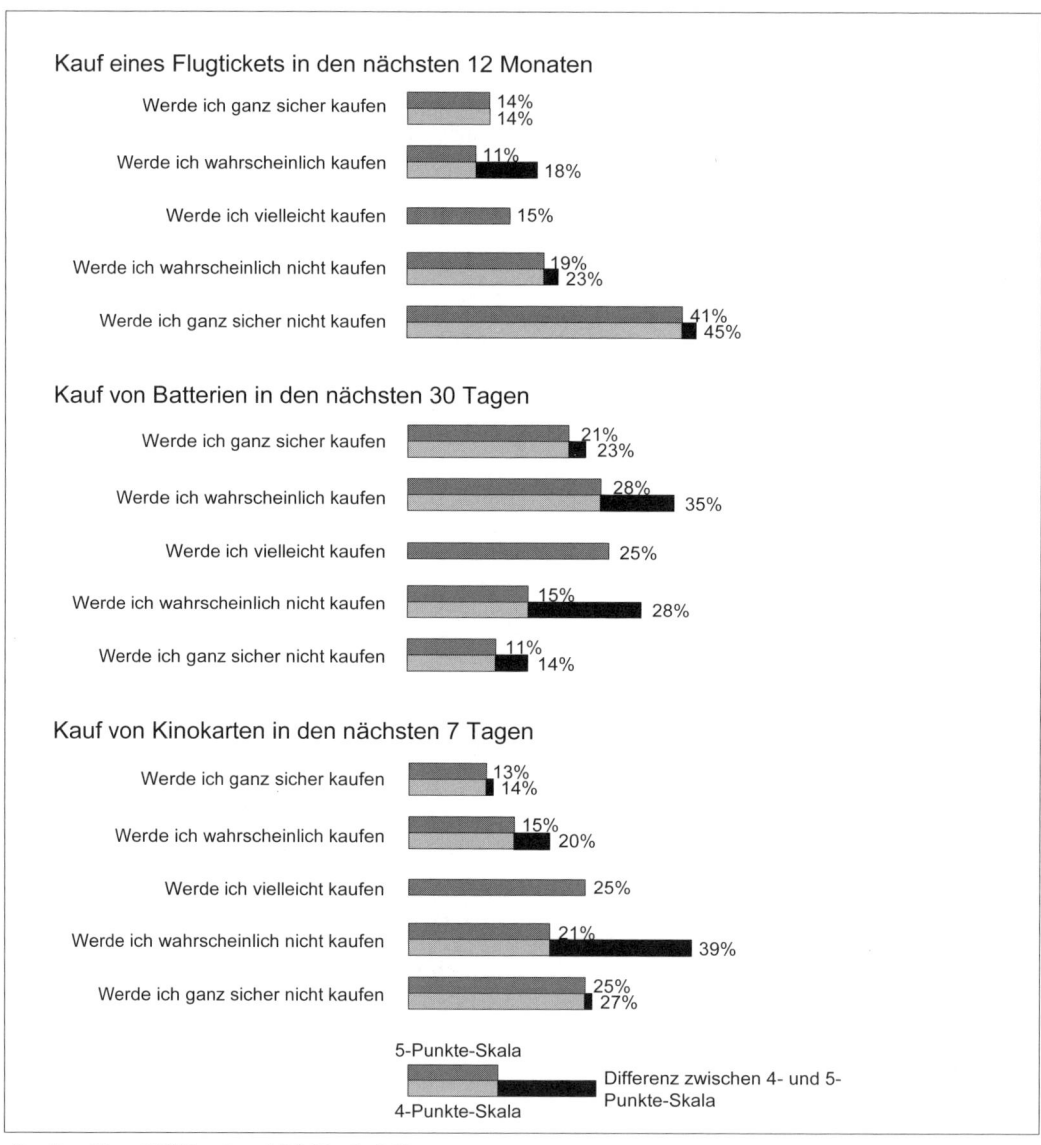

Quelle: Churchill/Iacobucci 2002, S. 332.

Abb. 2.18: Ergebnisunterschiede bei der Messung der Kaufabsicht mit und ohne Verwendung einer neutralen Antwortkategorie

1) Es ist möglich, dass keine der vorgesehenen Antwortkategorien die wirkliche Position des Befragten widerspiegelt. Um dennoch ein möglichst umfassendes Spektrum an Antwort-

kategorien zu erhalten, kann zum einen eine explorative Befragung mit offener Fragestellung vorgeschaltet werden, zum anderen kann eine Kategorie „Sonstiges" (mit beliebiger Antwortmöglichkeit) vorgesehen werden (vgl. Hüttner/Schwarting 2002, S. 103 f.). Zu beachten ist allerdings, dass ein hoher Anteil an Befragten, welche die Kategorie „Sonstiges" ankreuzen, die Ergebnisse der Studie gefährden können. In jedem Falle sollte der Fragebogen daher sorgfältig getestet werden.

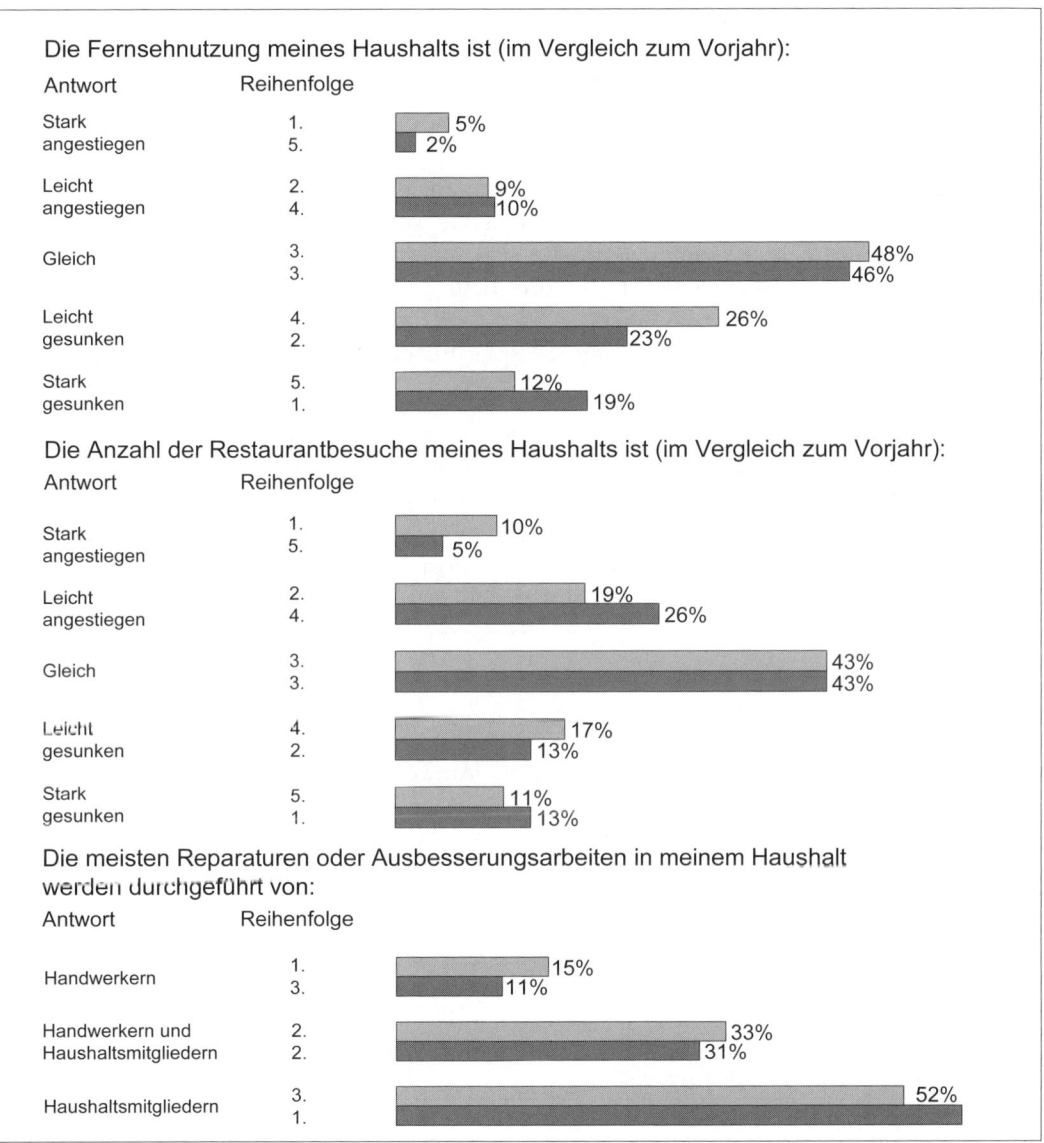

Quelle: Churchill/Iacobucci 2002, S. 335.
Abb. 2.19: Einfluss der Reihenfolge der Antwortkategorien auf die Antwortverteilung

2) Wie bereits erwähnt, kann die Angabe einer neutralen Antwortkategorie („weiß nicht", „weder – noch" usw.) dazu führen, Antwortausfälle zu reduzieren. Allerdings wird dadurch verhindert, dass Unentschlossene zum betreffenden Sachverhalt Stellung beziehen. Abb. 2.18 zeigt Beispiele für die unterschiedliche Verteilung der Antworten auf die einzelnen Antwortkategorien einmal ohne und einmal mit Vorgabe einer neutralen Position. Offensichtlich ist, dass ohne Vorhandensein einer neutralen Kategorie die Befragten insb. die Position „wahrscheinlich nicht" ankreuzen. Dieser Effekt ist umso ausgeprägter, je näher in der Zukunft die Kaufhandlung stattfinden soll.

3) Außer in dem Fall, dass Mehrfachnennungen zugelassen sind, müssen die Antwortkategorien so formuliert werden, dass sie sich gegenseitig ausschließen.

4) Mehrfachauswahlfragen unterliegen prinzipiell einem Reihenfolge-Bias. Bei Auflistungen besteht eine Tendenz, insb. die erste Kategorie anzukreuzen, häufig aber auch die letzte. Bei nummerischen Listen (z. B. Preise, Mengen) werden tendenziell mittlere Positionen angekreuzt. Aus diesem Grunde empfiehlt sich auch hier die Anwendung der Split-Ballot-Technik, bei der verschiedenen Teilstichproben die Antwortkategorien in jeweils unterschiedlicher Reihenfolge präsentiert werden (vgl. zu dieser Problematik z. B. Krosnich/Alwin 1987). Abb. 2.19 zeigt ein Beispiel für den Einfluss der Reihenfolge auf die Antwortverteilung.

5) Wenn es sich bei den Antwortkategorien um Klassen einer metrisch skalierten Variable handelt, so ist die Antwortverteilung häufig von der Definition der Skalengrenzen abhängig. Geht es bei der untersuchten Variable zudem um die Angabe von Häufigkeiten für ein bestimmtes Verhalten, neigen die Befragten zur Vermeidung der ersten und der letzten Kategorie, da sie bewusst oder unbewusst mittlere Positionen als „normales", „übliches" Verhalten interpretieren (vgl. Schwartz et al. 1985).

Beispiel 2.34:

Die Frage:
„Wie viele Zigaretten rauchen Sie pro Tag?"

wird mit großer Wahrscheinlichkeit unterschiedliche Antworten erzeugen, wenn folgende alternative Antwortkategorien vorgegeben werden:

Variante 1: ☐ unter 5
           ☐ 5 - 10
           ☐ über 10
Variante 2: ☐ unter 10
           ☐ 10 - 20
           ☐ über 20

Aufgrund der Tendenz, mittlere Positionen anzukreuzen, werden die Befragten bei Variante 1 tendenziell „weniger rauchen" als bei Variante 2.

Festlegung der Reihenfolge der Fragen und der Länge des Fragebogens

Nachdem die Fragenformulierung abgeschlossen ist, müssen die Fragen in eine sinnvolle *Reihenfolge* gebracht werden. Die Position der einzelnen Fragen im Fragebogen wird dabei u. A. von deren *Aufgabe* im Rahmen der Erhebung beeinflusst. In Abhängigkeit von der zur

erfüllenden Aufgabe werden Fragen dabei unterschieden in (vgl. Hüttner/Schwarting 2002, S. 120 f.):
– Ergebnisfragen und
– Instrumentalfragen.
(vgl. Abb. 2.20).

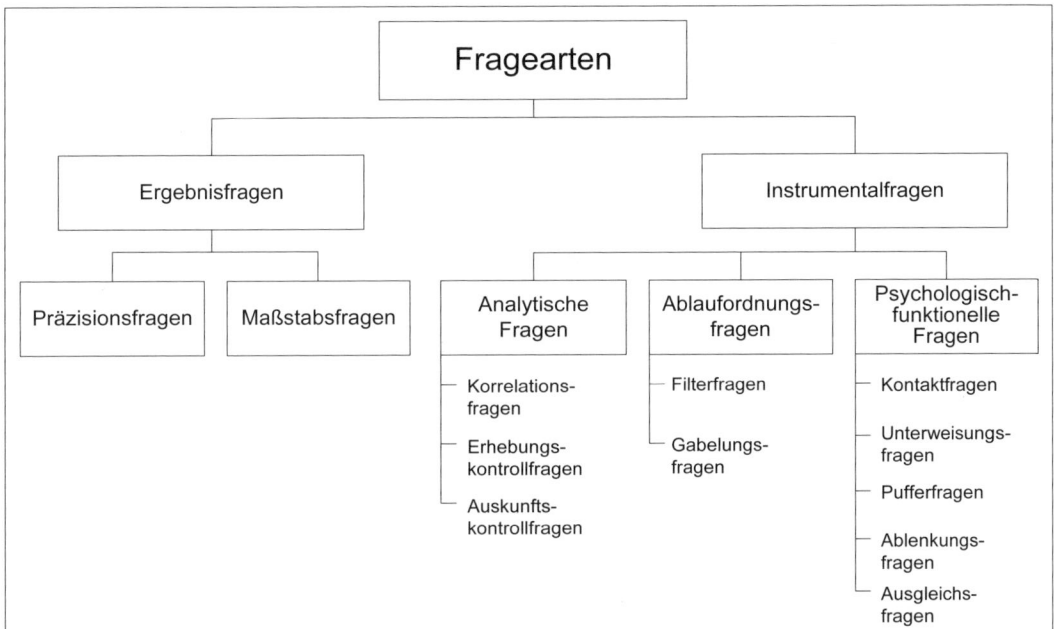

Abb. 2.20: Unterteilung der Fragearten nach deren Aufgabe

Ergebnisfragen (Sachfragen) sind Fragen zum eigentlichen Untersuchungsgegenstand und erlauben funktionelle Verknüpfungen. Sie machen i. d. R. den größten Teil des Fragebogens aus. Dazu gehören
– *Präzisionsfragen*, welche die Tatbestände selbst direkt oder indirekt erfassen, und
– *Maßstabsfragen*, die Aussagen relativieren und vergleichbar machen sollen.

Flankiert werden Ergebnisfragen durch sog. *Instrumentalfragen*. Diese dienen nicht der unmittelbaren Informationsgewinnung, sondern dienen primär der Steuerung des Befragungsablaufs. Dazu gehören die folgenden Untergruppen:
– analytische Fragen,
– Ablaufordnungsfragen und
– psychologisch-funktionelle Fragen.

Analytische Fragen betreffen den Befragungsgegenstand selbst und werden unterstützend zu den Ergebnisfragen gestellt. Sie umfassen
– *Korrelationsfragen*, die als Grundlage für die Bildung von Untergruppen und Kreuztabulierungen dienen wie z. B. Fragen zur Soziodemographie;

– *Erhebungskontrollfragen*, welche gewährleisten sollen, dass die Interviewdurchführung sorgfältig erfolgt ist;

– *Auskunftskontrollfragen*, welche Inkonsistenzen in den Antworten der Befragten aufdecken sollen.

Ablauordnungsfragen dienen der Steuerung des Befragungsablaufs. Dazu gehören:

– *Filterfragen*, die bestimmte Befragte von der Bearbeitung von Teilen des Fragebogens ausschließen, da bestimmte Fragenkomplexe auf sie nicht zutreffen bzw. für sie nicht relevant sind, und

– *Gabelungsfragen*, die Befragte in verschiedene Fragebogenkomplexe parallel aufgliedern.

Psychologisch-funktionelle Fragen sind der Befragungstaktik zuzuordnen und haben vorwiegend methodische Bedeutung. Dazu gehören:

– *Kontaktfragen* (auch: Eisbrecherfragen), die zu Beginn der Befragung gestellt werden, um eine positive Befragungsatmosphäre zu schaffen;

– *Unterweisungsfragen*, die die Auskunftspersonen für den Befragungsgegenstand sensibilisieren sollen und sie dabei unterstützen, die nachfolgenden Fragen zu verstehen;

– *Pufferfragen*, welche Ausstrahlungseffekte zwischen aufeinander folgenden Aspekten eines Themas vermeiden oder auch zu einem anderen Thema überleiten;

– *Ablenkungsfragen*, die den eigentlichen Erhebungsgegenstand verdecken sollen, um Lerneffekte beim Befragten zu vermeiden;

– *Ausgleichsfragen*, welche jenem Teil der Befragten gestellt werden, die nach einer Filterfrage von der Bearbeitung eines Fragenkomplexes befreit sind. Dadurch soll vermieden werden, dass die Befragten mit Absicht bestimmte Antworten geben, um Teile des Fragebogens nicht beantworten zu müssen und damit die Bearbeitungszeit verkürzen.

Grundsätzlich sollte ein Fragebogen wie folgt aufgebaut werden:

– Kontaktfragen,

– Sachfragen,

– Kontrollfragen,

– Korrelationsfragen (z. B. Angaben zur Person).

In der Praxis haben sich hinsichtlich der Reihenfolge der Fragen folgende *Prinzipien* bewährt (vgl. Böhler 2004, S. 100 f.; Churchill/Iacobucci 2002, S. 345 ff.):

1) Der Fragebogen sollte mit *Kontaktfragen* beginnen, um Misstrauen abzubauen und die Auskunftspersonen zur Mitarbeit zu motivieren. Solche Kontaktfragen sollen möglichst einfach zu beantworten sein und Interesse wecken, da die Bereitschaft zur weiteren Bearbeitung des Fragebogens sehr stark vom ersten Eindruck abhängt. Fragen, die als zu schwierig, uninteressant oder gar bedrohlich empfunden werden, gefährden die gesamte Befragung. Bewährt haben sich z. B. Fragen nach der Meinung des Befragten zu einem bestimmten Objekt, da viele Befragte gerne den Eindruck gewinnen, dass ihre Meinung wichtig ist.

2) Spezifische Fragen sollten erst nach allgemeineren Fragen gestellt werden (*Trichter-Prinzip*). Ansonsten besteht die Gefahr einer zu frühen Sensibilisierung des Befragten für ein bestimmtes Thema – im Beispiel 2.34 der Service.

Beispiel 2.35:

1) „Welche Eigenschaften spielen beim Kauf eines Fernsehgeräts für Sie eine Rolle?"
2) „Wenn Sie einen Fernseher kaufen: Wie wichtig ist Ihnen der Service?"

3) Die Fragen sollten in einer *logischen Reihenfolge* gestellt werden. Alle Fragen zu einem bestimmten Themenkomplex sollten gestellt werden, bevor ein neuer Themenkomplex beginnt.

4) Der Fragebogen sollte möglichst *abwechslungsreich* gestaltet werden, um Monotonie zu vermeiden. Dies kann durch thematische Abwechslung oder Veränderung von Fragetechnik und Antwortmöglichkeiten geschehen.

5) *Ausstrahlungseffekte* sollten vermieden werden. Solche Ausstrahlungseffekte entstehen, wenn vorausgehende Fragen den Befragten sensibilisieren und seine Gedanken in eine bestimmte Richtung lenken, sodass die Beantwortung nachfolgender Fragen nicht mehr unbeeinflusst ist (*Halo-Effekt*). Solche Ausstrahlungseffekte können durch einen gezielten Einbau von Puffer- und Ablenkungsfragen vermieden werden.

6) *Filter- und Gabelungsfragen* sollten sorgfältig konzipiert werden. Bei allen Formen computergestützter Befragungen ist die Verwaltung von Ablauforddnungsfragen relativ unproblematisch; bei schriftlichen Befragungen ist hingegen die Verwendung dieser Art von Fragen an Grenzen gebunden, da die Befragten durch zu viele Gabelungsfragen verwirrt werden können. Bei der Konzeption von Gabelungsfragen empfiehlt es sich, zuerst ein Flussdiagramm mit den gewünschten und möglichen Verzweigungen zu erstellen, um das Spektrum und die Abfolge der erforderlichen Fragen zu identifizieren. Die Folgefragen, zu denen die Befragten nach der Gabelung dirigiert werden, sollten dabei möglichst in der Nähe der Gabelungsfrage platziert werden, um das erforderliche Umblättern im Fragebogen zu minimieren. Darüber hinaus sollten Gabelungsfragen so platziert werden, dass der Befragte nicht antizipieren kann, welche weiteren Informationen von ihm gefordert werden.

7) Schwierige oder *sensible Fragen* sollten an das Ende des Fragebogens platziert werden. Die Beantwortung solcher Fragen ist davon abhängig, ob es dem Forscher gelungen ist, beim Befragten Interesse und insb. Vertrauen zu wecken, ansonsten droht Antwortausfall.

8) *Korrelationsfragen* sollten erst am Ende der Befragung gestellt werden. Da es sich bei Korrelationsfragen i. W. um persönliche Angaben wie Alter, Schulbildung, Einkommen etc. handelt, hätten die Befragten sonst das Gefühl, einem Verhör unterzogen zu werden, wenn solche Fragen gleich zu Beginn gestellt würden.

Hinsichtlich der *Länge des Fragebogens* gibt es keine verbindlichen Vorgaben, da die einem Befragten „zumutbare" Länge von Faktoren wie der Art der Befragung (z. B. schriftlich, face-to-face, telefonisch), dem Typ des Befragten (Konsument, Einkäufer im Betrieb etc.), dem Thema der Befragung usw. abhängt. Bei Endverbraucherbefragungen sollte die Bearbeitungsdauer des Fragebogens 30 – 45 Minuten nicht überschreiten. Face-to-face-Befragungen erlauben dabei eine längere Durchführungszeit, telefonische Befragungen nur eine kürzere (ca. 20 Minuten). Hierbei handelt es sich jedoch nur um grobe Richtwerte.

Formale Gestaltung des Fragebogens

Die bis zu diesem Punkt entwickelten Inhalte des Fragebogens sollen in diesem Schritt in eine adäquate äußere Form umgesetzt werden. *Bestandteile* eines Fragebogens sind dabei

- Einführung (Vorstellung der Studie),
- Fragen,
- Antwortvorgaben bzw. Platz für Antworten bei offenen Fragen sowie
- Anweisungen für Interviewer bzw. für Befragte.

Diese verschiedenen Bestandteile sollen sinnvoll angeordnet und in ein ansprechendes Layout gebracht werden. Im Einzelnen handelt es sich um folgende Problembereiche:

- formale Anordnung der Bestandteile des Fragebogens und
- Verwendung bestimmter Gestaltungselemente.

Formale Anordnung

Im Rahmen der *formalen Anordnung* soll die äußere Struktur des Fragebogens festgelegt werden. Zu Beginn des Fragebogens sollte stets eine *Einführung* erscheinen, um Vertrauen und Interesse zu wecken. Aufgabe der Einführung ist es, die Befragten von der Wichtigkeit der Untersuchung und der Wichtigkeit ihrer Teilnahme zu überzeugen. Aus der Einführung sollte zudem ersichtlich werden, welchen Nutzen die Befragten aus der Teilnahme ziehen können (z. B. „Dadurch helfen Sie uns, Produkte nach Ihrem Geschmack zu entwickeln"). Ferner sollte Vertraulichkeit bzw. Anonymität der Antworten zugesichert werden. Weiterhin enthält die Einführung ggf. Hinweise auf das Vorhandensein eines frankierten Rückumschlags, Incentives zur Teilnahme, grundsätzliche Anweisungen zum Ausfüllen des Fragebogens etc. Bei schriftlichen Umfragen erfolgt die Einführung häufig separat in Form eines Begleitschreibens.

Die einzelnen Fragen sollten in geeigneter Weise aufgegliedert werden; es empfiehlt sich dabei die Bildung thematisch zusammenhängender *Blöcke*. Die Blöcke selbst wie auch die Fragen innerhalb der Blöcke sollten *nummeriert* werden, da dadurch Editierung, Kodierung und Tabulierung der Antworten leichter fällt. Darüber hinaus ist eine Nummerierung unerlässlich, wenn Gabelungs- und Filterfragen verwendet werden, da nur auf diese Weise die Befragten zu den für sie relevanten Teilen des Fragebogens weitergeleitet werden können. Gabelungs- und Filterfragen können zudem durch optische Hilfsmittel unterstützt werden, z. B. Pfeile oder farbige Unterlegungen (vgl. Churchill/Iacobucci 2002, S. 350). Hinsichtlich der Anordnung der einzelnen Bestandteile des Fragebogens ist darauf zu achten, dass sie optisch voneinander getrennt werden, z. B. durch Umrahmungen, schattierte oder farbige Unterlegungen oder unterschiedliche Schriftarten bzw. Schriftgrößen (vgl. Hammann/Erichson 2000, S. 115).

Hinsichtlich der *räumlichen Anordnung* der Fragen ist zu beachten, dass Fragen am Seitenanfang stärkere Aufmerksamkeit erregen als am Seitenende (vgl. Malhotra 2004, S. 298 f.). Aus diesem Grunde sollten wichtige Fragen nach Möglichkeit am Seitenanfang platziert werden.

Anweisungen für die Teilnehmer zur Beantwortung einzelner Fragen bzw. Anweisungen für den Interviewer, z. B. im Hinblick auf Verwendung von Befragungshilfen oder betreffend die Registrierung der Antworten, sollten an geeigneter Stelle in unmittelbarer Nähe der entsprechenden Fragen platziert werden (vgl. Malhotra 2004, S. 301). Üblicherweise werden Anweisungen zur besseren Übersichtlichkeit in einer anderen Schrift gesetzt, z. B. kursiv.

Im Hinblick auf den *Seitenumbruch* ist darauf zu achten, dass Fragen – inkl. Antwortvorgaben – nicht umgebrochen werden. Ansonsten besteht die Gefahr, dass der Befragte glaubt, die Frage- oder die Antwortmöglichkeiten seien am Ende der Seite zu Ende, was zu einer Verfälschung der Antworten führt. Den *Zeilenumbruch* betreffend sollte vermieden werden, Antwortkategorien nebeneinander anzuordnen, um Platz zu sparen, da die Lesefreundlichkeit dadurch beeinträchtigt wird. Besser ist es, die Antwortmöglichkeiten untereinander anzuordnen.

Beispiel 2.36:

„Wie lange sehen Sie an einem durchschnittlichen Wochentag fern?"

☐ unter 15 Minuten   ☐ 31 – 60 Minuten   länger als 120 Minuten
☐ 15 – 30 Minuten   ☐ 61 – 120 Minuten

Hier besteht die Gefahr, dass die Befragten die Antwortmöglichkeiten zeilenweise und nicht spaltenweise lesen.

Zwischen den einzelnen Fragen sollte ein ausreichender *Abstand* sein, um den Eindruck der Überfüllung zu vermeiden. Zwar sollten Fragebögen so kurz wie möglich sein, um die Auskunftbereitschaft nicht zu beeinträchtigen; überfüllte Fragebögen sehen jedoch nicht gut aus, erscheinen als verwirrend und führen zu Fehlern in der Datensammlung (vgl. Churchill/Iacobucci 2002, S. 350).

Die Aufbereitung der Fragebögen wird durch *Vorkodierung der Antworten* wesentlich erleichtert (vgl. Malhotra 2004, S. 299). Im Rahmen einer Vorkodierung werden die Codes zur Eingabe der Antworten in den Computer mit abgedruckt; bei computergestützten Varianten wie CAPI und CATI ist die Vorkodierung bereits in der Software integriert.

Beispiel 2.37:

„Würden Sie Ihren nächsten Urlaub wieder bei Veranstalter X buchen?"

ja, ganz sicher   ☐ 1
wahrscheinlich   ☐ 2
vielleicht   ☐ 3
sicher nicht   ☐ 4

Verwendung von Gestaltungselementen

Ein weiterer Aspekt bei der formalen Gestaltung eines Fragebogens ist der Einsatz bestimmter Gestaltungselemente. Im Hinblick auf den Gesamteindruck des Fragebogens sollte auf eine gute *Papier- und Druckqualität* geachtet werden. Schlechte Qualität beeinträchtigt das Image des Instituts bzw. des Auftraggebers, wohingegen eine gute Qualität die Wichtigkeit der Untersuchung unterstreicht. Nur eine professionell aussehende Gestaltung des Fragebogens gewährleistet, dass die Studie von den Befragten auch ernst genommen wird (vgl. Malhotra 2004, S. 300).

Im Hinblick auf das *Seitenformat* gibt es keine speziellen Vorgaben, da dieses u. a. von der Darreichungsform abhängig ist. Für die meisten Fälle eignen sich DIN A4 und DIN A5; in Ausnahmefällen – z. B. Beihefter in Zeitschriften – sind auch kleinere Formate wie z. B. DIN A6 möglich. Größere Formate als DIN A4 machen den Fragebogen unhandlich, kleinere Formate als DIN A6 unübersichtlich. Umfasst der Fragebogen mehrere Seiten, sollte er in Heftform gebunden und nicht mit Heftklammern zusammengehalten werden (vgl. Churchill/Iacobucci 2002, S. 350).

Für die Übersichtlichkeit des Fragebogens kann der Einsatz unterschiedlicher *Farben* und *Schriftarten* hilfreich sein, etwa zur optischen Trennung verschiedener Bestandteile des Fragebogens. Eine unterschiedliche Farbgebung kann beispielsweise auch für verschiedene Adressatengruppen verwendet werden, etwa private und gewerbliche Abnehmer, Befragte aus unterschiedlichen Bundesländern etc.

Die Fragebögen selbst sollten durchnummeriert sein, da dadurch eine Kontrolle der Feldarbeit wie auch die Kodierung und Analyse erleichtert werden. Lediglich bei schriftlichen Umfragen ist davon abzusehen, da die Befragten darin möglicherweise eine Bedrohung der Anonymität sehen.

Die Befragungsergebnisse lassen sich darüber hinaus durch Einsatz von *Befragungshilfen* positiv beeinflussen. Dazu gehören z. B. Auflistungen (etwa von Produktmarken), grafische Darstellungen und Fotos, Karten, Skalen usw. (vgl. Hammann/Erichson 2000, S. 115).

Fragebogenpretest

Die vorangegangenen Ausführungen haben gezeigt, dass die Gestaltung eines Fragebogens eine Vielzahl von Fehlerquellen birgt, welche die Qualität der Ergebnisse erheblich in Frage stellt. Aus diesem Grunde ist es i. d. R. angebracht, vor der Hauptuntersuchung den Fragebogen einem *Pretest* zu unterziehen. Der Umfang eines Pretests umfasst i. A. 15 – 30 Befragungen; dies variiert jedoch in Abhängigkeit von der Heterogenität des Adressatenkreises. Bei mehreren Pretest-Stufen kann der erforderliche Stichprobenumfang durchaus größer sein.

Der Pretest sollte bei solchen Befragten erfolgen, die den Adressaten der Hauptstudie entsprechen, um Verzerrungen zu vermeiden (vgl. hierzu z. B. Diamantopoulos/Reynolds/ Schlegelmilch 1994). Dabei sollten sämtliche Aspekte des Fragebogens getestet werden, also nicht nur Inhalt, Wortlaut und Reihenfolge der Fragen, sondern auch Länge, Anweisungen für Interviewer und Befragten, Layout. Das Ausbleiben eines Pretests kann dazu führen, dass schwerwiegende Fehler begangen und die Ergebnisse der Untersuchung wertlos werden.

Bei der Durchführung eines Pretests empfiehlt es sich, zweistufig vorzugehen. In einer ersten Stufe sollten persönliche Interviews durchgeführt werden, unabhängig von der Form (schriftlich, face-to-face, telefonisch etc.), in der die Befragung im Rahmen der Hauptstudie letztlich stattfinden wird. Der Grund liegt darin, dass Interviewer besser in der Lage sind, Reaktionen der Befragten zu erfassen, Widerstände aufzuspüren und Un- bzw. Missverständnisse aufzudecken (vgl. Churchill/Iacobucci 2002, S. 352). Dabei sind folgende Methoden geläufig (vgl. Malhotra 2004, S. 301):
– Protokollanalyse und

– Debriefing.

Im Rahmen einer *Protokollanalyse* werden die Befragten gebeten, bei der Beantwortung der Fragen laut zu denken. Die Anmerkungen der Befragten werden auf Tonband registriert und anschließend analysiert. *Debriefing* beinhaltet, dass den Teilnehmern im Anschluss an die Befragung der Pretestcharakter der Untersuchung mitgeteilt wird. Ihnen werden die Ziele des Pretests beschrieben, anschließend werden sie gebeten, die Bedeutung der einzelnen Fragen zu erklären, ihre Antworten zu erläutern und etwaige Probleme zu nennen, welche ihnen bei der Beantwortung der Fragen aufgefallen sind. Die dadurch aufgedeckten Defizite des Fragebogens werden in eine neue Version eingearbeitet, welche erneut zu testen ist – diesmal mit derselben Methode, die für die Hauptuntersuchung vorgesehen ist. Dadurch werden Mängel deutlich, welche bei spezifischer Anwendung einer bestimmten Befragungsmethode auftreten. Ergebnis des Pretests sollte sein, ob das Forschungsproblem in adäquater Weise umgesetzt wurde, also insb.

– ob alle Fragen verständlich und frei von Missverständnissen sind,

– ob bestimmte Fragen überflüssig sind oder aber ob Fragen zu wichtigen Aspekten des Forschungsproblems fehlen.

2.2.1.2.2   Gestaltung qualitativer Befragungen

Die Vielzahl an Methoden qualitativer Befragungen geht mit einer besonderen Vielfalt unterschiedlicher Anwendungstechniken einher; im Folgenden werden daher exemplarisch die wichtigsten Befragungstechniken bei qualitativen Erhebungen vorgestellt.

Techniken für explorative Interviews

Im Rahmen explorativer Interviews werden das narrative und das problemzentrierte Interview unterschieden. Das *narrative Interview* dient dazu, Wissen, Einstellungen oder Erfahrungen, die die Auskunftsperson mit bestimmten Objekten (z. B. Produkten) verbindet, herauszufinden (vgl. Kepper 1996, S. 38). Es kann in folgende *Phasen* unterteilt werden (vgl. Lamnek 1995, S. 71 ff.):

– In der *Erklärungsphase* werden der Auskunftsperson Zweck und Hintergründe des Interviews erläutert, insb. der narrative Gedanke. Darüber hinaus werden die technischen Modalitäten besprochen.

– In der *Einleitungsphase* wird der grobe Rahmen der „Erzählung" abgesteckt (Thematik, Abgrenzung u.a.). Des Weiteren wird der Auskunftsperson eine möglichst allgemeine Eingangsfrage gestellt, um den Erzählfluss in Gang zu setzen.

– In der eigentlichen *Erzählphase* soll die Auskunftsperson zur vorgegebenen Themenstellung ihre Gedanken frei äußern. Hier ist Zurückhaltung seitens des Interviewers gefordert, um den Erzähler nicht zu hemmen.

– Der Erzählphase folgt die *Nachfragephase*, in welcher Unklarheiten beseitigt bzw. spezielle Themen vertieft werden.

– Daran schließt sich die *Bilanzierungsphase* an, in welcher durch direkte Fragen gemeinsam mit dem Befragten Motivationen und Intentionen erörtert werden, um der Erzählung eine Struktur zu geben und eventuelle Fehlinterpretationen zu vermeiden.

Die Organisation des narrativen Interviews ist vergleichsweise einfach, ein Leitfaden wird i. d. R. nicht erstellt. Die Rolle des Interviewers beschränkt sich i. W. darauf, den Erzählfluss der Auskunftsperson in Gang zu halten. Meist erfolgt eine Audio- oder Videoaufzeichnung des Interviews.

Im Unterschied zum narrativen Interview steht beim *problemzentrierten Interview* eine stärkere Problemorientierung im Vordergrund. Durch eine entsprechend provozierende Kommunikationsstrategie wird eine stärkere Thematisierung kritischer Inhalte erreicht. Der Interviewer nimmt hier eine aktive Haltung ein und versucht, durch eine offensive Kommunikationsstrategie Begründungen, Erklärungen, Urteile und Meinungen explizit zu provozieren (vgl. Kepper 1996, S. 45). Aus diesem Grunde ist es erforderlich, dass sich der Forscher im Vorfeld umfassende Informationen über den Forschungsgegenstand aneignet, um einen *Leitfaden* für die Erhebungsphase zu erstellen. Ein problemzentriertes Interview vollzieht sich in folgenden Phasen (vgl. Lamnek 1995, S. 75 ff.).

– *Einleitung:* Hier werden den Probanden Zweck und Hintergründe des Interviews erläutert; der Rahmen der Untersuchung wird abgesteckt.

– *Allgemeine Sondierung:* In dieser Phase steuert der Interviewer den Erzählfluss des Befragten, damit dieser den Detaillierungsgrad und die inhaltliche Zielsetzung des Interviews besser erkennt. Dies kann mit Hilfe eines Erzählbeispiels erfolgen.

– *Spezifische Sondierung:* Hier sollen Erzählsequenzen, Darstellungsvarianten und stereotype Wendungen des Probanden nachvollziehbar und interpretierbar gemacht werden. Dies kann z. B. durch sog. *Zurückspiegelung* erfolgen, im Rahmen derer der Interviewer in eigenen Worten dem Befragten eine Interpretationsmöglichkeit anbietet, welche ggf. durch den Befragten korrigiert werden kann. Weiterhin sind *Verständnisfragen* gebräuchlich. Eine dritte Möglichkeit besteht in der *Konfrontation* der Auskunftsperson mit Ungereimtheiten, Widersprüchen oder Unklarheiten.

– Die vierte Phase dient der *Ergänzung*. Hier wird durch gezielte Fragen versucht, Problembereiche zu thematisieren, welche die Auskunftsperson noch nicht angesprochen hat.

Um die Auswertung zu erleichtern, sollte das Interview nach Möglichkeit per Tonband oder Video aufgezeichnet werden, um auch die nonverbalen Reaktionen des Probanden festzuhalten.

Techniken für fokussierte Interviews

Beim fokussierten Interview wird der Auskunftsperson ein Stimulus präsentiert, z. B. eine Werbeanzeige. Der Forscher beobachtet dabei die Reaktionen des Probanden. Aufgrund der Beobachtungsergebnisse in Verbindung mit den Strukturen und Elementen der Stimuli bildet der Forscher Hypothesen und einen Leitfaden für das anschließende Interview (vgl. Kepper 1996, S. 52 f.).

Die aus der Verknüpfung von Beobachtung und Interview entstehende Komplexität erfordert dabei spezifische *Anweisungen* an den Interviewer (vgl. Merton/Kendall 1979, S. 186 ff.):

– *Nichtbeeinflussung:* Der Interviewer ist gehalten, die Auskunftsperson in keiner Weise zu beeinflussen; insbesondere dürfen die zu Grunde gelegten Forschungshypothesen nicht erwähnt werden.

– *Spezifikation:* Die Reaktionen auf den dargebotenen Stimulus sollen nicht nur erfasst, sondern auch interpretiert und miteinander in Verbindung gebracht werden (Explikation).

– *Tiefgründigkeit der Interviewführung:* Der Interviewer darf sich nicht mit dem Offenkundigen zufrieden geben, sondern muss in der Lage sein, durch gezielte Fragen auch verdeckte Strukturen und Bedeutungen offen zu legen (z. B. durch den Einsatz von Schlüsselwörtern).

In der modernen qualitativen Marktforschung wird diese Interviewtechnik in Form des sog. *Biotischen Erhebungsverfahrens* angewandt (vgl. Weller/Grimmer 2004, S. 63 f.). In einer ersten Stufe *(Shadowing)* wird der Proband einer Alltagssituation ausgesetzt, z. B. Surfen auf einer Webseite oder Anschauen einer Werbesendung. Dabei wird er von einem geschulten Psychologen beobachtet, indem dieser in das Geschehen aktiv eingreift. In der nachfolgenden Phase des „lauten Denkens" beschreibt die Testperson, womit sie sich gerade beschäftigt und was sie dabei denkt. Anschließend werden im Rahmen eines vertiefenden Interviews ergänzende Hintergrundinformationen eingeholt.

Techniken für Tiefeninterviews

Im Rahmen eines Tiefeninterviews hat der Forscher die Aufgabe, in einem zwanglosen Gespräch unbewusste, verborgene oder nur schwer erfassbare Motive und Einstellungen zu Tage zu fördern. Der Aufbau des Gesprächs und die Auswahl der Fragen liegen dabei im Ermessen des Interviewers. Im Hinblick auf die Strukturierung des Interviews können verschiedene Techniken zur Anwendung kommen (vgl. z. B. Salcher 1995, S. 37 ff.; Kepper 1996, S. 47 ff.).

Im Rahmen der *nicht-direktiven Technik* wird auf einen Leitfaden verzichtet, d. h. die Vorgehensweise ist völlig unstrukturiert. Diese Methode bietet sich dann an, wenn ein sehr breites Spektrum von Motiven und Einstellungen erfasst werden soll. Allerdings stellt sie an Testperson und Interviewer sehr hohe Anforderungen und erschwert die Vergleichbarkeit und Interpretation der Ergebnisse. Aus diesem Grunde wird in der Marktforschung überwiegend auf die *semi-direktive Interviewtechnik* zurückgegriffen, bei welcher ein Leitfaden für die Interviews erstellt wird. Dadurch wird der Interviewer eher angehalten, richtungweisend einzugreifen, wenn die Auskunftsperson vom eigentlichen Befragungsthema abweicht. Dadurch wird eine gewisse Vergleichbarkeit erreicht.

Der psychologische Hintergrund dieser Interviewform lässt erkennen, dass psychologisch geschulte Fachleute für die Durchführung eines Tiefeninterviews notwendig sind. Schon während des Gesprächs sollte der Interviewer die Möglichkeit, auf tiefer liegende Bewusstseinsebenen vorzudringen, erkennen und den Gesprächsverlauf diesbezüglich lenken. Zu diesem Zweck kann er sich verschiedener Fragetechniken bedienen (vgl. Nolte 2004, S. 16):

– Durch das *Hidden-Issue-Questioning*" sollen persönliche Werte und Wünsche der Interviewten mit Hilfe allgemein gehaltener Fragen ermittelt werden, durch welche verborgene Probleme und Grundhaltungen beleuchtet werden sollen.

– Bei der Technik des *Laddering,* auf die im Folgenden näher eingegangen werden soll, wird von konkreten Produkteigenschaften ausgehend durch gezieltes Nachfragen, warum bestimmte Eigenschaften eine besondere Wichtigkeit für den Befragten haben, ein Prozess angeregt, der bis hin zu den persönlichen Werten der Auskunftsperson geht.

– Im Rahmen der *Symbolic Analysis* wird versucht, die wahren Bedeutungen und Einschätzungen von Produkten durch die symbolische Erklärungskraft von Attributen und die Beschreibung ihrer Gegensätze zu ermitteln.

Sollen im Rahmen des Interviews verschiedene Themen erforscht werden, stellt sich die Frage nach der *Anordnung der Themen* (vgl. Kepper 1996, S. 158 f.). Im Allgemeinen bieten sich sog. *Trichterfragen* an, d. h. zu Beginn der Erhebung wird auf eher allgemeine Themen eingegangen, die dann im weiteren Verlauf vertieft werden. Wird bei der Auskunftsperson eher ein geringes Involvement bietet sich hingegen die umgekehrte Trichterfrage bzw. *Tunnelfrage* an, d. h. vom Speziellen zum Allgemeinen. Dadurch fällt es dem Probanden leichter, seine Standpunkte, Einstellungen und Erkenntnisse über bestimmte Zusammenhänge zu artikulieren. Die gewonnen Daten werden mit Hilfe der Inhaltsanalyse ausgewertet (vgl. Abschnitt 3.3.6).

Das Ladderingverfahren

Das Ladderingverfahren ist eine spezielle Form des Tiefeninterviews und basiert auf der Means-End-Theorie. Ihr Ziel ist die Ermittlung von Ziel-Mittel-Beziehungen zwischen Produkteigenschaften und Werten des Konsumenten (vgl. z. B. Baker 2000; Olson/Reynolds 1983). Ausgangspunkt der Ziel-Mittel-Beziehungen ist das Produktwissen des Konsumenten; dabei bilden die Eigenschaften des Produkts und dessen Konsequenzen (Nutzen) die Mittel (means), welche zur Erreichung von Werten (Ends) beitragen (vgl. Abb. 2.21).

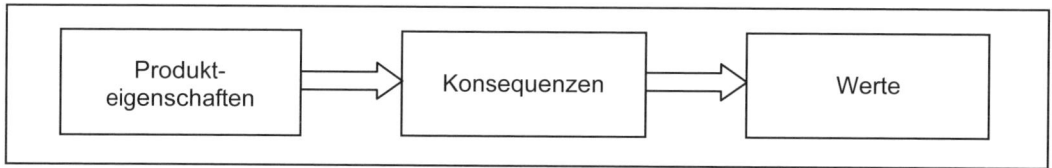

Abb. 2.21: Das Means-End-Modell

Die unterste Ebene des Modells sind die *Produkteigenschaften*, welche in physische, d. h. objektiv-konkrete Merkmale wie z. B. Farbe und abstrakte, d. h. subjektive geprägte Attribute wie z. B. Design unterteilt werden können. Die zweite Ebene beinhaltet die *Konsequenzen* (Nutzenerwartungen), welche sowohl positiv (Benefits) als auch negativ (wahrgenommene Risiken) ausfallen können. Konsequenzen können zum einen funktionaler Natur sein, d. h. sie betreffen den Zweck, den das Produkt erfüllen soll (z. B. Bequemlichkeit); zum anderen können sie psychosozialer Natur sein, sie berühren also die Wirkungen, die die Nutzung eines Produkts auf die Psyche oder das soziale Umfeld des Konsumenten entfaltet.

Die dritte Ebene sind die *Werte*, d. h. die allgemeinen Ziele der Konsumenten, welche den Kauf bzw. die Nutzung eines Produkts als erstrebenswert oder nicht erstrebenswert erscheinen lassen. Sie können unterteilt werden in Endwerte, welche die grundlegenden Wünsche und Ziele des Konsumenten beinhalten, und instrumentelle Werte, welche dazu dienen, den Endwerten gerecht zu werden. Abb. 2.22 erläutert die Zusammenhänge anhand eines Beispiels.

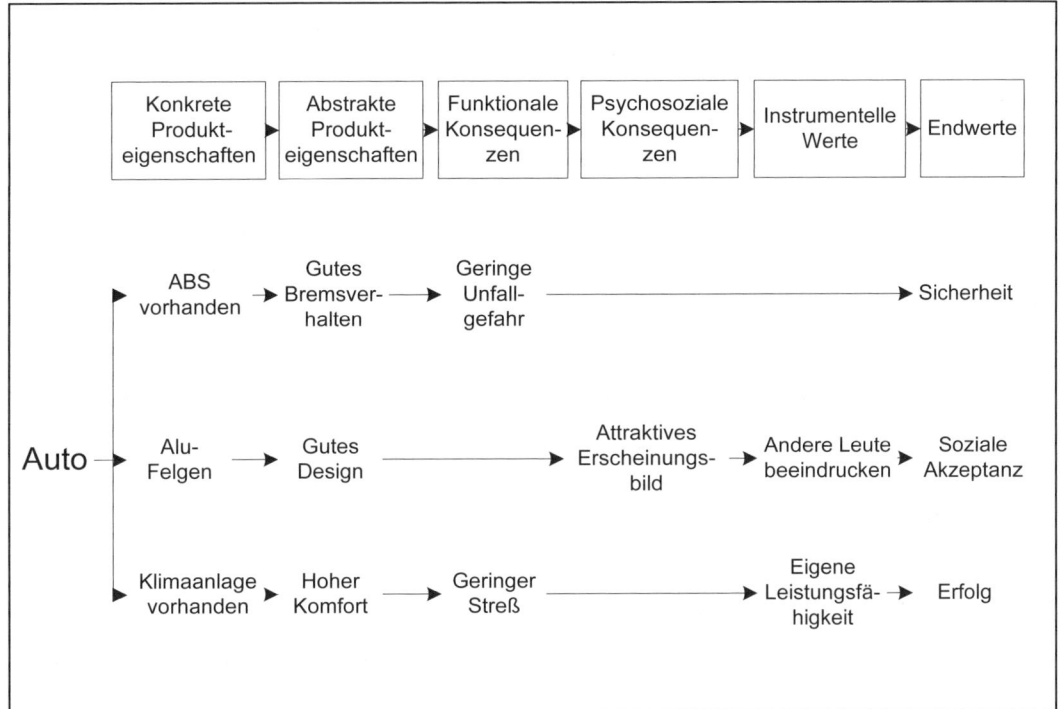

Quelle: Kuß/Tomczak 2000, S. 62.
Abb. 2.22: Anwendungsbeispiel für Means-End-Ketten

Mit Hilfe der Laddering-Technik wird versucht, die Means-End-Kette empirisch zu ermitteln, wobei – wie Abb. 2.22 verdeutlicht – nicht unbedingt immer alle Teilebenen berührt werden müssen. Obwohl das Laddering zu den qualitativen Verfahren zählt, ist ihr Ablauf mittlerweile vergleichsweise standardisiert. Durch gezielte Fragen versucht der Interviewer schrittweise von der Nennung der Produkteigenschaften über die Konsequenzen zu den jeweiligen Werten vorzustoßen. Im Kern handelt es sich um eine Sequenz von „Warum?"-Fragen, d. h. „Warum ist Ihnen diese Eigenschaft wichtig?" bzw. „Warum ist dieser Nutzen für Sie wünschenswert?". Die Befragung wird solange fortgeführt, bis der Befragte keine weiterführenden Aspekte mehr hervorbringt.

In diesem Zusammenhang kommt der Auswahl der zu untersuchenden Eigenschaften eine große Bedeutung zu. Diese können im Vorfeld des Interviews durch einen Fragebogen ermittelt werden, in welchem die Auskunftspersonen die Produktmerkmale niederschreiben und sie nach ihrer Wichtigkeit ordnen; alternativ können sie zu Beginn des Interviews erfragt werden.

Das Laddering bringt einige *Anwendungsprobleme* mit sich (vgl. Gaus/Oberländer/Zanger 1997, S. 10 f.). Die Datenerhebungssituation ist oftmals eine völlig andere als eine reale Kaufsituation; dadurch können während der Befragung unerwünschte kognitive Prozesse auftreten, z. B. Herstellung von Verbindungen zwischen Eigenschaften und Werten, die für den Konsumenten sonst nicht relevant wären. Auch fehlt den Probanden oft das Wissen über mögliche Konsequenzen einer Eigenschaft. Es gibt jedoch eine ganze Reihe von *Techniken*, um diese Probleme abzuschwächen:

– Herstellung eines *Situationsbezugs*, d. h. der Proband beschreibt eine Situation, in der er das Produkt benutzt. Dadurch wird ihm die Eigenschaft bzw. Konsequenz bewusst.

– Beschreibung des *Nichtvorhandenseins* einer Eigenschaft. Dies erlaubt Aufschlüsse über die Wichtigkeit der betreffenden Eigenschaft für den Produktnutzen.

– *Negatives Laddering:* Die Auskunftsperson wird gefragt, warum sie bestimmte Dinge *nicht* tut.

– *Alters-Regressions-Kontrast:* Hier wird erfragt, ob und inwieweit sich das Verhalten des Probanden in einem bestimmten Zeitabschnitt verändert hat.

– *Drittpersonentechnik:* Der Befragte soll sich vorstellen, in welcher Situation und aus welchem Grund andere (z. B. Freunde und Bekannte) ein bestimmtes Produkt benutzen. Dadurch können auch sensible Themen angesprochen werden.

Die Aufzeichnung erfolgt meist schriftlich, es können aber auch technische Geräte verwendet werden. Ausgewertet werden die Aufzeichnungsprotokolle mit Hilfe der Inhaltsanalyse (vgl. Abschn. 3.6 im 3. Teil). Anwendung findet das Laddering z. B. zur Bewertung von Produkten und Marken, zur Marktsegmentierung und zur Bewertung von Werbemaßnahmen.

Techniken für Gruppendiskussionen

Gruppendiskussionen werden von einem Moderator geleitet, dessen Aufgabe es ist, für einen reibungslosen und zielgerichteten Diskussionsverlauf zu sorgen.

Die Gruppendiskussion beginnt mit einer *Eröffnungsphase*, in welcher der Moderator die Aufgabe hat, anfängliche Hemmungen abzubauen und eine angenehme Gesprächsatmosphäre zu erzeugen (vgl. Lamnek 1995, S. 151). Hierzu gehören die individuelle Begrüßung, das gegenseitige Vorstellen der Diskussionsteilnehmer sowie die Aufklärung über den Zweck der Untersuchung. Wichtig ist in diesem Zusammenhang auch, dass der Moderator die Teilnehmer zu ernsthaftem Arbeiten motiviert, um eine „Kaffeeklatsch-Atmosphäre" zu verhindern. Auch kann der Einstieg in die Diskussion durch das Beantworten einfacher Fragen, z. B. zu den Erfahrungen mit dem Produkt, erleichtert werden.

Die sich anschließende Diskussionsphase erfordert einen – seitens des Interviewers – nur noch begleitenden Einsatz. Im weiteren Verlauf der Diskussion hat er lediglich die Aufgabe, die Diskussion in Gang zu halten, und möglichst viele Teilnehmer zu Aussagen aufzufordern. Hierzu bedient er sich verschiedener *Techniken* (vgl. Lamnek 1995, S. 157 f.):

– *Einfaches Nachfragen:* Dadurch wird der Teilnehmer angehalten, seine Äußerung zu präzisieren und Unklarheiten zu beseitigen.

– *Paraphrase:* Eine bestimmte Aussage wird mit anderen Worten wiederholt, wodurch die Aussage verständlicher wird. Durch Übertreibung, Überspitzung oder Verschärfung kann die Aussage darüber hinaus provokativ formuliert werden und zu Gegenäußerungen animieren.

– *Konfrontation:* Der Moderator kann die Gruppe zu weiterem Nachdenken anregen, indem er gegensätzliche Meinungen gegenüberstellt oder die Gruppe mit den Auswirkungen einer Aussage konfrontiert.

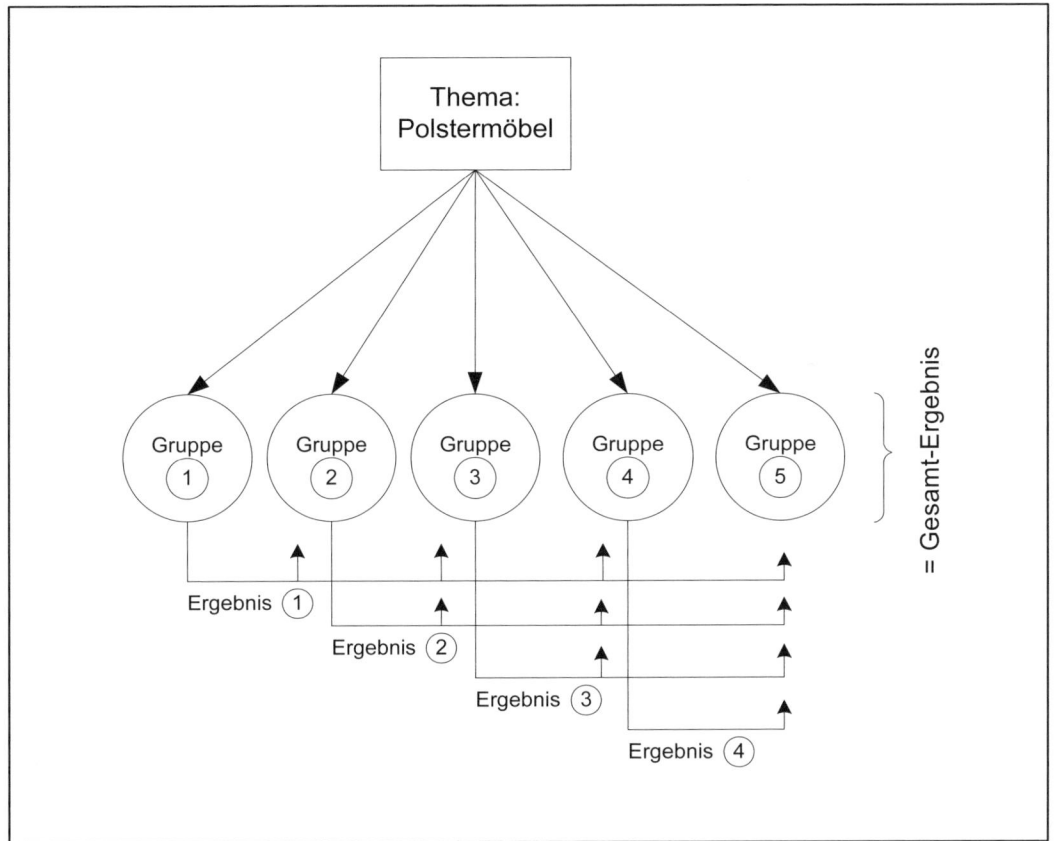

Quelle: Salcher 1995, S. 51.
Abb. 2.23: Ablauf einer kumulierten Gruppendiskussion

Eine weitere Aufgabe des Moderators besteht darin, zu verhindern, dass sich bestimmte Rollen in der Gruppenstruktur bilden bzw. verfestigen (vgl. Kepper 1996, S. 70). Das gilt insbesondere für die Rolle des „Schweigers" und die des „Meinungsführers". So kann der Moderator einerseits Wortmeldungen des Meinungsführers skeptisch gegenübertreten, andererseits einen Schweiger gezielt in die Diskussionsrunde integrieren.

Neben diesen allgemeinen Techniken zur Durchführung von Gruppendiskussionen haben sich einige besondere Anwendungstechniken herausgebildet (vgl. Salcher 1995, S. 50 ff.):
– kumulierte Gruppendiskussion,
– kombinierte Gruppendiskussion und
– kontradiktorische Gruppendiskussion.

Im Rahmen einer *kumulierten Gruppendiskussion* werden mehrere – i. d. R. 3 bis 5 – Gruppen gebildet. Die Diskussion innerhalb der ersten Gruppe verläuft nach dem üblichen Schema; in jeder weiteren Gruppe werden darüber hinaus die Ergebnisse der vorangegangenen Gruppe(n) diskutiert (vgl. Abb. 2.23). Dadurch kann zum einen eine Vielzahl an Meinungen, Ideen und Einstellungen gewonnen werden, zum anderen können die Attraktivität und die Tragfähigkeit einzelner Ideen eingeschätzt werden. Anwendung findet diese Methode insb. bei Konzepttests, z. B. im Rahmen der Produkt- oder Werbeforschung.

Eine *kombinierte Gruppendiskussion* verbindet Einzelinterview und Gruppenbefragung. Zunächst erfolgen Einzelinterviews mit jedem Teilnehmer, um deren Individualmeinungen zu einem bestimmten Thema festzuhalten. Daran schließt sich die eigentliche Gruppendiskussion an. Anschließend werden alle Teilnehmer noch einmal zu einem abschließenden Einzelinterview gebeten. Auf diese Weise kann festgestellt werden, ob eine Veränderung der ursprünglichen Individualmeinung eingetreten ist und welche Argumente zu einer Meinungsänderung geführt haben. Die Meinungsänderungen werden in einem bestimmten Format protokolliert (vgl. Abb. 2.24). Auch diese Methode findet in der Produkt- und Werbeforschung Anwendung.

Änderungen im Meinungsprozess (innerhalb der Gruppe)					
Ausgangs-meinung	Modifikation 1	Modifikation 2	Modifikation 3	Modifikation 4	Modifikation 5
Person A					
Person B					
Person C					
Person D					
Person E					
Person F					

Quelle: Salcher 1995, S. 53.

Abb. 2.24: Protokoll zur Erfassung von Meinungsänderungen im Verlauf einer Gruppendiskussion

Bei einer *kontradiktorischen Gruppendiskussion* wird ein Mitarbeiter des Marktforschungsinstituts als Teilnehmer getarnt in die Diskussionsrunde integriert. Seine Aufgabe besteht darin, der Gruppenmeinung kritisch gegenüber zu treten und die Gruppe mit gegenteiligen Argumenten zu konfrontieren. Dadurch kann die Standfestigkeit und Beeinflussbarkeit der Gruppenmeinung überprüft werden. Die Methode wird insb. im Rahmen der Produktforschung angewendet und dient vor allem der Abschätzung der Stärken und Schwächen einer

Produktidee sowie der Identifikation von Gründen für Meinungsänderungen oder von Argumenten zur Aufrechterhaltung der Gruppenmeinung.

2.2.2 Beobachtung

2.2.2.1 Klassifikation und Charakterisierung von Beobachtungsmethoden

2.2.2.1.1 Kennzeichnung und Arten von Beobachtungen

> Unter einer Beobachtung versteht man die planmäßige Erfassung sinnlich wahrnehmbarer Tatbestände im Augenblick ihres Auftretens.

Im Gegensatz zur sog. naiven Beobachtung ist die für die Marktforschung relevante wissenschaftliche Beobachtung charakterisiert durch (vgl. Kamenz 2001, S. 72; Weis/Steinmetz 2002, S. 137):
– einen exakt abgegrenzten Untersuchungsbereich,
– ein planmäßiges Vorgehen,
– in der Regel eine rezeptive Haltung des Beobachters sowie
– eine Erfassung des aktuellen Geschehens.

Da Gegenstand einer Beobachtung sinnlich oder apparativ erfassbare Sachverhalte sind, ist die Beobachtung grundsätzlich unabhängig von der Auskunftsbereitschaft der Teilnehmer. Gewisse Verfahren der Beobachtung erfordern jedoch aufgrund ihrer Anordnung die Zustimmung der beobachteten Person. Im Gegensatz zur Befragung kann das Verhalten der beobachteten Person objektiv erfasst werden, anstatt sich auf möglicherweise fehlerhafte Aussagen des Befragten stützen zu müssen; allerdings können im Rahmen einer Beobachtung keine Ursachen für ein bestimmtes Verhalten erhoben werden.

Beobachtungen können als eigenes Erhebungsverfahren oder aber im Rahmen von Panelerhebungen bzw. Experimenten durchgeführt werden. Sie lassen sich dabei nach folgenden *Merkmalen* klassifizieren (vgl. z. B. Hüttner/Schwarting 2002, S. 159; Pepels 1995, S. 213):
– Strukturierungsgrad der Untersuchung,
– Beobachtungsumfeld,
– Partizipationsgrad des Beobachters,
– Durchschaubarkeit der Erhebungssituation sowie
– Form der Datensammlung.

Strukturierungsgrad der Untersuchung

Der Strukturierungsgrad der Untersuchung bezeichnet das Ausmaß, in welchem Anlage und Inhalt der Beobachtung, die Beobachtungssituation sowie die Art der Aufzeichnung standardisiert bzw. vorstrukturiert sind. Im Rahmen einer *standardisierten Beobachtung* wird der zu beobachtende Sachverhalt durch ein präzises Beobachtungsschema strukturiert. Das Beobachtungsschema ist eine Art Leitfaden, der eine Reihe definierter Beobachtungskategorien enthält; nur solche Sachverhalte werden erfasst, welche in die vorgegebenen Beobachtungskategorien fallen. Ein standardisiertes Vorgehen erleichtert die Quantifizierung und

Auswertung der Daten; auch wird der (subjektive) Einfluss des Beobachters bei der Erfassung und Kodierung der beobachteten Tatbestände reduziert (vgl. Böhler 2004, S. 102). Allerdings eignet sich die standardisierte Beobachtung nur für vergleichsweise einheitliche und leicht überschaubare Vorgänge. Bei einer *nichtstandardisierten Beobachtung* fehlt die Vorstrukturierung des zu beobachtenden Sachverhalts; dadurch ist das Verfahren offener und flexibler und kann zur Hypothesengewinnung im Rahmen explorativer Studien eingesetzt werden; eine Kodierung, Quantifizierung und Auswertung der beobachteten Sachverhalte ist allerdings äußerst schwierig.

Beobachtungsumfeld

Nach dem Beobachtungsumfeld wird zwischen Feldbeobachtung und Laborbeobachtung unterschieden. Im Rahmen einer *Feldbeobachtung* werden die interessierenden Vorgänge in der gewohnten, natürlichen Umgebung des Probanden erfasst; dies hat den Vorteil, dass der Beobachtete nicht unbedingt von der Beobachtung erfahren muss. Hingegen erfolgt eine *Laborbeobachtung* in einem Studio unter künstlich geschaffenen Bedingungen, wodurch die Zustimmung der Teilnehmer erforderlich ist. Dem Vorteil der Isolierbarkeit und Kontrollierbarkeit der interessierenden Faktoren steht der Nachteil einer möglichen Verhaltensverzerrung aufgrund der künstlichen Situation gegenüber (vgl. Kepper 2000, S. 193). In dem Maße, in welchem Laborbeobachtungen auf der Grundlage konkreter Versuchsanordnungen erfolgen, nähern sie sich einem Experiment (vgl. Hüttner/Schwarting 2002, S. 15).

Partizipationsgrad des Beobachters

Beim Partizipationsgrad des Beobachters geht es um die Frage, welche Rolle der Beobachter im Rahmen der Beobachtungssituation einnimmt und ob seine Rolle dem Beobachteten bekannt ist. Bei der *teilnehmenden Beobachtung* wirkt der Beobachter am Beobachtungsgeschehen mit, d. h. er spielt bei der Untersuchung eine aktive Rolle und nimmt auf die Abläufe Einfluss. In der Marktforschung wird die teilnehmende Beobachtung eher selten eingesetzt, da sie zeit- und kostenaufwendig ist. Aufgrund des starken Einflusses des Beobachters auf das Beobachtungsgeschehen eignet sich die teilnehmende Beobachtung insb. für explorative Analysen, wenn also das zu untersuchende Phänomen noch vergleichsweise unbekannt ist.

Soll die Rolle des Beobachters hingegen unbekannt bleiben, muss er bei der Untersuchung eine Funktion übernehmen, die seine Anwesenheit rechtfertigt und kein Misstrauen erregt. Dem Vorteil, dass der Beobachter aus nächster Nähe am Geschehen teilhat, steht jedoch der Nachteil gegenüber, dass die Aufzeichnung der relevanten Sachverhalte im Augenblick ihres Auftretens, ohne dass der Beobachter seine Rolle aufgibt, mit Schwierigkeiten verbunden ist (vgl. Berekoven/Eckert/Ellenrieder 2004, S. 152). Typische Marktforschungsprobleme, für die eine teilnehmende Beobachtung in Frage kommt, sind die folgenden (vgl. Böhler 2004, S. 103; Pepels 1995, S. 214):

– Der Marktforscher kann im Geschäft als Kunde auftreten (sog. *Mystery Shopper*), um das Beratungsverhalten des Handels zu untersuchen.

– Im Investitionsgüterbereich kann der Marktforscher die Rolle eines Außendienstmitarbeiters einnehmen, um mögliche Probleme, Kaufkriterien etc. des Kunden festzustellen.

– Analog kann der Marktforscher im Konsumgüterbereich die Rolle eines Verkäufers einnehmen, um das Auswahlverhalten von Kunden beim Kauf von Produkten zu gewinnen.

Den Regelfall in der Marktforschung bildet die *nichtteilnehmende Beobachtung*, bei der der Beobachter lediglich die Aufgabe hat, das Geschehen wahrzunehmen und zu registrieren. Das Verfahren wird um der Objektivität willen bevorzugt, da der Beobachter nicht aktiv auf das Geschehen einwirkt und daher in seiner Wahrnehmung unabhängig ist (vgl. Hammann/Erichson 2000, S. 118).

Durchschaubarkeit der Erhebungssituation

Die Durchschaubarkeit der Beobachtungssituation bezeichnet das Ausmaß, in welchem dem Teilnehmer die Untersuchungssituation bewusst ist. Dabei werden folgende Beobachtungssituationen unterschieden (vgl. Abb. 2.25):
– offene Situation,
– nicht durchschaubare Situation,
– quasi-biotische Situation und
– biotische Situation.

Beobachtungssituationen			
(1) Offene Situation	**(2) Nicht durchschau-bare Situation**	**(3) Quasi-biotische Situation**	**(4) Biotische Situation**
• Der Beobachtete weiß von der Beobachtung • er kennt deren Zweck und deren eigentliche Aufgabe • Beispiel: Beobachtung der Handhabung von Produkten in einer häuslichen Situation	• Der Beobachtete weiß von der Beobachtung • er kennt deren Zweck, nicht aber deren eigentliche Aufgabe • Beispiel: Beobachtung des Markenwahlverhaltens im Rahmen eines Store-Tests, wenn der Beobachtete nicht weiß, um welche Produktkategorie es sich handelt	• Der Beobachtete weiß von der Beobachtung • er kennt weder deren Zweck, noch deren eigentliche Aufgabe • Beispiel: Blickregistrierungsverfahren beim Werbemitteltest	• Der Beobachtete weiß nicht von der Beobachtung • er kennt weder deren Zweck, noch deren eigentliche Aufgabe • Beispiel: Wartezimmertest

Quelle: Fantapié Altobelli 1998, S. 320.
Abb. 2.25: Beobachtungssituationen

Je weniger dem Probanden die Beobachtungssituation bewusst ist, umso natürlicher wird sein Verhalten sein und umso besser daher die Ergebnisse der Untersuchung. Bei *offener Beobachtung* tritt hingegen häufig der sog. *Beobachtungseffekt* ein, d. h. aufgrund des Wissens um die Beobachtung verhält sich der Teilnehmer anders als unter normalen Bedingungen. Aus diesem Grunde werden *verdeckte* Formen der Beobachtung vorgezogen. Liegt der Beobachtung eine experimentelle Anordnung zu Grunde, ist eine Verschleierung zwar schwierig; auch bei einer Feldsituation sind jedoch verdeckte Versuchsanordnungen möglich. Auf damit verbundene ethische und rechtliche Probleme, die dadurch entstehen, dass die Untersuchung ohne Einwilligung und Wissen des Teilnehmers durchgeführt wird, sei hier nur hingewiesen.

Form der Datensammlung

Nach diesem Kriterium wird unterschieden, ob die Aufzeichnung des Beobachtungsgeschehens durch den Beobachter selbst oder durch technische Hilfsmittel erfolgt. Quantitative Tatbestände wie z. B. Aufzeichnung von Kundenwegen oder Zählungen von Kunden können durch den Beobachter selbst vorgenommen werden; komplexere Untersuchungsgegenstände wie z. B. die Erfassung von Verhaltensreaktionen oder psychischer Zustände erfordern hingegen i. d. R. den Einsatz technischer Hilfsmittel (vgl. Meffert 1992, S. 198 f.). Auf die verschiedenen Verfahren der Datensammlung wird ausführlich im Abschn. 2.2.2.2. eingegangen.

Die *Anwendung* von Beobachtungen in der Marktforschung umfasst folgende Bereiche:
– Zählungen,
– Erfassung psychischer Zustände,
– Erfassung physischer Aktivitäten,
– Bestandsaufnahmen und Spurenanalysen.

Im Rahmen von *Zählungen* finden sich folgende exemplarische Anwendungen:
– Erfassung von Passantenströmen für die Standortanalyse im Handel,
– Besucherfrequenzen in einem Geschäft oder Dienstleistungsbetrieb.

Von großer Bedeutung in der Marktforschung ist die Erfassung *psychischer Zustände*, sofern sie sich in physischen Reaktionen niederschlagen. Typische Anwendungsgebiete sind die Wahrnehmungsforschung oder die Messung von Erregungszuständen, z. B. Aktivierung beim Betrachten von Werbemitteln und Produkten.

Anwendungen, die die Erfassung *physischer Aktivitäten* zum Gegenstand haben, sind beispielsweise:
– Kundenlaufstudien, im Rahmen derer die Kundenwege in Geschäften aufgezeichnet werden,
– Handhabungs- und Nutzungsbeobachtungen im Rahmen der Produktforschung,
– Markenwahlverhalten im Geschäft,
– Blickverlauf beim Betrachten von Werbemitteln,
– Zuwendung zum Regal im Geschäft.

Abb. 2.26 zeigt ein Beispiel für eine Kundenlaufstudie für eine Bankfiliale.

Bestandsaufnahmen können sowohl im Handel als auch bei Verbrauchern erfolgen. Im Rahmen eines sog. *Pantry-Checks* werden z. B. Vorratsschränke in Haushalten untersucht, um daraus auf die Verwendung bestimmter Produkt zu schließen. Bei *Spurenanalysen* werden nachträglich Indikatoren für den Ge- bzw. Verbrauch bestimmter Produkte erhoben, z. B. weggeworfene Zigarettenpackungen nach einer Großveranstaltung, wie z. B. ein Fußballspiel oder Popkonzert, zur Ermittlung der Marktanteile verschiedener Marken.

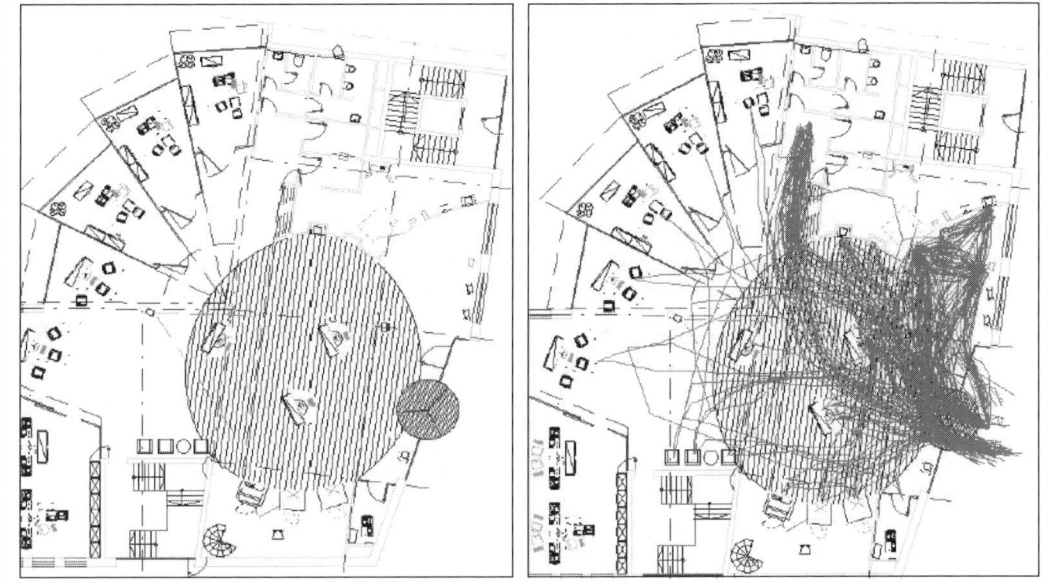

- Die Beratungsplätze weisen kaum Frequenz auf
- An den Überweisungsautomaten etc. kommt es zu Staus
- Die einzige Kasse ist zu versteckt
- Direkt vor den Toilette kommt es häufig zu Staus

Quelle: gdp 2004, o. S.
Abb. 2.26: Beispiel für eine Kundenlaufstudie

Bei der *Beurteilung* von Beobachtungen sind zunächst folgende *Vorteile* zu nennen:

– Eine Beobachtung kann unabhängig von der Auskunftsbereitschaft und der Verbalisierungsfähigkeit der Probanden erfolgen.

– Mit Ausnahme der teilnehmenden Beobachtung entfällt das Problem der Beeinflussung durch den Beobachter.

– Sie ermöglicht die Erfassung von Sachverhalten, die den Probanden selbst nicht bewusst sind, etwa bei gewohnheitsmäßigen, nicht reflektierten Handlungen wie die Auswahl zwischen mehreren Marken im Regal.

– Es können durch Beobachtung non-verbale Verhaltensweisen erfasst werden, z. B. Gestik oder Mimik als Reaktion auf bestimmte Stimuli.

– Auch komplexe Zusammenhänge, die nur schwer in Einzelindikatoren zerlegt werden können, lassen sich erforschen, z. B. Verwendungsverhalten bei bestimmten Produkten, Leseverhalten bei Printmedien, Blickverlauf bei der Betrachtung von Werbemitteln.

– Bestimmte psychische Konstrukte wie Aktivierung, Wahrnehmung, Antwortsicherheit lassen sich unter Anwendung technischer Hilfsmittel deutlich zuverlässiger erfassen als durch eine Befragung.

– Es können Verhaltenssequenzen erfasst werden, die sonst nur durch wiederholte Interviews erhebbar wären (z. B. Konsumverhalten zu verschiedenen Jahreszeiten).

– Vorgänge können unmittelbar im Augenblick ihres Geschehens erfasst werden, sodass auch deutlich wird, in welchem Kontext bestimmte Geschehnisse erfolgen.

– Beobachtungen können andere Erhebungsmethoden ergänzen oder verifizieren, wodurch eine Kontrolle der Ergebnisse möglich wird.

– Beobachtungen sind geeignet, gruppendynamische Prozesse zu erfassen.

Demgegenüber stehen folgende *Nachteile* der Beobachtung:

– Viele interessierende Sachverhalte entziehen sich einer Beobachtung. Dazu gehören die meisten psychologischen Konstrukte wie z. B. Einstellungen, Verhaltensabsichten, Präferenzen, Motive, aber auch viele sozio-ökonomische und demographische Variablen.

– Bei nichtexperimentellen Beobachtungen kann die Ursache für ein bestimmtes Verhalten nur ermittelt werden, wenn zusätzlich eine Befragung vorgenommen wird.

– Die Beobachtung weist z. T. erhebliche Repräsentanzprobleme auf. Laborbeobachtungen erfolgen mit zumeist kleinen Stichproben; bei Feldbeobachtungen ist die Auswahl der Probanden willkürlich oder bestenfalls systematisch, abhängig von Ort, Tageszeit etc. der Beobachtung. Man denke z. B. an die Beobachtung des Einkaufsverhaltens in einem Supermarkt.

– Vorgänge, die sich über einen längeren Zeitraum erstrecken oder nur in großen Zeitabständen auftreten, würden eine sehr lange Erhebungsdauer erfordern, sodass eine Beobachtung rein aus Kostengründen nicht in Frage kommt.

– Analog zum Interviewereinfluss bei der Befragung ist bei der Beobachtung ein Beobachtereinfluss festzustellen. Bei der teilnehmenden Beobachtung greift der Beobachter ohnehin ins Geschehen ein, aber auch bei der nichtteilnehmenden Beobachtung unterliegt der Beobachter selektiver Wahrnehmung.

– Bei komplexen Fragestellungen und Anwendung einer standardisierten Beobachtung ist ein umfassendes Beobachtungsschema mit einer Vielzahl sich gegenseitig ausschließender Beobachtungskategorien erforderlich, wodurch die Datenaufnahmekapazität des Beobachters schnell an ihre Grenzen stößt.

– Bei nicht verdeckten Beobachtungssituationen tritt auf Seiten der Untersuchungsperson ein Beobachtungseffekt, d. h. eine Verhaltensänderung aufgrund des Wissens um die Beobachtung ein.

– Die beobachteten Merkmale sind u. U. unterschiedlich interpretierbar, d. h. ein und dasselbe Verhalten kann unterschiedlich gedeutet werden.

– Beobachtungssituationen sind nur unter Laborbedingungen wiederholbar. Damit sind die Ergebnisse von Feldbeobachtungen nicht ohne Weiteres vergleichbar.

– Die zeitliche Abfolge der beobachteten Ereignisse ist vom Forscher nicht direkt steuerbar.

2.2.2.1.2 Quantitative vs. qualitative Beobachtung

Wie auch schon bei den verschiedenen Formen der Befragung kann die Beobachtung entweder auf einem quantitativen oder aber einem qualitativen methodischen Ansatz beruhen; die Trennung ist allerdings nicht so eindeutig wie bei der Befragung, da eine Beobachtung in vielen Fällen „per se" einige typische Merkmale qualitativer Studien enthält, etwa kleine Stichproben oder die subjektive Interpretation des Beobachtungsgeschehens seitens des

Beobachters. Die wesentlichen Unterschiede zwischen quantitativen und qualitativen Beobachtungstechniken lassen sich dabei durch die Ausprägungen der einzelnen Klassifikationsmerkmale einer Beobachtung voneinander abgrenzen (vg. Abb. 2.27).

Betrachtet man das Kriterium *Strukturierungsgrad der Untersuchung*, gilt, dass im Rahmen quantitativer Marktforschung die *standardisierte*, vorstrukturierte Beobachtung bevorzugt eingesetzt wird, da diese Vorteile im Hinblick auf die Kodierung und Auswertung aufweist. Im Rahmen qualitativer Beobachtung findet ausschließlich die *unstandardisierte*, nicht strukturierte Form Anwendung (vgl. Kepper 2000, S. 193). Es wird auf prädeterminierte Kategorien verzichtet, um die Beobachtung möglichst umfassend, flexibel und situationsadäquat zu halten.

Merkmale	Quantitative Beobachtung	Qualitative Beobachtung
Strukturierungsgrad der Untersuchung	Vorwiegend standardisiert	Unstandardisiert
Beobachtungsumfeld	Laborbeobachtung bevorzugt	Feldbeobachtung
Partizipationsgrad des Beobachters	Sowohl teilnehmend als auch nichtteilnehmend	Sowohl teilnehmend als auch nichtteilnehmend
Durchschaubarkeit der Erhebungssituation	Sowohl offen als auch verdeckt	Sowohl offen als auch verdeckt
Form der Datensammlung	Sowohl persönlich als auch apparativ	Persönlich

Abb. 2.27: Merkmale quantitativer und qualitativer Beobachtung

Der Beobachter entscheidet damit de facto selbst, welche Beobachtungen für die Untersuchung relevant sind, was das Problem der nicht-kontrollierbaren Informationsselektion aufwirft (vgl. Kepper 2000, S. 194 f.). Das Problem der Informationsselektion ist allerdings auch bei der strukturierten, quantitativen Beobachtung gegeben; die Informationsselektion wird hier der eigentlichen Beobachtung vorgelagert, indem von vornherein die relevanten Beobachtungskategorien vorgegeben werden. Geeignete Beobachtungskategorien können jedoch nur dann vorgegeben werden, wenn ein entsprechendes Vorwissen besteht, welche Sachverhalte relevant sind; die Wahl geeigneter Kategorien stellt daher hohe Ansprüche an den Forscher. Andererseits stellt die unstrukturierte Beobachtung ebenfalls hohe Anforderungen an den Beobachter, da dieser über die Relevanz der einzelnen Vorgänge zu entscheiden hat. Um dieses Problem zu mindern, werden bei einer unstrukturierten Beobachtung üblicherweise *Beobachtungsleitfäden* erstellt, welche die verschiedenen jeweils relevanten Dimensionen einer Beobachtungssituation enthalten. Dazu gehören z. B. (vgl. Kepper 2000, S. 196):
– Beschreibung der Teilnehmer,
– Schauplatz und sonstige situative Kontextfaktoren,
– Zweck der Untersuchung,
– Häufigkeit oder Dauer bestimmter Vorgänge.

Diese Aspekte helfen dem Beobachter, bei der Erstellung der Beobachtungsprotokolle alle wichtigen Aspekte zu erfassen.

Im Hinblick auf das *Beobachtungsumfeld* gilt, dass quantitative Beobachtungen bevorzugt als Laborbeobachtungen vorgenommen werden, um die Vorteile von Repräsentativität und Kontrollierbarkeit der interessierenden Faktoren in Anspruch nehmen zu können, wohingegen qualitative Studien oftmals die Feldbeobachtung vorziehen; der Grund ist darin zu sehen, dass qualitative Untersuchungen stets um die Beibehaltung möglichst alltagsnaher Kommunikationssituationen bemüht sind und das in Laborsituationen ggf. erzeugte atypische Verhalten (Beobachtungseffekt) zu verhindern suchen (vgl. Kepper 2000, S. 193). Im Hinblick auf den *Partizipationsgrad* des Forschers sind bei der quantitativen wie auch bei der qualitativen Beobachtung grundsätzlich sowohl die teilnehmende als auch die nichtteilnehmende Beobachtung möglich. Ob der Beobachter aktiv am Beobachtungsgeschehen teilnimmt, ist weniger eine Frage des methodischen Forschungsansatzes, als vielmehr des konkreten Untersuchungsproblems.

Ähnliches gilt für die *Durchschaubarkeit der Erhebungssituation*. Sowohl quantitative als auch qualitative Analysen können grundsätzlich als offene oder verdeckte Beobachtung stattfinden. Bei quantitativen Studien, die auf der Grundlage einer Laborsituation durchgeführt werden, ist es allerdings einfacher, eine verdeckte Erhebungssituation zu erzeugen als bei qualitativen Beobachtungen, die fast immer als Felduntersuchungen stattfinden.

Unterschiede weisen die beiden Forschungsansätze im Hinblick auf die *Form der Datensammlung* auf. Bei quantitativen Beobachtungen kommen sowohl die persönliche Datenerhebung durch den Beobachter als auch die Nutzung apparativer Verfahren zur Anwendung, die für Zählungen oder zur Messung psychophysiologischer Verhaltensindikatoren eingesetzt werden. Die Verwendung apparativer Hilfsmittel ist dabei typisch für Laborsituationen; häufig werden diese technischen Hilfsmittel eingesetzt, um bestimmte Stimuli gezielt zu präsentieren bzw. die Reaktionen der Probanden auf die Stimuli zu erfassen. Qualitative Studien sind hingegen bemüht, möglichst wenig in die Realität einzugreifen; aus diesem Grunde erfolgt die Aufzeichnung bei der qualitativen Beobachtung stets persönlich durch den Beobachter, d. h. es wird darauf verzichtet, durch gezielte Stimuli die beobachtete Person in ihrer natürlichen Reaktion zu beeinflussen (vgl. Kepper 2000, S. 193). Eingesetzt werden daher i. d. R. lediglich allgemeine Aufzeichnungsgeräte wie Tonband oder Video.

Der besondere Nutzen qualitativer Beobachtungsmethoden für die Marktforschung liegt in der Möglichkeit, tatsächliches Verhalten aufzunehmen und als Basis für Interpretationen zu nutzen (vgl. Nolte 2004, S. 41 f.). Durch die verschiedenen Formen der Beobachtung kann vor allem auch in durch soziale Normen geprägten Bereichen, wie z. B. persönliche Hygiene oder Ernährung, bzw. zu schwer verbalisierbaren Themen, die sich durch „low involvement"-Prozesse und automatisierte Aktionen kennzeichnen, tatsächliches Verhalten ermittelt werden. Da bei Beobachtungsmethoden nicht zwingend die Auskunftsbereitschaft und Auskunftsfähigkeit bestimmter Teilnehmer verlangt wird, können durch diese Methode auch so genannte „hard-to-reach" Zielgruppen, wie verschiedene Jugendsegmente und spezielle „leading edge" Konsumenten, erreicht werden, die gerade für die Trendforschung von besonderer Wichtigkeit sind (vgl. Desai 2002, S. 12 ff.). Es gibt einige klassische Einsatzfelder für qualitative Beobachtungsmethoden; grundsätzlich eignen sie sich im besonderen Maße für die Strukturierung von Untersuchungsproblemen, da durch das wenig standardisierte Vorgehen die Möglichkeit besteht, relevante Informationen zur Aufdeckung wichtiger Untersuchungsdimensionen zu ermitteln (vgl. Kepper 2000, S. 199). Beobachtungsmethoden werden dabei oftmals im Methodenmix mit Befragungsmethoden gekoppelt, um tatsächliches Nutzungsverhalten von Produkten („in-home interviewing") oder Konsumverhalten („accompanied shopping") in realitätsnahen Situationen zu ermitteln.

Methoden der qualitativen Beobachtung werden jedoch durch einige negative Aspekte begrenzt. Um aus dem beobachteten Verhalten Schlüsse auf die zugrunde liegenden Einstellungen und Motivationen zu ziehen, bedarf es einer eingehenden Interpretation. Bei dieser besteht jedoch das Problem, dass der Forscher aufgrund der nicht kontrollierbaren Informationsselektion zu einer sehr subjektiv gefärbten Analyse der beobachteten Sachverhalte kommt.

Mangelnde Distanz zum Beobachteten erschwert darüber hinaus die Interpretation im wesentlichen Maße, genauso wie die Überidentifikation mit den zu beobachteten Personen. Bei verdeckten Beobachtungen ergeben sich ethische und rechtliche Probleme durch den Eingriff in die Persönlichkeitsrechte der Teilnehmer. Nicht zu unterschätzen ist auch der Faktor, wie zeitintensiv die Vorbereitung, Erhebung und Analyse von Beobachtungsdaten ist. Aus diesem Grund können sie in Forschungsstudien, die einem sehr restriktiven Zeitplan unterstehen, zumeist nicht angewandt werden (vgl. Daymon/Holloway 2002, S. 214 f.).

Einige Beispiele aus der Forschungspraxis sollen die Bedeutung qualitativer Beobachtungsmethoden im Rahmen von Forschungsstudien illustrieren.

Beispiel 2.38:
- Das Unternehmen Fisher Price betreibt in den USA eine Vorschule, um mögliche neue Produkte einem Feldtest zu unterziehen. Da Kleinkinder für andere Methoden der Marktforschung ansonsten nicht zugänglich sind, bietet hier die Beobachtung die einzige Möglichkeit, wichtige Erkenntnisse zu gewinnen.
- In einer Forschungsstudie vom Institut für Marktpsychologie, Mannheim, sollte das Kaufverhalten bei Haarpflegeprodukten am Point-of-Sale mittels Videoanalyse untersucht werden. Bei einer Stichprobe von 200 Beobachtungen zeigte sich, dass die Käufer in den meisten Fällen ein ganz bestimmtes Produkt suchen und nur ein geringer Anteil der Produktentscheidungen direkt am Kaufregal getroffen wird. Für die Hersteller hat dieser Aspekt zur Konsequenz, dass Präferenzen für bestimmte Produkte bereits vor dem Kontakt am Point-of-sale aufgebaut werden müssen und bei der Produktgestaltung die Marke und die jeweilige Sorte der Produktvariante eindeutig und prägnant identifizierbar sein müssen.
- In einer anderen Studie konnte im Rahmen der Beobachtung festgestellt werden, dass Besucher von Videotheken zuerst den Film aussuchen und erst später auf dem Weg zur Kasse an Snacks und Getränken interessiert sind. Für die Betreiber ist es also zweckmäßig, ihre Videothek so einzurichten, dass zuerst die Filme präsentiert werden und Snacks und Getränke am Ende, z. B. an der Kasse angeboten werden, um sich den Kaufgewohnheiten der Konsumenten anzupassen.

Quellen: Aaker/Kumar/Day 2003, S. 103; Naderer 2000; Desai 2002, S. 19 f.

2.2.2.2 Aufzeichnungsverfahren der Beobachtung

2.2.2.2.1 Aufzeichnung durch den Beobachter

Viele Vorgänge lassen sich durch den Beobachter selbst erfassen, also ohne Zuhilfenahme technischer Hilfsmittel. Die Aufzeichnung erfolgt manuell, etwa mit Hilfe von Handzählern, Stoppuhren, Stift und Block, Strichlisten etc. Bei nichtteilnehmender Beobachtung ist die Aufzeichnung ergleichsweise unproblematisch, da der Beobachter nicht am Geschehen teilnimmt.

Im Rahmen einer teilnehmenden Beobachtung nimmt der Beobachter am Ablauf des Geschehens teil, d. h. er übernimmt eine aktive Rolle. Beispiel hierfür ist das sog. *Silent Shopping* oder *Mystery Shopping*, im Rahmen dessen der Beobachter als Käufer auftritt und eine reale Kaufsituation simuliert.

Dadurch kann er bestimmte Qualitätsmerkmale überprüfen, z. B. Erhältlichkeit des Produkts im Geschäft, Verhalten des Verkäufers, Platzierung etc. Der Beobachter berichtet an den Anbieter des Produkts, was erhebliche ethische Bedenken aufwirft. Abb. 2.28 zeigt exemplarisch eine Beobachtungsanleitung für einen Mystery Shopper.

Bank..

Datum: ....   Zeit:.......................   Testkunde:

....

Art des Gesprächs: □ persönlich   □ telefonisch
Details:

....

A. Für persönliches Gespräch:

Name des Bankangestellten: ....
Wie erfuhren Sie den Namen des Bankangestellten:
□ Name an der Kleidung
□ Name auf einem Schild auf dem Schreibtisch
□ Er stellte sich mit Namen vor
□ Name musste erfragt werden
□ Der Bankangestellte wurde vorgestellt
□ Sonstiges ....

B. Für Telefongespräch:

Name des Bankangestellten: ....
Wie erfuhren Sie den Namen des Bankangestellten:
□ Er meldete sich mit Namen am Telefon
□ Er wurde vorgestellt
□ Name musste erfragt werden
□ Er nannte seinen Namen während des Gesprächs
□ Sonstiges ....

C. Fähigkeiten in der Kundenbetreuung

Hat der Bankangestellte…	Ja	Nein	Irrelevant
• Sie umgehend bemerkt und begrüßt?	□	□	□
• freundlich gesprochen und gelächelt?	□	□	□
• das Telefongespräch sofort angenommen?	□	□	□
• nach Ihrem Namen gefragt?	□	□	□
• Ihren Namen im Verlauf des Gesprächs verwendet?	□	□	□
• Ihnen einen Sitzplatz angeboten?	□	□	□
• ein aufrichtiges Interesse an Ihnen als Kunde gezeigt?	□	□	□
• Ihnen für den Besuch der Bank gedankt?	□	□	□
• die Bank und deren Produkte empfohlen?	□	□	□

- Störungen (bspw. Telefonate) effektiv bewältigt?   □   □   □
War der Bankangestellte hilfsbereit?   □   □   □
War der Arbeitsplatz ordentlich und sauber?   □   □   □

Kommentieren Sie bitte sowohl positive als auch negative Details, die
Erwähnung finden sollten:

....

.

D.   Fähigkeiten im Verkauf

Hat der Bankangestellte…	Ja	Nein	Irrelevant
• festgestellt, ob Sie bereits Konten bei der Bank haben?	□	□	□
• offene Fragen verwendet, um Informationen über Sie zu erhalten?	□	□	□
• Ihnen richtig zugehört?	□	□	□
• Ihnen die Services der Bank empfohlen und Ihnen den Nutzen für Sie aufgezeigt?	□	□	□
• Ihnen den Service angeboten, nach dem Sie sich erkundigt hatten?	□	□	□
• Ihnen angeboten, Ihr Konto bei der Bank zu führen?	□	□	□
• Ihnen angeboten, ihn zu kontaktieren, wenn Sie die Bank besuchen?	□	□	□
• Sie gefragt, ob Sie weitere Fragen haben?	□	□	□
• Ihnen Broschüren über zusätzliche Services gegeben?	□	□	□
• Ihnen seine Visitenkarte gegeben?	□	□	□
• Sie darauf aufmerksam gemacht, dass Sie bei Nachfragen ggf. kontaktiert werden?	□	□	□
• Ihnen andere Services angeboten? Wenn ja, welche?	□	□	□

□ Sparkonto
□ Girokonto
□ Sparbuch
□ Mastercard
□ Bankschließfach
□ Darlehen
□ Treuhandservice
□ Kreditkartenzahlung
□ Öffnungszeiten
□ Sonstiges: ....

Quelle: Nach Churchill/Iacobucci 2002, S. 356 ff.

Abb. 2.28:   Beobachtungsanleitung für Mystery Shopper zur Beurteilung der Servicequalität
von Bankangestellten

Die persönliche Beobachtung kann nur bei vergleichsweise einfachen Aufgaben eingesetzt
werden (vgl. Hüttner/Schwarting 2002, S. 160 f.). Dazu gehören z. B. Zählungen. Grenzen
findet die persönliche Beobachtung bei komplexen Fragestellungen, bei welchen mehrere
Merkmale gleichzeitig erhoben werden müssen.

2.2.2.2.2   Apparative Verfahren

Apparative Verfahren werden bei experimentell angelegten Beobachtungen in Laborsituationen eingesetzt. Häufige Anwendungsgebiete sind die Werbemittelforschung und die Produktforschung. Sie lassen sich unterteilen in (vgl. Abb. 2.29):

– Verfahren der Aktualgenese,

– Verfahren der Psychomotorik und

– Verfahren der Mechanik.

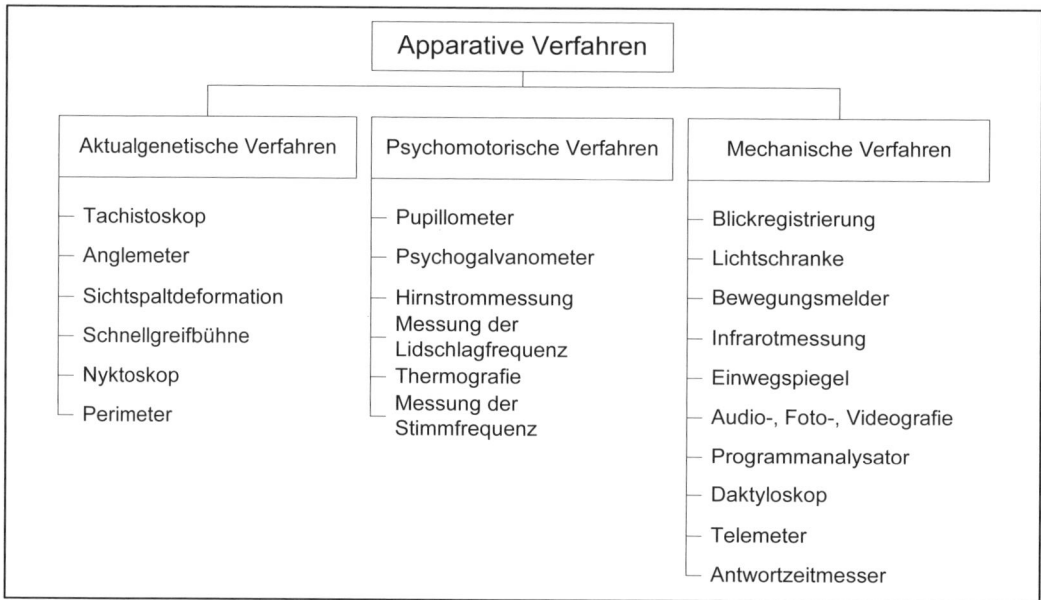

Abb. 2.29: Überblick der gebräuchlichsten apparativen Verfahren

Aktualgenetische Verfahren

Unter Aktualgenese versteht man den Prozess der Entstehung von Wahrnehmung und Gestaltauffassung komplexer Stimuli. Dieser Prozess beginnt mit einer relativ diffusen positiven oder negativen Stimmung gegenüber dem Reiz *(Anmutung)*, die dann im Prozess der zunehmend bewusst werdenden Wahrnehmung durch kognitive Vorgänge überlagert und korrigiert wird. Verfahren der Aktualgenese arbeiten mit technischen Mitteln der Wahrnehmungserschwerung für Objekte (z. B. Verkürzung, Verkleinerung, Verdunkelung), um Aussagen über deren Anmutung auf die Probanden zu gewinnen. Im Folgenden sollen die wichtigsten Verfahren der Aktualgenese skizziert werden.

Tachistoskop
Mit Hilfe eines Tachistoskops wird die visuelle Wahrnehmung nach kurzzeitiger Darbietung eines Reizes erfasst. Dadurch sollen erste, spontane Anmutungen von Objekten erfasst werden. Am gebräuchlichsten ist das sog. Projektionstachistoskop, bei dem Diapositive auf eine Leinwand oder einen Bildschirm projiziert werden (vgl. Weis/Steinmetz 2002, S. 150). Die Dauer der Darbietung unterschreitet dabei anfangs deutlich die Schwelle bewusster Wahrnehmung der Augen, die ca. 1/20 Sekunde beträgt (z. B. 1/2000 Sek., 1/100 Sek.), und wird sukzessive erhöht, um den Prozess der Wahrnehmungsentstehung zu erfassen. Anwendung findet das Tachistoskop in der Werbemittel- und der Produktforschung.

Anglemeter
Bei einem Anglemeter handelt es sich um eine steuerbare Drehscheibe, mit der ein Objekt – z. B. ein Produkt – zur Seite oder nach oben/unten gewendet werden kann. Dem Probanden wird zunächst die Ansicht von der Seite bzw. von oben oder von unten gezeigt; anschließend wird die relevante Seite (meist die Frontseite) dem Betrachter langsam zugewandt. Einsatz findet das Anglemeter zur Untersuchung der Produktidentifizierung bei Selbstbedienung im Handel.

Sichtspaltdeformation
Die Sichtspaltdeformation, auch Zöllner-Verfahren genannt, beruht darauf, dass das zu testende Objekt, z. B. ein Produkt, hinter einem Sichtspalt vorbeigeführt wird. Durch anschließende Befragung wird erfasst, was die Testpersonen erkannt haben.

Schnellgreifbühne
Bei einer Schnellgreifbühne handelt es sich um einen Kasten mit Schließmechanik. In diesem Kasten befinden sich mehrere Objekte (i. d. R. Produkte), die dem Probanden nur für eien kurze Zeit dargeboten werden. Dieser muss sich spontan für ein Objekt entscheiden. Damit wird die Durchsetzungsfähigkeit von Produkten oder Verpackungen getestet.

Nyktoskop
Mit Hilfe eines Nyktoskops wird das Untersuchungsobjekt (ausgehend von völliger Verdunkelung) sukzessive aufgehellt, um dessen Wahrnehmungsentstehung zu erfassen. Eingesetzt wird das Nyktoskop insb. zur Werbewirkungsmessung.

Perimeter
Beim Perimeter handelt es sich um ein Gerät, das das zu untersuchende Objekt von der Randzone des Blickfelds des Probanden sukzessive in dessen Mitte rückt. Dadurch soll die Identifizierung des Objekts bzw. einzelner Elemente analysiert werden.

Psychomotorische Verfahren

Psychomotorische oder psychobiologische Verfahren werden eingesetzt, um bei den Probanden unwillkürliche physische Reaktionen auf einen Stimulus zu messen. Daraus wird auf die interessierende, die physische Reaktion hervorrufende psychische Variable geschlossen (Erregung, Aktivierung, Aufmerksamkeit). Einsatz finden diese Verfahren insb. in der Werbemittelforschung. Die gebräuchlichsten Verfahren sollen im Folgenden kurz dargestellt werden (vgl. Weis/Steinmetz 2002, S. 144 ff.).

Pupillometer
Beim Pupillometer handelt es sich um eine Augenkamera, welche die Veränderung des Pupillendurchmessers erfasst. Die gemessene Änderung wird als Indikator für den Grad der Aktivierung des Probanden herangezogen.

Psychogalvanometer
Mit Hilfe eines Psychogalvanometers wird die elektrodermale Reaktion (Hautwiderstand) auf einen Stimulus gemessen. Die elektrische Leitfähigkeit der Hautoberfläche wird dabei als Indikator für die Aktivierung (z. B. bei Darbietung eines Werbemittels) herangezogen. Ein Niedervoltstrom wird dazu über einen Sensor an der Hand- oder Fußfläche zu einem zweiten Sensor geleitet. Bei Aktivierung reagiert der Organismus mit Schweißabsonderung, wodurch sich die Leitfähigkeit der Haut erhöht (d. h. der Hautwiderstand sinkt) und der Stromfluss, der den zweiten Sensor erreicht, steigt.

Hirnstrommessung (Elektroenzephalogramm)
Mittels auf der Kopfhaut des Probanden angebrachter Elektroden werden die Gehirnströme gemessen. Höhe und Verlauf der aufgezeichneten Gehirnströme erlauben Rückschlüsse auf die Aufnahme und Verarbeitung von Reizen, z. B. von Werbemitteln.

Messung der Lidschlagfrequenz
Mittels einer Kamera wird die Veränderung der Lidschlagfrequenz gegenüber dem Normalwert von ca. 30 Lidschlägen/Minute als Reaktion auf einen bestimmten Stimulus (z. B. Werbemittel) gemessen. Eine Erhöhung der Lidschlagfrequenz wird als Indikator für die Aktivierung aufgefasst.

Thermografie
Bei der Thermografie werden Hauttemperaturschwankungen als Reaktion auf die Darbietung eines Stimulus gemessen. Ein sog. Infrarot-Quarz-Thermometer erfasst die Infrarotlichtabstrahlung des Körpers; diese wird als Indikator für den Aktivierungsgrad herangezogen.

Stimmfrequenzanalyse
Im Rahmen der Stimmfrequenzanalyse werden dem menschlichen Ohr nicht zugängliche, psychisch bedingte Veränderungen der Stimmfrequenz im Bereich von 8-14 Hz erfasst (sog. Mikrotremor).

Mechanische Verfahren

Mechanische Verfahren werden im Rahmen nichtteilnehmender Beobachtung eingesetzt, um die Wahrnehmung von Objekten zu erfassen. Nachfolgend werden die wichtigsten Techniken skizziert (vgl. z. B. Pepels 1995, S. 248 ff.).

Blickregistrierung
Der Blickregistrierung kommt insb. im Rahmen der Werbemittelforschung eine große Bedeutung zu. Die Grundidee besteht darin, dass der Blickverlauf eines Probanden beim Betrachten eines Bildes (z. B. Werbeanzeige) erfasst werden soll. Es wird registriert, welche Elemente wie lange in welcher Reihenfolge betrachtet werden. Dadurch gewinnt man Einblicke, wie Anzeigen wahrgenommen werden. Im Rahmen der Blickregistrierung kommen vor allem folgende Verfahren zur Anwendung:
– Einsatz der NAC eye mark recorder, einer Spezialbrille, welche die Blickbewegungen direkt erfasst;
– Compagnon-Verfahren, bei welchem die Augenbewegungen der Testperson mit einer für die Versuchsperson nicht sichtbaren Kamera erfasst werden und später vom Beobachter auf die einzelnen Anzeigenelemente zugeordnet werden.

Lichtschranke
Lichtschranken werden zur Zählung von Besuchern, Passanten etc. eingesetzt; darüber hinaus werden Verweildauer und Betrachtungsabstand erfasst. Dieselbe Funktion erfüllen Bewegungsmelder und die Infrarotmessung.

Einwegspiegel
Ein Einwegspiegel ist eine nur einseitig durchsichtige Glasscheibe, welche das verdeckte Beobachten des Verhaltens von Testpersonen erlaubt. Einwegspiegel werden beispielsweise zur Beobachtung von Gruppendiskussionen eingesetzt, wobei insb. Mimik, Gestik etc. analysiert werden. Das Verfahren ist allerdings – wie alle Verfahren der verdeckten Beobachtung – ethisch und juristisch bedenklich.

Audio-, Foto- und Videoaufnahme
Diese Aufzeichnungsverfahren dienen der Erfassung verbaler und nonverbaler Verhaltensweisen. Im Rahmen der Fotografie ist hier u. a. die Facial Action Scanning Technique (FAST) zu nennen.

Mit diesem Verfahren wird das Ausdrucksverhalten der verschiedenen Gesichtsteile (Augen, Augenlider, Augenbrauen, Nase, Wangen, Mund, Stirn und Kinn) erfasst und mit standardisierten Vergleichsfotos aus dem FAST-Gesichtsatlas verglichen, welche den zu messender Effekt besonders rein und prägnant zum Ausdruck bringen. Für übereinstimmende Elemente der Mimik werden Kennzahlen vergeben, deren Gesamtsumme das Ausmaß an Beeindruckung repräsentiert.

Programmanalysator
Ein Programmanalysator dient dem Zweck, das Ausmaß an Gefallen bzw. Ablehnung einer Fernsehsendung zu erfassen. Mit Hilfe von Joysticks oder Knöpfen (z. B. rechts für Gefallen, links für Missfallen) geben die Probanden nicht nur die Richtung der mit der Sendung verbundenen Empfindung, sondern – z. B. durch die Zeitdauer des Drückens des Knopfes – auch deren Intensität. Problematisch sind hier die hohen Anforderungen an die Probanden.

Daktyloskop
Ein Daktyloskop wird zur Identifizierung von Fingerabdrücken eingesetzt. Dadurch wird es möglich festzustellen, ob der Proband das Testobjekt (z. B. Anzeigenseite, Produkt) berührt hat oder nicht.

Telemeter
Beim Telemeter handelt es sich um ein Zusatzgerät, das an Fernsehgeräten angebracht wird. Mit dessen Hilfe werden Programmwahl und Einschaltdauer von Testpersonen oder -haushalten erfasst (vgl. die Ausführungen im Zusammenhang mit Fernsehzuschauerpanels in Abschn. 2.2.3.1.4). Die dadurch gewonnen Informationen sind allerdings mit Ungenauigkeiten behaftet.

Antwortzeitmessung
Die Antwortzeitmessung wird häufig ergänzend zu computergestützten Befragungsmethoden eingesetzt. Erfasst wird die Zeit, die z. B. zwischen dem Erscheinen der Frage auf dem Bildschirm und der Eingabe der Antwort über die Tastatur verstreicht. Die Antwortzeit dient als Indikator für das Ausmaß an Überzeugung der Testpersonen.

2.2.2.2.3 Computergestützte Verfahren

Obwohl viele der bisher dargestellten Verfahren durchaus mit Hilfe moderner EDV unterstützt werden, zählen zu den computergestützten Techniken speziell solche, für die der Einsatz der EDV ein konstituierendes Merkmal darstellt. Hierzu gehören insb. das Scanning sowie die Online-Beobachtung.

Scanning

Scanning ermöglicht es, den Kassiervorgang im Handel und damit auch die Verkaufsdatenerfassung weitgehend zu automatisieren. Große Bedeutung hat das Scanning im Rahmen von *Panelerhebungen* erlangt (vgl. Abschn. 2.2.3.).

Ermöglicht wurde die artikelspezifische Datenerfassung durch die Einführung einer einheitlichen Europäischen Artikelnummerierung (EAN) im Jahre 1977. Der EAN-Code wird von den Herstellern auf den Produkten angebracht und wird an der Kasse mit Hilfe eines elektronischen Lesegeräts (Scanner) registriert; für die Erfassung kommen entweder Laser-Scanner oder LED-Scanner zur Anwendung (vgl. Weis/Steinmetz 2002, S. 179). Diese registrieren und entschlüsseln die im Strichcode enthaltenen Informationen und wandeln sie in alphanummerische Zeichen um. Abb. 2.30 zeigt den Aufbau eines EAN-Codes. Die

EAN-Nummer ist 13-stellig; die ersten beiden Ziffern stellen dabei das Länderkennzeichen dar. Die nachfolgenden 5 Ziffern beinhalten die sog. Bundeseinheitliche Betriebsnummer (bbn); die weiteren 5 Ziffern geben die individuelle Artikelnummer des Herstellers an. Die letzte Ziffer ist eine Prüfziffer (vgl. Hammann/Erichson 2000, S. 122). Zur elektronischen Erfassung wird die EAN-Nummer in einen Strichcode umgewandelt.

Länder-kennzeichen	Bundeseinheitliche „bbn"		Betriebsnummer	individuelle Artikelnummer des Herstellers						Prüf-ziffer
4	0	1	2 3 4 5	0	0	3	1	5		4

Quelle: Hammann/Erichson 2000, S. 122.
Abb. 2.30: EAN-Normalnummer

Beim Einlesen wird die EAN-Nummer an einen Computer weitergeleitet, der den Verkauf des Artikels erfasst und dessen Bestand fortschreibt. Gleichzeitig wird der Preis des Artikels an die Kasse gesendet. Die Scannertechnologie erlaubt es, schnellere, genauere und detailliertere Verkaufsdaten zu liefern (Art, Anzahl, Verkaufsart und -datum, Verkaufspreis etc.), was erhebliche Vorteile für Warenbewirtschaftung und Marketing mit sich führt. Abb. 2.31 zeigt die wesentlichen Nutzungsmöglichkeiten von Scanning-Informationen im Überblick.

Online-Beobachtung

Die Online-Beobachtung eignet sich insb. zur Gewinnung von *Nutzerprofilen*, z. B. Such- und Bestellverfahren, bevorzugte Informationen und Produkte usw. Als Möglichkeiten der Online-Beobachtung sind insb. Logfile-Analysen sowie der Einsatz von sog. Cookies zu nennen. Daneben besteht die Möglichkeit, das Nutzungsverhalten auf der Grundlage einer freiwilligen Nutzerkennung zu erfassen (vgl. Fantapié Altobelli/Sander 2001, S. 73 f.).

Auf jedem Server, der mit dem Internet verbunden ist, fallen durch den Zugriff seitens der Nutzer Daten über die Herkunft der Nutzer an, nämlich Host-/Domain-Name des anfragenden Rechners, Datum und Uhrzeit der Anfrage, Name der abgerufenen Dateien. Diese Daten werden in einem Protokoll, dem sog. *Logfile* festgehalten. Da dieses Verfahren automatisch ohne Mitwirkung des Nutzers stattfindet, spricht man von einem passiven Messverfahren. Solche Daten bilden die Grundlage zur Ermittlung von Reichweitenkennziffern wie Page Views, Visits u.Ä. Aus diesem Protokoll kann der Content-Provider, der auf dem jeweiligen Server Dienste bzw. WWW-Seiten zur Verfügung stellt, den Nutzer im Normalfall nicht eindeutig identifizieren. Eine eindeutige Identifikation ist nur unter Zuhilfenahme der Daten des Service-Providers möglich, was immer noch sehr aufwändig und in Deutschland außerdem verboten ist.

Durch *Cookies* ist es möglich, die einzelnen Nutzer zu identifizieren. Cookies werden bei Abruf einer Webseite bzw. zugehöriger Grafiken vom Server an den eigenen Rechner mitgeschickt. Bei der Erzeugung des jeweiligen Cookies werden anfangs nur Daten aus den Logfiles übernommen, um eine spätere Identifizierung des Nutzers jederzeit wieder zu ermöglichen. Somit ist es dem Content-Provider möglich, spezifisches Online-Verhalten des Nutzers auf seinem Server festzustellen. Ein besonders gutes Nutzerprofil lässt sich generieren, wenn sich mehrere Anbieter zu einem Verbund zusammenschließen. Beim DoubleClick Network beispielsweise sind die jeweiligen Seiten der Internetanbieter alle auf einem zentralen Server gespeichert, sodass gemeinsame Cookies für den gesamten Werbeverbund angelegt und ausgewertet werden können. Insbesondere in Deutschland bestehen gegen Cookies datenschutzrechtliche Bedenken.

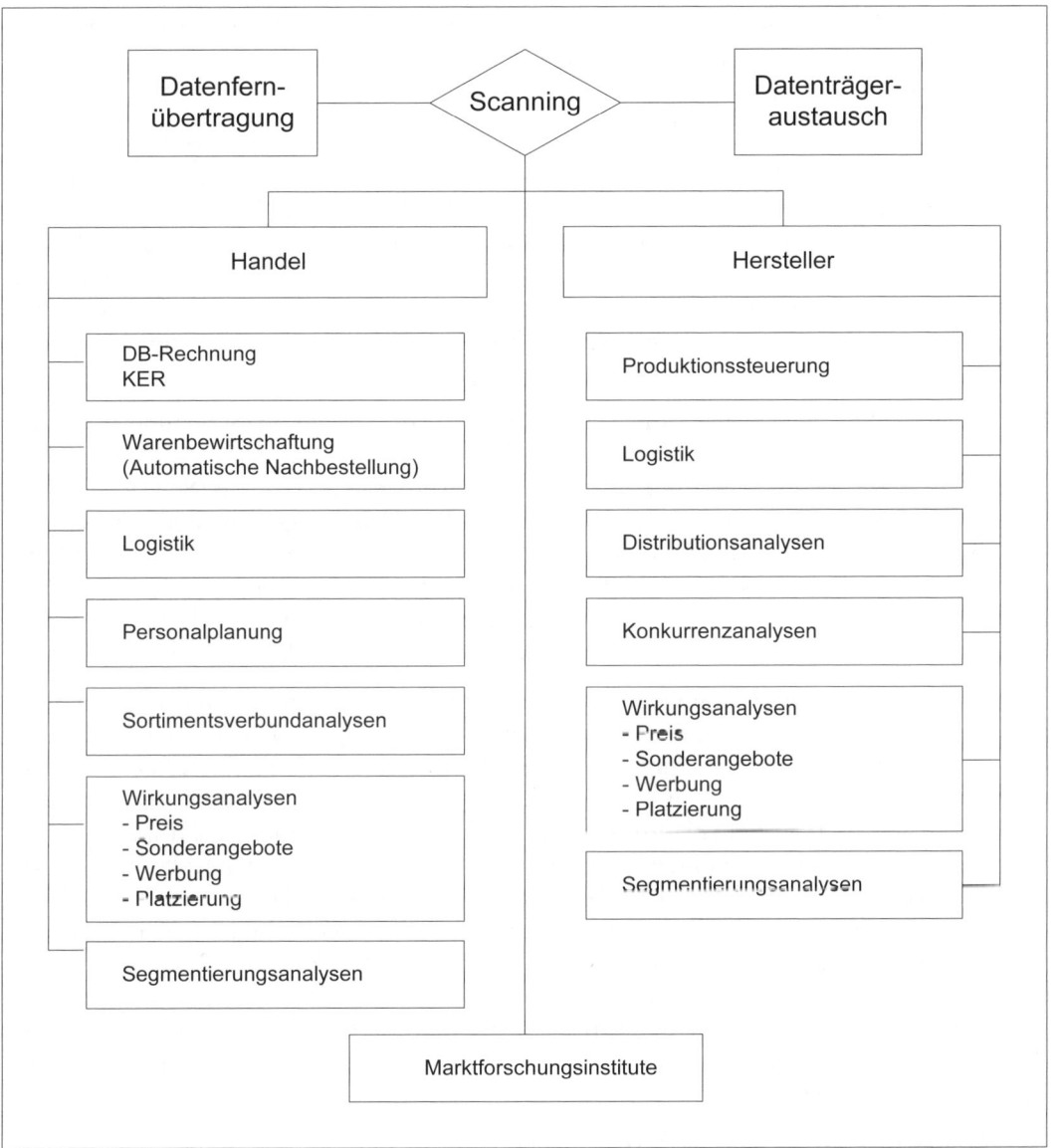

Quelle: Zentes 1987, S. 20.
Abb. 2.31: Möglichkeiten des Scanning für Marktforschung und Marketingentscheidungen

2.2.3 Panelerhebungen und Kohortenanalysen

2.2.3.1 Klassifikation und Charakterisierung von Panelerhebungen

2.2.3.1.1 Kennzeichnung und Arten von Panelerhebungen

> Ein Panel kann grundsätzlich charakterisiert werden als eine Erhebung, im Rahmen derer der stets gleiche Sachverhalt zu stets gleichen, wiederkehrenden Zeitpunkten bei der stets gleichen Stichprobe auf die stets gleiche Art und Weise erhoben wird (vgl. Günther/Vossebein/Wildner 1998, S. 5).

Insofern handelt es sich bei Panelerhebungen um *Längsschnittanalysen*. Ziel ist daher nicht nur die Erfassung des Marktgeschehens, sondern insbesondere die Ermittlung von *Marktveränderungen*, etwa als Folge von Marketingmaßnahmen. Einschränkend sei angemerkt, dass in der Realität die Stichprobe Veränderungen unterliegt – etwa durch Wegfall von Panelmitgliedern und Hinzunahme neuer; auch der erhobene Sachverhalt verändert sich insofern, als die im Rahmen eines Panels erhobenen Warengruppen aufgrund der Fluktuation der Kunden des Marktforschungsinstituts variieren.

Die Erhebung von Paneldaten kann sowohl auf der Grundlage von Befragungen als auch von Beobachtungen erfolgen; darüber hinaus kann es – bei entsprechender Anordnung – auch als (quasi-)experimentelles Design angesehen werden (vgl. Hüttner/Schwarting 2002, S. 183). Im Grunde genommen handelt es sich bei Panelerhebungen aus der Sicht der Unternehmen um *Sekundärerhebungen*, da Paneldaten i. d. R. von den Marktforschungsinstituten erhoben und gegen Entgelt den Kundenunternehmen zur Verfügung gestellt werden (vgl. Böhler 2004, S. 69); andererseits werden Panels auch zur Ad-hoc-Forschung im Auftrag einzelner Kunden herangezogen, was sie wieder in die Nähe von Primärerhebungen rückt.

Abzugrenzen sind Panelerhebungen von sog. Omnibus- bzw. Befragungspanels (vgl. Günther/Vossebein/Wildner 1998, S. 5). Wie Panels sind *Befragungspanels* feststehende Stichproben; diese werden jedoch in unregelmäßigen Abständen zu unterschiedlichen Untersuchungsgegenständen befragt. Ein solches Befragungspanel hat den Vorteil der konstanten Stichprobe, wodurch z. B. Fehlkontakte bei der Erhebung in kleinen Zielgruppen vermieden werden. Des Weiteren können aus der Gesamtstichprobe Teilstichproben für spezifische Fragestellungen gezogen werden. Panelerhebungen sind darüber hinaus von *Wellenerhebungen* abzugrenzen, im Rahmen derer unterschiedliche Stichproben im Zeitablauf zum selben Erhebungsgegenstand untersucht werden (vgl. Pepels 1995, S. 217); die Stichproben sind bei Wellenerhebungen zwar gleichartig, sie bestehen jedoch aus unterschiedlichen Personen. Ein Beispiel hierfür ist der GfK Online-Monitor (mittlerweile AGIREV Online Reichweiten Monitor), im Rahmen dessen das Nutzungsverhalten der Internetnutzer halbjährlich erhoben wird.

Grundsätzlich können Panels nach verschiedenen *Kriterien* klassifiziert werden:
– nach dem Untersuchungsgegenstand,
– nach dem Befragtenkreis sowie
– nach der Art der Erfassung der Paneldaten.

Nach dem *Untersuchungsgegenstand* können handelsbasierte und Spezialpanels unterschieden werden. *Handelsbasierte Panels* erfassen den Abverkauf des Handels bzw. den Einkauf von Verbrauchern sämtlicher bzw. ausgewählter Warengruppen, wohingegen *Spezialpanels* solche Panels bezeichnen, die spezifischen Zwecken dienen. Dazu gehören beispielsweise Fernsehzuschauerpanels, Produkttestpanels, Industriepanels oder Verpackungspanels (vgl. hierzu den Überblick bei Günther/Vossebein/Wildner 1998, S. 78 ff., S. 96 ff.). Eine Mischform stellen sog. *Single Source-Panels* dar, bei welchen neben den Einkäufen der Verbraucher auch deren Mediennutzung erfasst wird.

Nach dem *Befragtenkreis* wird zwischen Handels- und Verbraucherpanels unterschieden. *Handelspanels* werden in Deutschland u. a. von A. C. Nielsen und der GfK unterhalten; die Paneldaten werden mittels Beobachtung auf der Grundlage der Warenbestände sowie der An- und Abverkäufe der interessierenden Artikel im Berichtszeitraum erhoben (vgl. Weis/Steinmetz 2002, S. 171 sowie die Ausführungen in Abschn. 2.2.3.1.2.). Im Rahmen von *Verbraucherpanels* werden hingegen die Einkäufe der Verbraucher erfasst (vgl. Abschn. 2.2.3.1.3).

Nach der Art der *Erfassung der Paneldaten* differenziert man zwischen schriftlicher und elektronischer Erfassung. Im Rahmen der *schriftlichen Erfassung* müssen die Panelmitglieder ihre Einkäufe in spezielle Formulare eintragen und diese in regelmäßigen Abständen an das Marktforschungsinstitut senden. Die *elektronische Erfassung* erfolgt hingegen vor allem durch Scanning (vgl. Abschn. 2.2.2.2.3). Je nach dem Ort der Erfassung wird dabei zwischen POS-Scanning und In-Home-Scanning unterschieden. Eine weitere Form der elektronischen Erfassung erfolgt im Rahmen von *Online-Panels*. Durch Online-Panels wird versucht, Repräsentanzprobleme von Online-Untersuchungen dadurch zu beseitigen, dass ein für die spezifische Fragestellung repräsentativer Teilnehmerkreis ausgewählt und wiederholt befragt wird. Typisches Anwendungsgebiet von Online-Panels sind die Online-Werbeforschung (z. B. Test von Werbebannern) sowie die Online-Nutzungsforschung (z. B. welche Web-Seiten wie lange wie häufig besucht werden).

Jeder registrierte Nutzer erhält eine spezielle Software, welche sein Such- und Nutzungsverhalten erfasst; vergleichbar ist diese Methode mit der GfK-Fernsehforschung. Solche Panels werden inzwischen von zahlreichen Marktforschungsinstituten angeboten, in den USA insb. durch Media Matrix und Relevant Knowledge, in Deutschland durch die MediaTransfer AG. Als problematisch erweist sich trotz aller Bemühungen die Repräsentanz der Panelteilnehmer, da u. A. aufgrund der ständigen Veränderung der Soziodemographie der Internetnutzer die Panel-Zusammensetzung ständig angepasst werden muss (vgl. Fantapié Altobelli/Sander 2001, S. 75).

2.2.3.1.2 Handelspanels

Aufgabe von Handelspanels ist insb. die Ermittlung der Entwicklung von Warenbewegungen, Preisen und Lagerbeständen der einbezogenen Handelsgeschäfte. Handelspanels werden vorwiegend von der GfK (Nürnberg) und von A. C. Nielsen (Frankfurt) durchgeführt. Abb. 2.32 zeigt die verschiedenen Formen von Handelspanels im Überblick.

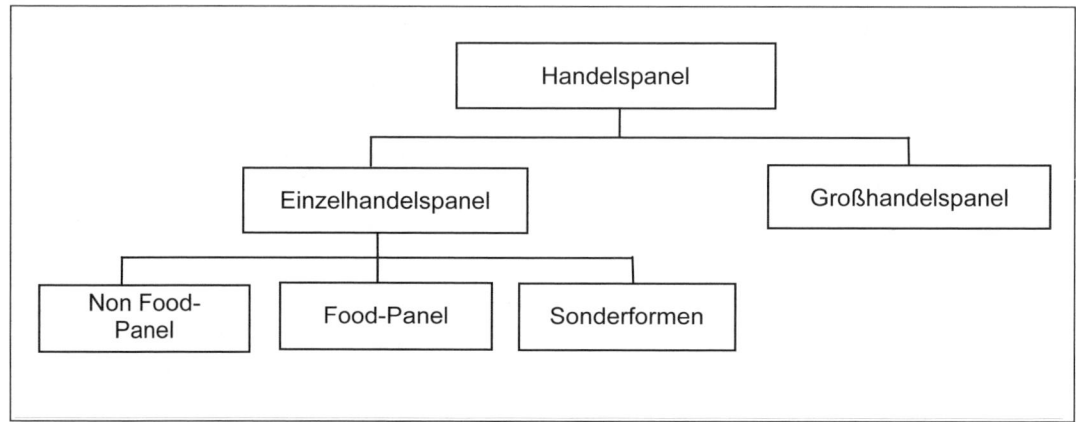

Abb. 2.32: Arten von Handelspanels

Die Datenerfassung kann sowohl scanningbasiert erfolgen als auch durch Mitarbeiter des Instituts, die in regelmäßigen Abständen (i.d.R. monatlich) für die betreffenden Warengruppen eine Inventur durchführen (vgl. Abschn. 2.2.3.2). Bei scanningbasierter Erhebung gelangen die Daten hingegen direkt von den Scannerkassen des Geschäfts in die Datenbank des Instituts.

Standardinformationen aus Handelspanels umfassen insb. (vgl. Hammann/Erichson 2000, S. 166 und die Ausführungen in Abschn. 2.2.3.2.1):

– Wert- und mengenmäßige Absatzzahlen und Marktanteile von Produkten,
– Distributionsgrad der Produkte (Anteil der Geschäfte, die das Produkt führen, und zwar ungewichtet sowie nach Umsatzgrößen gewichtet),
– Durchschnittspreise, Regalplatz und Promotion-Maßnahmen.

Die Informationen können dabei nach Geschäftstypen, Umsatzgrößenklassen oder Standorte weiter untergliedert werden.

Einzelhandelspanels haben bereits eine lange Tradition; das erste wurde 1933 von A. C. Nielsen etabliert. Unterteilt werden können Einzelhandelspanels in Food-Panels und Non Food-panels; daneben existieren noch Sonderformen.

Food-Panels umfassen neben traditionellen Lebensmitteln auch solche Warengruppen, die üblicherweise im Lebensmitteleinzelhandel verfügbar sind, wie z. B. Körperpflege, Babynahrung, Waschmittel. Aufgrund der Vielfalt an Vertriebswegen für bestimmte Artikel werden dabei nicht nur Geschäfte des Lebensmitteleinzelhandels, sondern auch Drogerien, Getränkeabholmärkte usw. in solche Panels einbezogen (vgl. Günther/Vossebein/Wildner 1998, S. 63). Nicht erfasst werden Warenhäuser und der Versandhandel. Ein Beispiel ist das A. C. Nielsen Handelspanel.

Beispiel 2.39: Das A. C. Nielsen Handelspanel

Im Rahmen des A. C. Nielsen Handelspanels wird die Entwicklung von Warengruppen, Marken und Einzelartikeln erhoben. Erfasst werden dabei neben klassischen Lebensmittelgeschäften auch Discounter (außer Hofer/Lidl), Drogeriemärkte sowie Tankstellenshops. Im Rahmen des Panels sind folgende Erhebungen möglich:

- kontinuierliche Marktbeobachtung (Market Track)
- Betrachtung einzelner Handelsketten im Hinblick auf eine spezifische Fragestellung (Key Account Tracking) sowie
- Erhebung weiterer erklärender Faktoren wie z. B. Kontaktstrecken und Lagerbestände (Store Observation).

Market Track stellt das Kernstück des Panels dar. Das 1999 in Deutschland eingeführte scanning-basierte Handelspanel dient der kontinuierlichen Beobachtung aller im Lebensmittelhandel, in Drogeriemärkten sowie in Tankstellen und Rasthäusern verkauften Produktgruppen. Die Paneldaten liefern Informationen über Marktgrößen, Marktanteile und erklärende Faktoren wie z. B. Preis, Distribution, Promotion. Die Datenbasis liefern wöchentliche Scanning-Informationen (mit über 89% Marktabdeckung) sowie 4-wöchentlich manuell erhobene Informationen für die nicht verscannten Geschäfte. Der Datenabruf kann zweimonatlich, monatlich oder wöchentlich erfolgen. Die Wochendaten bilden die Grundlage für die Bewertung der Handelswerbung wie kurzfristige Preissenkungen, Displays, Anzeigen in Handzetteln und Tageszeitungen. Die Daten werden auf der Grundlage einer repräsentativen, disproportional geschichteten Stichprobe unter Verwendung des Quotenverfahrens erhoben. Detailinformationen sind für die jeweils zurückliegenden 3 Jahre verfügbar.

Key Account Tracking liefert Scanning-Informationen über die Entwicklung von Produkten in einzelnen Vertriebsschienen der großen Handelskonzerne. Dadurch können Markenartikler den Erfolg ihrer Produkte bzw. begleitender Marketingmaßnahmen bei den wichtigsten Handelsketten beobachten; die Daten werden auf Wunsch wöchentlich geliefert, je nach Warengruppe sind Detailinformationen bis zu zwei Jahren rückwirkend verfügbar.

Das Modul *Store Observation* bietet als Ergänzung zu Market Track Informationen über die Präsenz, Platzierung und Frische der in den Geschäften angebotenen Produkte. Die Untersuchung erfolgt auf Basis einer repräsentativen Stichprobe, der Erhebungs- bzw. Lieferrhythmus beträgt bis zu 13 x pro Jahr. Es können folgende Informationen erhoben werden:

- Kontaktstrecken,
- Anzahl der Facings,
- Platzierungsqualität (Regalplatzierung in Rück-, Greif- oder Streckzone; Sonderplatzierungen),
- Lagerbestände,
- Ablaufdaten sowie
- Ausverkäufe.

Quelle: A.C. Nielsen 2004a, 2004b, 2004c, 2004d.

Non Food-Panels umfassten zu Beginn der Berichterstattung insb. die Warengruppen Foto- und Do-it-yourself, etwas zeitverzögert die Warengruppen der Braunen und Weißen Ware. Durch die stetige Veränderung der Einzelhandelslandschaft – u. a. das Entstehen neuer und veränderter Absatzkanäle für die Hersteller, etwa der Vertrieb von PCs bei Discountern wie Aldi und Plus – haben sich zahlreiche zusätzliche Warengruppen und Vertriebskanäle ergeben, die durch ein Panel abgedeckt werden müssen.

Der Non Food-Bereich wird dabei heutzutage in folgende Warengruppen untergliedert (vgl. Günther/Vossebein/Wildner 1998, S. 64 f.):
- Braune Ware (Fernsehgeräte, Videorecorder, Camcorder, DVD-Player etc.),
- Weiße Ware (Großgeräte wie Kühlschränke, Gefriergeräte, Herde; Kleingeräte wie Bügeleisen, Küchenhilfen, Rasierer),

- Foto (Filme, Kameras etc.),
- Telekommunikation (Telefone, Handys, Fax- und Kopiergeräte),
- Möbel,
- Schmuck,
- Sport,
- Garten,
- Büro,
- Optik,
- Glas,
- Sanität,
- Werkzeugmaschinen,
- Farben und Lacke.

Die Erfassungshäufigkeit variiert dabei je nach Warengruppe. Während bei Weißer Ware die Daten im zweimonatlichen Rhythmus erhoben werden, erfolgt die Berichterstattung bei saisonalen Warengruppen wie z. B. Skisportgeräte dreimonatlich in den Winter- und halbjährlich in den Sommermonaten.

Aufgrund der Tatsache, dass Produkte im Non Food-Bereich in zunehmendem Maße über die unterschiedlichsten Distributionskanäle vertrieben werden, müssen für jede Warengruppe die verschiedensten Einzelhandelsbranchen bzw. -betriebsformen in einem Panel berücksichtigt werden; Abb. 2.33 zeigt am Beispiel des Non Food-Trackings der GfK die derzeit erfassten Absatzkanäle für ausgewählte Warengruppen.

Neben den Grundformen des Food- und des Non Food-Panels, welche für eine Vielzahl von Warengruppen unterhalten werden, existieren noch *gesonderte Panels* für ausgewählte Warengruppen bzw. Vertriebskanäle, wie z. B. (vgl. Günther/Vossebein/Wildner 1998, S. 66 f.; A. C. Nielsen 2004 f.):
- GfK Gastronomiepanel, welches Auskunft über die Einkaufsmengen und Einkaufsorte der Gastronomiebetreiber gibt;
- GfK Impulspanel, in welchem das Kaufverhalten in den sog. Impulskanälen (Tankstellen, Kioske, Trink- und Imbisshallen) erfasst wird;
- A. C. Nielsen Apothekenpanel, im Rahmen dessen der Absatz von Gesundheits- und Körperpflegemitteln in Apotheken erhoben wird.

Großhandelspanels werden eher selten durchgeführt. In Deutschland werden Großhandelspanels von der GfK und von A. C. Nielsen unterhalten. Erfasst werden lediglich die Einkäufe und die Verkaufspreise; Bestandsinformationen werden nicht erfasst, da die Annahme zu Grunde gelegt wird, dass keine Lagerhaltung stattfindet (vgl. Günther/Vossebein/Wildner 1998, S. 66). Somit liefern Großhandelspanels lediglich Informationen über die Preispolitik des Großhandels und die umgesetzten Mengen.

2.2.3.1.3 Verbraucherpanels

Während Handelspanels die Abverkäufe in Handelsgeschäften erfassen, zielen Verbraucherpanels auf die Erhebung von Einkäufen der Endverbraucher ab. Nicht erfasst werden dabei Großverbraucher wie Kantinen, Krankenhäuser etc. Abb. 2.34 zeigt die verschiedenen Arten von Verbraucherpanels im Überblick. Neben den hier dargestellten Endverbraucherpanels existieren noch sog. *Vorverbraucherpanels*, etwa mit Autoreparaturbetrieben, Heizungsinstallateuren etc., die hier jedoch nicht näher betrachtet werden sollen.

Branche und Betriebsform	
Unterhaltungselektronik Elektrofacheinzelhandel • Independents • Buying Groups • Chains Verbrauchermärkte/C&C-Märkte Warenhäuser/Versender Fotofacheinzelhandel	**Foto** Fotofacheinzelhandel Elektrofachmärkte Lebensmittelsupermärkte (nur bei Filmen) Computer Shops/Systemhäuser (nur bei digitalen Produkten) Verbrauchermärkte/C&C-Märkte Warenhäuser/Versender
Informationstechnologie Business Channels • Systemhäuser • Bürofachhandel/Kopiergerätespezialisten Consumer Channels • Computer Shops • Elektrofacheinzelhandel/Fotofacheinzelhandel • Verbrauchermärkte/C&C-Märkte • Warenhäuser/Versender	**Elektrokleingeräte** Elektrofacheinzelhandel • Independents • Buying Groups • Chains Hausrat-/Eisenwarenfacheinzelhandel Verbrauchermärkte/C&C-Märkte Warenhäuser/Versender
Telekommunikation Business Channels • Systemhäuser • Bürofachhandel/Kopiergerätespezialisten • Telekommunikationsfachhandel • Funkfachhandel Consumer Channels • Computer Shops • Elektrofacheinzelhandel/Fotofacheinzelhandel • Autoradiospezialisten/KfZ-Zubehörfacheinzelhandel • Verbrauchermärkte/C&C-Märkte • Warenhäuser/Versender • Bau- und Heimwerkermärkte	**Elektrogroßgeräte** Elektrofacheinzelhandel • Independents • Buying Groups • Chains Küchenspezialisten Einrichtungshäuser Verbrauchermärkte/C&C-Märkte **Motorgartengeräte** Spezialisten Bau- und Heimwerkermärkte Verbrauchermärkte/C&C-Märkte Gartencenter Rasenmäherspezialisten Warenhäuser/Versender

Quelle: Berekoven/Eckert/Ellenrieder 2004, S. 142.
Abb. 2.33: Erfasste Absatzkanäle ausgewählter Warengruppen im GfK Non Food-Panel

Standardinformationen aus Verbraucherpanels sind (vgl. Hammann/Erichson 2000, S. 164; Günther/Vossebein/Wildner 1998, S. 190 ff. sowie die Ausführungen in Abschn. 2.2.3.2.2.):

– Anzahl der Käufer (Erstkäufer und Wiederholungskäufer),

– Einkaufsmenge und Einkaufswert (insgesamt und pro Käufer),

– Durchschnittspreise (mengen- und wertmäßig),

– Marktanteile (mengen- und wertmäßig),

– Aktionseinkäufe (mengen- und wertmäßig) und Aktionspreise.

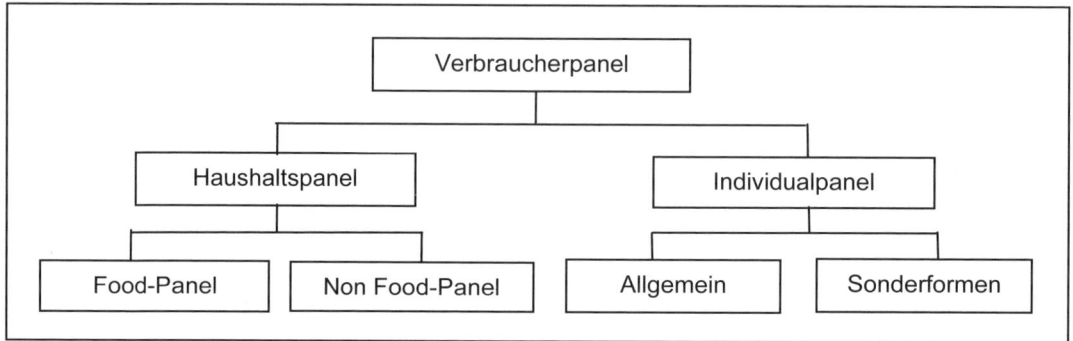

Abb. 2.34: Arten von Verbraucherpanels

Verbraucherpanels werden in Deutschland schwerpunktmäßig von A. C. Nielsen und der GfK durchgeführt. Die Datenerfassung erfolgt bei A. C. Nielsen ausschließlich durch In-Home-Scanning. Die Teilnehmer erhalten einen Handscanner mit Modem. Um die Einkäufe zu registrieren, müssen die Teilnehmer über den Strichcode des Artikels streichen; darüber hinaus müssen sie angeben, in welchem Geschäft das Produkt gekauft wurde, in welcher Menge und zu welchem Preis. Das Modem wird mit der Telefondose verbunden und überträgt einmal wöchentlich die Daten gebührenfrei an das Institut. Bei der GfK ist neben In-Home-Scanning zusätzlich auch die konventionelle schriftliche Erfassung auf vorgefertigten Formularen möglich; die Panelmitglieder füllen einen Berichtsbogen aus, den sie i. d. R. wöchentlich an das Institut senden.

Die größte Bedeutung im Rahmen von Verbraucherpanels haben *Haushaltspanels*. Im Rahmen eines Haushaltspanels werden Warengruppen erfasst, die grundsätzlich gemeinsam vom Haushalt (und nicht von einzelnen Haushaltsmitgliedern) ge- bzw. verbraucht werden; erfasst wird allerdings nicht der eigentliche Ge- oder Verbrauch, sondern der Einkauf der einzelnen Produkte (vgl. Hüttner/Schwarting 2002, S. 185 f.). In Haushaltspanels werden dabei sowohl Waren des Food- als auch des Non Food-Bereichs erfasst.

Ähnlich wie bei Handelspanels umfassen *Food-Panels* neben Lebensmitteln auch solche Warengruppen, die üblicherweise im Lebensmitteleinzelhandel bezogen werden (Fast Moving Consumer Goods). Ein Beispiel ist das GfK ConsumerScan Haushaltspanel.

Beispiel 2.40: Das GfK ConsumerScan Haushaltspanel

Die Stichprobe von ConsumerScan umfasst 12.000 private Haushalte, darunter 1000 Ausländerhaushalte. Das Panel basiert auf fortlaufend erhobenen Daten von Haushalten, die ihre täglichen Einkäufe aufzeichnen. Die Berichte geben Auskunft über Käufercharakteristika, -verhalten, -reichweiten, Bedarfsdeckung, Markennamen, Nebeneinanderverwendung u.a.

Das Institut bietet dabei folgende Analyseinstrumente an:

– Brand and Market Tracking (laufende Beobachtung von Märkten und Marken, Käufer, Kaufvolumen),

– Consumer Dynamics (Analyse von Marktveränderungen),

– Planning (Unterstützung der Planung des Marketing-Mix z. B. durch Erfassung des Kunden-Response),

– Modelling (Identifizierung von Verhaltensmustern, softwaregestütztes Simulations-Modelling, Prognose und Optimierung von Marketing-Mix-Strategien).

Die nachfolgende Abbildung zeigt die Struktur des GfK ConsumerScan Haushaltspanels.

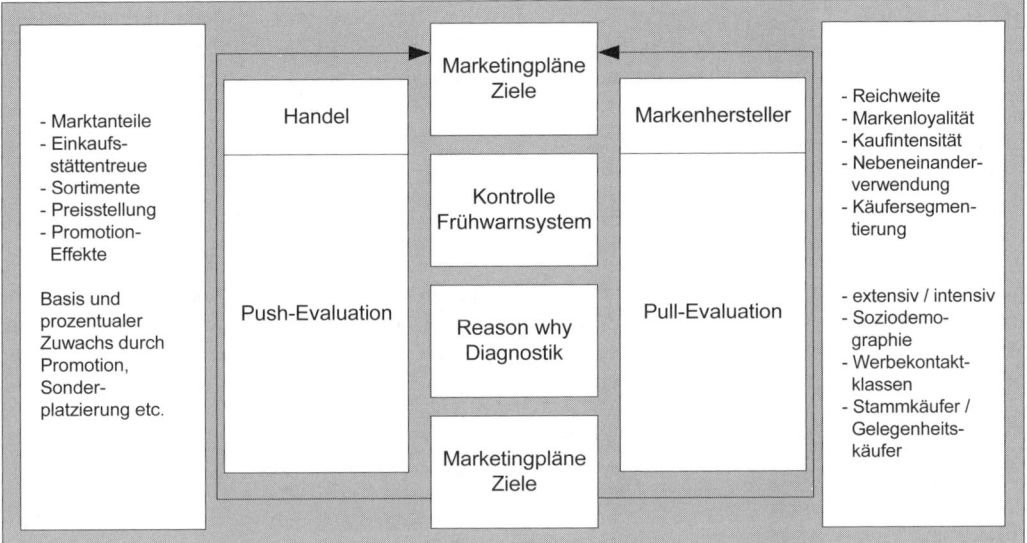

Erfasst werden insb. folgende Warengruppen:

- Obst + Gemüse
- Molkereiprodukte gelb
- Molkereiprodukte weiß
- Tiefkühlkost
- Süßwaren
- Heißgetränke
- Nahrungsmittel
- Alkoholfreie Getränke
- Alkoholhaltige Getränke ohne Bier
- Bier

- Haarpflege (Waschen, Styling, Colorationen)
- Gesichtspflege / Sonstige Hautpflege
- Duschbäder / Badezusätze / Seifen
- Deomittel
- Dekorative Kosmetik
- Damen-Hygiene

Quelle: GfK 2004d; Weis/Steinmetz 2002, S. 165.

Non Food-Panels umfassen Gebrauchsgüter und Dienstleistungen. Ein Beispiel hierfür ist das GfK ConsumerScope Haushaltspanel.

Beispiel 2.41: Das GfK ConsumerScope Haushaltspanel

ConsumerScope umfasst 20.000 Panelteilnehmer, die repräsentativ sind für die rd. 34. Mio. deutsche Privathaushalte. Nicht abgedeckt sind ausländische Haushalte sowie Personen, die nicht in Privathaushalten leben (z. B. Altersheime, Bundeswehr, Gefängnisse, Klöster usw.). Das Panel wird unterteilt in vier strukturgleiche Unterstichproben von jeweils 5000 Haushalten; daneben befindet sich eine Online-Unterstichprobe von 500 Haushalten in der Testphase. Von sämtlichen Haushaltsmitgliedern werden jährlich soziodemographische Daten erhoben: Bundesland, Ortsgröße, Alter, Haushaltsnettoeinkommen, Haushaltsgröße, Berufstätigkeit, Schulbildung, Kinderzahl und Wohnverhältnisse. ConsumerScope umfasst dabei folgende Module:

- Einkaufstracking sowie
- Paneleinfragen/Ad-hoc-Services.

Die Befragung erfolgt postalisch in monatlichen Abständen.

Erfasst werden im *Einkaufstracking* der Kauf von Gebrauchsgütern und Dienstleistungen und die entsprechenden monetären Ausgaben. In periodischer Berichterstattung (monatlich/quartalsweise/halbjährlich oder jährlich) werden dabei u. a. folgende Basisinformationen ausgewiesen:
- Marktvolumina und Marktanteile,
- Einkaufsstättenanteile/Key Accounts,
- Durchschnittspreise/Preisklassen,
- Käuferreichweiten und Käuferstrukturen,
- Einkaufshäufigkeiten und Durchschnittsausgaben.

Spezieller Informationsbedarf zu einzelnen Produkten, zu Zielgruppen und ihren Kaufverhaltensmustern, zu Verhaltensänderungen in Abhängigkeit von Angeboten oder Marktveränderungen, zum Shopping Behaviour und zu vielen Consumer Insights kann durch gezielte Sonderanalysen aus den Kaufdaten heraus beantwortet werden.

Erfasst werden dabei folgende Warengruppen:

Electro*Scope
- Consumer Electronics
- Elektrogroßgeräte
- Elektrokleingeräte
- Elektrogeräte-Service-Barometer

Home*Scope
- Hausrat
- Möbel
- Renovierungsbarometer
- Sanitärausstattung

Media*Scope
- Bespielte Tonträger
- Bezahlte Downloads
- Bücher
- CD-ROM und Videospiele
- DVD und VHS (Kaufen und Leihen)
- Handy-Content
- Kinobesuche
- Leermedien
- Veranstaltungsbesuche
- Zeitschriften

Weitere Märkte
- Direkt Marketing Panel (DMP)
- Energie
- Farb- und Diafilme
- Fotofinishing
- Handel/Versandhandel Non Food
- Papier-, Büro-, Schreibwaren (PBS)
- PKW / Motoring
- Uhren
- Web*Scope

Weitere Informationen zu quantitativen und qualitativen Rahmenbedingungen und Einflussfaktoren des Kaufverhaltens liefern *Paneleinfragen/Ad-hoc-Services*. Dazu gehören:
- Bestandserhebungen / Ownership Analysis,
- Segmentierungen,
- Nutzungs- und Verbrauchsuntersuchungen,
- Image- & Attitude-Untersuchungen,
- Zielgruppen-Nachbefragungen.

So lassen sich zum Beispiel Verknüpfungen herstellen zwischen Produktbesitz (z. B. DVD-Brenner) und dem Kaufverhalten (z. B. bzgl. Musik-CDs und DVDs), zwischen Einstellungen (Convenienceorientierung, Preisbewusstsein) und der Einkaufsstättenwahl oder – wie zum Beispiel bei Anschaffungsplanungen – als Predictor künftigen Kaufverhaltens. Paneleinfragen werden dabei sowohl „multiclient" als auch kundenindividuell angeboten.

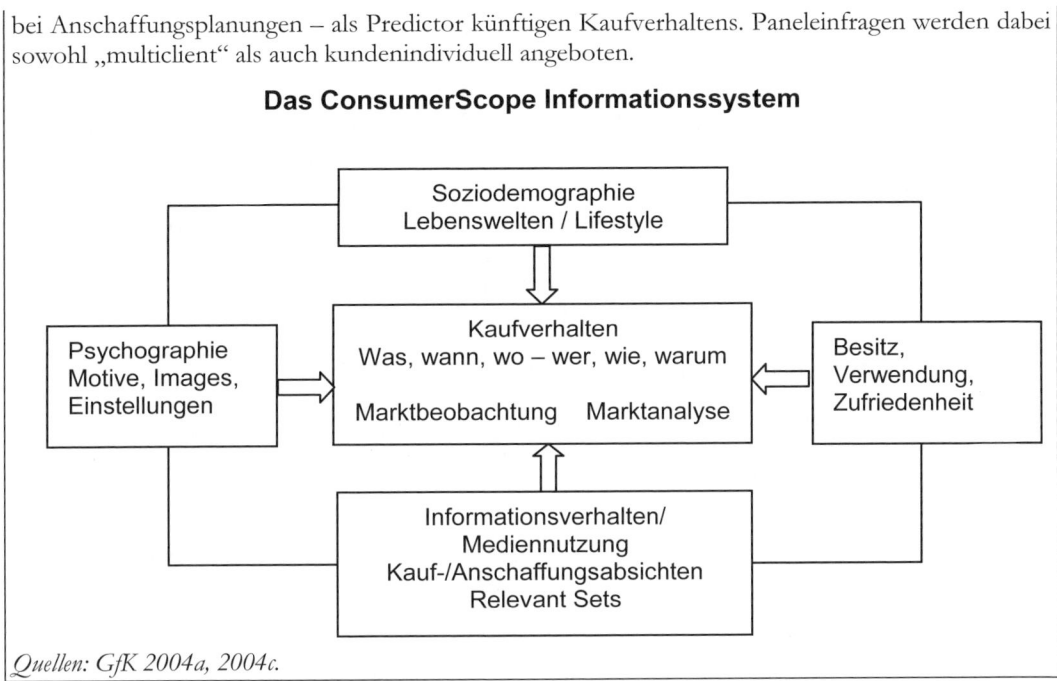

Das ConsumerScope Informationssystem

Quellen: GfK 2004a, 2004c.

Während Haushaltspanels haushaltsbezogene Einkäufe erfassen, werden im Rahmen von *Individualpanels* solche Produkte erfasst, welche unmittelbar das einzelne Individuum betreffen, etwa den persönlichen Bedarf an Kosmetika oder Tabakwaren. Solche Panels können zum einen allgemeiner Natur sein, d. h. es werden die Einkäufe von Panelteilnehmern bzgl. einer ganzen Reihe von üblicherweise nicht im Gesamtverband des Haushalts verbrauchten Waren erfasst (*allgemeine Panels*). *Sonderformen* ergeben sich zum anderen dadurch, dass von vornherein Verbraucher bestimmter Güter ausgewählt werden, wie Raucher, junge Mütter für die Warengruppe Babynahrung etc. (vgl. Hüttner/Schwarting 2002, S. 186). Ein Beispiel hierfür ist das GfK ConsumerScope Individualpanel, welches zahlreiche Warengruppen im Non Food-Bereich abdeckt, insb. Musik und Unterhaltungselektronik (vgl. GfK 2004b).

2.2.3.1.4 Spezialpanels

Spezialpanels werden zu bestimmten Zwecken bzw. für bestimmte Branchen erhoben; wichtige Spezialpanels sind:
– Fernsehzuschauerpanels und
– Mini-Testmarktpanels.

Fernsehzuschauerpanels

Fernsehforschung wird in Deutschland seit dem Start des Sendebetriebs des ZDF im Jahre 1963 betrieben, zunächst vom Institut Infratam in Wetzlar, danach von der Firma teleskopie in Bonn. Seit 1985 ist die GfK-Fernsehforschung in Nürnberg zuständig. Im Gegensatz zu Verbraucher- und Handelspanels, welche von den Marktforschungsinstituten aufgebaut und betrieben werden und deren Ergebnisse Eigentum des betreibenden Instituts sind und an interessierte Hersteller verkauft werden, wird die Zuschauerforschung im Auftrag der Sender durchgeführt; die Daten sind Eigentum der Auftraggeber (vgl. Günther/Vossebein/Wildner 1998, S. 79). Insofern handelt es sich bei Fernsehpanels um Primärerhebungen. Fernsehzuschauerpanels liefern Daten über die Sehbeteiligungen von Sendern bzw. Sendungen insgesamt und bei einzelnen Zielgruppen, welche als Grundlage für die Planung der Fernsehprogramme dienen können. Darüber hinaus liefern die Daten der Fernsehforschung auch Anhaltspunkte für die Qualität der von den Sendern angebotenen Werbezeiten, d. h. für die Fähigkeit, bestimmte Zielgruppen qualitativ und quantitativ zu erreichen. Diese Daten beeinflussen in hohem Maße die Preisforderungen für die einzelnen Werbezeiten und dienen den Werbetreibenden als Grundlage für ihre Mediaplanung.

Beispiel 2.42: GfK Fernsehforschung

Die Fernsehzuschauerforschung hat die Aufgabe, die Fernsehnutzung in privaten Fernsehhaushalten über alle in Deutschland empfangbaren Sender abzubilden. Auftraggeber ist die Arbeitsgemeinschaft Fernsehforschung (AGF), welche 1988 als Zusammenschluss der öffentlich-rechtlichen mit den Privatsendern entstand.

Die Daten, die die GfK erhebt, stehen der AGF als Auftraggeber exklusiv zur Verfügung, d. h. die Datenverwertungsrechte liegen bei der AGF. Die AGF vergibt jedoch auch an andere Sender, die ihr nicht angehören, Lizenzen zur Datennutzung. Darüber hinaus versorgt die AGF über ein Werbekundenabonnement insb. Agenturen und Werbungtreibende mit Reichweitendaten. Erhebungsbasis ist ein von der GfK etabliertes Panel deutscher Fernsehhaushalte.

Das AGF/GfK-Fernsehpanel besteht aus 5.640 privaten Haushalten mit ca. 13.000 Personen ab 3 Jahren. Damit ist es das weltweit größte Panel der Fernsehzuschauerforschung. Die Größe des Fernsehpanels erlaubt für alle Anwender aus dem Programm- und Werbesektor sehr differenzierte Zielgruppenanalysen. Durch die regional disproportionale Verteilung der Haushalte werden auch für jedes Bundesland und für wichtige Ballungsräume Auswertungen des Fernsehnutzungsverhaltens möglich.

Seit Beginn des Jahres 2000 sind neben den deutschen Fernsehhaushalten auch Haushalte einbezogen, deren Mitglieder in Deutschland leben und aus einem anderen Land der Europäischen Union stammen. Das AGF/GfK-Fernsehpanel ist damit repräsentativ für die insgesamt 34,3 Millionen deutschen und EU-Haushalte in der Bundesrepublik Deutschland. In diesen Haushalten wird ein spezielles Messgerät installiert, das *GfK-Meter*, das die Fernsehnutzung aller Haushaltsmitglieder ab 3 Jahren misst. Die Fernsehnutzungsdaten des Panels werden dann auf alle deutschen Fernsehhaushalte hochgerechnet. Der GfK-Meter misst und speichert sekundengenau

- das An- und Abschalten des Fernsehgerätes,
- jeden Umschaltvorgang (bis zu 198 Programme werden registriert),
- alle anderen Verwendungsmöglichkeiten des Fernsehgeräts (z. B. Videospiele, Videotext inkl. Seitenerkennung bzw. TOP-Text),
- Aufnahme und Wiedergabe von selbst- oder fremdaufgezeichneten Videokassetten (Erfassung nach Kanal, Aufnahmedatum und -zeit).

Dazu wird jedes Empfangsgerät im Haushalt (Fernseher, Videorecorder, Satellitenreceiver) an das GfK-Meter angeschlossen. Das GfK-Meter besteht aus drei Teilen: dem eigentlichen Messgerät, der Fernbedienung sowie dem Anzeige-Display. Das Messgerät, das im Haushalt verdeckt platziert werden kann, ist im Plug-In-Verfahren direkt an das Fernsehgerät angeschlossen. Mit der eigens für diese Zwecke konzipierten Fernbedienung können sich die einzelnen Haushaltsmitglieder durch Knopfdruck (Push-Button-Verfahren) beim GfK-Meter als Fernsehzuschauer an- und abmelden. Das Anzeige-Display zeigt exakt Datum, Uhrzeit sowie – bei eingeschaltetem Gerät – das Senderkürzel an. Zudem können die Panelteilnehmer daran ablesen, ob sie sich an- bzw. abgemeldet haben.

Die sekundengenau registrierten Daten werden im GfK-Meter gespeichert und nachts über die Telefonleitung und ein Modem automatisch an die GfK-Fernsehforschung weitergeleitet. Jeweils am Tag nach der Ausstrahlung des Programms übermittelt die GfK-Fernsehforschung noch vor 9:00 Uhr die Fernsehnutzungsdaten des Vortags.

Ergänzt wird die Panelforschung durch spezielle Ad-hoc-Mediastudien, etwa zu folgenden Themen:
– Programmpräferenzen in Kabelnetzen,
– Online-Nutzer,
– Nutzung und Beurteilung von Pay-TV,
– Mediennutzung und Bewertung von türkischen Erwachsenen und Kindern (u. a. „Türken in Deutschland"),
– Mediennutzung und Beurteilung spezieller Hörfunkprogramme von Ausländern in Nordrhein-Westfalen,
– Feldtests zur Einführung neuer Medientechnologien (z. B. DVB-T).

Darüber hinaus können individuelle Auswertungsservices genutzt werden (z. B. Sehertypologien, individuelle Zielgruppenermittlungen u.v.A.m.).

Quelle: GfK 2004e.

Mini-Testmarktpanels

Mini-Testmarktpanels dienen nicht der laufenden Marktbeobachtung, sondern ermöglichen den Ad-hoc-Test verschiedener Marketing-Mix-Instrumente; insofern handelt es sich um unechte Panels, obwohl sie auf der Grundlage von Haushaltspanels durchgeführt werden. Auch handelt es sich um quasi-experimentelle Untersuchungsdesigns, sodass sie eher den experimentellen Verfahren zuzuordnen sind (vgl. Böhler 2004, S. 58). Aus diesem Grunde sollen sie hier nur skizziert und an anderer Stelle näher charakterisiert werden (vgl. die Ausführungen in Abschn. 1.3 im 5. Teil des Buches).

In Deutschland werden Mini-Testmarktpanels von der GfK angeboten (GfK-BehaviorScan mit dem Testmarkt Hassloch an der Pfalz). Im Rahmen von Mini-Testmarktpanels wird das Einkaufsverhalten der teilnehmenden Haushalte in Einzelhandelsgeschäften, welche mit Scannerkassen ausgestattet sind, registriert. Die Panelmitglieder weisen sich beim Einkauf mit einer ID-Karte aus. Die Haushalte können dabei gezielt mit präparierten Medien aus dem Print- und TV-Bereich konfrontiert werden, sodass verschiedene Elemente des Marketing-Mix wie Akzeptanz neuer oder veränderter Produkte, Fernsehspots, Printanzeigen oder Instore-Aktivitäten getestet werden können. Auf diese Weise können die Wirkungen unterschiedlicher Ausprägungen des Marketing-Instrumentariums auf ökonomische Zielgrößen wie Absatz oder Gewinn unter realen Bedingungen getestet werden.

2.2.3.2 Erhebung und Auswertung von Paneldaten

Eine Panelerhebung vollzieht sich in folgenden Stufen:
– Definition der Grundgesamtheit,
– Festlegung der Stichprobe,

– Erhebung der Daten sowie

– Auswertung und Berichterstattung.

2.2.3.2.1 Handelspanels

Definition der Grundgesamtheit

Die Grundgesamtheit eines Handelspanels (im Folgenden wird auf Einzelhandelspanels als wichtigste Variante eingegangen) umfasst i. d. R. mehrere Geschäftstypen, z. B. Supermärkte, Verbrauchermärkte, Discounter, Drogerien usw.). Die Zuordnung zu einem Geschäftstyp erfolgt dabei z. B. nach folgenden Kriterien (vgl. Günther/Vossebein/Wildner 1988, S. 8 f.):

– Verkaufsfläche (Mindest- bzw. Höchstverkaufsfläche),

– Sortiment (bestimmte Warengruppen nach Art bzw. Umsatzanteile),

– Zugehörigkeit zu einem bestimmten Handelsunternehmen (z. B. Aldi),

– Umsatz,

– Besondere Ausschlüsse (z. B. Duty Free-Geschäfte).

> Während früher zur Definition der Grundgesamtheit aufgrund mangelnder Aktualität oder Detailliertheit von Datenquellen die panelführenden Institute eigene Basisuntersuchungen durchführen mussten, sind heutzutage Basisinformationen in ausreichendem Maße verfügbar, insb. bei filialisierten Handelsunternehmen. Zu beachten ist, dass bestimmte Geschäfte von Handelspanels nicht erfasst werden: So sind bestimmte Vertriebsschienen – z. B. Wochenmärkte, Heimdienste und Versandhandel – in der Grundgesamtheit von Handelspanels ebenfalls enthalten (vgl. Hammann/Erichson 2000, S. 168).

Festlegung der Stichprobe

Grundsätzlich muss eine Panelstichprobe wie bei jeder Teilerhebung für die Grundgesamtheit repräsentativ sein, d. h. die Ergebnisse aus der Stichprobe müssen Rückschlüsse auf die Grundgesamtheit erlauben; des Weiteren muss man aus ihr die Werte der Grundgesamtheit mit hinreichender Genauigkeit (gemessen an der Standardabweichung) schätzen können (vgl. die Ausführungen in Abschn. 4.2.2.1). Bei Handelspanels erfolgt die Erhebung typischerweise auf der Grundlage einer disproportional geschichteten Stichprobe (vgl. hierzu Günther/Vossebein/Wildner 1998, S. 21 ff.).

> Zur Schichtung werden i.d.R. die verschiedenen Geschäftstypen verwendet. Darüber hinaus ist die relative Bedeutung der Genauigkeit der Totalschätzung (g_1) im Vergleich zur relativen Bedeutung der Schätzung innerhalb der Schichten (g_2) zu berücksichtigen, da bei Panels auch die Streuung innerhalb der einzelnen Schichten wichtige Informationen liefert. Die erforderliche Stichprobe einer jeden Schicht i, n_i, berechnet sich wie folgt:
>
> $$n_i = \sqrt{\frac{g_1 \cdot w_i^2 \cdot s_i^2 + g_2 \cdot s_i^2}{\sum_i g_1 w_i^2 \cdot s_i^2 + g_2 \cdot s_i^2}}$$
>
> mit w_i = Anteil der Schicht i in der Grundgesamtheit,

$s_i =$ Standardabweichung der Schicht i in der Grundgesamtheit, die aus der Stichprobe geschätzt wird.

Der Anteil einer Schicht ergibt sich in der Praxis näherungsweise als Mittelwert aus dem nummerischen und dem wertmäßigen Umsatzanteil, um zahlenmäßig kleine, aber umsatzmäßig bedeutende Geschäfte in der Stichprobe angemessen zu berücksichtigen.

Innerhalb der einzelnen Schichten erfolgt dann eine Quotenauswahl, z. B. anhand der Merkmale

- Geschäftstyp,
- Geschäftsgröße,
- Gebiet und
- Zugehörigkeit zu Handelsunternehmen/Vertriebsschienen.

Erhebung

Im Handelspanel sind grundsätzlich verschiedene Erhebungsverfahren möglich (vgl. Berekoven/Eckert/Ellenrieder 2004, S. 145 ff; Günther/Vossebein/Wildner 1988, S. 27 ff.):
- körperliche Inventur oder
- elektronische Erfassung.

Im Rahmen der *Inventurmethode* werden neben den Preisen die Abverkäufe wie folgt gemessen:

Inventurergebnis der Warenbestände zu Periodenbeginn
+ Warenzugänge in der Berichtsperiode
  (auf der Grundlage von Lieferscheinen oder Rechnungen)
·/. Inventurergebnis der Warenbestände zum Periodenende
= Abverkäufe innerhalb der Periode

Zusätzlich können im Rahmen von Sondererhebungen weitere Informationen erhoben werden wie verwendetes Displaymaterial, Teilnahme an Aktionen, Produktfrische, Produktplatzierung etc. Das Verfahren hat insb. folgende *Schwächen*:
- Die Erhebung erfordert einen hohen zeitlichen Aufwand.
- Erfasst wird der Preis nur am Ende der Erhebungsperiode (i. d. R. acht Wochen), sodass der errechnete Durchschnittspreis in Panel den wahren Durchschnittspreis nicht exakt widerspiegelt. Der Effekt ist bei aktionsintensiven Warengruppen besonders gravierend (20% und mehr).
- Schwund und Verderb werden bei manueller Erfassung als Verkauf erfasst, was bei besonders betroffenen Waren mehrere Prozent ausmachen kann.

Diese Nachteile haben dazu geführt, dass die Institute in zunehmendem Maße zur *elektronischen Erfassung* übergegangen sind. Mittels Scannerkassen kann eine artikelgenaue Erfassung der Abverkäufe erfolgen; damit werden den jeweiligen Preisen auch die tatsächlichen Mengen zugeordnet. Idealerweise erfolgt die Erhebung der Einkäufe des Handels mittels Datenträgeraustausch, was die Erhebungsarbeit für die Institute erheblich vereinfacht. Neben Vorteilen wie höhere Genauigkeit und Vereinfachung der Erhebung erlaubt diese Methode eine häufigere und damit aktuellere Berichterstattung wie auch die schnellere Erfassung von Wirkungen auf Marketingmaßnahmen.

Auswertung

Da im Rahmen von Handelspanels eine disproportionale Stichprobe zu Grunde gelegt wird – d. h., große Geschäfte sind in der Stichprobe überpräsentiert – muss zunächst zu Zwecken der Hochrechnung diese „Schiefe" ausgeglichen werden (vgl. hierzu ausführlich Günther/Vossebein/Wildner 1998, S. 46 ff.).

Die *Standardauswertungen* umfassen beim Handelspanel eine ganze Reihe von Kennziffern (sog. *Basisfakts;* vgl. Berekoven/Eckert/Ellenrieder 2004, S. 148; Günther/Vossebein/Wildner 1998, S. 149 ff.). Im Folgenden sollen die wichtigsten Basisfakts skizziert werden.

> *Verkauf*
> Die Abverkäufe des Handels für die einzelnen Marken werden sowohl mengen- als auch wertmäßig ausgewiesen; des Weiteren erhält man durch Relativierung anhand der Verkaufsmengen bzw. Umsätze der Warengruppe die mengen- bzw. wertmäßigen Marktanteile der einzelnen Marken.
>
> *Zukauf*
> Unter Zukauf versteht man die Einkäufe der verschiedenen Handelsunternehmen bzw. Absatzmittler während der Berichtsperiode. Auch dieser Wert wird mengen- und wertmäßig ausgewiesen sowie für die einzelnen Marken auf die entsprechenden Werte der Warengruppe insgesamt bezogen.
>
> *Bestand*
> Der Bestand bezeichnet alle Bestände eines Artikels am Erhebungsstichtag. Erhoben werden dabei z. B. die Kennziffern Bestand Menge Gesamt, Bestand Menge Lager, Bestand Menge Regal sowie Bestand Menge Display. Analog werden die wertmäßigen Bestände durch Multiplikation mit dem Preis am Erhebungsstichtag gewonnen. Die verschiedenen Bestandsmengen bzw. -werte können darüber hinaus auf die Gesamtmengen bzw. -werte der Warengruppe bezogen werden.
>
> *Distribution*
> Handelspanels weisen eine ganze Reihe von Distributionskennziffern aus, z. B. Distribution Gesamt (Anteil der Geschäfte, die einen Artikel bzw. eine Produktgruppe führen), Distribution Verkauf (Anteil der Geschäfte, in denen ein Artikel in der Berichtsperiode tatsächlich verkauft wurde), etc. Die Werte werden sowohl nummerisch ausgewiesen – d. h. als Prozentsatz der Geschäfte, in denen ein Artikel geführt (verkauft, eingekauft oder im Bestand war) – oder gewichtet, d. h. statt der absoluten Zahl der Geschäfte wird als Bezugsbasis deren Warengruppenumsatz herangezogen. Die Distributionsdaten gehören dabei zu den wichtigsten Informationen von Handelspanels, zumal diese – im Gegensatz zu Absatzmengen, Umsätzen oder Marktanteilen – aus Verbraucherpanels nicht zu ermitteln sind (vgl. Böhler 2004, S. 80).

Weitere Kennziffern, die aus Handelspanels errechnet werden können, sind Durchschnittswerte bzgl. der Absatzmengen, Einkaufsmengen, Bestände pro Geschäft und Periode sowie Durchschnittspreise. Weiterhin werden Kennziffern wie Umschlagsgeschwindigkeit, Bevorratungsdauer, Lagerkapitalbindung etc. errechnet. Die o.g. Basisfakts werden dabei nach bestimmten Kriterien segmentiert (vgl. Böhler 2004, S. 80 f.), beispielsweise

– *Nielsen-Gebiete:*

  Gebiet 1:   Hamburg, Bremen, Schleswig-Holstein, Niedersachsen;
  Gebiet 2   Nordrhein-Westfalen;
  Gebiet 3a: Hessen, Rheinland-Pfalz, Saarland;
  Gebiet 3b: Baden-Württemberg;
  Gebiet4:   Bayern;
  Gebiet 5a: Berlin (West);

Gebiet 5b: Berlin (Ost);

Gebiet 6: Mecklenburg-Vorpommern, Brandenburg, Sachsen-Anhalt;

Gebiet 7: Thüringen, Sachsen

– *Einzelhandelsformen:* SB-Warenhäuser, große Verbrauchermärkte, Supermärkte, Discounter, Sonstige.

– *Organisationsformen:* Filialgeschäfte, Edeka-, Rewe-, Spar-Geschäfte, Sonstige.

Darüber hinaus erlauben Handelspanels eine ganze Reihe von *Sonderauswertungen*. Im Folgenden sollen einige wichtige Sonderanalysen vorgestellt werden (vgl. Günther/Vossebein/Wildner 1998, S. 229 ff.).

Vertriebsstrukturanalyse

Im Rahmen einer Vertriebsstrukturanalyse wird überprüft, inwieweit die Vertriebsstruktur eines Artikels mit der Vertriebsstruktur der Warengruppe übereinstimmt. Diese Analyse kann aufzeigen, ob der Hersteller den Absatz seines Artikels in bestimmten Geschäften forcieren soll.

Distributionsanalysen

Typische Kennziffern von Distributionsanalysen sind:

– *Distributionsüberschneidungsanalyse:* Hier wird ermittelt, wie die Absatzmengen, Marktanteile etc. eines Produkts ausfallen, wenn es im Handel zusammen mit einem Konkurrenzprodukt geführt wird oder nicht.

– *Distributionswanderungsanalyse:* Untersucht wird, inwieweit Veränderungen der Distribution (z. B. Erhöhung der absoluten Distributionszahlen) darauf zurückzuführen sind, dass die bereits gewonnenen Geschäfte das Produkt verstärkt führen oder aber dass neue Geschäfte gewonnen werden konnten.

– *Distributionsdichteanalyse:* Sie erlaubt sowohl für den Produzenten als auch für den Handel Aussagen darüber, inwieweit sich der Absatz steigern lässt, wenn mehrere Varianten eines Produkts in einem Geschäft vertrieben werden oder aber wenn stattdessen Konkurrenzprodukte in das Sortiment aufgenommen werden.

– *Distributionspotenzialanalyse:* Sie wird durchgeführt, um zu ermitteln, welcher zusätzliche Umsatz durch eine Verbesserung der Distribution erzielbar ist.

– *Portfolio-Analyse:* Portfolio-Analysen können z. B. zur Sortimentsanalyse für einen Key-Accounter erstellt werden; die einzelnen Warengruppen werden in eine Portfolio-Matrix mit den Dimensionen „Warengruppenwachstum" und „Warengruppenmarktanteil" positioniert, die Position der Warengruppen zeigt dem Händler, welche Warengruppen weiterhin im Sortiment gehalten werden müssen und auf welche der Händler ggf. verzichten kann.

2.2.3.2.2 Verbraucherpanels

Definition der Grundgesamtheit

Die Grundgesamtheit eines *Haushaltspanels* wird i. d. R. auf private deutsche Haushalte beschränkt. Aus erhebungstechnischen Gründen werden ausländische Haushalte meist ausgeschlossen; auch sog. „abgeleitete Haushalte" wie Altersheime, Haftanstalten, Bundeswehr etc. werden nicht einbezogen, da sich die dort ansässigen Haushaltsmitglieder nur eingeschränkt selbst versorgen. Bei *Individualpanels* werden i. d. R. deutsche Privatpersonen ab 10 Jahren berücksichtigt, es sei denn, es interessiert nur eine ganz bestimmte Zielgruppe (z. B. Autobesitzer).

Festlegung der Stichprobe

Bei Verbraucherpanels (im Folgenden exemplarisch Haushaltspanels) erfolgt i. d. R. eine mehrstufige, geschichtete Quotenauswahl (vgl. Günther/Vossebein/Wildner 1998, S. 25 ff.).

– Zunächst werden die deutschen Privathaushalte in regionale Einheiten (sog. *Sample Points*) nach Bundesland und Ortsgröße geschichtet.

– Anschließend wird eine proportional geschichtete Stichprobe von Sample Points gezogen.

– In den gewählten Sample Points werden nach dem Quotenverfahren die einzelnen Haushalte ausgewählt. Quotierungsmerkmale sind dabei Haushaltsgröße, Haushaltsnettoeinkommen, Alter der haushaltsführenden Person und Zahl der Kinder unter 15 Jahren.

Die Quotenauswahl ist deswegen erforderlich, weil die Verweigerungsquote bei der Anwerbung von Panelhaushalten bis über 90% betragen kann, sodass eine Zufallsstichprobe letztlich nicht haltbar wäre (vgl. Berekoven/Eckert/Ellenrieder 2004, S. 131).

Erhebung

Grundsätzlich sind bei Verbraucherpanels folgende Erhebungsmethoden gebräuchlich (vgl. Günther/Vossebein/Wildner 1998, S. 30 ff.; Berekoven/Eckert/Ellenrieder 2004, S. 134 ff.).

– Kalendermethode,

– PoS-Scanning sowie

– Inhome-Scanning.

Die älteste Erhebungsmethode ist die *Kalendermethode* (Paper-Diary-Methode). Die Panelhaushalte erhalten in regelmäßigen Abständen einen Satz von Berichtsblättern für die einzelnen erhobenen Warengruppen. Für jeden gekauften Artikel aus den betrachteten Warengruppen sind einzutragen:

– Datum des Einkaufs,

– Einkaufsstätte,

– Marke bzw. Hersteller,

– Inhalt pro Packung,

– gekaufte Stückzahl,

– Preis pro Stück bzw. insgesamt,

– ggf. Sonderangaben wie kalorienreduziert (ja/nein), mit/ohne Zusätze u. Ä. je nach Warengruppe.

Die Methode ist vorteilhaft, wenn unverpackte Frischeartikel oder nicht EAN-codierte Artikel erfasst werden sollen oder wenn nicht-technikaffine Zielgruppen befragt werden. Nachteilig ist der hohe zeitliche Aufwand für die Eintragung der Daten, für den Versand der Bögen und für die Eingabe der Einkaufsberichte in den Computer. Die Methode ist darüber hinaus kostspielig und nicht frei von Erhebungsfehlern.

Beim *PoS-Scanning* weisen sich die Panelteilnehmer an der Kasse mit einer Identifikationskarte aus, auf welcher die Haushaltsnummer als Barcode aufgedruckt ist. Beim Einkauf werden die gekauften Artikel und die Haushaltsnummer per Scanner erfasst, die Datensätze werden anschließend zur Auswertung an das Marktforschungsinstitut übertragen.

Für die Haushalte bedeutet die Methodik eine erhebliche Zeitersparnis, was die Rekrutierung von Panelteilnehmern erleichtert; auch ist der Paneleffekt (vgl. Abschn. 2.2.3.3) geringer als bei der Kalendermethode. Allerdings können nur EAN-codierte Artikel erfasst werden, zudem müssen die kooperierenden Geschäfte mit Scannerkassen ausgestattet sein. Aus diesem Grunde ist die Anwendung derzeit auf Mini-Testmarktpanels begrenzt (vgl. die Ausführungen in Abschn. 1.3 im 5. Teil).

Das *Inhome-Scanning* stellt im Prinzip die elektronische Variante der Kalendermethode dar. Die Haushalte werden mit mobilen Lesegeräten ausgestattet, mit deren Hilfe der EAN-Code der gekauften Artikel eingelesen werden kann; über eine Tastatur müssen darüber hinaus Einkaufsdatum, Einkaufsstätte, Einkaufsmenge und Preis eingegeben werden. Für nicht EAN-codierte Artikel erhält der Teilnehmer ein Codebuch, welches für jeden dieser Artikel einen Barcode enthält. Mit der Leseeinrichtung wird der Code eingelesen; per Modem erfolgt dann die Datenübertragung an das Institut. Trotz der eindeutigen Vorteile im Vergleich zur Kalendermethode – Schnelligkeit der Erhebung und der Übertragung, genauere Erfassung der Artikel – ist das Verfahren für die Haushalte – insb. für die nicht EAN-codierten Artikel – immer noch recht aufwändig. Eine Weiterentwicklung stellt das sog. *Electronic Diary* dar, welches mit einer Vielzahl zusätzlicher Features ausgestattet ist und das Codebuch durch interaktive Funktionen ersetzt.

Auswertung

In der Praxis wird bei Verbraucherpanels zwischen Standardauswertungen, die jeder Auftraggeber automatisch erhält, und Sonderanalysen, die nur auf Bestellung durchgeführt werden und gesondert zu bezahlen sind, unterschieden (vgl. Abb. 2.35). Im Folgenden soll auf die wichtigsten Auswertungsmöglichkeiten eingegangen werden.

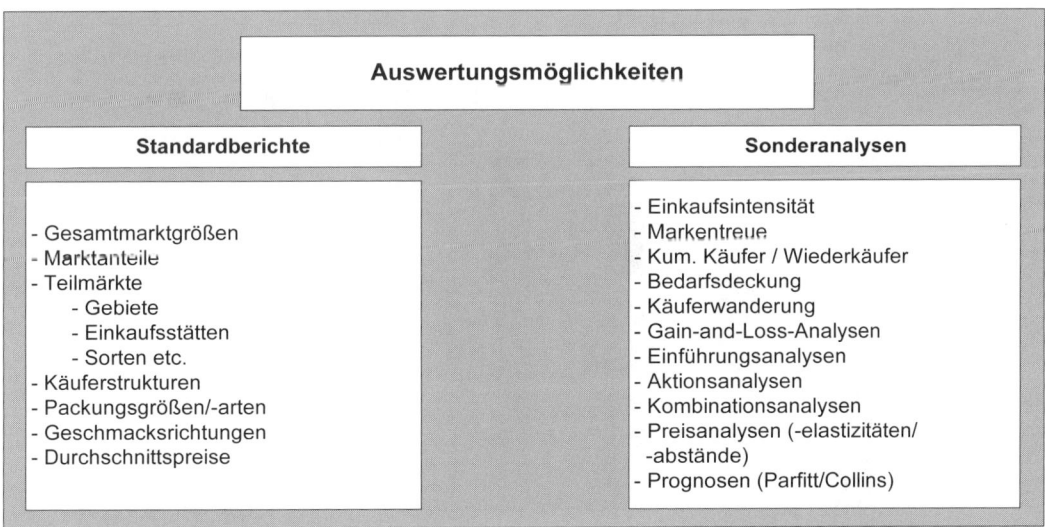

Quelle: Berekoven/Eckert/Ellenrieder 2004, S. 139.
Abb. 2.35: Leistungsspektrum des Verbraucherpanels

Gesamtmarktgrößen

Grundaufgabe von Verbraucherpanels ist das Aufzeigen der zeitlichen Entwicklung der End-verbrauchernachfrage. Aus diesem Grunde gehören zu den Standardergebnissen von Verbraucher-panels folgende Angaben:

– mengen- und wertmäßiger Absatz einer Produktgattung,

– mengen- und wertmäßiger Absatz der einzelnen Marken,

– darauf aufbauend die mengen- und wertmäßigen Marktanteile der einbezogenen Marken.

– Auf dieser Grundlage kann ein Anbieter (vgl. Hammann/Erichson 2000, S. 170):

– seine Marktposition überprüfen,

– Entwicklungen beobachten und

– die Wirkungen von Marketingmaßnahmen analysieren.

Segmentierung

Die Aussagekraft der Paneldaten kann durch eine geeignete *Segmentierung* wesentlich erhöht werden. Gebräuchlich sind dabei folgende Segmentierungskriterien (vgl. Böhler 2004, S. 75):

– *Regionale Segmentierung,* z. B. nach Ortsgrößen oder Nielsen-Gebieten;

– *Geschäftstypen,* z. B. Supermärkte, Discounter, Drogerien;

– *Soziodemographische Merkmale* wie Alter, Haushaltsgröße, Haushaltsnettoeinkommen;

– *Kaufverhaltensmerkmale* wie Markentreue, Verbrauchsintensität, Reaktionen auf Marketingmaß-nahmen;

– *Psychologische Merkmale,* z. B. Einstellungen, Markenpräferenzen usw.

Käuferkumulation

Die Käuferkumulation zeigt die Entwicklung der Käuferzahl im Zeitablauf (vgl. Abb. 2.36). Die Er-mittlung der Käuferkumulation liefert wichtige Hinweise über die Durchsetzungsfähigkeit eines neu eingeführten Produkts bzw. eines Relaunch. Bezieht man die Käuferkumulation auf die Zahl der Pa-nelteilnehmer, erhält man den sog. *Käuferkreis* (vgl. Günther/Vossebein/Wildner 1998, S. 241).

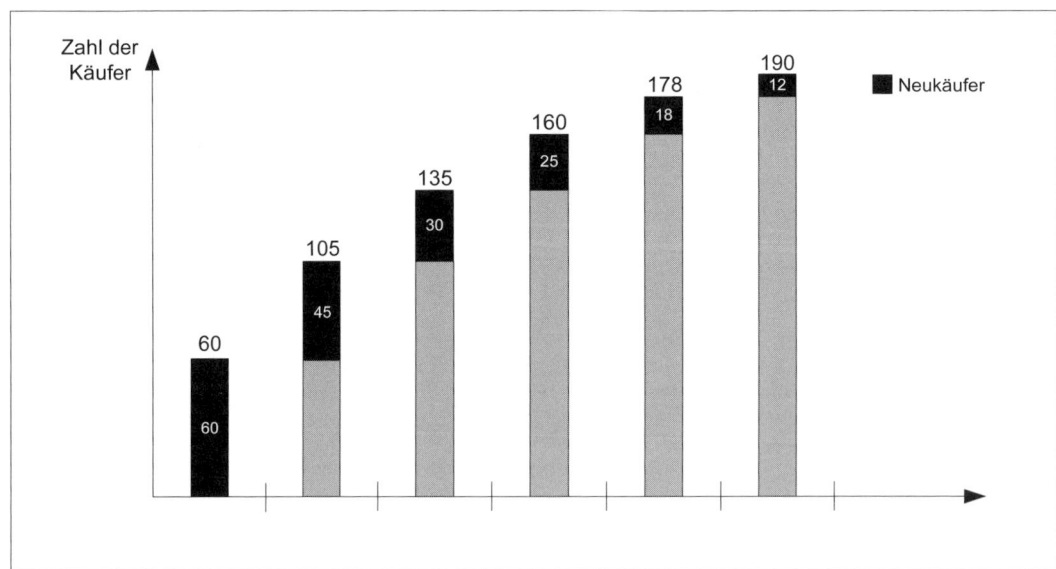

Abb. 2.36: Käuferkumulation für eine Marke

Käuferpenetration
Die Käuferpenetration gibt an, welcher Anteil der Käufer einer Produktklasse im Zeitablauf erreicht wird. Sie wird folgendermaßen errechnet (vgl. Hammann/Erichson 2000, S. 172):

$$\text{Penetration Marke X} = \frac{\text{Käuferkumulation Marke X}}{\text{Käuferkumulation in der Produktklasse}}.$$

Wiederkäuferrate
Während Käuferkumulation und -penetration die Fähigkeit einer Marke zum Ausdruck bringen, neue Kunden zu gewinnen, gibt die Wiederkäuferrate an, inwieweit es der Marke gelingt, die Käufer zu halten; sie ist also als Indikator für die Zufriedenheit der Käufer zu interpretieren. Die Wiederkäuferrate wird wie folgt errechnet (vgl. Günther/Vossebein/ Wildner 1998, S. 243; Hammann/Erichson 2000, S. 173):

$$\text{Wiederkäuferrate Marke X} = \frac{\text{kumulierte Wiederkäufer Marke X}}{\text{Käuferkumulation Marke X}}.$$

Wiederkaufrate und Bedarfdeckungsrate
Die *Wiederkaufrate* bezeichnet das mengenmäßige Ausmaß, in welchem die Käufer einer Marke diese auch wiederkaufen. Sie berechnet sich folgendermaßen (vgl. Hammann/Erichson 2000, S. 174):

$$\text{Wiederkaufrate Marke X} = \frac{\text{Wiederkäufermenge Marke X}}{\begin{array}{c}\text{Kaufmenge in der Produktklasse,}\\ \text{die von Käufern der Marke A nach ihrem}\\ \text{ersten Kauf getätigt wird}\end{array}}.$$

Die Wiederkaufrate kann somit als Marktanteil der Marke in der zugehörigen Produktklasse interpretiert werden.

Die *Bedarfdeckungsrate* kann allgemein als Marktanteil einer Marke Y bei der Käuferschaft der Marke X bezeichnet werden; insofern ist die Wiederkaufrate ein Spezialfall der Bedarfdeckungsrate, nämlich der Marktanteil einer Marke bei ihrer eigenen Käuferschaft (vgl. Günther/Vossebein/Wildner 1998, S. 238 f.). Das folgende Beispiel soll die Zusammenhänge verdeutlichen.

Beispiel 2.43:

Es soll festgestellt werden, wie die Käufer von vier Marken A, B, C und D in der betrachteten Periode ihren Bedarf decken. Die nachfolgende Tabelle zeigt die prozentuale Verteilung der Kaufmengen der einzelnen Marken (Bedarfsdeckungsraten) bei den Käufern der betrachteten Marken.

Marktanteile der Marken i	Käufer der Marke			
	A	B	C	D
A	50	25	5	20
B	15	45	10	15
C	5	10	65	20
D	25	5	15	35
Sonstige	5	15	5	10
Summe	100	100	100	100

Die Elemente auf der Diagonale entsprechen den Wiederkaufraten der einzelnen Marken. Beispielsweise wird ersichtlich, dass 65% der Käufer von Marke C in der betrachteten Periode die Marke wiederkaufen. Der restliche Bedarf wird zu 5% bei Marke A, 10% bei Marke B, 15% bei Marke D und 5% bei sonstigen Marken gedeckt. Auch wird deutlich, dass für Marke C eine hohe Wiederkaufrate als Indikator für die Markentreue vorhanden ist, wohingegen bei Marke D die Markentreue nur schwach ausgeprägt ist.

Kauffrequenz und Kaufintensität
Die Kauffrequenz (Einkaufshäufigkeit) gibt an, wie häufig im betrachteten Zeitraum eine bestimmte Marke gekauft wurde. Ergebnis der Analyse sind die Anteile der Käufer, die in der betrachteten Periode die Marke einmal, zweimal, dreimal etc. gekauft haben. Bei der Kaufintensität handelt es sich hingegen um die mengenmäßige Verteilung der Marke auf die Käufer; es handelt sich hierbei um eine spezielle Form einer Konzentrationsanalyse, bei welcher die Käufer eines Produkts nach zunehmender Kaufmenge sortiert werden (vgl. Günther/Vossebein/Wildner 1998, S. 235). Abb. 2.37 zeigt die Zusammenhänge grafisch. Aus der Grafik lässt sich ablesen, dass die Intensivkäufer – auf der x-Achse im Intervall von [0,67 – 1] – ca. 66% der Gesamtmenge des betrachteten Produkts kaufen, wohingegen die Extensivkäufer, die im Intervall [0 – 0,33] auf der x-Achse abgetragen sind, lediglich ca. 10% der Gesamtmenge einkaufen.

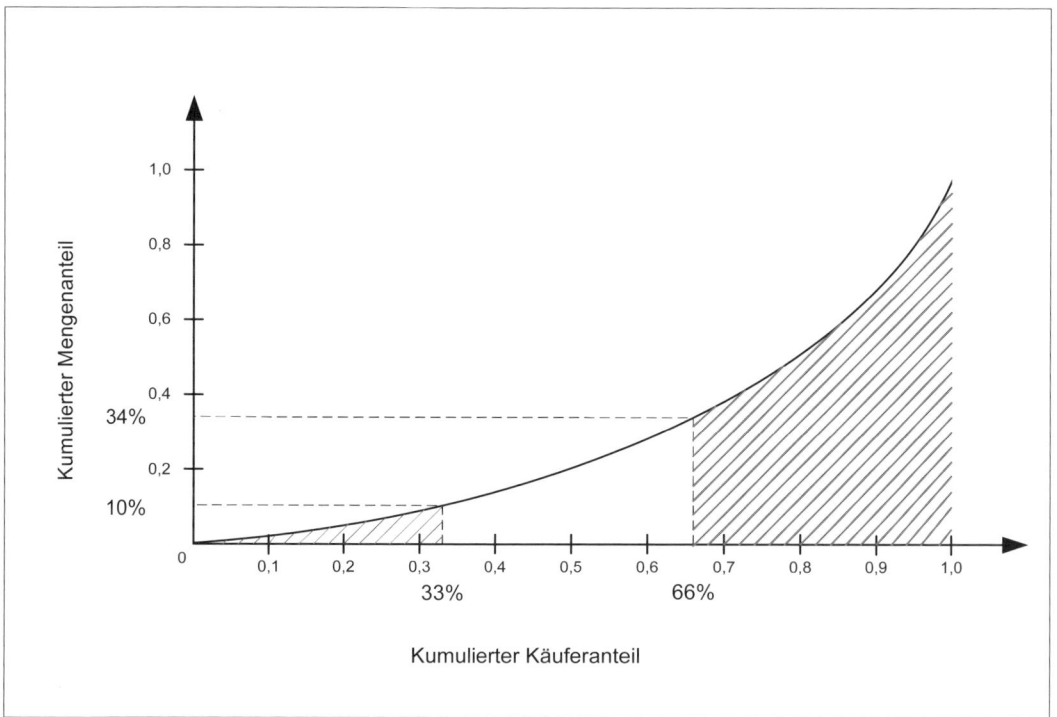

Quelle: In Anlehnung an Günther/Vossebein/Wildner 1998, S. 236.
Abb. 2.37: Analyse der Kaufintensität

Käuferwanderung
Im Rahmen von Panelerhebungen kann das Markenwahlverhalten von Käufern im Zeitablauf erfasst werden; die Analyse der Käuferwanderung erfasst die Wanderungsbewegungen zwischen

konkurrierenden Marken, d. h. sie beantwortet die Frage, welche Marken von Zuwanderung profitieren und welche Marken hingegen Abwanderungen in Kauf nehmen mussten. Besonders interessant ist die Erfassung der Käuferwanderung bei Neueinführungen oder Relaunch von Marken.

Eine genaue Erfassung der Wanderungsbewegungen zwischen den Marken ist durch eine sog. *Gain-and-Loss-Analyse* möglich. Betrachtet werden die mengen- und wertmäßigen Einkäufe der Panelhaushalte in zwei gleichen Zeiträumen; dabei werden folgende Segmente unterschieden (vgl. Günther/Vossebein/Wildner 1998, S. 250):

- das sog. nicht aufrechenbare Segment, das dadurch entsteht, dass der Haushalt in den beiden betrachteten Zeiträumen unterschiedliche Mengen einkauft;
- das aufrechenbare Segment, dessen Einkaufsmenge in beiden Zeiträumen gleich groß ist.

Untersucht wird insb. das aufrechenbare Segment; hierzu wird die sog. Gain-and-Loss-Innenmatrix aufgestellt, welche Aufschluss darüber gibt, wie viele Einheiten von einer Marke abwanderten, u. u. (vgl. Böhler 2004, S. 79). Abb. 2.38 zeigt ein fiktives Beispiel für eine Gain-and-Loss-Matrix.

		Abwanderung vom 1. zum 2. Zeitraum					
	Marke	A	B	C	Verlust	Wiederkauf	ARBS
Zuwanderung vom 1. zum 2. Zeitraum	A		10	40	50	60	110
	B	50		10	60	80	140
	C	30	10		40	50	90
	Gewinne	80	20	50	150		
	Wiederkauf	60	80	50		190	
	ARBS	140	100	100			340
ARBS=aufrechenbares Segment							

Quelle: Günther/Vossebein/Wildner 1998, S. 251.
Abb. 2.38: Beispiel für eine Gain-and-Loss-Innenmatrix

Die Matrix lässt sich folgendermaßen am Beispiel der Marke A interpretieren:
- Marke A hat insgesamt 80 Einheiten gewonnen, und zwar 50 von Marke B und 30 von Marke C.
- Marke A hat allerdings 50 Einheiten verloren, nämlich 10 an Marke B und 40 an Marke C.
- 60 Einheiten der Marke A wurden im Zeitraum wiedergekauft.

Weitergehende Analysen werden möglich, indem Affinitätsindizes errechnet werden, welche das Ausmaß an Konkurrenzbeziehungen zwischen den einzelnen Marken wiedergeben (vgl. Günther/Vossebein/Wildner 1998, S. 251); darüber hinaus bildet die Gain-and-loss-Matrix unter Heranziehung der Theorie der Markov-Prozesse die Grundlage für die Prognose von Marktanteilen (vgl. Meffert/Steffenhagen 1977, S. 99 ff.; Berndt 1996, S. 269 ff.).

2.2.3.3 Methodische Probleme von Panelerhebungen

Methodische Probleme von Panelerhebungen betreffen zum einen die *Repräsentanz*, d. h. die Übertragbarkeit der Panelergebnisse auf die Grundgesamtheit; zum anderen ist die *Validität* von Panelergebnissen angesprochen.

2.2.3.3.1 Repräsentanz von Panelergebnissen

Die Repräsentanz von Panelergebnissen wird durch folgende Faktoren eingeschränkt:
– Marktabdeckung (Coverage),
– Auswahlverfahren,
– Verweigerungsrate sowie
– Panelsterblichkeit.

Die *Marktabdeckung* bezeichnet, inwieweit die Grundgesamtheit des Panels in der Lage ist, die tatsächlichen Verkäufe bzw. Einkäufe einer Warengruppe zu erfassen. Aufgrund der engen Definition der Grundgesamtheiten sowohl im Handels- als auch im Verbraucherpanel (vgl. die Ausführungen im vorangegangenen Abschn. 2.2.3.2) sind bestimmte Marktteilnehmer nicht enthalten, etwa Versandhandel in Handelspanels oder Ausländerhaushalte und Großhaushalte in Verbraucherpanels. Damit ergibt sich die Coverage von Haushalts- und Verbraucherpanels gemäß Abb. 2.39.

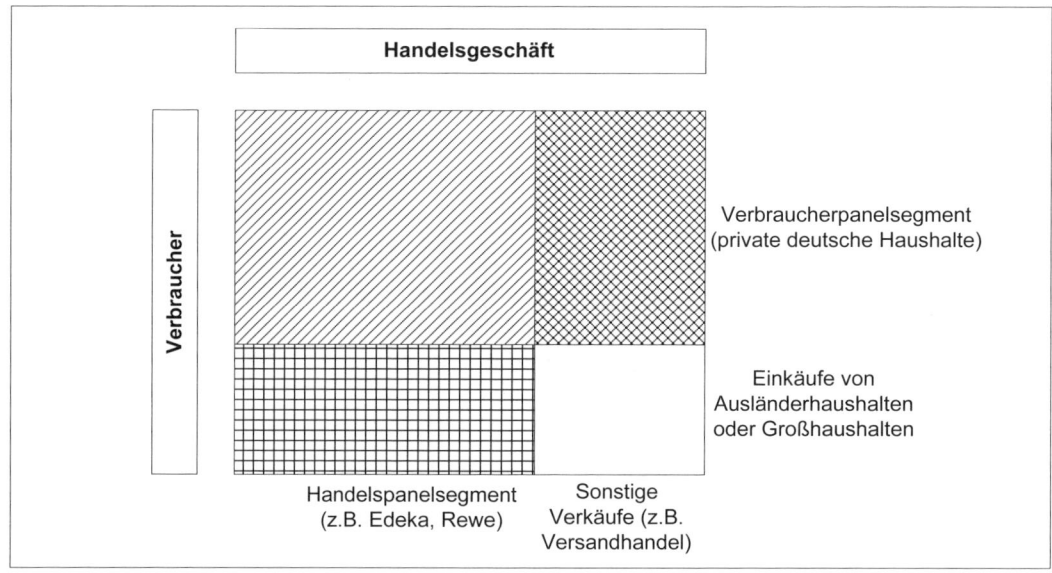

Quelle: In Anlehnung an Günther/Vossebein/Wildner 1998, S. 41.
Abb. 2.39: Coverage von Verbraucher- und Handelspanels

Weitere Probleme ergeben sich bei Handelspanels durch die Zunahme alternativer Vertriebswege wie Factory Outlets, Internet u. a., welche die Marktabdeckung weiter verringern.

Das *Auswahlverfahren* bei Panelerhebungen erfolgt nicht im Rahmen einer Zufallsauswahl, sondern auf der Grundlage einer bewussten Auswahl, i. d. R. in Form einer mehrstufigen Klumpenauswahl, die mit einer Quotenauswahl kombiniert wird. Dadurch wird die Repräsentativität der Panelergebnisse zusätzlich eingeschränkt.

Die *Verweigerungsrate* spielt insb. beim Haushaltspanel eine Rolle – sie kann dort bis über 50% betragen. Der Grund liegt in dem für Verbraucher hohen erforderlichen Zeitaufwand, insb. im Falle der schriftlichen Abfrage. Das Problem ist deswegen besonders gravierend, weil die Verweigerungsrate bei bestimmten Bevölkerungsgruppen besonders hoch ist – z. B. bei höheren Einkommensschichten, jüngeren Zielgruppen und in größeren Gemeinden (vgl. Hammann/Erichson 2000, S. 168). Bei Handelspanels ist die Bereitschaft zur Teilnahme größer, jedoch sind Verweigerungen auch hier nicht unbekannt (z. B. Aldi).

Die *Panelsterblichkeit* bezeichnet den Ausfall von Panelteilnehmern aus einem laufenden Panel. Abgesehen von einer „natürlichen" Sterblichkeit aufgrund von Tod oder Umzug sind hier insb. Ausfälle von Panelteilnehmern aufgrund von Zeitmangel, mangelnder Motivation, Ermüdung etc. von Bedeutung. So wird die Panelsterblichkeit im GfK-Haushaltspanel mit durchschnittlich 20% - 30% pro Jahr beziffert; deutlich höher fällt sie bei bestimmten Gruppen – z. B. jungen Einpersonenhaushalten – aus (vgl. Günther/Vossebein/Wildner 1998, S. 27). Aus diesem Grunde unterhalten Marktforschungsinstitute eine Ersatzstichprobe, in der sich Haushaltsschichten befinden, die von der Panelsterblichkeit besonders betroffen sind. Die im Panel entstehenden Lücken werden nach dem Quotenmodell in regelmäßigen Abständen durch ähnliche Haushalte aus der Ersatzstichprobe aufgefüllt.

2.2.3.3.2 Validität von Panelergebnissen

Die (interne) Validität von Panelergebnissen wird durch sog. *Paneleffekte* eingeschränkt. Als Paneleffekt wird die Tatsache bezeichnet, dass sich Panelmitglieder durch die Teilnahme am Panel anders verhalten als sie es im Normalfall täten, wodurch sie für die Grundgesamtheit atypisch werden. Dies kann auch bei Handelspanels eintreten, ist aber insb. bei Verbraucherpanels von Bedeutung. Typische Paneleffekte sind (vgl. Böhler 2004, S. 74; Berekoven/Eckert/Ellenrieder 2004, S. 131 ff.):

– Die Teilnehmer kaufen bewusster ein, wodurch eine Verhaltensänderung eintritt.
– Im Berichtsbogen enthaltene Warengruppen führen aufgrund einer vermeintlichen Pflicht zur Vollständigkeit zu Käufen, die ansonsten nicht getätigt wurden.
– Aus Prestigegründen werden mehr (oder höherpreisige) Einkäufe angegeben, als dies tatsächlich der Fall ist.
– Bei längerer Panelzugehörigkeit treten Ermüdungserscheinungen auf, wodurch die Teilnehmer nachlässiger werden.

Einige dieser Effekte lassen sich vermeiden, indem die Einkaufserfassung auf elektronischem Wege erfolgt; zudem zeigt die Erfahrung, dass die ersten drei Paneleffekte nach kurzer Eingewöhnungszeit wieder abgebaut werden. Aus diesem Grunde gelangen neu angeworbene Panelteilnehmer erst nach einer gewissen Anlaufzeit in die Auswertung. Um Paneleffekten sowie Panelsterblichkeit zu begegnen, führen die Institute zudem eine regelmäßige *Panelrotation* durch, d. h. ein Teil des Panels wird durch eine neue Stichprobe ersetzt (vgl. Hüttner/Schwarting 2002, S. 192).

Trotz der erwähnten methodischen Probleme bei Panelerhebungen muss jedoch festgestellt werden, dass sie für Markenartikelhersteller die einzige Möglichkeit darstellen, laufende Informationen über Absatzmengen, Umsätze und Marktanteile zu erhalten; es verwundert daher nicht, dass Hersteller einen großen Teil ihres Marktforschungsbudgets für Panelerhebungen aufwenden.

2.2.3.4 Kohortenanalysen

Unter Kohortenanalysen werden Untersuchungen verstanden, bei denen eine nach bestimmten Kriterien gebildete Personengesamtheit im Zeitablauf untersucht wird. Als Kriterium dient dabei ein gleiches Ereignis im gleichen Zeitintervall, wie z. B. Geburt, Berufseinstieg, Erstkauf (vgl. Pepels 1995, S. 216). Im Folgenden beschränken sich die Ausführungen auf Geburtskohorten, also Personengesamtheiten, die durch das Ereignis „Geburt" im betrachteten Zeitraum verbunden sind.

Die Kohortenanalyse ist von der Querschnittsanalyse (Untersuchung verschiedener Personen zum gleichen Zeitpunkt) und von der Längsschnittanalyse (Untersuchung gleicher Personen zu unterschiedlichen Zeitpunkten) abzugrenzen. Bei Kohorten ist dabei zwischen echten und unechten Kohorten zu unterscheiden (vgl. Pepels 1995, S. 217):

– Eine *echte* Kohorte liegt vor, wenn im Zeitablauf identische Personen beobachtet werden. Insofern kann ein Panel als Sonderform einer echten Kohorte angesehen werden.

– Um eine *unechte* Kohorte handelt es sich dann, wenn im Zeitablauf nicht identische, aber zumindest gleichartige Personengesamtheiten beobachtet werden. In diesem Sinne kann eine Wellenerhebung als Unterfall einer unechten Kohorte angesehen werden.

Ziel einer Kohortenanalyse ist das Verfolgen eines bestimmten Segments über einen längeren Zeitraum; dabei wird nicht auf die individuellen Veränderungen abgestellt, sondern auf die der Gesamtheit. Im Rahmen einer Kohortenanalyse sind dabei folgende Effekte möglich (vgl. Meffert 1992, S. 220 f.; Hüttner/Schwarting 2002, S. 228 f.):

(1) *Alterseffekt.* Dieser Effekt beruht auf der Tatsache, dass Personen mit zunehmendem Alter einen Reifungsprozess erfahren, der mit psychosozialen Verhaltensänderungen einhergeht. So verschieben sich im Alter teilweise die Bedürfnisse und Gewohnheiten – die Vorliebe für „Fast Food" sinkt z. B. i. d. R. mit zunehmenden Alter –, aber auch soziale Veränderungen, wie etwa die Phase im Familienlebenszyklus, beeinflussen die Verhaltensweisen der betrachteten Personen.

(2) *Geschichts- oder Periodeneffekt.* Dieser Effekt ist darauf zurückzuführen, dass bestimmte Ereignisse eintreten, die eine Population als Ganzes betreffen, unabhängig von deren Alter. Hierzu zählen z. B. neue Produkte oder Dienstleistungen, die das Verhalten der gesamten Population prägen; man denke in diesem Zusammenhang beispielsweise an die Bedeutung von Internet und Mobilfunk für das Kommunikationsverhalten in unserer Zeit.

(3) *Generationen- oder Kohorteneffekt.* Dieser Effekt beruht auf generationsspezifischen Konsumstilen und entsteht dadurch, dass eine bestimmte Generation Besonderheiten aufweist. Diese Eigenart einer Kohorte bewirkt u. U., dass Verhaltensmuster in der Jugend auch spätere Verhaltensmuster prägen. Der Kohorteneffekt kann zu prognostischen Zwecken herangezogen werden, da Anbieter bestimmter Produkte oder Dienstleistun-

gen in der Lage sind abzuschätzen, was sie von den einzelnen Altersklassen in Zukunft erwarten können.

Im Rahmen einer Panelerhebung kann das Zusammenwirken der drei genannten Effekte erfasst werden, sofern eine Aufgliederung nach Altersgruppen erfolgt (vgl. Hüttner/ Schwarting 2002, S. 229). Im Rahmen einer Kohortenanalyse interessieren jedoch die einzelnen Effekte. Die Schwierigkeit liegt dabei darin, dass Periodeneffekte, Alterseffekte und Kohorteneffekte wechselseitig abhängig sind. So beruht der hauptsächlich interessierende Kohorteneffekt auf Konstrukte wie Lebensphilosophie, Einstellungen etc., die jedoch mit zunehmendem Alter Veränderungen unterliegen (Alterseffekt). Überlagert werden beide Effekte von Umweltveränderungen, die eine gesamte Population prägen können (Periodeneffekte) (vgl. Berekoven/Eckert/Ellenrieder 2004, S. 267). Diese Interdependenz bewirkt, dass eine exakte isolierte Ermittlung der drei genannten Effekte nicht möglich ist, sondern nur näherungsweise mit Hilfe bestimmter Verfahren geschätzt werden kann (vgl. hierzu Hüttner/Schwarting 2002, S. 231 ff.).

2.2.4 Experiment

2.2.4.1 Klassifikation und Charakterisierung von Experimenten

> Ein Experiment beinhaltet die systematische Variation einer oder mehrer unabhängiger Variablen durch den Forscher unter kontrollierten Bedingungen zur Überprüfung von Kausalhypothesen (ähnliche Definitionen finden sich bei Campbell/Stanley 1963, S. 171; Böhler 2004, S. 40).

Damit sind für experimentelle Designs folgende Merkmale konstituierend:
- Der Forscher variiert eine oder mehrere unabhängige Variablen, um deren Wirkung auf eine oder mehrere abhängige Variablen zu ermitteln.
- Der Versuch erfolgt unter kontrollierten Bedingungen, d. h. es wird versucht, den Einfluss von Störfaktoren zu kontrollieren, um die Wirkung der unabhängige(n) Variable(n) auf die abhängige(n) Variable(n) zu isolieren.
- Es handelt sich um Kausalhypothesen, d. h. um postulierte Ursache-Wirkungsbeziehungen.

Eine Kausalbeziehung ist ein gerichteter empirischer Zusammenhang; für *Kausalität* sind dabei folgende Bedingungen ausschlaggebend (vgl. Churchill/Iacobucci 2002, S. 131 ff.):

Gemeinsame Variation der unabhängigen und der abhängigen Variablen. Darunter versteht man das Ausmaß, in welchem eine Ursache X und eine Wirkung Y gemeinsam auftreten bzw. sich gemeinsam verändern, und zwar in der Art und Weise, wie dies die betrachtete Hypothese voraussagt. Lautet die Hypothese beispielsweise „Je erfahrener die Außendienstmitarbeiter sind, umso höher sind die Umsätze in den jeweiligen Verkaufsbezirken"; so liegt eine gemeinsame Variation dann vor, wenn in den Verkaufsbezirken, in welchen erfahrene Außendienstmitarbeiter tätig sind, tatsächlich tendenziell höhere Umsätze zu verzeichnen sind. Im umgekehrten Fall ist die Kausalhypothese nicht haltbar.

Zeitliche Reihenfolge des Auftritts der Variablen. Ex definitione kann eine Wirkung nicht durch ein Ereignis verursacht werden, das nach Eintritt der Wirkung stattgefunden hat. Dies bedeutet, dass die Veränderung der unabhängigen Variable (Ursache) zeitlich vorgelagert oder zumindest zeitgleich zur Veränderung der abhängigen Variable eintritt (Wirkung).

Eliminierung anderer möglicher Ursachen. Idealerweise sollen die untersuchten abhängigen Variablen die einzige Ursache für die Variation der abhängigen Variable sein. Dies ist dann gewährleistet, wenn die übrigen möglichen Faktoren (sog. Störgrößen) vom Experimentator kontrolliert werden.

Bei Vorliegen dieser Bedingungen lässt sich eine Änderung der abhängigen Variable eindeutig auf eine Änderung der unabhängigen Variable zurückführen. Gerade die dritte Bedingung ist jedoch in der Realität nicht immer vollständig gegeben; so unterscheiden sich auch die einzelnen Versuchsanordnungen danach, inwieweit sie in der Lage sind, Störfaktoren zu kontrollieren. Gerade bei ökonomischen Fragestellungen – anders als bei naturwissenschaftlichen – sind Gesetzmäßigkeiten nur unter definierten Bedingungen und mit einer bestimmten Wahrscheinlichkeit zu ermitteln.

Im Marketing sind typische Fragestellungen, die im Rahmen von Experimenten untersucht werden, die Wirkungen von Marketingmaßnahmen auf ökonomische Zielgrößen wie Absatzmenge, Umsatz, Marktanteil. Als experimentelle Stimuli werden also bestimmte Ausprägungen von Marketing-Instrumentalvariablen herangezogen. Im Einzelnen beinhaltet ein Experiment folgende Elemente (vgl. Abb. 2.40):

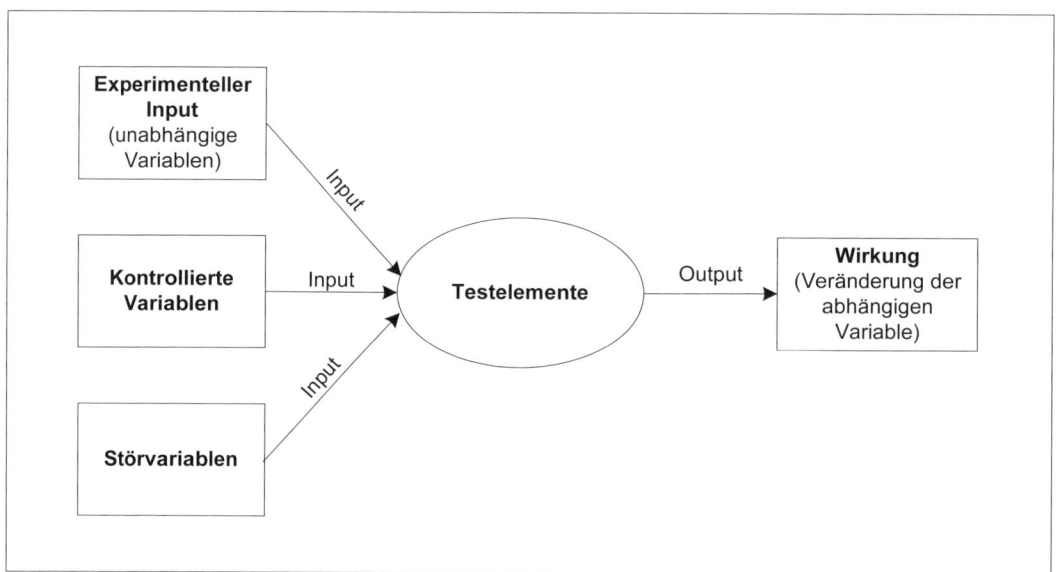

Quelle: Nach Meffert 1992, S. 208.
Abb. 2.40: Elemente eines Experiments

– *Experimenteller Input:* Hierbei handelt es sich um diejenigen unabhängigen Variablen, welche vom Forscher manipuliert werden, um deren Einfluss auf die abhängige Variable festzustellen.

– *Kontrollierte Variablen:* Hierbei handelt es sich um Variablen, die der Forscher kontrolliert, um deren Einfluss auf die abhängige Variable auszuschalten (z. B. Konstanthaltung des Preises bei Untersuchung der Wirkung alternativer Werbespots auf die Absatzmenge).

– *Störvariablen:* Störvariablen sind solche, die die abhängige Variable beeinflussen, aber vom Experimentator nicht kontrolliert werden (können) und damit die Validität der Testergebnisse beeinträchtigen (z. B. Konkurrenzmaßnahmen).

– *Testeinheiten:* Testeinheiten bzw. Testelemente können Individuen, Organisationen oder sonstige Institutionen sein, an denen die Wirkung der unabhängigen Variablen gemessen werden soll. Beispiele sind Personen, Unternehmen, Geschäfte, Gebiete.

– *Wirkung:* Die experimentelle Wirkung beinhaltet die Veränderung der abhängigen Variable bei den Testeinheiten als Konsequenz des experimentellen Inputs (und der nicht kontrollierten Störgrößen). Typische Wirkungskategorien in Marketing-Experimenten sind Absatzmengen, Umsätze, Gewinne, Marktanteile.

Zur *Klassifikation* von Experimenten können verschiedene Kriterien herangezogen werden:
– Experimentelles Umfeld,
– zeitlicher Einsatz der Messung,
– Versuchsanordnung.

Nach dem *experimentellen Umfeld* wird zwischen Feldexperiment und Laborexperiment unterschieden. Im Rahmen eines *Laborexperiments* wird eine künstliche Situation erzeugt. Das Experiment findet in einem eigens dafür ausgestatteten Teststudio eines Marktforschungsinstituts statt. Dies ermöglicht eine umfassende Kontrolle potenzieller Störeinflüsse. Beispiele für Laborexperimente sind Produkttests, Werbemitteltests sowie einige Preistests (vgl. hierzu die Ausführungen im 3. Teil des Buches).

Beim *Feldexperiment* erfolgt die Erhebung hingegen in einem natürlichen Umfeld, d. h. die Testeinheiten werden in ihrer gewohnten Umgebung untersucht. Aufgrund der realen Versuchssituation ist die Kontrolle von Störvariablen deutlich schwieriger. Varianten des Feldexperiments sind der Store-Test und der Markttest (vgl. die Ausführungen in Abschn. 1.3 des 5. Teils).

Laborexperimente weisen folgende *Vorteile* auf:
– Störeinflüsse können weitestgehend ausgeschaltet werden;
– es können problemlos technische Hilfsmittel eingesetzt werden;
– ihre Anwendung ist flexibel und erlaubt eine Geheimhaltung des experimentellen Inhalts, was z. B. beim Test neuer Produkte bedeutsam ist;
– im Vergleich zu Feldexperimenten sind Laborexperimente i. d. R. kostengünstiger.

Als *nachteilig* erweisen sich die häufig geringe Realitätsnähe wie auch der i. d. R. eintretende Beobachtungseffekt (vgl. Abschn. 2.2.3.3).

Vorteilhaft an Feldexperimenten sind insb. die folgenden Aspekte:
– Aufgrund der realen Testsituation ist die externe Validität hoch;
– die Testeinheiten brauchen nicht zu erfahren, dass sie an einem Experiment teilnehmen, sodass sich der Beobachtungseffekt ausschalten lässt.

Nachteilig sind i. d. R. die hohen Kosten, der hohe Zeitaufwand sowie die nur eingeschränkte Kontrollierbarkeit von Störeinflüssen.

Viele marketingrelevante Reaktionshypothesen lassen sich mittlerweile im Rahmen von *Online-Experimenten* untersuchen (vgl. Fantapié Altobelli/Sander 2001, S. 74 f.). Beispielsweise lassen sich *Werbemitteltests* durchführen, indem die zu testenden Werbemittel (Anzeigen, Spots) auf den Bildschirm der Testperson transferiert werden. Weiterhin können im Rahmen *virtueller Produkttests* Produktinnovationen virtuell in verschiedenen Varianten vor der eigentlichen Produktentwicklung getestet werden, sodass die Akzeptanz neuer Produkte bereits in einem frühen Stadium des Produktentwicklungsprozesses untersucht werden und u. U. auch die zeit- und kostenaufwändige Konstruktion von Prototypen entfallen kann. Darüber hinaus können *Testmarktuntersuchungen* als virtuelle Labor-Store-Tests durchgeführt werden, indem Testpersonen in einem virtuellen Supermarkt unter kontrollierten Bedingungen „einkaufen". Vorteilhaft an Online-Experimenten sind die hohe geographische Reichweite, die raum-zeit-unabhängige Durchführbarkeit und die geringen Kosten; nachteilig ist wie bei der Online-Befragung die geringe Repräsentativität der Stichprobe.

Im Hinblick auf den *zeitlichen Einsatz der Messung* wird zwischen projektiven Experimenten und Ex-post-facto-Experimenten unterschieden (zu dieser Unterscheidung vgl. z. B. Berekoven/Eckert/Ellenrieder 2004, S. 158). *Projektive Experimente* beruhen darauf, dass der Forscher bewusst und gezielt ex ante die Experimentierbedingungen erzeugt und die Testeinheiten mit den geschaffenen Bedingungen konfrontiert. Der zu untersuchende Sachverhalt wird also vom Zeitpunkt der Veränderung der unabhängigen Variable bis zur eingetretenen Wirkung auf die abhängige Variable verfolgt. Hingegen wird im Rahmen eines *Ex-post-facto-Experiments* die Veränderung einer abhängigen Variable in der Gegenwart auf das Vorliegen bestimmter Bedingungen in der Vergangenheit zurückgeführt.

Beispiel 2.44:

Per Befragung wird festgestellt, welche Untersuchungseinheiten mit einem bestimmten Werbespot Kontrakt hatten und welche nicht. Gegebenenfalls auftretende Unterschiede in den Kaufmengen der beiden Personengruppen werden auf den Kontakt mit dem Spot zurückgeführt.

Offensichtlich ist bei Ex-post-facto-Experimenten die Ermittlung von Ursache und Wirkung problematisch, zumal Störeinflüsse unbekannt sind. Außerdem stimmen sie mit der hier verwendeten Definition von Experimenten – systematische Variation unabhängiger Variablen – nicht überein, sodass dieser Unterscheidung nicht weiter gefolgt wird.

Ein wichtiges Unterscheidungskriterium von Experimenten ist die Versuchsanordnung d. h. der Aufbau der Versuchsanlage. Die einzelnen Versuchsanlagen unterscheiden sich dabei insb. im Hinblick auf folgende Kriterien:

− Art und Weise, in welcher die Berücksichtigung von Störgrößen erfolgt und

− Anzahl der berücksichtigten experimentellen Variablen (Faktoren) und Ausprägungen (Treatments).

Die Heranziehung dieser Kriterien führt zu der in Abb. 2.41 enthalten Unterteilung experimenteller Anordnungen (vgl. ausführlich Abschn. 2.2.4.3):

- *Vorexperimentelle Designs:* Diese Versuchsanlagen verzichten auf eine explizite Berücksichtigung von Störfaktoren und implizieren damit, dass die Störvariablen alle Testeinheiten in identischer Weise beeinflussen. Im Grunde handelt es sich hier nicht um Experimente nach der hier verwendeten Definition; sie werden daher nur der Vollständigkeit halber angeführt.

- *Echte Experimente:* Bei echten („vollständigen", „formalen") Experimenten werden Störvariablen bewusst kontrolliert. Der Forscher variiert die Experimentierfaktoren unter Einsatz von Kontrollgruppen und bildet die Gruppen nach dem Zufallsprinzip (Randomisierung). Unterschieden wird hier zwischen Basisformen und sog. erweiterten Experimenten. *Erweiterte Experimente* entstehen dabei durch Kombination verschiedener Basisformen von (echten) Experimenten. Dadurch wird es möglich, mehr als einen Testfaktor in mehreren Ausprägungen zu berücksichtigen.

- *Quasi-Experimente:* Versuchsanordnungen, bei denen nicht alle der o. g. Bedingungen für echte Experimente gegeben sind, werden als Quasi-Experimente bezeichnet (vgl. Campbell/Stanley 1963, S. 204).

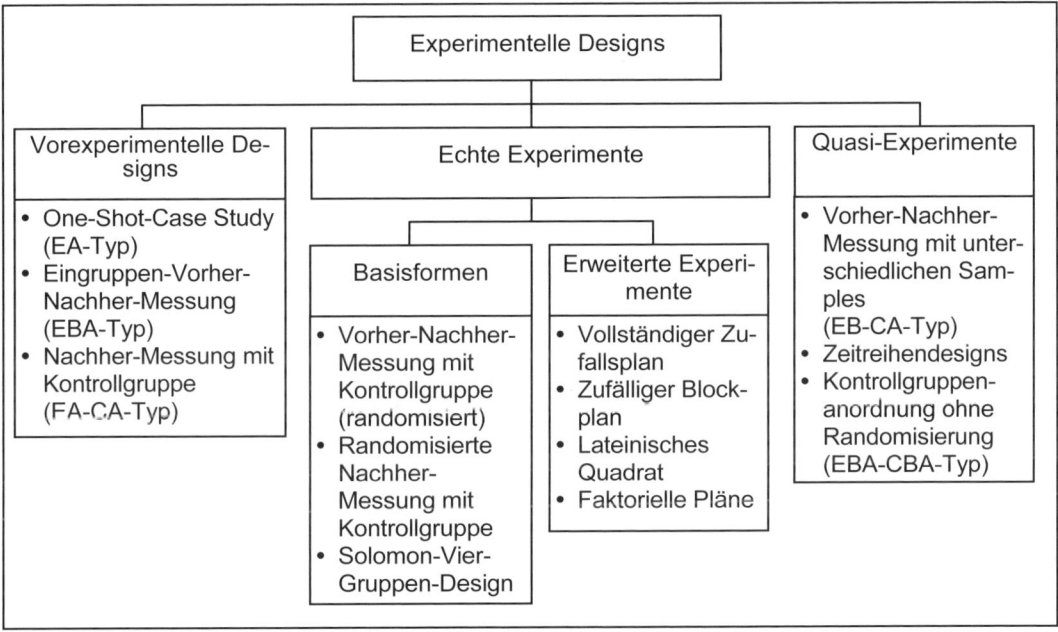

Abb. 2.41: Klassifikation experimenteller Designs

2.2.4.2 Validität von Experimenten

2.2.4.2.1 Interne vs. externe Validität

Die Validität (Gültigkeit) von Messungen bezeichnet das Ausmaß, in welchem die Messergebnisse allgemeingültige Aussagen über den zu messenden Sachverhalt erlauben. Hierbei wird zwischen interner und externer Validität unterschieden.

Die *interne Validität* ist dann gegeben, wenn die beobachtete Wirkung auf die abhängige Variable einzig und allein auf die Veränderung der unabhängigen Variable(n) zurückzuführen ist. Demzufolge bezieht sich die interne Validität darauf, inwieweit es dem Forscher gelungen ist, den Einfluss von Störvariablen auszuschalten. Hingegen bezieht sich die *externe Validität* auf die Generalisierbarkeit der Experimentierergebnisse auf andere Personen, Situationen oder Zeitpunkte; sie betrifft also die Repräsentanz der gewonnenen Erkenntnisse über die besonderen Bedingungen der Untersuchungssituation und die untersuchten Testeinheiten hinaus (vgl. Malhotra 2004, S. 209 f. sowie die Ausführungen in Abschn. 3.1.3.2). Interne Validität ist dabei eine unabdingbare Voraussetzung für externe Validität: Sind die Messergebnisse nicht eindeutig auf das Experiment zurückzuführen, so macht es auch wenig Sinn, sie auf die Grundgesamtheit zu generalisieren, da sie verzerrt sind (vgl. Böhler 2004, S. 61 f.). Versuchsanordnungen mit höherer interner Validität ist daher im Zweifelsfall immer der Vorzug zu geben gegenüber solchen mit hoher Repräsentanz (z. B. aufgrund realer Bedingungen), jedoch geringer Kontrolle von Störfaktoren.

2.2.4.2.2 Die Behandlung von Störgrößen bei experimentellen Designs

Sowohl die interne als auch die externe Validität werden durch eine ganze Reihe von Störfaktoren beeinträchtigt; Abb. 2.42 zeigt die einzelnen Variablen im Überblick.

Gefahrenquellen für die...	
interne Validität	externe Validität
• Zeiteffekt (History) • Reifungseffekt (Maturation) • Testeffekt • Instrumentalisierungseffekt • Statistischer Regressionseffekt (Konvergenzeffekt) • Auswahleffekt • Ausfalleffekt (Mortalität) • Interaktion mit Auswahleffekt	• Interaktion zwischen Treatments • Pretesteffekt • Interaktion von Auswahleffekt und Treatments • Experimentelles Umfeld

Abb. 2.42: Störvariablen der internen und externen Validität

Gefahrenquellen der internen Validität

Die interne Validität wird insb. durch die nachfolgend genannten Faktoren beeinträchtigt (vgl. Campbell/Stanley 1963, S. 175 ff.; Studman/Blair 1998, S. 211 ff.; Malhotra 2004, S. 210 ff.):

Zeiteffekt: Dieser Effekt tritt ein, wenn die Umfeldbedingungen während der Dauer des Experiments Veränderungen unterliegen, also insb. bei Vorher-Nachher-Designs. Die Testergebnisse werden umso mehr verzerrt, je unterschiedlicher sich dieser Effekt auf die verschiedenen Testeinheiten auswirkt.

Beispiel 2.45:

Bei der Messung der Markenerinnerung vor und nach Durchführung einer Werbekampagne erfolgt zwischenzeitlich eine Preissenkung seitens des Hauptkonkurrenten.

Reifungseffekt: Von Reifung spricht man dann, wenn sich die Testeinheiten während der Testdauer unabhängig vom Testfaktor verändern.

Beispiel 2.46:

Verhaltensänderung aufgrund von Ermüdung, Langeweile oder struktureller Veränderungen, z. B. Leitungswechsel in den Testgeschäften.

Dieser Effekt tritt naturgemäß bei Versuchsanordnungen auf, die einen längeren Zeitraum umfassen.

Testeffekt: Testeffekte treten dann auf, wenn das Untersuchungsinstrument (z. B. Fragebogen, physiologische Aufzeichnungsverfahren usw.) auf dieselben Untersuchungseinheiten wiederholt angewendet wird.

Beispiel 2.47:

Bei der Nachher-Messung erinnern sich die Testpersonen an die Antworten der Vorher-Messung und bemühen sich um konsistente Beantwortung des zweiten Fragebogens, obwohl sich die Einstellung aufgrund des zwischenzeitlich eingetretenen Treatments geändert hat. Oder aber sie verändern ihre Einstellung allein durch das Ausfüllen eines Einstellungsfragebogens, da sie aus dem Fragebogen neue Informationen über das Einstellungsobjekt gewinnen.

Instrumentalisierungseffekt: Dieser Effekt tritt ein, wenn das Messinstrument den zu messenden Sachverhalt ungenau oder fehlerhaft erfasst, oder aber wenn im Laufe des Experiments das Messinstrument selbst oder dessen Anwender Veränderungen unterliegen.

Beispiel 2.48:

Wechsel des Versuchsleiters während der Durchführung des Experiments.

Statistische Regression (Konvergenzeffekt): Solche Effekte treten ein, wenn sich Testeinheiten mit extremen Ausprägungen von Variablen bei wiederholter Messung dem Durchschnittswert nähern. Dies kann vorkommen, wenn die Gruppenzuordnung beim Pretest nicht zufällig ist und die Pretest-Werte zur Gruppenzuordnung im Posttest herangezogen werden.

Auswahleffekt: Solche Effekte treten dann ein, wenn die Testgruppen vor der Durchführung des Experiments nicht vergleichbar sind. Damit können unterschiedliche Messwerte der abhängigen Variable in den einzelnen Gruppen nicht eindeutig auf unterschiedliche Treatments zurückgeführt werden.

Beispiel 2.49:

Es wird eine neue Produktvariante in einem Testmarkt untersucht, in einem anderen Testmarkt wird die alte Produktvariante beibehalten. Gemessen wird die Absatzmenge in beiden Testgebieten. Allerdings wird übersehen, dass in Testgebiet 1 überproportional viele kleine Einzelhandelsgeschäfte enthalten sind, wohingegen Testgebiet 2 von großen Supermärkten dominiert wird.

Ausfalleffekt (Mortalität): Ausfalleffekte beinhalten diejenige Verzerrung, welche dadurch entsteht, dass ein Teil der Untersuchungseinheiten im Verlauf des Experiments ausscheidet. Ähnlich wie bei der Panelsterblichkeit ist die Wirkung der Mortalität umso schwerwiegender, je unterschiedlicher verschiedene Testeinheiten davon betroffen werden.

Beispiel 2.50:

Beim Test unterschiedlich gestalteter Gebrauchsanweisungen („einfache" Variante mit vielen Grafiken und wenig Text vs. „schwierige" Variante mit detaillierten verbalen Erklärungen) werden bei der schwierigen Variante tendenziell mehr Testeinheiten die Mitarbeit verweigern; besonders betroffen werden wahrscheinlich Testeinheiten mit geringem Bildungsniveau sein.

Interaktion mit Auswahleffekten: Viele der bisher genannten Störeinflüsse können mit Auswahleffekten interagieren und so zu Verdeckungen von Treatmenteffekten führen. Die Interaktion von Reifungsprozessen und Auswahleffekten führt z. B. dazu, dass – wenn die Gruppen unterschiedlich zusammengesetzt sind – sie auch unterschiedlichen Reifungsprozessen unterliegen. Oder aber unterschiedlich zusammengesetzte Gruppen reagieren auf externe zeitliche Einflüsse in unterschiedlicher Art und Weise.

Gefahrenquellen der externen Validität

Die externe Validität eines Experiments wird insb. durch folgende Faktoren eingeschränkt (vgl. Campbell/Stanley 1963, S. 175 f.):

Interaktion mit Treatments. Das Problem entsteht, wenn Testeinheiten bei wiederholten Messungen unterschiedlichen Treatments ausgesetzt werden („repeated measures"). Die Testergebnisse erlauben hier keine Generalisierbarkeit auf Situationen, in welchen nur ein Treatment verabreicht wird.

Beispiel 2.51:

Einer Testgruppe wird zunächst ein Werbespot gezeigt, anschließend wird die Absatzmenge erhoben. Eine Woche später wird das Experiment mit einem anderen Werbespot wiederholt.

Das Problem kann allerdings dadurch gelöst werden, dass die zeitliche Reihenfolge der Treatments variiert wird.

Pretesteffekt: Hierbei handelt es sich um die Interaktion von Testsituation und Treatment. Es geht hier um die Frage, ob das Ergebnis eines Experiments mit vorherigem Pretest auf Untersuchungssituationen ohne Pretest verallgemeinert werden kann. Pretests können z. B. die Generalisierbarkeit der Untersuchungsergebnisse beeinträchtigen, wenn die Testeinheiten durch den Pretest sensibilisiert wurden.

Beispiel 2.52:

Im Rahmen eines Pretests wird die Einstellung zum Thema „gesunde Ernährung" erhoben. Die Ergebnisse werden herangezogen, um eine Stichprobe nach den Ausprägungen dieses Merkmals zu bilden. Die Testgruppen werden anschließend mit Produkten aus biologischem Anbau und herkömmlichen Lebensmitteln ausgesetzt. Gemessen wird die Präferenz. Bei dieser Versuchsanordnung ist zu erwarten, dass Testeinheiten, die am Pretest teilgenommen haben, für die Thematik sensibilisiert sind und anders reagieren als solche, die dem Pretest nicht unterzogen wurden.

Interaktion von Auswahleffekt und Treatments. Dieser Effekt tritt ein, wenn bei der Auswahl der Teilnehmer ein systematischer Fehler auftritt.

Beispiel 2.53:

An Gymnasien wird eine neue Unterrichtsmethode getestet. Etwaige Erfolge ermöglichen aber keine Aussage darüber, ob sie an Haupt- und Realschulen ebenfalls erfolgreich wäre.

Ähnliche Probleme treten auf im Hinblick auf die Generalisierbarkeit bei Vorhandensein bestimmter Settings oder zeitlicher Gegebenheiten.

Experimentelles Umfeld: Spezifische Wirkungen des experimentellen Umfelds treten insb. dann auf, wenn Untersuchungseinheiten ihr Verhalten deshalb ändern, weil sie an einem Experiment teilnehmen (Beobachtungseffekt). Solche Effekte treten typischerweise bei Laborexperimenten auf. Die dargestellten Störvariablen können die Validität von Experimenten erheblich einschränken. Aus diesem Grunde ist es erforderlich, diese Faktoren soweit wie möglich zu kontrollieren, um die o. g. Effekte nach Möglichkeit auszuschalten. Folgende Ansatzpunkte sind dabei gebräuchlich (vgl. Studman/Blair 1998, S. 227 ff.; Malhotra 2004, S. 212 ff.):

− Randomisierung,

− Matching,

− rechnerische Bereinigung,

− Blockbildung,

− Konstanthaltung,

− Parallelisierung.

Im Rahmen der *Randomisierung* werden zum einen die Testelemente zufällig den Experimentiergruppen zugeordnet; zum anderen erfolgt die Zuordnung der Treatmentstufen zu den einzelnen Experimentiergruppen ebenfalls zufällig.

Beispiel 2.54:

Es sollen drei alternative Versionen eines Werbespots getestet werden. Die Testeinheiten werden zunächst zufällig den drei Testgruppen sowie einer Kontrollgruppe zugeordnet. Die verschiedenen Werbespots werden zufällig den Testgruppen zugewiesen.

Durch Randomisierung wird eine Äquivalenz der Testgruppen (und der Kontrollgruppe) vor Durchführung des Experiments erreicht; damit kann davon ausgegangen werden, dass sich Störfaktoren bei den einzelnen Gruppen in gleicher Weise auswirken. Randomisierung ist die geeignetste Art, den Einfluss von Störvariablen zu umgehen; sie muss jedoch bei kleinen Stichproben durch weitere Verfahren ergänzt werden, da Randomisierung nur im Durchschnitt gleiche Gruppen erzeugt.

Unter *Matching* versteht man die bewusste Zuordnung der Testeinheiten zu den Treatmentstufen dergestalt, dass nach bestimmten, vorab festgelegten Kriterien – nämlich den zu kontrollierenden Merkmalen – gleichartige Testeinheiten je einer Experimentiergruppe zugeordnet werden. Ähnlich wie bei einer Quotenstichprobe wird dadurch Strukturgleichheit der einzelnen Testgruppen angestrebt; diese ist jedoch nur für die einbezogenen Merkmale gegeben.

Die Ergebnisse von Experimenten können bei vorliegen von Störgrößen ggf. noch nachträglich *rechnerisch bereinigt* werden. Beispielsweise kann im Rahmen einer Kovarianzanalyse

(ANCOVA) die Wirkung von Störvariablen auf die abhängige Variable dadurch ausgeschaltet werden, dass der Mittelwert der abhängigen Variable innerhalb jeder Treatmentstufe angepasst wird.

Eine Kontrolle von Störgrößen kann schließlich durch Anwendung spezieller Testdesigns erfolgen. Zur Erhöhung der internen Validität kann beispielsweise eine *Blockbildung* vorgenommen werden (vgl. die Ausführungen zum zufälligen Blockplan in Abschn. 2.2.4.3.3). Eine Blockbildung findet z. B. dann statt, wenn eine oder mehrere bedeutsame Störgrößen bekannt sind; die Testeinheiten werden dann Blöcken zugeordnet, welche nach den Ausprägungen der Störvariable(n) gebildet werden.

Beispiel 2.55:

Es soll die Auswirkung alternativer Platzierungen im Geschäft auf die Absatzmenge getestet werden. Um den Einfluss der Ladengröße zu kontrollieren, werden die Testgeschäfte in Blöcke aufgeteilt, z. B. kleinere, mittlere und große Geschäfte.

Durch *Konstanthaltung* personengebundener Störvariablen kann erreicht werden, dass die Unterschiedlichkeit von Vergleichsgruppen nicht auf diese, sondern nur auf die Experimentiervariable zurückzuführen ist. Dadurch wird allerdings zwar die interne Validität erhöht, die externe jedoch verringert.

Beispiel 2.56:

Es soll die Einstellung zu einem Fertiggericht bei Hausfrauen und bei berufstätigen Frauen erhoben werden. Da vermutet wird, dass die Dauer des Berufslebens auch mit einer größeren Erfahrung mit Fertiggerichten einhergeht, werden in beiden Gruppen ausschließlich Frauen in der Altersgruppe der 20 – 25-Jährigen untersucht, die also – wenn überhaupt – erst seit kurzer Zeit im Berufsleben stehen. Die dadurch gewonnenen Erkenntnisse lassen sich allerdings nicht auf andere Altersgruppen übertragen.

Unter *Parallelisierung* versteht man die Tatsache, dass die Testgruppen in Bezug auf die Störvariable vergleichbar gemacht („parallelisiert") werden. Die Gruppen gelten dann als parallel, wenn sie hinsichtlich der Störvariable annähernd gleiche Mittelwerte und Streuungen aufweisen.

Beispiel 2.57:

Im obigen Fertiggericht-Beispiel sollte dafür Sorge getragen werden, dass beide Gruppen – Hausfrauen und berufstätigen Fraue – im Durchschnitt ähnliche Erfahrungen mit Fertiggerichten haben und die Erfahrung in beiden Gruppen annähernd gleich streut.

Zur Erhöhung der externen Validität kommen Testdesigns mit *verdeckter Versuchsanordnung* zur Anwendung (vgl. hierzu die Ausführungen in Abschn. 2.2.2). Auftretende Verzerrungen durch Beobachtungseffekte können darüber hinaus – ähnlich wie bei Panelerhebungen – dadurch ausgeschaltet werden, dass die Testergebnisse erst nach einer gewissen Anlaufzeit in die Auswertung gelangen.

Im nachfolgenden Abschnitt werden die wichtigsten Versuchsanordnungen dargestellt und diskutiert, insb. im Hinblick darauf, inwieweit sie geeignet sind, Störgrößen auszuschalten.

2.2.4.3   Experimentelle Designs

2.2.4.3.1   Notation

Zur besseren Übersicht soll hier zunächst die Notation für die nachfolgend darzustellenden experimentellen Designs skizziert werden. Die Notation lehnt sich an Campbell/Stanley (1963) an, da sich diese Notation im internationalen Schrifttum durchgesetzt hat und mittlerweile auch zunehmend in der deutschen Literatur zu finden ist (vgl. z. B. Hüttner/ Schwarting 2002, S. 171 ff.; Böhler 2004, S. 42 ff.). Die Symbolik sei nachfolgend erläutert:

X =   Eine Experimentiergruppe wird einer experimentellen Situation ausgesetzt, deren Wirkung auf die abhängige Variable gemessen werden soll;

O =   Beobachtungs- oder Messvorgang („Observation") an den Testeinheiten/Testgruppen (bzw. Kontrollgruppe);

R =   Randomisierung, d. h. zufällige Zuordnung von Testeinheiten bzw. Testgruppen zu Treatments (bzw. Treatmentstufen).

Des Weiteren gilt folgende Vereinbarung:
– Die Richtung von links nach rechts zeigt die zeitliche Reihenfolge an.
– Die horizontale Anordnung von Symbolen bedeutet, dass sie sich auf dieselbe Gruppe von Testeinheiten beziehen.
– Die vertikale Ausrichtung der Symbole impliziert, dass die Ereignisse (Treatments oder Messungen) simultan erfolgten.

Die Messwerte O beinhalten i. d. R. den Mittelwert oder den Anteilswert der jeweiligen Gruppe. Im Folgenden sollen dabei mit EG die Experimentiergruppe (Experimental Group), mit CG die Kontrollgruppe (Control Group) bezeichnet werden. Dann wäre z. B. bei der angegebenen Notation die Versuchsanordnung

EG: (R) X_1 O_1

CG: (R) X_2 O_2

folgendermaßen zu charakterisieren: Eine Experimentiergruppe und eine Kontrollgruppe werden zufällig und simultan zwei verschiedenen Treatments zugewiesen; die abhängige Variable wird bei beiden Gruppen gleichzeitig gemessen.

Vielfach findet sich in der deutschen Literatur folgende Notation (vgl. z. B. Berekoven/Eckert/ Ellenrieder 2004, S. 159 ff.; Pepels 1995, S. 237 ff.):
E : Experimentiergruppe (Experimental Group),
C : Kontrollgruppe (Control Group),
B : Messung vor Einsatz des Testfaktors (Before),
A: Messung nach Einsatz des Testfaktors (After).

Danach werden folgende Grundtypen von Experimenten unterschieden:
(1) EBA-Typ: Messung an nur einer Gruppe vor und nach Einsatz des Experimentierfaktors;
(2) CB-EA-Typ: Messung bei einer Gruppe vor, bei einer anderen Gruppe nach Einsatz des Testfaktors;

(3) EA-CA-Typ: Messung bei einer Test- und einer Kontrollgruppe vor und nach Einsatz des Testfaktors;

(4) EBA-CBA-Typ: Messung vor und nach Einsatz des Experimentierfaktors bei einer Test- und einer Kontrollgruppe.

Es wird ein einziger Testfaktor eingesetzt. Die Auswertung dieser sog. „klassischen" oder „informalen" Experimente erfolgt durch Differenzbildung; auf Grund fehlender Randomisierung ist eine statistische Ergebnisprüfung nicht möglich (s.u.).

2.2.4.3.2 Vorexperimentelle Designs

Vorexperimentelle Designs sind dadurch charakterisiert, dass keine oder eine nur unzureichende Kontrolle von Störfaktoren erfolgt. Insbesondere wird auf eine Randomisierung verzichtet. Implizit wird somit unterstellt, dass Störfaktoren sämtliche Testeinheiten in identischer Weise betreffen. Es handelt sich somit nicht um Experimente im engeren Sinn gemäß der hier verwendeten Definition, sie sollen dennoch der Vollständigkeit halber angeführt werden.

One-Shot-Case-Study (EA-Typ)

Diese einfachste Versuchsanordnung, auch als *After-only-Design* oder EA-Typ bekannt, betrachtet eine einzige Testgruppe, die einem Treatment X ausgesetzt wird; anschließend erfolgt eine Messung der abhängigen Variable (O_1):

EG: X O_1.

Neben der fehlenden Randomisierung besteht die Schwäche des Designs darin, dass die Faktorwirkung kaum zu ermitteln ist – allenfalls durch Vergleich mit einem hypothetischen Wert der abhängigen Variable ohne Treatment (z. B. auf der Grundlage subjektiver Erfahrungen oder ähnlich gelagerter Fragestellungen). Aus diesem Grunde eignet sich dieses Design allenfalls für explorative Analysen (vgl. Malhotra 2004, S. 214).

Eingruppen-Vorher-Nachher-Messung (EBA-Typ)

Die Eingruppen-Vorher-Nachher-Messung (in der Literatur auch als EBA-Typ oder *One-Group Pretest-Posttest-Design* bezeichnet) kann wie folgt symbolisiert werden:

EG: O_1 X O_2.

Bei diesem Design wird an einer Experimentiergruppe eine Messung vor Testdurchführung vorgenommen (O_1) sowie eine danach (O_2). Die Faktorwirkung resultiert als $O_2 - O_1$; die Validität des Ergebnisses ist allerdings zweifelhaft, da eine Kontrolle von Störvariablen unterbleibt und eine Kontrollgruppe fehlt.

Nachher-Messung mit Kontrollgruppe (EA-CA ohne Randomisierung)

Diese Versuchsanordnung wird auch als *Posttest-Only-Design with Nonequivalent Groups* bezeichnet, da auf eine Randomisierung verzichtet wird. Schematisch handelt es sich um folgende Versuchsanordnung:

EG: X O_1

CG: O_2.

Die Experimentiergruppe wird dem Testfaktor ausgesetzt, die Kontrollgruppe nicht. Die Messung der abhängigen Variable erfolgt bei beiden Gruppen erst nach Durchführung des Experiments. Die Faktorwirkung resultiert als $O_1 - O_2$.

Aufgrund der fehlenden Randomisierung enthält die Faktorwirkung jedoch auch Störfaktoren, insb. Gruppeneffekte und Mortalität (vgl. Campbell/Stanley 1963, S. 182 f.). Abb. 2.43 zeigt zusammenfassend die wesentlichen Merkmale vorexperimenteller Versuchsanordnungen.

Typ	Beschreibung	Beispiel	Faktorwirkung	Beurteilung
One-Shot-Case Study (EA-Typ)	Messung der Werte der abhängigen Variablen nach Einsatz des Testfaktors in einer Testgruppe EG: X O_1	Messung der Bekanntheit einer Produktmarke nach Zeigen eines Werbespots	$O_1 - $ „O_0" mit O_0 = hypothetischer Erfahrungswert für den Ausgangsmesswert ohne Treatment, O_1 Messwert in der Experimentiergruppe nach dem Treatment	• Vernachlässigung von Störvariablen • Kontrollgruppe fehlt • zeitliche Entwicklungseffekte nicht messbar • Faktorwirkung nicht exakt ermittelbar
Eingruppen-Vorher-Nachher-Messung (EBA-Typ)	Messung der Werte der abhängigen Variablen zeitlich vor und nach Einsatz der unabhängigen Variablen in einer Testgruppe EG: O_1 X O_2	Messung und Vergleich der Umsätze für ein bestimmtes Produkt in ausgewählten Einzelhandelsgeschäften vor und nach einer Preissenkung für das betreffende Produkt; Paneluntersuchungen, Store-Tests	$O_2 - O_1$ Differenz in der Experimentiergruppe zwischen zwei Zeitpunkten	• Vernachlässigung von Störvariablen • Kontrollgruppe fehlt • Zeitliche Entwicklungseffekte nicht messbar
Nachher-Messung mit Kontrollgruppe (EA-CA-Typ)	Messung der Werte der abhängigen Variablen in Test- und Kontrollgruppe nur nach Einsatz der unabhängigen Variablen EG: X O_1 CG: O_2	Probeaktion in ausgewählten Testgeschäften und Vergleich der Umsatzzahlen mit Geschäften, die nicht in die Aktion einbezogen waren	$O_1 - O_2$ Differenz zwischen der Experimentier- und der Kontrollgruppe nach Einsatz des Testfaktors	• Vernachlässigung von Störvariablen • Unterstellung gleicher Ausgangslage

Abb. 2.43: Charakterisierung vorexperimenteller Designs

2.2.4.3.3 Echte Experimente

Echte Experimente (auch „formale" oder „vollständige" Experimente) sind dadurch charakterisiert, dass sie sämtliche Anforderungen an Experimente erfüllen (vgl. die Ausführungen in Abschn. 2.2.4.1). Insbesondere wird eine Randomisierung vorgenommen. Zunächst sollen die *Basisformen* echter Experimente charakterisiert werden:

– Vorher-Nachher-Messung mit Kontrollgruppe,

– Nachher-Messung mit Kontrollgruppe (randomisiert),

– Solomon-Vier-Gruppen-Design.

Vorher-Nachher-Messung mit Kontrollgruppe (randomisiertes EBA-CBA-Design)

Beim EBA-CBA Experiment (*Pretest-Posttest-Control Group Design*; *Before-After with Control Group Design*) handelt es sich um ein echtes Experiment, sofern eine Randomisierung vorgenommen wird. Die Experimentiergruppe wird dem experimentellen Stimulus ausgesetzt – z. B. dem zu testenden Werbespot –, die Kontrollgruppe nicht. Damit gilt:

EG: (R) O_1 X O_2

CG: (R) O_3 O_4.

Die Faktorwirkung wird gemessen als

$(O_2 - O_1) - (O_4 - O_3)$.

Dieses Design ist in der Lage, die meisten Störvariablen zu kontrollieren (vgl. Campbell/ Stanley 1963, S. 183 ff.). Der Auswahleffekt wird durch Randomisierung ausgeschaltet; für die übrigen Störvariablen gilt, dass sie sich gleichermaßen auf die Experimentier- und Kontrollgruppe niederschlagen (vgl. Zimmermann 1972, S. 58 f.). In der Experimentiergruppe werden die Faktorwirkung und die Störeinflüsse wirksam, in der Kontrollgruppe lediglich die Störeinflüsse:

EG: O_2 O_1 $= X + \Sigma$ Störgrößen

KG: O_4 O_3 $= \Sigma$ Störgrößen.

Damit kann die Differenz $(O_2 - O_1) - (O_4 - O_3)$ die Faktorwirkung isolieren. Einzige Störvariable, die in diesem Design nicht kontrolliert wird, ist der Pretesteffekt (vgl. Malhotra 2004, S. 216). Da die Randomisierung zur Kontrolle der Störgrößen in vielen Fällen ausreichend ist, kann jedoch zur Vermeidung des Pretest-Effekts auf eine Vorher-Messung bei beiden Gruppen im Prinzip verzichtet werden.

Nachher-Messung mit Kontrollgruppe (randomisiertes EA-CA-Design)

Diese auch als *Posttest-Only Control Group Design* bekannte Versuchsanordnung beruht darauf, dass durch die vorgenommene Randomisierung die Ausgangslage bei Test- und Kontrollgruppe bei ausreichend großer Stichprobe als gleich angesehen werden kann. Dadurch kann die Vorher-Messung entfallen (vgl. Hüttner/Schwarting 2002, S. 174). Das Versuchsdesign sieht dabei wie folgt aus:

EG: (R) X O_1

CG: (R) O_2.

Die Faktorwirkung resultiert als $(O_1 - O_2)$.

Bei gleicher Ausgangslage der beiden Gruppen ist die Faktorwirkung identisch mit der beim EBA-CBA-Typ; ein Pretesteffekt entsteht nicht. Bei geringer Stichprobe ist jedoch mit Auswahl- und Ausfalleffekten zu rechnen (vgl. Churchill/Iacobucci 2002, S. 155). Aufgrund der Randomisierung wird zwar eine gleiche Ausgangslage unterstellt, aufgrund fehlender Vorher-Messung kann dies jedoch nicht überprüft werden. Darüber hinaus ist es nicht möglich festzustellen, ob Verweigerer in der Testgruppe den Verweigerern in der Kontrollgruppe ähnlich sind.

Solomon-Vier-Gruppen-Design

Das *Solomon-Vier-Gruppen-Design* entsteht dadurch, dass man die beiden oben dargestellten Versuchsanordnungen kombiniert. Der Versuchsaufbau sieht wie folgt aus (vgl. Campbell/Stanley 1963, S. 194):

EG_I: (R) O_1 X O_2

CG_I: (R) O_3 O_4

EG_{II}: (R) X O_5

CG_{II}: (R) O_6.

Es werden also zwei Testgruppen und zwei Kontrollgruppen gebildet; bei je einer Testgruppe und einer Kontrollgruppe erfolgt eine Vorher-Nachher-Messung, bei der jeweils anderen Test- und Kontrollgruppe lediglich eine Nachher-Messung. Im Vergleich zum randomisierten EBA-CBA-Design erlaubt diese Versuchsanordnung auch den Pretesteffekt auszuschalten.

Zur Bestimmung der Faktorwirkung werden folgende Überlegungen angestellt (vgl. Churchill/Iacobucci 2002, S. 153): Aufgrund der Randomisierung kann davon ausgegangen werden, dass die Ausgangssituation aller vier Gruppen – bis auf zufällige Abweichungen – gleich ist. Sowohl für die zweite Testgruppe wie auch für die zweite Kontrollgruppe wird daher ein fiktiver Vorher-Messwert als Durchschnitt der Vorher-Messwerte in der ersten Test- und Kontrollgruppe unterstellt, d. h.

$$\frac{1}{2}(O_1 + O_3).$$

Die „Faktorwirkungen" bei den einzelnen Gruppen berechnen sich damit wie folgt:

$$
\begin{aligned}
EG_I \;&: \; O_2 - O_1 \\
CG_I \;&: \; O_4 - O_3 \\
EG_{II} \;&: \; O_5 - \left[\frac{1}{2}(O_1 + O_3)\right] \\
CG_{II} \;&: \; O_6 - \left[\frac{1}{2}(O_1 + O_3)\right].
\end{aligned}
$$

Die bereinigte Faktorwirkung ergibt sich demnach als

$$O_5 - \left[\frac{1}{2}(O_1 + O_3)\right] - \left[O_6 - \frac{1}{2}(O_1 + O_3)\right] = (O_5 - O_6),$$

sie entspricht also der Faktorwirkung im randomisierten EA-CA-Design, was aufgrund der oben getroffenen Annahme der A-priori-Gruppengleichheit auch zwangsläufig der Fall sein muss. Zusätzlich erlaubt dieses Testdesign jedoch auch die Ermittlung des Pretesteffekts als Differenz der partiellen Faktorwirkungen bei den beiden Experimentiergruppen:

$$[O_2 - O_1] - \left[O_5 - \frac{1}{2}(O_1 + O_3)\right].$$

Dieses Testdesign erlaubt die Ausschaltung praktisch sämtlicher Störeinflüsse sowie die Isolierung der einzelnen Effekte und kommt daher einer idealen Versuchsanordnung sehr nahe; dessen Anwendung scheitert in der praktischen Marktforschung jedoch meist an dem sehr hohen zeitlichen und finanziellen Aufwand wie auch an dem großen erforderlichen Stichprobenumfang.

Abb. 2.44 zeigt zusammenfassend die wesentlichen Merkmale der Basisvarianten echter Experimente. Da echte Experimente auf einer Randomisierung beruhen, d. h. Zufallsauswahl der Testeinheiten und zufällige Zuordnung zu den einzelnen Treatments, können die genannten experimentellen Designs statistisch abgesichert werden. Im Allgemeinen werden bei den einfacheren Designs statistische Tests zum Vergleich des Mittelwerts (bzw. des Anteilwerts) unabhängiger Stichproben verwendet; bei komplexeren Designs – z. B. dem Solomon-4-Gruppen-Design – können varianzanalytische Verfahren zur Anwendung kommen (zu den Einzelheiten vgl. Campbell/Stanley 1963). Im einfachsten Fall des Vergleichs der Mittelwerte zweier unabhängiger Stichproben lautet die Nullhypothese:

$$H_O : \mu_1 = \mu_2;$$

μ_1 und μ_2 sind dabei die wahren, aber unbekannten Gruppenmittelwerte.

Als Prüfgröße wird folgender empirischer t-Wert herangezogen (vgl. Hammann/Erichson 2000, S. 194):

$$t_{emp} = \frac{\overline{y}_1 - \overline{y}_2}{s} \cdot \sqrt{\frac{n_1 \cdot n_2}{n_1 + n_2}}$$

mit $s^2 = \dfrac{(n_1 - 1) \cdot s_1^2 + (n_2 - 1) \cdot s_2^2}{n_1 + n_2 - 2} = \quad$ Schätzwert für die gemeinsame Varianz σ^2 in den Gruppen,

$n_1, n_2 =$ Gruppengrößen,

$s_1^2, s_2^2 =$ Standardabweichungen in den Gruppen.

Unter der Nullhypothese ist die Prüfgröße t-verteilt mit $(n_1 + n_2 - 2)$ Freiheitsgraden.

Typ	Beschreibung	Beispiel	Faktorwirkung	Beurteilung
Vorher-Nachher-Messung mit Kontrollgruppe (randomisiertes EBA-CBA-Design)	Messung der Werte der abhängigen Variablen vor und nach Einsatz der Variablen in der Testgruppe und Vor- und Nachher-Messung in der Kontrollgruppe, die nicht dem Einfluss der unabhängigen Variablen ausgesetzt ist. EG: $(R)\; O_1\; X\; O_2$ CG: $(R)\; O_3\quad O_4$	Messung der Umsätze für ein bestimmtes Produkt in ausgewählten Einzelhandelsgeschäften vor und nach einer Preissenkung für das betreffende Produkt. Das Ergebnis wird verglichen mit Geschäften, in denen keine Preisaktion erfolgte.	$(O_2 - O_1) - (O_4 - O_3)$ Differenz zwischen den gemeinsamen Unterschieden in der Experimentier- und der Kontrollgruppe	• Bis auf den Pretest-Effekt werden alle Störvariablen kontrolliert.
Nachher-Messung mit Kontrollgruppe (randomisiertes EA-CA-Design)	Messung der Werte der abhängigen Variablen in Test- und Kontrollgruppe nach Einsatz der unabhängigen Variablen EG: $(R)\quad X\; O_1$ CG: $(R)\qquad O_2$	Ziehung zweier Zufallsstichproben von Testgeschäften. In einer Gruppe wird eine Probeaktion durchgeführt, in der anderen nicht; anschließend werden die Umsatzzahlen verglichen.	$(O_2 - O_1)$ Differenz zwischen den Messwerten in der Testgruppe und in der Kontrollgruppe	• Durch Randomisierung kann bei ausreichender Stichprobe gleiche Ausgangslage unterstellt werden, sodass eine Kontrolle der Störgrößen erfolgt. • Der Pretest-effekt wird kontrolliert.
Solomon-Vier-Gruppen-Design	Messung der Werte der unabhängigen Variablen vor und nach Einsatz in einer ersten, Messung nur nach Einsatz des Testfaktors in einer zweiten Testgruppe. Vorher- und Nachher-Messung in einer ersten Kontrollgruppe, Nachher-Messung in einer zweiten Kontrollgruppe. EG_I: $(R)\; O_1\; X\; O_2$ CG_I: $(R)\; O_3\quad O_4$ EG_{II}: $(R)\qquad X\, O_5$ CG_{II}: $(R)\qquad O_6.$	Siehe Beispiel zur Vorher-Nacher-Messung mit Kontrollgruppe. Bei zwei weiteren Stichproben von Geschäften erfolgt nur eine Messung danach, wobei eine Gruppe an der Preisaktion teilnimmt, die andere nicht.	Faktorwirkung: $(O_5 - O_6)$ Pretest-Wirkung: $[O_2 - O_1] -$ $\left[O_5 - \dfrac{1}{2}(O_1 + O_3) \right]$	• Ausschaltung sämtlicher Störeinflüsse • Sehr aufwändiges Design, daher kaum angewendet

Abb. 2.44: Charakterisierung der Basisvarianten echter Experimente

Beispiel 2.58:

Es soll der Erfolg einer neuen Produktvariante getestet werden. Die Untersuchung wird in 20 zufällig ausgewählten Geschäften durchgeführt, wobei in 10 Geschäften die alte Produktvariante, in den übrigen 10 Geschäften die neue getestet wird. Die Untersuchung erfolgt an fünf aufeinanderfolgenden Tagen.

Treatment \ Tage	1	2	3	4	5	Durchschnittliche Absatzmenge
Neue Produktvariante	125	141	138	129	117	130
Alte Produktvariante	117	124	121	128	115	121

Es zeigt sich, dass die Absatzmenge bei der neuen Produktvariante im Mittel höher ist; die Faktorwirkung beträgt

$$\bar{y}_1 - \bar{y}_2 \cdot = 130 - 121 = 9 \, .$$

Es gilt

$$s_1^2 = 42,22$$

$$s_2^2 = 12,22 \, .$$

$$s^2 = 27,22$$

Damit ist

$$t_{emp} = \frac{130 - 121}{\sqrt{27,22}} \cdot \sqrt{\frac{10 \cdot 10}{10 + 10}} = 3,857 \, .$$

Für $\alpha = 0,05$ und 18 Freiheitsgrade lässt sich der theoretische t-Wert bei einseitiger Fragestellung $\left(H_1 : \mu_2 > \mu_1\right)$ ablesen als $t(\alpha = 0,05; 18) = 1,73$. Da $t_{emp} > t_{th}$, wird die Nullhypothese abgelehnt, d. h. die neue Produktvariante führt zu einem signifikant höheren Absatz.

Die bisher erörterten experimentellen Anordnungen enthielten jeweils nur einen Testfaktor in einer einzigen Ausprägung. In vielen praktischen Fragestellungen ist es jedoch erforderlich, mehrere unterschiedliche Treatmentausprägungen (sog. Treatmentstufen) gegeneinander zu testen (z. B. unterschiedliche Werbespots). Zudem ist es häufig erforderlich, unterschiedlichen Experimentiervariablen – also Treatments – gleichzeitig zu testen, etwa unterschiedliche Preishöhen und unterschiedliche Platzierungen im Geschäft. Solche Designs gehen über die „klassischen" Versuchsanordnungen hinaus; Standardformen solcher sog. *erweiterten Experimente* sind:

– vollständiger Zufallsplan,

– zufälliger Blockplan,

– lateinisches Quadrat und

– faktorielle Pläne.

(vgl. hierzu Hüttner/Schwarting 2002, S. 176 ff; Fantapié Altobelli 1998, S. 325.; Böhler 2004, S. 47 ff.). Charakteristisch für erweiterte Experimente ist die Tatsache, dass die Auswertung mittels *Varianzanalyse* erfolgt (vgl. die Ausführungen in Abschn. 3.4.4 im 3. Teil).

Vollständiger Zufallsplan

Beim *vollständigen Zufallsplan* wird ein Experimentierfaktor in verschiedenen Ausprägungen (Treatmentstufen) untersucht (vgl. Abb. 2.45). Der Störfaktor wird indirekt dadurch berücksichtigt, dass für die verschiedenen Treatments wiederholt Messungen (*Replikationen*) erfolgen, z. B. an unterschiedlichen Testeinheiten (Personen, Geschäfte, Zeitpunkte). Die Testeinheiten werden zufällig den verschiedenen Treatmentstufen zugeordnet (*Randomisierung*).

Beispiel 2.59:

Es soll die Attraktivität dreier alternativer Verpackungen getestet werden (Treatments). Zu diesem Zweck werden im Rahmen eines Store-Tests 6 Tage lang (Replikationen) die alternativen Verpackungen in zufälliger zeitlicher Verteilung angeboten und die zugehörigen Absatzmengen erfasst.

Das einfaktorielle Design hat bei $k = 1, \ldots s$ Treatmentstufen und $i = 1, \ldots, n$ Replikationen folgendes Aussehen:

$$EG_1 \quad (R) \quad X_1 \quad O_1$$

$$\vdots$$

$$EG_k \quad (R) \quad X_k \quad O_k$$

$$\vdots$$

$$EG_s \quad (R) \quad X_s \quad O_s.$$

Treatments / Replikationen	1	...	k	...	s
1	y_{11}	...	y_{1k}	...	y_{1s}
⋮	⋮		⋮		⋮
i	y_{i1}	...	y_{ik}	...	y_{is}
⋮	⋮		⋮		⋮
n	y_{n1}	...	y_{nk}	...	y_{ns}
Spaltenmittel	$\bar{y}_1$	...	$\bar{y}_k$	...	$\bar{y}_s$

Abb. 2.45: Vollständiger Zufallsplan

Zufälliger Blockplan

Beim vollständigen Zufallsplan wurden Störfaktoren wiederholt durch Replikationen nach dem Prinzip der Randomisierung berücksichtigt. Im Falle, dass eine bedeutsame Störgröße bekannt ist, kann jedoch dieser Störfaktor explizit in der Versuchsanordnung berücksichtigt werden, und zwar dadurch, dass nach den Ausprägungen der Störgröße Blöcke gebildet werden. Auf Replikationen kann somit verzichtet werden. Dabei werden in jedem Block sämtliche Treatments durchgeführt (vgl. Abb. 2.46). Varianzanalytisch können sowohl die Wirkung des Experimentierfaktors als auch der Einfluss der Blockzugehörigkeit erfasst werden (jedoch nicht deren Interaktion, vgl. Hüttner/Schwarting 2002, S. 178).

Beispiel 2.60:

Es wird vermutet, dass die Geschlechtszugehörigkeit einen erheblichen Einfluss auf die wahrgenommene Attraktivität von Verpackungen hat. Aus diesem Grunde erfolgt im vorherigen Beispiel eine Blockbildung nach Geschlechtern.

Blöcke / Treatments	1	...	k	...	s	Zeilenmittel
1	y_{11}	...	y_{1k}	...	y_{1s}	$\overline{y}_{1\bullet}$
⋮	⋮		⋮		⋮	⋮
l	y_{l1}	...	y_{lk}	...	y_{ls}	$\overline{y}_{l\bullet}$
⋮	⋮		⋮		⋮	⋮
m	y_{m1}	...	y_{mk}	...	y_{ms}	$\overline{y}_{m\bullet}$
Spaltenmittel	$\overline{y}_{\bullet 1}$	...	$\overline{y}_{\bullet k}$	...	$\overline{y}_{\bullet s}$	$\overline{y}$

Abb. 2.46: Zufälliger Blockplan

Lateinisches Quadrat

Beim Lateinischen Quadrat können zwei Störfaktoren gleichzeitig berücksichtigt werden (z. B. Art des Geschäfts und Tageszeit). Die Treatments – mit lateinischen Großbuchstaben bezeichnet – werden dabei so zugeteilt, dass sie in jeder Zeile und in jeder Spalte nur einmal vorkommen; damit kann der erforderliche Stichprobenumfang in Grenzen gehalten werden (vgl. Abb. 2.47). Zu beachten ist, dass die Zahl der Ausprägungen bei beiden Störvariablen gleich sein muss.

Beispiel 2.61:

Neben der Geschlechtszugehörigkeit wird vermutet, dass auch die Tageszeit einen bedeutsamen Störfaktor darstellt. Die zu testenden drei Verpackungen werden daher nicht nur nach Geschlechtern, sondern auch zu drei unterschiedlichen Tageszeiten variiert.

Störgröße T \ Störgröße N	1	2	3
1	A	B	C
2	B	C	A
3	C	A	B

Abb. 2.47: Lateinisches Quadrat

Faktorielle Pläne

Faktorielle Pläne erlauben die Untersuchung von mindestens zwei Testfaktoren (z. B. Platzierung und Preishöhe) sowie der Interaktionen zwischen ihnen. Voraussetzung sind verschiedene Messungen (Replikationen) für die einzelnen Treatment-Kombinationen. Abb. 2.48 zeigt einen vollständigen bifaktoriellen Zufallsplan mit gleicher Anzahl an Replikationen.

		Replikationen	Treatments Faktor B		
			1	l	m
Treatments Faktor A	1	1	y_{111}	y_{11l}	y_{11m}
		i	y_{i11}	y_{i1l}	y_{i1m}
		n	y_{n11}	y_{n1l}	y_{n1m}
	k	1	y_{1k1}	y_{1kl}	y_{1km}
		i	y_{ik1}	y_{ikl}	y_{ikm}
		n	y_{nk1}	y_{nkl}	y_{nkm}
	s	1	y_{1s1}	y_{1sl}	y_{1sm}
		i	y_{is1}	y_{isl}	y_{ism}
		n	y_{ns1}	y_{nsl}	y_{nsm}

Abb. 2.48: Vollständiger bifaktorieller Zufallsplan

Beispiel 2.62:

Neben der Attraktivität dreier alternativer Verpackungen soll auch die Wirksamkeit zweier alternativer Regalplatzierungen getestet werden. Diese 3 x 2 = 6 möglichen Faktorkombinationen werden im Rahmen eines Store-Tests in 6 aufeinander folgenden Tagen getestet (in zufälliger zeitlicher Verteilung).

Der Vorteil mehrfaktorieller Designs liegt darin, dass nicht nur die Haupteffekte der Treatments gemessen werden können, sondern auch die Interaktionen zwischen ihnen. So kann in obigem Beispiel vermutet werden, dass die Wirkung einer Verpackung (auch) von der jeweiligen Platzierung abhängig ist und umgekehrt. Diese Versuchsanordnung erlaubt den Schluss, welche *Kombination* der beiden Faktoren vorzuziehen ist.

Neben den hier dargestellten Standardformen existiert eine ganze Reihe weiterer Versuchsanordnungen, auf die hier jedoch nicht näher eingegangen wird. Hierzu sei auf die umfangreiche Spezialliteratur verwiesen (vgl. Abschn. 2.3).

2.2.4.3.4 Quasi-Experimente

Echte Experimente sind dadurch charakterisiert, dass der Forscher die Experimentierfaktoren verändert, Kontrollgruppen einsetzt und die Gruppen nach dem Zufallsprinzip bildet. In der Praxis ist es jedoch häufig so, dass keine vollständige Kontrolle über die Versuchsbedingungen gewonnen werden kann. Als Quasi-Experimente sollen Versuchsanordnungen bezeichnet werden, für die eine oder mehrere der folgenden Bedingungen zutreffen (vgl. Campbell/Stanley 1966, S. 210 ff.):

– Der Experimentierfaktor kann nicht unter kontrollierten Bedingungen variiert werden.
– Es erfolgt keine Randomisierung.
– Es wird keine Kontrollgruppe herangezogen.

Die Grenzen zwischen echten Experimenten und Quasi-Experimenten sind dabei häufig fließend; letztlich werden die echten Experimente durch Verzicht auf Randomisierung zu Quasi-Experimenten. Im Folgenden sollen einige Grundformen quasi-experimenteller Untersuchungen dargestellt werden (weitere Designs finden sich bei Cook/Campbell 1979 sowie Cook/Campbell/Peracchio 1990; s. a. Zimmermann 1972, S. 119 ff. und 130 ff.):

– Vorher-Nachher-Messung mit unterschiedlichen Samples,
– Kontrollgruppen-Anordnung ohne Randomisierung,
– Zeitreihendesigns.

Vorher-Nachher-Messung mit unterschiedlichen Samples (EB-CA-Typ)

Dieses Untersuchungsdesign wird den quasi-experimentellen Designs zugeordnet, obwohl eine Randomisierung vorgenommen wird. Der Grund ist darin zu sehen, dass die Messungen an zwei verschiedenen Gruppen erfolgen, ohne dass eine „echte" Kontrollgruppe existiert:

EG_I: (R) O_1

CG_I: (R)   X O_2.

Die Faktorwirkung wird gemessen als

$$(O_2 - O_1).$$

Beispiel 2.63:

Vor Einsatz einer Werbekampagne wird eine repräsentative Stichprobe gezogen und bei den Testpersonen die Markenbekanntheit des betreffenden Produkts erfasst. Nach Ablauf der Kampagne wird bei einer zweiten repräsentativen Stichprobe wiederum die Markenbekanntheit erhoben. Die Veränderung der Markenbekanntheit wird auf den Einsatz der Werbekampagne zurückgeführt.

Vorteilhaft ist an diesem Design die Vermeidung des Pretesteffekts; allerdings sind zeitliche Entwicklungseffekte, d. h. Störfaktoren, die sich zwischen den beiden Messzeitpunkten eingestellt haben, nicht erfassbar. Dieses Design ist typisch für sog. *Wellenerhebungen*, sofern im Rahmen solcher Studien Kausalhypothesen untersucht werden, da dieselben Erhebungsinhalte in regelmäßigen Abständen bei unterschiedlichen repräsentativen Querschnitten erhoben werden.

Kontrollgruppenanordnung ohne Randomisierung (EBA-CBA-Typ)

Der quasi-experimentelle Charakter dieser Versuchsanordnung entsteht dann, wenn beim Design „Vorher-Nachher-Messung mit Kontrollgruppe" auf eine Randomisierung verzichtet wird; aus diesem Grunde findet sich dieses Design in der Literatur auch unter dem Begriff *Nonequivalent Control Group Design*.

Bei dieser Versuchsanordnung werden eine Testgruppe und eine Kontrollgruppe eingesetzt; vor und nach Einsatz des Experimentierfaktors bei der Testgruppe werden bei beiden Gruppen Messungen vorgenommen; dadurch können zum einen Entwicklungseffekte ausgeschaltet, zum anderen kann eine evtl. vorhandene A-priori-Unterschiedlichkeit der Gruppen sichtbar gemacht werden.

Zeitreihen-Design

Im Rahmen eines Zeitreihen-Designs werden wie bei der Zeitreihenanalyse Beobachtungswerte der interessierenden abhängigen Variablen in gleichbleibenden Abständen erhoben, wie es beispielsweise im Rahmen von Panelerhebungen der Fall ist (vgl. die Ausführungen imn Abschn. 2.2.3). Anders als bei herkömmlichen Zeitreihenanalysen wird jedoch ein Experimentierfaktor eingeführt, d. h. es wird die Entwicklung der abhängigen Variablen im Zeitablauf vor und nach Einsatz eines Testfaktors betrachtet. Das Design hat in der Grundform (z. B. bei Zugrundelegen von vier Perioden) folgendes Aussehen:

EG: O_1 O_2 X O_3 O_4.

Der quasi-experimentelle Charakter der Versuchsanordnung resultiert daraus, dass auf eine Randomisierung und i. d. R. auch auf den Einsatz einer Kontrollgruppe verzichtet wird. Eine zumindest teilweise Kontrolle von Störfaktoren erfolgt jedoch dadurch, dass vor und nach Einsatz des Testfaktors regelmäßige Messungen vorgenommen werden, sodass davon ausgegangen werden kann, dass viele Störfaktoren sich auf *alle* Messwerte auswirken, ein Trendbruch also auf den Einsatz des Testfaktors zurückzuführen ist.

Im Gegensatz zu den bisherigen Designs kann die Faktorwirkung nicht durch Differenzbildung ermittelt werden; vielmehr ist es erforderlich, mit Hilfe der verschiedenen Verfahren der Zeitreihenanalyse den Zeitreiheneffekt (z. B. Trend, Saison) von der Wirkung des Testfaktors zu isolieren. Zu dieser Klasse von Quasi-Experimenten können Panelerhebungen gerechnet werden, sofern die Forschungsanordnung des Panels durch möglichst umfassende Kontrolle der Untersuchungssituation experimentellen Charakter gewinnt (vgl. Böhler 2004, S. 53 f.). Abb. 2.49 fasst abschließend die dargestellten Grundformen quasi-experimenteller Designs zusammen.

Typ	Beschreibung	Beispiel	Faktorwirkung	Beurteilung
Vorher-Nachher-Messung mit unterschiedlichen Samples (EB-CA-Typ)	Messung der Werte der abhängigen Variablen zeitlich vor Einsatz der unabhängigen Variablen in einer Testgruppe und zeitlich nach dem Einsatz in einer anderen Testgruppe (bei zwei repräsentativen Querschnitten) $EG : (R)\ O_1$ $CG : (R)\quad X\,O_2$.	Tendenzumfrage, d.h. die Befragung eines unterschiedlichen repräsentativen Querschnitts der der Bundesbürger mit gleichem Fragenwortlaut: z.B. die Frage der Parteienpräferenz vor und nach einer Fernsehdiskussion führender Politiker aller Parteien.	$(O_2 - O_1)$ Differenz zwischen der Kontrollgruppe im Zeitpunkt 1 und der Experimentiergruppe im Zeitpunkt 0	• Zeitliche Entwicklungseffekte nicht messbar • Keine echte Kontrollgruppe • Pretesteffekt wird ausgeschaltet
Kontrollgruppenanordnung ohne Randomisierung (EBA-CBA-Typ)	Messung der Werte der abhängigen Variablen vor und nach Einsatz des Testfaktors bei der Experimentiergruppe, Vorher- und Nachher-Messung in der Kontrollgruppe $EG: O_1\ X\ O_2$ $CG: O_3\quad O_4$	Messung der Markenbekanntheit in einer Experimentiergruppe vor und nach einer Werbekampagne. Das Ergebnis wird verglichen mit der Änderung der Markenbekanntheit in der Kontrollgruppe.	$(O_2 - O_1) - (O_4 - O_3)$ Differenz zwischen den gemeinsamen Unterschieden in der Experimentier- und der Kontrollgruppe	• Wirkung des Testfaktors in der Experimentiergruppe wird bereinigt um Entwicklungseffekte, die sich in der Kontrollgruppe zeigen • Gute Kontrolle der meisten Störvariablen
Zeitreihendesign (Grundform)	Mehrmalige Messung der Werte einer abhängigen Variablen in einer Testgruppe in zeitgleichen Abständen vor und nach Einsatz eines Testfaktors $EG: O_1\ O_2\ X\ O_3\ O_4$	Entwicklung des Marktanteils konkurrierender Marken im Rahmen einer Panelerhebung vor und nach einer Sonderpreisaktion im Handel	Einsatz von Verfahren der Zeitreihenanalyse	• Viele Störgrößen können nicht kontrolliert werden, insb. externe zeitliche Einflüsse, Pretesteffekte. • Bei Heranziehung einer Kontrollgruppe kann mittels Matching die Ausgangslage angeglichen und damit die Validität erhöht werden.

Abb. 2.49: Charakterisierung ausgewählter quasi-experimenteller Designs

2.3 Weiterführende Literatur

Aaker, D. A., Day, G. S., Kumar, V. (2003): Marketing Research 8th ed., New York u.a. 2003.

Becker, W. (1973): Beobachtungsverfahren in der demoskopischen Marktforschung, Stuttgart 1973.

Campbell, D. T., Stanley, J. C. (1966): Experimental and Quasi-Experimental Designs for Research, Boston 1966.

Cook, T. D., Campbell, D. T. (1979): Quasi-Experimentation, Design and Analysis Issues for Field Settings, Chicago 1979.

Cook, T. D., Campbell, D. T., Peracchio, L. (1990): Quasi Experimentation, in: Dunnette, M. D., Hough, L. M. (eds.): Handbook of Industrial and Organizational Psychology, Vol. 1, Palo Alto 1990, S. 491-576.

Grüner, K. W. (1974): Beobachtung, Stuttgart 1974.

Günther, M., Vossebein, V., Wildner, R. (1998): Marktforschung und Panels: Arten, Erhebung, Analyse, Anwendung, Wiesbaden 1998.

Haedrich, G. (1964): Der Interviewereinfluss in der Marktforschung, Wiesbaden 1964.

Hafermalz, O. (1976): Schriftliche Befragung – Möglichkeiten und Grenzen, Wiesbaden 1976.

Kepper, G. (1996): Qualitative Marktforschung: Methoden, Einsatzmöglichkeiten und Beurteilungskriterien, 2. Aufl., Wiesbaden 1996.

Noelle-Neumann, E. (1974): Probleme des Fragebogenaufbaus, in: Behrens, K. C. (Hrsg.): Handbuch der Marktforschung, Wiesbaden 1974, S. 243-253.

Noelle-Neumann, E., Petersen, T. (2000): Alle, nicht jeder. Einführung in die Methoden der Demoskopie, 3. Aufl., Berlin 2000.

Patzer, G. (1995): Using Secondary Data in Marketing Research, Westport 1995.

Payne, S. L. (1951): The Art of Asking Questions, Princeton 1951.

Salcher, E. F. (1995): Psychologische Marktforschung, 2., neubearb. Aufl., Berlin u.a. 1995.

Sarris, V. (1992): Methodologische Grundlagen der Experimentalpsychologie. Bd. 2: Versuchsplanung und Stadien des psychologischen Experiments, München 1992.

Schub von Bossiatzky, G. (1992): Psychologische Marktforschung. Qualitative Methoden und ihre Anwendung in der Markt-, Produkt- und Kommunikationsforschung, München 1992.

Strohschein, F. R. (1965): Die Befragungsstatistik in der Marktforschung, Wiesbaden 1965.

Zentes, J. (1994): Elektronische Panels und Single-Source-Ansätze in der Konsumentenforschung, in: Forschungsgruppe Konsum und Verhalten (Hrsg.): Konsumentenforschung, München 1994, S. 349-365.

Zimmermann, E. (1972): Das Experiment in den Sozialwissenschaften, Stuttgart 1972.

3. Messung, Operationalisierung und Skalierung der Variablen

3.1 Messtheoretische Grundlagen

3.1.1 Begriff der Messung

Im Rahmen einer Erhebung werden – unabhängig vom Erhebungsverfahren – Informationen über Merkmale von Untersuchungsobjekten erhoben. Diese können Eigenschaften von Personen betreffen, z. B. soziodemographische Merkmale, Markenpräferenzen oder Einstellungen von Konsumenten, oder aber Merkmale von Produkten bzw. Marken, z. B. Markenimage, Erhältlichkeit, Marktanteile. Die relevanten Eigenschaften sind in geeigneter Weise zu messen.

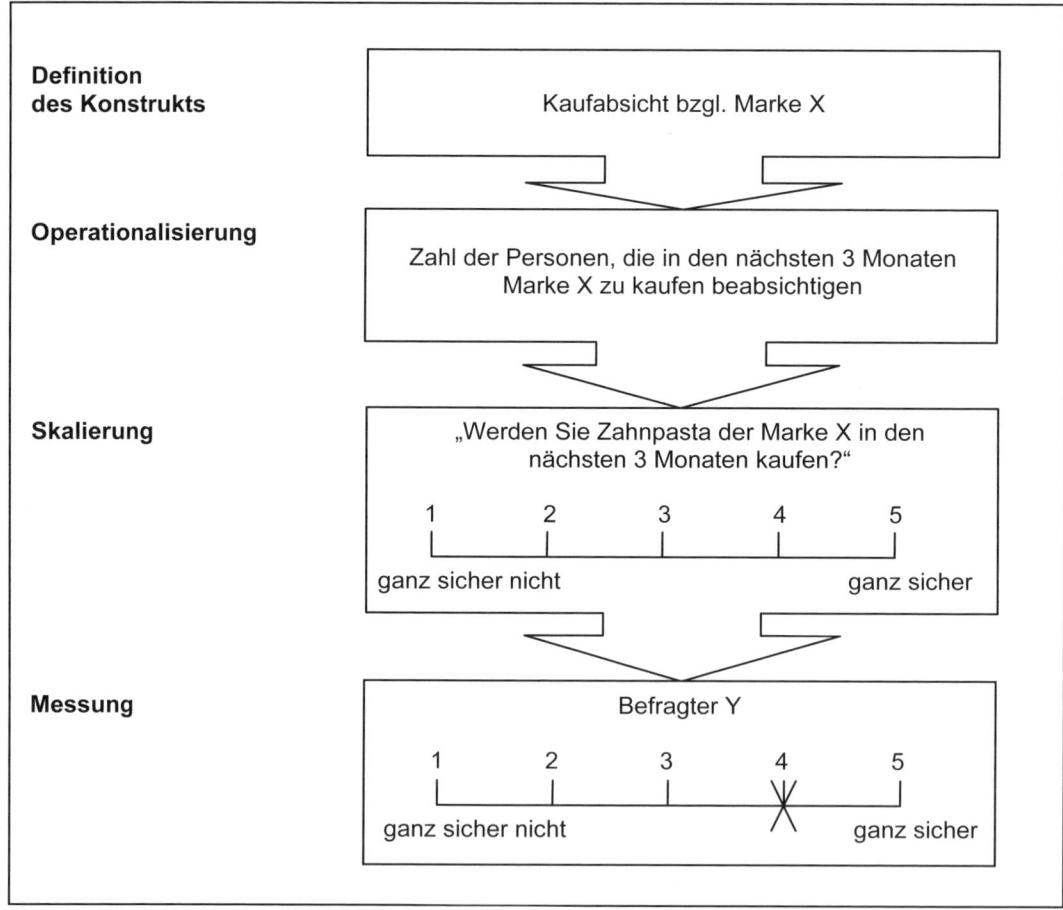

Abb. 2.50: Operationalisierung, Skalierung und Messung von Variablen

Unter einer *Messung* wird die Zuordnung von Werten zu Eigenschaften von Objekten nach vordefinierten Regeln verstanden. Als Werte kommen üblicherweise Zahlen in Frage, grundsätzlich sind jedoch auch andere Zuordnungen möglich. Die Zuordnung soll dabei eine isomorphe Abbildung gewährleisten, d. h. Objekte mit identischen Eigenschaftsausprägungen sollen im Rahmen einer Messung auch identische Werte erhalten (vgl. Malhotra 2004, S. 241). Während dies bei direkt beobachtbaren Variablen wie Preis, Einkommen oder Alter relativ unproblematisch ist, bedarf die Erhebung komplexer psychologischer Konstrukte (z. B. Einstellungen) weitergehender Überlegungen, da solche Konstrukte zum einen nicht direkt beobachtbar sind, zum anderen häufiger nicht eindimensional sind, sondern sich aus mehreren zusammenwirkenden Variablen zusammensetzen. Die Messung i. S. einer Zuordnung von Werten zu Eigenschaftsausprägungen bedarf daher zum einen einer Operationalisierung, zum anderen einer Skalierung der interessierenden Eigenschaften bzw. Konstrukte. Ergebnisse einer Messung sind Messwerte bzw. Daten. Abb. 2.50 zeigt die Zusammenhänge im Überblick.

3.1.2 Messverfahren

Zur Durchführung von Messungen ist i. d. R. der Einsatz bestimmter *Messverfahren* erforderlich; diese bezeichnen die Art und Weise, in welcher konkrete Messwerte erhoben werden sollen. Eine erste Unterscheidung besteht zwischen verbalen und nonverbalen Messverfahren (vgl. Hammann/Erichson 2000, S. 90). *Verbale Messverfahren* beinhalten, dass ein Messwert aus einer mündlichen oder schriftlichen Äußerung der Untersuchungseinheiten resultiert, wie dies z. B. im Rahmen einer Befragung geschieht. *Nonverbale Messverfahren* basieren hingegen auf Beobachtungen (vgl. hierzu die Ausführungen der Abschnitte 2.3.2.1 und 2.3.2.2).

In den Sozialwissenschaften – und speziell auch in der Marktforschung – dominieren verbale Messverfahren, da vielfach subjektive Merkmale (bzw. Merkmalsausprägungen) der Untersuchungseinheit gemessen werden müssen, die eine Auskunft der Testperson voraussetzen (z. B. Präferenzen, Einstellungen Kaufabsichten). Hingegen kommen nonverbale Messverfahren dann zum Tragen, wenn objektive, beobachtbare Sachverhalte erhoben werden müssen (z. B. Markenwahl). Aufgrund der Dominanz verbaler – und damit subjektiver – Verfahren in der Marktforschung ist die Güte der Methoden – im Vergleich zu den objektiveren, nonverbalen Verfahren in den Naturwissenschaften – geringer (vgl. den nachfolgenden Abschn. 3.1.3.2). Hinzu kommt, dass in den Sozialwissenschaften eine Vielzahl von Störfaktoren nicht oder nur begrenzt kontrollierbar ist.

Eine weitere Unterteilung entsteht, wenn nach dem Aufzeichnungsverfahren zwischen persönlichen und apparativen Verfahren differenziert wird. Im Rahmen *persönlicher Messverfahren* erfolgt die Messung durch einen Interviewer bzw. Beobachter in manueller Form (z. B. durch Aufschreiben oder unter Benutzung von Stoppuhren, Handzählern usw.). Apparative Verfahren sind technische Hilfsmittel, welche insb. im Rahmen experimenteller Laborsituationen eingesetzt werden (vgl. hierzu ausführlich Abschn. 2.2.2.2.2). Der höheren Genauigkeit der Messung steht der Nachteil gegenüber, dass der Einsatz in Feldsituationen i. d. R. nicht möglich ist.

3.1.3 Qualität von Messverfahren

3.1.3.1 Fehlerquellen bei Erhebungen

Die als Ergebnis einer Messung gewonnenen Messwerte stellen die Grundlage für die Auswertung und Interpretation der Daten (Kapitel 3 in diesem Teil). Die Güte der auf diese Weise erhaltenen Informationen steht und fällt dabei mit der Qualität des erhobenen Datenmaterials und damit mit der Güte der eingesetzten Messverfahren. Die sorgfältige Messung der interessierenden Merkmalsausprägungen spielt damit in der Marktforschung eine zentrale Rolle. Generell wird gefordert, dass die im Rahmen einer Messung erhaltenen Werte möglichst fehlerfrei sind. Dies bedeutet, dass Unterschiede in den Messwerten idealerweise vollständig auf Unterschiede in den Ausprägungen des zu messenden Sachverhalts zurückzuführen sind. Resultieren bei zwei Probanden auf einer Skala von 0 – 100 Einstellungswerte von 25 und 60, so wird angenommen, dass die unterschiedlichen Messwerte auch unterschiedliche Einstellungswerte repräsentieren. In der Praxis ist allerdings davon auszugehen, dass die Messung – zumindest teilweise – mit Fehlern behaftet ist; *Ziel* einer jeden Messung ist daher, diesen Fehler in Grenzen zu halten.

Ein Messwert X_0 enthält grundsätzlich die folgenden *Komponenten* (vgl. Churchill/Iacobucci 2002, S. 406):

$$X_0 = X_W + X_S + X_Z$$

mit

X_W = wahrer Wert der zu messenden Ausprägung,

X_S = systematischer Fehler,

X_Z = Zufallsfehler.

Der *Zufallsfehler* beruht darauf, dass die Messwerte bei wiederholter Messung um einen konstanten Mittelwert schwanken. Dabei wird angenommen, dass der Mittelwert der Messungen bei ausreichender Fallzahl den unbekannten wahren Wert wiedergibt. Damit gilt, dass sich Zufallsfehler im Mittel ausgleichen. In der Praxis wird als Zufallsfehler der *statistisch berechenbare* Fehler verstanden, d. h. der Stichprobenfehler bei sog. *Random-Verfahren* (vgl. Berekoven/Eckert/Ellenrieder 2004, S. 65). Der Stichprobenfehler hängt dabei in hohem Maße von der Stichprobengröße ab (vgl. die Ausführungen in Abschn. 4.2.5), d. h. der Stichprobenfehler fällt – wenn auch unterproportional – mit zunehmendem Stichprobenumfang (bei einer Vollerhebung wäre der Stichprobenfehler demnach Null).

Bei Vorliegen eines *systematischen Fehlers* variieren die Messwerte nicht um einen wahren Wert, sondern die Messergebnisse werden in eine bestimmte Richtung verzerrt – etwa bei einer Uhr, welche „systematisch" nachgeht. Das Gesetz der großen Zahlen findet hier keine Anwendung, d. h. der systematische Fehler kann durch Erhöhung des Stichprobenumfangs nicht reduziert werden. Darüber hinaus lässt er sich statistisch nicht quantifizieren, sondern allenfalls aus Erfahrungswerten abschätzen. Andererseits ist er aber durch sorgfältige Gestaltung des Messinstruments vermeidbar (vgl. hierzu Sellitz/Whritsman/Look 1976, S. 164 ff.). Abb. 2.51 zeigt typische Quellen systematischer Fehler im Überblick.

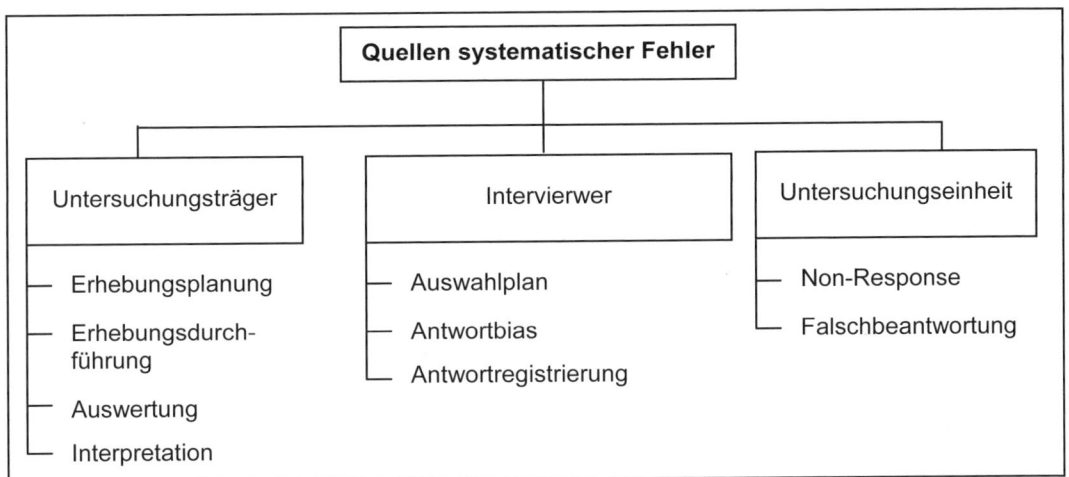

Quelle: In Anlehnung an Berekoven/Eckert/Ellenrieder 2004, S. 69 f.
Abb. 2.51: Quellen systematischer Fehler

Eine erste Ursache systematischer Fehler liegt beim *Untersuchungsträger*. So können im Rahmen der *Erhebungsplanung* die Grundgesamtheit falsch definiert, die Forschungsfrage nicht korrekt formuliert, der Fragebogen fehlerhaft oder das Auswahlverfahren ungeeignet sein. Auch im Rahmen der *Durchführung* können Fehler auftreten, etwa durch mangelhafte Organisation der Feldarbeit. Darüber hinaus können die *Datenauswertung* fehlerhaft – z. B. wegen der Anwendung ungeeigneter Verfahren oder fehlerhafter Codierung und Dateneingabe – sowie die *Interpretation* der Daten aufgrund subjektiver Elemente verzerrt sein.

Eine weitere Quelle systematischer Fehler liegt im sog. *Interviewer-Bias*. So kann der *Auswahlplan* dadurch verzerrt sein, dass der Interviewer seine Quoten nicht einhält oder gar verfälscht. Darüber hinaus kann eine *Antwortbeeinflussung* seitens des Interviewers stattfinden, sei es unbewusst durch Gestik, Mimik und Auftreten, sei es bewusst durch Suggestion. Schließlich können auch im Rahmen der *Antwortregistrierung* Fehler auftreten, z. B. durch versehentliches Ankreuzen der falschen Antwortkategorie, Platzmangel zur Erfassung der vollständigen Antwort u. Ä.

Schwerwiegende Fehler bei der *Untersuchungseinheit* betreffen die Antwortverweigerung (Non-Response) und die Falschbeantwortung. Gerade die Antwortverweigerung stellt ein großes Problem in der Sozialforschung dar, da die Repräsentanz der Untersuchungsergebnisse dadurch gefährdet ist. Dies ist dann der Fall, wenn sich die Antwortverweigerer systematisch von den Antwortenden unterscheiden; der Effekt ist umso größer, je höher die Ausfallrate im Vergleich zum Anteil der Antwortenden, d. h. je geringer die Ausschöpfungsquote ist. Neben der Nichtbeantwortung spielt auch die *Falschbeantwortung* eine wichtige Rolle. Eine eher unbeabsichtigte Falschbeantwortung kann die Folge interner oder externer situativer Gegebenheiten beim Probanden sein, etwa Ermüdung, Krankheit, Präsenz von Familienmitgliedern u. Ä. Bewusste Falschbeantwortung kann aus Prestigegründen oder bei sensiblen bzw. tabuisierten Erhebungsgegenständen eintreten (vgl. hierzu ausführlich Abschn. 2.2.1.2.1).

3.1.3.2 Anforderungen an Messverfahren

Das Ziel, möglichst fehlerfreie Messwerte zu erhalten, wird dann erfüllt, wenn die herangezogenen Messverfahren folgenden *Anforderungen* (*Gütekriterien*) genügen (vgl. Abb. 2.52).
– Objektivität,
– Validität und
– Reliabilität.

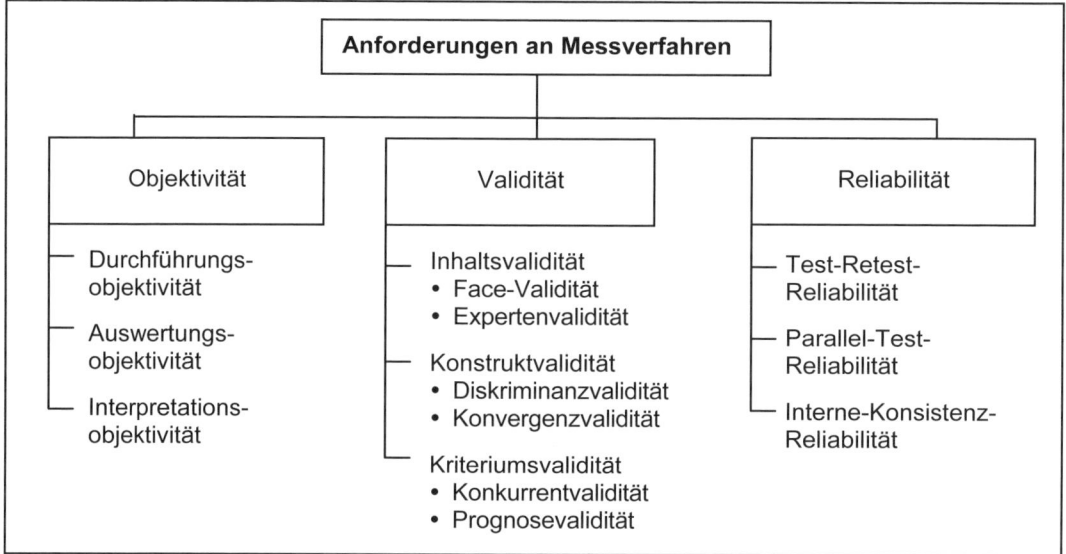

Abb. 2.52: Anforderungen an Messverfahren im Überblick

Die *Objektivität* eines Messinstruments ist gewährleistet, wenn die gewonnenen Messwerte personenunabhängig zustande kommen, unterschiedliche Forscher also unter Anwendung derselben Messinstrumente zum gleichen Ergebnis gelangen. Entsprechend den Ablaufschritten des Messvorgangs lassen sich folgende *Arten der Objektivität* unterscheiden (vgl. Berekoven/Eckert/Ellenrieder 2004, S. 88):
– Durchführungsobjektivität,
– Auswertungsobjektivität und
– Interpretationsobjektivität.

Durchführungsobjektivität ist dann gegeben, wenn der Untersuchungsleiter die Untersuchungseinheiten weder durch sein äußeres Erscheinungsbild noch durch seine Motiv- und Wertstruktur in ihrem Verhalten beeinflusst, d. h. wenn eine möglichst geringe soziale Interaktion zwischen Forscher und Auskunftsperson stattfindet. Die *Auswertungsobjektivität* ist umso höher, je weniger Freiheitsgrade der Forscher bei der Auswertung der Messergebnisse hat. Sie ist bei standardisierten quantitativen Erhebungen am höchsten, bei qualitativen, nichtstandisierten Erhebungen am geringsten. Schließlich besagt die *Interpretationsobjektivität*, dass verschiedene Untersuchungsleiter die Messergebnisse in gleicher Weise interpretieren.

Die Messung der Objektivität erfolgt dabei mit dem sog. *Objektivitätskoeffizienten*; hierbei werden die Ergebnisse zweier Messvorgänge, welche von unterschiedlichen Forschern durchgeführt wurden, miteinander korreliert.

Ein Messinstrument ist *reliabel* (zuverlässig), wenn es bei wiederholten Messungen unter völlig gleichen Bedingungen dasselbe Messergebnis erzeugt. Der Grad der Reliabilität einer Messung lässt sich anhand des Standardfehlers ausdrücken, welcher ein Maß dafür ist, um wie viel die Messwerte bei wiederholter Messung um einen Mittelwert streuen. Die Reliabilität bezieht sich demnach auf den Zufallsfehler. Tritt bei wiederholten Messungen ein Messfehler auf, so kann dies folgende *Ursachen* haben (vgl. Berekoven/Eckert/Ellenrieder 2004, S. 89):
– Fehlende Konstanz der Messbedingungen,
– fehlende Merkmalskonstanz (unterschiedliche Merkmalswerte trotz konstanter Messbedingungen und fehlerfreiem Messinstrument),
– fehlende instrumentale Konstanz, d. h. mangelnde Präzision des Messinstruments.

Die *Validität* (Gültigkeit) eines Messinstruments zielt auf die Frage ab, ob ein Messinstrument tatsächlich das misst, was es zu messen vorgibt, und wie genau es den zu messenden Sachverhalt abbildet. Im Gegensatz zur Reliabilität bezieht sich die Validität auf systematische (konstante) Fehler (zur Validität im Zusammenhang mit Experimenten vgl. auch die Ausführungen in Abschn. 2.2.4.2.1).

Beispiel 2.64:

Ein einfaches Beispiel verdeutlicht den Zusammenhang zwischen Validität und Reliabilität eines Messinstruments. Ist ein Maßkrug zur Messung des Inhalts (z. B. Wasser) falsch geeicht, so ist das Messinstrument nicht valide (beispielsweise würde der Maßkrug einen Inhalt von einem Liter Wasser anzeigen, obwohl der tatsächliche Inhalt von diesem Wert abweicht). Verändert der Maßkrug hingegen in Abhängigkeit von den Rahmenbedingungen (z. B. Temperatur, Luftfeuchtigkeit usw.) aufgrund seines Materials sein Inhaltsvolumen, so führen unterschiedliche Messungen zu unterschiedlichen Ergebnissen. Das Messinstrument ist dann nicht reliabel, die Reliabilität des Messinstruments ist allerdings umso höher, je weniger die Messergebnisse variieren. Sind die Fehler in den Messergebnissen zufällig verteilt, so sind sie (stochastisch) messbar und können durch wiederholte Messungen verringert werden. Anhand des Beispiels kann die Reliabilität auch als Voraussetzung für die Validität eines Messinstruments angesehen werden, da ein Maßkrug, dessen inhaltliches Volumen ständig variiert, nicht exakt geeicht werden kann.

Quelle: Sander 2004, S. 150.

Im Hinblick auf die Marktforschung ist ein Messinstrument, mit dessen Hilfe beispielsweise die Einstellung von Probanden bezüglich eines Objektes (z. B. einer bestimmten Produktmarke) gemessen werden soll, nicht valide, wenn im Rahmen einer Befragung „falsche" Fragen gestellt werden, mit denen sich die Einstellung gegenüber einem Einstellungsobjekt nicht adäquat abbilden lässt. Die Validität des Messinstruments ist auch dann gestört, wenn die „falschen" Probanden befragt werden (z. B. Personen, welche gar nicht zur Zielgruppe der Produktmarke gehören). Mangelnde Reliabilität kann sich in diesem Beispiel durch unsorgfältige Interviewer oder verzerrtes Antwortverhalten der Probanden ergeben.

Zur Überprüfung von Reliabilität und Validität existieren verschiedene Konzepte (vgl. z. B. Böhler 2004, S. 113 ff.; Hüttner/Schwarting 2002, S. 14 ff.; Sander 2004, S. 150 f.). Zur Überprüfung der *Reliabilität* lassen sich

– die Test-Retest-Reliabilität,

– die Parallel-Test-Reliabilität sowie

– die Interne-Konsistenz-Reliabilität

unterscheiden. Während bei der *Test-Retest-Reliabilität* eine Wiederholungsmessung zu einem späteren Zeitpunkt erfolgt, wird bei der *Parallel-Test-Reliabilität* eine Vergleichsmessung zum selben Zeitpunkt vorgenommen. Bei der *Internen-Konsistenz-Reliabilität* erfolgt eine Aufteilung des Messinstruments (z. B. eines Fragebogens) in zwei Teile gleicher Länge (split-half-reliability); anschließend werden die Ergebnisse auf Einheitlichkeit hin überprüft. Bestimmt wird die Reliabilität jeweils über die Korrelation der Messergebnisse, welche möglichst hoch sein sollte.

Die genannten Verfahren zur Messung der Reliabilität sind jedoch selbst mit Fehlerquellen behaftet: So kann sich z. B. bei der Test-Retest-Reliabilität der wahre Wert im Zeitablauf verändern; bei der Split-half-Reliabilität hingegen ist die Aufteilung des Messinstruments in zwei gleichwertige Hälften – etwa zwei gleichwertige Itembatterien – äußerst problematisch.

Bedeutende Konzepte zur Überprüfung der *Validität* sind (vgl. Sander 2004, S. 159):

– die Inhaltsvalidität,

– die Konstruktvalidität sowie

– die Kriteriumsvalidität.

Gegenstands der *Inhaltsvalidität* ist die Frage, ob ein Messinstrument inhaltlich (sachlich und logisch) geeignet ist, einen bestimmten Sachverhalt zu messen. Die Überprüfung erfolgt im Regelfall durch Plausibilitätsüberlegungen (Face-Validität) oder mittels Beurteilung durch Experten (Experten-Validität). Die *Konstruktvalidität* stellt darauf ab, in welchem Ausmaß Beziehungen zwischen einem theoretischen Konstrukt (z. B. „Einstellung") und der empirischen Messung vorliegen. Diese Beziehung kann in Form der Diskriminanzvalidität (Unterschiedlichkeit der Messung verschiedener Konstrukte mit einem Messinstrument) oder der Konvergenzvalidität (Übereinstimmung der Messungen eines Konstrukts mit verschiedenen Messinstrumenten) abgebildet werden. Gegenstand der *Kriteriumsvalidität* ist hingegen die Übereinstimmung der Messung eines Konstruktes mit den Messungen eines Kriteriums dieses Konstruktes. Je nachdem, ob die Messungen zeitgleich oder später erfolgen, unterscheidet man dabei zwischen Konkurrentvalidität (zeitgleiche Messung) und Prognosevalidität (zeitlich aufeinander folgende Messung).

Auch an *qualitative Forschung* sind Forderungen nach Objektivität, Reliabilität und Validität zu stellen; der offene Charakter qualitativer Forschungsmethoden und der weitgehende Verzicht auf eine Standardisierung der Methodik bedingt allerdings, dass diese als eher subjektiv gelten. Auch die Durchführung traditioneller Reliabilitäts- und Validitätsüberprüfungen stellt sich als eher schwierig dar. Eine reine Adaption des traditionellen, quantitativ geprägten Gütebegriffs für die qualitative Marktforschung kommt somit nicht in Frage, weil dessen Prüfungen im Wesentlichen den Zielsetzungen der qualitativen Forschung widersprechen (vgl. Nolte 2004, S. 50).

Nichtsdestotrotz sind auch qualitative Forscher stets bemüht, zuverlässige, gültige und generalisierbare Ergebnisse zu erzielen; aufgrund der weichen Datenstruktur und des offenen Charakters von Erhebung und Auswertung müssen hier jedoch teilweise andere Maßstäbe gesetzt werden.

Objektivität im qualitativen Sinne bedeutet, dass die Durchführung der Erhebung sowie die Auswertung und Interpretation der Ergebnisse seitens des Forschers *wertfrei* und ohne subjektive Beeinflussung der Erhebungseinheiten zu erfolgen haben.

Des Weiteren wird *Transparenz* sowohl bei der Datenerhebung als auch bei der Datenauswertung und Interpretation gefordert. Dies bedeutet, dass der Untersuchungsablauf sowie die Bedingungen von Aufbau und Ablauf der Erhebung explizit aufgezeichnet werden sollen. Die Objektivität der Ergebnisse lässt sich am Grad der Nachvollziehbarkeit durch Offenlegung der Analyseschritte und Transparenz der Interpretationsschritte erkennen. Auch ein multipersonaler Diskurs mehrerer Forscher oder eine voneinander unabhängige Auswertung und Interpretation können die Objektivität fördern (vgl. Kepper 1996, S. 203 f.).

Als Kriterium der Objektivität wird darüber hinaus die *Umfassendheit der Inhalte* vorgeschlagen (vgl. Kepper 1995, S. 60). Ziel der qualitativen Vorgehensweise ist es u. a., das Spektrum an verschiedenen Problemdimensionen möglichst umfassend und ohne subjektive Prädetermination des Forschers zu erheben. Somit spiegelt sich die Objektivität einer Untersuchung auch im Grad der Umfassendheit der erhobenen relevanten Inhalte wider.

Reliabilität betrifft die Genauigkeit der Messungen bei wiederholter Erhebung. Abb. 2.53 zeigt gebräuchliche Kriterien der Reliabilität bei qualitativen Untersuchungen. Aufgrund des offenen Charakters qualitativer Erhebungen lässt sich die Messung meist nicht exakt wiederholen. Aus diesem Grunde lassen sich die verschiedenen Prüfmethoden (Test-Retest, Parallel-Test, Split half) in der Regel nicht anwenden, wenn sich auch gewisse Parallelen finden lassen. Gebräuchliche Prüfmethoden sind hier (vgl. Diekmann 1997, S. 492):

– *Intercoderreliabilität* (prozentuale Übereinstimmung der Codierungen zweier parallel arbeitender Codierer)
– *Intracoderreliabilität* (prozentuale Übereinstimmung der Codierungen eines einzigen Forschers zu zwei unterschiedlichen Zeitpunkten).

Stabilität	Die mehrmalige Anwendung des Verfahrens führt zum selben Ergebnis.
Reproduzierbarkeit	Die Vorgehensbeschreibung der Methode ist so exakt, dass ein anderer Forscher zu einem ähnlichen Ergebnis gelangen würde.
Exaktheit	Sie misst, inwieweit die Analyse einem bestimmten funktionellen Standard entspricht.
Stimmigkeit	Ziele und Methoden der Forschungsarbeit sind miteinander vereinbar.

Abb. 2.53: Kriterien der Reliabilität bei qualitativen Erhebungen

Validität betrifft die Genauigkeit, mit der ein Erhebungsinstrument das misst, was es zu messen vorgibt. Generell können qualitative Methoden insofern als valide eingestuft werden, als sie – durch den Verzicht auf Standardisierung und Vorstrukturierung – die Kommunikationsmöglichkeiten eines Probanden nicht beschneiden. Dadurch kann die Erhebungsphase grundsätzlich als valide gelten. In der Auswertungsphase qualitativer Studien finden hingegen systematisierende, aggregierende und interpretierende Vorgänge statt, sodass eine Überprüfung der Validität in dieser Phase zweckmäßig ist. Abb. 2.54 zeigt gängige Kriterien zur Überprüfung der Validität qualitativer Erhebungen (vgl. z. B. Mayring 2003, S. 110 ff.; Cropley 2002, S. 119).

Semantische Validität	Der Forscher interpretiert die Aussagen der Probanden richtig. Zur Überprüfung kann der Forscher z. B. Rücksprache mit den Probanden halten.
Expertenvalidität	Es werden verschiedene Forscher herangezogen, die die Gültigkeit der Vorgänge überprüfen.
Korrelative Validität	Die Ergebnisse werden mit den Resultaten ähnlicher Forschungen verglichen.
Vorhersagevalidität	Aus dem Material lassen sich Prognosen für ähnliche Situationen ableiten.
Konstruktvalidität	• Die Methode wurde bereits erfolgreich angewendet. • Es handelt sich um bewährte Theorien und Modelle. • Mit dem Untersuchungsgegenstand bestehen bereits ausreichende Erfahrungen.

Abb. 2.54: Kriterien der Validität bei qualitativen Erhebungen

Ziel empirischer Erhebungen ist grundsätzlich die Gewinnung von Informationen über eine Gesamtheit von Erhebungseinheiten. Insofern kommt der *Repräsentativität* eine zentrale Rolle zu. Bei *quantitativen Erhebungen* wird Repräsentativität durch entsprechende Auswahlverfahren gewährleistet (vgl. Abschn. 4.2.2). Statistische Repräsentativität beinhaltet, dass von einer Stichprobe ein Rückschluss auf die Grundgesamtheit möglich ist, wobei der Fehler quantifizierbar ist.

Repräsentativität im Sinne der mathematischen Statistik ist bei *qualitativen Untersuchungen* nicht gegeben; versteht man Repräsentativität jedoch im Sinne von Generalisierbarkeit der Ergebnisse, so ist auch qualitative Forschung um verallgemeinerbare Ergebnisse bemüht. Das geschieht beispielsweise durch (vgl. Müller 2000, S. 146):

– Sicherung der Generalisierbarkeit durch rekonstruktive Verfahren und durch Anwendung etablierter Theorien und Methoden,

– fortlaufende Erweiterung des Samples gemäß der für die Theoriebildung wichtigen Überlegungen,

– typische Auswahl, d. h. Suche nach typischen Vertretern einer bestimmten Kategorie von Untersuchungseinheiten,

– Auffinden des Allgemeinen im Besonderen,

– exemplarische Verallgemeinerung durch Abstraktion (Trennung von Wesentlichem und Unwesentlichem).

Als Kriterium für das Vorliegen von Generalisierbarkeit i. S. externer Validität können Glaubwürdigkeit (d. h. die Befunde sind von einem Fachpublikum nachvollziehbar) und Nützlichkeit (die Befunde lassen sich praktisch einsetzen) angeführt werden (vgl. Cropley 2002, S. 119).

3.2 Operationalisierung

Operationalisierung kann als Vorschrift zur Zuordnung von Messungen zu einer interessierenden Variablen definiert werden (vgl. Churchill/Iacobucci 2002, S. 400). Die Operationalisierung von Merkmalen bzw. Variablen erfordert dabei die folgenden *Schritte* (vgl. Böhler 2004, S. 107):

– eine präzise theoretisch-begriffliche Fassung der zu erhebenden Merkmale sowie

– die Bestimmung der zugehörigen empirisch wahrnehmbaren Eigenschaften (Indikatoren), welche das theoretisch-begrifflich formulierte Konstrukt repräsentieren.

Im Marketing werden zahlreiche Variablen erhoben, welche teils direkt beobachtbar (z. B. Absatzmenge), teils nicht unmittelbar beobachtbar (z. B. Einstellung) sind. Die theoretisch-begriffliche Fassung des interessierenden Merkmals sagt zunächst aus, „was" eigentlich zu messen ist; des Weiteren muss die Definition Aussagen darüber erlauben, wann und wo – ggf. durch wen und wie – die Messung vorzunehmen ist.

Die inhaltliche Komponente der Operationalisierung – also die Frage nach dem „Was" – ist bei direkt beobachtbaren Sachverhalten vergleichsweise einfach. So ist z. B. die Variable „Preis" inhaltlich eindeutig bestimmt, zur konkreten Erhebung der Variable ist das Merkmal jedoch näher zu spezifizieren, z. B. „Preis zu einem bestimmten Stichtag", „Durchschnittspreis in der Periode" o. Ä. Neben dieser zeitlichen Dimension ist auch der räumliche Aspekt zu klären, z. B. „in sämtlichen Einzelhandelsgeschäften der Region", „in Einzelhandelsgeschäften mit einem Umsatzanteil von mindestens X %" usw.

Besondere Schwierigkeiten bei der Operationalisierung treten dann auf, wenn es sich bei den zu erhebenden Merkmalen um *hypothetische Konstrukte* handelt, welche empirisch nicht direkt beobachtbar sind. Hierbei handelt es sich um komplexe multidimensionale Sachverhalte, welche zunächst auf der Grundlage theoretischer Überlegungen oder explorativer Studien in ihre einzelnen Elemente zerlegt werden müssen. Für die einzelnen Dimensionen des Konstrukts sind anschließend Items zu generieren, welche sich auf empirisch beobachtbare – und somit messbare – Sachverhalte beziehen (vgl. Churchill/Iacobucci 2002, S. 401 f.). Darüber hinaus ist eine Vorschrift anzugeben, wie diese Indikatoren zu messen sind und auf welche Weise die Einzelmessungen zu einem Messwert für das interessierende Konstrukt zu aggregieren sind. So kann die Einstellung beispielsweise anhand einer einzigen Rating-Skala oder aber durch eine ganze Itembatterie erhoben werden. Die Aggregation zu einem Einstellungswert über alle Items kann z. B. durch additiv-multiplikative Verknüpfung oder durch andere Vorschriften erfolgen (vgl. hierzu die Ausführungen in Abschn. 3.3.2). Abb. 2.55 zeigt eine mögliche Operationalisierung des Konstrukts „Umweltbewusstsein".

„Im täglichen Leben versuche ich immer, Energie zu sparen."

„Für die Fahrt zur Arbeit verzichte ich häufig auf das Auto."

„Im Supermarkt kaufe ich nach Möglichkeit keine abgepackte Ware."

„Ich fühle mich durch auf der Straße herumliegende Dosen und Zigarettenpackungen gestört."

„Einwegpackungen sollten generell verboten werden."

„Mülltrennung bringt sehr viel Mühe, aber keinen echten Nutzen." (R)

(Das 'R' bedeutet, dass der Score invertiert werden muss.)

Abb. 2.55: Items zur operationalen Definition des Konstrukts „Umweltbewusstsein"

3.3 Skalierung

Unter Skalierung wird die Generierung eines Kontinuums verstanden, um gemessene Eigenschaften von Objekten zu positionieren. So können z. B. die Items des Beispiels der Abb. 2.54 anhand einer Fünf-Punkte-Rating-Skala mit den Ausprägungen 1 („trifft überhaupt nicht zu") bis 5 („trifft voll und ganz zu") gemessen werden. Beim letzten Item des Beispiels ist dabei zu beachten, dass die Scores invertiert werden müssen (d. h. 1 = trifft voll und ganz zu, 5 = trifft überhaupt nicht zu), damit höhere Werte auch ein höheres Umweltbewusstsein widerspiegeln. Im Zusammenhang mit der Skalierung sind dabei folgende Aspekte von Bedeutung:

− die Art der herangezogenen Skalen im Hinblick auf das Messniveau der Daten und

− die eingesetzten Skalierungsverfahren.

3.3.1 Skalenniveaus und Skalenarten

Das *Skalenniveau* von Variablen hat im Rahmen der Marktforschung eine erhebliche Bedeutung, da es einerseits die anzuwendenden bzw. anwendbaren Datenanalyseverfahren determiniert, andererseits die Aussagekraft von Marktforschungsergebnissen beeinflusst. Abb. 2.56 zeigt die vier möglichen Skalenniveaus im Überblick.

Während eine *Nominalskala* lediglich die Feststellung von Identitäten ermöglicht, kann anhand einer *Ordinalskala* eine Rangfolge zwischen verschiedenen Objekten festgestellt werden. Die Abstände zwischen den Objekten sind dabei unbekannt. Sind die Abstände zwischen den Objekten messbar, liegt eine *Intervallskala* vor, im Falle des Vorhandenseins eines absoluten Nullpunkts ist eine *Verhältnisskala* gegeben. Nominal- und Ordinalskalen werden als nichtmetrische Skalen, Intervall- und Verhältnisskalen hingegen als metrische Skalen bezeichnet.

Je nach untersuchtem Gegenstand sind zudem Skalafragen zu entwickeln, welche eine Messung des interessierenden Sachverhalts erst ermöglichen. Dabei kann man folgende *Skalenarten* unterscheiden (vgl. Sander 2004, S. 147):

− monopolare vs. bipolare Skalen sowie

− kontinuierliche vs. diskontinuierliche Skalen.

	zulässige Rechenoperation	empirische Aussage	zulässige Maßzahlen u. Verfahren	Beispiel
Nominalskala	jede eineindeutige Operation	Feststellung von Identitäten	Modus, Kontingenzmaße	Geschlecht des Probanden: 1 = männlich 2 = weiblich
Ordinalskala	jede monotone, rangerhaltende Operation	Feststellung von größeren oder kleineren Werten	Median, Centile, Rangkorrelation	Rangreihe von Produkten nach ihrer Präferierung durch einen Probanden: Produkt B = Rang 1 Produkt C = Rang 2 Produkt A = Rang 3
Intervallskala	lineare Transformation	Feststellung der Gleichheit von Intervallen oder Differenzen	arithmetisches Mittel, Varianz, Produkt-Moment-Korrelation, t-Test, F-Test	Einstellung eines Probanden zu einem Produkt: [1] 1 2 3 4 5 6 7 ├─┼─┼─┼─┼─┼─┤ sehr sehr gut schlecht
Verhältnisskala	Ähnlichkeitstransformation	Feststellung eines Verhältnisses zweier Werte	geometrisches Mittel, harmonisches Mittel	Einkommen in DM

[1] Die Antwortskala hat zunächst ordinales Niveau. Sie nimmt die Eigenschaft einer Intervallskala an, wenn die Hypothese zu Grunde gelegt werden kann, dass die semantischen Abstände zwischen den Skalenwerten als gleich eingeschätzt werden

Quelle: Zentes 2005, S. 333.
Abb. 2.56: Skalenniveaus in der Marktforschung

Während bei monopolaren Skalen zwischen dem Minimum auf der einen Seite und dem Maximum auf der anderen Seite verschiedene Intensitätsabstufungen gegeben sind, finden sich bei bipolaren Skalen an den Skalenenden Ausdrücke mit gegensätzlicher Bedeutung. Bei kontinuierlichen Skalen besteht die Möglichkeit, sämtliche Ausprägungen bzw. Intensitätseinstufungen zwischen den Skalenenden heranzuziehen, bei diskontinuierlichen Skalen hingegen sind die Antwortmöglichkeiten auf der Skala fest vorgegeben. Abb. 2.57 zeigt Beispiele für mono- bzw. bipolare sowie kontinuierliche und diskontinuierliche Skalen. Mono- und bipolare Skalen können dabei beliebig mit kontinuierlichen bzw. diskontinuierlichen Skalen verknüpft werden.

In diesem Zusammenhang ist auf einen wichtigen Effekt hinzuweisen (vgl. Sander 2004, S. 148): Wird bei einer diskontinuierlichen Skala eine gerade Anzahl an Antwortmöglichkeiten vorgegeben (z. B. in Abb. 2.57 im Feld unten links), so ist das Ankreuzen einer mittleren Position nicht möglich. Diese Auskunftsperson muss sich also für eine eher positive bzw. negative Haltung entschieden. Hierdurch wird das tendenziell „mittige" Antwortverhalten von unentschlossenen Auskunftspersonen vermieden. Allerdings kann in diesem Fall eine tatsächlich mittlere bzw. indifferente Position nicht zum Ausdruck gebracht werden. Unterstützt werden kann das Antwortverhalten durch die Flächigkeit der Antwortmöglichkeiten.

Eine größere Fläche drückt dabei eine höhere Intensität aus (vgl. auch das Feld unten links in Abb. 2.57). Ein weiteres diesbezügliches Beispiel ist die Aufgabe an eine Auskunftsperson, eine Karte mit der Aufschrift „Würde ich kaufen" aus einem Stapel von Karten, auf denen dieser Schriftzug in unterschiedlicher Größe gestaltet ist, auszuwählen. Von der Größe des Schriftzuges der ausgewählten Karte wird dann auf die Kaufwahrscheinlichkeit des betreffenden Produkts geschlossen.

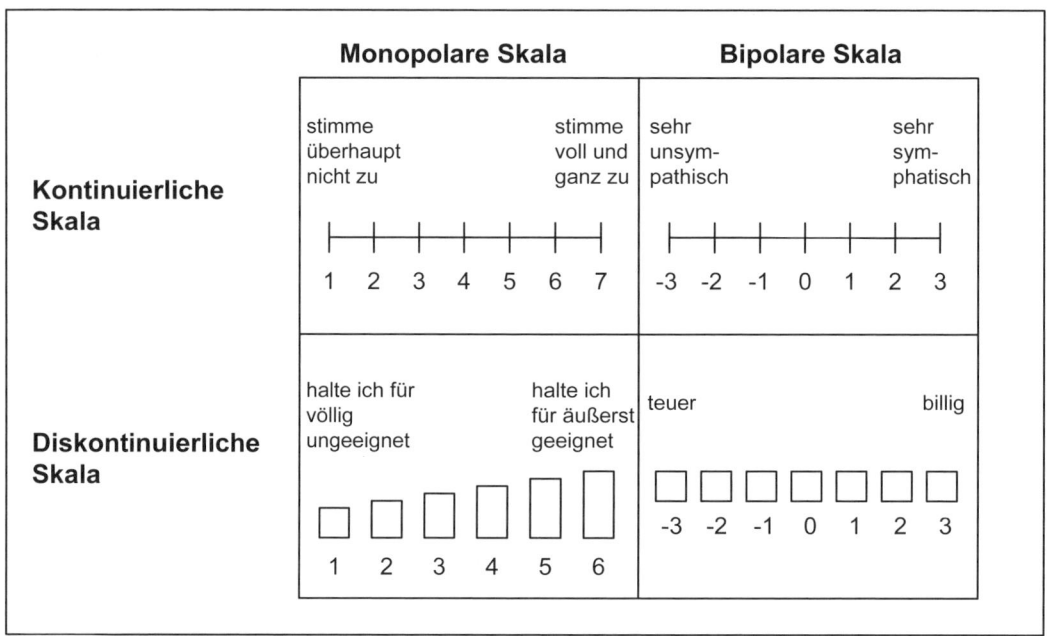

Quelle: Sander 2004, S. 149.
Abb. 2.57: Beispiele für verbal-numerische Skalen

3.3.2 Skalierungsverfahren

Skalierungsverfahren beziehen sich auf die Art und Weise, wie mit Hilfe von Skalen Daten gemessen werden sollen. Hierbei wird unterschieden in (vgl. Malhotra 2004, S. 241 ff.):
– Verfahren komparativer Skalierung und
– Verfahren nichtkomparativer Skalierung.

Im deutschsprachigen Raum findet sich häufig die Einteilung der Skalierungsverfahren in Verfahren der Selbsteinstufung und Verfahren der Fremdeinstufung (vgl. z. B. Pepels 1995, S. 286 ff.; Berekoven/Eckert/Ellenrieder 2004, S. 74 ff.); auf diese Unterscheidung wird hier jedoch nicht näher eingegangen. Techniken *komparativer* bzw. *vergleichender Skalierung* beinhalten einen direkten Vergleich von Stimuli (z. B. Rangordnung alternativer Fruchtsaftgetränke nach dem Geschmack). Da eine solche Skalierung nur ordinale Aussagen erlaubt, wird sie auch als nichtmetrische Skalierung bezeichnet. Eine *nichtkomparative* bzw. *nichtvergleichende* (auch: monadische oder metrische) Skalierung bedeutet, dass jedes Objekt unabhängig von den anderen Objekten im Set skaliert wird; die Ergebnisse werden üblicherweise als metrisch skaliert angenommen (z. B. Beurteilung des Geschmacks alternativer Fruchtsaftgetränke auf einer Skala von 1 („schmeckt überhaupt nicht") bis 5 („schmeckt sehr gut") und Vergleich der Scores der einzelnen Getränke). Die nichtvergleichende Skalierung wird in der Marktforschung am häufigsten eingesetzt. Abb. 2.58 liefert einen Überblick über in der Marktforschung gebräuchliche Skalierungsverfahren. Im Folgenden sollen die wichtigsten Verfahren kurz dargestellt werden.

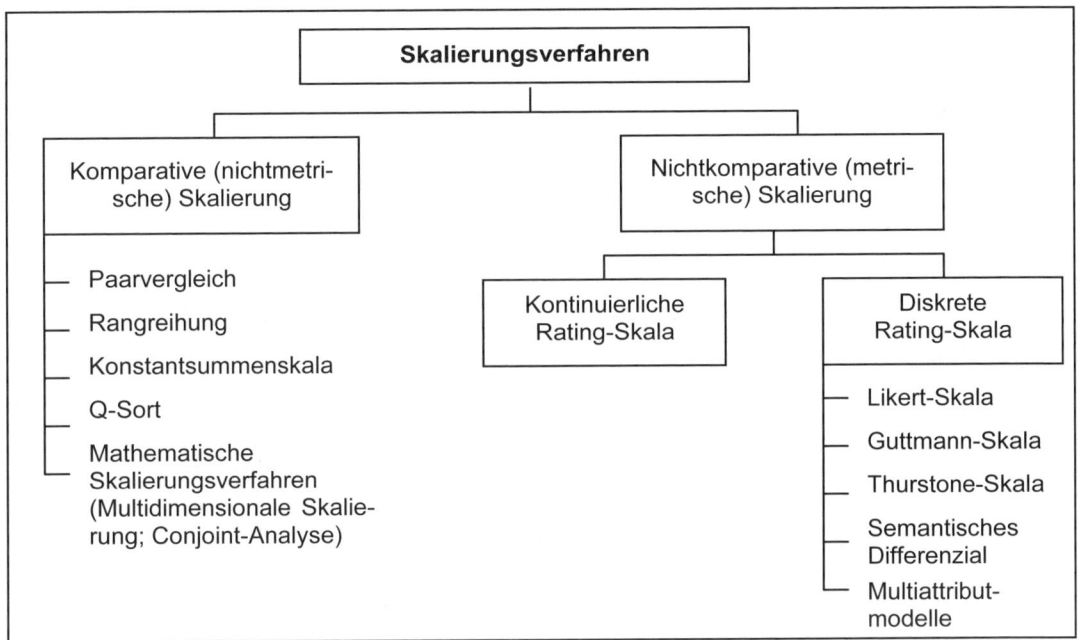

Abb. 2.58: Gebräuchliche Skalierungsverfahren in der Marktforschung

3.3.2.1 Komparative Skalierung

Im Rahmen komparativer (vergleichender) Skalierung werden Objekte dadurch in eine Rangfolge gebracht, dass sie direkt miteinander verglichen werden. Das häufigste Verfahren im Rahmen vergleichender Skalierung sind *Paarvergleiche*. Im Rahmen von Paarvergleichen werden aus der Gesamtmenge von Objekten Objektpaare gebildet; der Proband hat die Aufgabe, das jeweils von ihm präferierte Objekt nach einem vorgegebenen Kriterium (z. B. Geschmack) anzugeben. Bei n Objekten sind pro Testperson dabei n(n-1)/2 Paarvergleiche vorzunehmen (vgl. Malhotra 2004, S. 243). Aus den Ergebnissen der Paarvergleiche kann – Transitivität der Urteile vorausgesetzt – eine Rangordnung der Objekte gebildet werden; so erhält das Objekt, das am häufigsten im Paarvergleich präferiert wurde, Rang 1, wohingegen das Objekt, das am seltensten präferiert wurde, Rang n erhält. Unter bestimmten Bedingungen kann aus den Daten auch eine Intervallskala gewonnen werden (vgl. z. B. Likert/Roslow/Murphy 1993).

Paarvergleiche sind sinnvoll, wenn die Zahl der zu beurteilenden Objekten begrenzt ist; ansonsten wird das Verfahren unübersichtlich. Weitere möglichen Nachteile des Verfahrens sind (vgl. Malhotra 2004, S. 243):

– Es kann eine Verletzung der Transitivitätsprämisse auftreten;

– das Ergebnis kann von der Reihenfolge der Präsentation der Objektpaare beeinflusst werden;

– Paarvergleiche haben kaum Ähnlichkeit zur realen Kaufsituation, im Rahmen derer eine Auswahl zwischen mehreren Alternativen vorzunehmen ist;

– das Verfahren erlaubt keine Aussagen darüber, ob das – relativ gesehen – präferierte Objekt im absoluten Sinne den Probanden gefällt.

Beispiel 2.65:

„Ich werde Ihnen 10 Paare von Zahnpastamarken vorstellen. Bitte geben Sie bei jedem Paar an, welche Marke Sie für den persönlichen Gebrauch vorziehen würden."

(1) ☐ Colgate	☐ Pepsodent	(6) ☐ Colgate	☐ Close Up
(2) ☐ Pepsodent	☐ Close Up	(7) ☐ Close Up	☐ Odol-med
(3) ☐ Close Up	☐ Signal	(8) ☐ Signal	☐ Colgate
(4) ☐ Signal	☐ Odol-med	(9) ☐ Pepsodent	☐ Signal
(5) ☐ Odol-med	☐ Colgate	(10) ☐ Pepsodent	☐ Odol-med

Im Rahmen einer *Rangreihung* müssen die Testpersonen eine Menge von Objekten gleichzeitig beurteilen und gemäß ihrer Präferenzen bzgl. eines vordefinierten Merkmals in eine Rangfolge bringen. Auch hier resultieren ordinalskalierte Präferenzdaten; es wurden jedoch auch Verfahren entwickelt, um daraus intervallskalierte Daten zu gewinnen (vgl. z. B. Bottomley 2000).

Beispiel 2.66:

Ich zeige Ihnen fünf verschiedene Zahnpastamarken. Bitte ordnen Sie die Marken danach, welche Sie für Ihren persönlichen Gebrauch vorziehen würden. Geben Sie dabei der Marke, die Ihnen am meisten zusagt, den Wert 1, der Marke, die Ihnen am wenigsten zusagt, den Wert 5.

Marke	**Rang**
Colgate	-------
Pepsodent	-------
Close Up	-------
Signal	-------
Odol-med	-------

Rangreihungsverfahren werden sehr häufig zur Erhebung von Präferenzen herangezogen, z. B. im Rahmen von Conjoint-Analysen (vgl. Abschn. 3.5 im 3. Teil). Im Vergleich zu Paarvergleichen ähnelt die Untersuchungssituation eher der realen Wahlentscheidung beim Kauf; darüber hinaus sind Verfahren aus dieser Gruppe schneller, sie verhindern intransitive Aussagen und sind für die Befragten unmittelbar nachzuvollziehen (vgl. Malhotra 2004, S. 244 f.).

Beim *Konstantsummenverfahren* werden die Probanden gebeten, eine vorgegebene Anzahl an Einheiten (z. B. Punkte, Münzen, Spielmarken) auf die einzelnen Untersuchungsobjekte bzw. auf Ausprägungen von Untersuchungsobjekten restlos zu verteilen; dabei soll die Verteilung die relative Bedeutung der Untersuchungsobjekte widerspiegeln.

Beispiel 2.67:

Hier sehen Sie fünf Eigenschaften von PKWs. Wie wichtig sind die einzelnen Eigenschaften für Sie persönlich? Bitte verteilen Sie insgesamt 100 Punkte auf die fünf Eigenschaften gemäß ihrer Bedeutung!

Platzverhältnisse im Innenraum	
Geschwindigkeit	
Design	
Sicherheit	
Preis	
Summe	**100**

Q-Sort ist eine Variante von Rangordnungsskalen, bei welcher die Befragten vorgelegte Objekte in mehrere Stapel nach einen bestimmten Kriterium sortieren müssen. Beispielsweise kann den Befragten eine Reihe Statements bzgl. eines Objekts vorgelegt werden, die sie nach dem Ausmaß der Zustimmung sortieren sollen (z. B. Stapel 1: Stimme voll und ganz zu, Stapel 2: Stimme zu usw.). Weitere komparative Skalierungsverfahren sind mathematisch-statistischen Ursprungs (z. B. Conjoint-Analyse, Multidimensionale Skalierung) und werden in Kap. 3 im 3. Teil dieses Buches ausführlich beschrieben.

Komparative Skalierungsverfahren sind grundsätzlich dann geeignet, wenn Präferenzen bzw. Wichtigkeitsbewertungen erhoben werden sollen, da dadurch verhindert werden kann, dass alle Eigenschaften als „sehr wichtig" eingestuft werden und damit eine Nivellierung der Antworten herbeigeführt wird, wie dies bei der Anwendung von Techniken nichtkomparativer Skalierung eintreten kann (vgl. Homburg/Krohmer 2003, S. 221).

3.3.2.2 Nichtkomparative Skalierung

Im Rahmen *nichtkomparativer Skalierung* erfolgt die Bewertung von Objekten isoliert, d. h. unabhängig von anderen Untersuchungsobjekten. Verfahren nichtkomparativer Skalierung werden typischerweise im Rahmen der Einstellungsmessung eingesetzt und beruhen auf sog. *Rating-Skalen*. Rating-Skalen erlauben eine Beurteilung zwischen zwei Extrempunkten und können kontinuierlich oder diskret sein (vgl. hierzu Abb. 2.17 in Abschn. 2.2.1.2.1); grundsätzlich liefern sie ordinale Daten, unter der Annahme gleicher Abstände zwischen den Skalenpunkten werden sie jedoch häufig als metrisch behandelt.

Bei einer *kontinuierlichen* Rating-Skala erfolgt die Bewertung an beliebiger Stelle eines Kontinuums; die Einteilung in Kategorien wird nachträglich durch den Forscher vorgenommen. Deren Anwendung in der Marktforschung ist allerdings begrenzt.

Eine weitaus größere Rolle spielen die verschiedenen *diskreten* Rating-Skalen. Weit verbreitet ist die sog. *Likert-Skala*. Die Likert-Skala beruht darauf, dass dem Probanden eine Reihe von Statements vorgelegt wird. Ihre Aufgabe ist es, das Ausmaß ihrer Zustimmung auf einer Skala anzugeben, typischerweise mit den Extrempunkten „stimme voll und ganz zu" und „stimme überhaupt nicht zu".

Beispiel 2.68:

Weiter unten finden Sie eine Liste von Aussagen zur Marke XYZ. Bitte tragen Sie auf den untenstehenden Skalen ein, inwieweit Sie den einzelnen Aussagen zustimmen.

Marke XYZ	Stimme voll und ganz zu				Stimme überhaupt nicht zu
… hebt sich positiv von Konkurrenzmarken ab	☐	☐	☐	☐	☐
… ist qualitativ hochwertig	☐	☐	☐	☐	☐
… ist preislich günstig	☐	☐	☐	☐	☐
… ist überall erhältlich	☐	☐	☐	☐	☐
… macht gute Werbung	☐	☐	☐	☐	☐

Das *Semantische Differenzial* besteht aus einer Reihe 7-stufiger, bipolarer Rating-Skalen mit metaphorischen – also vom Objekt losgelösten – Gegensatzpaaren.

Beispiel 2.69:

Stellen Sie sich bitte die Marke X als Person vor. Wie würden Sie die Eigenschaften dieser Person beurteilen?

	-3	-2	-1	0	1	2	3	
gut								schlecht
süß								sauer
nüchtern								verträumt
hart								weich
laut								leise
schnell								langsam

Die Gegensatzpaare repräsentieren dabei folgende Dimensionen (vgl. Churchill/Iacobucci 2002, S. 382 f.):

– *evaluative* Dimensionen, welche die affektive Komponente der Einstellung widerspiegelt und Adjektivpaare wie gut–schlecht, attraktiv–unattraktiv beinhaltet;

– *Stärke-Dimension*, welche durch Wortgegensatzpaare wie hart–weich, stark–schwach, u. Ä. wiedergegeben wird und

– *Aktivitätsdimension*, welche durch Adjektivpaare wie schnell–langsam, aktiv–passiv etc. zum Ausdruck gebracht wird.

Ausgewertet werden Semantische Differenziale insb. durch Bildung eines *Polaritätsprofils*; darüber hinaus werden häufig Mittelwerte bzgl. der einzelnen Komponenten errechnet. Problematisch ist vor allem der fehlende Objektbezug, wodurch die Interpretation der Ergebnisse erschwert wird. Aus diesem Grunde wurden zahlreiche Modifikationen des Verfahrens entwickelt, um eine bessere Anwendbarkeit für Marketing-Fragestellungen zu ermöglichen.

Eine solche Modifikation des Semantischen Differenzials stellt die sog. *Stapel-Skalierung* dar. Für das zu bewertende Objekt werden monopolare Items mit 10 Messpunkten vorgegeben; der Proband wird aufgefordert, anzugeben, in welchem Ausmaß bestimmte Eigenschaften, welche in der Mitte der Skalen aufgeführt werden, auf das Untersuchungsobjekt zutreffen. Üblicherweise wird die Skala vertikal präsentiert.

Beispiel 2.70:

Bitte beurteilen Sie, inwieweit die unten angegebenen Aussagen auf die Marke XYZ zutreffen. Ein positives Vorzeichen bedeutet, dass die Aussage auf Marke XYZ zutrifft. Je höher die Zahl ist, umso eher trifft die Aussage auf Marke XYZ zu.

Ein negatives Vorzeichen bedeutet, dass die Aussage auf Marke XYZ eher nicht zutrifft. Je höher die Zahl ist, umso weniger trifft die Aussage auf Marke XYZ zu.

+ 5 ☐	+5 ☐	+5 ☐
+ 4 ☐	+4 ☐	+4 ☐
+ 3 ☐	+3 ☐	+3 ☐
+ 2 ☐	+2 ☐	+2 ☐
+ 1 ☐	+1 ☐	+1 ☐
hohe Qualität	preisgünstig	überall erhältlich
− 1 ☐	− 1 ☐	− 1 ☐
− 2 ☐	− 2 ☐	− 2 ☐
− 3 ☐	− 3 ☐	− 3 ☐
− 4 ☐	− 4 ☐	− 4 ☐
− 5 ☐	− 5 ☐	− 5 ☐

Die Daten werden analog zum semantischen Differenzial ausgewertet. Die Skalenentwicklung ist einfacher als beim semantischen Differenzial, jedoch wird deren Anwendung häufig als schwierig beurteilt (vgl. Malhotra 2004, S. 261).

Multiattributmodelle stellen eine spezielle Technik zur Einstellungsmessung dar, mittels derer auf formalem Wege ein Einstellungswert einer Person gegenüber einem Einstellungsobjekt bestimmt werden kann. Grundlage von Multiattributmodellen ist die Annahme, dass Einstellungen aus verschiedenen einstellungsrelevanten Merkmalen resultieren. In einem ersten Schritt werden daher für das Untersuchungsobjekt die relevanten Eigenschaften identifiziert. Für jedes relevante Merkmal werden anschließend die affektive und die kognitive Komponente gemessen. Die verschiedenen Ansätze unterscheiden sich i. W. darin, wie die Komponenten gemessen werden und wie sie miteinander verknüpft werden, um einen aggregierten Einstellungswert zu erhalten. Abb. 2.59 zeigt exemplarisch den Aufbau der Modelle von Fishbein, Rosenberg und Trommsdorff.

	Fishbein-Modell	Rosenberg-Modell	Trommsdorff-Modell
Kognitive Komponente (Wissen)	W_{ijk} = Subjektive Einschätzung der Auskunftsperson i bzgl. der Wahrscheinlichkeit für das Auftreten von Merkmal k bei Objekt j Dass PC's der Marke X langlebig sind, halte ich für ⊢—┼—┼—┼—┤ sehr unwahrscheinlich — sehr wahrscheinlich	W_{ijk} = Zielbedeutung der k-ten Eigenschaft (Eignung zur Befriedigung des k-ten Motivs) bei Objekt j aus Sicht der Person i Wenn ich einen langlebigen PC erwerben möchte, dann halte ich die Marke X für ⊢—┼—┼—┼—┤ sehr ungeeignet — sehr geeignet	W_{ijk} = Subjektive Einschätzung der Auskunftsperson i über das Vorhandensein von Merkmal k bei Objekt j Wie langlebig ist ein PC der Marke X? ⊢—┼—┼—┼—┤ überhaupt nicht langlebig — sehr langlebig
Affektive Komponente (Bewertung)	a_{ijk} = Bewertung des Merkmals k bei Objekt j durch Person i Wenn PCs der Marke x langlebig sind, so ist das für mich ⊢—┼—┼—┼—┤ sehr schlecht — sehr gut	a_{ik} = Wahrgenommene Instrumentalität des Merkmals k für Person i Dass PCs der Marke x langlebig sind, ist für mich ⊢—┼—┼—┼—┤ sehr unwichtig — sehr wichtig	I_{ik} = Von Person i als ideal empfundene Ausprägung des Merkmals k Wie langlebig ist der ideale PC? ⊢—┼—┼—┼—┤ überhaupt nicht langlebig — sehr langlebig
Verknüpfung E_{ij} = Einstellung der Person i zu Objekt j	$E_{ij} = \sum_k W_{ijk} \cdot a_{ijk}$	$E_{ij} = \sum_k W_{ijk} \cdot a_{ik}$	$E_{ij} = \sum_k W_{ijk} - I_{ik}$
Aussage	Je größer der berechnete Einstellungswert ist, umso positiver ist die Gesamteinstellung zum Untersuchungsobjekt	Je größer der berechnete Einstellungswert ist, umso positiver ist die Gesamteinstellung zum Untersuchungsobjekt	Je kleiner der berechnete Einstellungswert ist, umso positiver ist die Einstellung zum Objekt (umso geringer ist die Distanz zum Idealprodukt)

Quelle: In Anlehnung an Sander 2004, S. 61 und 63; Berekoven/Eckert/Ellenrieder 2004, S. 86.
Abb. 2.59: Vergleichende Kurzdarstellung ausgewählter Multiattributmodelle

Im Hinblick auf eine Beurteilung dieser Multiattributmodelle gilt, dass alle Ansätze additiver Natur sind, d. h. der Gesamteinstellungswert ergibt sich aus der Summation der Einzelbewertungen der jeweiligen Items. Dies unterstellt einerseits, dass die verwendeten Items unabhängig voneinander sein müssen, andererseits gilt die Kompensationsprämisse, d. h. schlechte Bewertungen eines Items können durch gute Bewertungen bei anderen Items ausgeglichen werden (vgl. hierzu Sander 2004, S. 62). Da im Regelfall nicht die Einstellungswerte einzelner Personen relevant sind (E_{ij}), sondern von Personenmehrheiten, muss zudem noch eine Aggregation erfolgen. Hierzu können arithmetische Mittelwerte der einzelnen E_{ij} über alle befragten Personen bestimmt werden. Alternativ kann eine Cluster-Analyse durchgeführt werden, um Personengruppen identifizieren zu können, die in sich homogen untereinander jedoch heterogen sind (zur Cluster-Analyse vgl. Abschn. 3.3.1 im 3. Teil).

3.4 Weiterführende Literatur

Amoo, T., Friedman, H. H. (2000): Overall Evaluation Rating Scales: An Assessment, in: International Journal of Market Research, Vol. 42, No. 3 (Summer 2000), S. 301-311.

Bemmaor, A. C., Wagner, O. (2000): A Multiple-Item Model of Paired Comparisons: Separating Chance from Latent Performance, in: Journal of Marketing Research, Vol. 37, No. 4 (November 2000), S. 514-524.

Borg, J., Staufenbiehl, T. (1997): Theorien und Methoden der Skalierung, 3. Aufl., Bern 1997.

Campbell, D. T., Russo, M. J. (2001): Social Measurement, Thousand Oaks 2001.

Miller, C. C., Salkind, N. (2002): Handbook of Research Design and Social Measurement, 6th ed., Thousand Oaks 2002.

Mindah, W. A. (1961): Fitting the Semantic Differential to the Marketing-Problem, in: Journal of Marketing, Vol. 25 (April 1961), No. 4, S. 28-33.

4. Auswahl der Erhebungseinheiten

Die Auswahl der Erhebungseinheiten umfasst zunächst die Entscheidung zwischen einer Voll- und einer Teilerhebung; im Falle einer Teilerhebung ist darüber hinaus der Auswahlplan festzulegen, d. h. die Art und Weise, wie aus einer Grundgesamtheit eine Stichprobe zu gewinnen ist.

4.1 Vollerhebung vs. Teilerhebung

Sollen Aussagen über eine größere Anzahl von Untersuchungseinheiten getroffen werden, so kommen prinzipiell zwei Vorgehensweisen in Frage:
- Vollerhebung und
- Teilerhebung.

Im Rahmen einer *Vollerhebung* (Zensus) werden sämtliche in Frage kommenden Untersuchungseinheiten in die Erhebung einbezogen, wie dies z. B. bei einer Volkszählung der Fall ist. Eine solche Vorgehensweise kommt in der Marktforschung allerdings nur in Ausnahmefällen vor, etwa im Rahmen von Händler- oder Herstellerbefragungen, wenn also die Grundgesamtheit zahlenmäßig begrenzt ist. In den meisten Fällen ist die Grundgesamtheit zu umfangreich, oder aber die Anzahl zu erhebender Merkmale ist zu groß, sodass sich eine Vollerhebung aus zeitlichen und finanziellen Gründen verbietet. Den Normalfall in der Marktforschung bildet somit die *Teilerhebung*, d. h. die Einbeziehung lediglich eines Teils der Grundgesamtheit, der sog. *Stichprobe* (Sample), in die Untersuchung. Dabei sollen die Merkmalsträger so ausgewählt werden, dass sie hinsichtlich der Untersuchungsmerkmale repräsentativ für die Grundgesamtheit sind und somit ein sog. Inferenz- bzw. Repräsentationsschluss von der Stichprobe auf die Grundgesamtheit möglich wird. Voraussetzung hierfür ist eine *Strukturgleichheit* (Isomorphie) zwischen Stichprobe und Grundgesamtheit, d. h. die in der übergeordneten Grundgesamtheit bestehenden Relationen müssen sich in der Stichprobe wieder finden. Im Vergleich zu einer Vollerhebung weist eine Teilerhebung folgende *Vorteile* auf (vgl. Böhler 2004, S. 131 f.; Hammann/Erichson 2000, S. 127):
- Eine Teilerhebung ist weniger zeit- und kostenintensiv als eine Vollerhebung, da Feldarbeit und Auswertung eine geringere Fallzahl betreffen.
- Bei einer Teilerhebung ist ein geringerer *systematischer Fehler* zu erwarten (vgl. die Ausführungen in Abschn. 3.1.3.1), da sie einen geringeren personellen Stab benötigt, der aber dafür besser geschult, gesteuert und kontrolliert werden kann. Dadurch erhält man genauere Ergebnisse als bei einer Vollerhebung.
- Eine Teilerhebung ist häufig organisatorisch oder technisch nicht durchführbar (z. B. wenn nicht alle Elemente der Grundgesamtheit bekannt sind, oder aber aufgrund personeller oder finanzieller Restriktionen).
- Eine Teilerhebung ist die einzige Möglichkeit, wenn die Untersuchungseinheiten im Rahmen der Erhebung zerstört werden müssen (z. B. im Rahmen von Qualitätskontrollen, Crash-Tests u. Ä.).
- Vorteilhaft ist an einer Vollerhebung das Fehlen eines *Zufallsfehlers*. Der einer Vollerhebung inhärente systematische Fehler führt allerdings u. U. dazu, dass zur Überprüfung der Ge-

nauigkeit einer Volkszählung flankierend Stichprobenerhebungen durchgeführt werden müssen (vgl. Churchill/Iacobucci 2002, S. 448 f.).

– Schließlich ist eine Teilerhebung zwingend, wenn besondere Dringlichkeit herrscht oder aber wenn ein sog. Testeffekt zu befürchten ist, wenn also bei wiederholter Befragung unterschiedliche Personenkreise zu befragen sind, um Lerneffekte zu vermeiden.

4.2   Festlegung des Auswahlplans

4.2.1   Elemente eines Auswahlplans

Wird eine Teilerhebung durchgeführt, so ist ein *Auswahlplan* zu erstellen, im Rahmen dessen festgelegt wird, in welcher Art und Weise die Erhebungseinheiten auszuwählen sind. Abb. 2.60 zeigt die Arbeitsschritte zur Festlegung des Auswahlplans im Überblick (vgl. hierzu Churchill/Iacobucci 2002, S. 449 ff.; Malhotra 2004, S. 315 ff.).

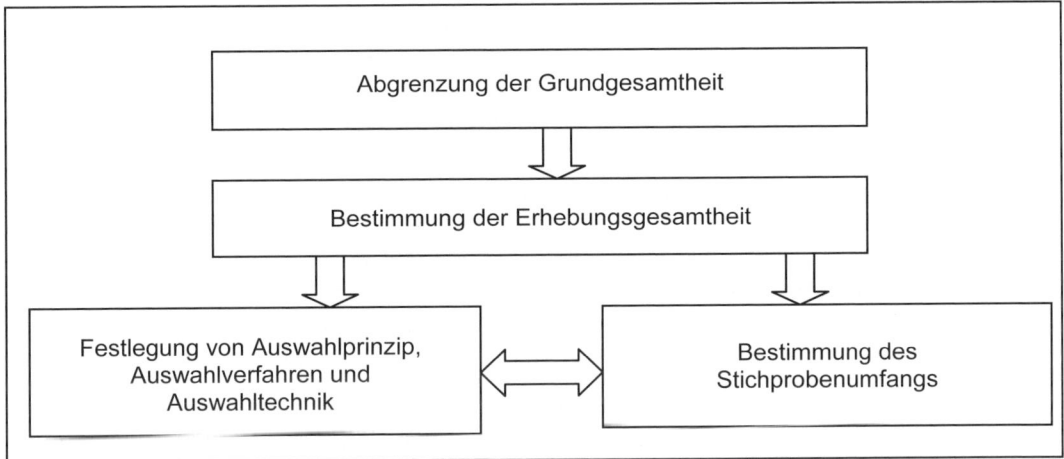

Abb. 2.60: Arbeitsschritte zur Festlegung des Auswahlplans

Die erste im Rahmen eines Auswahlplans interessierende Fragestellung ist der Kreis der Untersuchungseinheiten, bei welchen die interessierenden Merkmale erfasst werden sollen. Die hiermit angesprochene Frage der *Abgrenzung der Grundgesamtheit* setzt die Angabe der Erhebungseinheiten und der Auswahleinheiten wie auch deren Abgrenzung nach regionalen und zeitlichen Gesichtspunkten voraus.

Erhebungseinheiten sind solche Merkmalsträger, über die eine Aussage getroffen werden soll. Je nach Fragestellung handelt es sich um Personen, Haushalte, Unternehmen, Handelsgeschäfte usw. Lautet das Forschungsproblem etwa „Ermittlung der Einstellung zum Produkt XYZ", so kommen z. B. folgende alternative Erhebungseinheiten in Frage:

– Alle Personen über 14 Jahren,

– deutsche, in Privathaushalten lebende Personen über 14 Jahren,

– deutsche, in Privathaushalten lebende Personen über 14 Jahre, die Produkt XYZ mindestens einmal genutzt haben.

Eine *Auswahleinheit* ist eine Einheit oder Gruppe von Einheiten, welche auf einer bestimmten Stufe des Auswahlverfahrens selektiert werden können (vgl. Böhler 2004, S. 133). Bei einstufigen Auswahlverfahren sind sie mit den Erhebungseinheiten identisch, bei mehrstufigen Auswahlverfahren entsprechen sie den Erhebungseinheiten erst auf der letzten Stufe.

Beispiel 2.71:

Im Rahmen einer Händlerbefragung sollen die Mitglieder der Einkaufsabteilung der sog. Key Accounts befragt werden (Erhebungseinheiten). In einer ersten Stufe entsprechen die Auswahleinheiten den sog. Key Accounts, d. h. denjenigen Handelsunternehmen, die für den Hersteller einen bedeutenden vordefinierten Umsatzanteil erzielen. In einer zweiten Stufe werden innerhalb der Key Accounts die Mitglieder der Einkaufsabteilung als Auswahleinheiten bestimmt.

Zur Abgrenzung der Grundgesamtheit sind darüber hinaus das Untersuchungsgebiet (z. B. Deutschland, Deutschland ohne Inseln u. Ä.) sowie der Untersuchungszeitraum (z. B. 1.1.-31.1.2007) festzulegen.

Unter einer *Erhebungsgesamtheit* (auch: *Auswahlbasis* oder *Auswahlgrundlage*) versteht man eine bestimmte Abb. bzw. Zusammenstellung der Grundgesamtheit, aus der die Erhebungseinheiten konkret auszuwählen sind. Beispiele für Erhebungsgesamtheiten sind Adressenverzeichnisse, Telefonbücher, Karteien und ähnliche Auflistungen. Zu beachten ist, dass Grundgesamtheit und Erhebungsgesamtheit nicht unbedingt übereinstimmen müssen. So sind Verzeichnisse häufig veraltet, weil aktuelle Sterbefälle, Umzüge oder Abwanderungen (noch) nicht enthalten sind; Telefonverzeichnisse beschränken die Grundgesamtheit der Besitzer eines Telefonanschlusses auf solche, die erstens einen Festnetzanschluss besitzen (d. h. Telefonkunden, die ausschließlich mobil telefonieren, sind nicht erfasst), und zweitens über eine öffentlich zugängliche Telefonnummer (d. h. keine Geheimnummer) verfügen. Diese Beispiele machen deutlich, dass die Erhebungsgesamtheit möglichst stark mit der Grundgesamtheit übereinstimmen muss, damit die Repräsentativität der Erhebung nicht in Frage gestellt wird.

Der *Bestimmung des Stichprobenumfangs* kommt insofern eine große Bedeutung zu, als von der Stichprobengröße die Genauigkeit der Ergebnisse, aber auch die Kosten der Erhebung wesentlich abhängen: So ist bei zunehmendem Stichprobenumfang – Zufallsauswahl vorausgesetzt – der Stichprobenfehler geringer, andererseits steigen aber auch die Erhebungskosten. Die Bestimmung des Stichprobenumfangs wird in Abschn. 4.2.5 behandelt.

Im nächsten Schritt sind Auswahlprinzip, Auswahlverfahren und Auswahltechnik festzulegen. Genau genommen sind – wie in Abb. 2.60 dargestellt – diese Entscheidungen in Verbindung mit der Bestimmung des Stichprobenumfangs zu treffen, da z. B. das Auswahlverfahren Einfluss auf den Stichprobenfehler bzw. den erforderlichen Stichprobenumfang hat. Das *Auswahlprinzip* beinhaltet die Entscheidung darüber, ob eine Teilerhebung nach dem Zufallsprinzip oder nicht erfolgen soll. Verfahren der *nichtzufälligen Auswahl* beinhalten die *willkürliche Auswahl*, bei welcher eine Repräsentativität gar nicht erst angestrebt wird, und Verfahren der *bewussten Auswahl*, bei denen versucht wird, Repräsentativität dadurch zu erzielen, dass bestimmte Elemente der Grundgesamtheit gezielt (nach subjektivem Ermessen des Forschers) in die Stichprobe gelangen. Varianten der bewussten Auswahl sind
– die Quotenauswahl und
– die Konzentrationsauswahl.

Im Rahmen der *Zufallsauswahl* erfolgt die Auswahl der Untersuchungseinheiten nach einem Zufallsprozess; sämtliche Elemente der Grundgesamtheit haben eine angebbare, von Null verschiedene Wahrscheinlichkeit, in die Stichprobe zu gelangen. Damit wird der (statistische) Fehler berechenbar. Abb. 2.61 zeigt die Auswahlverfahren im Überblick; eine ausführliche Darstellung der Verfahren erfolgt in den Abschnitten 2.5.2.2 und 2.5.2.3.

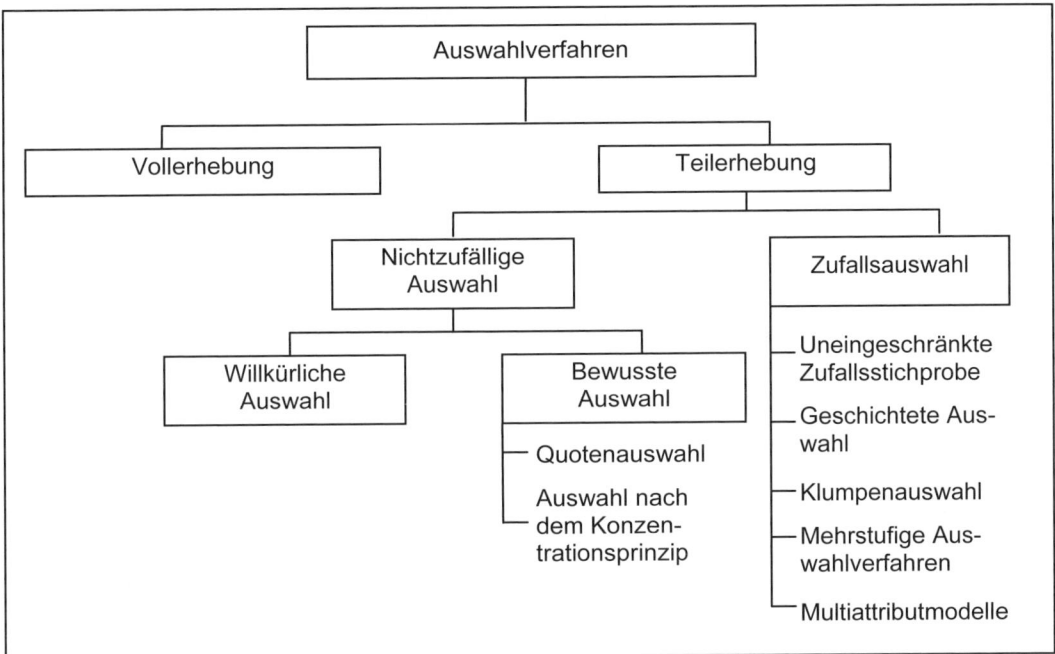

Abb. 2.61: Gebräuchliche Auswahlverfahren in der Marktforschung

Entscheidet sich der Forscher für eine Zufallsauswahl, ist zusätzlich über die Auswahltechnik zu entscheiden, d. h. die Art und Weise, wie der Zufallsprozess generiert werden soll (z. B. mittels Zufallszahlengenerator). Die wichtigsten Auswahltechniken werden in Abschn. 4.2.3.5 beschrieben.

Im letzten Schritt erfolgt schließlich die konkrete Stichprobenziehung, d. h. die Bestimmung der Erhebungseinheiten unter Anwendung eines vorgegebenen Verfahrens und ggf. unter Einsatz einer bestimmten Technik. Dazu gehört auch die Festlegung, wie mit fehlenden Erhebungseinheiten (z. B.: Person nicht mehr gemeldet/nicht zu Hause angetroffen/unbekannt usw.) umzugehen ist.

4.2.2 Verfahren der nichtzufälligen Auswahl

Bei Verfahren der nichtzufälligen Auswahl wird auf einen Zufallsmechanismus bei der Stichprobenzielung verzichtet; dadurch ist der Zufallsfehler nicht berechenbar. Zur nichtzufälligen Auswahl gehören die willkürliche Auswahl sowie Verfahren der bewussten Auswahl.

4.2.2.1 Willkürliche Auswahl

Der *willkürlichen Auswahl* (*convenience sample*) liegt kein expliziter Auswahlplan zugrunde, die Merkmalsträger werden aufs Geratewohl ausgewählt. In der Regel werden Personen ausgewählt, welche besonders leicht erreichbar sind (z. B. Befragung auf dem städtischen Marktplatz, auf welchem je nach Tageszeit überwiegend z. B. Schüler, Berufstätige, Einkaufende oder Touristen anzutreffen sind; Befragung von Bekannten). Eine derartige Vorgehensweise führt im Regelfall zu verzerrten Ergebnissen, ein Repräsentationsschluss ist nicht möglich. Wegen des geringen zeitlichen und finanziellen Aufwands wird eine derartige Vorgehensweise in praxi trotzdem häufig durchgeführt (vgl. Sander 2004, S. 156).

4.2.2.2 Quotenauswahl

Das Grundprinzip einer *Quotenauswahl* besteht darin, dass die Stichprobe so erzeugt wird, dass die Verteilungen (i. S. relativer Häufigkeiten) bestimmter erhebungsrelevanter Merkmale in der Stichprobe denjenigen in der Grundgesamtheit entsprechen. Als erhebungsrelevante Merkmale werden dabei meist soziodemographische Variablen wie Geschlecht, Alter, Familienstand, Beruf etc. herangezogen, die leicht erhebbar sind und deren Verteilungen in der Grundgesamtheit aus der amtlichen Statistik zu entnehmen sind.

Ist z. B. in der Grundgesamtheit bekannt, dass der Anteil der über 60-jährigen 32 % beträgt, so werden bei einer Stichprobe von 100 Einheiten 32 Personen über 60 Jahre einbezogen. Jeder Interviewer erhält auf der Basis des Quotenplans eine *Quotenanweisung*, die er zu erfüllen hat; auf der Grundlage dieser Quotenanweisung kann der Interviewer die zu befragenden Personen nach eigenem Ermessen aussuchen. Abb. 2.62 zeigt ein Beispiel für eine Quotenstichprobe.

	Grundgesamtheit (z. B. Einwohner einer Stadt)	Stichprobe per Quotenauswahl (n=500)	Quotenanweisung für einen Interviewer (n=20)
	100.000		
Geschlecht			
weiblich	60.000	300	[12] 1 2 3 4 5 6 7 8 9 10 11 12
männlich	40.000	200	[8] 1 2 3 4 5 6 7 8
Alter			
16 – 25 Jahre	10.000	50	[2] 1 2
26 – 35 Jahre	15.000	75	[3] 1 2 3
36 – 45 Jahre	30.000	150	[6] 1 2 3 4 5 6
46 – 55 Jahre	20.000	100	[4] 1 2 3 4
> 55 Jahre	25.000	125	[5] 1 2 3 4 5
Wohnort			
– Stadtteil A	30.000	150	[6] 1 2 3 4 5 6
– Stadtteil B	50.000	250	[10] 1 2 3 4 5 6 7 8 9 10
– Stadtteil C	20.000	100	[4] 1 2 3 4

Quelle: In Anlehnung an Sander 2004, S. 157.
Abb. 2.62: Beispiel für eine Quotenauswahl

Aufgrund der *Vorteile* der Quotenauswahl im Hinblick auf Einfachheit und Kostengünstigkeit wie auch der Tatsache, dass sie erfahrungsgemäß gute Ergebnisse liefert, bildet die Quotenauswahl das in Deutschland in der Marktforschung am häufigsten angewandte Auswahlverfahren (vgl. Hammann/Erichson 2004, S. 136); nichtsdestotrotz ist die Quotenauswahl mit einer ganzen Reihe von *Nachteilen* und Problemen behaftet. Abb. 2.63 stellt die wesentlichen Vor- und Nachteile der Quotenauswahl im Überblick dar (zu den Vor- und Nachteilen vgl. insb. Kellerer 1963, S. 196 ff.; Hüttner/Schwarting 2002, S. 132 ff.).

Vorteile	Nachteile
• Einfach durchführbar • Kostengünstig • Hohe Flexibilität durch einfachen Austausch von Ausfällen • Führt zu befriedigenden Ergebnissen • Hohe Ausschöpfungsquote	• Gefahr von Verzerrungen der Erhebungsergebnisse • Subjektive Verzerrung (z. B. Auswahl nach Sympathie) • Bequemlichkeitseffekt (Auswahl leicht zu erreichender Personen wie Freunde und Bekannte) • Klumpeneffekt (Beschränkung der Auswahl auf bestimmte Regionen oder soziale Schichten) • Bewusste Nichteinhaltung/Verfälschung von Quoten • Es können nur wenige Merkmale quotiert werden, da sonst der Erhebungsaufwand zu groß wird • Sog. Restquoten sind häufig kaum zu erfüllen (z. B. 16 – 20-Jährige mit Einkommen > 3000 €) • Subjektiver Einfluss bei Wahl der zu quotierenden Merkmale • Statistische Fehlerberechnung nicht möglich; Ergebnisverzerrungen durch Ausfälle bzw. Auskunftsverweigerungen unbekannt • Repräsentativität ist auf die quotierten Merkmale beschränkt • Datenmaterial für die Quotenbildung kann veraltet sein

Abb. 2.63: Vor- und Nachteile des Quotenverfahrens

4.2.2.3 Konzentrationsauswahl

Bei der Konzentrationsauswahl gelangen solche Untersuchungseinheiten in die Stichprobe, welche für den Untersuchungszweck als besonders aussagefähig bzw. relevant anzusehen sind. Hierbei werden
– die typische Auswahl und
– Cut-off-Verfahren
unterschieden.

Bei der *typischen Auswahl* wird eine Anzahl charakteristisch erscheinender Elemente als stellvertretend für die Grundgesamtheit herausgegriffen. Eine derartige Vorgehensweise erscheint insb. im Falle einer recht homogenen Grundgesamtheit vertretbar, sodass davon ausgegangen werden kann, dass einige „typische" Merkmalsträger die gesamte Menge hinreichend gut repräsentieren (vgl. Sander 2004, S. 156). Gebräuchlich ist die typische Auswahl auch im Rahmen qualitativer, explorativer Untersuchungen.

	Merkmale	Beispiele	Beurteilung
Willkürliche Auswahl	• Wahl solcher Elemente aus der Grundgesamtheit, die besonders leicht zu erreichen sind	• Befragung von Passanten einer bestimmten Straße zu einer bestimmten Tageszeit • Befragung von Freunden/ Bekannten	+ sehr einfach + sehr kostengünstig − in der Regel nicht repräsentativ
Quotenauswahl	• Verteilung bestimmter Merkmale in der Grundgesamtheit soll mit der Merkmalsverteilung in der Stichprobe (Quoten) übereinstimmen • Jeder einzelne Interviewer erhält Quotenanweisungen • Innerhalb der Quotenanweisungen ist der Interviewer bei der Auswahl konkreter Erhebungseinheiten frei	• Erhebung einer Stichprobe von Studenten, deren Verteilung im Hinblick auf Geschlecht, Staatsangehörigkeit, Studiengang und Alter der Verteilung der gesamten Studentenschaft an einer bestimmten Universität entspricht	+ relativ einfach + relativ kostengünstig + liefert in der Regel gute Ergebnisse − Auswahl der Quotenmerkmale schwierig − Gefahr der Willkür bei der Auswahl der Erhebungseinheiten durch den Interviewer − Es können nur wenige Merkmale quotiert werden.
Konzentrationsprinzip	• Cut-off-Verfahren: • Beschränkung der Erhebung auf solche Elemente, die für den Untersuchungsgegenstand eine besondere Bedeutung haben • Typische Auswahl: • Herausgreifen jener Elemente aus der Grundgesamtheit, die als besonders charakteristisch erscheinen	• Befragung von Kundenunternehmen, die zusammen einen Marktanteil von 80 % haben • Befragung typischer Hausfrauen über bevorzugte Reinigungsmittel	+ einfach und kostengünstig − Ergebnisse sind stark vom subjektiven Urteil des Untersuchers geprägt − Repräsentativität fraglich

Abb. 2.64: Überblick über Verfahren der nichtzufälligen Auswahl

---

Beispiel 2.72:

Im Rahmen einer qualitativen Erhebung zum Thema „Produktbevorzugung bei Waschmitteln" wird eine Stichprobe aus 10 als typisch anzusehenden Hausfrauen gebildet, welche sich im Rahmen einer Gruppendiskussion zu diesem Thema äußern sollen.

Vorteilhaft sind an der typischen Auswahl die Einfachheit und Kostengünstigkeit; *problematisch* an diesem Verfahren ist die Bestimmung, welche Merkmalsträger typisch sind bzw. was für ein typischer Merkmalsträger charakteristisch ist; die Ergebnisse hängen stark vom subjektiven Urteil des Forschers ab, wodurch die Validität und Repräsentativität der Ergebnisse fragwürdig sind.

Beim *Cut-off-Verfahren* beschränkt sich die Auswahl auf nur einen Teil der Grundgesamtheit, welcher für den Untersuchungsgegenstand als besonders bedeutsam angesehen wird. Gebräuchlich ist dieses Auswahlverfahren insb. in der Industriegütermarktforschung.

Beispiel 2.73:

Erreichen einige wenige Unternehmen einen Marktanteil von 80% − 90%, so liegt es nahe, eine Konzentration der Untersuchung auf diese wenigen Unternehmen vorzunehmen und die (möglicherweise vielen) restlichen Anbieter nicht in die Untersuchung mit einzubeziehen. Auf diese Weise kann der Informationsverlust in Grenzen gehalten werden, gleichzeitig verringert sich der Zeit- und Kostenaufwand der Datenerhebung erheblich.

Quelle: Sander 2004, S. 156.

Voraussetzung für die Anwendung dieses Verfahrens ist die Kenntnis, welche Merkmalsträger im Hinblick auf den Untersuchungsgegenstand als wesentlich anzusehen sind. Wie schon bei der typischen Auswahl liegt hier die Gefahr darin, dass die Ergebnisse stark vom subjektiven Urteil des Forschers abhängen, welche Elemente für die Erhebung als wesentlich anzusehen sind (vgl. Hammann/Erichson 2000, S. 137). Abb. 2.64 zeigt wesentliche Charakteristika nichtzufälliger Auswahlverfahren im Überblick.

4.2.3 Verfahren der Zufallsauswahl

Verfahren der Zufallsauswahl sind dadurch charakterisiert, dass die Auswahl der Merkmalsträger auf der Grundlage eines Zufallsprozesses erfolgt; dadurch entfällt der subjektive Einfluss des Forschers bzw. des Interviewers. Jedes Element der Grundgesamtheit (bzw. – genau genommen – der Erhebungsgesamtheit) besitzt eine angebbare, von Null verschiedene Wahrscheinlichkeit, in die Stichprobe zu gelangen. Dadurch kann der Stichprobenfehler (Zufallsfehler) berechnet werden. Aus diesem Tatbestand ergibt sich, dass aus den Stichprobenergebnissen auf die „wahren" Werte der Grundgesamtheit geschlossen werden kann (Repräsentationsschluss), wobei für den „wahren" Wert ein bestimmter Bereich (sog. *Konfidenzintervall*) angegeben werden kann, innerhalb dessen er sich mit einer bestimmten Wahrscheinlichkeit befindet. Die Größe des Konfidenzintervalls hängt dabei c. p. von der Streuung des interessierenden Merkmals ab. Je homogener die Grundgesamtheit im Hinblick auf das interessierende Merkmal ist, umso geringer ist die Streuung, umso näher wird daher der Stichprobenwert beim wahren Wert liegen.

Beispiel 2.74:

Aus einer Stichprobe von 10 Frauen wird die Markenbekanntheit eines bestimmten Fertiggerichts erhoben. Bei großer Streuung in der Grundgesamtheit (z. B. im Hinblick auf Berufstätigkeit, Bildungsstand, Alter, Einkommen usw.) werden von Stichprobe zu Stichprobe voraussichtlich sehr unterschiedliche Ergebnisse resultieren. Die Zuverlässigkeit der Ergebnisse kann jedoch verbessert werden, wenn man den Stichprobenumfang erhöht.

Nachteilig an Zufallsstichproben sind insb. der erhöhte Planungsaufwand sowie die fehlende Möglichkeit, ausgewählte Untersuchungseinheiten durch andere Merkmalsträger zu ersetzen, ohne die Repräsentativität zu gefährden.

Im Rahmen von Zufallsstichproben werden dabei folgende Fälle unterschieden (vgl. Böhler 2004, S. 139 f.):

– *Heterograder Fall:* Untersucht wird eine metrische Variable (z. B. Marktanteil); aus dem Stichprobenmittelwert $\bar{x}$ ist auf den wahren Wert μ in der Grundgesamtheit zu schließen.

– *Homograder Fall:* Das Merkmal ist nominalskaliert (dichotom, wie z. B. Geschlecht, oder multichotom, wie z. B. Schulbildung). Aus dem Anteil p der Besitzer einer bestimmten Merkmalsausprägung in der Stichprobe ist der „wahre" Anteilswert π in der Grundgesamtheit zu schätzen.

Im Folgenden werden die wichtigsten Verfahren der Zufallsauswahl dargestellt. Detaillierte Darstellungen finden sich z. B. bei Cochran 1977; Pokropp 1996; Schaich 1998.

4.2.3.1 Einfache Zufallsauswahl

Die einfache bzw. uneingeschränkte Zufallsauswahl beruht auf dem sog. *Urnenmodell.* Jedes Element der Grundgesamtheit besitzt dieselbe Wahrscheinlichkeit, in die Stichprobe zu gelangen. Bei einem Umfang der Grundgesamtheit von N beträgt diese Wahrscheinlichkeit demnach $1/N$. Wird mit n der festgelegte Stichprobenumfang bezeichnet, dann gilt: jedes n-Tupel $(x_1, \ldots, x_n)$, d. h. jede mögliche Stichprobe des Umfangs n hat dieselbe Wahrscheinlichkeit, realisiert zu werden. Diese beträgt beim Modell ohne Zurücklegen (vgl. Schaich 1998, S. 150):

$$P(n) = \frac{(N-n)!}{N!}$$

Insgesamt sind dabei

$$C(n; N) = \frac{N!}{(N-n)!}$$

Stichproben des Umfangs n realisierbar.

Aus einer gut gemischten Urne bzw. Trommel, welche Kugeln, Namenskärtchen u. Ä. enthält, werden zufällig nacheinander (und in der Marktforschung immer ohne Zurücklegen) Elemente im Umfang der jeweiligen Stichprobengröße gezogen (lottery sampling). Aufgrund des Aufwands bei praktischen Fragestellungen werden i. d. R. anstelle von Urnen bestimmte Auswahltechniken herangezogen. Zur Schätzung der unbekannten Parameter in der Grundgesamtheit ist von der Überlegung auszugehen, dass jede Stichprobe – und damit deren Mittelwert bzw. Anteilswert – als Realisierung einer Zufallsvariablen anzusehen ist. Die Stichprobenmittelwerte $\bar{x}$ bzw. Anteilswerte p schwanken dabei um den wahren Wert μ bzw. π der Grundgesamtheit. Würde man sämtliche möglichen Stichproben des Umfangs n aus einer Grundgesamtheit N ziehen (c = 1, ...C), so würde folgender Mittelwert aller Stichprobenmittelwerte resultieren:

$$\mu = \frac{1}{C} \sum_{c=1}^{C} \overline{x}_c \; ,$$

d. h. der Mittelwert aller Stichprobenmittelwerte ist gleich dem gesuchten Parameter μ in der Grundgesamtheit. Es gilt also: Der Erwartungswert des Stichprobenmittelwerts ist gleich dem Mittelwert in der Grundgesamtheit:

$$E(\overline{x}) = \mu \, .$$

Für das arithmetische Mittel der Grundgesamtheit μ gilt dabei

$$\mu = \frac{1}{N} \sum_{i=1}^{N} x_i \quad (i = 1, \dots, N)$$

und für den Stichprobenmittelwert $\overline{x}$

$$\overline{x} = \frac{1}{n} \sum_{i=1}^{n} x_i \quad (i = 1, \dots, n) \, .$$

Die Varianz der Merkmalswerte in der Grundgesamtheit berechnet sich als

$$\sigma^2 = \frac{1}{N} \sum_{i=1}^{N} (x_i - \mu)^2 \quad (i = 1, \dots, N)$$

und in der Stichprobe:

$$s^2 = \frac{1}{n-1} \sum_{i=1}^{n} (x_i - \overline{x})^2 \quad (i = 1, \dots, n) \, .$$

Die *Varianz der Stichprobenmittelwerte* ist ein Maß für die Streuung der Stichprobenmittelwerte $\overline{x}$ um den wahren Wert μ in der Grundgesamtheit. Diese lässt sich aus der Varianz der Merkmalswerte in der Grundgesamtheit ableiten und beträgt

$$\sigma_{\overline{x}}^2 = \frac{\sigma^2}{n} \cdot \frac{N-n}{N-1} \, ;$$

die zugehörige Standardabweichung (Standardfehler) errechnet sich als

$$\sigma_x = \frac{\sigma}{\sqrt{n}} \cdot \sqrt{\frac{N-n}{N-1}} \, ;$$

der Korrekturfaktor $\dfrac{N-n}{N-1}$ kann dabei bei einem Auswahlsatz von $\dfrac{n}{N} < 5\,\%$ vernachlässigt werden. Gemäß dem zentralen Grenzwertsatz gilt, dass der Stichprobenmittelwert $\overline{x}$ bei wachsendem Stichprobenumfang n (Faustregel: $n > 30$) annähernd normalverteilt ist mit dem Erwartungswert $E(\overline{x}) = \mu$ und der Varianz $\sigma_{\overline{x}}^2 = \dfrac{\sigma^2}{n}$.

Auf der Grundlage dieser Überlegungen kann für den Mittelwert μ ein *Konfidenzintervall* (Vertrauensbereich) ermittelt werden. Zunächst gilt, dass die Wahrscheinlichkeit, dass ein bestimmter Stichprobenmittelwert realisiert wird, als Flächenanteil der Normalverteilung errechnet werden kann. So wird aus Abb. 2.65 deutlich, dass im Intervall $\mu \pm \sigma_{\bar{x}}$ 68 %, $\mu \pm 2\sigma_{\bar{x}}$ 95,5% und $\mu \pm 3\sigma_{\bar{x}}$ 99,7% der möglichen Stichprobenmittelwerte liegen.

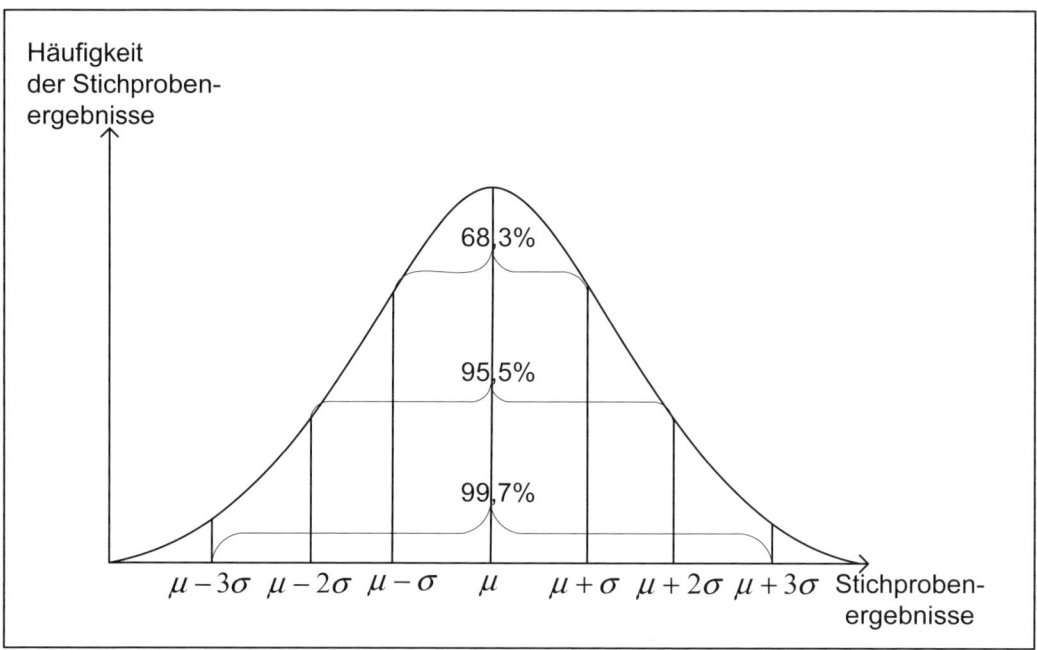

Quelle: Nach Böhler 2004, S. 144.
Abb. 2.65: Normalverteilung des Mittelwerts $\bar{x}$ im Bereich $\mu \pm 3\sigma$

Beispielsweise gilt, dass ein Stichprobenmittelwert $\bar{x}$ mit einer Wahrscheinlichkeit P von 95,5 % im Intervall $[\mu \pm 2\sigma]$ liegt. Es gilt also:

$$P\left(\mu - 2\sigma_{\bar{x}} \leq \bar{x} \leq \mu + 2\sigma_{\bar{x}}\right) = 0{,}955 \text{, bzw. allgemein:}$$
$$P\left(\mu - z \cdot \sigma_{\bar{x}} \leq \bar{x} \leq \mu + z\sigma_{\bar{x}}\right) = 1 - \alpha,$$

wobei z einen beliebigen Multiplikator für die Standardabweichung bezeichnet (vgl. Böhler 2004, S. 144 f.).

Aus der letzten Gleichung erhält man nach Umformungen

$$P\left(\bar{x} - z \cdot \sigma_{\bar{x}} \leq \mu \leq \bar{x} + z \cdot \sigma_{x}\right) = 1 - \alpha \text{, bzw.}$$
$$\mu = \bar{x} \pm z \cdot \sigma_{\bar{x}} \,,$$

d. h. mit einer Wahrscheinlichkeit von 1 − α liegt der gesuchte Mittelwert der Grundgesamtheit im Intervall $[\bar{x} - z \cdot \sigma_{\bar{x}}; \bar{x} + z \cdot \sigma_{\bar{x}}]$. Bei einem Wert z in Höhe von 2 beträgt 1 − α demnach 95,5, d. h. in 95,5% der Fälle wird μ im angegebenen Intervall liegen, in 4,5% der Fälle nicht.

In der Praxis wird der für die Errechnung des Konfidenzintervalls erforderliche Wert von $\sigma_{\bar{x}}^2$ i. d. R. nicht bekannt sein; für $\sigma_{\bar{x}}$ wird daher als Schätzer der Standardfehler aus der Stichprobe herangezogen:

$$s_{\bar{x}} = \frac{s}{\sqrt{n}}.$$

In diesem Fall ist der Stichprobenmittelwert $\bar{x}$ allerdings nicht mehr normalverteilt, sondern t-verteilt mit $n - 1$ Freiheitsgraden. Das gesuchte Konfidenzintervall lautet dann (vgl. Schaich 1998, S. 175):

$$\bar{x} - t \cdot \frac{s}{\sqrt{n}} \leq \mu \leq \bar{x} + t \cdot \frac{s}{\sqrt{n}}.$$

Da sich die t-Verteilung bei zunehmendem n jedoch asymptotisch einer Normalverteilung annähert, kann ab $n > 30$ auch mit den tabellierten z-Werten der Normalverteilung gearbeitet werden.

In analoger Weise lässt sich im *homograden Fall* ein Konfidenzintervall für den Anteilswert π der Grundgesamtheit konstruieren (vgl. z. B. Böhler 2004, S. 147 ff.).

Sei

$$\pi = \frac{1}{N} \sum_{i=1}^{N} x_i$$

der Anteilswert der Grundgesamtheit mit $x_i = 1$ wenn die Merkmalsausprägung vorhanden ist, 0 sonst.

Dann ist

$$p = \frac{1}{n} \sum_{i=1}^{N} x_i$$

der Anteilswert in der Stichprobe. Die zugehörige Varianz in der Grundgesamtheit lautet:

$$\sigma^2 = \frac{1}{N} \sum_{i-1}^{N} (x_i - \mu)^2 = \pi \cdot (1 - \pi)$$

und in der Stichprobe

$$s^2 = \frac{1}{n} \sum_{i-1}^{n} (x_i - \bar{x})^2 \cdot \frac{n}{n-1} = p \cdot (1 - p) \cdot \frac{n}{n-1}.$$

Beim hier betrachteten Modell ohne Zurücklegen erhält man für die Standardabweichung der Anteilswerte in der Grundgesamtheit und in der Stichprobe

$$\sigma_p = \sqrt{\frac{\pi \cdot (1 - \pi)}{n}} \cdot \sqrt{\frac{N - n}{N - 1}} \quad \text{bzw.}$$

$$s_p = \sqrt{\frac{p(1 - p)}{n - 1}} \cdot \sqrt{\frac{N - n}{N - 1}}.$$

Auch hier gilt, dass bei zunehmendem Stichprobenumfang der Anteilswert p annähernd normalverteilt ist (Faustregel: $n \cdot p \cdot (1-p) \geq 9$). Bei einem Auswahlsatz $n/N < 0,05$ kann der Korrekturfaktor vernachlässigt werden.

Ist σ_p in der Grundgesamtheit bekannt, resultiert folgendes Konfidenzintervall für π:

$$p - z \cdot \sigma_p \leq \pi \leq p + z \cdot \sigma_p .$$

Dies ist allerdings nicht praktikabel, da σ_p den zu schätzenden, unbekannten Wert π enthält. Da $\sqrt{\pi \cdot (1-\pi)}$ allerdings maximal den Wert ½ annimmt, kann das Konfidenzintervall näherungsweise folgendermaßen bestimmt werden (vgl. Schaich 1998, S. 178):

$$p - z \cdot \frac{1}{2\sqrt{n}} \leq \pi \leq p + z \frac{1}{2\sqrt{n}} .$$

Bei unbekanntem σ_p wird bei ausreichend großer Stichprobenbewertung als Schätzer für σ_p der Standardfehler der Stichprobe s_p verwendet:

$$p - z \cdot s_p \leq \pi \leq p + z \cdot s_p .$$

Beispiel 2.75:

Zur Beurteilung eines neuen Tiefkühlprodukts interessiert sich das auftraggebende Unternehmen für Durchschnittsalter (μ) und Anteil berufstätiger Frauen (π) an den Verwenderinnen des Produkts. Zu diesem Zweck wird eine Stichprobe von n = 400 Käuferinnen des Produkts gezogen. Aus der Erhebung resultieren:

– ein Durchschnittsalter von $\bar{x}$ = 32,5 Jahren und
– ein Anteil berufstätiger Verwenderinnen von p = 68%.

Die Varianz des Alters in der Stichprobe beträgt s_x^2 = 81.

Fall (1)

Die Varianz der Grundgesamtheit sei bekannt. Es gilt σ^2 (Alter) = 100, σ^2 (Berufstätigkeit) = 0,25. Die Vertrauenswahrscheinlichkeit $(1 - \alpha)$ wird mit 0,95 vorgegeben. Aus der Tabelle der Standardnormalverteilung resultiert damit (bei zweiseitiger Fragestellung) ein z-Wert von 1,96.

Die gesuchten Konfidenzintervalle lassen sich wie folgt ermitteln:

$$32,5 - 1,96 \cdot \frac{\sqrt{100}}{\sqrt{400}} \leq \mu \leq 32,5 + 1,96 \cdot \frac{\sqrt{100}}{\sqrt{400}} ,$$

d. h. das Durchschnittsalter der Verwenderinnen liegt mit einer Wahrscheinlichkeit von 95 % im Intervall [31,85; 33,48].

Für den Anteilswert berufstätiger Verwenderinnen gilt:

$$0,68 - 1,96 \cdot \frac{\sqrt{0,25}}{\sqrt{400}} \leq \pi \leq 0,68 + 1,96 \cdot \frac{\sqrt{0,250}}{\sqrt{400}} ,$$

d. h. mit einer Wahrscheinlichkeit von 0,95 liegt der Anteil berufstätiger Verwenderinnen in der Grundgesamtheit zwischen 67,03 und 68,98.

Fall (2)

Die Varianzen der Parameterwerte in der Grundgesamtheit sind nicht bekannt. Als Schätzwerte werden daher die Varianzen bzw. Standardabweichungen der Parameterwerte in der Stichprobe herangezogen. Da n > 30 und $n \cdot p \cdot (1-p) = 21,8 > 9$ sind, kann dabei auch hier die Tabelle der Standardnormalverteilung herangezogen werden. Für die Standardfehler aus der Stichprobe gilt:

$$s_{\bar{x}} = \frac{s}{\sqrt{n}} = \frac{\sqrt{81}}{\sqrt{400}} = 0,45$$

$$s_p = \sqrt{\frac{p(1-p)}{n-1}} = \sqrt{\frac{0,68(1-0,68)}{400-1}}$$

(Der Korrekturfaktor kann vernachlässigt werden, da der Auswahlsatz als < 0,05 angenommen werden kann).

Somit resultieren die folgenden Konfidenzintervalle:

$$32,5 - 1,96 \cdot 0,45 \leq \mu \leq 32,5 + 1,96 \cdot 0,45 \qquad \text{und}$$

$$0,68 - 1,96 \cdot 0,023 \leq \pi \leq 0,68 + 1,96 \cdot 0,023$$

Dies bedeutet, dass bei unbekannten Varianzen in der Grundgesamtheit das Durchschnittsalter in der Grundgesamtheit mit einer Wahrscheinlichkeit von 95 % im Intervall [31,62; 33,38] liegt; der Anteil berufstätiger Frauen liegt im Intervall [63,49; 72,5].

Die einfache Zufallsauswahl findet ihre Anwendung insb. bei kleinen, vergleichsweise homogenen Grundgesamtheiten. Sie ist u. a. mit folgenden Problemen behaftet (vgl. z.B. Berekoven/Eckert/Ellenrieder 2004, S. 52; Fantapié Altobelli 1998, S. 313):

– Die Elemente der Grundgesamtheit müssen vollständig erfasst und zugänglich sein, z. B. in Form von Adressenverzeichnissen,

– im Vergleich zu anderen Verfahren der Zufallsauswahl ist bei gleichem Zufallsfehler ein größerer Stichprobenumfang erforderlich, da viele Merkmale in der Grundgesamtheit eine sehr hohe Varianz aufweisen, welche sich auch in der Stichprobenvarianz niederschlägt.

Vorteilhaft ist neben der einfachen Durchführung die Tatsache, dass die Kenntnis der Merkmalsstruktur der Grundgesamtheit nicht erforderlich ist.

4.2.3.2   Geschichtete Zufallsauswahl

Wenn ein Merkmal in der Grundgesamtheit eine besonders hohe Varianz besitzt, bietet es sich an, die Grundgesamtheit zunächst in Untergruppen nach den Ausprägungen dieses Merkmals zu zerlegen (Schichten). Aus diesen Schichten werden anschließend separate Stichproben gezogen (nach Zufalls- oder bewusster Auswahl; vgl. Berekoven/Eckert/Ellenrieder 2004, S. 53). Dieses Verfahren ermöglicht es, den Stichprobenfehler zu reduzieren, da die Streuung zwischen den Schichten entfällt. Damit ist die geschichtete Auswahl (*stratified sampling*) insb. dann geeignet, wenn die Grundgesamtheit insgesamt heterogen ist, aber aus in sich vergleichsweise homogene Teilgruppen zusammengesetzt ist (z. B. Tante-

Emma-Läden, Supermärkte und Discounter). Die Verteilung des Schichtungsmerkmals in der Grundgesamtheit muss allerdings bekannt sein. Eine geschichtete Stichprobe kann wie folgt ausgewertet werden (vgl. Böhler 2004, S. 151 f.):

– In jeder Schicht k (k = 1 …, K) werden $\bar{x}_k$ und $s_{\bar{x}k}$ errechnet und zur Schätzung der tatsächlichen Werte μ_k (inkl. der zugehörigen Konfidenzintervalle) herangezogen.

– Aus den Stichprobenwerten $\bar{x}_k$ und $s_{\bar{x}k}$ werden zunächst der Gesamtmittelwert $\bar{x}$ und die Standardabweichung $s_{\bar{x}}$ errechnet. Diese werden anschließend – wie bei der einfachen Zufallswahl – zur Bestimmung des Konfidenzintervalls für μ herangezogen.

Im Rahmen einer *proportionalen Schichtung* stehen die Schichten in der Stichprobe im gleichen Verhältnis wie in der Grundgesamtheit. Der Mittelwert resultiert als gewogener Durchschnitt aus den Schichtenmittelwerten.

Beispiel 2.76:

Bei der Tiefkühlkost-Erhebung des vorangegangenen Beispiels 2.75 wird eine Schichtung nach dem Wohnort vorgenommen (Stadtgebiet vs. Landgebiet). In der Grundgesamtheit wohnen die Verwenderinnen des Produkts zu 75 % in Städten und zu 25 % auf dem Land; entsprechend werden bei einem Stichprobenumfang von n = 400 300 Frauen aus städtischen und 100 Frauen aus ländlichen Gebieten rekrutiert. Die Mittelwerte in den Schichten betragen

$\bar{x}_1 = 33, \bar{x}_2 = 31$.

Der Gesamtmittelwert resultiert als

$\bar{x} = 0,75 \cdot \bar{x}_1 + 0,25 \cdot \bar{x}_2 = 0,75 \cdot 33 + 0,25 \cdot 31 = 32,5$.

Eine proportionale Schichtung ist sinnvoll, wenn die Streuungen des interessierenden Merkmals innerhalb der Schichten annähernd gleich sind. Bei stark unterschiedlichen Streuungen oder aber für den Fall, dass relativ kleine Schichten eine besondere Bedeutung für das Untersuchungsergebnis haben, wird eine sog. *disproportionale Schichtung* vorgenommen. Hier sind die Auswahlsätze für die einzelnen Schichten in der Stichprobe nicht identisch mit den Relationen in der Grundgesamtheit. Beispielsweise kommen umsatzstarke Betriebe mit einem größeren Anteil in die Stichprobe, als ihnen gemäß ihrer relativen Anzahl zustünde, da deren Umsatzbedeutung mit berücksichtigt wird. Von diesen Grundgedanken lassen sich Marktforschungsinstitute wie z. B. A.C. Nielsen und GFK im Lebensmitteleinzelhandel leiten. Auf diese Weise erzielen die Marktforschungsinstitute trotz hoher Streuung in der Grundgesamtheit vergleichsweise geringe Standardfehler. Abb. 2.66 zeigt die disproportionale (Quoten-)Stichprobe des GfK-Handelspanels.

Einen Unterfall der disproportionalen Schichtung stellt die *optimale Schichtung* dar, bei welcher die Schichten proportional zu den Streuungen innerhalb der Schichten in der Grundgesamtheit aufgeteilt werden (vgl. Hammann/Erichson 2000, S. 147). Dies erlaubt eine Minimierung des Stichprobenfehlers, da die Streuung in der Stichprobe erheblich reduziert werden kann. Iin der Praxis scheitert das Verfahren jedoch häufig daran, dass entsprechende Informationen über die Verteilung der Schichten in der Grundgesamtheit fehlen.

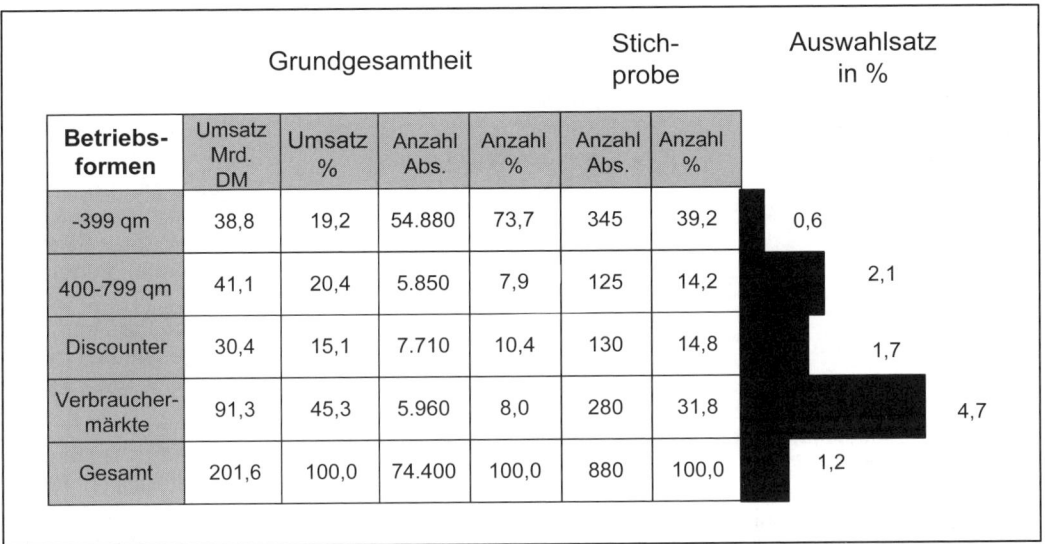

Betriebs-formen	Grundgesamtheit				Stich-probe		Auswahlsatz in %
	Umsatz Mrd. DM	Umsatz %	Anzahl Abs.	Anzahl %	Anzahl Abs.	Anzahl %	
-399 qm	38,8	19,2	54.880	73,7	345	39,2	0,6
400-799 qm	41,1	20,4	5.850	7,9	125	14,2	2,1
Discounter	30,4	15,1	7.710	10,4	130	14,8	1,7
Verbraucher-märkte	91,3	45,3	5.960	8,0	280	31,8	4,7
Gesamt	201,6	100,0	74.400	100,0	880	100,0	1,2

Quelle: Berekoven/Eckert/Ellenrieder 2004, S. 54.
Abb. 2.66: Disproportionale (Quoten-)Stichprobe des GfK-Einzelhandelspanels

4.2.3.3 Mehrstufige Zufallsauswahl

Eine mehrstufige Auswahl (*multistage sampling*) kann vorgenommen werden, wenn die Grundgesamtheit hierarchisch strukturiert ist; aus den einzelnen Hierarchiestufen werden Auswahleinheiten gebildet, aus denen nacheinander Zufallsstichproben gezogen werden. Im einfachsten Fall einer zweistufigen Auswahl wird die Grundgesamtheit zunächst in disjunkte Teilmengen (*Primäreinheiten*) aufgeteilt, welche die Auswahlbasis für die erste Stufe bilden (z. B. Gemeinden). Aus den Primäreinheiten wird eine Zufallsstichprobe gezogen. Untersuchungseinheiten, welche in den gewählten Primäreinheiten enthalten sind (z. B. Haushalte), bilden die Auswahlbasis für die zweite Stufe. Aus jeder ausgewählten Primäreinheit erfolgt eine Zufallsauswahl von Untersuchungseinheiten (*Sekundäreinheiten*).

Beispielsweise kann die Bevölkerung der Bundesrepublik Deutschland mit dem Schema „Individuum – Haushalt – Gemeinde – Bundesland" strukturiert werden. In diesem Fall kann im Rahmen einer mehrstufigen Auswahl zunächst eine Stichprobe von Gemeinden auf Landesebene, dann eine Auswahl von Haushalten auf kommunaler Ebene und schließlich eine Auswahl von Individuen, welche letztendlich in die Stichprobe aufgenommen werden sollen, erfolgen. Es handelt sich also um eine Hintereinanderschaltung von Zufallsauswahlen, wobei die Auswahlebene jeweils wechselt (vgl. Sander 2004, S. 159). *Vorteile* ergeben sich hier in einer Kostenersparnis im Rahmen der Datenerhebung auf Grund der räumlichen Konzentration der Untersuchungseinheiten. Auch bietet sich die mehrstufige Auswahl an, wenn für eine uneingeschränkte Zufallsstichprobe keine Auswahlbasis verfügbar ist.

	Merkmale	Beispiele	Beurteilung
Einfache Zufallsstichprobe	• Unmittelbare Ziehung einer Stichprobe aus der Grundgesamtheit • Grundlage: Urnenmodell	• Zufällige Ziehung von 100 Käufern aus der Gesamtheit der Käufer eines Produkts	+ einfache Durchführung – im Vergleich zu den anderen Verfahren der Zufallsauswahl: Bei gleichem Stichprobenfehler ist ein größerer Stichprobenumfang erforderlich – sämtliche Elemente der Grundgesamtheit müssen erfasst und zugänglich sein.
Geschichtete Zufallsstichprobe	• Grundgesamtheit wird in mehrere Schichten aufgeteilt • Aus jeder Schicht wird eine einfache Zufallsstichprobe gezogen • *proportionale Aufteilung:* Aufteilung des Stichprobenumfangs proportional zum Umfang der Schichten • *optimale Aufteilung:* Aufteilung proportional zu den Streuungen innerhalb der Schichten	• Aufteilung der Kunden in gewerbliche und Privatkunden • Ziehung je einer Zufallsstichprobe aus den gewerblichen und den Privatkunden	+ Im Vergleich zur einfachen Zufallsstichprobe Reduzierung des Stichprobenfehlers (bei gleichem Stichprobenumfang) – Verteilung der interessierenden Merkmalsdimensionen muss bekannt sein
Klumpenauswahl	• Aufteilung der Grundgesamtheit in Klumpen (meist natürliche Gruppierungen von Untersuchungseinheiten) • Aus der Gesamtheit der Klumpen wird zufällig eine Stichprobe gezogen • Alle Elemente der gezogenen Klumpen gehen in die Stichprobe ein	• Ziehung einer Stichprobe von Einzelhandelsgeschäften aus der Gesamtheit der Läden, die das Produkt führen • Beobachtung des Markenwahlverhaltens aller Käufer der betrachten Läden während eines vorgegebenen Zeitraums	• + Struktur der Grundgesamtheit braucht nicht im Einzelnen bekannt zu sein + Durchführung der Erhebung i. d. R. weniger aufwändig – Repräsentation der Grundgesamtheit durch die Klumpen ist fraglich
Mehrstufige Stichprobe	• Aufteilung der Grundgesamtheit in Teilmengen (Primäreinheiten) • Zufallsauswahl aus der Menge der Primäreinheiten • Zufallsauswahl von Untersuchungseinheiten aus jeder ausgewählten Primäreinheit (Sekundäreinheiten)	• Aufteilung der Grundgesamtheit in Gemeinden • Zufällige Auswahl einer Stichprobe von Gemeinden • Aus den gewählten Gemeinden Zufallsauswahl von Personen	+ Vereinfachung der Durchführung der Erhebung, wenn die Grundgesamtheit hierarchisch gegliedert ist + Geeignet, wenn keine Auswahlbasis für eine einfache Zufallsauswahl verfügbar ist

Abb. 2.67: Überblick über Verfahren der Zufallsauswahl

4.2.3.4 Klumpenauswahl

Im Rahmen einer Klumpenauswahl (*Cluster sampling*) wird die Grundgesamtheit – ähnlich wie bei einer mehrstufigen Auswahl – zunächst in sich gegenseitig ausschließende Gruppen (Klumpen) aufgeteilt (z. B. Landkreise innerhalb eines Bundeslandes), welche die Auswahlbasis darstellen. Aus der Gesamtheit der Klumpen wird eine Zufallsstichprobe gezogen. Im einfachsten Fall der einstufigen Klumpenauswahl gelangen sämtliche Elemente, die in den gewählten Klumpen enthalten sind, in die Stichprobe; mehrstufige Verfahren sind jedoch ebenfalls möglich.

Im Vergleich zur einfachen Zufallsstichprobe hat die Klumpenauswahl eine ganze Reihe von *Vorteilen*, welche dazu führen, dass sie sich in der Marktforschungspraxis großer Beliebtheit erfreut (vgl. Böhler 2004, S. 153 f.; Hammann/Erichson 2000, S. 145 f.):

– Die Auswahlbasis für die Erhebungseinheiten ist häufig nicht vorhanden (z. B. Liste sämtlicher abhängig Beschäftigter in einer bestimmten Branche). Eine Liste von Betrieben, welche als Klumpen fungieren, ist hingegen vergleichsweise leicht zu beschaffen.

– Die Liste der Erhebungseinheiten ist häufig nicht mehr aktuell. Anstelle eines veralteten Adressenverzeichnisses kann beispielsweise ein Stadtgebiet in Häuserblöcke aufgeteilt werden, welche die Auswahlbasis für die Stichprobenziehung bilden. In den gewählten Häuserblöcken werden sämtliche Haushalte befragt (sog. *Flächenstichprobe*). Dies gewährleistet, dass nur solche Einwohner in die Stichprobe gelangen, welche tatsächlich aktuell in der betreffenden Gemeinde wohnhaft sind.

– Die Durchführung der Erhebung ist häufig weniger aufwändig, da die Datenerhebung räumlich konzentriert werden kann (z. B. Befragung sämtlicher Beschäftigter an ihrer gemeinsamen Arbeitsstätte).

Nachteilig an der Klumpenauswahl ist der Klumpeneffekt, welcher dann auftritt, wenn die Untersuchungseinheiten innerhalb eines Klumpens im Hinblick auf die Untersuchungsmerkmale homogener sind als dies bei einer einfachen Zufallsauswahl zu erwarten wäre. Die Klumpen sind dann weniger repräsentativ für die Grundgesamtheit. Abgemildert werden kann der Klumpeneffekt durch eine Ausdehnung der Stichprobengröße, welche infolge der erleichterten Datenerhebung im Regelfall problemlos möglich ist und nur mit vergleichsweise geringen zusätzlichen Erhebungskosten behaftet ist (vgl. Sander 2004, S. 159). Dies bedeutet, dass im Vergleich zu einer einfachen Zufallsauswahl der Stichprobenumfang bei gleichen Kosten u. U. erheblich ausgeweitet werden kann, sodass trotz Klumpeneffekts genauere Ergebnisse erzielt werden können. Abb. 2.67 zeigt abschließend die dargestellten Verfahren der Zufallsauswahl im Überblick.

4.2.3.5 Auswahltechniken der Zufallsauswahl

Der einfachen Zufallsauswahl liegt das Urnenmodell ohne Zurücklegen zu Grunde. Aufgrund des Aufwands, welchen diese Vorgehensweise bei realen Grundgesamtheiten implizieren würde (etwa Anfertigen von Namenskärtchen bzw. Kugeln, Beschaffung einer Urne in entsprechender Größe usw.) bedient man sich in der Praxis besonderer Auswahltechniken. Dazu gehören sog. Zufallszahlentafeln sowie sog. Ersatzverfahren. *Zufallszahlentafeln* enthalten Ziffern, welche durch Zufall gewonnen werden (z. B. mit Hilfe eines Zufallszahlengenerators). Konstitutiv für eine Zufallszahlentafel ist dabei die Tatsache, dass jede der Ziffern 0 – 9 an jeder beliebigen Stelle der Tafel vor der Herstellung die Wahrscheinlichkeit 0,1 hatte, realisiert zu werden (vgl. Schaich 1998, S. 151). Abb. 2.68 zeigt einen Ausschnitt aus einer Zufallszahlentafel.

2671	4690	1550	2262	2597	8034	0785	2978	4409	0237
9111	0250	3275	7519	9740	4577	2064	0286	3398	1348
0391	6035	9230	4999	3332	0608	6113	0391	5789	9926
2475	2144	1886	2079	3004	9686	5669	4367	9306	2595
5336	5845	2095	6446	5694	3641	1085	8705	5416	9066

Quelle: Schaich 1998, S. 151.
Abb. 2.68: Auszug aus einer Zufallszahlentafel

Voraussetzung für die Anwendung ist eine lückenlose Durchnummerierung der Grundgesamtheit. Die Vorgehensweise soll anhand eines Beispiels erläutert werden. Detaillierte Ausführungen finden sich bei Schaich 1998, S. 152 ff.

Beispiel 2.77:

Die Grundgesamtheit betrage N = 100.000; die Elemente der Grundgesamtheit seien von 00000 bis 99999 durchnummeriert. Damit sind aus der Zufallszahlentafel fünfstellige Ziffernfolgen zu entnehmen; bei reihenweisem Vorgehen also: 26714 69015 50226 22597 80340 … Bei einer Stichprobe von beispielsweise n = 100 werden die ersten 100 der auf diese Weise gewonnenen fünfstelligen Ziffernfolgen herangezogen. Durch Zuordnung der Zufallszahlen zu den Elementen der Grundgesamtheit mit den entsprechenden Nummern erhält man die Stichprobe im gewünschten Umfang.

Zu den gebräuchlichsten *Ersatzverfahren* zur Gewinnung uneingeschränkter Zufallsstichproben zählen:

– Schlussziffernverfahren,

– Systematische Auswahl mit Zufallsstart,

– Geburtstagsverfahren,

– Buchstabenverfahren,

– Schwedenschlüssel und

– Random Route.

Das *Schlussziffernverfahren* setzt wie die Anwendung einer Zufallszahlentafel voraus, dass die Grundgesamtheit durchnummeriert ist, z. B. von 0 bis N-1; die Nummerierung darf mit der Untersuchungsvariable nicht korrelieren, was beispielsweise dann gewährleistet ist, wenn die Zuordnung nach rein äußerlichen Kriterien – etwa chronologisch – erfolgt. Anschließend wird der Auswahlsatz n/N bestimmt, der die Grundlage für die Auswahl bildet. Nachfolgendes Beispiel soll die Vorgehensweise erläutern.

Beispiel 2.78:

Die Grundgesamtheit betrage N = 100.000, die Stichprobe n = 200. Damit ist der Auswahlsatz

$$\frac{n}{N} = \frac{200}{10.000} = 2\,‰$$

der Grundgesamtheit.

Aus der Ziffernfolge 000 bis 999 werden zufällig zwei Zahlen gezogen; jede dieser dreistelligen Zahlen kann zur Auswahl von genau 1 ‰ der Grundgesamtheit herangezogen werden. Hat man etwa die Zahlen 498 und 782 gewonnen, so gelangen die Elemente der Grundgesamtheit mit folgenden Nummern in die Stichprobe:

0498; 1498; 2498; … ; 99498 (100 Elemente)
0872; 1782; 2782; … ; 99782 (100 Elemente).

Auch die Anwendung der *systematischen Auswahl mit Zufallsstart* setzt Unkorreliertheit zwischen der Nummerierung und der Untersuchungsvariablen voraus. Zunächst wird der Kehrwert des Auswahlsatzes gebildet, N/n. Aus den N/n-Nummern $0; 1; …; N/n - 1$ wird zufällig eine Zahl r gezogen; anschließend wird die Stichprobe folgendermaßen gebildet:

$$r; r + \frac{N}{n}; r + 2\frac{N}{n}; …; r + (n - 1) \cdot \frac{N}{n}.$$

Soll beispielsweise aus einer Grundgesamtheit von N = 20.000 eine Stichprobe von n = 400 gezogen werden, so würde jedes k-te Element mit

$$k = \frac{N}{n} = \frac{20.000}{400} = 50$$

in die Stichprobe gelangen, beginnend bei einem zufällig ausgewählten Element, welches sich an r-ter Stelle befindet. Gilt beispielsweise ein per Zufall gezogenes r = 17, so würde das 67. Element, das 117. Element usw. in die Stichprobe aufgenommen werden bis die Stichprobengröße von n = 400 erreicht ist. Als Auswahlbasis benötigt man hierzu wie bei der Auswahl per Zufallszahlentabelle eine Kartei oder Liste, welche die jeweiligen Elemente der Grundgesamtheit enthält (vgl. Sander 2004, S. 158).

Das Grundprinzip des *Geburtstagsverfahrens* besteht darin, dass aus einer Grundgesamtheit von Personen, deren Geburtstag bekannt ist, alle diejenigen in die Stichprobe übernommen werden, welche an einem bestimmten Tag im Jahr Geburtstag haben. Je nach erwünschtem Stichprobenumfang können auch mehrere Tage zu Grunde gelegt werden. Erreichbar sind Auswahlsätze von (ungefähr) 1/365, 2/365 usw., je nach Zahl der einbezogenen Tage; ein exakter, vorgegebener Stichprobenumfang kann somit nur in Ausnahmefällen erzielt werden. *Varianten* des Geburtstagsverfahrens werden bei mehrstufigen Auswahlverfahren herangezogen, etwa um aus einem gewählten Haushalt die zu befragenden Personen auszuwählen (vgl. Hüttner/Schwarting 2002, S. 137): Es ist z. B. die Person zu befragen, welche

– als erste im Jahr Geburtstag hat oder
– vom Befragungstag gerechnet als letzte Geburtstag hatte oder als nächste haben wird, oder
– an einem Tag mit der niedrigsten der Zahlen zwischen 1 und 31 Geburtstag hat
oder ähnliche Regeln. Im Vergleich zu den bisher behandelten Verfahren hat diese Vorgehensweise den Vorteil, dass keine Auflistung und Nummerierung der Erhebungseinheiten erforderlich ist.

Beim *Buchstabenverfahren* gelangen alle jene Personen in die Stichprobe, deren Familienname mit einem bestimmten Buchstaben oder einer bestimmten Buchstabenfolge beginnt. Damit alle Elemente der Grundgesamtheit die gleiche Wahrscheinlichkeit haben, in die Stichprobe zu gelangen, darf zwischen den Anfangsbuchstaben der Familiennamen und den Untersuchungsmerkmalen kein Zusammenhang bestehen (wie dies etwa mit den Anfangsbuchstaben „Roth…" und der Variable Einkommen der Fall sein könnte). Auch bei diesem Verfahren kann ein vorgegebener Stichprobenumfang nur ungefähr eingehalten werden.

Der *Schwedenschlüssel* findet oft Verwendung, wenn Personen innerhalb von Mehrpersonenhaushalten zu befragen sind. Dabei wird für jedes Interview und für jede Haushaltsgröße vorgegeben, die wievielte Person jeweils zu befragen ist. Diese Zahl resultiert durch Permutationen der Ziffern 1 bis 4 (häufig: 1 bis 3 oder 1 bis 4, wobei 4 die Haushaltsgröße ist).

Beispiel 2.79:

Die Erhebungsgesamtheit soll Deutsche über 14 Jahre umfassen, die in Privathaushalten leben. Auszugehen ist von Haushalten mit bis zu vier Personen, die zur Erhebungsgesamtheit gehören. Die Personen in einem Haushalt werden dabei meist nach dem **Alter** nummeriert. Die Permutationen sind in diesem Fall wie folgt:

Haushaltsgröße* \\ Interview	A	B	C	Ⓓ	E	F	G	H	I	J	K	L	…
2	1	2	1	②	1	2	1	2	1	2	1	2	…
3	1	2	3	①	2	3	1	2	3	1	2	3	…
4	1	2	3	④	1	2	3	4	1	2	3	4	…

* Netto, d. h. Zahl der zur Erhebungsgesamtheit zählenden Personen

Beim vierten durchzuführenden Interview würde der Interviewer folgendermaßen vorgehen:
– bei zwei erhebungsrelevanten Personen im Haushalt ist die zweite zu befragen,
– bei drei erhebungsrelevanten Personen ist die erste zu befragen,
– bei vier erhebungsrelevanten Personen ist die vierte zu befragen.

Das *Random-Route-Verfahren* (auch: Random-Walk-Verfahren) wird meist auf der letzten Stufe eines mehrstufigen Auswahlverfahrens eingesetzt. Nach dem Zufallsprinzip werden zunächst ausgewählte Ausgangspunkte für den Start einer Befragung bestimmt (z. B. Straße). Darüber hinaus wird eine exakte Regel vorgegeben, wie der Interviewer von diesem Ausgangspunkt aus weiter vorgehen soll. Beispielsweise wird ihm vorgegeben, er solle jeden dritten Haushalt in jedem zweiten Gebäude auf der linken Straßenseite befragen o. Ä. Somit wird deutlich, dass es sich um eine Variante der systematischen Auswahl handelt. *Vorteilhaft* sind die räumliche Konzentration der Feldarbeit, die einfachen Kontrollmöglichkeiten sowie die vergleichsweise geringen Kosten; allerdings ist der Zufallscharakter des Verfahrens umstritten; insbesondere wird darauf hingewiesen, dass eine statistische Berechnung des Zufallsfehlers nur näherungsweise möglich ist (vgl. Berekoven/Eckert/Ellenrieder 2004, S. 59).

4.2.4 Sonstige Verfahren der Stichprobenauswahl

Es gibt eine ganze Reihe weiterer Verfahren der Stichprobenauswahl, welche teilweise eigenständige Verfahren darstellen, teilweise als Kombination der bisher dargestellten Methoden anzusehen sind. Im Folgenden sollen die wichtigsten dargestellt werden:
– Sequenzielle Auswahl,

– Schneeballverfahren und

– ADM Master Sample.

Im Rahmen einer *sequenziellen Auswahl* wird zunächst eine vergleichsweise kleine Stichprobe gezogen und ausgewertet. Im Anschluss daran wird entschieden, ob die erhaltenen Informationen ausreichend sind oder nicht (z. B. im Hinblick auf Präzision, Anwendbarkeit von Verfahren der induktiven Statistik sowie komplexer multivariater Verfahren usw.). Ist dies nicht der Fall, wird eine weitere Stichprobe gezogen usw. bis der Informationsstand als ausreichend angesehen wird. Somit wird nicht von einem festgelegten Stichprobenumfang ausgegangen; dieser ergibt sich vielmehr im Laufe der Untersuchung.

Vorteilhaft an der sequenziellen Auswahl ist der Versuch, den Stichprobenumfang zu begrenzen und damit die Erhebungskosten zu kontrollieren. Andererseits entsteht ein nicht unerheblicher Analyseaufwand, da nach jeder erneuten Stichprobenziehung aufgrund der Analyseergebnisse entschieden werden muss, ob der Informationsbedarf bereits befriedigt ist.

Eine besondere Form eines Auswahlverfahrens stellt das sog. *Schnellballverfahren* dar (*snowball* oder *linkage sampling*). In einem ersten Schritt wird – üblicherweise nach dem Zufallsprinzip – eine anfängliche Gruppe von Erhebungseinheiten ausgesucht. Stößt man im Rahmen der Befragung auf Erhebungseinheiten, welche über die erhebungsrelevanten Merkmale verfügen, werden diese gebeten, Adressen von Personen mit gleichen Merkmalen zu nennen. In einer zweiten Erhebungswelle werden die neu gewonnenen Erhebungseinheiten ebenfalls gebeten, Adressen von Personen, die den gleichen Tatbestand erfüllen, zu nennen usw. (vgl. Malhotra 2004, S. 324).

Das Hauptziel des Schneeballverfahrens liegt darin, eine Stichprobe von Personen mit solchen Merkmalen zu gewinnen, die in der Gesamtbevölkerung selten sind und daher bei Anwendung einer Zufallsstichprobe in zu geringem Umfang im Sample vertreten wären. Anwendungsbeispiele sind bestimmte Bevölkerungsgruppen, wie z. B. ethnische Minderheiten, Eltern geistig behinderter Kinder, Träger bestimmter Krankheiten wie HIV-infizierte etc. In solchen Fällen ist eine Schneeballauswahl deutlich effizienter als eine Zufallsauswahl; die Varianz in der Stichprobe wird deutlich verringert, die Kosten sind begrenzt. Nachteilig ist, dass es sich nicht um eine Zufallsauswahl handelt und damit der Fehler nicht berechenbar ist; auch ist mit erheblichen Klumpungseffekten zu rechnen.

Beim *ADM Master Sample* handelt es sich um ein Stichprobensystem, das vom Arbeitskreis Deutscher Marktforschungsinstitute e. V. (ADM) zur Durchführung von Bevölkerungsstichproben entwickelt wurde. Das ADM Master Sample basiert auf sog. Muster-Stichprobenplänen, welche als Baukastensystem konzipiert sind (vgl. ausführlich ADM 1979); Abb. 2.69 zeigt das Rahmenschema des ADM Baukastensystems.

Dieser allgemeine Rahmen bildete die Grundlage für die Entwicklung des ADM-Master-Samples; hierbei handelt es sich um ein System von vorgefertigten Stichproben bzw. „Netzen", welche den Mitgliedsinstituten des ADM zur Verfügung gestellt werden und als Grundlage für die Ziehung individueller, konkreter Stichproben dienen. Das Stichprobensystem umfasst dabei die folgenden Stufen (vgl. ausführlich z. B. Hüttner/Schwarting 2002, S. 136 ff.):

– Auswahl von Sampling Points,

– Auswahl von Haushalten innerhalb der gezogenen Sampling Points und

– Auswahl der Zielpersonen in den ausgewählten Haushalten.

1. Stichpro-benstufe	Technischer Ablauf	Schichtung	Auswahl-verfahren	Auswahl-chance	
Auswahl der Sampling Points	1. Einphasig: Auswahl von STBZ = Sample Point (ggf. Synthetisie-rung)	Schichtungs-merkmal: … …	- uneinge-schränkte - systematische Zufalls-auswahl	- proportional Haushalte - proportional Wahlberechtigte - gleich	Mindestanforde-rungen bei der Auswahl der Schichtungsmerk-male bei nationalen Stichprobensys-temen
	2. Zweiphasig (a) Gemeinde Auswahl	Schichtungs-merkmal: … …	- systematische Zufalls-auswahl	- proportional Haushalte - proportional Einwohner durch „Selbst-gewichtung"	
	(b) STBZ-Auswahl = Sample Point	ggf. nach Stadtbezirken	- uneinge-schränkte - systematische Zufalls-auswahl	- proportional Haushalte - proportional Wahlberechtigte - gleich	
2. Stichpro-benstufe	**Auflistungs-vorschrift**	**Auflistungs-weg**	**Auflistungs-umfang**	**Auswahl-verfahren**	
Auswahl der Haushalte	(a) Totalauflistung		Alle Straßen/ Haushalte im STBZ	- uneinge-schränkte - systematische Zufallsauswahl	(a) Definition des Privathaushalts
	(b) Partielle Vorabauflistung	Fest vorgegebene Straßen RANDOM-Walk	Listung jedes x-ten Haushalts X Haushalte in Reihe	- uneinge-schränkte oder - systematische Zufallsauswahl	(b) Operable Einheit = Tür-klingel
	(c) Parallele Teilauflistung	Fest vorgegebene Straßen RANDOM-Walk	- Listung aller Haushalte - Listung der Zielhaushalte	systematische Zufallsauswahl	(c) Auflistungs-regeln
3. Stichpro-benstufe	(a) Ohne ZP = Hausfrau/ HH-Vorstand				Kontrolle der in der Hand des Interviewers liegenden Durchführung des Stichproben-plans
Auswahl der Zielperson	(b) RANDOM-Auswahl	Auslistungs-vorschrift: - fortlaufend nach Alter - vornamens-alphabetisch	Auslistungsvorschrift: - Zufallszahlenreihe - Schwedelschlüssel - „Nächster Geburtstag"		
	(c) QUOTEN-Auswahl	entsprechend vorgegebene Quoten			

Quelle: Hamman/Erichson 2000, S. 152.

Abb. 2.69: Rahmenschema der ADM-Muster-Stichproben-Pläne

Auswahl von Sampling Points

Die Grundgesamtheit bei Bevölkerungsumfragen in Deutschland ist definiert als Deutsche, welche in Privathaushalten leben. Um *Sampling Points* zu bilden, wurde das Gebiet der Bundesrepublik Deutschland zunächst nach Wahlbezirken eingeteilt (derzeit ca. 80.000). Wahlbezirke mit weniger als 400 Wahlberechtigten wurden dabei zusammengelegt. Für die daraus resultierenden Sampling Points sind folgende Daten erfasst (vgl. Hammann/ Erichson 2000, S. 152 ff.):

– Statistische Gemeindekennziffer (Bundesland, Regierungsbezirke, Landkreis, Gemeinde),

– Postleitzahl, Gemeindename, Stadtteilnummer,

– Gemeindegröße (Einwohnerzahl, Zahl der Haushalte und der Wahlberechtigten),

– Strukturdaten aus der Volkszählung (wie z. B. Konfession, Ausländeranteil, Gewerbe).

Nach diesen Merkmalen wurde vor der Ziehung geschichtet bzw. angeordnet; die daraus entstandenen Zellen bildeten die Auswahlbasis, aus der anschließend die Ziehung erfolgte. Die Ziehung erfolgte dabei proportional zur Zahl der Haushalte. Es wurde eine große Anzahl von Stichproben – sog. Netzen – gezogen, welche jeweils rd. 250 Sampling Points umfassten und an die beteiligten Marktforschungsinstitute weitergegeben wurden.

Auswahl von Haushalten in den gezogenen Sampling Points

Im Rahmen der zweiten Stufe erfolgt seitens der Institute die Ziehung von Haushalten nach einer uneingeschränkten Zufallsauswahl. Hierbei wird unterschieden zwischen einer Totalauflistung, bei welcher sämtliche Haushalte in Sampling Point bekannt und aufgelistet sind, und einer Teilauflistung, bei welcher die Begehung in Form eines Random-Route-Verfahrens erfolgt.

Auswahl der Zielpersonen in den gezogenen Haushalten

Innerhalb der einzelnen Haushalte können die Zielpersonen entweder nach dem Zufalls- oder nach dem Quotenprinzip ausgewählt werden (vgl. die Ausführungen in Abschn. 4.2). Die konkrete Auswahl kann dabei nach verschiedenen Ansatzpunkten erfolgen (vgl. Berekoven/Eckert/Ellenrieder 2004, S. 61).

Ist die Grundgesamtheit begrenzt, z. B. Haushaltsvorstände, Jugendliche zwischen 14 und 19 Jahren o. Ä., so werden alle Zielpersonen befragt, die das Erhebungskriterium erfüllen. Setzt sich die Grundgesamtheit aus allen erwachsenen Personen zusammen, so bestehen für die konkrete Auswahl der Zielpersonen folgende Möglichkeiten:

– Es werden sämtliche Haushaltsmitglieder befragt, oder

– es erfolgt eine Auflistung der Haushalte (z. B. alphabetisch oder nach Alter); anschließend wird pro Haushalt eine Zielperson befragt; als Auswahltechniken kommen Zufallszahlenfolgen, Geburtstagsverfahren oder Schwedenschlüssel zum Einsatz (vgl. die Ausführungen in Abschn. 4.2.3.5).

4.2.5 Bestimmung des Stichprobenumfangs

Da der Stichprobenumfang zum einen die Präzision des Ergebnisses, zum anderen aber auch die Erhebungskosten erheblich beeinflusst, ist die Bestimmung der Stichprobengröße von zentraler Bedeutung. In der Praxis der Marktforschung liegt der bevorzugte Stichprobenumfang je nach Fragestellung im Regelfall zwischen 150 und 3000 (vgl. Hammann/ Erichson 2000, S. 144); bei größeren Stichprobenumfängen besteht die Gefahr, dass der systematische Fehler anwächst und die Verringerung des Stichprobenfehlers dadurch überkompensiert wird.

Bei Vorliegen einer *Zufallsstichprobe* kann der notwendige Stichprobenumfang auf der Basis einer gewünschten Vertrauenswahrscheinlichkeit und einer höchstens zu tolerierenden Fehlersumme errechnet werden. Dies soll im Folgenden anhand der uneingeschränkten Zufallsauswahl gezeigt werden; komplexere Verfahren der Zufallsauswahl kommen c. p. mit kleineren Stichprobenumfängen aus.

Aus der Formel für die Standardabweichung (bzw. für den Standardfehler) gemäß (6b) beim Fall ohne Zurücklegen und unter der Voraussetzung, dass der Auswahlsatz $n/N < 0{,}05$ ist,

$$\sigma_{\bar{x}} = \frac{\sigma}{\sqrt{n}},$$

wird ersichtlich, dass der Standardfehler verringert werden kann, wenn der Stichprobenumfang erhöht wird. Dadurch wird das Konfidenzintervall enger; die Parameterschätzung wird genauer. Zur Bestimmung des notwendigen Stichprobenumfangs wird vom Konfidenzintervall für μ ausgegangen (heterograder Fall):

$$\mu = \bar{x} \pm z \cdot \sigma_{\bar{x}} \text{ bzw.} \mu = \bar{x} \pm z \cdot \frac{\sigma}{\sqrt{n}} \ .$$

Die absolute Fehlerspanne e resultiert damit als

$$e = \left| \mu - \bar{x} \right| = z \cdot \frac{\sigma}{\sqrt{n}} .$$

Der notwendige Stichprobenumfang kann ermittelt werden, wenn man sowohl die maximale Fehlerspanne, die man gerade noch tolerieren würde, angibt wie auch die Vertrauenswahrscheinlichkeit $(1 - \alpha)$ bzw. die Irrtumswahrscheinlichkeit α vorgibt. Bei bekannter Standardabweichung σ in der Grundgesamtheit resultiert der notwendige Stichprobenumfang als

$$n = \left(\frac{z_\alpha - \sigma}{e} \right)^2 = \frac{z_\alpha^2 \cdot \sigma^2}{e^2} .$$

Analog gilt für den homograden Fall

$$e = \left| \pi - p \right| = z \cdot \frac{\sigma}{\sqrt{n}} = \sqrt{\frac{\pi(1 - \pi)}{n}}$$

$$n = \frac{z_\alpha^2 \cdot p \cdot (1 - p)}{e^2} .$$

Beispiel 2.80:

Ein Unternehmen möchte das durchschnittliche Einkommen seiner Zielgruppe ermitteln. Die Zielgruppe umfasst insgesamt N = 10.000 Personen. Aus Erfahrungswerten ist bekannt, dass in der Grundgesamtheit mit einer Varianz von $\sigma^2 = 120.000$ zu rechnen ist. Soll bei gegebener Vertrauenswahrscheinlichkeit von 95 % die Fehlerspanne nicht mehr als 20 € betragen, so ergibt sich ein notwendiger Stichprobenumfang von

$$n = \left(\frac{1{,}96}{20}\right)^2 \cdot 120.000 = 1152 \, .$$

Neben dem Einkommen interessiert sich das Unternehmen auch für den Anteil der Rentner in der Zielgruppe. Soll der Anteil der Rentner bei gleicher Vertrauenswahrscheinlichkeit von 95 % nicht mehr als 2 % um den wahren Wert schwanken, ergibt sich

$$n = \left(\frac{1{,}96}{0{,}02}\right)^2 \cdot 0{,}18\left(1 - 0{,}18\right) = 1418 \, .$$

In diesem Fall ist der größere Wert des Stichprobenumfangs heranzuziehen, also n = 1418, damit beide Fehlerspannen eingehalten werden.

Quelle: In Anlehnung an Sander 2004, S. 162 ff.

Die obige Berechnung setzt voraus, dass zur Bestimmung des erforderlichen Stichprobenumfangs die Varianz der Grundgesamtheit bzw. – als Ersatzwert – zumindest die Stichprobenvarianz bekannt ist. Da die Stichprobe jedoch gerade erst gebildet werden soll, liegen derartige Werte in der Regel nicht vor. In diesem Fall ist eine außerstatistische Schätzung vorzunehmen, indem auf Expertenurteile oder ähnlich gelagerte Untersuchungen aus der Vergangenheit zurückgegriffen wird. Anzumerken ist schließlich, dass gemäß (15) bzw. (16b) eine steigende Vertrauenswahrscheinlichkeit bzw. eine sinkende Fehlerspanne zu einem überproportionalen Anstieg des notwendigen Stichprobenumfangs führen, wodurch die Erhebungskosten ebenfalls überproportional ansteigen.

Beispiel 2.81:

Wie im vorangegangenen Beispiel interessiert das Durchschnittseinkommen in der Zielgruppe. Die Grundgesamtheit beträgt N = 10.000. Die Vertrauenswahrscheinlichkeit soll 95% betragen, die Varianz der Grundgesamtheit wird als $\sigma^2 = 120.000$ angenommen. In Abhängigkeit der maximalen Fehlerspanne resultieren die folgenden erforderlichen Stichprobenumfange:

e (in €)	n
50	184
40	288
30	512
20	1152
10	4610
5	18439

Bei Kosten pro Interview von ca. 50 € würde die Untersuchung bereits knapp 1.000.000 € kosten, wollte man die Fehlerspanne auf ± 5 € reduzieren. Darüber hinaus wäre die Stichprobe größer als die zur Verfügung stehende Grundgesamtheit, die Annahmegemäß N = 10.000 beträgt!

4.3 Weiterführende Literatur

Cochran, W. G. (1977): Sampling Techniques, 3rd ed., New York 1977.

Noelle-Neumann, E., Petersen, T. (2000): Alle, nicht jeder. Einführung in die Methoden der Demoskopie, 3. Aufl., Berlin 2000.

Pokropp, F. (1996): Stichproben: Theorien und Verfahren, 2. Aufl., München 1996.

Sampath, S. (2000): Sampling Theory and Methods, Boca Raton 2000.

Sudman, S. (1976): Applied Sampling, New York 1976.

Thompson, S. K. (2002): Sampling, New York 2002.

Teil 3: Datensammlung und Datenauswertung

1. Durchführung und Kontrolle der Feldarbeit

Eine sorgfältige Planung des Untersuchungsdesigns ist eine notwendige, aber nicht hinreichende Bedingung für die Güte der Untersuchungsergebnisse; genauso wichtig ist eine korrekte Durchführung der Feldarbeit, da diese das Ausmaß des *systematischen Fehlers* stark beeinflusst (vgl. hierzu Abschn. 3.1.3.1 im 2. Teil). Häufig wird der eigentlichen Erhebung dabei eine Pilotstudie vorgeschaltet, um zu überprüfen, ob das Messinstrument (Fragebogen, Beobachtungsanweisung) adäquat entwickelt wurde.

Im Rahmen der *Datensammlung* sind eine Vielzahl von Teilentscheidungen zu treffen; diese umfassen im Einzelnen (vgl. Abb. 3.1):
- Auswahl der Feldorganisation,
- Schulung der Interviewer bzw. Beobachter,
- Projektabwicklung und
- Kontrolle der Erhebung.

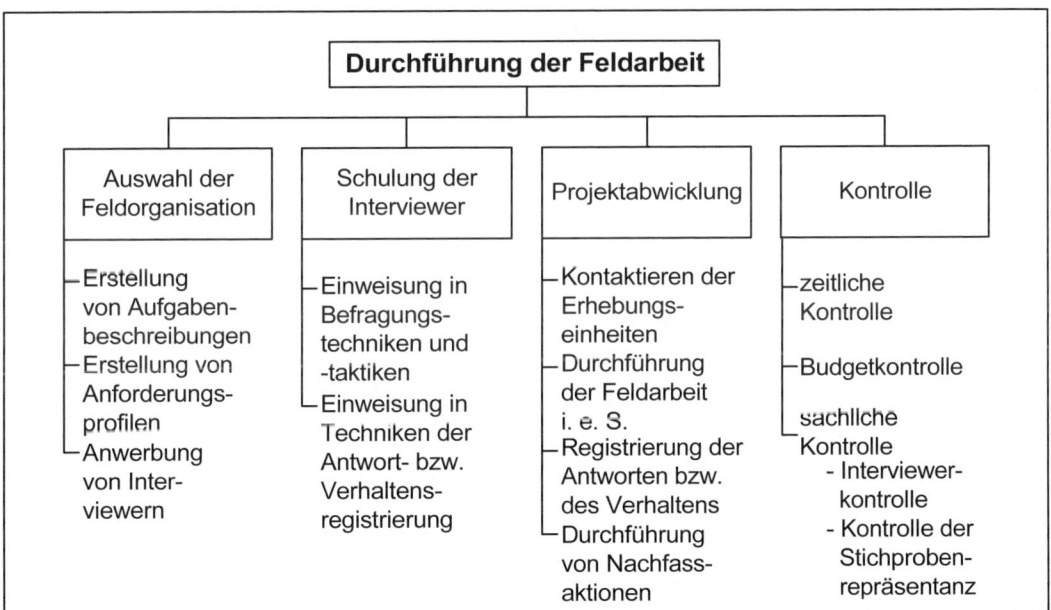

Abb. 3.1: Teilaufgaben im Rahmen der Durchführung der Feldarbeit

Im Rahmen der *Auswahl der Feldorganisation* ist zunächst die Grundsatzentscheidung zu treffen, ob ein eigener Interviewerstab aufgebaut werden soll, oder aber die Dienste professioneller Dienstleister in Anspruch genommen werden sollen. Während größere Marktforschungsinstitute i. d. R. über einen Stab eigener Kräfte verfügen, greifen kleinere Institute oder Marktforschungsberater häufig auf spezialisierte Agenturen zurück, welche auf dem freien Markt gegen Entgelt ihre Dienste anbieten. Dasselbe gilt in dem Fall, dass das Unternehmen die Erhebung in eigener Regie durchführt. Neben dieser grundsätzlichen organisatorischen Frage sind für das konkrete Projekt die damit zu beauftragenden Interviewer bzw. Beobachter auszuwählen. Der Forscher sollte detaillierte Aufgabenbeschreibungen in Abhängigkeit der geplanten Erhebungsform erarbeiten, darauf aufbauend sollten die erforderlichen Eigenschaften bzw. Qualifikationen der Interviewer festgelegt werden: Während die Durchführung einer quantitativen, standardisierten schriftlichen Erhebung nur geringe Vorkenntnisse erfordert, kann ein qualitatives Tiefeninterview nur durch einen geschulten Psychologen erfolgen. Auf der Grundlage der erstellten Anforderungsprofile werden geeignete Personen angeworben. Grundsätzlich sollten Interviewer über folgende allgemeine Qualifikationen verfügen (vgl. Malhotra 2004, S. 389):

- guter gesundheitlicher Zustand,
- Fähigkeit, auf andere einzugehen,
- kommunikative Fähigkeiten,
- angenehmes Äußeres,
- höheres Bildungsniveau und
- Erfahrung.

In diesem Zusammenhang ist auch der soziodemographische und psychographische Hintergrund der Interviewer zu berücksichtigen. Insbesondere im Rahmen persönlicher Interviews zeigt sich, dass die Wahrscheinlichkeit eines erfolgreichen Interviews umso größer ist, je mehr sich Befrager und Befragte ähneln (vgl. Singer/Frankel/Glassmann 1983, Barker 1987).

Die *Schulung* der Interviewer ist sehr stark von der gewählten Erhebungsmethode abhängig. Am Beispiel persönlicher Interviews sollen die wichtigsten Richtlinien skizziert werden (vgl. ausführlich Guenzel/Berkmans/Cannell 1983):

- Der Interviewer sollte mit den Fragebogen durchweg vertraut sein (sowohl inhaltlich als auch ablauftechnisch).
- Wortlaut und Reihenfolge der Fragen sollten exakt eingehalten werden.
- Die Fragen sollten langsam und deutlich vorgelesen werden.
- Bei Verständnisschwierigkeiten ist die Frage im selben Wortlaut zu wiederholen.
- Intervieweranweisungen sind exakt zu befolgen.
- Sorgfältiges Nachhaken ist erforderlich, um Ergänzungen und Erläuterungen seitens des Befragten zu provozieren.

Auch bei der Registrierung der Antworten ist sorgfältig vorzugehen; so sind die Antworten wörtlich zu notieren, ferner sollten zusätzliche Anmerkungen und Kommentare ebenfalls im Fragebogen vermerkt werden. Auf keinen Fall sollte der Interviewer Antworten zusammenfassen oder interpretieren; das ist Aufgabe des Forschers.

Im Rahmen der *Projektabwicklung* erfolgt die konkrete Datensammlung bei den Erhebungseinheiten. Dazu gehören folgende Schritte:

- Kontaktieren der Erhebungseinheit,
- Befragung bzw. Beobachtung der Auskunftspersonen,

– Registrierung der Antworten bzw. des beobachteten Verhaltens der Erhebungseinheit,
– Durchführung von Nachfassaktionen, um schwer zugängliche Probanden zu erreichen.

Große Bedeutung hat auch die *Kontrolle der Erhebung*, um die Qualität der Ergebnisse zu gewährleisten; die Überprüfung umfasst dabei zeitliche, finanzielle und sachliche Aspekte. In zeitlicher Hinsicht ist die Einhaltung des geplanten Zeitrahmens für die Untersuchung zu überwachen. Die Budgetkontrolle soll gewährleisten, dass der finanzielle Rahmen der Untersuchung nicht gesprengt wird; gerade ungeplante Zeitverzögerungen führen regelmäßig zur Unterschätzung der anfallenden Kosten (vgl. Böhler 2004, S. 157). In sachlicher Hinsicht ist zum einen zu gewährleisten, dass die Interviewer bzw. Beobachter den Anweisungen folgen und die gelernten Techniken im Rahmen der Feldarbeit in geeigneter Weise einsetzen (Interviewerkontrolle); zum anderen ist die Repräsentanz der Stichprobe zu überprüfen.

Im Rahmen der *Interviewerkontrolle* sind folgende Aspekte zu beobachten:
– Überprüfung des Sampling,
– Überprüfung der Interview-Durchführung.

Die Überprüfung des Sampling dient dazu zu gewährleisten, dass die Interviewer dem Stichprobenplan folgen und nicht die Untersuchungseinheiten nach Bequemlichkeitsaspekten aussuchen, indem sie einen Probanden, den sie gerade nicht erreichen, nicht nochmals kontaktieren, sondern durch einen anderen ersetzen. Die Interviewer sollen daher angehalten werden, genau zu notieren, wie viele Probanden kontaktiert und wie viele nicht erreicht wurden, wie viele die Teilnahme verweigerten und wie viele Interviews erfolgreich abgeschlossen wurden (vgl. Malhotra 2004, S. 392). Die Überprüfung der Interview-Durchführung soll hingegen aufdecken, ob erstens die Interviews tatsächlich durchgeführt wurden, zweitens, ob die Fragebögen korrekt ausgefüllt wurden. Dies erfolgt i. d. R. dadurch, dass bei einem Teil der Probanden telefonisch angefragt wird, ob das Interview tatsächlich durchgeführt wurde, bzw. bei einigen Personen die Befragung wiederholt wird, um Teilfälschungen aufzudecken (vgl. Böhler 2004, S. 157).

Bei der Kontrolle der Stichprobenrepräsentanz erfolgt schließlich eine Gegenüberstellung ausgewählter Merkmale der Stichprobe mit bekannten Merkmalen der Grundgesamtheit (i. d. R. soziodemographische Merkmale wie Alter, Geschlecht, Einkommen, Ausbildung, Beruf).

2. Aufbereitung der Daten

Nach der Durchführung der Feldarbeit liegt das Datenmaterial – je nach Erhebungsmethode – in Form ausgefüllter Fragebögen, Beobachtungsprotokolle, Audio- bzw. Videobänder etc. vor. Die darin enthaltenen Einzelinformationen müssen in geeigneter Weise aufbereitet werden, um sie einer Analyse zugänglich zu machen. Die Datenaufbereitung umfasst dabei die in Abb. 3.2 aufgeführten Schritte.

Der erste Schritt besteht darin, die Fragebögen zu *überprüfen*; nicht auswertbare Fragebögen sind auszusondern, die verbleibenden müssen ggf. redigiert werden. Zahlreiche Ursachen können dazu führen, dass Fragebögen nicht verwertbar sind:

– Der Fragbogen ist unvollständig, entweder weil ganze Teile physisch fehlen (z. B. herausgerissene Seiten) oder aber – versehentlich oder absichtlich – nicht ausgefüllt wurden.
– Der Fragebogen wurde fehlerhaft beantwortet, weil die Befragten offensichtlich die Aufgabe nicht verstanden haben (z. B. Wahl des falschen Pfads bei Gabelungsfragen).
– Der Fragebogen traf verspätet ein.

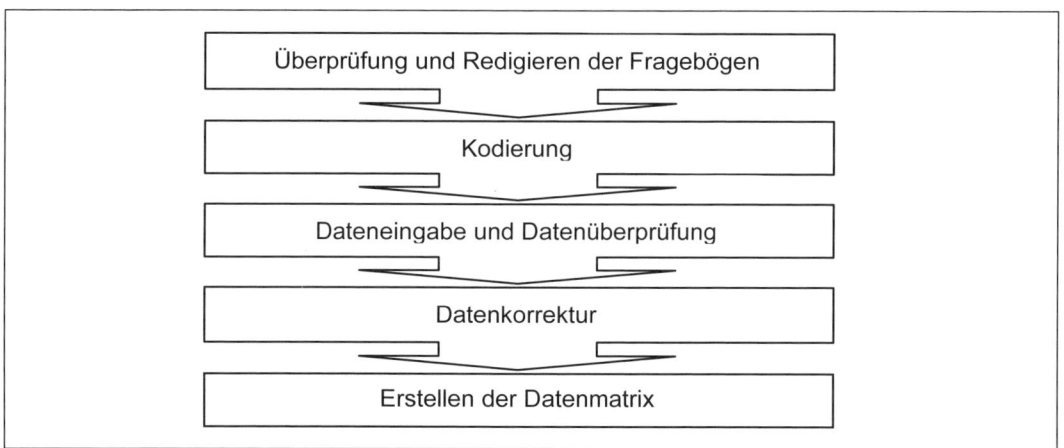

Abb. 3.2: Ablauf der Datenaufbereitung

Die verbleibenden Fragebögen werden einem weiteren Check anhand verschiedener Kriterien unterzogen, ggf. erfolgen Korrekturen an den Fragebögen, um sie verwertbar zu machen. Gängige Kriterien sind (vgl. Churchill/Iacobucci 2002, S. 573):

– *Vollständigkeit:* Fehlende Antworten können Antwortverweigerung, Unverständnis der Frage oder Unwissen des Befragten zum Ausdruck bringen. Für den Zweck der Untersuchung ist es wesentlich, den Grund korrekt zuzuordnen.
– *Lesbarkeit:* Kodierung und Eingabe der Daten setzen voraus, dass der Fragebogen leserlich ist; dies gilt sowohl für die Handschrift als auch für mögliche Abkürzungen, die der Interviewer bei der Antwortregistrierung verwendet hat.
– *Verständlichkeit:* „Kryptische" Formulierungen des Interviewers sind zu identifizieren und abzuklären.

– *Konsistenz:* Die einzelnen Fragebögen sind dahingehend zu überprüfen, ob sich die Antworten der Befragten widersprechen.

Beispiel 3.1:

Der Befragte gibt an, u. A. die E-Mail-Funktion des Internets zu nutzen. Bei der Frage nach seiner E-Mail-Adresse gibt er an, keine zu besitzen.

– *Vergleichbarkeit:* Die Registrierung der Antworten soll in vergleichbaren Einheiten erfolgen.

Beispiel 3.2:

Wenn ein Befragter auf die Frage nach dem jährlichen Haushaltsnettoeinkommen mit „2500" antwortet, so liegt die Annahme nahe, dass sich seine Antwort auf das monatliche Einkommen bezieht.

Treten in den Fragebögen die o.g. Probleme auf, so sind folgende Ansatzpunkte denkbar (vgl. Malhotra 2004, S. 403):

– Kontaktaufnahme mit dem Interviewer bzw. mit den Befragten, um Missverständnisse auszuräumen und Unklarheiten zu beseitigen;
– Zuordnung von sog. „Missing Values" zu den fehlenden oder fehlerhafte Antworten;
– Aussonderung des Fragebogens, wenn die ersten beiden Wege nicht gangbar sind.

Die (manuelle) Überprüfung der Fragebögen entfällt, wenn die Befragung computergestützt erfolgt (z. B. CAPI, CATI).

Im Rahmen der *Kodierung* werden Antwortkategorien gebildet (sofern sie nicht bereits existieren); den einzelnen Antwortkategorien werden dabei möglichst einfache Symbole zugeordnet, i. d. R. Zahlenwerte. Die Kodierung bildet die Voraussetzung dafür, dass die Rohdaten zwecks weitergehender Verarbeitung auf einen Datenträger übertragen werden können. Bei der Kodierung bestehen dabei erhebliche Unterschiede je nachdem, ob die Daten quantitativer oder qualitativer Natur sind.

Quantitative Daten entstehen im Rahmen standardisierter Befragungen mit vorgegebenen Antwortkategorien (vgl. Abschn. 2.2.1.1.2 im 2. Teil). Das entstehende Datenmaterial kann nach entsprechender Kodierung mit Hilfe gängiger Statistikpakete (z. B. SPSS, SAS) ausgewertet werden. Die Codes besitzen dabei keinen nummerischen Aussagewert, sondern dienen lediglich der Kennzeichnung und Ordnung der Variablenwerte.

Beispiel 3.3:

Frage 17 des Fragebogens lautet:

„Wie häufig verwenden Sie Marke X pro Woche?"

	Schlüssel	
weniger als 1 Mal	☐	1
1 – 2 Mal:	☐	2
3 – 4 Mal	☒	3
5 Mal und mehr	☐	4 Weiter mit Frage 18

Die Zahlen 1 – 4 dienen der Verschlüsselung. Einem Haushalt, der Marke X 3 – 4 Mal die Woche verwendet, würde den Wert 3 zugeordnet werden.

Anders verhält es sich bei *qualitativen Studien*, in denen offene Fragen verwendet werden, und im Rahmen von Beobachtungen, bei welchem das Verhalten der Probanden aufgezeichnet wird. In diesem Falle existieren keine vorgegebenen Antwortkategorien, diese müssen vielmehr erst entwickelt werden. In manchen Fällen kann sich der Forscher auf vorhandene Studien oder theoretische Überlegungen stützen; ist dies nicht möglich, erfolgt die Kategorienbildung nachträglich. Vor der eigentlichen Kodierung hat dabei zunächst in vielen Fällen eine *Transkription* zu erfolgen. Während der Transkription werden Interviewer- bzw. Beobachtungsprotokolle in eine schriftliche Form gebracht; hierbei werden zusätzliche Informationen mit berücksichtigt. Dazu gehören biographische Daten, wie soziales Umfeld und Bildungsniveau, wie auch nonverbale Kommunikationsinhalte (Gestik, Mimik, etc.). Die Transkription kommunikativer Inhalte ist vergleichsweise aufwändig und anspruchsvoll und sollte daher von geschultem Personal durchgeführt werden (vgl. Lamnek 1993, S. 108). Die Bildung von Kategorien erfolgt anschließend durch Sichtung des transkribierten Datenmaterials. Die eigentliche Verschlüsselung erfolgt durch Zuordnung der Aussagen bzw. der transkribierten Verhaltensweisen zu den gebildeten Kategorien; auch hier sind geschulte Mitarbeiter erforderlich, um Falschzuordnungen zu vermeiden.

Unabhängig von der Erhebungsmethode sollten bei der *Bildung von Kategorien* folgende Aspekte beachtet werden (vgl. Luyens 1995):
- Die Kategorien sollten das gesamte Spektrum der Ausprägungen beschreiben. Zu diesem Zweck empfiehlt es sich, selten genannte Fälle in eine Kategorie „Sonstiges" unterzubringen wie auch eine Kategorie „keine Angabe" vorzusehen.
- Die Kategorien sollten sich gegenseitig ausschließen. Dies ist dann der Fall, wenn jede mögliche Antwort einer einzigen Kategorie zugeordnet werden kann.
- Für kritische Sachverhalte sollten auch dann Kategorien vorgesehen werden, wenn kein einziger Befragter sie genannt hat, da auch diese Information von Bedeutung sein kann.

Beispiel 3.4:

Auf Grund hoher Mitarbeiterfluktuation in den letzten 3 Jahren soll im Rahmen einer qualitativen Erhebung auf der Grundlage von Tiefeninterviews die Zufriedenheit mit dem Arbeitsplatz in einem bestimmten Unternehmen erhoben werden. In die Kategorie „äußerst hohe Zufriedenheit" fällt keine einzige Antwort. Dies legt für das Management einen dringenden Handlungsbedarf nahe.

Bei der Kodierung sollten die Daten in möglichst detaillierter Form verschlüsselt werden. Eine Klassenbildung und Aggregation sollte der Forscher erst im Rahmen der Datenanalyse vornehmen, da ansonsten wertvolle Einzelinformationen verloren gehen.

Sollen die Daten mittels EDV analysiert werden, sind in technischer Sicht folgende weiteren Aspekte zu beachten (vgl. Churchill/Iacobucci 2002, S. 576 f.):
- Pro Spalte soll nur ein Zeichen verwendet werden, da viele Softwarepakete mehrstellige Eingaben nicht erkennen.
- Es sollten ausschließlich nummerische Codes verwendet werden. Buchstaben, Sonderzeichen und Leerzeichen sind zu vermeiden.
- Pro Variable sollten so viele Spalten vorgesehen werden, wie sie zur Erfassung sämtlicher Ausprägungen erforderlich sind. Reicht eine Spalte (mit den Codes 0-9 für die Ausprägungen) nicht aus, so hat die Kodierung zweispaltig zu erfolgen (00-99).

– Für „keine Angabe", „trifft nicht zu" u.ä. sollten für die gesamte Studie dieselben Kategorien verwendet werden (üblich ist beispielsweise die Ziffer 9 für „keine Angabe").

Der letzte Schritt im Rahmen der Kodierung ist die Erstellung eines *Codeplans*, woraus ersichtlich wird, in welcher Weise die Daten kodiert wurden. Abb. 3.3 zeigt einen Auszug aus einem Codeplan.

Var1 Wie würden Sie das Verhältnis zu Ihrer Hausbank beschreiben?
1 ○ sehr gut
2 ○ gut
3 ○ befriedigend
4 ○ ausreichend
5 ○ schlecht
6 ○ sehr schlecht

Welche Transaktionen führen Sie wie/wo durch?

	Schalter	Internet	Telefon	Mobil
Überweisungen	Var2 ○ 1/0	Var7 ○ 1/0	Var12 ○ 1/0	Var17 ○ 1/0
Kontostandsabfrage	Var3 ○ 1/0	Var8 ○ 1/0	Var13 ○ 1/0	Var18 ○ 1/0
Wertpapiergeschäfte	Var4 ○ 1/0	Var9 ○ 1/0	Var14 ○ 1/0	Var19 ○ 1/0
Daueraufträge	Var5 ○ 1/0	Var10 ○ 1/0	Var15 ○ 1/0	Var20 ○ 1/0
Sonstiges	Var6 ○ 1/0	Var11 ○ 1/0	Var16 ○ 1/0	Var21 ○ 1/0

Wobei benötigen Sie eine persönliche Beratung?

Var22	○ Überweisungen 1/0
Var23	○ Kontostandsabfrage 1/0
Var24	○ Brokerage 1/0
Var25	○ Daueraufträge 1/0
Var26	○ Sonstiges_____

Bedienerfreundlichkeit

1	Var27 Benutzeroberflächen im Onlinebanking empfinde ich als bedienerfreundlich	Ja, trifft voll zu ○ ○ ○ ○ ○ ○ Nein, trifft gar nicht zu 1 2 3 4 5 6
2	Var28 Es ist in Ordnung, externe Dokumente (z.B. eine TAN-Liste) mitzuführen.	Ja, trifft voll zu ○ ○ ○ ○ ○ ○ Nein, trifft gar nicht zu 1 2 3 4 5 6
3	Var29 Ein einfaches Banking-Menü ist auf modernen Handys gut zu bedienen	Ja, trifft voll zu ○ ○ ○ ○ ○ ○ Nein, trifft gar nicht zu 1 2 3 4 5 6

Abb. 3.3: Auszug aus einem Codeplan

Der Kodierung der Daten folgt die *Übertragung und Speicherung* auf einen Datenträger. Dies kann manuell, opto-elektronisch (Lesestift, Scanning) oder automatisch erfolgen (CATI, CAPI). Insbesondere im Falle manueller Eingabe können Fehler auftreten, welche eine Kontrolle erforderlich machen. Der Datenbestand ist nach folgenden Kriterien zu überprüfen (vgl. Böhler 2004, S. 162):

- Vorhandensein unzulässiger Codes (z. B. Codenummer 3 für Geschlecht, obwohl nur die Werte 1 und 2 vergeben wurden);
- unzulässige Angaben (z. B. Angabe des Alters der Kinder, obwohl zuvor eine Kinderzahl von 0 eingetragen wurde);
- fehlende Angaben (sog. Missing Values);
- unzulässige Mehrfachnennungen (z. B. bei der Variable „Familienstand").

Erfolgt die Erhebung computergestützt, wird der Fehler bereits bei der Antworteingabe erkannt. Darüber hinaus sind gängige Softwarepakete wie SPSS, EXCEL, SAS in der Lage, bei entsprechender Konfigurierung einige der o.g. Fehler zu erkennen.

Im Anschluss an die Dateneingabe und -überprüfung ist oftmals eine *Korrektur* erforderlich. Dies kann beinhalten:

- Behandlung von Missing Values,
- Gewichtung,
- Variablentransformation.

Missing Values entstehen dann, wenn bestimmte Variablenwerte unbekannt sind (z. B. auf Grund von Antwortverweigerung). Ein hoher Anteil von Missing Values kann die Ergebnisse der Untersuchung erheblich verfälschen, insbesondere dann, wenn die Antwortverweigerer sich nicht gleichmäßig verteilen. Als kritisch wird ein Anteil von über 10 % der Antworten angesehen. Folgende Möglichkeiten sind zur Behandlung von Missing Values gegeben (vgl. Allison 2001):

- *Einfügen eines neutralen Werts:* Typischerweise wird hier als fiktiver Wert der Variablenmittelwert eingefügt. Auf diese Weise bleibt der Mittelwert der Variable erhalten, andere Kennziffern werden nur wenig verzerrt. Allerdings ist zu beobachten, dass fehlende Angaben oftmals dann entstehen, wenn der Befragte extreme Positionen vertritt, sodass die Angabe des Variablenmittelwerts die Einstellung des Befragten nicht korrekt widerspiegelt.
- *Imputation:* Hierunter versteht man eine Schätzung des fehlenden Variablenwerts auf der Grundlage der Antworten auf andere Fragen. Hierzu wurden geeignete statistische Verfahren entwickelt; dennoch wird dadurch immer ein Bias erzeugt.
- Handelt es sich bei den Ausfällen um zentrale Antworten zu dem Befragungsthema, sind die entsprechenden Fragebögen *auszumustern*. Bei weniger wichtigen Fragen kann darauf verzichtet werden, die betreffende Frage auszuwerten, der Fragebogen bleibt im Set.

Eine *Gewichtung* ist häufig dann vorzunehmen, wenn die Daten auf einer Zufallsauswahl beruhen. Ziel ist es i. d. R., die Aussagekraft der Daten zu erhöhen. Beispielsweise kann es sinnvoll sein, bei einer Erhebung mit dem Ziel, Ansatzpunkte für eine Produktvariation zu gewinnen, Intensivverwender stärker zu gewichten. Ferner erfolgt eine Gewichtung des Datenmaterials bei hoher Ausfallquote, um die unterrepräsentierten Fälle auszugleichen. Auch bei einer mehrstufigen Auswahl sind Korrekturen vorzunehmen (vgl. Böhler 2004, S. 162

f.): Wenn in der ersten Stufe die Auswahleinheiten Haushalte sind, aus welchen in der zweiten Stufe als Erhebungseinheiten Personen gezogen werden, so hat ein Single eine viermal größere Wahrscheinlichkeit, in die Stichprobe zu gelangen, als ein Mitglied eines 4-Personen-Haushalts. Aus diesem Grunde wird der Fragebogen eines 4-Personen-Haushalts auch viermal gezählt. Schließlich erfolgt eine Gewichtung auch im Rahmen geschichteter Zufallsstichproben. Die Schichten werden entweder proportional zum Anteil der Schichten in der Grundgesamtheit gewichtet, oder disproportional (vgl. die Ausführungen in Abschn. 4.2.3.2 des 2. Teils). Allgemein gilt, dass eine Korrektur mittels Gewichtung mit Vorsicht zu genießen ist, da sie zur Verzerrung der Ergebnisse führen kann.

Eine *Variablentransformation* beinhaltet, dass aus den Daten neue Variablen erzeugt bzw. bestehende Variablen modifiziert werden. Hierzu gibt es folgende Ansatzpunkte:
- Reduktion der Antwortkategorien (z. B. Zusammenfassung der Kategorien „häufig" und „sehr häufig" bzw. „selten" und „sehr selten" jeweils in einer Kategorie),
- Bildung neuer Variablen, z. B. Verhältnis zweier Variablen, Indexbildung usw.,
- Spezifizierung von nominalskalierten Variablen mit Hilfe von Dummy-Variablen (vgl. hierzu die Ausführungen in Abschn. 3.4.2.2),
- Hinzufügen von Variablen, die aus anderen Quellen stammen (zur Ergänzung oder zum Vergleich),
- Standardisierung, um Variablen unterschiedlicher Niveaulage vergleichbar zu machen:

$$z_i = \frac{x_i - \overline{x}}{s}$$

mit

z_i = Ausprägung der standardisierten Variable,

x_i = ursprüngliche Variablenausprägung,

$\overline{x}$ = Stichprobenmittelwert,

s = Standardabweichung in der Stichprobe.

Variablen / Fälle	1	…	j	…	m
1	x_{1i}	…	x_{1j}	…	x_{1m}
⋮	⋮		⋮		⋮
i	x_{i1}	…	x_{ij}	…	x_{im}
⋮	⋮		⋮		⋮
N	x_{n1}	…	x_{nj}	…	x_{nm}

Abb. 3.4: Datenmatrix

Der letzte Schritt im Rahmen der Datenaufbereitung besteht in der Erstellung der *Datenmatrix*. Die Spalten der Datenmatrix enthalten die einzelnen Variablen, die Zeilen die verschiedenen Fälle (z. B. Befragte). Bei i = 1, ..., n Fällen („Cases") und j = 1, ..., m Variablen enthält man somit eine n x m-Datenmatrix (vgl. Abb. 3.4). Bei quantitativen Erhebungen enthält die Datenmatrix nummerische x_{ij}-Werte, x_{ij} bezeichnet dabei den Wert der Variablen j beim i-ten Fall. Bei qualitativen Untersuchungen wird nicht von einer Datenmatrix gesprochen, es wird jedoch ein Tableau erstellt, welcher eine geordnete Darstellung verbaler Äußerungen bzw. beobachteter Verhaltensweisen nach Personen und Variablen enthält und welcher ebenfalls die Grundlage für die Analyse bildet (vgl. die Ausführungen in Abschn. 3.6).

3. Datenanalyse

3.1 Überblick

Die mit Hilfe primär- oder sekundärstatistischer Datengewinnung erhobenen und aufbereiteten Daten sind in geeigneter Weise zu verarbeiten, um einer Interpretation zugänglich zu werden. Hierfür stehen eine ganze Reihe von Verfahren der Datenanalyse zur Verfügung, welche sich nach verschiedenen Kriterien einteilen lassen (vgl. Abb. 3.5).

Kriterium	Ausprägungen	Kennzeichnung
(1) Zahl der berücksichtigten Variablen	– univariate Verfahren – bivariate Verfahren – multivariate Verfahren	– Betrachtung der Merkmalsausprägungen einer einzigen Variablen – Untersuchung der Beziehungen zwischen zwei Variablen – Untersuchung der Beziehungen zwischen drei und mehr Variablen
(2) Geltungsanspruch	– deskriptive Verfahren – induktive Verfahren	– Aussagen über Strukturen in der Stichprobe – Übertragung von Stichprobenbefunden auf die Grundgesamtheit
(3) Partitionierung der Datenmatrix	– Verfahren der Dependenzanalyse – Verfahren der Interdependenzanalyse	– Untersuchung der Abhängigkeit von einer oder mehreren abhängigen Variablen von einer oder mehreren unabhängigen Variablen – Untersuchung der wechselseitigen Beziehungen zwischen zwei und mehr Variablen
(4) Richtung der Datenkompression	– auf Variablen gerichtete Verfahren – auf Elemente gerichtete Verfahren	– Aussagen über Strukturen von Variablen – Aussagen über Strukturen einzelner Objekte
(5) Ausgangspunkt der Auswertung	– strukturprüfende Verfahren (konfirmatorisch) – strukturentdeckende Verfahren (exploratorisch)	– Überprüfung der Konsistenz der Daten mit postulierten Zusammenhängen – Aufdeckung von Zusammenhängen innerhalb eines Datensatzes
(6) Auswertungszweck	– Verfahren der Datenreduktion – Verfahren der Klassifikation – Verfahren zur Messung von Beziehungen – Verfahren zur Messung von Präferenzen	– Komprimieren der Rohdaten auf einige wenige überschaubare Größen – Aufteilung einer Gesamtheit von Objekten in Gruppen – Ermittlung der Zusammenhänge zwischen Variablen – Beschreibung und Erklärung von Auswahlentscheidungen

Abb. 3.5: Einteilungskriterien von Verfahren der Datenanalyse

Nach der *Zahl der berücksichtigten Variablen* wird zwischen univariater, bivariater und multivariater Datenanalyse unterschieden. Während sich eine univariate Datenanalyse auf die Untersuchung der Mehrmalsausprägungen einer einzigen Variable beschränkt, werden im Rahmen von Verfahren der bi- und multivariaten Datenanalyse die Zusammenhänge zwischen zwei und mehr Variablen untersucht. Nach dem *Geltungsanspruch* wird zwischen deskriptiven und induktiven Verfahren unterschieden. Aufgabe deskriptiver Verfahren ist die Beschreibung der in der Stichprobe – bzw. bei Totalerhebungen in der Grundgesamtheit – herrschenden Strukturen. Als Beispiele seien die Berechnung von Mittel- und Anteilswerten genannt. Können die Stichprobenbefunde auf eine reale oder hypothetische Grundgesamtheit übertragen werden, spricht man hingegen von induktiven (inferenziellen) Verfahren. Beispielsweise wird mit Hilfe geeigneter Tests vom Mittelwert in der Stichprobe mit einer bestimmten Irrtumswahrscheinlichkeit auf den Mittelwert in der Grundgesamtheit geschlossen.

Partitionierung der Datenmatrix beinhaltet die Frage, ob der Variablensatz in abhängige und unabhängige Variablen aufgeteilt werden kann. Ist dies der Fall, so spricht man von Verfahren der Dependenzanalyse; fehlt eine solche Partitionierung, wird also lediglich die Wechselbeziehung der Variablen untereinander untersucht, so handelt es sich um Verfahren der Interdependenzanalyse. Beispielsweise untersucht die Regressionsanalyse die Abhängigkeit einer (metrischen) abhängigen Variable von einer oder mehreren unabhängigen Variable(n), wohingegen die Korrelationsanalyse den Zusammenhang zwischen zwei und mehr Variablen analysiert. Abb. 3.6 zeigt eine Einteilung der gängigen Datenanalyseverfahren nach den ersten drei Kriterien.

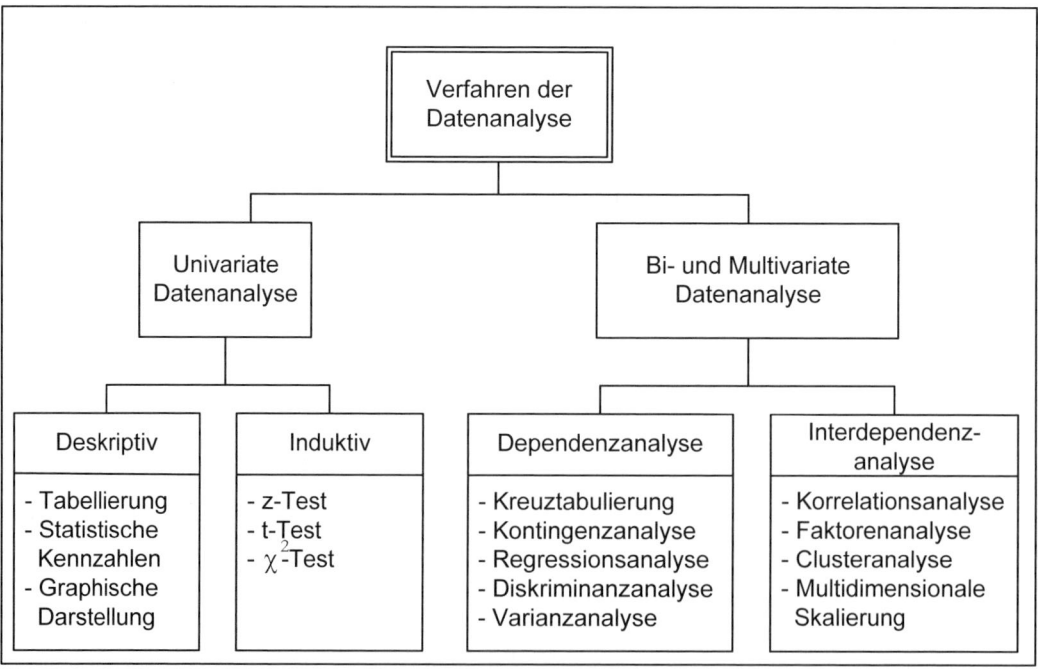

Abb. 3.6: Überblick über die Verfahren der Datenanalyse

Nach der *Richtung der Datenkompression* (bzw. nach der Betrachtungsebene) wird unterschieden, ob die Variablen in ihrer Gesamtheit betrachtet werden – z. B. Art oder Richtung des Zusammenhangs zwischen Variablen im Rahmen einer Korrelationsanalyse – oder aber als Betrachtungsebene einzelne Objekte analysiert werden, z. B. Zugehörigkeit eines bestimmten Objekts zu einer Objektgruppe im Rahmen der Clusteranalyse.

Je nachdem, ob die Analyse postulierte Zusammenhänge überprüft oder erst entdeckt, wird zwischen *strukturprüfenden* (konfirmatorischen) und *strukturentdeckenden* (exploratorischen) Verfahren unterschieden (vgl. Backhaus et al. 2006, S. 7 f.). Zu den strukturprüfenden Verfahren gehört die Regressionsanalyse, im Rahmen derer ein hypothetischer Modellzusammenhang geprüft wird; zu den strukturentdeckenden (exploratorischen) Verfahren zählt die Clusteranalyse.

Nach dem *Zweck der Auswertung* wird schließlich im Verfahren der Datenreduktion, Verfahren der Klassifikation, Verfahren zur Messung von Beziehungen und Verfahren zur Messung von Präferenzen unterschieden (vgl. Fantapié Altobelli 1998, S. 327 ff.). Verfahren der Datenreduktion haben die Aufgabe, die Vielzahl an Rohdaten zu komprimieren, um das Datenmaterial auf einige wenige überschaubare Größen zu reduzieren; dadurch können Strukturen erkannt werden. *Univariate Verfahren* der Datenreduktion erfassen u.a. die Bildung von Häufigkeitsverteilungen sowie Lokalisations- und Streuungsmaße; zu den *multivariaten Verfahren* der Datenreduktion zählt die Faktorenanalyse.

Verfahren der Klassifikation dienen dem Zweck, eine Gesamtheit von Objekten in Gruppen aufzuteilen; insofern dienen sie in gewisser Weise ebenfalls der Datenreduktion, da eine Vielzahl von Aussagen über Einzelobjekte auf Aussagen über Gruppen von Objekten komprimiert wird. Zu den gebräuchlichsten Verfahren der Klassifikation zählen die multivariaten Verfahren Clusteranalyse, Diskriminanzanalyse und Multidimensionale Skalierung.

Verfahren zur Messung von Beziehungen versuchen, Zusammenhänge zwischen den Variablen festzustellen. Bei einseitigen Zusammenhängen spricht man von Dependenzanalyse, bei wechselseitigen von Interdependenzanalyse. Zu den Verfahren der Dependenzanalyse zählen insb. die Korrelationsanalyse und die Kontingenzanalyse, zu den Verfahren der Interdependenzanalyse die Varianzanalyse und die Regressionsanalyse. Verfahren zur Messung von Präferenzen versuchen schließlich, Auswahlentscheidungen von Konsumenten zu beschreiben und zu erklären. Unter den Verfahren zur Präferenzmessung hat die Conjoint-Analyse große Bedeutung erlangt; Präferenzen können darüber hinaus auch mit Hilfe der Multidimensionalen Skalierung ermittelt werden.

3.2 Verfahren der Datenreduktion

3.2.1 Univariate Verfahren der Datenreduktion

Im Rahmen univariater Verfahren werden die Merkmalsausprägungen einer einzigen Variablen betrachtet, bzw. bei Untersuchung mehrerer Variablen erfolgt die Analyse der einzelnen Variablen isoliert.

3.2.1.1 Deskriptive Verfahren

Häufigkeitsverteilungen

Ausgangspunkt *deskriptiver Verfahren der Datenreduktion* sind beobachtete Merkmalsausprägungen der Untersuchungsvariable, welche zunächst ungeordnet vorliegen. Die Rohdaten („Urwerte") werden der Größe nach geordnet; anschließend wird daraus eine Häufigkeitsverteilung ermittelt. Die typische Fragestellung lautet: „Wie häufig tritt ein bestimmter Merkmalswert (Ausprägung) in der Stichprobe auf?" Hierbei wird zwischen

- absoluten,
- relativen und
- kumulierten

Häufigkeiten unterschieden. Während die *absolute Häufigkeit* Aussagen darüber trifft, in wie vielen Fällen eine bestimmte Merkmalsausprägung j in der Stichprobe eingetreten ist (n_j), beschreibt die *relative Häufigkeit* p_j den jeweiligen Anteil der einzelnen Merkmalsausprägungen in der Stichprobe. Es gilt also:

$$p_j = \frac{n_j}{n} \text{, wobei}$$

p_j = Anteil der Merkmalsausprägung j in der Stichprobe,
n_j = absolute Häufigkeit der j-ten Merkmalsausprägung,
n = Zahl der Untersuchungseinheiten.

Bei Vorliegen eines mindestens ordinalen Skalenniveaus können die Häufigkeiten darüber hinaus *kumuliert* werden; die Aussage hierbei lautet: „Wie häufig tritt eine Merkmalsausprägung kleiner oder gleich einem bestimmten Wert auf?"

Es gilt also: $n_{j*} = \sum\limits_{j=1}^{j*} n$ bzw. $p_{j*} = \sum\limits_{j=1}^{j*} p_j$.

Abb. 3.7 zeigt das Grundprinzip der Bildung von Häufigkeitsverteilungen am Beispiel der Variable „Alter".

Bei Bildung von Häufigkeitsverteilungen ist das Skalenniveau der Variablen zu beachten (vgl. Schaich 1998, S. 12 ff.). Die Menge aller Merkmalsausprägungen eines nominal bzw. ordinal skalierten Merkmals bildet zusammen mit den zugehörigen Häufigkeiten die Häufigkeitsverteilung für dieses Merkmal; dasselbe gilt für metrische diskrete Variablen mit nur sehr wenigen Ausprägungen (z. B. Kinderzahl). Liegt eine metrische diskrete Variable mit sehr vielen möglichen Werten (z. B. Einwohnerzahl) oder aber eine stetige bzw. annähernd stetige metrische Variable (wie z. B. Einkommen), so ist eine Klassenbildung vorzunehmen, da i. d. R. davon auszugehen ist, dass die einzelnen Merkmalsausprägungen jeweils unterschiedlich sind, also nicht mehrfach vorkommen. Durch die Einführung von Klassen resultieren wenige alternative Ausprägungen j analog zu den nominal- oder ordinalskalierten Variablen. Bezeichnet man mit x_j^u $\left(\text{bzw. } x_{j-1}^o\right)$ die untere, mit x_j^o die obere Grenze einer bestimmten Klasse j, so gehört ein Variablenwert x_i dann der Klasse j, wenn gilt:

$$x_{j-1}^o < x_i \leq x_j^o.$$

Altersklassen	unter 20	20 - 39	40 - 59	60 und mehr	Σ
Absolute Häufigkeit	30	50	70	50	200
Relative Häufigkeit	0,15	0,25	0,35	0,25	1
Kumulierte relative Häufigkeit	0,15	0,40	0,75	1,00	1

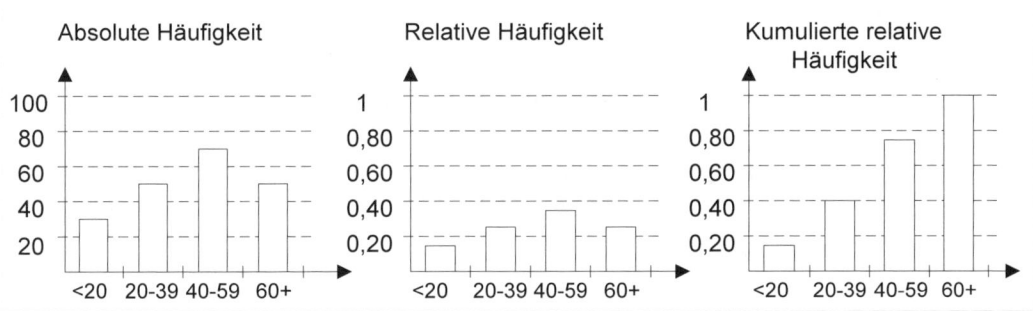

Quelle: Fantapié Altobelli 1998, S. 328.
Abb. 3.7: Exemplarische Häufigkeitsverteilung der Variable "Alter"

Für jede Klasse kann als typischer Variablenwert die *Klassenmitte* definiert werden:

$$\bar{x} - \frac{1}{2}\left(x_{j-1}^o + x_j^o\right).$$

Beispiel 3.5:

Im Beispiel der Abb. 3.7 lassen sich die Klassenmitten wie folgt angeben:

$$\bar{x}_1 = \frac{1}{2}(0+19) = 9,5$$

$$\bar{x}_2 = \frac{1}{2}(20+39) = 29,5$$

$$\bar{x}_3 = \frac{1}{2}(40+59) = 49,5$$

$\bar{x}_4$ ist nicht angebbar, es sei denn, für die Variable „Alter" wird eine fiktive Obergrenze definiert, z. B. 100.

Es wird ersichtlich, dass mit der Klassenbildung einerseits ein Informationsverlust einhergeht, andererseits gewinnt die Darstellung an Übersichtlichkeit; insofern sind bei der Bestimmung der *Anzahl der Klassen* Informationsgehalt und Übersichtlichkeit gegeneinander abzuwägen. Im Hinblick auf die Klassenbreite $d_j = x_j^o - x_{j-1}^o$ gilt:

- In Bereichen, in denen sich die Beobachtungswerte häufen, sollten die Klassen enger gefasst werden als in Randbereichen mit nur geringen Besetzungen.
- Die Anzahl verschiedener Klassenbreiten darf jedoch nicht zu unterschiedlich sein, um die Vergleichbarkeit der Häufigkeiten zu gewährleisten.

Maßzahlen

Eine Maßzahl kann definiert werden als reellwertige Funktion einer Datenmenge und dient der Zusammenfassung einer Vielzahl von Daten (z. B. Variablenwerten). Im Rahmen der deskriptiven Statistik und dabei unterschieden in

- Verteilungsparameter und
- Verhältniszahlen.

Verteilungsparameter haben die Aufgabe, Häufigkeitsverteilungen anhand einiger weniger Werte zu beschreiben; hierbei wird unterschieden zwischen

- Lageparametern (Lokalisationsmaßen),
- Streuungsparametern (Dispersionsmaßen),
- Formparametern und
- Konzentrationsparametern.

Lageparameter		
Messniveau	**Charakterisierung**	**Beispiele**
Nominal	*Modus* Beobachtungswert, der am häufigsten vorkommt	am häufigsten gekaufte Marke eines bestimmten Produkts
Ordinal	*Median* Beobachtungswert, welcher die Reihe der (nach ihrer Größe geordneten) Beobachtungswerte halbiert (50 %-Quantil)	Note, welche die 50 % besseren von den 50 % schlechteren Schülern trennt
Metrisch	*Arithmetisches Mittel* (durchschnittlicher Beobachtungswert) $$\overline{x} = \frac{1}{n} \sum_{i=1}^{n} x_i$$ *Geometrisches Mittel* (durchschnittliche Entwicklung der Beobachtungswerte) $$\overline{x}_g = \sqrt[n]{\prod_{i=1}^{n} x_i}$$	Durchschnittliche Kinderzahl in der Stichprobe Durchschnittliches Wachstum des BSP im Betrachtungszeitraum

Abb. 3.8: Gebräuchliche Lageparameter in Abhängigkeit vom Skalenniveau

Lageparameter beschreiben die allgemeine Niveaulage einer Verteilung, d. h. deren mittlere Lage; es handelt sich hier also um *Mittelwerte*. Abb. 3.8 zeigt die Lokalisationsmaße für die verschiedenen Skalenniveaus.

Als *Modus* wird der häufigste Wert einer Verteilung bezeichnet; er kann sowohl bei nominalen als auch bei ordinalen und metrischen (ggf. skalierten) Variablen ermittelt werden. Der *Median* erfordert hingegen mindestens Ordinalskalenniveau und beschreibt den Zentralwert einer Verteilung, d. h. denjenigen Wert, der die 50 % größeren von den 50 % kleineren Variablenwerten trennt; er wird häufig auch als 50 %-Quantil bezeichnet.

Allgemein bezeichnet man als p-Quantil einer Verteilung den Merkmalswert, welcher die $100 \cdot p$ % kleineren von den $100 \cdot p$ % größeren Variablenwerten trennt. Als Quartile werden dabei speziell die Werte x(0,25), x(0,5), x(0,75) bezeichnet.

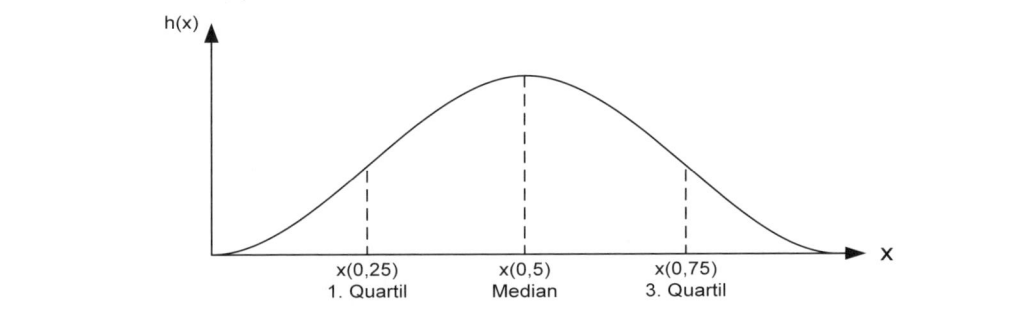

Bei ungerader Zahl der Ausprägungen ist der Median der (reale) Variablenwert mit der ganzzahligen Ordnungsnummer (n + 1)/2; bei gerader Zahl der Ausprägungen handelt es sich beim Median um einen fiktiven Wert. Bei klassierten metrischen Variablen berechnet sich der Median näherungsweise mittels linearer Interpolation (vgl. Schaich 1998, S. 36 f.).

Das *arithmetische Mittel* setzt mindestens Intervallskalenniveau voraus. In der Marktforschungspraxis wird er allerdings häufig auch auf Ordinaldaten angewandt. Liegt eine klassierte Häufigkeitsverteilung vor, so ist zunächst ist der Klassenmittelwert zu berechnen:

$$\overline{x}_j = \frac{1}{n_j} \sum_{\upsilon=1}^{n_j} x_{\upsilon j}$$

mit υ = Ordnungsnummer der Variablenwerte in der Klasse j.

Der Gesamtmittelwert resultiert als:

$$\overline{x} = \sum_{j=1}^{m} p_j \cdot \overline{x}_j$$

mit p_j = Anteil der Klasse j an der Stichprobe.

Das *geometrische Mittel* wird zur Berechnung durchschnittlicher Wachstumsprozesse eingesetzt. Eine Anwendung des arithmetischen Mittels würde in solchen Fällen zu fehlerhaften Ergebnissen führen.

Beispiel 3.6:

Die nachfolgende Tabelle enthält für die Jahre 2001-2006 die Marktanteile eines betrachteten Unternehmens sowie die zugehörigen Wachstumsfaktoren. Die Wachstumsfaktoren x_i resultieren dabei durch Division des aktuellen Marktanteils durch den Vorjahreswert.
(Für das Jahr 2000 wird $MA_{2000} = 10\ \%$ beobachtet).

Jahr t	2001	2002	2003	2004	2005	2006
Marktanteil MA_t (in %)	12,5	15,0	11,5	14,0	16,0	17,5
Wachstumsfaktor x_t	1,25	1,20	0,77	1,22	1,14	1,09

Das geometrische Mittel resultiert als

$$\overline{x}_g = \sqrt[6]{1,25 \cdot 1,20 \cdot 0,77 \cdot 1,22 \cdot 1,14 \cdot 1,09} \approx 1,098 \ .$$

Der resultierende Wert lässt sich wie folgt interpretieren: Wäre der Ausgangsmarktanteil MA_{2000} in Höhe von 10 % jährlich um genau 1,098 gestiegen, wäre 2006 ein Marktanteil von 17,5 % resultiert.

Streuungsmaße		
Messniveau	**Charakterisierung**	**Beispiele**
Nominal	*Anteil realisierter Ausprägungen* $$p^* = \frac{n^*}{n}$$	Anteil erinnerter Marken bezogen auf die Gesamtheit der im Rahmen eines Werbetests präsentierter Marken
Ordinal	*Variationsbreite* (Differenz zwischen dem größten und dem kleinsten Beobachtungswert) $$V = x^{max} - x^{min}$$ *Quatilsabstand* (Differenz zwischen dem dritten und dem ersten Quartil) $$\alpha = x_{75} - x_{25}$$	Spanne, innerhalb welcher sich die Notenergebnisse einer bestimmten Klausur bewegen Notenspanne, innerhalb welcher 50 % der Schüler fallen; die 25 % schlechtesten sind nicht enthalten
Metrisch	*Mittlere absolute Abweichung* $$e = \frac{1}{n}\sum_{i=1}^{n} |x_i - \overline{x}|$$ *Varianz* $$s^2 = \frac{1}{n}\sum_{i=1}^{n}(x_i - \overline{x})^2$$ *Standardabweichung* $$s = \sqrt{\frac{1}{n}\sum_{i=1}^{n}(x_i - \overline{x})^2}$$ *Variationskoeffizient* $$VK = \frac{s}{\overline{x}}$$	Durchschnittliche (absolute oder quadratische) Abweichung des Einkommens (in Euro) vom Durchschnittswert in der Stichprobe (in Euro)

Abb. 3.9: Die gebräuchlichsten Streuungsmaße in Abhängigkeit vom Skalenniveau

Streuungsparameter beschreiben die Variabilität der Merkmalswerte, d. h. sie sagen aus, in welchem Ausmaß die Variablenwerte im Bereich der Merkmalsskala verteilt sind. Auch hier ist das anzuwendende Maß vom Skalenniveau abhängig (vgl. Abb. 3.9).

Bei nominalskalierten Merkmalen kann lediglich angegeben werden, wie viele (bzw. welcher Anteil) der möglichen Ausprägungen der Variable in der Stichprobe realisiert wurden.

Beispiel 3.7:
Werden im Rahmen eines Werbetests etwa zwei Gruppen von Probanden je 10 Marken präsentiert und werden in der ersten Gruppe im Anschluss an die Präsentation vier, in der zweiten Gruppe sechs Marken erinnert, so ist die Streuung in Gruppe 2 größer als in Gruppe 1.

Liegen ordinalskalierte Daten vor, so können zum einen die *Variationsbreite* (Spannweite), zum anderen der *Quartilsabstand* angegeben werden. Darüber hinaus kann auch der mittlere Quartilsabstand angegeben werden als halbierte Differenz zwischen dem ersten und dritten Quartil.

Für metrische Daten ist eine ganze Reihe von Streuungsmaßen angebbar. Das in der Marktforschung am häufigsten verwendete Streuungsmaß ist die *Varianz* s^2; sie bezeichnet die Summe der quadrierten Abweichungen der Variablenwerte von deren Mittelwert. Deren positive Quadratwurzel ist die Standardabweichung s.

Neben der Varianz als mittlere quadratische Abweichung kann auch die *mittlere absolute Abweichung* e errechnet werden. Sollen Variablen unterschiedlicher Niveaulage miteinander verglichen werden, so empfiehlt es sich, den *Variationskoeffizienten* zu berechnen; Voraussetzung ist allerdings Verhältnisskalenniveau.

Beispiel 3.8:
Im Rahmen einer Befragung resultierten bei einer bestimmten Frage die folgenden Ergebnisse:

Antwortkategorie	Kodierung	Absolute Häufigkeiten	Relative Häufigkeiten	Kumulierte relative Häufigkeiten
trifft voll zu	4	35	0,35	0,35
trifft eher zu	3	25	0,25	0,60
trifft eher nicht zu	2	30	0,30	0,90
trifft überhaupt nicht zu	1	10	0,10	1,00
Summe		100	1,00	

Der Mittelwert resultiert als:

$$\bar{x} = \frac{1}{100}(35 \cdot 4 + 25 \cdot 3 + 20 \cdot 2 + 30 \cdot 1) = 2,85.$$

Der Median beträgt 3, der Modus hat den Wert 4.
Die Varianz errechnet sich als

$$s^2 = \frac{1}{100}\left[35 \cdot (4-2,85)^2 + 25(3-2,85)^2 + 30(2-2,85)^2 + 10(1-2,85)^2\right] = 1,0275$$

und die zugehörige Standardabweichung beträgt

$$s = \sqrt{s^2} = 1,0137,$$ d. h. im Durchschnitt weichen die Einzelbewertungen um 1,0137 Punkte vom Mittelwert (2,85)ab.

Der Variationskoeffizient beträgt damit

$$VK = \frac{s}{\overline{x}} = \frac{10,137}{2,85} = 0,3557.$$

Die Spannweite errechnet sich als $(4-1) = 3$.

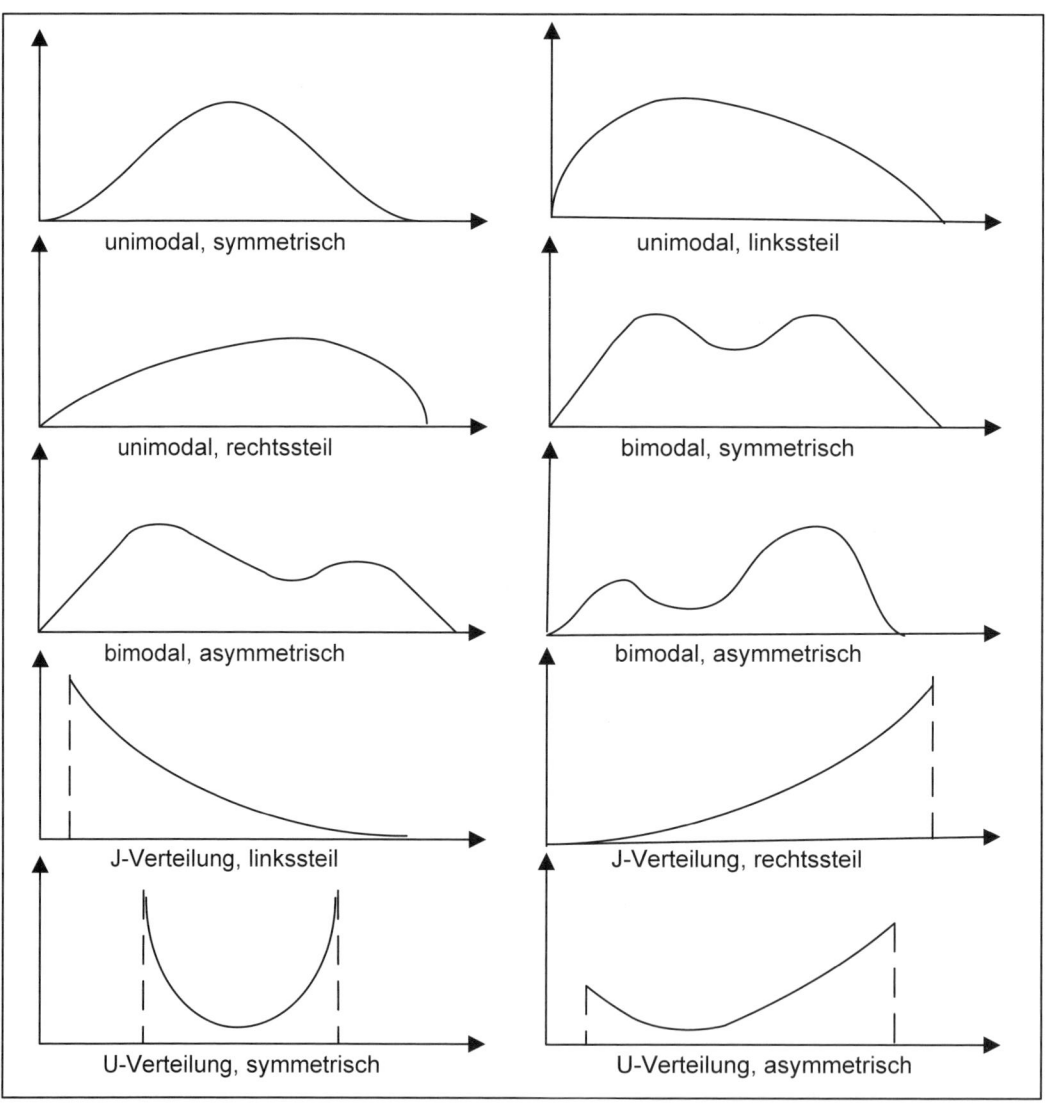

Quelle: Schaich 1998, S. 24.

Abb. 3.10: Ausgewählte idealtypische Formen von Häufigkeitsverteilungen

Formparameter beschreiben die Gestalt der Verteilung und umfassen Schiefe- sowie Wöl-bungsmaße. Während Schiefemaße Aussagen über die Symmetrie einer Verteilung erlauben, beschreiben Wölbungsmaße die Steilheit einer Funktion. Darüber hinaus können je nach

Form J- bzw. U-Verteilungen sowie unimodale oder multimodale Verteilungen unterschieden werden. Abb. 3.10 zeigt ausgewählte Typen (idealisierter) Häufigkeitsverteilungen.

Konzentrationsparameter untersuchen schließlich das Ausmaß der Ungleichverteilung der Gesamtheit der Merkmale auf die Merkmalsträger, d. h. sie beschreiben, inwieweit die Verteilung von einer Gleichverteilung abweicht. Am gebräuchlichsten ist das Konzentrationsmaß nach Lorenz (vgl. Abb. 3.11). Die 45°-Linie repräsentiert die Gleichverteilung. Je größer die Fläche A ist, umso größer ist die relative Konzentration. Ist die betrachtete Variable das Einkommen, so besagt Abb. 3.11 beispielsweise, dass 20 % der Personen 60 % des Gesamteinkommens erwirtschaften.

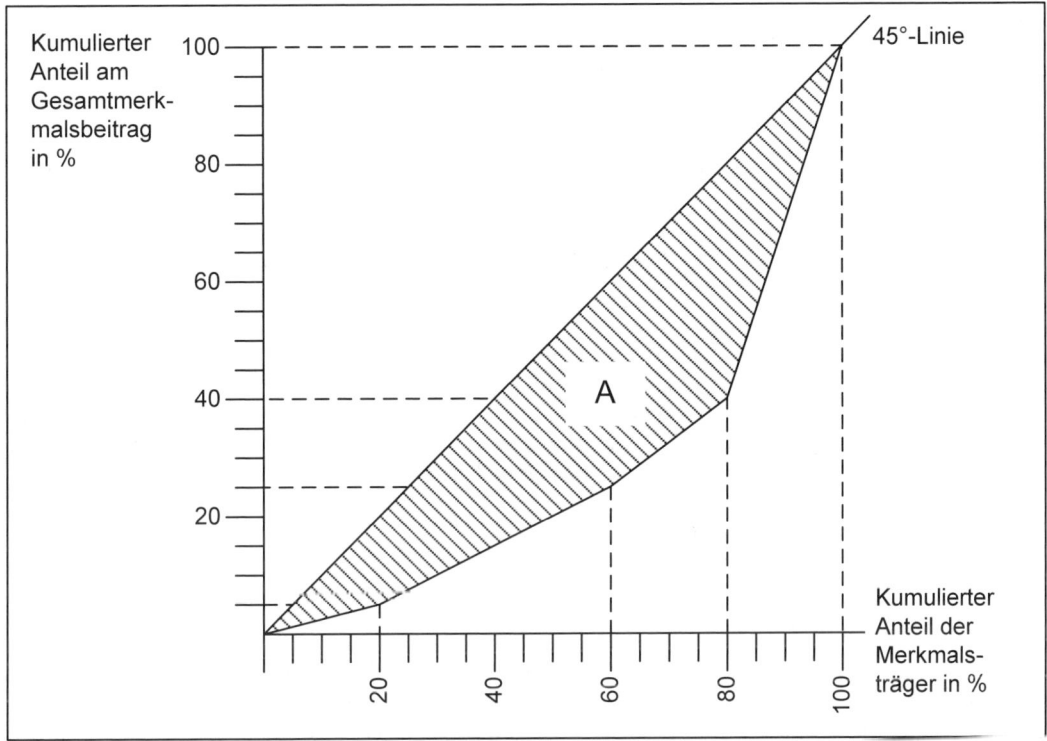

Abb. 3.11: Beispiel für eine Lorenz-Kurve

Neben den hier beschriebenen Verteilungsparametern können auch *Verhältniszahlen* ermittelt werden. Hierzu gehören:
- Quoten (Anteilswerte einer Größe an einer übergeordneten Größe, z. B. Umsatzanteil),
- Relationen von sachlich zusammenhängenden Variablen, z. B. Pro-Kopf-Einkommen,
- Messzahlen (Verhältnis eines Wertes in der Berichtsperiode zu einem Wert in der Basisperiode, z. B. Umsatz 2005 bezogen auf Umsatz 2004),
- Indexzahlen (gewogenes arithmetisches Mittel von Messzahlen mit gleicher Basis- und Berichtsperioden, Preisindizes von Laspeyres und von Paasche).

3.2.1.2 Induktive Verfahren

Im Rahmen der *induktiven Statistik* können von der Stichprobe Rückschlüsse auf die Gegebenheiten in der Grundgesamtheit vorgenommen werden; die im Rahmen deskriptiver Auswertung ermittelten Verteilungsparameter können *Signifikanztests* unterzogen werden, mit Hilfe derer Hypothesen über die Verteilung als Ganzes bzw. über einzelne Verteilungsparameter in der Grundgesamtheit überprüft werden. Der allgemeine Ablauf eines Signifikanztests ist in Abb. 3.12 wiedergegeben. Die grundsätzliche Vorgehensweise soll anhand der Prüfung des Mittelwerts dargestellt werden.

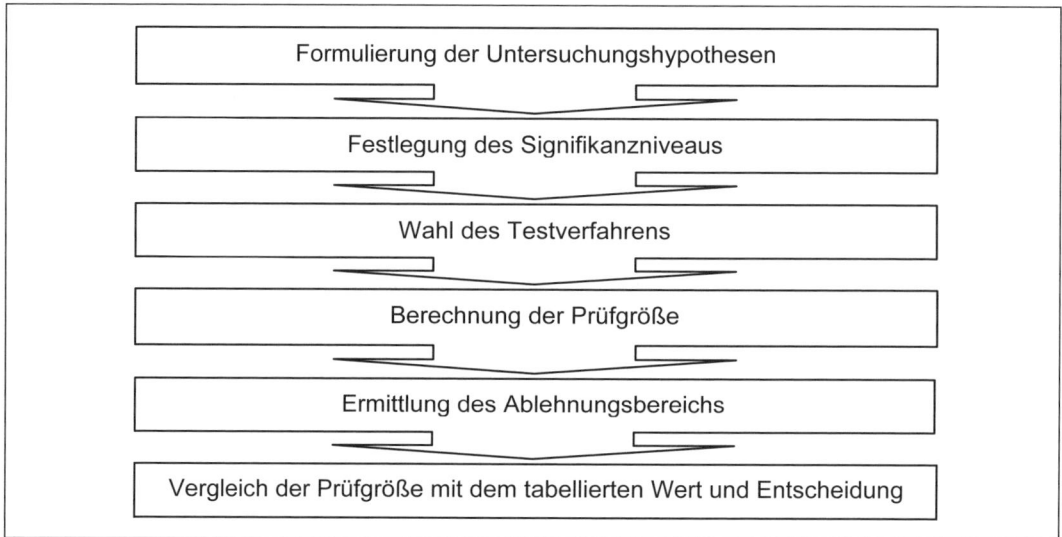

Abb. 3.12: Grundsätzlicher Ablauf eines Hypothesentests

Formulierung der Untersuchungshypothesen

Im ersten Schritt werden die *Untersuchungshypothesen* formuliert; hierbei handelt es sich um die Nullhypothese H_0 und um die Alternativhypothese H_1. Die *Nullhypothese H_0* wird in der Regel so formuliert, dass der interessierende Sachverhalt verneint wird. Gelingt es, die Hypothese abzulehnen, so gilt der postulierte Zusammenhang als bestätigt. Darüber hinaus wird die *Alternativhypothese H_1* formuliert, welche bei Widerlegung von H_0 angenommen wird. Bei der Formulierung von Hypothesen ist es dabei von entscheidender Bedeutung, ob es sich um eine einseitige oder eine zweiseitige Fragestellung handelt.

Bei *zweiseitiger Fragestellung* interessiert lediglich die Tatsache, ob sich der Mittelwert μ vom Ausgangswert μ_0 signifikant unterscheidet; ob μ von μ_0 nach oben oder nach unten abweicht, ist irrelevant. Demzufolge werden die Hypothesen folgendermaßen formuliert:

H_0: $\mu = \mu_0$ und

H_1: $\mu \neq \mu_0$.

Bei *einseitiger Fragestellung* interessiert auch die Richtung der Abweichung des Mittelwerts μ von μ_0. Wird beispielsweise postuliert, dass sich μ im Vergleich zu μ_0 *erhöht* hat, würde man die folgenden Hypothesen formulieren:

$H_0 : \mu \leq \mu_0$ und

$H_1 : \mu > \mu_0$.

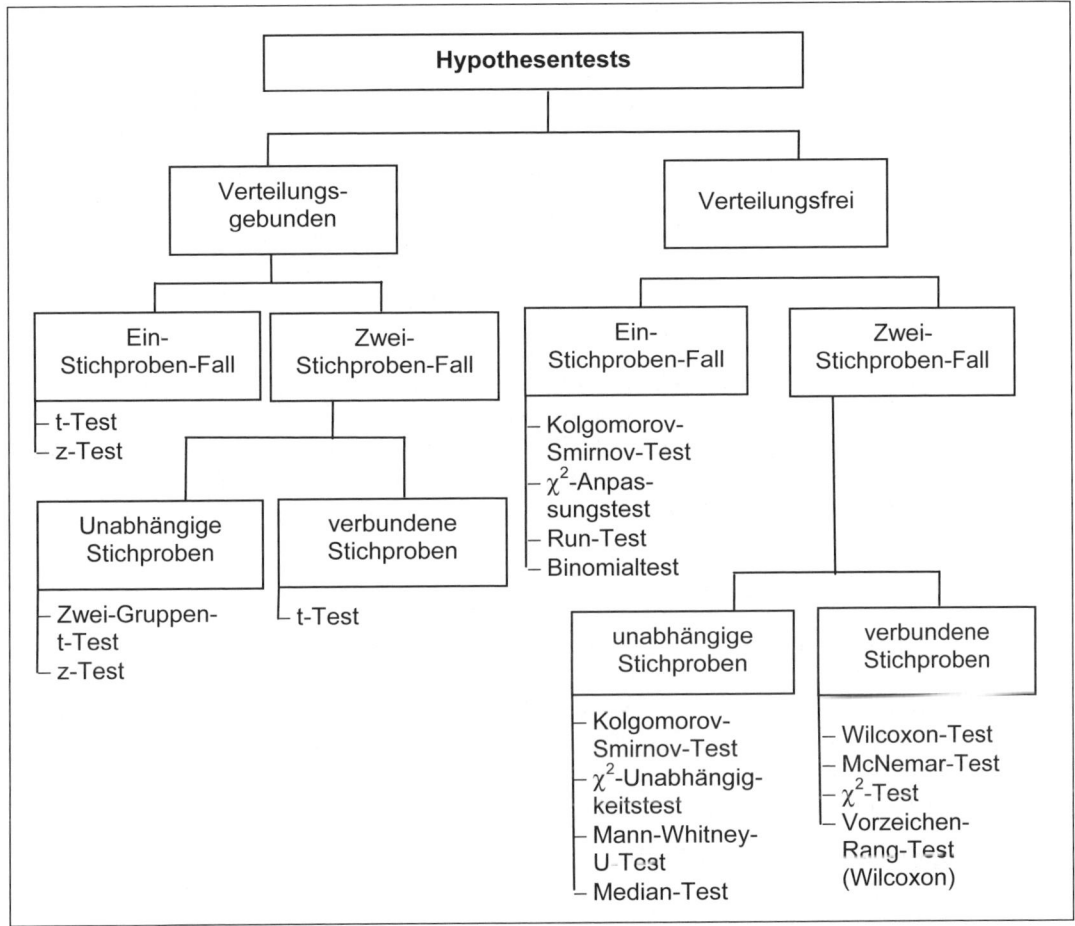

Quelle: Malhotra (2004), S. 448.
Abb. 3.13: Die gebräuchlichsten Testverfahren im Überblick

Festlegung des Signifikanzniveaus

Der nächste Schritt besteht darin, das Signifikanzniveau α festzulegen. Der Wert von α bezeichnet die Wahrscheinlichkeit dafür, dass die Nullhypothese abgelehnt wird, obwohl sie in der Realität (d. h. in der Grundgesamtheit) zutrifft (aus diesem Grunde wird α auch als Irrtumswahrscheinlichkeit bezeichnet). Damit wird deutlich, dass eine statistische Hypothesenprüfung nie mit 100 %-iger Sicherheit, sondern stets unter dem Vorbehalt einer bestimmten Irrtumswahrscheinlichkeit erfolgen kann. In der Marktforschung gebräuchlich sind folgende Signifikanzniveaus:

- $\alpha = 0{,}1$: die zugehörige Sicherheitswahrscheinlichkeit $(1 - \alpha)$ beträgt 0,90 (90 %), was allenfalls als „schwach signifikant" bezeichnet werden kann;
- $\alpha = 0{,}05$ (signifikant, häufig mit dem Symbol '*' gekennzeichnet) mit $(1 - \alpha) = 0{,}95$;
- $\alpha = 0{,}01$ (hochsignifikant,'**') mit $(1 - \alpha) = 0{,}99$;
- $\alpha = 0{,}001$ (***), $(1 - \alpha) = 0{,}999$ (dieser Wert wird nur sehr selten gefordert).

Auswahl des Testverfahrens

Je nach Fragestellung existieren in der Statistik eine Vielzahl von Testverfahren, die sich in verteilungsgebundene und verteilungsfreie Prüfverfahren einteilen lassen. *Verteilungsgebundene Prüfverfahren* (auch: parametrische Tests) setzen Normalverteilung der betrachteten Variable voraus; hierzu gehören t-Test (Prüfung eines Mittelwerts bzw. Vergleich zweier Mittelwerte) sowie der F-Test (Vergleich von Varianzen). *Verteilungsfreie Prüfverfahren* (auch: nichtparametrische Tests) kommen ohne Normalitätsvoraussetzung aus, z. B. der Vorzeichentest und der Vorzeichen-Rang-Test zur Prüfung des Medians oder der Wilcoxon-Mann-Whitney-Test zum Vergleich von Lokalisationen.

Nach dem Gegenstand der Prüfung lassen sich statistische Tests danach unterscheiden, ob sie *Parameter* einer Verteilung oder eine *Verteilung als Ganzes* überprüfen. Auf die einzelnen Testverfahren (vgl. den Überblick in Abb. 3.13) kann hier nicht im Einzelnen eingegangen werden, es sollen nur ausgewählte, in der Marktforschung gebräuchliche Testverfahren kurz dargestellt werden. Für weiterführende Informationen sei auf die Spezialliteratur verwiesen (vgl. z. B. Kreyszig 1979, Pfanzagl 1983, Bamberg/Baur 2002).

Berechnung der Prüfgröße

Die Wahl des Testverfahrens führt zur Festlegung der zu Grunde zu legenden Prüfverteilung, d. h. je nach Testverfahren ist die Prüfgröße zu berechnen, welche einer bestimmten, bekannten Verteilung folgt. Soll der Mittelwert der Grundgesamtheit geprüft werden, so wird die Prüfgröße auf Basis des Mittelwerts $\bar{x}$ in der Stichprobe berechnet. Als Testverfahren werden meist der t-Test oder der z-Test herangezogen. Abb. 3.14 zeigt die Prüfgrößen und deren Verteilungen für ausgewählte statistische Testverfahren im Ein-Stichproben-Fall.

Ermittlung des Ablehnungsbereichs

Liegt das Signifikanzniveau fest und wurde die Prüfgröße bestimmt, so kann der Ablehnungsbereich ermittelt werden; es wird also das Intervall ermittelt, innerhalb dessen die Nullhypothese abgelehnt wird. Daraus resultiert auch die Entscheidungsregel, welche besagt, dass die Nullhypothese dann abzulehnen ist, wenn die Prüfgröße in den Ablehnungsbereich fällt. Zur Ermittlung des Ablehnungsbereichs ist dabei zwischen einseitigen und zweiseitigem Test zu unterscheiden. Abb. 3.15 zeigt die Zusammenhänge am Beispiel der Prüfung des Mittelwerts (z-Test). Bei zweifacher Fragestellung ist die Nullhypothese dann abzulehnen, wenn die Prüfgröße entweder größer als das $(1 - \alpha/2)$-Quantil der Standardnormalverteilung oder kleiner als das zugehörige negative $(1 - \alpha/2)$-Quantil ist.

	Bezeichnung	Voraussetzungen	Prüfgröße	Verteilung der Prüfgröße
Prüfung des Mittelwerts	z-Test	– Normalverteilung von x – Varianz der Grundgesamtheit σ^2 bekannt	$z = \dfrac{\overline{x} - \mu_0}{\sigma} \cdot \sqrt{n}$	Standardnormalverteilung
	t-Test	– Normalverteilung von x – σ^2 unbekannt	$t = \dfrac{\overline{x} - \mu_0}{s} \cdot \sqrt{n}$ mit $s = \sqrt{\dfrac{1}{n-1} \cdot \sum(x_i - \overline{x})^2}$	t-Verteilung mit $k = n - 1$ Freiheitsgraden
Prüfung des Anteilswerts	z-Test	– n „groß" (n > 30) – π_0 soll nicht zu nahe bei 0 oder 1 liegen $(0{,}05 \leq \pi_0 \leq 0{,}95)$ – Modell mit Zurücklegen – Anteilswert π der Grundgesamtheit bekannt	$z = \dfrac{p - \pi_0}{\sqrt{\pi(1 - \pi)}} \cdot \sqrt{n}$	Standardnormalverteilung
	t-Test	– n „groß" – π_0 nicht zu nahe bei 0 oder 1 – Modell mit Zurücklegen – Anteilswert π der Grundgesamtheit unbekannt	$t = \dfrac{p - \pi_0}{\sqrt{p(1 - p)}} \cdot \sqrt{n}$	t-verteilt mit $k = n - 1$ Freiheitsgraden
Prüfung der Varianz	χ^2-Test	– Normalverteilung von x – σ^2 unbekannt	$\chi^2 = \dfrac{1}{\sigma_0^2}(x_i - \overline{x})^2$	χ^2-Verteilung mit $k = n - 1$ Freiheitsgraden
	z-Test	– Normalverteilung von x – σ^2 unbekannt – n „groß" (k > 30)	$z = \dfrac{s}{\sigma_0} \cdot \sqrt{2n} - \sqrt{2n - 3}$ mit $s\sqrt{\dfrac{1}{n-1}\sum(x_i - \overline{x})^2}$	Standardnormalverteilung (approximativ)
Prüfung der Verteilung einer Variable	χ^2-Anpassungstest	– x diskret mit m möglichen Ausprägungen (j = 1…m) – n „groß" (n > 30) – keine der erwarteten Häufigkeiten soll kleiner als 1 sein – höchstens 20 % der erwarteten Häufigkeiten soll kleiner als 5 sein – einseitiger Test	$\chi^2 = \sum\limits_{j=1}^{m} \dfrac{(n_j - n \cdot \pi_j)^2}{n \cdot \pi_j^2}$ mit n_j = beobachtete Häufigkeiten in der Kategorie j π_j = erwarteter (theoretischer) Anteil der Kategorie j	Für $n \to \infty$ asymptotisch χ^2-verteilt mit $m - 1$ Freiheitsgraden

Abb. 3.14: Ausgewählte statistische Testverfahren im Ein-Stichproben-Fall

Bei einseitiger Fragestellung wird die Nullhypothese dann abgelehnt, wenn die Prüfgröße größer (kleiner) als das $(1-\alpha)$-Quantil bzw. dessen negativer Wert ist. Analog lässt sich der Ablehnungsbereich bei den übrigen Tests ermitteln. Die konkrete Bestimmung des Ablehnungsbereichs erfordert statistische Tabellen, in welchen für die verschiedenen Verteilungen Quantile tabelliert sind (vgl. die entsprechenden Tabellen im Anhang).

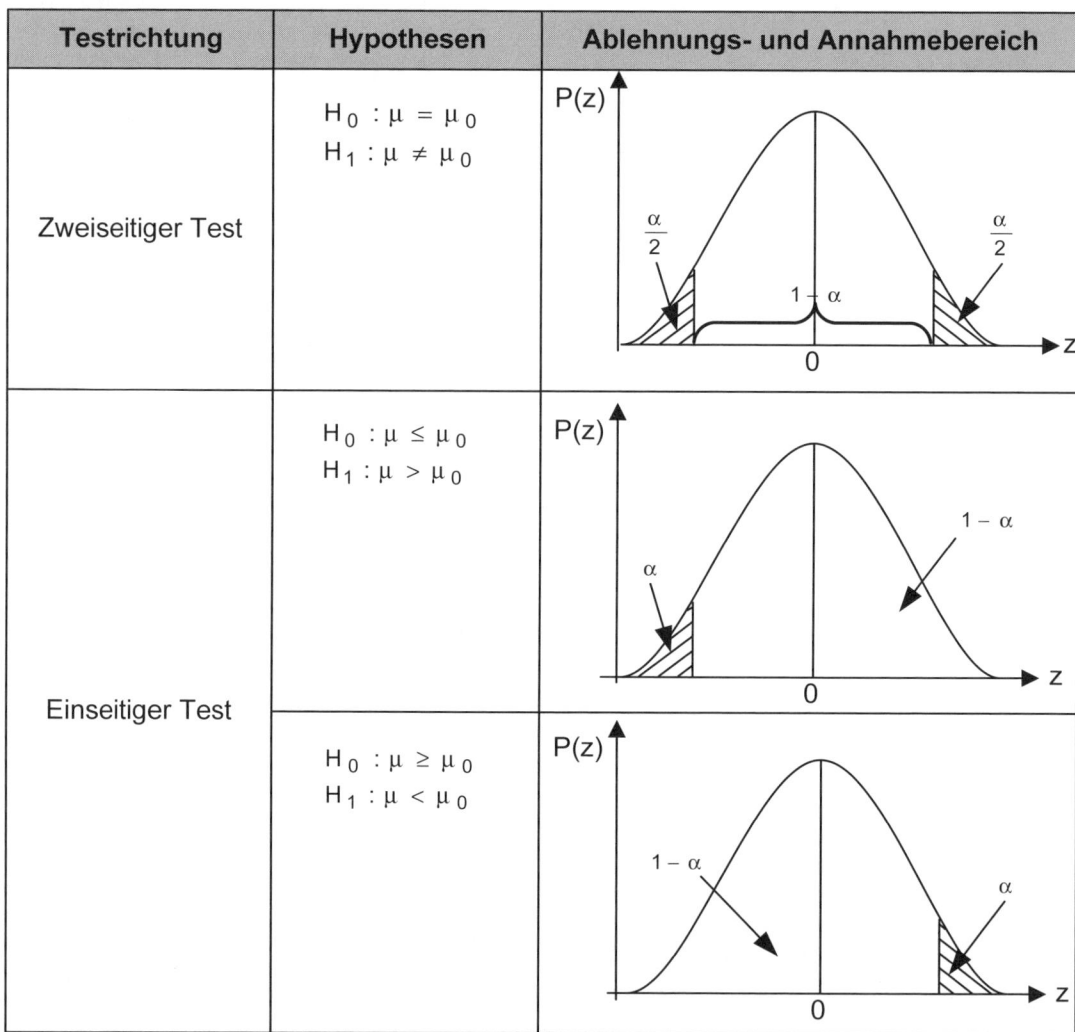

Abb. 3.15: Ablehnungs- und Annahmebereiche beim z-Test des Mittelwerts

Vergleich der Prüfgröße mit dem tabellierten Wert und Entscheidung

Der empirische Wert der Prüfgröße wird mit dem theoretischen Wert verglichen, welcher bei entsprechender Verteilung bei einem Signifikanzniveau α resultieren würde. Moderne Statistikpakete zeigen als Ergebnis dabei meist nicht den empirischen Prüfwert, sondern die betreffende Irrtumswahrscheinlichkeit (z. B. p = .004735), sodass die Signifikanz der betrachteten Größe unmittelbar beurteilt werden kann. Das Ergebnis des Tests ist anschließend zu interpretieren.

Im Zusammenhang mit statistischen Tests ist noch auf Fehler 1. und 2. Art. hinzuweisen (vgl. Bortz 2005, S. 121 ff.).
– Der Fehler 1. Art *(α-Fehler)* tritt dann auf, wenn H_0 wahr ist, jedoch auf Grund des Stichprobenbefunds abgelehnt wird.
– Der Fehler 2. Art *(β-Fehler)* entsteht hingegen dann, wenn H_0 falsch ist, jedoch fälschlicherweise nicht abgelehnt wird.

Entscheidung / Lage des wahren Parameters		H_0 wird …	
		nicht abgelehnt	abgelehnt
H_0 ist …	wahr	korrekte Entscheidung $1 - \alpha$	Fehler 1. Art. α
	falsch	Fehler 2. Art. β	Korrekte Entscheidung $1 - \beta$

Die Wahrscheinlichkeit eines β-Fehlers verhält sich dabei gegenläufig zum Signifikanzniveau α. Zur Verringerung von β kann bei gegebenem α der Stichprobenumfang erhöht werden. Der Wert $(1 - \beta)$ bezeichnet dabei die *Trennschärfe* des Tests, d. h. die Wahrscheinlichkeit der Vermeidung eines Fehlers 2. Art. Ist der wahre Wert der Grundgesamtheit unbekannt, so kann die Trennschärfe des Tests als Funktion des Werts des zu prüfenden Parameters dargestellt werden (Gütefunktion, Powerfunktion).

Die grundlegende Vorgehensweise eines Hypothesentests soll am Beispiel eines Mittelwerttests dargestellt werden.

Beispiel 3.9:

Ein Hersteller von Industrieanlagen möchte in Erfahrung bringen, ob die bei ihm tätigten Außendienstmitarbeiter, wie dienstvertraglich geregelt, die wichtigsten Kunden des Unternehmens auch tatsächlich alle 14 Tage besuchen, d. h. die vorgeschriebenen 26 Besuche pro Jahr absolvieren. Zu diesem Zweck wird bei einer Stichprobe von 10 Key-Accounts telefonisch erfragt, wie viele Besuche der für sie zuständige Mitarbeiter im vergangenen Jahr absolviert hat. Die Ergebnisse der Umfrage sind in nachfolgender Tabelle erfasst.

Kunde i	1	2	3	4	5	6	7	8	9	10
Zahl der Besuche x_i	24	27	28	25	26	22	21	23	20	24

Es wird ersichtlich, dass die Zahl der Besuche in der Stichprobe von 20 – 28 Besuchen reicht, der Mittelwert beträgt 24 Besuche. Nun möchte der Hersteller feststellen, ob diese mittlere Besuchszahl – statistisch gesehen – mit der vorgeschriebenen durchschnittlichen Besuchszahl von $\mu_0 = 26$ kompatibel ist.
Interessiert den Hersteller die exakte Einhaltung der vorgeschriebenen Besuchszahl, so ist von einer *zweiseitigen Fragestellung* auszugehen:
$$H_0 : \mu = \mu_0 = 26 \text{ und}$$
$$H_1 : \mu \neq \mu_0 = 26.$$

Als Signifikanzniveau wird $\alpha = 0,05$ festgelegt. Da die Varianz in der Grundgesamtheit unbekannt ist, wird folgende Prüfgröße verwendet:

$$t = \frac{\overline{x} - \mu_0}{s} \cdot \sqrt{n}.$$

Für den Mittelwert und die Varianz in der Stichprobe gilt:

$$\overline{x} = \frac{1}{10} \sum_i x_i = 24$$

$$s^2 = \frac{1}{9} \sum_i (x_i - \overline{x})^2 = 6,67$$

$$s = \sqrt{6,67} = 2,58.$$

Damit beträgt die Prüfgröße:

$$t^{emp} \frac{24 - 26}{2,58} \cdot \sqrt{10} = -5,48.$$

Bei zweiseitiger Fragestellung wird bei einem Signifikanzniveau $\alpha = 0,05$ das 0,975-Quantil:
$1 - \alpha / 2 = 0,975$
der t-Verteilung bei $k = 9$ Freiheitsgraden herangezogen:
$t(0,975;9) = 2,262.$
Die Nullhypothese ist abzulehnen, wenn $t^{emp} > 2,262$ oder $t^{emp} < -2,262$; da dies der Fall ist, wird H_0 abgelehnt, d. h. die Anzahl der Außerdienstbesuche weicht signifikant von der vorgeschriebenen Anzahl von 26 Besuchen ab.
In diesem Beispiel kann es jedoch sinnvoll sein, lediglich die Unterschreitung der vorgeschriebenen Besuchszahl zu untersuchen, d. h. es ist von einer *einseitigen Fragestellung* auszugehen. In diesem Falle lauten die Hypothesen:
$H_0 : \mu \geq \mu_0 = 26$ und
$H_1 : \mu < \mu_0 = 26.$
Der empirische Prüfwert $t^{emp} = -5,48$ wird mit dem 0,95 Quantil der t-Verteilung mit $k = 9$ Freiheitsgraden verglichen:
$t(0,975;9) = 1,833.$
Die H_0-Hypothese ist auch hier abzulehnen, die tatsächliche Zahl an Besuchen ist nicht größer oder gleich 26. Damit wird H_1 angenommen, d. h. im Durchschnitt werden A-Kunden weniger häufig als alle 14 Tage besucht.

3.2.2 Faktorenanalyse

3.2.2.1 Grundgedanke

Die (explorative) Faktorenanalyse ist ein strukturentdeckendes Verfahren zur Reduktion von Daten. Ziel dieser Methode ist die Verdichtung einer Vielzahl von Variablen, welche mehr oder weniger voneinander abhängig sind, auf wenige voneinander unabhängige Variablen, sog. Faktoren, ohne dass es zu einem entscheidenden Informationsverlust kommt. Somit erfolgt eine Bündelung der erhobenen interkorrelierten Variablen auf wenige zentrale, unabhängige (Einfluss-)Faktoren. Dabei müssen die Daten mindestens intervallskaliert sein, d. h. ein metrisches Datenniveau der betrachteten Variablen ist erforderlich. Ferner sollte das Datenmaterial aus einer möglichst homogenen Stichprobe von Befragten entstammen (vgl. Aaker/Kumar/Day 2003, S. 563).

Eine Faktorenanalyse vollzieht sich in folgenden *Schritten* (vgl. Backhaus et al. 2006, S. 269):
- Variablenauswahl und Errechnung der Korrelationsmatrix,
- Extraktion der Faktoren und Bestimmung der Kommunalitäten,
- Zahl der Faktoren,
- Faktoreninterpretation und
- Bestimmung der Faktorwerte.

3.2.2.2 Methodische Vorgehensweise

Ausgangspunkt der Faktorenanalyse sind die erhobenen Ausgangsdaten, die Auskunft über die Bewertung von Eigenschaften für Objekte geben. Im Rahmen der *Variablenauswahl* und der *Errechnung der Korrelationsmatrix* ist es zunächst erforderlich, die Zusammenhänge zwischen den Ausgangsvariablen messbar zu machen. Diese Zusammenhänge werden mit Hilfe der Korrelationsrechnung ermittelt, die zur Messung bzw. zur Aufdeckung der Zusammenhänge zwischen den Ausgangsvariablen dient. Zu diesem Zweck wird der *Korrelationskoeffizient* herangezogen, der Auskunft über die Stärke des Zusammenhanges zwischen zwei Variablen gibt (vgl. die Ausführungen in Abschn. 3.4.6). Vor Errechnung der Korrelationsmatrix empfiehlt sich jedoch die *Standardisierung* der Ausgangsdaten, um eine bessere Vergleichbarkeit erzielen zu können. Dies geschieht durch die Transformation der Merkmale mit Hilfe folgender Formel:

$$z_{ki} = \frac{x_{ki} - \overline{x}_k}{s_k}$$

mit

z_{ki} = standardisierter Wert der Variablen k bei Objekt i,

x_{ki} = Ausprägung von Merkmal k bei Objekt i,

$\overline{x}_k$ = Mittelwert des Merkmals k,

s_k = Standardabweichung von Merkmal k.

Die Mittelwerte $\overline{x}_k$ für die Variablen k errechnen sich dabei als

$$\overline{x}_k = \frac{1}{n} \sum_k x_k$$

und die zugehörigen Standardabweichungen s_k als

$$s_k = \sqrt{\frac{\sum (x_k - \overline{x}_k)^2}{n-1}}.$$

Die Notwendigkeit der Standardisierung ist dann gegeben, wenn die Merkmale in unterschiedlichen Maßeinheiten gemessen werden. Auf der Basis der standardisierten Datenwerte kann anschließend die Korrelationsmatrix erstellt werden (vgl. Abb. 3.16).

Variable	x_1	x_2	x_3	x_4
x_1	1	…	…	…
x_2		1	…	…
x_3			1	…
x_4				1

Abb. 3.16: Aufbau der Korrelationsmatrix

Die Korrelationsmatrix (R) enthält die Korrelationskoeffizienten (r) über alle Eigenschaften. Ferner gibt sie Auskunft über die Unabhängigkeit der Ausgangsvariablen. Ist $r \geq 0,6$, existiert eine Bündelung von Variablen zu einem Faktor, da eine starke Korrelation gegeben ist. Wird in der Korrelationsmatrix eine starke Korrelation zwischen zwei oder mehreren Variablen festgestellt, geht die Faktorenanalyse von der Hypothese aus, dass die Variablen von einem hinter ihnen stehenden Faktor bestimmt werden.

Um festzustellen, inwiefern die Korrelationsmatrix für die Faktorenanalyse geeignet ist, können weitere Untersuchungen durchgeführt werden. Geeignete Maße hierfür sind u. a. das Signifikanzniveau der Korrelationen, die Inverse der Korrelationsmatrix, der Bartlett-Test, die Anti-Image-Kovarianz-Matrix sowie das Kaiser-Meyer-Olkin-Kriterium (vgl. zu den einzelnen Maßen Backhaus et al. 2006, S. 272 ff.).

Die Maßgröße für den Zusammenhang zwischen einer oder mehrerer Variable(n) und dem Faktor ist die Faktorladung, die angibt, mit welcher Gewichtung die ermittelten Faktoren an der Beschreibung der beobachteten Zusammenhänge beteiligt sind. Diese lassen sich in einer sog. *Faktorladungsmatrix* darstellen.

Faktor Variable	F_1	F_2	…	F_n
x_1	…	…	…	…
x_2	…	…	…	…
⋮	…	…	…	…
x_j	…	…	…	…

Abb. 3.17: Aufbau der Faktorladungsmatrix

Die Vorgehensweise soll anhand eines *Beispiels* erläutert werden.

Beispiel 3.10:

Eine Supermarktkette will ihr Outletkonzept vollkommen umgestalten. Deshalb wird im Rahmen einer Primärerhebung durch eine Marktforschungsgruppe versucht, relevante Eigenschaften der Outlets (Einkaufsstätten) zu ermitteln. Mit Hilfe von Tiefeninterviews konnten im Rahmen einer explorativen Voruntersuchung zunächst folgende relevante Eigenschaften ermittelt werden:

- allgemeine Preishöhe (price),
- Anzahl der Parkplätze (parking),
- Anzahl der Sonderangebote (sales),
- Verkehrsstau bei der Anfahrt (traffic),
- Anzahl der Verkaufsförderungsmaßnahmen (promotion).

Zur Datengewinnung wurden Kunden in sechs verschiedenen Outlets der Supermarktkette gebeten, diese Eigenschaften für das jeweilige Outlet auf einer Skala von 1 = sehr gut bis 7 = sehr schlecht zu bewerten. Dabei ergaben sich folgende Mittelwerte:

Outlet	sales	parking	price	promotion	traffic
1	1	2	1	2,1	1
2	2	4	6	2,9	3
3	4,1	5	5,1	4,1	4
4	5	3	6	6,1	2
5	2	6,9	3	2,9	5
6	3	7	4	4,1	6

Im Rahmen einer Faktorenanalyse will man versuchen, obige Eigenschaften zu reduzieren. Die Marktforschungsgruppe berechnete folgende Korrelationsmatrix mit obigen Daten:

	sales	parking	price	promotion	traffic
sales	1,00000	0,05163	0,71105	0,95787	0,11234
parking		1,00000	0,07455	0,00056	0,98623
price			1,00000	0,67289	0,13961
promotion				1,00000	0,06072
traffic					1,00000

Anhand der vorliegenden Korrelationsmatrix könnten folgende Eigenschaften je zu einem Faktor zusammengefasst werden:

- Faktor 1: sales, price, promotion
- Faktor 2: parking, traffic

Die in den Faktoren enthaltenen Eigenschaften untereinander haben durchweg eine Korrelation von $r \geq 0,6$.

Der zweite Schritt der Faktorenanalyse beinhaltet die *Extraktion der Faktoren*. Grundlage der Faktorenermittlung (Faktorenextraktion) ist das *Fundamentaltheorem*, welches den Zusammenhang zwischen der Korrelationsmatrix und der Faktorladungsmatrix darstellt. Im Rahmen der Faktorenanalyse geht man von der Annahme aus, dass sich jeder Beobachtungswert einer Ausgangsvariable als Linearkombination mehrerer Faktoren beschreiben lässt. Mathematisch lässt sich das Fundamentaltheorem wie folgt beschreiben (vgl. ausführlich Hartung/Elpelt 1999, S. 509 ff):

$$z_{ki} = a_{k1} \cdot p_{i1} + a_{k2} \cdot p_{i2} + \dots + a_{kQ} \cdot p_{iQ} = \sum_{q=1}^{Q} a_{kq} \cdot p_{iq}$$

mit

z_{ki} = Standardisierter Wert der Variablen k bei Objekt i,

a_{kq} = Faktorladung q von Variable k,

p_{iq} = Faktor p_q von Objekt i.

Die standardisierte Variable z kann also vollständig durch die Faktorladungen a multipliziert mit den Faktoren p abgebildet werden. Zur Verkürzung der Notation lässt sich das Fundamentaltheorem auch in Matrizenschreibweise darstellen:

$$Z = P \cdot A'$$

mit

P = Matrix der Faktoren

A' = Inverse der Faktorladungsmatrix.

Das Fundamentaltheorem der Faktorenanalyse beschreibt den Zusammenhang zwischen der Korrelationsmatrix R und der Faktorladungsmatrix A. Es besagt, dass sich die Korrelationsmatrix durch die Faktorladungen und die Korrelationsmatrix der Faktoren C reproduzieren lässt:

$$R = A \cdot C \cdot A'.$$

Da üblicherweise Unkorreliertheit der Faktoren unterstellt wird, reduziert sich das Fundamentaltheorem auf

$$R = A \cdot A'.$$

Die Gültigkeit dieses Ausdruckes beschränkt sich allein auf den Fall der Annahme linearer Additivität (vgl. Backhaus et al. 2006, S. 278 f., Hüttner/Schwarting 2000, S. 390 ff.).

Auf der Grundlage des Fundamentaltheorems werden zwei Verfahren der *Bestimmung der Kommunalitäten* vorgestellt und erläutert:
– Hauptkomponentenanalyse sowie
– Hauptachsenanalyse.

Unter dem Begriff *Kommunalität* versteht man den Teil der Gesamtvarianz einer Variablen, der durch die gemeinsamen Faktoren erklärt wird bzw. den Umfang an der Varianzerklärung, den die Faktoren gemeinsam für die jeweiligen Ausgangsvariablen liefern. Rechnerisch wird die Kommunalität durch die Summe der quadrierten Faktorladungen einer Variable über alle Faktoren bestimmt.

Bei der *Hauptkomponentenanalyse* handelt es sich um ein besonders effizientes Verfahren zur Faktorenermittlung, die von Pearson (1901) entwickelt und von Hotelling (1933) erstmals in diesem Zusammenhang angewendet wurde (vgl. Hammann/Erichson 2000, S. 261). Die Annahme der Hauptkomponentenanalyse besteht darin, dass die Varianz der Ausgangsvariablen vollständig durch die Faktoren erklärt wird, d. h. eine Einzelrestvarianz in den Variablen existiert nicht. Das bedeutet, dass der Startwert der Kommunalität immer gleich 1 ist und die Kommunalität von 1 auch immer dann vollständig reproduziert wird, wenn ebenso viele Faktoren wie Variablen extrahiert werden. Ist die Anzahl der Faktoren geringer als die Anzahl der Variablen ist im Ergebnis der Wert der Kommunalität (erklärter Varianzanteil) kleiner 1. Der „nicht-erklärte" Varianzanteil (1-Kommunalität) ist jedoch keine Einzelrestvarianz. Hierbei handelt es sich um den durch die Faktoren nicht reproduzierten Varianzanteil, der als Informationsverlust deklariert wird. Ziel dieser Hauptkomponentenanalyse ist eine möglichst umfassende Reproduktion der Datenstruktur mit möglichst wenigen Faktoren.

Im Rahmen der *Hauptachsenanalyse* wird nicht von einer vollständigen Erklärung der Varianzen durch die Faktoren ausgegangen. Bei dieser Methode ist der Startwert der Kommunalitätenschätzung somit kleiner 1, was bedeutet, dass die Varianz einer Variablen nur in Höhe einer vorgegebenen Kommunalität reproduziert werden kann. Dadurch wird unterstellt, dass sich die Varianz einer Variablen immer in die Kommunalität und die Einzelrestvarianz aufteilt. Ziel der Hauptachsenanalyse ist somit die Erklärung der Varianz der Variablen durch die Faktoren, wohingegen die Hauptkomponentenanalyse insbesondere auf umfassende Reproduktion der Datenstruktur durch die Faktoren abzielt (vgl. Bortz 2005, S. 516 ff.; Aaker/Kumar/Day 2003, S. 563 ff.).

Die Vorgehensweise soll anhand eines *Beispiels* erläutert werden.

Beispiel 3.11:

Anhand der Korrelationsmatrix aus Beispiel 3.10 wird folgende Faktorladungsmatrix ermittelt:

	factor 1	factor 2	factor 3	factor 4	factor 5
sales	0,943	-0,225	-0,201	-0,144	0,005
parking	0,278	0,957	-0,030	0,010	0,075
price	0,837	-0,149	0,526	0,012	0,003
promotion	0,917	-0,270	-0,261	0,135	-0,003
traffic	0,340	0,937	-0,009	-0,004	-0,076

Die Faktorladungen der einzelnen Faktoren ermöglichen die Berechnung der Kommunalitäten der einzelnen Variablen. Bei einer Extraktion von beispielsweise nur den ersten beiden Faktoren (factor 1, factor 2) resultiert die Kommunalität folgendermaßen:

	Kommunalität
sales	0,9394
parking	0,9933
price	0,7235
promotion	0,9137
traffic	0,9941

Die Kommunalität der Variable „sales" errechnet sich z. B. als $(0,943)^2+(0,225)^2 = 0,9394$. Die verbleibende Differenz von $(1-0,9394) = 0,0606$ ist gemäß der Hauptkomponentenanalyse als der durch die beiden extrahierten Faktoren nicht erklärte Varianzanteil der Variable „sales" zu interpretieren.

Der dritte Schritt der Faktorenanalyse beinhaltet die Ermittlung der *Zahl der Faktoren*. Da zur Bestimmung der Faktorenzahl keine eindeutigen Vorschriften existieren, werden im Folgenden zwei gebräuchliche Kriterien herangezogen:
– Kaiser-Kriterium und
– Scree-Test.

Zur Bestimmung der Faktorenzahl müssen sowohl beim Kaiser-Kriterium als auch beim Scree-Test die Eigenwerte der einzelnen Faktoren ermittelt werden (vgl. Beispiel 3.12).

Beispiel 3.12:

Anhand der Werte aus dem Beispiel 3.10 soll die zu extrahierende Anzahl an Faktoren sowohl nach dem Kaiser-Kriterium als auch nach dem Scree-Test ermittelt werden. Dafür müssen aus der Faktorladungsmatrix zuerst die Eigenwerte der einzelnen Faktoren errechnet werden.

	factor 1	factor 2	factor 3	factor 4	factor 5
sales	0,943	-0,225	-0,201	-0,144	0,005
parking	0,278	0,957	-0,030	0,010	0,075
price	0,837	-0,149	0,526	0,012	0,003
promotion	0,917	-0,270	-0,261	0,135	-0,003
traffic	0,340	0,937	-0,009	-0,004	-0,076

Die Faktorladungen der einzelnen Faktoren ermöglichen die Berechnung der einzelnen Eigenwerte, indem die Summe der quadrierten Faktorladungen eines Faktors gebildet wird:

	factor 1[1]	factor 2	factor 3	factor 4	factor 5
Eigenwert	2,623	1,940	0,386	0,039	0,011

$$\text{factor1}^1 = (0,943)^2 + (0,278)^2 + (0,837)^2 + (0,917)^2 + (0,340)^2 \approx 2,62.$$

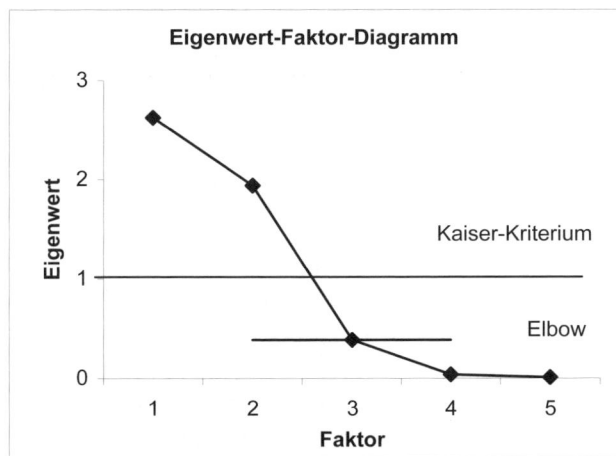

Anhand des vorliegenden Ergebnisses werden sowohl gemäß dem Kaiser-Kriterium als auch gemäß dem Scree-Test die Faktoren 1 und 2 extrahiert. Die Faktoren könnten wie folgt beschrieben werden:
Faktor 1: Marketingaktivitäten (sales, price, promotion)
Faktor 2: Infrastruktur, Erreichbarkeit (parking, traffic).

Der *Eigenwert* ist das Maß für die durch einen Faktor erklärte Varianz der Grundgesamtheit, d. h. der Eigenwert liefert den Varianzbeitrag eines Faktors im Hinblick auf die Varianz aller Variablen. Rechnerisch wird der Eigenwert durch die Summe der quadrierten Faktorladungen eines Faktors bestimmt. Auf der Grundlage des *Kaiser-Kriteriums* wird die Zahl der Faktoren extrahiert, deren Eigenwert größer Eins ist. Begründet wird diese Vorgehensweise mit der standardisierten Varianz der Variablen, die den Wert Eins hat. Würde der Eigenwert kleiner Eins sein, würde noch nicht einmal die Varianz einer Variablen erklärt werden. Im Gegensatz dazu werden beim *Scree-Test* die Eigenwerte in einem Eigenwert-Faktor-Diagramm mit abnehmender Wertefolge angeordnet. Die Punkte, die sich asymptotisch der Abszisse nähern, werden durch eine Gerade angenähert. Dabei bestimmt der „letzte" Punkte links von der Geraden die Anzahl der zu extrahierenden Faktoren. Es muss einschränkend erwähnt werden, dass dieses Verfahren nicht immer eine eindeutige Lösung liefert, da sich auf Grund ähnlicher Differenzen der Eigenwerte nicht immer ein eindeutiger Knick (Elbow) ermitteln lässt (vgl. Backhaus et al. 2006, S. 295 ff., S. 520, Aaker/Kumar/Day 2003, S. 567 ff.).

Der vierte Schritt der Faktorenanalyse beinhaltet die *Faktoreninterpretation*. Hierbei handelt es sich um einen kreativen Prozess, indem die in einem Faktor zusammengefassten Variablen mit einem Begriff umschrieben werden müssen. Außerdem dienen die Eigenwerte der Faktoren auch zur Bestimmung ihrer Bedeutung. Interpretationsprobleme entstehen, wenn Variable auf mehrere Faktoren hoch laden, d. h. die Faktorladungen einer Variablen sind bei mehreren Faktoren größer als 0,5. Um dieses Problem zu lösen, kommt es zum Einsatz der *Faktorenrotation*. Zur Interpretationserleichterung wird eine Rotation, d. h. eine Drehung der Koordinatenachsen im Ursprung durchgeführt, bei der die Rechtwinkligkeit der Achsen erhalten bleibt (vgl. Abb. 3.18). Die Rotation wird soweit vollzogen, bis möglichst viele Variablen auf nur noch einen Faktor hoch und auf alle anderen niedrig laden. Ziel ist es, dass die Varianz der quadrierten Ladungen maximiert wird. Dadurch wird es möglich, dass eine Ausgangslösung hinsichtlich ihrer Interpretierbarkeit deutlich verbessert werden kann. Die wichtigsten Rotationsalgorithmen sind (vgl. Hartung/Elpelt 1999, S. 551 ff.):

– Varimax-Rotation: Maximierung der Varianz der quadrierten Ladungen pro Faktor;

– Quartimax-Rotation: Maximierung der Varianz der quadrierten Ladungen pro Variable;

– Equamax-Rotation: Kombination aus der Varimax- und der Quartimax-Rotation.

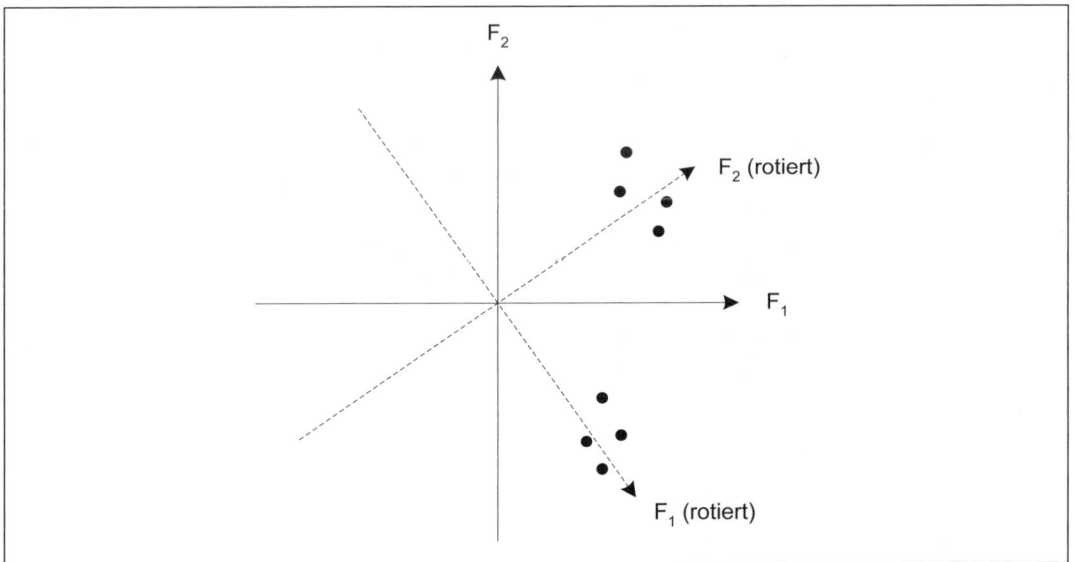

Abb. 3.18: Rechtwinklige Varimax-Rotation

Im Anschluss an die gegebenenfalls notwendige Faktorenrotation erfolgt dann die Interpretation (vgl. Bortz 2005, S. 547 ff., Hüttner/Schwarting 2000, S. 396 f.).

Der fünfte Schritt der Faktorenanalyse umfasst die *Bestimmung der Faktorwerte*. Neben der Information, dass die Variablen auf eine geringe Zahl an Faktoren reduziert werden können, ist ferner von Interesse, welche Werte die Objekte nun hinsichtlich der extrahierten Faktoren annehmen. Abgesehen von den Faktoren selbst wird auch die Ausprägung der Faktoren bei den Objekten benötigt (vgl. Backhaus et al. 2006, S. 302).

Um die *Positionierung der Objekte* vorzunehmen, müssen die einzelnen Faktorwerte berechnet werden. Zunächst erfolgt dabei eine Standardisierung der Beobachtungswerte (Ausgangsdaten). In einem zweiten Schritt kann dann die Berechnung der Faktorwerte F_{ij} erfolgen:

$$F_{ji} = \sum_{k=1}^{K} w_{jk} \cdot z_{ki}$$

mit

F_{ji} = Faktorwert des Objektes i der Dimension j,

w_{jk} = Factor Score Coefficient für Variable k der Dimension j.

Zur Ermittlung der Koeffizienten der Faktorenwerte (Factor Score Coefficients) benötigt man Schätzverfahren, sodass je nach Wahl des Schätzverfahrens die Lösung variieren kann. In den meisten Fällen erfolgt die Berechnung der Factor Score Coefficients auf der Basis der Regressionsanalyse (vgl. Backhaus et al. 2006, S. 303).

Erfolgt eine Reduzierung der Variablen auf lediglich zwei bzw. drei Faktoren, so lassen sich die Faktorenwerte in einem Faktorwertediagramm graphisch darstellen und anschließend interpretieren. Die Vorgehensweise soll anhand eines *Beispiels* erläutert werden.

Beispiel 3.13:

Aus den Daten der Beispiele 3.10 – 3.12 wurden die folgenden Factor Score Coefficients ermittelt:

	factor 1	factor 2
sales	0,37725	-0,01447
parking	-0,03145	0,50350
price	0,32816	0,01234
promotion	0,37422	-0,03935
traffic	-0,00598	0,50080

Anhand der vorliegenden Informationen werden die Faktorenwerte berechnet.

1. Beobachtungswerte standardisieren:

1.1 Berechnung der Mittelwerte für die Variable über die Objekte:

sales: $\bar{x}_1 = \dfrac{1+2+4{,}1+5+2+3}{6} = 2{,}85$

parking: $\bar{x}_2 = 4{,}65$

price: $\bar{x}_3 = 4{,}18$

promotion: $\bar{x}_4 = 3{,}70$

traffic: $\bar{x}_5 = 3{,}50$

1.2 Berechnung der Standardabweichung der Variablen:

sales: $s_1 = \sqrt{\dfrac{(1-2{,}85)^2 + (2-2{,}85)^2 + \ldots + (3-2{,}85)^2}{6-1}} = 1{,}49$

parking: $s_2 = 2{,}04$

price: $s_3 = 1{,}95$

promotion: $s_4 = 1{,}41$

traffic: $s_5 = 1{,}87$

1.3 Berechnung der standardisierten Beobachtungswerte:

		Standardisierte Beobachtungswerte		
Outlet	sales	parking	price	promotion	traffic
1	-1,243	-1,297	-1,633	-1,136	-1,336
2	-0,571	-0,318	0,932	-0,568	-0,267
3	0,840	0,171	0,470	0,284	0,267
4	1,445	0,808	0,932	1,704	-0,802
5	-0,571	1,101	-0,607	-0,568	0,802
6	0,101	1,150	-0,094	0,284	1,336

Beispielsweise resultiert z_{11} als: $z_{11} = \dfrac{1-2{,}85}{1{,}49} = -1{,}243$.

2. Berechnung der Faktorwerte:

	Faktorwerte	
Outlet	Faktor 1	Faktor 2
1	-1,381	-1,280
2	-0,111	-0,252
3	0,570	0,203
4	1,519	-0,885
5	-0,667	0,979
6	0,069	1,235

Für F_{11} ergibt sich exemplarisch: $F_{11} = 0{,}37725 \cdot (-1{,}243) + \ldots + (-0{,}00598) \cdot (-1{,}336) = -1{,}381$.

Die nun vorliegenden Faktorwerte lassen sich in ein Faktordiagramm übertragen. Als Ergebnis kann festgehalten werden, dass
- die Outlets 1, 2 und 3 sowohl die Infrastruktur als auch die Marketingaktivitäten verbessern müssen (unterschiedlich stark),
- das Outlet 4 die Infrastruktur verbessern muss und
- die Outlets 5 und 6 die Marketingaktivitäten erhöhen müssen.

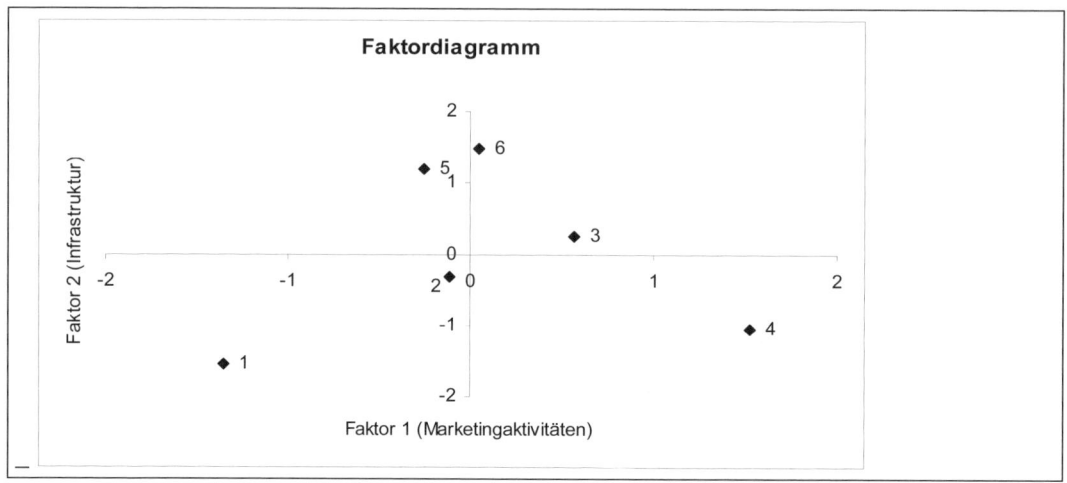

3.2.2.3 Varianten der Faktorenanalyse

Konfirmatorische Faktorenanalyse

Die konfirmatorische Faktorenanalyse ist eine Methode zur formalen Darstellung der Messung komplexer Konstrukte durch Indikatoren und zur gleichzeitigen Gütebeurteilung dieser Messung. Sie dient somit der Kontrolle der bei der explorativen Faktorenanalyse gewonnenen Ergebnisse. Durch die Anwendung der konfirmatorischen Faktorenanalyse sollen die Schwachstellen der explorativen Faktorenanalyse, d. h. die Nicht-Berücksichtigung von Messfehlern, die hohe Subjektivität bei der Reduzierung von Faktoren sowie die Ergebnisinterpretation ausgeglichen werden. Somit ist die konfirmatorische im Gegensatz zur explorativen Faktorenanalyse im Begründungszusammenhang (strukturprüfend) einzuordnen. Sie kann somit zur Hypothesenprüfung herangezogen werden, wenn auf Grund theoretischer Vorüberlegungen Hypothesen über die Beziehung zwischen direkt beobachtbaren Variablen und dahinter stehenden, nicht beobachtbaren Faktoren aufgestellt werden und es von Interesse ist, diese Hypothesen an einem empirischen Datensatz zu prüfen. Diese Variante der Faktorenanalyse basiert ebenfalls auf dem Fundamentaltheorem (vgl. Homburg/Pflesser 2000a, S. 415).

Ausgangspunkt für die konfirmatorischen Faktorenanalyse ist die Modellspezifikation. Diese umfasst die Definitionen der Indikatoren und der Faktoren sowie die Zuordnung der Indikatoren zu den Faktoren. Ferner wird in dieser Phase der Analyse untersucht, inwieweit die ermittelten Daten mit dem konstruierten Modell konsistent sind. Problematisch ist die Zuweisung von Skalen zu latenten Konstrukten, die grundsätzlich keine eigenen Skalen aufweisen. Dies geschieht entweder durch Fixierung einer Faktorladung (i. d. R. mit dem Wert 1) oder durch Fixierung der Varianz eines Faktors.

Die Spezifikation umfasst latente Variablen (ξ_j), Indikatorvariablen (x_i), Messfehlervariablen (σ_i), Faktorladungen (λ_{ij}) und die Korrelationen der latenten Variablen untereinander (ψ_{jk}). Daraus ergibt sich für das Messmodell folgende Gleichung:

$$\mathbf{x} = \mathbf{\Lambda} \cdot \xi + \sigma$$

mit

$\mathbf{x}$ = Vektor der Indikatorvariablen,
$\mathbf{\Lambda}$ = Matrix der Faktorladungen,
$\mathbf{\xi}$ = Vektor der latenten Variablen,
$\mathbf{\sigma}$ = Vektor der Messfehler.

Diese Grundgleichung nimmt in Matrizenschreibweise folgende Form an:

$$\begin{pmatrix} x_1 \\ x_2 \\ \vdots \\ x_I \end{pmatrix} = \begin{pmatrix} \lambda_{1,1} & \lambda_{1,2} & \cdots & \lambda_{1,J} \\ \lambda_{2,1} & \lambda_{2,2} & \cdots & \lambda_{2,J} \\ \cdots & \cdots & \cdots & \cdots \\ \lambda_{I,1} & \lambda_{I,2} & \cdots & \lambda_{I,J} \end{pmatrix} \cdot \begin{pmatrix} \xi_1 \\ \vdots \\ \xi_J \end{pmatrix} + \begin{pmatrix} \sigma_1 \\ \vdots \\ \sigma_J \end{pmatrix}.$$

Im zweiten Schritt erfolgt die Parameterschätzung. Ziel ist es, die unbekannten Parameter (λ_{ij}, φ_{jk}, $\theta_{\sigma,ij}$) so zu schätzen, dass die vom Modell reproduzierte Kovarianzmatrix $\hat{\mathbf{\Sigma}} = \mathbf{\Sigma}\left(\hat{\mathbf{\Lambda}}, \hat{\varphi}, \hat{\theta}_\sigma\right)$ die empirische Kovarianzmatrix $\mathbf{S}$ möglichst exakt reproduziert. Dadurch wird eine Minimierung einer Diskrepanzfunktion zwischen $\mathbf{S}$ und $\mathbf{\Sigma}$ erreicht. Zu berücksichtigen ist jedoch, dass die Diskrepanzfunktion von der verwendeten Schätzmethode abhängt. Weite Verbreitung findet die Maximum-Likelihood-Methode, bei der zu einem gegebenen Stichprobenergebnis $\mathbf{S}$ derjenige Wert $\hat{\mathbf{\Sigma}}$ als Schätzer für $\mathbf{\Sigma}$ gewählt wird, unter dem die Wahrscheinlichkeit des Eintretens von $\mathbf{S}$ am größten ist.

Die Überprüfung, ob die angenommenen Faktoren das Modell gut beschreiben, erfolgt im dritten Schritt der Vorgehensweise anhand einer Vielzahl von Anpassungsmaßen. Ein Modell, dessen ermittelte Anpassungsmaße sich innerhalb der Anspruchsniveaus befinden, kann als „gut beschrieben" angesehen werden. Ist ein Modell nicht ausreichend gut beschrieben, so sind Modifikationen erforderlich, etwa die Änderung der Faktorenstruktur, die Herausnahme einzelner Faktoren, die Modifikation der gesamten Modellstruktur sowie die Verwendung von so genannten „cross-loadings". „Cross-loadings" kommen dann zur Anwendung, wenn einzelne Variablen Einfluss auf mehrere Faktoren haben. Die Modifikation der Modellstruktur wird dann abgeschlossen, wenn die gewünschten Anspruchsniveaus erreicht sind.

Eine Übersicht zu Anpassungsmaßen liefert die Abbildung 3.19 (ausführliche Erläuterungen zu den einzelnen Anpassungsmaßen sowie eine Übersicht der Anspruchsniveaus liefert Homburg/Pflesser 2000a, S. 426 ff.).

Den letzten Schritt beinhaltet die Ergebnisinterpretation. Dabei steht im Fokus, inwieweit die theoretisch unterstellte Struktur mit den Daten konsistent ist. In diesem Zusammenhang sind die einzelnen Parameterschätzer interessant. Unterschiede in der Stärke der Faktorladungen geben Hinweise auf die Eignung einzelner Indikatoren zur Messung des Konstruktes, wobei hohe Faktorladungen auf eine gute Eignung des Indikators zur Messung hinweisen (vgl. Bortz 2005, S. 560 f., Homburg/Pflesser 2000a, S. 430 f.).

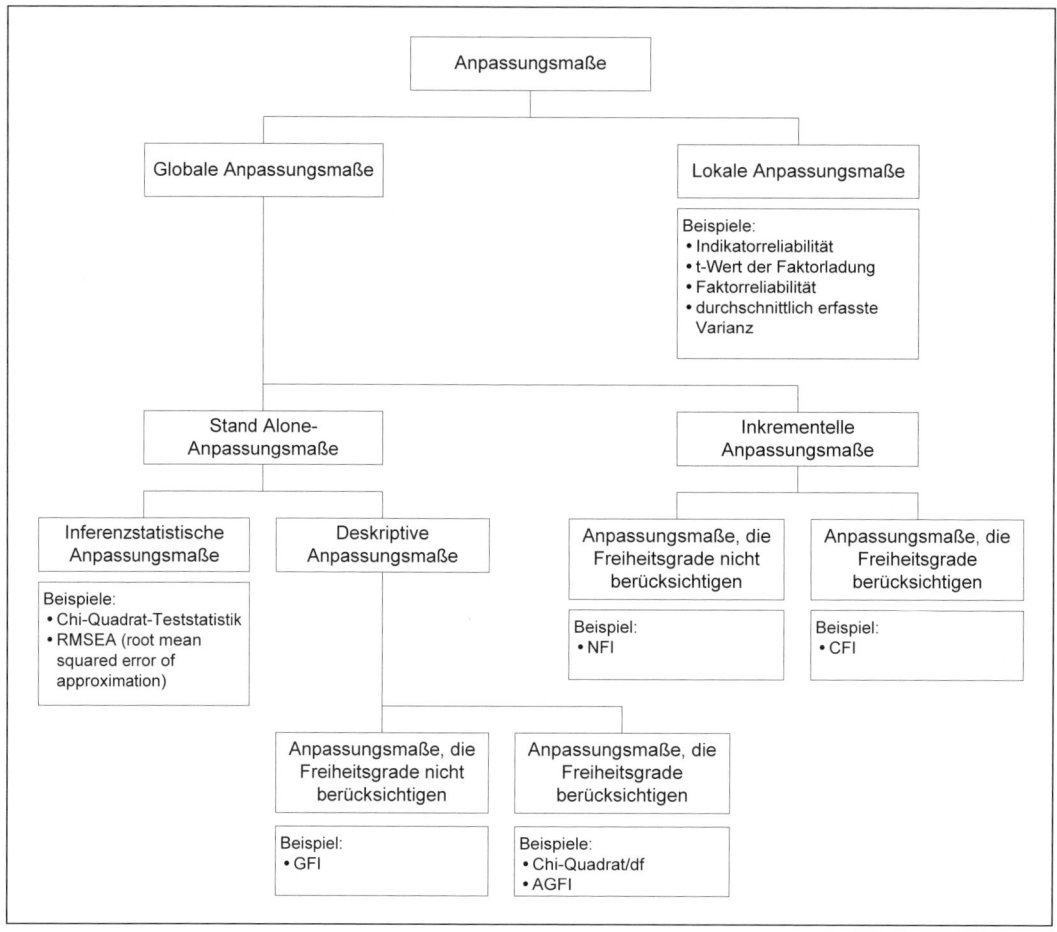

Quelle: In Anlehnung an Homburg/Baumgartner 1995a, S. 165.

Abb. 3.19: Übersicht zu Anpassungsmaßen zur Beurteilung von konfirmatorischen Faktoranalyse-Modellen

3.3 Verfahren der Klassifikation

3.3.1 Clusteranalyse

3.3.1.1 Grundgedanke

Ziel der Clusteranalyse ist es, eine heterogene Gesamtheit von Objekten (z. B. Konsumenten, Produkte) anhand geeigneter Merkmale in Gruppen (Cluster) einzuteilen. Die Clusteranalyse umfasst verschiedene Verfahren der Gruppenbildung. Dabei sollen die untersuchten Objekte innerhalb der Gruppe möglichst ähnlich und die Gruppen untereinander möglichst unähnlich sein (vgl. Bortz 2005, S. 565, Hoberg 2003, S. 1). Die Variablen können sowohl metrisch als auch nominal (binär) und ordinal ausgeprägt sein. Typische Fragestellung im Marketing ist die Bildung von Marktsegmenten bzw. Zielgruppen.

Eine Clusteranalyse vollzieht sich in folgenden *Schritten*:
- Bestimmung der Ähnlichkeiten,
- Auswahl des Fusionierungsalgorithmus,
- Bestimmung der Clusteranzahl,
- Clusterbeschreibung.

3.3.1.2 Methodische Vorgehensweise

Ausgangspunkt der Clusteranalyse bildet eine Rohdatenmatrix, welche in allgemeiner Form in Abb. 3.20 dargestellt ist. Zu klassifizieren sind i = 1, … I Objekte anhand von k = 1, …, K Variablen.

	Variable 1	Variable 2	… Variable k …	Variable K
Objekt 1				
Objekt 2				
…				
Objekt i				
…				
Objekt I				

Abb. 3.20: Aufbau der Rohdatenmatrix

Um die Ähnlichkeiten zwischen den Objekten zu ermitteln, wird die Rohdatenmatrix in eine sog. *Distanzmatrix (Ähnlichkeitsmatrix)* überführt, die immer eine quadratische (I x I)-Matrix darstellt. Die Quantifizierung der Ähnlichkeit oder Distanz zwischen den Objekten wird allgemein als *Proximitätsmaß* bezeichnet. Zwei Arten von Proximitätsmaßen lassen sich unterscheiden:
- *Ähnlichkeitsmaße*: Sie spiegeln die Ähnlichkeit zweier Objekte wider (je größer der Wert, desto ähnlicher sind sich die zwei Objekte);
- *Distanzmaße*: Sie messen die Unähnlichkeit zwischen zwei Objekten (je größer die Distanz, desto unähnlicher sind die zwei Objekte).

Während Ähnlichkeitsmaße meistens bei nichtmetrischen Merkmalen eingesetzt werden, finden Distanzmaße überwiegend bei metrischen Merkmalen ihre Anwendung (vgl. Raab/Unger/Unger 2004, S. 248 f.). Abb. 3.21 gibt einen Überblick über die gebräuchlichsten Proximitätsmaße. Auf die wichtigsten wird im Folgenden näher eingegangen.

Bei einem *nominalen (binären) Skalenniveau* beruhen die Ähnlichkeitsmaße größtenteils auf der allgemeinen Ähnlichkeitsfunktion

$$S_{ij} = \frac{a + \delta d}{a + \delta d + \lambda(b + c)}$$

mit

S_{ij} = Ähnlichkeit zwischen den Objekten i und j,

a = Anzahl der Merkmale, die bei beiden Objekten vorhanden sind (1;1),

b = Anzahl der Merkmale, die nur bei Objekt 2 vorhanden sind (0;1),

c = Anzahl der Merkmale, die nur bei Objekt 1 vorhanden sind (1;0),

d = Anzahl der Merkmale, die bei beiden Objekten nicht vorhanden sind (0;0),

δ, λ = mögliche konstante Gewichtungsfaktoren.

Der Unterschied zwischen den einzelnen Proximitätsmaße liegt bei den beiden Gewichtungsfaktoren δ und λ (vgl. i. E. Bortz 2005, S. 567 f.; Backhaus et al. 2006, S. 485 ff.).

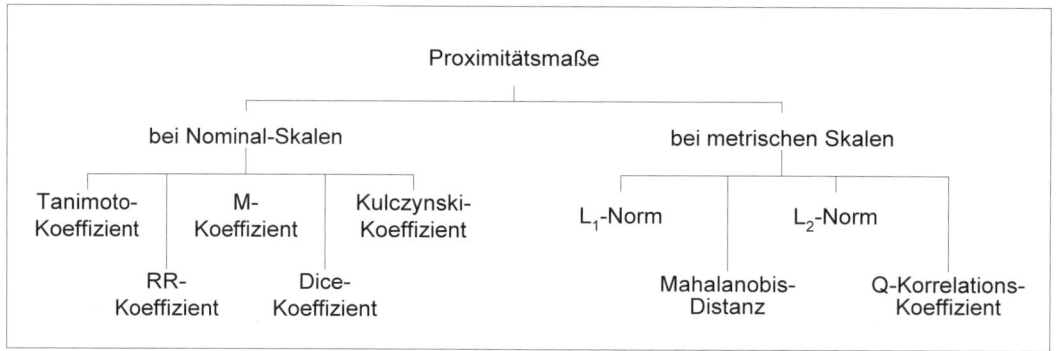

Quelle: Backhaus et al. (2006), S. 494.

Abb. 3.21: Überblick über ausgewählte Proximitätsmaße

Der *Tanimoto-* bzw. der *Jaccard-Koeffizient* misst den relativen Anteil gemeinsamer Merkmale zweier Objekte, bezogen auf die gesamte Anzahl vorhandener Merkmale. Das gemeinsame Nichtvorhandensein eines Merkmals wird nicht beachtet. Somit lautet der Tanimoto-Koeffizient:

$$S_{ij} = \frac{a}{a+b+c}$$

mit

δ=0 und λ=1.

Der *Russel & Rao-Koeffizient* misst den relativen Anteil gemeinsamer vorhandener Merkmale zu allen möglichen Merkmalen. Somit lautet der RR-Koeffizient:

$$S_{ij} = \frac{a}{a+b+c+d} .$$

Der RR-Koeffizient berücksichtigt keine Gewichtungsfaktoren.

Der *Simple Matching-Koeffizient* misst den relativen Anteil gemeinsamer vorhandener und nichtvorhandener Merkmale zweier Objekte, bezogen auf die gesamte Anzahl möglicher Merkmale. Somit ergibt sich für den M-Koeffizienten folgende Formel:

$$S_{ij} = \frac{a+d}{a+b+c+d}$$

mit δ=1 und λ=1.

Anhand dieser Ähnlichkeitsmaße wird die Ähnlichkeitsmatrix erstellt und in eine Distanz-matrix (1-Ähnlichkeitsmatrix) überführt.

Die Vorgehensweise soll anhand eines *Beispiels* erläutert werden.

Beispiel 3.14:

Im Rahmen einer Sekundärerhebung analysiert ein Marktforschungsinstitut den Automobilmarkt. Das Marktforschungsinstitut wurde beauftragt, für einen Kunden ausgewählte Automobilmarken zu möglichst homogenen Gruppen zusammenzufassen. Für die neuesten Modelle der Marken BMW, Audi, VW und Opel resultiert aus verfügbarem Prospektmaterial folgendes Bild:

Marke	Airbag	ABS
BMW	ja	ja
Audi	ja	nein
VW	nein	nein
Opel	ja	nein

Auf der Grundlage des Simple-Matching-Koeffizienten können folgende Ähnlichkeiten ermittelt werden:

$$d_{1,2} = \frac{a+d}{a+b+c+d} = \frac{1+0}{1+0+1+0} = 0,5$$

$$d_{1,3} = \frac{0+0}{0+0+2+0} = 0$$

$$d_{1,4} = \frac{1+0}{1+0+1+0} = 0,5$$

$$d_{2,3} = \frac{0+1}{0+0+1+1} = 0,5$$

$$d_{2,4} = \frac{1+1}{1+0+0+1} = 1$$

$$d_{3,4} = \frac{0+1}{0+1+0+1} = 0,5$$

Daraus lässt sich folgende Ähnlichkeitsmatrix aufstellen:

	BMW	Audi	VW	Opel
BMW	1	0,5	0,0	0,5
Audi		1	0,5	1,0
VW			1	0,5
Opel				1

Somit lautet die Distanzmatrix:

	BMW	Audi	VW	Opel
BMW	0	0,5	1,0	0,5
Audi		0	0,5	0,0
VW			0	0,5
Opel				0

Bei einem *metrischen Skalenniveau* beruhen die Ähnlichkeitsmaße auf der allgemeinen Ähnlichkeitsfunktion der *Minkowski-Metrik* bzw. *L-Norm*

$$d(i,j) = \left[\sum_{k=1}^{K} \left| x_{ik} - x_{jk} \right|^r \right]^{\frac{1}{r}}$$

mit

d(i,j) = Distanz zwischen Objekt i und Objekt j,

x_{ik} = Wert der Variablen k bei Objekt i (k = 1, 2, ... K),

x_{jk} = Wert der Variablen k bei Objekt j (k = 1, 2, ... K),

$r \geq 1$ = Minkowski-Konstante.

Dabei stellt r eine positive Konstante dar. Aus der Minkowski-Metrik lassen sich für unterschiedliche Werte von r unterschiedliche Distanzmaße ableiten, z. B. die *Euklidische Distanz* (r=2, L_2-Norm)) und die *City-Block-Metrik* (r=1, L_1-Norm). Während die Euklidische-Distanz die direkte Entfernung zwischen zwei Objekten misst, ergibt sich bei der City-Block-Metrik die Distanz zweier Punkte als Summe der (absolut gesetzten) Merkmalsdifferenzen, d. h. die Distanz wird rechtwinklig gemessen (vgl. Bortz 2005, S. 570). Häufig wird in den gängigen Softwarepaketen die *quadrierte Euklidische Distanz* zu Grunde gelegt. Zu beachten ist, dass die verschiedenen Distanzmaße in der Regel auch zu einer unterschiedlichen Rangfolge der Ähnlichkeiten führen (mit Ausnahme des ähnlichsten und des unähnlichsten Objektpaares). Liegen korrelierte Merkmale vor, kann entweder eine Faktorenanalyse vorgeschaltet werden, oder es kann die sog. Mahalanobis-Distanz verwendet werden (vgl. zu den Einzelheiten Bortz 2005, S. 569 f.).

Voraussetzung für die Ermittlung der Distanzen ist die Verwendung der gleichen Maßeinheit für die metrischen Variablen. Ist dies nicht der Fall, müssen die Daten vorher standardisiert werden. Dies geschieht durch die Transformation der Merkmale mit Hilfe folgender Formel:

$$z_{ki} = \frac{x_{ki} - \overline{x}_k}{s_k}$$

mit

z_{ki} = standardisierter Wert von Merkmal k bei Objekt i,

x_{ki} = Ausprägung von Merkmal k bei Objekt i,

$\overline{x}_k$ = Mittelwert des Merkmals k

s_k = Standardabweichung von Merkmal k.

Die Vorgehensweise soll anhand eines *Beispiels* erläutert werden.

Beispiel 3.15:

Bei dem Fall des Beispiels 3.14 verfügt die Marktforschungsgruppe zusätzlich über die Preislisten der neuesten Modelle der Marken BMW, Audi, VW und Opel:

Marke	Preis in €
BMW	40.000
Audi	35.000
VW	29.000
Opel	30.000

Das Distanzmaß der metrischen Variablen soll die direkte Entfernung der Marken im Objektraum messen. Somit erfolgt eine Berücksichtigung der positiven Konstanten von r=2, d. h. es wird die Euklidische Distanz verwendet.

$$d(i,j) = \left[\sum_{k=1}^{4} \left| x_{ik} - x_{jk} \right|^2 \right]^{\frac{1}{2}}$$

Daraus ergibt sich folgende Distanzmatrix:

	BMW	Audi	VW	Opel
BMW	0	5.000	11.000	10.000
Audi		0	6.000	5.000
VW			0	1.000
Opel				0

Um ein Zusammenführen von Distanzmatrizen mit gemischtskalierten (nominal-, ordinal- und kardinalskalierte) Merkmalen zu ermöglichen, ist eine linearhomogene Aggregation notwendig. Da die Distanzmatrix für nominalskalierte Merkmale Werte zwischen 0 und 1 annimmt, wird die Distanzmatrix für metrischskalierte Merkmale zuvor normiert, indem die einzelnen Distanzen durch die jeweils maximal vorkommende Distanz dividiert werden. Die Gesamtdistanz ergibt sich anschließend aus folgender Formel (vgl. Bortz 2005, S. 570 f.):

$$d_{ij} = \left(g^N \cdot d_{ij}^N + g^O \cdot d_{ij}^O + g^K \cdot d_{ij}^K \right)$$

mit

d_{ij} –   Distanz zweier Objekte i und j,

g =   relativer Anteil der Anzahl der Merkmale einer Skalierungsart an der Gesamtheit der Merkmale,

N, O, K   =   Anzahl der nominal-, ordinal- oder kardinalskalierten Merkmale.

Beispiel 3.16 zeigt die Vorgehensweise zur Aggregation von Distanzmatrizen bei gemischtskalierten Merkmalen.

Beispiel 3.16:

Die einzelnen Distanzmatrizen der Beispiele 3.14 und 3.15 werden zunächst normiert, indem die Distanzwerte durch den jeweils maximal vorkommenden Wert (1,0 bzw. 11.000) dividiert werden.

	BMW	Audi	VW	Opel
BMW	0	0,5	1,0	0,5
Audi		0	0,5	0,0
VW			0	0,5
Opel				0

	BMW	Audi	VW	Opel
BMW	0	0,45	1,00	0,91
Audi		0	0,54	0,45
VW			0	0,09
Opel				0

Anschließend werden beide Matrizen zu einer endgültigen Distanzmatrix zusammengefasst. Beispielsweise errechnet sich der Distanzwert zwischen BMW und Audi aus $2/3 \cdot 0,5 + 1/3 \cdot 0,45) = 0,483$.

	BMW	Audi	VW	Opel
BMW	0	0,483	1,000	0,637
Audi		0	0,513	0,150
VW			0	0,363
Opel				0

Damit ist die Bestimmung der Ähnlichkeiten abgeschlossen. Die gewonnene Distanzmatrix bildet den Ausgangspunkt für die Anwendung von *Clusteralgorithmen*, die eine Zusammenfassung der Objekte zum Ziel haben. Dabei stehen unterschiedliche Fusionierungsalgorithmen zur Auswahl, wobei die grau hinterlegten Verfahren der Abbildung 3.22 im nachfolgenden Abschn. 3.3.1.3 näher erläutert werden.

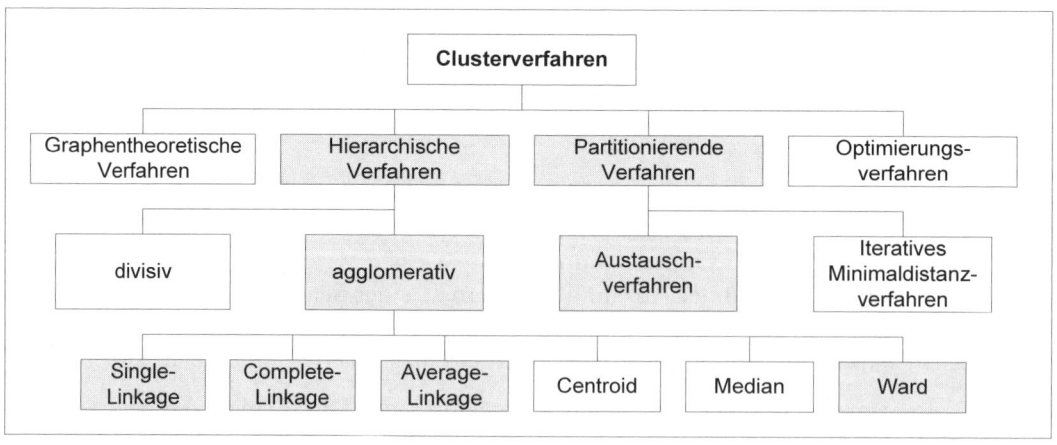

Quelle: Backhaus et al. (2006), S. 511.

Abb. 3.22: Überblick über ausgewählte Clusteralgorithmen

Im nächsten Schritt wird die *Clusteranzahl* bestimmt. Üblicherweise wird das Elbow-Kriterium herangezogen. Der Abbruch erfolgt dann, wenn eine weitere Zusammenfassung der bestehenden Cluster zu einem Sprung in der Fehlerquadratsumme führt. Dabei ist zu berücksichtigen, dass der jeweilige Wert beim Elbow-Kriterium vom Anwender individuell vorgegeben werden muss. Schließlich erfolgt die *Clusterbeschreibung*. Hierbei wird entweder der Zentroid herangezogen (d. h. das fiktive Element des Clusters mit durchschnittlichen Ausprägungen bzgl. aller Merkmale), oder aber das reale Objekt, das dem Zentroiden am nächsten liegt.

3.3.1.3 Varianten der Clusteranalyse

Hierarchische Verfahren

Hierarchische Verfahren beruhen darauf, dass Cluster schrittweise durch Aggregation oder Teilung von Elementen bzw. Gruppen gebildet werden. Während bei den *divisiven Verfahren* die Gesamtheit der Objekte schrittweise in immer feinere Klassen zerlegt wird, werden bei den *agglomerativen Verfahren* die Objekte sukzessive zu immer größeren Klassen zusammengefasst (vgl. Hoberg 2003, S. 94 f.).

Eine der am häufigsten angewandten agglomerativen Techniken stellt das *Single-Linkage* dar. Wie bei allen agglomerativen Verfahren werden zunächst die Objekte mit der geringsten Distanz aus der endgültigen Distanzmatrix zu einer ersten Gruppe vereint. Im darauf folgenden Schritt erfolgt beim Single-Linkage-Verfahren nur eine Berücksichtigung der kleinsten Einzeldistanz („nearest neighbour"). Werden also zwei Elemente (oder Gruppen) P und Q zu einer neuen Gruppe (P+Q) zusammengefasst, so errechnet sich die Distanz zwischen der Gruppe (P+Q) und dem Element bzw. der Gruppe R wie folgt:

$$D(R; P + Q) = 0{,}5\{D(R, P) + D(R, Q) - |D(R, P) - D(R, Q)|\}.$$

Vereinfacht lässt sich die Distanz auch aus der nachfolgenden Beziehung ermitteln:

$$D(R, P + Q) = \min\{D(R, P); D(R, Q)\}.$$

Dieses Verfahren ist für alle Distanzmaße geeignet, birgt jedoch die Gefahr, dass es zu kettenförmigen Clustergebilden kommen kann (Chaining-Effekt), in denen sich Objekte befinden, die zueinander eine geringere Ähnlichkeit aufweisen als zu Objekten anderer Cluster (vgl. Bortz 2005, S. 572). Das Verfahren ist beendet, wenn alle Objekte zu einer einzigen Klasse zusammengefasst werden. Als Ergebnis erhält man eine Baumstruktur (Dendrogramm).

Beispiel 3.17:

Aus der Distanzmatrix des Beispiels 3.16 resultiert die geringste Distanz zwischen Audi und Opel mit einem Wert von 0,225, sodass Audi und Opel zu einer ersten Gruppe zusammengefasst werden. Die reduzierte Distanzmatrix steht wie folgt aus:

	(1)	(2,4)	(3)
(1)	0	0,483	1,000
(2,4)		0	0,363
(3)			0

(1)=BMW, (2)=Audi, (3)=VW, (4)=Opel

Die reduzierte Distanzmatrix zeigt, dass die geringste Distanz nunmehr zwischen der Audi-Opel-Gruppe und VW besteht. Aus diesem Grunde wird VW der ersten Gruppe hinzugefügt. BMW bildet alleine ein zweites Cluster.

	(1)	(3,(2,4))
(1)	0	0,483
(3,(2,4))		0

Ein alternatives agglomeratives Verfahren stellt das *Complete-Linkage-Verfahren* dar. Der Unterschied zum Single-Linkage-Verfahren besteht lediglich in der Vorgehensweise bei der Bildung der reduzierten Distanzmatrix. Beim Complete-Linkage-Verfahren erfolgt eine Berücksichtigung der größten Einzeldistanz („furthest neighbour") (vgl. Backhaus et al. 2006, S. 521).

Die Berechnung der neuen Distanz erfolgt gemäß der Formel:

$$D(R;P+Q) = 0{,}5\{D(R,P) + D(R,Q) + |D(R,P) - D(R,Q)|\}.$$

Vereinfacht lässt sich die Distanz auch aus der nachfolgenden Beziehung ermitteln:

$$D(R,P+Q) = \max\{D(R,P); D(R,Q)\}.$$

Auch bei diesem Verfahren können sämtliche Distanzmaße zu Grunde gelegt werden. Ferner ist gewährleistet, dass alle paarweisen Objektähnlichkeiten innerhalb eines Clusters kleiner sind als der Durchschnitt der paarweisen Ähnlichkeiten zwischen verschiedenen Clustern.

Einen Kompromiss zwischen dem Single-Linkage- und dem Complete-Linkage-Verfahren stellt das *Average-Linkage-Verfahren* dar. Bei diesem Verfahren wird die durchschnittliche Entfernung der Objekte zu allen Objekten des neuen Clusters wie folgt berechnet:

$$D(R;P+Q) = 0{,}5\{D(R,P) + D(R,Q)\}.$$

Ein in der Praxis häufig genutzter Clusteralgorithmus ist das *Ward-Verfahren*. Im Vergleich zu den bisher vorgestellten Verfahren erfolgt beim Ward-Verfahren keine Fusionierung von Objekten auf der Basis der geringsten Distanzen, sondern es werden jene Objekte bzw. Gruppen fusioniert, die ein vorgegebenes Heterogenitätsmaß am wenigsten vergrößern. In der Literatur wird dieses Verfahren auch als Minimum-Varianz-Methode, Fehlerquadratsummen-Methode oder HGROUP-100-Methode bezeichnet (vgl. Bortz 2005, S. 575). Die Berechnung der Distanz des zuletzt gebildeten Clusters zu den anderen Gruppen erfolgt gemäß folgender Formel:

$$D(R;P+Q) = \frac{1}{NR + NP + NQ}\{(NR - NP)\cdot D(R,P) + (NR + NQ)\cdot D(R,Q) - NR\cdot D(P,Q)\}$$

Ziel des Ward-Verfahrens ist es somit, die Objekte bzw. Gruppen zu vereinen, die die Streuung (Varianz) möglichst wenig erhöhen. Als Konsequenz bildet der Algorithmus als Ergebnis tendenziell in sich homogene und ähnlich große Cluster (vgl. Raab/Unger/Unger 2004, S. 251).

Das Varianzkriterium (Fehlerquadratsumme), welches als Heterogenitätsmaß verwendet wird, errechnet sich für eine Gruppe g wie folgt:

$$V_g = \sum_{i=1}^{I_g} \sum_{k=1}^{K} \left(x_{ikg} - \overline{x}_{kg} \right)^2$$

mit

x_{ikg} = Beobachtungswert der Variablen k (k = 1, ..., K) bei Objekt i (für alle Objekte i = 1, ..., I_g in Gruppe g),

$\overline{x}_{kg}$ = Mittelwert über die Beobachtungswerte der Variablen k in Gruppe g $\left(= \dfrac{1}{I_g} \displaystyle\sum_{i=1}^{I_g} x_{ikg} \right)$.

Zu Beginn des Algorithmus beträgt die Fehlerquadratsumme Null. Pro Gruppierungsschritt erhöht sich die Varianz um die halbe Distanz der neuen Gruppe, sodass die berechneten Distanzen genau der doppelten Zunahme der Fehlerquadratsumme bei Fusionierung zweier Objekte bzw. Gruppen entsprechen (vgl. Backhaus et al. 2006, S. 523). Daraus ergibt sich, dass die Objekte bzw. Gruppen mit der kleinsten Distanz zu einer neuen Gruppe vereint werden, diese kleinste Distanz halbiert und auf die Fehlerquadratsumme aufaddiert wird.

Beispiel 3.18:

Ausgangssituation ist die endgültige Datenmatrix des Beispiels 3.16.

Im Rahmen des Fusionierungsalgorithmus wird stets die kleinste Distanz berücksichtigt. Die anschließende Übersicht verdeutlicht das Ward-Verfahren:

1. Rechenschritt:

$$V_1 = \frac{0,150}{2} = 0,075$$

$$D(1;2+4) \qquad = \frac{1}{1+1+1}\left(|1+1| \cdot 0,483 + |1+1| \cdot 0,637 - |1| \cdot 0,150 \right)$$

$$= \frac{1}{3} \cdot (0,966 + 1,274 - 0,150) = 0,697$$

$$D(3;2+4) \qquad = \frac{1}{3} \cdot (2 \cdot 0,513 + 2 \cdot 0,363 - 1 \cdot 0,150) = 0,534$$

	(1)	(2,4)	(3)
(1)	0	0,697	1,000
(2,4)		0	0,534
(3)			0

2. Rechenschritt:

$$V_2 = 0,075 + \frac{0,534}{2} = 0,342$$

$$D(1;3+(2+4)) = \frac{1}{4} \cdot (2 \cdot 1 + 3 \cdot 0,697 - 0,534) = 0,889$$

	(1)	(3,(2,4))
(1)	0	0,889
(3,(2,4))		0

3. Rechenschritt:

$$V_3 = 0,342 + \frac{0,889}{2} = 0,787 .$$

Abb. 3.23 zeigt das zugehörige Dendrogramm.

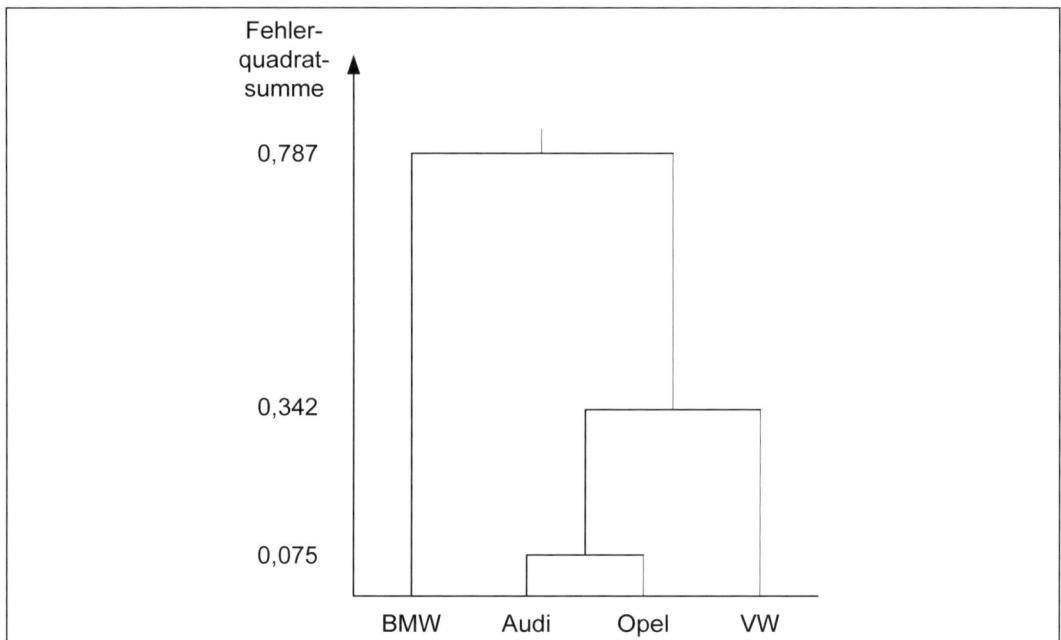

Abb. 3.23: Dendrogramm beim Ward-Verfahren für Beispiel 3.18.

Im Rahmen der Clusterbildung erfolgt der Abbruch des Algorithmus unter anderem anhand des Dendrogramms oder alternativ mit dem Elbow-Kriterium.

Partitionierende Verfahren

Während bei den hierarchischen Verfahren schrittweise Cluster gebildet werden, geht man bei den partitionierenden Verfahren von einer gegebenen oder generierten Startgruppierung aus, bei der schon eine Einteilung in Cluster vorliegt. Dabei wird durch das schrittweise Verschieben einzelner Objekte von einem Cluster zu einem anderen mit Hilfe eines Austauschalgorithmus versucht, ein Optimum einer gegebenen Zielfunktion zu erreichen (vgl. Bortz 2005, S. 573, Backhaus et al. 2006, S. 512, Raab/Unger/Unger 2004, S. 251).

Partitionierende Verfahren vollziehen sich in folgenden *Schritten* (vgl. Bortz 2005, S. 574):
- Berechnung der Zentroide der n vorgegebenen Cluster,
- Überprüfung, ob die Verschiebung eines Objektes in ein anderes Cluster eine verbesserte Aufteilung im Sinn des gewählten Optimierungskriteriums ergibt,

- Berechnung der Zentroide nach der Neuzuordnung,
- Wiederholung dieses Vorganges, bis keine Verbesserung der Aufteilung mehr möglich ist.

Bei den Optimierungskriterien wird zwischen dem Varianz-, Determinanten- und Spur-Kriterium differenziert, wobei hier nicht näher auf die einzelnen Verfahren eingegangen werden soll (vgl. hierzu im Einzelnen Bortz 2005, S. 574 f.).

3.3.2 Diskriminanzanalyse

3.3.2.1 Grundgedanke

Auch die Diskriminanzanalyse dient der Klassifikation von Objekten; während aber die Clusteranalyse auf Ähnlichkeiten zwischen Objekten beruht, basiert die Diskriminanzanalyse auf Abhängigkeiten einer nominalskalierten Variablen von zwei oder mehr metrisch skalierten unabhängigen Variablen. Mit Hilfe der Diskriminanzanalyse können Unterschiede zwischen Gruppen von Untersuchungsobjekten analysiert werden. Die Zugehörigkeit von Untersuchungsobjekten (Personen oder Produkten) zu Gruppen (Kundengruppen oder Warengruppen) kann so anhand von relevanten Merkmalen erklärt und prognostiziert werden. Die Diskriminanzanalyse ist ein strukturprüfendes Verfahren. Methodisch werden die Unterschiede zwischen zwei oder mehr im Vorwege festgelegten Ausprägungen einer nominal skalierten Gruppierungsvariablen (abhängige Variable, y) anhand einer Linearkombination von zwei oder mehr metrisch skalierten Merkmalsvariablen x_k ($k= 1,\ldots,K$) abgebildet (vgl. hierzu Decker/Temme 2000, S. 297). Typische Fragestellungen zur Anwendung der Diskriminanzanalyse sind:

- Kreditwürdigkeitsprüfungen: In welche Risikoklasse können Kreditnehmer auf Grund von soziographischen Daten eingeordnet werden?
- Klassifizierung von Warengruppen: Anhand welcher Eigenschaften lassen sich Produkte zu Warengruppen zusammenfassen?
- Wähleranalysen: Welchen Wählergruppen (Parteien) lassen sich Wähler auf Grund welcher politischen Einstellungsmerkmalen zuordnen?

Die Anwendung der Diskriminanzanalyse kann zwei verschiedene Untersuchungsziele haben. Zum einen kann ermittelt werden, auf Grund welcher Merkmalsvariablen Unterschiede zwischen den untersuchten Gruppen auftreten bzw. wie stark die Unterschiede zwischen den Gruppen sind. Zum anderen kann prognostiziert werden, in welche Gruppe neu zu klassifizierende Untersuchungsobjekte auf Grund der Ausprägungen von Merkmalsvariablen einzuordnen sind bzw. wie hoch die Wahrscheinlichkeit der Zuordnung eines Elementes zu einer bestimmten Gruppe ist (vgl. Decker/Temme 2000, S. 298 f.).

Die Diskriminanzanalyse vollzieht sich dabei in folgenden *Schritten* (vgl. Backhaus et al. 2006, S. 159):

- Definition der Gruppen,
- Formulieren der Diskriminanzfunktion,
- Schätzen der Diskriminanzfunktion,
- Prüfung der Diskriminanzfunktion und der Merkmalsvariablen,
- Klassifikation neuer Elemente.

3.3.2.2 Methodische Vorgehensweise

Die *Definition der Gruppen* kann durch theoretische Vorüberlegungen oder durch eine vorgeschaltete Analyse wie beispielsweise der Clusteranalyse erfolgen. Es gilt bei der Definition der Gruppen zu bedenken, dass zum einen der zur Verfügung stehende Stichprobenumfang in jeder Gruppe mindestens so groß sein muss wie die untersuchten Variablen. Des Weiteren steigt die Komplexität der Diskriminanzanalyse mit einer steigenden Gruppenzahl. Im Folgenden sollen Rechengang und Interpretation der Diskriminanzanalyse anhand des Mehrgruppenfalls erläutert werden. Die Auswahl der Variablen erfolgt auf Grund sachlogischer Überlegungen hypothetisch. Nach der Schätzung der Diskrimininanzfunktion kann ermittelt werden, wie gut die ausgewählten Variablen geeignet sind, die Unterscheidung der Gruppen zu erklären.

Das allgemeine Diskriminanzmodell y hat dieselbe Form wie das allgemeine Modell der multiplen Regressionsanalyse. Zur *Bestimmung der Diskriminanzfunktion* ist sie partiell nach den Diskriminanzkoeffizienten abzuleiten, um ein Mehrgleichungsmodell zu erstellen. Aus diesem lassen sich mit Hilfe der Beobachtungswerte der Variablen x_k die *Diskriminanzkoeffizienten* bestimmen (vgl. Böhler, 2004, S. 215). Das allgemeine Modell der Diskriminanzanalyse lautet wie folgt (vgl. Backhaus et al. 2006, S. 161):

$$y = a + b_1 \cdot x_1 + \dots + b_k \cdot x_k + \dots + b_K \cdot x_K,$$

mit

y   = Diskriminanzvariable,
a   = konstantes Glied,
b_k = Diskriminanzkoeffizient für die Variable k (k = 1, …, K),
x_k = Variable.

Die Unterschiedlichkeit zweier Elemente i und j (i=1,…,I; j=1…J, z. B. Kunden, Waren etc.) lässt sich anhand der Differenz ihrer Diskriminanzwerte ermitteln. Die Unterschiedlichkeit zweier Gruppen g (Kundengruppen, Warengruppen) wird zunächst anhand der Unterschiedlichkeit der Mittelwerte der Diskriminanzwerte der in der jeweiligen Gruppe enthaltenen Elemente bestimmt (Zentroid). Dieses Maß wird im Laufe der Betrachtungen verfeinert. Der Gruppenmittelwert (Zentroid) $\bar{y}\sigma_g$ lautet wie folgt (vgl. Backhaus et al. 2006, S. 162):

$$\bar{y}\sigma_g = \frac{1}{I_g} \sum_{i=1}^{I_g} y_{gi}$$

mit

$\bar{y}\sigma_g$ = Zentroid von Gruppe g,

y_{gi} = Diskriminanzwert von Element i in Gruppe g,

I_g = Anzahl der Elemente I in Gruppe g.

Grafisch kann die Diskriminanzfunktion als eine Gerade dargestellt werden, die sog. *Diskriminanzachse*. Einzelne Elemente einer Gruppe sowie die Zentroide lassen sich als Punkte auf der Diskriminanzachse lokalisieren. Abbildung 3.24 zeigt ein Beispiel für den einfachsten Fall der Diskriminanzanalyse (Zwei-Gruppen-zwei-Variablen-Fall).

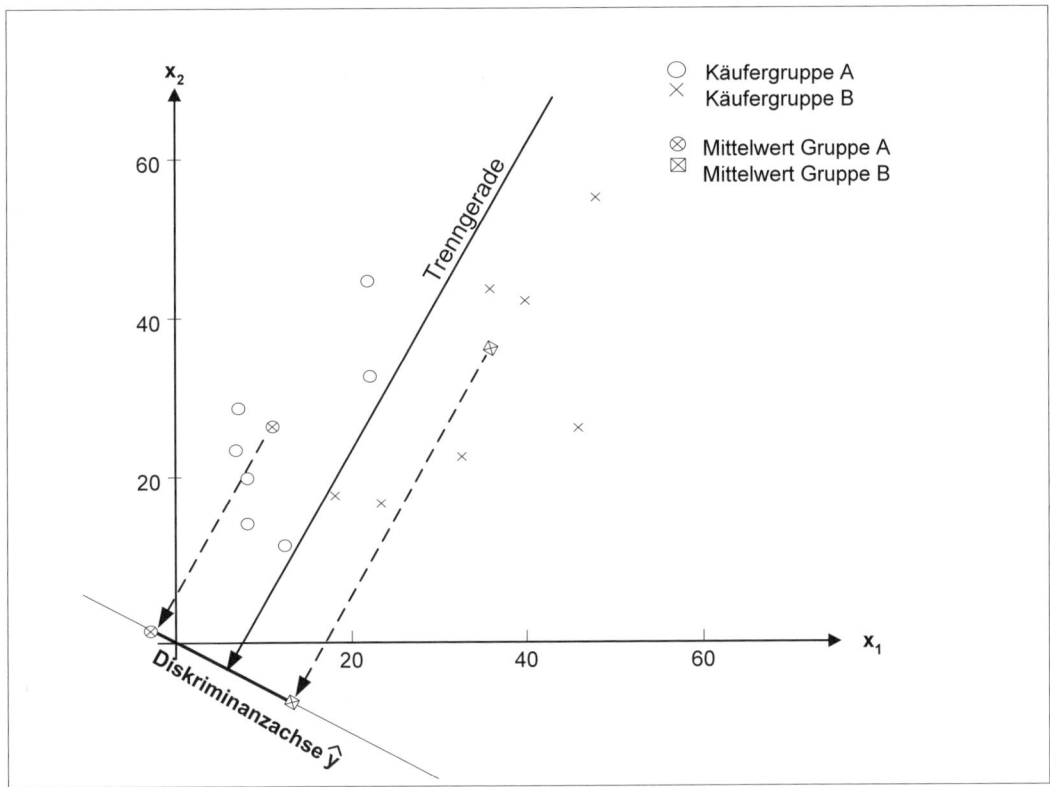

Abb. 3.24: Streuwerte und Diskriminanzachse im 2-Gruppen-2-Variablen-Fall

Die Diskriminanzfunktion soll so geschätzt bzw. die Parameter b_k so bestimmt werden, dass die Gruppen g (g = 1,…, G) (in der Grafik die Gruppen A und B) optimal getrennt werden. Es wird also die Diskriminanzachse $\hat{y}$ gesucht, welche die beiden Gruppen möglichst vollständig trennt. Der Zentroid als Maß für den Abstand der Gruppen ist hierbei allerdings nicht geeignet, da die Streuung innerhalb der Gruppen nicht berücksichtigt wird (vgl. Backhaus et al. 2006, S. 164). Das kann zur Konsequenz haben, dass sich Gruppen mit einem großen Abstand der zugehörigen Zentroiden tatsächlich ähnlicher sind als solche mit einem geringen Abstand der Zentroiden. Ein genaueres Kriterium ist das sogenannte Diskriminanzkriterium Γ (vgl. Böhler 2004, S. 216):

$$\Gamma = \frac{\sum\limits_{g=1}^{G} I_g (\overline{y}_g - \overline{y})^2}{\sum\limits_{g=1}^{G} \sum\limits_{i=1}^{I_g} (y_{gi} - \overline{y}_g)^2} = \frac{QS_{treat}}{QS_F}.$$

Gesucht wird also eine Diskriminanzfunktion, bei der das Verhältnis der Streuung zwischen den Gruppen (QS_{treat}) zur Streuung innerhalb der Gruppen (QS_F) maximal ist, d. h. die Koeffizienten b_k der Diskriminanzfunktion sind so zu wählen, dass das Diskriminanzkriterium Γ maximiert wird:

$$\max_{b_1,\dots,b_k} (\Gamma).$$

Im Mehrgruppen bzw. Mehrvariablenfall reicht eine Diskriminanzfunktion zur Abbildung der Varianzen nicht aus, es sind also weitere jeweils unkorrelierte Diskriminanzfunktionen zu berechnen, um die Restvarianz zu erfassen. Maximal können in Abhängigkeit der Anzahl der betrachteten Gruppen G-1 Diskriminanzfunktionen berechnet werden. Die Berechnung erfolgt wie im Zweigruppenfall über die Maximierung des Diskriminanzkriteriums. Der Maximalwert γ = Max (Γ) wird als *Eigenwert* bezeichnet. Jede weitere Diskriminanzfunktion ist so zu bestimmen, dass sie ein Maximum der nach der Ermittlung der ersten Diskriminanzfunktion verbleibenden Restvarianz erklärt. Um zu ermitteln, wie groß der Erklärungsanteil jeder weiteren Diskriminanzfunktion ist, kann ihr jeweiliger Eigenwert herangezogen werden:

$$EA_j = \frac{\gamma_1}{\gamma_1 + \gamma_2 + \dots + \gamma_l}$$

Der Eigenwertanteil EA der l-ten Diskriminanzfunktion (l=1,…,L) wird dabei auf die Summe des durch alle Diskriminanzfunktionen erklärten Eigenwertes bezogen. Der Eigenwertanteil der Diskriminanzfunktionen nimmt schnell ab. So reichen zumeist auch bei einer großen Anzahl von untersuchten Gruppen zwei Diskriminanzfunktionen aus (vgl. Backhaus et al. 2006, S. 178).

Analytische Herleitung der Diskriminanzgleichungen (vgl. Backhaus et al. 2006, S. 219 f.; Decker/Temme 2000, S. 303 ff):

Zur Schätzung der Diskriminanzfunktion wird zunächst eine nicht-normierte Diskriminanzfunktion geschätzt. Die hierbei verwendeten Koeffizienten v_k seien proportional zu den Diskriminanzkoeffizienten b_k und damit optimal im Sinne des Diskriminanzkriteriums:

$$y = v_1 \cdot x_1 + \dots + v_k \cdot x_k + \dots + v_K \cdot x_K .$$

Nach Einsetzen in das Diskriminanzkriterium erhält man in Matrixschreibweise:

$$\Gamma = \frac{v'Bv}{v'Wv}$$

mit

v = Spaltenvektor der nicht-normierten Diskriminanzkoeffizienten v_k,

B = (KxK)-Matrix für die Streuung der K Variablen zwischen den Gruppen,

W = (KxK)-Matrix für die Streuung der K Variablen innerhalb der Gruppen.

Die Matrixelemente von B und W lauten:

$$B_{kr} = \sum_{g=1}^{G} I_g (\overline{x}_{kg} - \overline{x}_k)(\overline{x}_{rg} - \overline{x}_r)$$

$$W_{kr} = \sum_{g=1}^{G} \sum_{i=1}^{I_g} (x_{kgi} - \overline{x}_{kg})(x_{rgi} - \overline{x}_{rg}) \text{ mit}$$

x_{kgi} =   Merkmalsausprägung von Element i in Gruppe g bezüglich Variable k,

$\overline{x}_{kg}$ =   Mittelwert von Variable k in Gruppe g,

I_g =   Fallzahl in Gruppe g,

G =   Anzahl der Gruppen.

Durch die Maximierung von Γ mittels vektorieller Differentiation nach v erhält man für den Maximalwert γ von Γ die folgende Bedingung:

$$\frac{\partial \Gamma}{\partial v} = \frac{2\left[(\mathbf{Bv})(v'\mathbf{Wv}) - (v'\mathbf{Bv})(\mathbf{Wv})\right]}{(v'\mathbf{Wv})^2} = \mathbf{0}.$$

Die 0 beschreibt dabei einen Null-Vektor. Nach Division von Zähler und Nenner durch $(v'\mathbf{Wv})$ ergibt sich der Ausdruck:

$$\frac{2\left[\mathbf{Bv} - \gamma\mathbf{Wv}\right]}{v'\mathbf{Wv}} = \mathbf{0}.$$

Nach Umformung ergibt sich:

$$(\mathbf{B} - \gamma\mathbf{W})v = \mathbf{0}$$

Unter der Voraussetzung, dass die Matrix $\mathbf{W}$ invertierbar ist, lässt sich weiter umformen in:

$$(\mathbf{A} - \gamma\mathbf{E})v = \mathbf{0} \text{ mit } \mathbf{A} = \mathbf{W}^{-1}\mathbf{B}.$$

Mit $\mathbf{E}$ wird dabei die Einheitsmatrix bezeichnet. Die Lösung des obigen Ausdrucks stellt ein klassisches Eigenwertproblem dar. Der größte Eigenwert γ der Matrix $\mathbf{A}$ ist dabei zu ermitteln. Der Vektor der nicht normierten Diskriminanzkoeffzienten v ist ein zugehöriger Eigenwertvektor. Die folgende Normierungsbedingung sagt aus, dass die vereinte Innergruppenvarianz der Diskriminanzwerte der Stichprobe I den Wert 1 erhalten soll:

$$\frac{1}{I-G} b'\mathbf{W}b = 1 \text{ mit } \quad I = I_1 + I_2 + ... + I_G .$$

Die normierten Diskriminanzkoeffizienten erhält man somit durch die Transformation

$$b = v\frac{1}{s} \text{ mit } s^2 = \frac{1}{I-G} v'\mathbf{W}v.$$

Mit s wird dabei die vereinte Innergruppenstandardabweichung der Diskriminanzwerte, die man mit nicht-normierten Diskriminanzkoeffizienten (v) erhalten würde, bezeichnet. Anhand der Diskriminanzkoeffizienten erhält man das konstante Glied als:

$$b_0 = -\sum_{k=1}^{K} b_k \overline{x}_k .$$

Die Ermittlung weiterer Diskriminanzfunktionen erfolgt analog, indem der nächstgrößere Eigenwert gesucht wird. Das Rechenverfahren der Diskriminanzanalyse beinhaltet damit eine Hauptkomponentenanalyse der Matrix $\mathbf{A}$ (für weiterführende Darstellungen vgl. Bortz 2005, S. 613 ff.).

Die Vorgehensweise soll anhand eines *Beispiels* erläutert werden.

Beispiel 3.19:

Ein Waschmittelhersteller steht vor dem Problem der Neueinführung der Marke CLEAN. Auf dem Waschmittelmarkt in Hamburg sind bereits 5 Marken (M_1 bis M_5) erhältlich. Von der Marketingabteilung wurden diese in drei Gruppen eingeteilt (hoher, mittlerer und geringer Verkaufserfolg). Auf Grund einer Voruntersuchung wird davon ausgegangen, dass nur die Merkmale Preis und Qualität entscheidend für die Gruppeneinteilung sind. Die Preisklassen der einzelnen Marken wurden aus Paneldaten und die Qualität über ein Rating ermittelt.

Marke	M1	M2	M3	M4	M5
Erfolg	hoch	mittel	mittel	gering	gering
Preis	1	2	2	2	3
Qualität	3	3	2	1	1

Aus der Ermittlung der Streuung der beiden Merkmalsvariablen in und zwischen den Gruppen lassen sich folgende Ergebnisse berechnen:

Diskriminanz-funktion	Eigenwert γ	Koeffizient 1	Koeffizient 2
1	9,4721	-0,5257	0,8307
2	0,5279	0,8251	0,5257

Die geschätzten Diskriminanzfunktionen haben die folgende Form:

$$\hat{y}_1 = -0,5257 \cdot x_1 + 0,8307 \cdot x_2,$$
$$\hat{y}_2 = 0,8251 \cdot x_1 + 0,5257 \cdot x_2.$$

Es ist ersichtlich, dass der Eigenwert der zweiten Diskriminanzfunktion bereits deutlich unter dem Eigenwert der ersten Diskriminanzfunktion liegt. Die unten stehende Tabelle zeigt die Diskriminanzwerte der untersuchten Waschmittelmarken.

Fallnummer	Tatsächliche Gruppe	Vorhergesagte Gruppe	Diskriminanzwerte	
			Funktion 1	Funktion 2
1	3	3	2,7528	-0,6498
2	2	2	1,7013	1,0515
3	2	2	0,0000	0,0000
4	1	1	-1,7013	-1,0515
5	1	1	-2,7528	0,6498

Es ist zu erkennen, dass sämtliche untersuchten Elemente in die richtige Gruppe eingeteilt wurden. Die kritischen Werte der Diskriminanzfunktionen $\hat{y}_{iG}$, $\hat{y}_{2G}$, also die Diskriminanzwerte, ab welche ein Element einer bestimmten Gruppe zugeordnet wird, errechnen sich durch das Einsetzen des Gesamtmittelwertes der Merkmalsvariablen Preis und Qualität in die Diskriminanzfunktionen. Dabei bezeiochnen $\overline{x}_{1g}$, $\overline{x}_{2g}$ die Mittelwerte der Ratings bzgl. Variable 1 (Preis) bzw. Variable 2 (Qualität) in den 3 Gruppen (hoher, mittlerer und geringer Erfolg). Die Werte $\overline{x}_{1G}$ und $\overline{x}_{2G}$ sind hingegen die Gesamtmittelwerte der Ratings über alle 3 Gruppen.

Für die erste Diskriminanzfunktion ergeben sich die folgenden mittleren Diskriminanzwerte für die einzelnen Gruppen sowie insgesamt:

$$\hat{y}_{1g} = -0{,}526 \cdot \bar{x}_{1g} + 0{,}825 \cdot \bar{x}_{2g},$$
$$\hat{y}_{11} = -0{,}526 \cdot 1 + 0{,}825 \cdot 3 = 1{,}949,$$
$$\hat{y}_{12} = -0{,}526 \cdot 2 + 0{,}825 \cdot 2{,}5 = 1{,}011,$$
$$\hat{y}_{13} = -0{,}526 \cdot 2{,}5 + 0{,}825 \cdot 1 = -0{,}490,$$
$$\hat{y}_{1G} = -0{,}526 \cdot 2 + 0{,}825 \cdot 2 = 0{,}598.$$

Für die zweite Diskriminanzfunktion ergeben sich die folgenden mittleren Diskriminanzwerte:

$$\hat{y}_{2g} = 0{,}831 \cdot \bar{x}_{1g} + 0{,}526 \cdot \bar{x}_{2g},$$
$$\hat{y}_{21} = 0{,}831 \cdot 1 + 0{,}526 \cdot 3 = 2{,}409,$$
$$\hat{y}_{22} = 0{,}831 \cdot 2 + 0{,}526 \cdot 2{,}5 = 2{,}977,$$
$$\hat{y}_{23} = 0{,}831 \cdot 2{,}5 + 0{,}526 \cdot 1 = 2{,}604,$$
$$\hat{y}_{2G} = 0{,}831 \cdot 2 + 0{,}526 \cdot 2 = 2{,}714.$$

Unterstellt man eine annähernd gleiche Verteilung der Merkmalsvariablen innerhalb der Gruppen, entspricht der kritische Diskriminanzwert der Diskriminanzfunktionen jeweils den Diskriminanzwerten der Gesamtmittelwerte der Merkmalsvariablen.

Prüfung der Diskriminanzfunktion

Die Prüfung der Ergebnisse erfolgt in zwei Schritten. Zunächst wird die Diskriminanzfunktion an sich überprüft. Im Anschluss lassen sich Aussagen zur Eignung der Variablen machen.

Zur Ermittlung der Diskriminanzfunktionen wird das Diskriminanzkriterium Γ maximiert. Dieses entspricht – anders ausgedrückt – einer Maximierung des Verhältnisses der Streuung zwischen den Gruppen (QS_{treat}) zur Streuung innerhalb der Gruppen (QS_F). Der Eigenwert γ als Maximalwert von Γ kann daher als Gütekriterium für die Trennkraft der Diskriminanzfunktion verwendet werden (vgl. Decker/Temme 2000, S. 313). Zwei Gütemaße sind hierbei von Bedeutung, der kanonische Korrelationskoeffizient und Wilks´ Lambda.

Der *kanonische Korrelationskoeffizient* c ist normiert auf Werte zwischen Null und eins:

$$c = \sqrt{\frac{\gamma}{1+\gamma}}.$$

Der kanonische Korrelationskoeffzient entspricht der Wurzel aus dem Verhältnis der erklärten Streuung zur Gesamtstreuung.

Beispiel 3.20:

Im vorangegangenen Beispiel 3.19 ergeben sich für die extrahierten Diskriminanzfunktionen die folgenden Werte für c:

$$c_1 = \sqrt{\frac{\gamma}{1+\gamma_1}} = \sqrt{\frac{9{,}472}{1+9{,}472}} = 0{,}951$$

$$c_2 = \sqrt{\frac{0{,}528}{1+0{,}528}} = 0{,}6065.$$

Das gängigste Gütemaß für die Diskriminanzfunktion ist das Wilks´ Lambda Λ (vgl. Backhaus et al. 2006, S. 182 ff.):

$$\Lambda = \frac{1}{1 + \gamma}.$$

Wilks' Λ entspricht dem Verhältnis der nicht erklärten Streuung zur Gesamtstreuung und ist ein inverses Maß: Je kleiner der Wert ist, umso besser ist die Anpassung.

Beispiel 3.21:

In unserem Beispiel ergeben sich für die extrahierten Diskriminanzfunktionen die folgenden Werte für Λ_1 und Λ_2:

$$\Lambda_1 = \frac{1}{1 + \gamma_1} = \frac{1}{1 + 9{,}472} = 0{,}095,$$

$$\Lambda_2 = \frac{1}{1 + 0{,}528} = 0{,}654.$$

Die Werte von Λ_1 und Λ_2 eignen sich für eine Prüfung der einzelnen Diskriminanzfunktionen. Um eine Aussage über die Unterschiedlichkeit der Gruppen treffen zu können, sind die Λ im hier betrachteten Mehrgruppenfall miteinander zu multiplizieren:

$$\Lambda = \prod_{l=1}^{L} \frac{1}{1 + \gamma_l}.$$

Mit γ_l wird dabei der Eigenwert der n-ten Diskriminanzfunktion bezeichnet.

Beispiel 3.22:

Für das Beispiel 3.19 gelangt man zu dem Ergebnis:

$\Lambda = 0{,}095 \cdot 0{,}654 = 0{,}0621.$

Es wird erkennbar, dass die Verwendung beider Diskriminanzfunktionen zu einer leicht verbesserten Trennung der Gruppen führt.

Wilks´ Lambda kann mit Hilfe einer Transformation in eine probabilistische Variable umgewandelt werden, die annähernd χ^2–verteilt ist mit $K \cdot (G-1)$ Freiheitsgraden (vgl. Backhaus et al. 2006, S. 183 f.). Eine statistische Signifikanzprüfung der Diskriminanzfunktion wird hierdurch möglich. Die folgende Transformation ist anzuwenden:

$$\chi^2 = -\left[N - \frac{K+G}{2} - 1 \right] \ln \Lambda$$

bzw. im Mehrgruppenfall:

$$\chi^2 = \left[N - \frac{K+G}{2} - 1 \right] \sum_{l=1}^{L} \ln(1 + \gamma_l)$$

mit
N = Anzahl der untersuchten Fälle,

$$K = \text{Anzahl der Variablen,}$$
$$G = \text{Anzahl der Gruppen.}$$

Beispiel 3.23:

In unserem Beispiel (vgl. Beispiel 3.19) werden drei Gruppen auf ihre Unterschiedlichkeit hin untersucht. Die Untersuchungshypothesen sind wie folgt zu formulieren:

$H_0 =$ Die untersuchten Gruppen unterscheiden sich nicht signifikant von einander;

$H_1 =$ Mindestens zwei Gruppen unterscheiden sich von einander.

Für die Durchführung des Hypothesentests ist nun der empirische χ^2-Wert zu ermitteln. Wir haben im Beispiel drei Gruppen bestehend aus insgesamt 5 Elementen anhand von 2 Variablen untersucht. Unter Einbeziehung der Eigenwerte ergibt sich der folgende empirische Wert für χ^2:

$$\chi^2 = \left[5 - \frac{2+3}{2} - 1\right] \cdot \left(\ln(1 + 9{,}472) + \ln(1 + 0{,}528)\right) = 4{,}159.$$

Dieser Wert ist mit dem theoretischen Wert aus der χ^2-Tabelle zu vergleichen. Es soll eine Irrtumswahrscheinlichkeit von 5% angenommen werden. Für 4 Freiheitsgrade ergibt sich aus der Tabelle der folgende theoretische Wert:

$$\chi^2_{0{,}95}(K \cdot (G-1)) = \chi^2_{0{,}95}(2 \cdot (3-1)) = \chi^2_{0{,}95}(4) = 9{,}49.$$

Der Ablehnungsbereich für die Verwerfung der Nullhypothese lautet:

$$AB_{H_0}[K \cdot (G-1); \infty[\, ,$$

d. h. der empirische Wert für χ^2 muss größer sein als der theoretische χ^2-Wert, um die Nullhypothese ablehnen zu können. Das ist hier nicht der Fall; dies bedeutet, dass die 5 Waschmittelmarken nicht auf Grund der Merkmalsvariablen Preis und Qualität in Gruppen mit hohem, mittlerem und geringem Erfolg eingeteilt werden können.

Bedeutung der Diskriminanzkoeffizienten

Die Diskriminanzkoeffizienten geben Aufschluss über den Einfluss der einzelnen Merkmalsvariablen auf die Unterschiedlichkeit der untersuchten Gruppen. Im Beispiel würde die folgende Frage gestellt: Wie wichtig sind die Qualität und der Preis des Produktes für den Erfolg? Um diese jedoch bezogen auf die Wichtigkeit der Variablen vergleichen zu können, sind sie zu standardisieren, da sie von Skaleneffekten in ihrer Größe beeiflusst werden. Für die Standardisierung der Diskriminanzkoeffizienten benötigt man die Standardabweichung der betreffenden Variablen (vgl. Decker/Temme 2000, S. 307 ff.):

$$b_k^* = b_k \cdot s_k.$$

Der standardisierte Diskriminanzkoeffizient b_k^* errechnet sich aus der Multiplikation des Koeffizienten b_k mit der Standardabweichung s_k. Für die Berechnung der Standardabweichung der Diskriminanzkoeffizienten kann die Innengruppenvarianz W_{kk} verwendet werden:

$$W_{kk} = \sum_{g=1}^{G} \sum_{i=1}^{I_g} (x_{kgi} - \overline{x}_{kg})^2$$

mit

W_{kk} = Innengruppenvarianz der Variablen k,

x_{kgi} = Wert der Variablen k aus Gruppe G für Element i,

$\overline{x}_{kg}$ = Mittelwert der Variablen k in Gruppe G.

Beispiel 3.24:

In unserem Beispiel ergeben sich für W_{kk} die folgenden Werte:

$W_{11} = 0,5$ und

$W_{22} = 0,5$.

Daraus kann die Standardabweichung der Variablen, s_k errechnet werden (I – G ist dabei die Anzahl der Freiheitsgrade):

$$s_k = \sqrt{\frac{W_{kk}}{I - G}} \; .$$

Für das Beispiel ergeben sich die folgenden Werte:

$$s_1 = \sqrt{\frac{0,5}{5 - 3}} = 0,5 \, ,$$

$$s_2 = \sqrt{\frac{0,5}{5 - 3}} = 0,5 \, .$$

Die standardisierten Diskriminanzkoeffizienten für die erste Diskriminanzfunktion lauten:

$b_{11}^* = -0,5257 \cdot 0,5 = -0,26285$ und

$b_{21}^* = 0,8306 \cdot 0,5 = 0,4153$.

Die Werte für die zweite Diskriminanzfunktion sind entsprechend:

$b_{12}^* = 0,8250 \cdot 0,5 = 0,4125$ sowie

$b_{22}^* = 0,5257 \cdot 0,5 = 0,2628$.

Um zu einer Bewertung der Wichtigkeit der Diskriminanzkoeffzienten über alle Diskriminanzfunktionen zu gelangen, sind die unterschiedlichen Eigenwertanteile γ_l der Diskriminanzfunktionen zu berücksichtigen. Dies geschieht, indem man die standardisierten Koeffizienten b_k^* der einzelnen Funktionen mit den jeweiligen Eigenwertanteilen γ_l gewichtet und addiert:

$$\overline{b}_k = \sum_{l=1}^{L} \left| b_{kl}^* \right| \cdot \gamma_l$$

mit

$\overline{b}_k$ = Mittlerer Diskriminanzkoeffizient von Merkmalsvariable k.

Beispiel 3.25:

Im Beispiel ergeben sich die folgenden standardisierten Diskriminanzkoeffzienten für den Mehrgruppenfall:

$$\overline{b}_1 = 0.26285 \cdot 9{,}4721 + 0{,}4125 \cdot 0{,}5279 = 0{,}4667$$

$$\overline{b}_2 = 0{,}4153 \cdot 9{,}4721 + 0{,}2628 \cdot 0{,}5279 = 4{,}075.$$

Das Vorzeichen der standardisierten Diskriminanzkoeffzienten spielt bei ihrer Beurteilung keine Rolle. Es ist ersichtlich, dass der Preis eine geringere diskriminierende Wirkung hat als die Qualität.

Klassifikation neuer Elemente

Nachdem oben beschrieben wurde, wie die Unterschiedlichkeit von Gruppen auf Grund von Merkmalsvariablen erklärt werden kann, wird nun beschrieben, in welche Gruppe neue Elemente (im Beispiel eine neue Waschmittelmarke) auf Grund der Ausprägung der Variablen zugeordnet werden kann. Für die Untersuchung dieser Fragestellung wird das Distanzkonzept angewendet, darüber hinaus wird eine ähnliche Streuung innerhalb der Gruppen unterstellt (in der Literatur stehen weitere Ansätze zur Verfügung, vgl. Backhaus et al. 2006, S. 188).

Ein neues Element i wird in diejenige Gruppe g eingeordnet, der es auf Grund seines Diskriminanzwertes am nächsten liegt. Kriterium für die „Nähe" zu einer Gruppe ist der jeweilige Gruppenmittelwert (Zentroid). Für die Messung der Distanz wird üblicherweise die quadrierte euklidische Distanz gewählt:

$$D_{ig}^2 = \sum_{l=1}^{L} \left(y_{il} - \overline{y}_{gl} \right)^2$$

mit

y_{il} = Diskriminanzwert des Elementes i bzgl. der l-ten Diskriminanzfunktion,

$\overline{y}_{gl}$ = Diskriminanzwert des Gruppenmittelwertes,

D_{ig}^2 = quadrierte euklidische Distanz des neuen Elements i zum Zentroid von Gruppe G.

Beispiel 3.26:

Um eine neue Waschmittelmarke einer der drei Gruppen aus unserem Beispiel zuordnen zu können, müssen zunächst die Ausprägungen der Variablen Preis und Qualität ermittelt werden. Für die neue Marke liegen die folgenden Werte vor:

x_1(Preis) $= 3$ und

x_2(Qualität) $= 3$.

Zunächst sind die Diskriminanzwerte y_l für die geschätzten Diskriminanzfunktionen L zu bestimmen:

$y_1 = -0{,}526 \cdot 3 + 0{,}825 \cdot 3 = 0{,}89$ sowie

$y_2 = 0{,}831 \cdot 3 + 0{,}526 \cdot 3 = 4{,}071$.

Im Anschluss sind die quadrierten euklidischen Distanzen zu den Gruppen-Zentroiden zu ermitteln:

Gruppe 1: $D_{11}^2 = \left(y_1 - y\sigma_{11} \right)^2 + \left(y_2 - y\sigma_{12} \right)^2 = \left(0{,}897 - 1{,}949 \right)^2 + \left(4{,}071 - 2{,}409 \right)^2 = 3{,}869$;

Gruppe 2: $D_{12}^2 = \left(y_1 - y\sigma_{21} \right)^2 + \left(y_2 - y\sigma_{22} \right)^2 = \left(0{,}897 - 1{,}011 \right)^2 + \left(4{,}071 - 2{,}977 \right)^2 = 1{,}210$;

Gruppe 3: $D_{13}^2 = \left(y_1 - y\sigma_{31} \right)^2 + \left(y_2 - y\sigma_{32} \right)^2 = \left(0{,}897 - (-0{,}490) \right)^2 + \left(4{,}071 - 2{,}604 \right)^2 = 4{,}076$.

Die Distanz der neuen Waschmittelmarke zu Gruppe 2 (mittlerer Erfolg) ist mit 1,210 am geringsten. Das Element wird daher Gruppe 2 zugeordnet.

3.3.2.3 Varianten der Diskriminanzanalyse

Ausgehend von der beschriebenen Grundform der Diskriminanzanalyse lassen sich verschiedene Varianten unterscheiden (vgl. Abb. 3.25). Da eine Darstellung der einzelnen Verfahren den Rahmen dieses Buches sprengen würde, sei hier auf die einschlägige Literatur verwiesen (vgl. insbesondere Jennrich 1977; Klecka 1980; Tatsuoka 1988).

Unterscheidungskriterium	Ausprägungsformen
Anzahl der zu untersuchenden Gruppen	– 2 – >2
Skalenniveau der unabhängigen Variablen	– metrisch – nicht metrisch
Verteilungsannahme	– multivariat normalverteilt – verteilungsfrei
Mathematischer Modellansatz	– linear – nicht-linear
Klassifikationskonzepte	– Distanzkonzept – Wahrscheinlichkeitskonzept
Klassifikationsvariablen	– Merkmalsvariablen – Diskriminanzvariablen
Art der Berücksichtigung der vorhandenen Variablen	– simultan – schrittweise

Quelle: Decker/Temme 2000, S. 310.

Abb. 3.25 Kriterien zur Unterscheidung diskriminanzanalytischer Verfahren

Die Diskriminanzanalyse lässt sich sinnvollerweise mit der Clusteranalyse kombinieren. So ist die Anwendung des strukturentdeckenden Verfahrens der Clusteranalyse geeignet, um Gruppen zu identifizieren, die mit Hilfe der Diskriminanzanalyse näher untersucht werden können.

3.3.3 Multidimensionale Skalierung

3.3.3.1 Grundgedanke

Die typische Fragestellung im Rahmen der Multidimensionalen Skalierung ist die Beurteilung der Ähnlichkeiten von Objekten, z. B. die von Konsumenten subjektiv wahrgenommene Ähnlichkeit von Marken derselben Produktklasse. Ziel ist die Positionierung der wahrgenommenen Relationen zwischen den Objekten in einen möglichst niedrig dimensionierten metrischen Raum. Es wird dabei eine Konfiguration (Gesamtheit der Positionen) der Objekte im Wahrnehmungsraum gesucht derart, dass die Ähnlichkeiten zwischen den Objekten möglichst genau durch die Abstände (Minkowski-Metrik) abgebildet werden (vgl. Hartung/Elpelt/Klösener 2005, S. 860). Die Objekte sollen also so auf die Punkte des Raumes abgebildet werden, dass die Distanz zwischen je zwei Punkten gerade der Ähnlichkeit zwischen den zugehörigen Objekten entspricht.

Im Rahmen der Ermittlung von Positionierungen können zwei Wege beschritten werden: Während bei der Faktorenanalyse eine Eigenschaftsbeurteilung der Objekte erfolgt, wobei die relevanten Eigenschaften bekannt sein müssen, erfolgt bei der MDS eine Beurteilung der von den befragten Personen subjektiv wahrgenommenen Ähnlichkeiten zwischen den Objekten (vgl. Backhaus et al. 2006, S. 621). Im Vergleich zur Faktorenanalyse sind bei der MDS die relevanten Eigenschaften der zu untersuchenden Objekte (nahezu) unbekannt. Ein typisches Beispiel für die Anwendung einer MDS ist die Wahrnehmung von Marken derselben Produktklasse durch Konsumenten in Bezug auf relevante Produktmerkmale.

Eine Multidimensionale Skalierung vollzieht sich in folgenden *Schritten* (vgl. Backhaus et al. 2006, S. 626, Wührer 2000, S. 458):

- Messung der Ähnlichkeiten,
- Wahl des Distanzmodells,
- Ermittlung der Konfiguration,
- Aggregation der Konfiguration,
- Zahl und Interpretation der Dimensionen.

3.3.3.2 Methodische Vorgehensweise

Ausgangssituation einer MDS ist die Messung der subjektiven Wahrnehmung der Ähnlichkeiten von Objekten. Um dieses zu realisieren, müssen Ähnlichkeitsurteile von Personen erfragt werden, indem ein Paarvergleich von Objekten erfolgt. Die wichtigsten Ähnlichkeitsurteile sind

- die Methode der Rangreihung,
- die Ankerpunktmethode und
- das Ratingverfahren.

Bei der Methode der *Rangreihung*, dem klassischen Verfahren zur Erhebung von Ähnlichkeitsurteilen, wird eine Auskunftsperson veranlasst, die Objektpaare nach ihrer empfundenen Ähnlichkeit zu ordnen, d. h. die Objektpaare werden nach aufsteigender oder abfallender Ähnlichkeit in eine Rangfolge bzw. -reihe gebracht. Bei i = 1, ... I Objekten ergeben sich somit I(I-1)/2 Objektpaare. Diese Unterteilung der möglichen Objektpaare erfolgt solange, bis in jeder Gruppe genau nur ein Objektpaar enthalten ist. Im Gegensatz dazu dient bei der *Ankerpunktmethode* jedes Objekt genau einmal als Vergleichsobjekt zur Beurteilung der Ähnlichkeiten. Daraus ergeben sich insgesamt bei I Objekten I(I-1) Paarvergleiche, sodass für jeden Ankerpunkt (I-1) Ränge vergeben werden. Je größer die Ähnlichkeit im Rahmen der Paarvergleiche, desto kleiner der Rang. Beim *Ratingverfahren* werden alle Objekte mit Hilfe einer Ratingskala bewertet, indem einzelne Objektpaare auf einer Ähnlichkeits- bzw. Unähnlichkeitsskala beurteilt werden. Diese Paarbildung erfolgt wie bei der Rangreihung, jedoch sieht das Ratingverfahren eine isolierte Betrachtung der Paare vor. Da es sich hierbei um symmetrische Konstrukte handelt (die Ähnlichkeit zwischen A und B ist gleich der Ähnlichkeit zwischen B und A), wird jedes Objektpaar nur einmal beurteilt, sodass insgesamt bei I Objekten I(I-1)/2 Paare zu beurteilen sind. Der Nachteil dieser Methode besteht jedoch darin, dass sog. *Ties* (verschiedene Objektpaare erhalten gleiche Ähnlichkeitswerte) auftreten können (vgl. Bortz 2005, S. 19, Backhaus et al. 2006, S. 627 ff., Wührer 2000, S. 443 ff.).

Beispiel 3.27:

Im Rahmen einer Untersuchung am Frankfurter Hauptbahnhof wurden Manager gebeten, die fünf Hotels in der City bezüglich ihrer Ähnlichkeit zu vergleichen. Dabei wurde eine Ratingskala mit den Ausprägungen von „1 = sehr ähnlich" bis „10 = sehr unähnlich" verwendet. Im Mittel über alle befragten Personen ergab sich dabei folgende symmetrische Datenmatrix:

	Hotel A	Hotel B	Hotel C	Hotel D	Hotel E
Hotel A					
Hotel B	10				
Hotel C	9	3			
Hotel D	6	7	2		
Hotel E	1	8	5	4	

Als Startkonfiguration wurde folgende Platzierung der Hotels in einem zweidimensionalen Raum gewählt:

	x-Achse	y-Achse
Hotel A	1	3
Hotel B	9	9
Hotel C	10	3
Hotel D	8	1
Hotel E	3	2

Im zweiten Schritt der MDS erfolgt die *Wahl des Distanzmodells*. Um die Objekte in einem psychologischen Wahrnehmungsraum abbilden zu können, ist für diese Darstellung ein Distanzmaß notwendig. Bei einem *metrischen Skalenniveau* beruhen die Ähnlichkeitsmaße auf der allgemeinen Ähnlichkeitsfunktion der Minkowski-Metrik

$$d_{ij} = \left[\sum_{k=1}^{K} \left| x_{ik} - x_{jk} \right|^r \right]^{\frac{1}{r}}$$

mit

d_{ij} = Distanz zwischen Objekt i und Objekt j,
x_{ik} = Wert der Variablen k bei Objekt i (k = 1, 2, ... K),
x_{jk} = Wert der Variablen k bei Objekt j (k = 1, 2, ... K),
$r \geq 1$ = Minkowski-Konstante.

Dabei stellt *r* eine positive Konstante dar. Für r = 2 resultiert die *Euklidische Distanz*, für r = 1 die *City-Block-Metrik* (vgl die Ausführungen in Abschn. 3.3.1.2).

Nach der Wahl des Distanzmodells schließt sich die *Ermittlung der Konfiguration* an. Um diese zu erhalten, ist ein iteratives Vorgehen erforderlich. Dabei erfolgt die Ermittlung der ersten willkürlichen Konfiguration, die so genannte Startkonfiguration, indem in einem möglichst gering dimensionierten Raum eine Konfiguration ermittelt wird, deren dargestellte Distanzen d_{ij} möglichst gut die Monotoniebedingung erfüllen. Die Rangfolge der errechneten Distanzen soll die Rangfolge der Ähnlichkeiten bzw. Unähnlichkeiten u_{ij} widerspiegeln. Eine Gegenüberstellung der ursprünglichen (Un-)Ähnlichkeiten u_{ij} mit den berechneten Distanzen d_{ij} mit Hilfe des Sheparddiagramms (vgl. Abb. 3.26) verdeutlicht, ob ein streng monotoner Verlauf vorliegt. Entsprechen die Rangfolgen von u_{ij} und d_{ij} einander, ist die Monotoniebedingung erfüllt. Liegt somit die Bedingung

$$u_{ij} > u_{pq} \qquad dann \qquad d_{ij} > d_{pq}$$

nicht vor, ist eine Berechnung der Disparitäten erforderlich, um zumindest die schwach monotone Transformation der Unähnlichkeiten zu erzielen:

$$\hat{d}_{ij} = \hat{d}_{pq} = \frac{d_{ij} + d_{pq}}{2}$$

mit

$\hat{d}_{ij}$ = Disparität,

d_{ij}, d_{pq} = Distanz zwischen Objektpaar ij bzw. pq.

Beispiel 3.28:

Im Rahmen der Situation im Beispiel 3.27 soll überprüft werden, ob die bereits vorhandene Konfiguration die Monotoniebedingung erfüllt. Für die Überprüfung wird die Euklidische Distanz verwendet:

Unähnlichkeiten

$d_{A,B} = \left(\lvert 1-9\rvert^2 + \lvert 3-9\rvert^2\right)^{\frac{1}{2}}$	$= 10,00$	10
$d_{A,C} = \left(\lvert 1-10\rvert^2 + \lvert 3-3\rvert^2\right)^{\frac{1}{2}}$	$= 9,00$	9
$d_{A,D} = \left(\lvert 1-8\rvert^2 + \lvert 3-1\rvert^2\right)^{\frac{1}{2}}$	$= 7,28$	6
$d_{A,E} = \left(\lvert 1-3\rvert^2 + \lvert 3-2\rvert^2\right)^{\frac{1}{2}}$	$= 2,24$	1
$d_{B,C} = \left(\lvert 9-10\rvert^2 + \lvert 9-3\rvert^2\right)^{\frac{1}{2}}$	$= 6,08$	3
$d_{B,D} = \left(\lvert 9-8\rvert^2 + \lvert 9-1\rvert^2\right)^{\frac{1}{2}}$	$= 8,06$	7
$d_{B,E} = \left(\lvert 9-3\rvert^2 + \lvert 9-2\rvert^2\right)^{\frac{1}{2}}$	$= 9,22$	8
$d_{C,D} = \left(\lvert 10-8\rvert^2 + \lvert 3-1\rvert^2\right)^{\frac{1}{2}}$	$= 2,83$	2
$d_{C,E} = \left(\lvert 10-3\rvert^2 + \lvert 3-2\rvert^2\right)^{\frac{1}{2}}$	$= 7,07$	5
$d_{D,E} = \left(\lvert 8-3\rvert^2 + \lvert 1-2\rvert^2\right)^{\frac{1}{2}}$	$= 5,10$	4

Bei den Unähnlichkeiten handelt es sich um die Ergebnisse aus der Managerbefragung aus Beispiel 3.27. Sie werden den Ähnlichkeitsmaßen gegenübergestellt, um die Monotoniebedingung zu ermitteln. Die Monotoniebedingung ist nicht erfüllt, da zum einen die Distanz zwischen den Hotels B und C größer ist als bei den Hotels D und E und zum anderen auch die Distanz zwischen den Hotels B und E größer ist als bei den Hotels A und C.

Um somit zumindest die schwache Monotoniebedingung zu erfüllen, müssen die Disparitäten ermittelt werden.

Aus Abb. 3.26 ist die notwendige Transformation für die Erfüllung der schwachen Monotonie zu entnehmen.

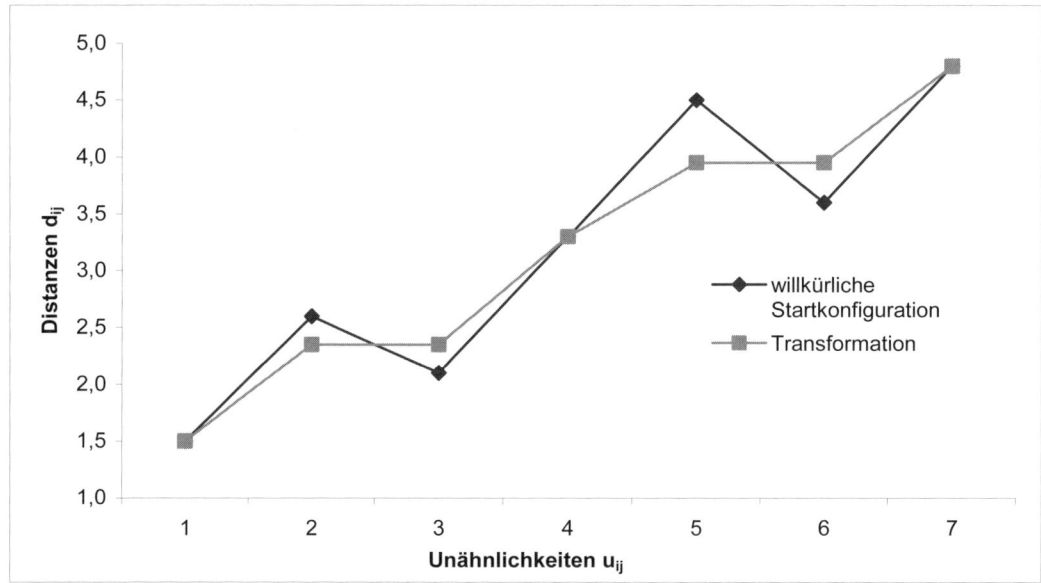

Abb. 3.26: Beispiel eines Shepard-Diagramms mit willkürlicher Startkonfiguration und Transformation

Anhand des Shepard-Diagramms ist bereits optisch erkennbar, inwiefern die Monotoniebedingung erfüllt ist. Rechnerisch erfolgt die Beurteilung der Güte der Konfiguration mit Hilfe des *Stress-Maßes* nach Kruskal als Qualitätsmaß. Am gebräuchlichsten ist dabei folgende Variante (vgl. Wührer 2000, S. 451):

$$STRESS1 = \sqrt{\frac{\sum_i \sum_j \left(d_{ij} - \hat{d}_{ij}\right)}{\sum_i \sum_j d_{ij}^{\,2}}}$$

Das Stress-Maß misst, wie gut bzw. wie schlecht eine Konfiguration eine Monotoniebedingung erfüllt. Eine exakte Anpassung liegt dann vor, wenn das Stress-Maß gleich Null ist. Disparitäten müssen in diesem Fall nicht errechnet werden. Bei dem Ergebnis würde die willkürliche Startkonfiguration die Bedingung eines streng monotonen Verlaufs erfüllen. Allgemein gilt: Je kleiner das Stress-Maß, desto besser die Konfiguration.

Beispiel 3.29:

−In unserem Beispiel lässt sich der STRESS1-Wert folgendermaßen errechnen:

u_{ij}	Objektpaare	d_{ij}	$\hat{d}_{ij}$	$\left(d_{ij}-\hat{d}_{ij}\right)^2$	d_{ij}^2
1	A,E	2,24	2,24	0,00	5,02
2	C,D	2,83	2,83	0,00	8,01
3	B,C	6,08	5,59	0,24	36,97
4	D,E	5,10	5,59	0,24	26,01
5	C,E	7,07	7,07	0,00	49,98
6	A,D	7,28	7,28	0,00	53,00
7	B,D	8,06	8,06	0,00	64,96
8	B,E	9,22	9,11	0,01	85,01
9	A,C	9,00	9,11	0,01	81,00
10	A,B	10,00	10,00	0,00	100,00
Σ	-	-	-	**0,50**	**509,96**

$$- \text{STRESS}\,1 = \sqrt{\frac{0,50}{509,96}} = 0,03$$

−Der geringe Wert für STRESS1 zeigt, dass die Konfiguration bereits sehr gut ist.

Die jeweils ermittelte Konfiguration wird iterativ solange verbessert, bis der STRESS1 einen vorgegebenen Grenzwert unter- oder eine vorgegebene Zahl von Iterationen überschreitet.

Im vierten Schritt der MDS erfolgt die *Aggregation der Konfiguration*. Die bisherige Darstellung der MDS galt bisher nur für eine Person. Dies entspricht der individuellen, klassischen MDS. Im Marketing ist jedoch meist der subjektive Wahrnehmungsraum einer Gruppe von Personen (Zielgruppe) relevant. Voraussetzung dafür sind homogene Personengruppen. Sollte dies nicht von vornherein gegeben sein, könnten diese beispielsweise durch eine Clusteranalyse ermittelt werden. Um den Wahrnehmungsraum von Gruppen zu ermitteln, bieten sich unterschiedliche Möglichkeiten zur Lösung des Aggregationsproblems an, auf die hier nicht näher eingegangen wird (vgl. hierzu u. a. Backhaus et al. 2006, S. 647).

Im fünften Schritt des Verfahrens werden die *Zahl und Interpretation der Dimensionen* berücksichtigt. Dabei wird die Anzahl der Dimensionen vom Marktforscher festgelegt. Eigentlich sollte die Zahl der „wahren" Dimensionalität der Wahrnehmung entsprechen. Da diese jedoch unbekannt ist, stellt sie ein Problem dar. Aus praktischen Gründen wird deshalb mit zwei bis drei Dimensionen gearbeitet. Das hängt mit der grafischen Darstellbarkeit, Anschaulichkeit und Interpretierbarkeit der Ergebnisse zusammen. Die Darstellung von Objekten im Wahrnehmungsraum liefert Erkenntnisse,

− in welcher Weise Objekte relativ zu konkurrierenden Objekten wahrgenommen werden,

− welche Objekte ähnlich wahrgenommen werden und somit in einer engen Konkurrenz zu einander stehen und

− inwiefern eventuell Marktlücken für neue Objekte bestehen.

Im Gegensatz zur Faktorenanalyse, bei der die Faktoren frühzeitig inhaltlich interpretiert werden, erfolgt die Interpretation der Konfiguration hier erst nach dem MDS-Algorithmus. Die inhaltlichen Bezeichnungen der Dimensionen der Konfiguration werden bei der MDS aus der Lage der Objekte im Objektraum abgeleitet.

Damit sind die fünf Schritte der MDS abgeschlossen. Bei der Ermittlung der Ähnlichkeitsdaten bleibt unberücksichtigt, ob die Auskunftsperson ein Objekt als positiv oder negativ bewertet. Will man den Nutzen, d. h. die Präferenz, die eine Person mit dem Objekt verbindet, in eine Untersuchung einbeziehen, so ist eine zusätzliche Datenerhebung durchzuführen, sofern diese zusätzlichen Präferenzen einer Person bezüglich der Objekte nicht vorliegen. Mit diesen Informationen kann die MDS erweitert werden. Dadurch ist es möglich, in den Wahrnehmungsraum neben den Objekten auch die Präferenzen von Personen einzubeziehen. Die Analyse der Präferenzen wird u. a. bei den Varianten der MDS erläutert.

3.3.3.3 Varianten der Multidimensionalen Skalierung

Im Folgenden sollen nur ausgewählte Erweiterungen der MDS angeführt werden.

Idealpunkt- und Idealvektormodell

Da Ähnlichkeitsurteile keinerlei Hinweise auf bevorzugte Objekte liefern, müssen für die MDS auch so genannte Präferenzen der Personen mit erhoben werden, um diese zu untersuchen.

Grundsätzlich existieren zwei Möglichkeiten, die Präferenzen im Rahmen der MDS zu berücksichtigen:
− das Idealpunktmodell und
− das Idealvektormodell.

Der *Idealpunkt* einer Person repräsentiert ein hypothetisches Objekt, das die am meisten präferierte Position im Wahrnehmungsraum einnimmt. Eine sinnvolle Anwendung des Idealpunktmodells ist immer dann gegeben, wenn eine ideale Ausprägung hinsichtlich der Beurteilungsdimension besteht, bei deren Über- oder Unterschreiten ein Nutzenabfall eintritt.

Die rechnerische Ermittlung des Idealpunktes wird mit Hilfe einer modifizierten Präferenzregression durchgeführt (vgl. Backhaus et al. 2006, S. 661):

$$y_i = a + \sum_{r=1}^{R} b_r \cdot x_{ri} + b_{R+1} \cdot q_i$$

mit

$$q_i = \sum_{r=1}^{R} x_{ri}^{2} \quad (i = 1,...,I)$$

y_i = geschätzter Präferenzwert einer Person bezüglich Objekt i,
x_{ri} = Koordinate von Objekt i auf Dimension r (r = 1,...,R),
a, b_r = zu schätzende Parameter,
q_i = Dummy-Variable q, deren Wert sich aus der Summe der quadrierten Koordinaten eines Objektes i (i = 1,...,I) ergeben.

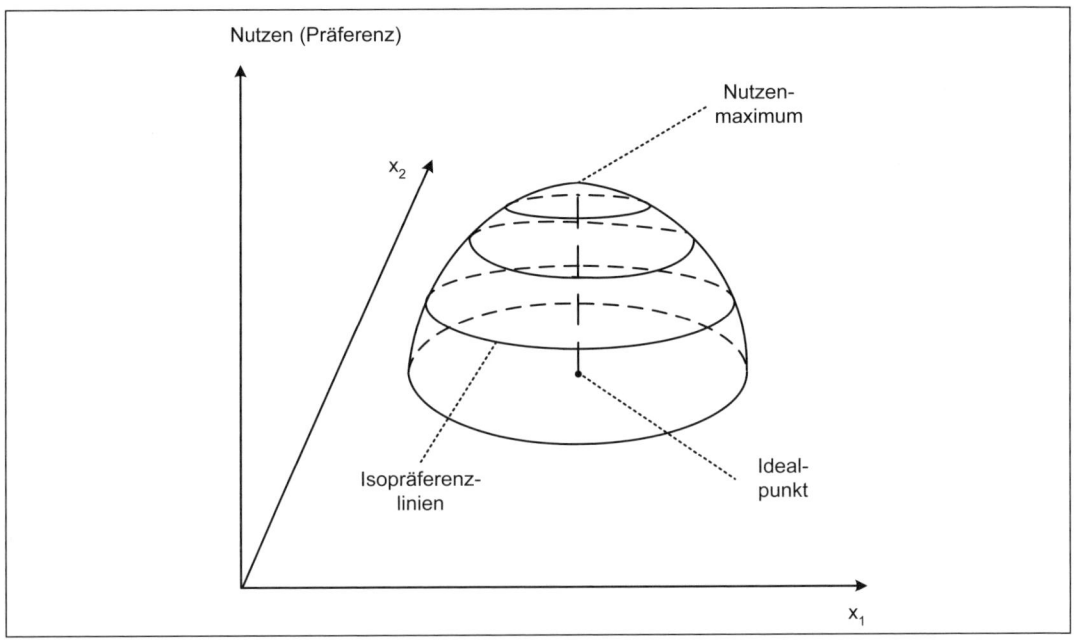

Quelle: Hammann/Erichson (2000), S. 388.

Abb. 3.27: Beispiel eines Idealpunktmodells mit Idealpunkt, Nutzenmaximum und Isopräferenzlinien

Daraus lassen sich die Koordinaten des Idealpunktes mit Hilfe folgender Formel errechnen:

$$x_r^* = \frac{-b_r}{2b_{R+1}} \quad (r = 1,...,R).$$

Abb. 3.27 zeigt ein Beispiel für ein Idealpunktmodell. Das *Idealvektormodell* (vgl. Abb. 3.28)
geht von einer Präferenzfunktion aus, für die gilt: „Je mehr desto besser." Es gibt keinen
Idealpunkt, sondern nur eine Richtung (Vektor), die die größtmögliche Nutzenstiftung in
allen Dimensionen anzeigt. Die Isopräferenzlinien sind dabei Orte gleichen Nutzens. Sinnvoll ist die Anwendung dieses Modells, wenn ein Mehr an Ausprägungen in den Beurteilungsdimensionen immer ein Mehr an Nutzen erzeugt.

Die Berechnung des Idealvektors erfolgt mit Hilfe der Regressionsanalyse, der das folgende
Grundmodell zu Grunde liegt:

$$y_i = a + \sum_{r=1}^{R} b_r \cdot x_{ri} \quad (i = 1,...,I).$$

Beim Einzeichnen des Präferenzvektors in den Objektraum ist zu beachten, dass bei den
Koeffizienten der Regressionsanalyse die Vorzeichen zu ändern sind, da es sich bei den
Präferenzdaten um Rangdaten handelt, bei denen der niedrigste Wert die höchste Präferenz
bedeutet. Die Steigung des Präferenzvektors ergibt sich somit aus dem Punkt 1 (0;0), der

durch den Ursprung läuft, und dem Punkt 2 (-b₁;-b₂), sodass die Steigung des Präferenzvektors b_2/b_1 beträgt.

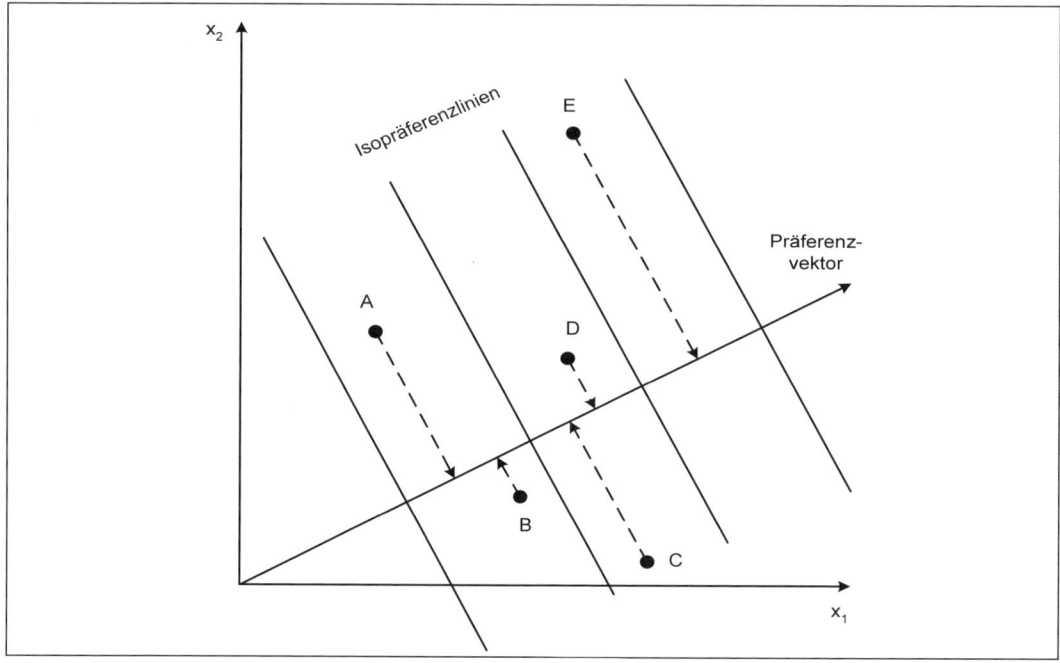

Quelle: Hammann/Erichson (2000), S. 390.

Abb. 3.28: Beispiel eines Idealvektormodells mit Vektorpräferenz und Isopräferenzlinien

Beispiel 3.30:

Bei der externen Präferenzanalyse ordneten Manager auf dem Frankfurter Flughafen die in Beispiel 3.27 genannten Hotels im Mittel wie folgt:

Hotel	Präferenz
A	1
B	5
C	4
D	3
E	2

Idealpunktmodell:

Aus der allgemeinen Formel des Idealpunktmodells ergibt sich für dieses zweidimensionale Beispiel folgende Formel:

$$y_i = a + b_1 x_1 + b_2 x_2 + b_3 \left(x_1^2 + x_2^2 \right).$$

Die Normalgleichungen des Idealpunktmodells lauten:
A $\quad 1 = a + b_1 \cdot 1 + b_2 \cdot 3 + b_3 \cdot 10$
E $\quad 2 = a + b_1 \cdot 3 + b_2 \cdot 2 + b_3 \cdot 13$

D $\quad 3 = a + b_1 \cdot 8 + b_2 \cdot 1 + b_3 \cdot 65$

C $\quad 4 = a + b_1 \cdot 10 + b_2 \cdot 3 + b_3 \cdot 109$

B $\quad 5 = a + b_1 \cdot 9 + b_2 \cdot 9 + b_3 \cdot 162$.

Idealvektormodell:

Aus der allgemeinen Formel des Idealvektormodells ergibt sich folgende Formel:

$y_i = a + b_1 x_1 + b_2 x_2$.

Die Normalgleichungen des Idealvektormodells lauten:

A $\quad 1 = a + b_1 \cdot 1 + b_2 \cdot 3$

E $\quad 2 = a + b_1 \cdot 3 + b_2 \cdot 2$

D $\quad 3 = a + b_1 \cdot 8 + b_2 \cdot 1$

C $\quad 4 = a + b_1 \cdot 10 + b_2 \cdot 3$

B $\quad 5 = a + b_1 \cdot 9 + b_2 \cdot 9$.

Varimax-Rotation

Um die Interpretation der Dimensionen zu erleichtern, dreht man gewöhnlich die Achsen, damit auf analytischem Weg eine möglichst gute Einfachstruktur hergestellt wird. In diesem Zusammenhang wird von einer Varimax-Rotation gesprochen, wenn die Achsen senkrecht (rechtwinklig) aufeinander bleiben. Hierbei handelt es sich um Methoden der orthogonalen Rotation. Im Idealfall bewirkt diese Drehung eine so genannte *Einfachstruktur*, d. h. die Objekte befinden sich entlang der Achsen. Es ist erwiesen, dass durch die Drehung des Koordinatenkreuzes im Ursprung die Aussagekraft einer Hauptachsenanalyse nicht verändert wird.

Bei schiefwinkligen (obliquen) Rotationen hingegen wird die Unabhängigkeitsprämisse der Faktoren im statistischen Sinne aufgegeben. Dann wäre eine (erneute) Faktorenanalyse notwendig, wobei empirische Untersuchungen gezeigt haben, dass die Ergebnisse meist nicht mehr interpretierbar sind (vgl. Bortz 2005, S. 547 f., Böhler 2004, S. 226).

Property Fitting

Eine andere Möglichkeit bei der Interpretation der Konfiguration ist das *Property Fitting*. Es ist eine Kombination von MDS und Faktorenanalyse, bei der die Eigenschaftsausprägungen bzw. -beurteilungen nachträglich in den Wahrnehmungsraum mit einbezogen werden. Der Objektraum enthält also zusätzlich Vektoren wie bei der Faktorenanalyse (vgl. Backhaus et. al. 2006, S. 668 ff.).

3.4 Verfahren zur Messung von Beziehungen

3.4.1 Dependenzanalyse vs. Interdependenzanalyse

Verfahren zur Messung von Beziehungen versuchen, Zusammenhänge zwischen den Variablen festzustellen. Verfahren der *Dependenzanalyse* messen dabei die Abhängigkeit einer oder mehrerer abhängiger Variablen von einer oder mehreren unabhängigen Variablen; insofern kann die oben beschriebene Diskriminanzanalyse auch den Verfahren der Depenzenanalyse zugeordnet werden (bei einer nominalskalierten abhängigen Variablen und zwei oder mehr metrisch skalierten unabhängigen Variablen). Weitere gebräuchliche Verfahren sind:

- Regressionsanalyse (bei metrisch skalierten abhängigen und unabhängigen Variablen),
- Kausalanalyse (bei metrisch skalierten abhängigen und unabhängigen Variablen) sowie
- Varianzanalyse (bei einer metrisch skalierten abhängigen Variable und einer oder mehreren nominalskalierten unabhängigen Variablen).

Verfahren der *Interdependenzanalyse* untersuchen die wechselseitigen Beziehungen zwischen Variablen; insofern lassen sich auch die Clusteranalyse, die Faktorenanalyse, die Multidimensionale Skalierung und die Conjoint-Analyse dieser Klasse von Verfahren zuordnen. Da die typischen Fragestellungen der o. g. Verfahren jedoch nicht vorrangig bzw. nicht nur auf die Untersuchung wechselseitiger Beziehungen i. e. S. ausgerichtet sind, sollen an dieser Stelle lediglich die Kontingenzanalyse und die Korrelationsanalyse als „typische" Verfahren der Interdependenzanalyse dargestellt werden.

3.4.2 Regressionsanalyse

3.4.2.1 Grundgedanke

Die Regressionsanalyse stellt eines der in den Sozialwissenschaften am häufigsten angewendeten Verfahren dar. Mit Hilfe der Regressionsanalyse werden Art und Richtung des Zusammenhangs zwischen metrisch skalierten Variablen untersucht, d. h. es wird die Beziehung zwischen einer abhängigen Variable und einer oder mehreren unabhängigen Variablen analysiert (vgl. Fantapié Altobelli 1998, S. 336). Typische Fragestellung im Marketing ist etwa die Untersuchung, wie sich die Absatzmenge verändert, wenn eine oder mehrere Marketingvariablen (Preishöhe, Werbebudget) variiert werden. Insofern können mit Hilfe der Regressionsanalyse nicht nur Zusammenhänge aufgedeckt, sondern auch (Wirkungs-) Prognosen erstellt werden.

Eine Regressionsanalyse vollzieht sich dabei in folgenden *Schritten* (vgl. Backhaus et. al. 2006, S. 52)
- Modellformulierung,
- Prüfung der Regressionsfunktion,
- Prüfung der Regressionskoeffizienten,
- Prüfung der Modellannahmen.

3.4.2.2 Methodische Vorgehensweise

Am häufigsten wird dabei das lineare Regressionsmodell zu Grunde gelegt, das in allgemeiner Form folgendermaßen lautet:

$$y = a + b_1 \cdot x_1 + \ldots + b_k \cdot x_k + \ldots + b_K \cdot x_K$$

mit
y = abhängige Variable,
a = Konstante der Regressionsfunktion,
b_k = Regressionskoeffizienten ($k = 1, \ldots, K$),

x_k = unabhängige Variablen.

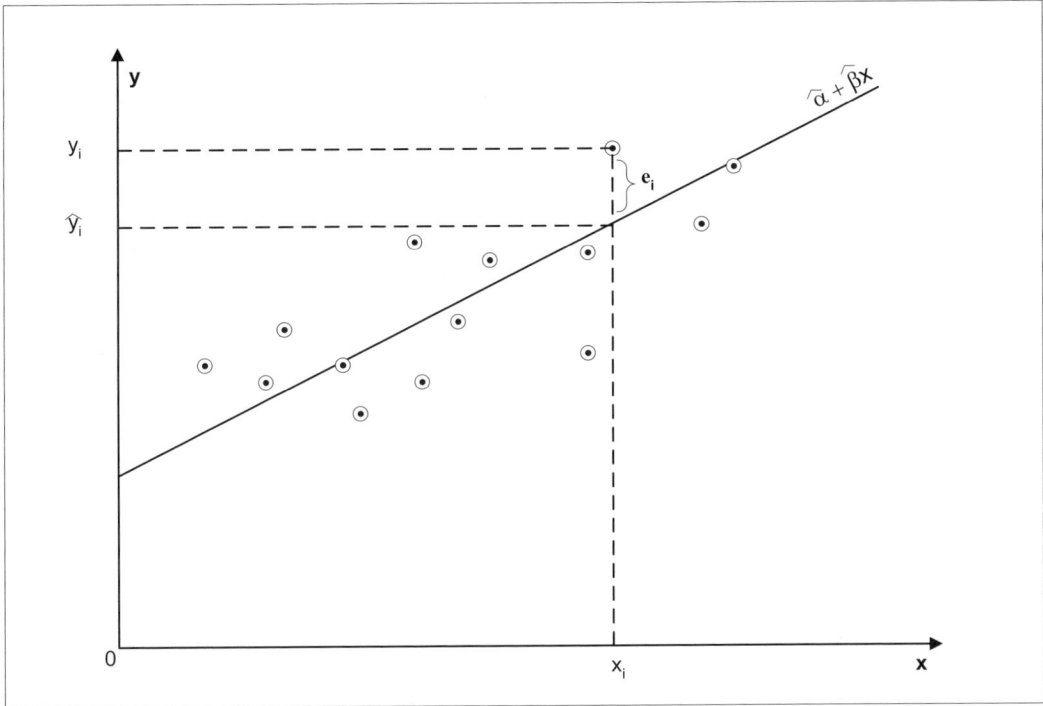

Abb. 3.29: Ausgangssituation der einfachen linearen Regressionsanalyse

Bezeichnet man mit $\hat{y}_i$ den Wert der Regressionsfunktion, der aus den Werten $x_{1i}, \ldots, x_{Ki}$ der unabhängigen Variablen resultiert, so erhält man die gesuchten Regressionskoeffizienten dadurch, dass die Summe der quadrierten Abweichungen zwischen den Werten der Regressionsfunktion $\hat{y}_i$ und den zugehörigen Beobachtungswerten y_i minimiert wird:

$$Z = \sum_{i=1}^{n} \left(y_i - \hat{y}_i \right)^2 = \sum_i \left(y_i - a - b_1 \cdot x_{1i} - \ldots - b_K \cdot x_{Ki} \right)^2 \rightarrow \min!$$

Speziell im Modell der *einfachen linearen Regressionsanalyse* wird die lineare Abhängigkeit zwischen einer metrischen abhängigen Variablen und einer metrischen unabhängigen Variablen untersucht, z. B. die Abhängigkeit zwischen der Absatzmenge und dem Produktpreis. Das Grundmodell der linearen Einfachregression lautet:

$$y = a + b \cdot x$$

mit

y = abhängige Variable,
x = unabhängige Variable,
a, b = Regressionskoeffizienten (Ordinatenabschnitt und Steigung der Funktion).

Abb. 3.29 zeigt die Ausgangssituation einer linearen Einfachregression. Gegeben sind n Wertpaare (x_i, y_i) aus der Stichprobe, die sich um die – noch unbekannte – Regressionsgerade scharen:

$$\hat{y} = \hat{a} + \hat{b} \cdot x \,;$$

für die einzelnen Werte auf der Regressionsgerade gilt entsprechend:

$$\hat{y}_i = \hat{a} + \hat{b} \cdot x_i \,.$$

Die Regressionskoeffizienten a und b sind dergestalt zu bestimmen, dass die resultierende Regressionsfunktion möglichst gut die empirischen Beobachtungswerte repräsentiert; konkret wird diejenige Gerade gesucht, für die die Summe der quadrierten Abweichungen der durch die Regressionsgleichung vorhergesagten $\hat{y}_i$-Werte von den beobachteten y_i-Werten e_i minimal wird (Methode der kleinsten Quadrate) (vgl. Bortz 2005, S. 184 f.).

Analytische Herleitung der Regressionsgleichung

Zu minimieren ist folgende Zielfunktion (vgl. Bortz 2005, S. 185f.)

$$Z = \sum_{i=1}^{n} e_i^2 = \sum_i (y_i - \hat{y}_i)^2 = \sum_i \left(y_i - \hat{a} - \hat{b} \cdot x_i \right)^2 \rightarrow \text{Min!}$$

Die Funktion wird in Abhängigkeit der Regressionskoeffizienten $\hat{a}$ und $\hat{b}$ minimiert, d. h. es werden die ersten partiellen Ableitungen nach $\hat{a}$ und $\hat{b}$ gebildet und gleich Null gesetzt:

$$\frac{\partial Z}{\partial \hat{a}} = -2 \sum_{i=1}^{n} y_i + 2 \cdot \hat{b} \sum_{i=1}^{n} x_i + 2 \cdot n \cdot \hat{a} = 0$$

$$\frac{\partial Z}{\partial \hat{b}} = -2 \sum_{i=1}^{n} x_i \cdot y_i + 2 \cdot \hat{b} \sum_{i=1}^{n} x_i^2 + 2 \cdot \hat{a} \sum_{i=1}^{n} x_i = 0 \,.$$

Die Lösung des Gleichungssystems führt zu folgenden Parameterwerten (vgl. Fantapié Altobelli 1998, S. 337):

$$\hat{a} = \overline{y} - \hat{b} \cdot \overline{x}$$

$$\hat{b} = \frac{\sum_i (x_i - \overline{x})(y_i - \overline{y})}{\sum_i (x_i - \overline{x})^2}$$

mit $\overline{x} = \dfrac{1}{n} \sum_i x_i$,

$\overline{y} = \dfrac{1}{n} \sum_i y_i$.

Die Vorgehensweise soll anhand eines *Beispiels* erläutert werden.

Beispiel 3.31:

Ein Markenartikelhersteller für Babyshampoo vermutet einen Zusammenhang zwischen der Höhe des Preises und der Qualitätseinschätzung der Konsumenten mit den Absatzzahlen.

Zur Schätzung dieses Modells sind ihm von den Handelsreisenden die Verkaufszahlen und die Preise von 2000-2004 in den Supermärkten bekannt:

Jahr	Preis p_i	Verkaufszahl x_i	$p_i - \overline{p}$	$x_i - \overline{x}$	$(p_i - \overline{p})^2$	$(p_i - \overline{p}) \cdot (x_i - \overline{x})$
2000	1,00	40	-1,00	20	1	-20
2001	2,00	20	0	0	0	0
2002	2,00	20	0	0	0	0
2003	2,00	10	0	-10	0	0
2004	3,00	10	1	-10	1	-10
Σ	10,00	100	0	0	2	-30

Zu bestimmen ist folgende Regressionsgerade:

$x = a + b \cdot p$.

Zur Bestimmung der Regressionsgerade werden errechnet:

$\overline{p} = 2$

$\overline{x} = 20$

$$\sum_i (x_i - \overline{x}) = 0$$

$$\sum_i (p_i - \overline{p}) = 0$$

$$\sum_i (p_i - \overline{p})^2 - 2$$

$$\sum_i (p_i - \overline{p})(x_i - \overline{x}) = -30$$

Daraus erhält man:

$\hat{b} = $ -15 und

$\hat{a} = $ 50

Die gesuchte Regressionsgerade lautet somit:

$x = 50-15p$.

Auf der Basis der geschätzten Regressionsgerade kann bei einem beliebigen Preis p_i die zu erwartende Absatzmenge x_i geschätzt werden. Wird beispielsweise ein Preis von € 1,49 erwogen, so erhält man durch Einsetzen in die Regressionsgleichung folgenden Schätzwert für die Absatzmenge:

$x = 27,65 = 27$.

Die Güte der Anpassung der Regressionsfunktion an die empirischen Werte kann mit Hilfe des *Bestimmtheitsmaßes* r^2 gemessen werden:

$$r^2 = \frac{\sum_i (\hat{y}_i - \overline{y})^2}{\sum_i (y_i - \overline{y})^2}.$$

Das Bestimmtheitsmaß gibt an, welcher Anteil der Streuung der Beobachtungswerte durch die Regressionsgerade erklärt wird; der Wertebereich des Bestimmtheitsmaßes liegt zwischen 0 und 1, wobei für $r^2 = 0$ überhaupt keine, für $r^2 = 1$ eine vollständige Erklärung der Streuung der empirischen Werte durch die Regressionsgerade erfolgt. Im Beispiel resultiert das Bestimmtheitsmaß als

$r^2 = 0{,}75$.

Die Höhe des Bestimmtheitsmaßes wird durch die Zahl der unabhängigen Variablen beeinflusst; um diesen Effekt auszuschalten wird das korrigierte Bestimmtheitsmaß folgendermaßen errechnet:

$$r^2_{korr} = r^2 - \frac{K\left(1 - r^2\right)}{n - K - 1}$$

mit

K   = Zahl der unabhängigen Variablen,
n   = Zahl der Beobachtungen,
n-K-1 = Zahl der Freiheitsgrade.

Werden mehrere unabhängige Variablen herangezogen, so kann das *multiple Regressionsmodell*

$$y = a + b_1 \cdot x_1 + \ldots + b_K \cdot x_K$$

mit Hilfe der Matrizenrechnung parametrisiert werden (vgl. Bortz 2005, S. 467 f.).

Die K unabhängigen Variablen werden um eine weitere Variable K + 1 ergänzt, auf der alle n Beobachtungswerte den Wert 1 erhalten. Damit entspricht der Parameter b_{K+1} dem konstanten Glied a. Die Regressionsgleichung lautet dann:

$$y = a + b_1\, x_1 + \ldots + b_K\, x_K + b_{K+1}\, x_{K+1}.$$

Das Regressionsmodell lautet in Matrixschreibweise:

$$\mathbf{y} = \mathbf{a} + \mathbf{Xb}$$

mit

$\mathbf{y}$ =   n-Vektor der Beobachtungswerte der abhängigen Variablen,
$\mathbf{a}$ =   konstantes Glied (n-Vektor, der n-mal das konstante Glied enthält),
$\mathbf{b}$ =   K-Vektor der Regressionskoeffizienten,
$\mathbf{X}$ =   n x K − Matrix der Beobachtungswerte der K unabhängigen Variablen.

Auch hier werden die Parameter der Regressionsfunktion so bestimmt, dass

---

$$\sum_{i=1}^{n} e_i^2 \rightarrow \text{Min!}$$

Daraus folgt:

$$Z = \sum_{i=1}^{n} e_i^2 = \mathbf{e'e} = (y - \hat{y})'(y - \hat{y})$$
$$= (\mathbf{y} - \mathbf{Xb})'(\mathbf{y} - \mathbf{Xb}) =$$
$$= \mathbf{y'y} + \mathbf{b'X'Xb} - 2\mathbf{b'X'y} \rightarrow \text{Min!}$$

Ableitung nach dem Vektor **b** und Nullsetzen führt zu

$$\frac{d(\mathbf{e'e})}{d\mathbf{b}} = 2\,\mathbf{X'Xb} - 2\mathbf{X'y} = 0$$

Hieraus folgt:

$$\mathbf{X'Xb} = \mathbf{X'y}$$
$$(\mathbf{X'X})^{-1}(\mathbf{X'X})\mathbf{b} = (\mathbf{X'X})^{-1}\mathbf{X'y}$$
$$\mathbf{b} = (\mathbf{X'X})^{-1}\mathbf{X'y}.$$

Die Vorgehensweise soll anhand eines *Beispiels* erläutert werden.

Beispiel 3.32:

Von einem Forschungsinstitut kauft der Markenartikelhersteller aus Beispiel 3.31 für den beobachteten Zeitraum Daten über die Qualität des Babyshampoos, die über eine Rating-Skala (1 = sehr schlecht bis 5 = sehr gut) erhoben wurden. Folgende Wertetabelle wird der Berechnung zu Grunde gelegt:

Jahr	2000	2001	2002	2003	2004
Preis	1	2	2	2	3
Verkaufszahl	40	20	20	10	10
Qualität	3	3	2	1	1

Die Matrix $(\mathbf{X'X})^{-1}$ resultiert als

$$(\mathbf{X'X})^{-1} = \begin{pmatrix} 10{,}2 & -3 & -2 \\ -3 & 1 & 0{,}5 \\ -2 & 0{,}5 & 0{,}5 \end{pmatrix}.$$

Damit ergibt sich **b** als

$$\mathbf{b} = (\mathbf{X'X})^{-1}\mathbf{X'y} \text{ bzw.}$$

$$\mathbf{b} = \begin{pmatrix} 10{,}2 & -3 & -2 \\ -3 & 1 & 0{,}5 \\ -2 & 0{,}5 & 0{,}5 \end{pmatrix} \cdot \begin{pmatrix} 1 & 1 & 1 & 1 & 1 \\ 1 & 2 & 2 & 2 & 3 \\ 3 & 3 & 2 & 1 & 1 \end{pmatrix} \cdot \begin{pmatrix} 40 \\ 20 \\ 20 \\ 10 \\ 10 \end{pmatrix} = \begin{pmatrix} 30 \\ -10 \\ 5 \end{pmatrix}$$

Das Bestimmtheitsmaß errechnet sich aus folgender Formel:

$$r^2 = \frac{\sum\limits_i (\hat{y}_i - \overline{y})^2}{\sum\limits_i (y_i - \overline{y})^2}$$

Hierzu muss zunächst der Schätzwert $\hat{y}$ berechnet werden: $\hat{y} = x \cdot \hat{b}$.

$$\hat{y} = \begin{pmatrix} 1 & 1 & 3 \\ 1 & 2 & 3 \\ 1 & 2 & 2 \\ 1 & 2 & 1 \\ 1 & 3 & 1 \end{pmatrix} \cdot \begin{pmatrix} 30 \\ -10 \\ 5 \end{pmatrix} = \begin{pmatrix} 35 \\ 25 \\ 20 \\ 15 \\ 5 \end{pmatrix}, \ \overline{y} = 20$$

Die erklärte Streuung beträgt

$$\sum\limits_i (\hat{y}_i - \overline{y})^2 = (35-20)^2 + (25-20)^2 + (20-20)^2 + (15-20)^2 + (5-20)^2 = 500$$

und die Gesamtstreuung:

$$\sum\limits_i (y_i - \overline{y})^2 = (40-20)^2 + (20-20)^2 + (20-20)^2 + (10-20)^2 + (10-20)^2 = 600.$$

Daraus resultiert das Bestimmtheitsmaß als:

$$r^2 = \frac{500}{600} = 0{,}83.$$

Das bedeutet, dass 83% der Streuung der Grundgesamtheit (y-Werte) durch das Modell erfasst werden.

Wird eine Regressionsanalyse auf der Basis mehrerer unabhängiger Variablen durchgeführt, so stellt sich häufig zusätzlich die Frage nach dem relativen Einfluss der einzelnen Variablen. Hierzu müssen die Regressionskoeffizienten $\hat{b}_k$ standardisiert werden, da die absolute Höhe der Regressionskoeffizienten von der Dimension beeinflusst wird, in der die Variablen x_k gemessen werden (vgl. Skiera/Albers 2000, S. 212). Die standardisierten beta-Koeffizienten errechnen sich wie folgt:

$$beta_k = \hat{b}_k \cdot \frac{s_{x_k}}{s_y} \ \text{für alle } k$$

mit

s_{x_k} = Standardabweichung der unabhängigen Variablen x_k,

s_y = Standardabweichung der abhängigen Variablen y.

Die Höhe der beta-Koeffizienten zeigt, wie stark der Einfluss der einzelnen unabhängigen Variablen auf die abhängige Variable ist, wohingegen die unstandardisierten Regressionskoeffizienten $\hat{b}_k$ den marginalen Effekt der Änderung der zugehörigen unabhängigen Variablen widerspiegeln. Die Heranziehung von beta-Werten ist allerdings bei Vorhandensein von Multikollinearität (Korrelation zwischen den unabhängigen Variablen) wenig aussagekräftig (vgl. Backhaus et al. 2006, S. 63).

Statistische Absicherung

In der Regel werden Regressionsgleichungen auf der Grundlage einer repräsentativen Stichprobe ermittelt. Damit die Regressionsgleichung aus der Stichprobe auf die Grundgesamtheit übertragen werden kann, müssen zum einen die Regressionsfunktion als Ganzes wie auch die einzelnen Regressionskoeffizienten geprüft werden; zum anderen muss überprüft werden, ob die Annahmen des Regressionsmodells im vorliegenden Fall erfüllt sind.

Zunächst ist zu beachten, dass die geschätzte Regressionsfunktion

$$\hat{y} = a + b_1 \cdot x_1 + \ldots + b_K \cdot x_K$$

als Realisation einer „wahren", aber unbekannten Regressionsfunktion

$$y = \alpha + \beta_1 \cdot x_1 + \beta_2 \cdot x_2 + \ldots + \beta_K \cdot x_K + u$$

angesehen werden kann, mit

y   = abhängige Variable,
α = Konstante der „wahren" Regressionsfunktion,
β_k = Regressionskoeffizienten,
x_k = unabhängige Variable,
u   = Störgröße.

Die Regressionsfunktion als Ganzes kann mit Hilfe des F-Tests überprüft werden (vgl. ausführlich Backhaus et al. 2006, S. 68 ff.). Besteht zwischen der abhängigen Variable y und den unabhängigen Variablen x_k ein kausaler Zusammenhang, so müssen die weiteren Regressionskoeffizienten ungleich Null sein. Die zugehörige Nullhypothese lautet:

$$H_0 : \alpha = \beta_1 = \beta_2 = \ldots = \beta_K = 0.$$

Der empirische F-Wert berechnet sich als

$$F_{emp} = \frac{\sum_{i=1}^{n} (\hat{y}_i - \bar{y})^2 / K}{\sum_{i=1}^{n} (y_i - \hat{y})^2 / (n - K - 1)}.$$

Zu vergleichen ist der empirische F-Wert mit dem theoretischen F-Wert (F_{th}) bei K Freiheitsgraden im Zähler, (n – K – 1) Freiheitsgraden im Nenner und einem vorgegebenen Signifikanzniveau α. Ist $F_{emp} > F_{th}$, so ist die Nullhypothese zu verwerfen, d. h. nicht alle Regressionskoeffizienten β_k sind Null, der postulierte Zusammenhang gilt damit als statistisch signifikant.

Der empirische F-Wert des Beispiels resultiert als 5. Bei einem Signifikanzniveau α von 0,05 beträgt der theoretische F-Wert 19; damit ist die Nullhypothese richtig und beizubehalten.

Bei Signifikanz der Regressionsfunktion können die einzelnen Regressionskoeffizienten mit Hilfe des t-Tests geprüft werden. Die Nullhypothese lautet: $H_o : \beta_k = 0$. Der empirische t-Wert berechnet sich als

$$t_{emp} = \frac{b_k}{S_{b_k}},$$

wobei S_{b_k} den Standardfehler von b_k bezeichnet (zur Errechnung des Standardfehlers vgl. Backhaus et al. 2006, S. 116). Ist der empirische t-Wert (Absolutbetrag) größer als der theoretische t-Wert bei einem Signifikanzniveau α und $n - K - 1$ Freiheitsgraden (zweiseitige Fragestellung), ist die Nullhypothese zu verwerfen.

Im Beispiel 3.32 können für die einzelnen empirischen t-Werte (t_{emp}) errechnet werden: t_{emp} $\alpha = 1,32$; t_{emp} $\beta_1 = 1,41$; t_{emp} $\beta_2 = 1,00$; der theoretische t-Wert beträgt $t_{(0,05; 2)} = 4,303$. Damit wird die Nullhypothese beibehalten.

Darüber hinaus können für die wahren, aber unbekannten Regressionskoeffizienten β_k Konfidenzintervalle angegeben werden. Diese geben an, in welchem Bereich um b_k der „wahre Wert" des Regressionskoeffizienten β_k mit einer vorzugebenden Wahrscheinlichkeit liegt (vgl. hierzu Bortz 2005, S. 194 ff.).

Die Übertragung der Stichprobenergebnisse auf die Grundgesamtheit und insb. die inferenzstatistische Absicherung sind nicht zulässig, wenn die Prämissen des Regressionsmodells verletzt werden. Im Einzelnen handelt es sich um folgende *Annahmen* (vgl. Skiera/Albers 2000, S. 216 ff., Backhaus et al. 2006, S. 79 ff.):

(1) Annahmen hinsichtlich der Störvariablen
− Die Störvariablen u_i sind normalverteilt
− Die Störvariablen haben den Erwartungswert Null, d. h. $E(u_i) = 0$.
− Die Störvariablen sind homoskedastisch, d. h. sie haben dieselbe Varianz σ^2; es gilt also:
    $Var(u_i) = \sigma^2$ für alle i.
− Die Störvariablen sind unkorreliert, d. h. es gilt
    $cov(u_i, u_j) = 0$ für alle $i \neq j$, $0 \leq i, j \leq n$.

(2) Annahmen hinsichtlich der Modellspezifikation
− Das Modell ist linear in den Parametern a und b_k.
− Alle relevanten unabhängigen Variablen sind erfasst.
− Die Zahl der Beobachtungen ist größer als die Zahl der zu schätzenden Parameter.

(3) Annahmen hinsichtlich der unabhängigen Variablen
− Zwischen den unabhängigen Variablen x_k besteht keine lineare Abhängigkeit, d. h. es ist keine Multikollinearität gegeben.

Sind die Störvariablen nicht normalverteilt, sind Signifikanztests (F-Test, t-Test) unzulässig; bei großer Zahl an Beobachtungen (Faustregel: n > 40) können Signifikanztests unter Rückgriff auf den zentralen Grenzwertsatz dennoch durchgeführt werden.

Die Verletzung der Prämisse, der Erwartungswert der Störgrößen sei Null, führt dazu, dass das konstante Glied a nicht mehr unverzerrt ist.

Ist die Varianz der Residuen nicht konstant, liegt Heteroskedastizität vor. Eine Prüfung auf Heteroskedastizität kann beispielsweise durch den Goldfeld-Quandt-Test, den Breusch-Pagan-Test oder den White-Test erfolgen (vgl. Pindyck/Rubinfeld 1991, S. 132 ff.). Heteroskedastizität führt dazu, dass die Schätzer zwar erwartungstreu, jedoch nicht mehr effizient sind.

Autokorrelation (Korrelation der Störvariablen) tritt häufig bei Zeitreihen auf. Autokorrelation führt zu Verzerrungen beim Standardfehler und damit auch bei der Bestimmung der Konfidenzintervalle für die Regressionskoeffizienten. Aufgedeckt werden kann Autokorrelation mit Hilfe des Durbin-Watson-Tests (vgl. Pindyck/Rubinfeld 1991, S. 143).

Nichtlinearität in den Parametern führt zu verzerrten Schätzwerten; zur Berechnung nichtlinearer Regressionsmodelle vgl. die Ausführungen im nachfolgenden Abschn. 3.4.2.3.

Nichterfassung aller relevanten Variablen kann zu Verzerrung der Schätzwerte führen. Bei der Formulierung des Modells sollte daher stets große Sorgfalt angewendet werden.

Die Zahl an Beobachtungen sollte stets deutlich größer sein als die Zahl der zu schätzenden Parameter, da ansonsten kaum signifikante Zusammenhänge zu ermitteln sind.

Multikollinearität führt i. d. R. zu hohen Standardabweichungen der Regressionskoeffizienten und unzuverlässigen Schätzwerten für die Parameter (u. a. auch falsche Vorzeichen). Bei Vorliegen von Multikollinearität bestehen folgende Ansatzpunkte zur Behebung:

– Unterdrückung einer oder mehrerer unabhängiger Variablen (z. B. mittels Schrittweiser Regressionsanalyse, vgl. Bortz 2005, S. 476 ff.);
– Vorschaltung einer Faktorenanalyse (vgl. Abschn. 3.2.2);
– Heranziehung spezieller Verfahren wie Ridge Regression (vgl. Mahajan/Jain/Bergler 1977) oder Latent Root Regression (Sharma/James 1981).

3.4.2.3 Varianten der Regressionsanalyse

Nichtlineare Regression

Häufig führen theoretische Überlegungen oder die Analyse der Anordnung der (x_i, y_i)-Wertepaare zur Vermutung, dass der Zusammenhang zwischen den Variablen nichtlinearer Natur sei. Grundsätzlich lassen sich nichtlineare Beziehungen, die durch Polynome höher als ersten Grades repräsentiert werden, problemlos schätzen (vgl. z. B. Bortz 2005, S. 196 ff.). In allgemeiner Form lautet das Regressionsmodell:

$$y = a + b_1 \cdot x + b_2 \cdot x^2 + \ldots + b_s \cdot x^s + \ldots + b_S \cdot x^S \quad (s = 1, \ldots, S).$$

Auch hier ist zur Bestimmung der Regressionskoeffizienten die Summe der quadrierten Abweichungen zwischen Schätz- und Beobachtungswerten zu minimieren, d. h. es gilt

$$Z = \sum_{i=1}^{n} (y_i - \hat{y}_i) = \sum_{i=1}^{n} (y_i - a - b_1 \cdot x - \ldots - b_s \cdot x^s - \ldots - b_S \cdot x^S) \rightarrow \text{Min!}$$

Ableiten der Zielfunktion nach a und $b_s (s = 1, \ldots S)$ führt zu einem System von S + 1 Gleichungen mit S + 1 Variablen, welches matrixalgebraisch gelöst werden kann (vgl. hierzu Bortz 2005, S. 722 f.). Die inferenzstatistische Absicherung ist allerdings mathematisch sehr komplex und soll hier nicht weiter betrachtet werden (vgl. z. B. Draper/Smith 1966, S. 237 f. und S. 282 ff.).

In vielen Fällen sind nichtlineare Zusammenhänge gegeben, die nicht durch Polynome höherer Ordnung repräsentiert werden können. In solchen Fällen kann die Regressionsfunktion jedoch häufig dadurch ermittelt werden, dass eine lineare Transformation vorgeschaltet wird (vgl. Bortz 2005, S. 200 ff.). Beispielsweise kann die Funktionsgleichung

$$y = a \cdot x^2$$

durch Logarithmieren linearisiert werden:

$$\ln y = \ln a + b \cdot \ln x .$$

Setzt man $\ln y = y'$, $\ln a = a'$, $\ln x = x'$ und $\ln b = b'$, erhält man

$$y' = a' + b' \cdot x' .$$

Obige Regressionsgleichung kann dann auf dem bereits bekannten Wege parametrisiert werden. Die gesuchten Parameter $\hat{a}$ und $\hat{b}$ erhält man durch Entlogarithmieren von $\hat{a}'$ und $\hat{b}'$. Zu beachten ist allerdings, dass die dadurch resultierenden Regressionskoeffizienten nicht exakt mit denjenigen übereinstimmen, welche man durch direkte Anwendung der Methode der kleinsten Quadrate auf die nichtlineare Funktion erhalten würde.

Gelegentlich werden bestimmte Kausalzusammenhänge im Marketing durch Funktionen abgebildet, welche weder durch Polynome höherer Ordnung noch durch linearisierbare Funktionen repräsentiert werden können. In solchen Fällen können für die gesuchten Parameter nur Näherungslösungen ermittelt werden. Ein entsprechender Algorithmus – welcher auch im Statistikpaket STATGRAPHICS Anwendung findet – wurde von Marquardt (1963) entwickelt.

Regressionsanalyse mit nichtmetrischen Variablen

In bestimmten Fällen können auch bei Vorliegen nichtmetrischer abhängiger oder unabhängiger Variablen Regressionsanalysen durchgeführt werden. Ein erster Fall ist dann gegeben, wenn die abhängige Variable y dichotom skaliert ist; die unabhängigen Variablen können dabei sowohl metrisch als auch kategorial ausgeprägt sein. Die herkömmliche Regressionsanalyse kann nicht eingesetzt werden, da Dichotomie bei der abhängigen Variable zu nicht-normalverteilten Störgrößen führt (vgl. Urban 1993, S. 16 ff.). In diesem Falle kann – neben der Zwei-Gruppen-Diskriminanzanalyse (vgl. Abschn. 3.3.2) – die sog. *Logistische Regression* eingesetzt werden. An dieser Stelle soll nur der Grundgedanke der logistischen Regression vorgestellt werden; die ausführliche methodische Vorgehensweise findet sich z. B. bei Krafft 1997, Krafft 2000 sowie Backhaus et al. 2006, S. 425-488.

Eine für das Marketing relevante Fragestellung könnte exemplarisch lauten: Wie hängt der Kauf bzw. Nichtkauf eines Produktes (y) von der Preishöhe (x_1) und dem Werbebudget (x_2) ab? Dabei nimmt die abhängige Variable y zwei Werte an:

$$y = \begin{cases} 1, \text{falls das Produkt gekauft wird,} \\ 0, \text{falls das Produkt nicht gekauft wird.} \end{cases}$$

Es wird unterstellt, dass der beobachtbaren Variable y eine nichtbeobachtbare (latente) Variable z zu Grunde liegt, die zu einer dichotomen Realisierung von y führt. Es gilt:

$$y_i = \begin{cases} 1, \text{falls } z_i > 0, \\ 0 \text{ sonst.} \end{cases}$$

Ausgangspunkt der logistischen Regression ist dabei folgendes allgemeine Modell:

$$z_i = a + \sum_{k=1}^{K} b_k \cdot x_{ik} + u_i$$

mit

z_i = nicht beobachtete Variable beim Objekt i $(i = 1,\ldots,n)$,

a = konstantes Glied,

b_k = Koeffizient der unabhängigen Variablen x_{ik} $(k = 1,\ldots,K)$,

x_{ik} = Ausprägung der unabhängigen Variablen k beim Objekt i,

u_i = Realisierung der Störgröße.

Ziel der logistischen Regression ist dabei – im Gegensatz zur herkömmlichen Regressionsanalyse – nicht die Schätzung der Beobachtungswerte, sondern die Schätzung der Eintrittswahrscheinlichkeit des Ereignisses y = 1 in Abhängigkeit der unabhängigen Variablen x_k, $P_i(y=1)$. Der logistische Regressionsansatz wird wie folgt formuliert:

$$P_i (y = 1) = \frac{1}{1 + e^{-z_i}}.$$

Die Parameter werden üblicherweise mit Hilfe der Maximum-Likelihood-Methode geschätzt.

Ein anderer Fall der Anwendung der Regressionsanalyse bei nichtmetrischen Variablen liegt dann vor, wenn die abhängige Variable zwar metrisch, die unabhängige Variable jedoch nominal skaliert ist. Als Beispiel kann folgende Problemstellung dienen: Kaufmenge eines Produkts in Abhängigkeit der Phase im Familienlebenszyklus. In einem solchen Fall kann eine sog. *Dummy-Regression* durchgeführt werden (vgl. Malhotra 2004, S. 523).

Hierzu muss die unabhängige Variable zunächst umcodiert werden. Am Beispiel des Familienlebenszyklus kann dies gemäß Abb. 3.29 erfolgen (hier wurde „älteres Paar ohne Kinder" als Referenzkategorie zu Grunde gelegt und wird nicht direkt in die Regressionsgleichung einbezogen).

Phase im Familienlebenszyklus	Ursprünglicher Variablencode	Dummy-Codierung		
		D_1	D_2	D_3
Alleinstehend	1	1	0	0
Mit Partner zusammenlebend/verheiratet	2	0	1	0
Familie mit Kindern	3	0	0	1
Älteres Paar ohne Kinder	4	0	0	0

Abb. 3.30: Dummy-Codierung einer nominalskalierten Variable

Das Regressionsmodell lautet in diesem Fall

$$\hat{y}_i = \hat{a} + \hat{b}_1 \cdot D_1 + \hat{b}_2 \cdot D_2 + \hat{b}_3 \cdot D_3.$$

Für Alleinstehende resultiert als Regressionsgleichung demnach

$$\hat{y}_i = \hat{a} + \hat{b}_1,$$

für die Kategorie „Älteres Paar ohne Kinder" entsprechend

$$\hat{y}_i = \hat{a}.$$

Analog lassen sich die Regressionsgleichungen für die übrigen Kategorien aufstellen. Es wird ersichtlich, dass der Regressionskoeffizient $\hat{b}_1$ als Differenz zwischen dem Modellwert $\hat{y}_1$ für Alleinstehende im Vergleich zu $\hat{y}_i$ bei älteren Paaren ohne Kinder zu interpretieren ist.

3.4.3 Kausalanalyse

3.4.3.1 Grundgedanke

Die Kausalanalyse, auch Kovarianzstrukturanalyse genannt, wird angewendet, um kausale Beziehungen zwischen latenten Variablen abzubilden. Latente Variablen sind nicht direkt messbare Konstrukte wie beispielsweise die Einstellung oder die Kaufintensität, die anhand von Indikatoren abgebildet werden und miteinander in Beziehung gesetzt werden können. Eine typische Fragestellung für das Marketing könnte lauten: Welchen Einfluss haben die soziale Schichtzugehörigkeit und Persönlichkeitsmerkmale (wie Innovationsfreude, Risikoempfinden, Meinungsführerschaft) auf die Akzeptanz von Mobile Banking? Die Variablen „soziale Schicht" und „Persönlichkeitsmerkmale" sind hypothetische Konstrukte, welche jeweils durch spezifische Indikatoren gemessen werden können.

Die Kausalanalyse geht zurück auf Arbeiten von Jöreskog (1973, 1978) sowie von Jöreskog/Sörbom (1979, 1982). Die Anwendungsmöglichkeiten der Kausalanalyse für Fragestellungen des Marketing wurden von Bagozzi (1980) erstmalig diskutiert. Eine Bestandsaufnahme liefern Homburg/Baumgartner (1995b). Die Überprüfung von Hypothesen mit Hilfe der Kausalanalyse sollte nur durchgeführt werden, wenn die Hypothesenbildung und die Konstruktion der latenten Variablen auf der Basis intensiver sachlicher Überlegungen erfolgt ist.

Das *mathematische Prinzip* der Kausalanalyse lässt sich umschreiben als eine Kombination aus faktorenanalytischem und regressionsanalytischem Denkansatz. Die Besonderheit der Kausalanalyse liegt dabei in der expliziten Formulierung der Messtheorie und der Substanztheorie (vgl. Homburg/Hildebrandt 1998, S. 18 ff.). Die Messtheorie beschreibt dabei Begriffe, die sich auf direkt messbare Zusammenhänge beziehen, also auf Indikatorvariablen. Die Substanztheorie beschreibt die theoretischen Konstrukte und bezieht sich damit auf nicht direkt messbare Sachverhalte, also die latenten Variablen und Hypothesen über deren Zusammenhang. Die Integration dieser beiden Betrachtungsweisen erfolgt mit Hilfe von Korrespondenzhypothesen, die eine Brücke zwischen der Substanztheorie und der Messtheorie schlagen, indem sie sowohl latente als auch beobachtbare Indikatorvariablen enthalten. Sie dienen der Operationalisierung der hypothetischen Konstrukte.

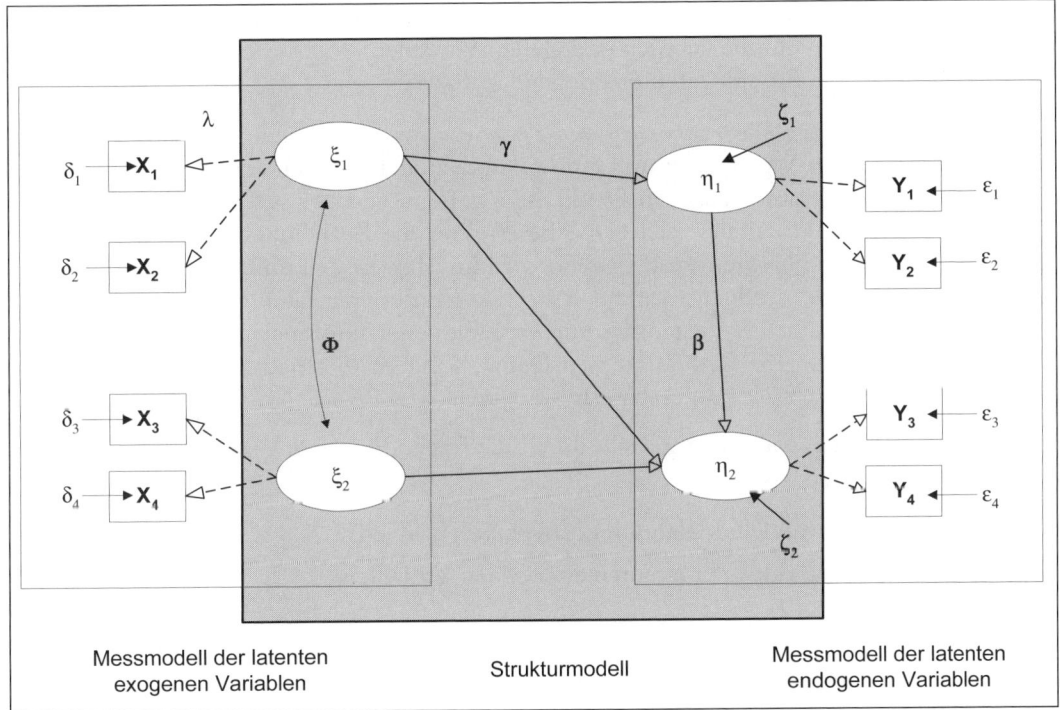

Abb. 3.31: Aufbau eines kausalanalytischen Modells

Abb. 3.31 zeigt den grundlegenden Aufbau eines kausalanalytischen Modells anhand eines Pfaddiagramms mit den gängigen Variablenbezeichnungen. Direkt beobachtbare Variablen (dargestellt in Kästchen) sind die Operationalisierungen der nicht direkt beobachtbaren latenten Variablen (dargestellt in Kreisen). Die Pfeile (=Pfade) beschreiben die unterstellten kausalen Beziehungen zwischen zwei Variablen im Sinne von „je-desto-Hypothesen". Gekrümmte Doppelpfeile beschreiben nicht kausal interpretierte Beziehungen zwischen latenten Variablen und zwischen Messfehlervariablen.

Das Strukturmodell beinhaltet die substanztheoretischen Hypothesen der Wirkungszusammenhänge zwischen den latenten, also nicht direkt messbaren Variablen. Hier wird bereits die Kausalität der Variablen unterstellt, indem eine Einteilung in endogene, also aus dem Modell heraus erklärte abhängige Variablen und exogene, also erklärende unabhängige Variablen erfolgt. Ziel des Modells ist die Generierung von Werten für die latenten endogenen Variablen. Das Strukturmodell wird formal dargestellt durch die folgende Matrizengleichung:

$$\eta = \mathbf{B} \cdot \eta + \Gamma \xi + \zeta \, ,$$

mit

η = latente endogene Variable Eta, wird durch das Modell erklärt;

ξ = latente exogene Variable Ksi, wird nicht durch das Modell erklärt;

$\mathbf{B}$ = Koeffizientenmatrix der latenten endogenen Variablen, modelliert die Effekte zwischen latenten endogenen Variablen;

Γ = Koeffizientenmatrix der latenten exogenen Variablen, modelliert die Effekte der latenten exogenen auf die latenten endogenen Variablen;

ζ = Residualvariable für eine latente endogene Variable.

Die Messmodelle geben die *messtheoretischen Hypothesen* wieder, indem sie die Beziehungen zwischen den latenten Variablen η und ξ und den dazu gehörenden Indikatoren darstellen. Dabei wird einem faktoranalytischen Denkansatz gefolgt, genauer gesagt einem Ansatz der konfirmatorischen Faktoranalyse, da Hypothesen über die Beziehungen zwischen latenten Variablen und den Indikatoren vorliegen. So wird im Messmodell unterstellt, dass die Korrelationen zwischen den Indikatorvariablen auf den Einfluss der latenten Variablen zurückgeführt werden können. Im Gegensatz zur explorativen Faktorenanalyse ist das Ziel des Messmodells also nicht die Reduktion von Daten, sondern die theoriegeleitete Abbildung latenter Variablen durch direkt messbare Indikatoren.

Die Messmodelle werden formal dargestellt durch die folgenden *Matrizengleichungen* (vgl. Homburg/Pflesser 2000b, S. 640 f):

$$\mathbf{X} = \Lambda_X \cdot \xi + \delta \quad \text{(Messmodell der latenten exogenen Variablen)}$$

$$\Upsilon = \Lambda_Y \cdot \eta + \varepsilon \quad \text{(Messmodell der latenten endogenen Variablen)}$$

mit

$\mathbf{X}$ = Matrix der Indikatoren (Messvariablen) für latente exogene Variablen;

Υ = Matrix der Indikatoren (Messvariablen) für latente endogene Variablen;

Λ_X = Matrix der Pfadkoeffizienten zwischen den Indikatoren und den latenten exogenen Variablen;

Λ_Y = Matrix der Pfadkoeffizienten zwischen den Indikatoren und den latenten endogenen Variablen;

δ = Störvariable für eine exogene Indikatorvariable;

ε = Störvariable für eine endogene Indikatorvariable.

So wird, wie in Abb. 3.31 ersichtlich, die latente exogene Größe ξ_1 durch zwei direkt beobachtbare Indikatoren x_1 und x_2 beschrieben.

Formal besteht die Kausalanalyse demnach aus einem Strukturmodell auf Basis des regressionsanalytischen Denkansatzes sowie mindestens zwei Messmodellen auf Basis des faktoranalytischen Denkansatzes. Dabei folgt die Kausalanalyse dem Grundgedanken, dass sich anhand der Korrelationen zwischen den X-Variablen und zwischen Y-Variablen die Beziehungen in den endogenen und exogenen Messmodellen abbilden lassen. Mit ihrer Hilfe ist es wiederum möglich, die Beziehungen im Strukturmodell zu berechnen. Die explizite Erfassung der jeweiligen Messfehler ermöglicht zudem die Interpretation der nicht durch das Modell erklärbaren Varianzanteile in der Modellstruktur.

Kausalität und Korrelation

Für das formale Verständnis der Kausalanalyse ist das Verständnis des verwendeten Kausalitätsbegriffes nötig. Kausalität im Sinne der Kausalanalyse wird wie folgt aufgefasst (für eine tiefergehende Betrachtung des statistischen Kausalitätsbegriffes vgl. Bortz 2005, S. 472 f.; siehe auch die Ausführungen in Abschn. 2.2.4.1 im 2. Teil): Ein direkter kausaler Zusammenhang zwischen zwei Variablen x_1 und x_2 besteht nur dann, wenn eine Veränderung von x_2 durch eine Veränderung von x_1 hervorgerufen wird und alle anderen Variablen, die nicht von x_1 abhängen, konstant gehalten werden.

Gemessen wird dieser Sachverhalt anhand des Korrelationskoeffizienten zwischen zwei Variablen:

$$r_{x_1,x_2} = \frac{s(x_1,x_2)}{s_{x_1},s_{x_2}}$$

mit

$\overline{x}_1, \overline{x}_2$ = Mittelwerte der Ausprägungen der Variablen 1 und 2 über alle Objekte i=1,…,I,

$s(x_1,x_2) = \dfrac{1}{I-1}\sum_i (x_{i1} - \overline{x}_1)\cdot(x_{i2} - \overline{x}_2)$ = Kovarianz zwischen den Variablen x_1, x_2,

$s_{x_1} = \sqrt{\dfrac{1}{I-1}\sum_i (x_{i1} - \overline{x}_1)^2}$ = Standardabweichung der Variablen x_1,

$s_{x_2} = \sqrt{\dfrac{1}{I-1}\sum_i (x_{i2} - \overline{x}_2)^2}$ = Standardabweichung der Variablen x_2,

x_{i1}, x_{i2} = Ausprägung der Variablen 1 bzw. 2 bei Objekt i.

Der Wertebereich des Korrelationskoeffizienten r_{x_1,x_2} liegt zwischen -1 und +1. Ist dieser von Null unterschiedlich, ergeben sich 4 Interpretationsmöglichkeiten:

–Die Variable x_1 ist verursachend für die Variable x_2.

–Die Variable x_2 ist verursachend für die Variable x_1.

–Die Abhängigkeit zwischen den Variablen x_1 und x_2 ist teilweise bedingt durch den Einfluss einer dritten, exogenen Variable ξ.

–Die Abhängigkeit zwischen den Variablen x_1 und x_2 ist vollständig bedingt durch den Einfluss einer dritten, exogenen Variable ξ. Diese Interpretation der Korrelation entspricht dem Denkansatz der Faktorenanalyse.

Letzteres lässt sich nachweisen mit dem partiellen Korrelationskoeffizienten. Dabei lässt sich der Einfluss der Variable ξ auf x_1 und x_2 ermitteln, indem ξ konstant gehalten wird. Nimmt man an, dass allein ξ für die Abhängigkeiten der beiden Variablen x_1 und x_2 verantwortlich ist, muss die Korrelation zwischen x_1 und x_2 gleich Null sein.

Im Rahmen der Kausalanalyse können alle Interpretationsmöglichkeiten für die Korrelation zwischen zwei Variablen angewendet werden je nachdem, welche Art von Zusammenhang durch die formulierten Hypothesen im Vorwege angenommen wird.

3.4.3.2 Methodische Vorgehensweise

Die Vorgehensweise der Kausalanalyse lässt sich in die folgenden *Arbeitsschritte* einteilen (vgl. Backhaus et al. 2006, S. 352 f., Homburg/Pflesser 2000b, S. 636 ff.):

— *Generierung der Untersuchungshypothesen*: Die Hypothesenbildung stellt die theoretische Vorarbeit für die Durchführung der Kausalanalyse dar. Hier sind intensive Überlegungen über die Zusammenhänge des zu analysierenden Datensatzes anzustellen. In dieser Phase der Untersuchung kann der Einfluss des Forschers auf den Untersuchungsablauf sehr groß sein, weshalb dieser Schritt mit besonderer Sorgfalt durchzuführen ist.

— *Spezifikation der Modellstruktur*: Für die Formulierung der Modellstruktur werden anhand des Hypothesensystems jedem Konstrukt die messbaren Indikatoren zugeordnet (Operationalisierung der Messmodelle); des Weiteren wird der Zusammenhang der Konstrukte untereinander definiert (Aufstellen des Strukturmodells). Das Ergebnis ist ein umfangreiches Gleichungssystem. Die auf dem Markt befindliche Software (z. B. Amos 5.0) ermöglicht die Erstellung eines Pfaddiagramms zur Darstellung der Ursache-Wirkungszusammenhänge. Die Schätzung erfolgt dann automatisch, die Entwicklung eines Gleichungssystems ist also nicht mehr nötig.

— *Identifikation der Modellstruktur*: In diesem Schritt wird die Lösbarkeit des Modells bzw. des Gleichungssystems geprüft. Es wird geprüft, ob die empirischen Informationen ausreichen, um die Parameter des Gleichungssystems eindeutig zu bestimmen.

— *Parameterschätzung*: Die Software AMOS 5.0 stellt verschiedene Verfahren zur Schätzung der Parameter zur Verfügung. Anhand der Annahmen, von denen im Rahmen der Schätzung ausgegangen wird, muss festgelegt werden, welches Verfahren für die Parameterschätzung des spezifischen Modells geeignet ist.

— *Beurteilung der Schätzergebnisse*: Es stehen eine Reihe von Kriterien zur Verfügung, anhand derer die Güte der Anpassung der empirischen Daten an die Modellstruktur geprüft werden kann. Diese Kriterien beziehen sich sowohl auf die Modellstruktur als Ganzes als auch auf einzelne Teile des Modells.

Auf die Ablaufschritte wird im Folgenden eingegangen. Dabei wird auf eine eingehende Erläuterung der mathematischen Struktur verzichtet und auf die Standardwerke von Bollen 1989, Hayduk 1987 und Homburg 1992 verwiesen.

Es werden verschiedene Softwarepakete zur Lösung kausalanalytischer Modelle angeboten, auf die am Ende des Kapitels gesondert eingegangen wird. Ein sehr komfortables und leistungsfähiges Softwarepaket ist AMOS 5.0, welches als Grundlage für die Ausführungen dient.

Generierung der Untersuchungshypothesen

Der erste Schritt zur Anwendung einer Kausalanalyse beinhaltet eingehende theoretische Vorarbeiten, die als Voraussetzung für eine Modellformulierung bezeichnet werden können. So erfolgt die Bildung des kausalanalytischen Modells auf der Grundlage der im Vorwege formulierten Hypothesen, welche wiederum die Beziehungen in einem empirischen Datensatz beschreiben. Hierfür ist genau zu spezifizieren, welche Variablen wie, d. h. mit welchem Vorzeichen, in das Modell eingehen und welche Beziehungen zwischen den Variablen unterstellt werden. Die Hypothesenbildung ist der wichtigste und zugleich anspruchsvollste Schritt bei der Arbeit mit der Kausalanalyse, da der Einfluss des Forschers auf die Ergebnisse bei der Berechnung des Modells erheblich sein kann.

Beispielhaft unterstellen wir, dass das Kaufverhalten von dem zur Verfügung stehenden Budget und der Einstellung gegenüber dem Produkt abhängt. Die Kaufintensität sei durch die Indikatoren „Zahl der Käufe" und „Einkaufsmenge pro Einkauf" vollständig bestimmt. Die Einstellung wird anhand zweier Messmodelle zur Einstellungsmessung bestimmt. Die Höhe des Budgets erklärt sich anhand des verfügbaren Einkommens der Probanden. Dieses Beispiel stellt eine erhebliche Vereinfachung der Realität dar. Aus der beschriebenen Situation ergibt sich das folgende Hypothesensystem:

Die Hypothesen des Messmodells der latenten exogenen Variablen lauten:
   1.1 Die Einstellung wird durch zwei Messmodelle erfasst.
   1.2 Das Budget wird durch die Höhe des verfügbaren Einkommens bestimmt.

Die Hypothesen des Strukturmodells lauten:
   2.1 Je positiver die Einstellung gegenüber einem Produkt ist, desto höher ist die Kaufintensität.
   2.2 Je höher das verfügbare Einkommen ist, desto höher ist die Kaufintensität.
   2.3 Zwischen der Einstellung und dem Budget eines Konsumenten besteht ein Zusammenhang.

Die Hypothesen des Messmodells der latenten endogenen Variablen lauten:
   3.1 Das Kaufverhalten ist durch die Zahl der Käufe bestimmbar.
   3.2 Das Kaufverhalten ist durch den Einkaufsort bestimmbar.

In dem angegebenen Hypothesensystem sind auch die Vorzeichen bzw. die Art des Einflusses angegeben. Die Art des Einflusses der Variablen wird damit durch die Hypothesen festgelegt. Wird die Art des Einflusses der Variablen nicht festgelegt, so ergibt die Schätzung der Parameter lediglich eine Anpassung der empirischen Daten an das Modell, nicht jedoch eine Hypothesenprüfung. Auf diese Weise kann zumindest bezogen auf die Richtung des Einflusses ein Hypothesentest erfolgen.

Spezifikation der Modellstruktur

Die Spezifikation der Modellstruktur beschreibt die Übersetzung des entwickelten Hypothesensystems in ein Pfadmodell, welches dann für die Parameterschätzung in mathematische Strukturen überführt wird.

Aufbau des Pfadmodells:

Um die Erstellung des Pfadmodells zu erleichtern, wurden die folgenden Regeln formuliert, die in der Forschungspraxis überwiegend zur Anwendung kommen (vgl. Heise 1975, S. 38 ff. und S. 115):

–Direkt beobachtbare Variablen werden in Kästchen dargestellt.

–Latente Variablen werden in Kreisen dargestellt.

–Kausale Beziehungen zwischen Variablen werden durch einen geraden Pfeil (= Pfad) dargestellt, wobei ein Pfeil seinen Ursprung immer bei der unabhängigen oder verursachenden Variable hat und stets nur eine Variable als Ursprung und eine Variable als Endpunkt hat.

–Einflüsse von Messfehlervariablen werden ebenfalls durch Pfeile dargestellt, wobei der Ursprung der Variable von der Residualvariablen ausgeht.

–Kausal nicht interpretierbare Beziehungen werden durch gekrümmte Doppelpfeile dargestellt und sind nur zwischen exogenen latenten Variablen und Messfehlervariablen zulässig.

–Ein vollständiges Kausalmodell besteht mindestens aus zwei Messmodellen und einem Struktur-modell.

–In einem typischen Kausalmodell steht das Messmodell der latenten exogenen Variablen, beste-hend aus den x- und ξ-Variablen, auf der linken Seite, in der Mitte ist das Strukturmodell mit den ξ- und η-Variablen und rechts das Messmodell der latenten exogenen Variablen, das die y- und η-Variablen enthält.

Zur Verdeutlichung dient das in Abb. 3.32 angeführte beispielhaft aufgestellte Kausalmo-dell, das auf den zuvor formulierten Hypothesen beruht. Das Modell besteht aus zwei exo-genen und einer endogenen latenten Variablen sowie den dazu gehörigen Messmodellen.

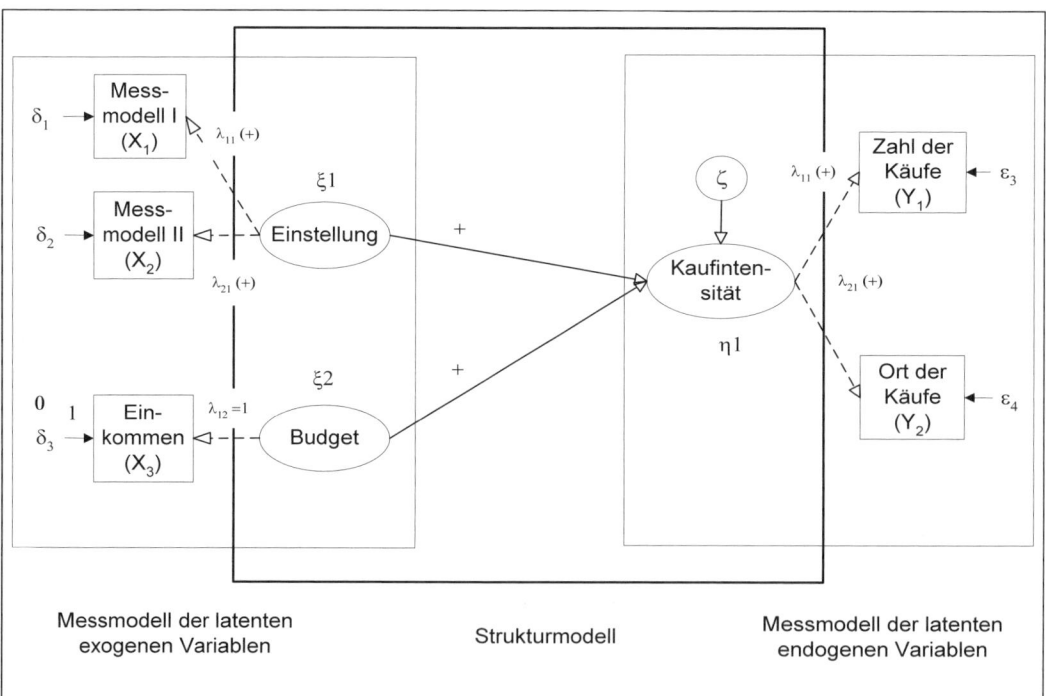

Abb. 3.32: Pfadmodell mit drei latenten Variablen

Die Vorzeichen an den Pfeilen (Pfaden) geben den theoretisch begründeten Einfluss der unabhängigen auf die abhängigen Variablen an. Die Eins am Koeffizienten λ_{12} gibt an, dass das Budget vollständig durch die Messung des Einkommens erklärt werden kann. Daher muss auch die Messfehlervariable δ_3 den Wert Null haben.

Die folgenden Parameter können im Rahmen eines Kausalmodells verwendet werden:

Feste Parameter:
Der Wert eines festen Parameters wird im Vorwege durch den Forscher festgelegt. Hierfür gibt es zwei Gründe. Zum einen wird auf Grund der vorhergehenden Überlegungen unterstellt, dass der Wert der Variable gleich Null ist und somit keine kausalen Beziehungen zwischen bestimmten Variablen bestehen. Zum anderen wird auf Grund von Erkenntnissen aus der theoretischen Vorarbeit ein bestimmter Wert für eine Variable festgelegt. In beiden Fällen wird der Wert der Variable nicht durch das Modell geschätzt, sondern im Vorwege festgelegt.

Restringierte Parameter
Im Modell kann festgelegt werden, dass ein oder mehrere Parameter denselben Wert haben. Diese Parameter werden als restringiert bezeichnet. Das kann sinnvoll sein, wenn bei zwei unabhängigen Variablen derselbe Einfluss auf eine abhängige Variable unterstellt wird oder wenn die Werte von Messfehlervarianzen als gleich groß angenommen werden. Werden beispielsweise zwei Parameter als restringiert festgelegt, so verringert sich die Anzahl der durch das Modell zu schätzenden Parameter, da nur ein Wert zu schätzen ist.

Freie Parameter
Parameter, deren Werte durch das Modell zu schätzen sind, heißen freie Parameter. Sie geben die angenommenen kausalen Beziehungen, Kovarianzen und Messfehlerwerte der Variablen wieder.

Durch das Computerprogramm AMOS 5.0 wird das Pfaddiagramm in ein lineares Gleichungssystem überführt und geschätzt. Um die Überführung des Pfaddiagrammes in ein mathematisches Gleichungssystem zu verdeutlichen, wird das oben stehende Pfaddiagramm als Beispiel verwendet. Für die Bildung der Gleichungen gelten die folgenden *Regeln* (vgl. Heise 1975, S. 49 ff.):

Für jede abhängige Variable ist jeweils eine Gleichung zu formulieren.

- Werden die abhängigen Variablen von mehreren unabhängigen Variablen beeinflusst sind diese additiv miteinander zu verknüpfen.
- Die Pfadkoeffizienten geben die Stärke des Zusammenhanges zwischen einer abhängigen und einer unabhängigen Variable an.

Unter der Voraussetzung, dass die Indikatorvariablen an I Objekten gemessen werden und alle Variablen im Modell standardisiert worden sind, lässt sich das Pfaddiagramm wie unten dargestellt in Gleichungen abbilden.

Das Gleichungssystem hat die folgende Form:

Strukturmodell

$$\eta_{i1} = \Gamma_1 \xi_{i1} + \Gamma_2 \xi_{i2} + \zeta_{i1}$$

Messmodell der latenten endogenen Variablen

$$y_{i1} = \lambda_{21} \eta_{i1} + \varepsilon_{i3}$$

$$y_{i2} = \lambda_{22}\eta_{i1} + \varepsilon_{i4}$$

Messmodell der latenten exogenen Variablen

$$x_{i1} = \lambda_{11}\xi_{i1} + \delta_{i1}$$

$$x_{i2} = \lambda_{21}\xi_{i1} + \delta_{i2}$$

$$x_{i3} = \lambda_{31}\xi_{i1} + \delta_{i3}.$$

Die Indizierung i verdeutlicht, dass es sich bei den jeweiligen Variablen um den Beobachtungswert bei dem Objekt i handelt.

Im nächsten Schritt zur Durchführung einer Kausalanalyse ist zu prüfen, ob genügend empirisches Datenmaterial vorhanden ist, um das Modell zu schätzen.

Prüfung der Identifizierbarkeit der Modellstruktur

Um die Parameter des Kausalmodells schätzen zu können, ist zu prüfen, ob ausreichend empirisches Datenmaterial für die zu schätzenden Parameter vorhanden ist. Es ist also zu klären, welche Parameter existieren, wie viele Parameter zu schätzen sind und wie viele Indikatoren hierfür zur Verfügung stehen. Analytisch wird die Frage gestellt, ob nur eine Kovarianz- oder Korrelationsmatrix existiert, die eindeutig die Gesamtheit der zu schätzenden Parameter bestimmt, oder ob weitere Kovarianz- oder Korrelationsmatrizen existieren, die zu gleichen Ergebnissen führen.

Ob ein Modell angemessen *identifiziert* ist, lässt sich über die Ermittlung der Anzahl der Freiheitsgrade prüfen (vgl. Backhaus et al. 2006, S. 367):

$$df = \frac{n}{2} \cdot (n-1) - \frac{1}{2}(p+q)(p+q+1)$$

mit

n = Anzahl der Indikatorvariablen,
p = Zahl der Indikatorvariablen für die latenten endogenen Variablen,
q = Zahl der Indikatorvariablen für die latenten exogenen Variablen,
n(n-1)/2 = Zahl der Korrelationen der Indikatorvariablen = Zahl der Gleichungen im Strukturgleichungsmodell (empirische Information),
(p+q)(p+q+1)/2 = Obergrenze für die Anzahl der zu schätzenden Parameter.

Notwendige Bedingung für die Lösbarkeit eines Kausalmodells ist, dass die Anzahl der empirischen Informationen die Anzahl der zu schätzenden Parameter übersteigt. Notwendig insofern, als dass Modelle, welche die Bedingung verletzen, mit Sicherheit nicht identifiziert sind. Umgekehrt ist jedoch eine solche Aussage nicht möglich. Die Bedingung ist also nicht hinreichend. Nun sind drei verschiedene Konstellationen möglich (vgl. Backhaus et al. 2006, S. 366 f.):

– Ist df=0, so ist das Modell vollständig identifiziert (saturiert). Es werden jedoch alle empirischen Informationen für die Lösung des linearen Gleichungssystems aufgebraucht. Eine iterative Annäherung der empirischen an die theoretische Matrix ist nicht mehr möglich, auch ist die Durchführung von Teststatistiken im Fall einer eindeutigen Lösung nicht möglich.

- Ist df<0, so ist das Modell nicht identifiziert. Die Anzahl der Parameter übersteigt die Anzahl der Gleichungen innerhalb des linearen Gleichungssystems. Die empirischen Informationen reichen für eine Schätzung nicht aus. Die Tatsache, dass das Modell als ganzes nicht identifiziert ist, schließt jedoch nicht aus, dass einzelne Parameter sinnvoll geschätzt werden können (vgl. Homburg/Hildebrandt 1998, S. 38). Es besteht die Möglichkeit, einzelne Parameter von vornherein auf einen bestimmten Wert festzulegen oder Parameter zusammenzufassen, die dann nur noch als ein Wert geschätzt werden. Dadurch wird die Zahl der zu schätzenden Parameter reduziert. Wie bereits erläutert ist diese Vorgehensweise nur mit theoretischer Fundierung der gemachten Annahmen zulässig.

- Ist df>0, so ist das Modell überidentifiziert. Das bedeutet, die Parameter lassen sich iterativ schätzen und es ist möglich, Teststatistiken durchzuführen, da noch ausreichend empirische Informationen vorhanden sind. Grundsätzlich ist also immer ein Modell anzustreben, das eine gewisse Anzahl an Freiheitsgraden aufweist.

Die Klärung der Identifizierbarkeit von Kausalmodellen ist problematisch, da keine Verfahren existieren, die eine Identifizierbarkeit zweifelsfrei feststellen können (vgl. Homburg 1992, S. 503 und Homburg/Pflesser 2000b, S. 654). Es existieren neben dem oben beschriebenen Verfahren weitere Kriterien, die von der Software AMOS 5.0 verwendet werden, um die Identifizierbarkeit des Modells sicherzustellen. Die Gesamtheit dieser Kriterien führt in der Regel dazu, dass nicht identifizierbare Modelle zuverlässig erkannt werden (vgl. Homburg/Hildebrandt 1998, S. 39).

Parameterschätzung

Nach der Spezifikation des Modells und der Überprüfung der Identifizierbarkeit der Modellstruktur müssen die freien, also nicht fixierten oder restringierten Parameter geschätzt werden. Zur Schätzung der freien Parameter steht eine Reihe von verschiedenen Schätzverfahren zur Verfügung, zwischen denen der Anwender zu wählen hat (vgl. für einen kurzen Überblick Backhaus et al. 2006, S. 369, sowie für differenziertere Darstellungen insbesondere zu den Verfahren ML, GLS und ADF Bentler/Chou 1995, S. 37 ff.) Diese Schätzverfahren stellen unterschiedliche Anforderungen an die Daten und bieten verschiedene Möglichkeiten zur Bewertung des Schätzergebnisses. Gemeinsam ist ihnen jedoch die Anpassung der theoretischen an die empirische Kovarianz- oder Korrelationsmatrix. Zur Abbildung dieser Differenz verwenden die verschiedenen Schätzverfahren unterschiedliche Diskrepanz- bzw. Fitfunktionen (vgl. Browne 1982, S. 72 ff. sowie Browne 1984, S. 62 f.), die zu minimieren sind.

Zunächst kann grundsätzlich zwischen iterativen und nicht iterativen Verfahren unterschieden werden. Die nicht iterativen Verfahren lassen keinen Einsatz von Teststatistiken zu, sind also für eine methodisch einwandfreie Analyse, insbesondere mit konfirmatorischem Charakter, nicht geeignet. Nicht iterative Verfahren wie die Methode der Instrumentalvariablen (IV) oder die Zweistufenschätzmethode (Two-Stage-Least-Square; TSLS) können zur Vorgabe von Startwerten für die iterativen Schätzverfahren verwendet werden. Die iterativen Verfahren unterscheiden sich hinsichtlich der Voraussetzungen, die sie an die Verteilung der empirischen Daten stellen, sowie dem Spektrum der anwendbaren Teststatistiken.

Die Software AMOS 5.0 bietet dem Anwender die folgenden Schätzverfahren:
- Maximum Likelihood Methode (ML),
- Methode der ungewichteten kleinsten Quadrate (unweighted least squares ULS),
- Methode der verallgemeinerten kleinsten Quadrate (generalized least squares GLS),
- Methode der skalenunabhängigen kleinsten Quadrate (scale free least quares SLS),
- Methode der asymptotisch verteilungsfreien Schätzer (asymptotically distribution free ADF).

Folgende *Voraussetzungen* stellen Entscheidungskriterien für die Verwendung von Teststatistiken dar (vgl. Adler 1996, S. 191 ff.; Jöreskog/Sörboom 1989; Backhaus et al. 2006, S. 369 ff.):

Multinormalverteilung der manifesten Variablen

Die Messvariablen müssen in der Grundgesamtheit normalverteilt sein. Ist das nicht der Fall, so kann es zu verzerrten Schätzergebnissen oder entarteten Schätzern kommen. Die Schätzverfahren ML und GLS erfordern die Multinormalverteilung der Messvariablen in der Grundgesamtheit.

Skaleninvarianz der Diskrepanzfunktion

Eine Diskrepanzfunktion ist skaleninvariant, wenn sich ihr Minimum bei einer Änderung der Skalierung der Messvariablen nur im selben Verhältnis verändert (etwa bei der Transformation einer Messvariablen von Euro auf Cent). Bei skalenabhängigen Schätzmethoden wie z. B. unweighted least squares (ULS) führt eine Änderung der Skalierung zu skalenabhängigen Minima in der Diskrepanzfunktion, sodass bei Anwendung des Verfahrens die Variablen vorab standardisiert werden sollten.

Erforderliche Stichprobengröße

Angaben für den erforderlichen Stichprobenumfang schwanken. Als Richtwert werden Größenordnungen von n≥100 bis n≥200 genannt bzw. es wird, ausgehend von der Anzahl der zu schätzenden Parameter p, ein Wert von n≥5·p oder von n-p≥50 gefordert. Bei der ADF-Methode ist der üblicherweise geforderte Stichprobenumfang jedoch wesentlich höher (1,5p(p+1)).

Verfügbarkeit von Inverenzstatistiken, insbesondere χ^2

Mit dem χ^2 Test wird gegen die Nullhypothese getestet, dass die empirische Kovarianzmatrix der modelltheoretischen entspricht. Der Test liefert nur zuverlässige Schätzer, wenn für die Messvariablen in der Grundgesamtheit eine Multinormalverteilung vorliegt. Für die Schätzung mit dem Schätzverfahren ADF sind Inferenzstatistiken auch ohne diese Voraussetzung anwendbar.

Beurteilung der Schätzergebnisse

Im Anschluss an die Parameterschätzung ist die Güte der Schätzung zu beurteilen, d. h. es wird die Frage gestellt, wie gut das aufgestellte Modell die Zusammenhänge zwischen den beobachteten Variablen zu beschreiben in der Lage ist. Hierfür wird auf verschiedene Anpassungsmaße zurückgegriffen. Globalmaße beziehen sich dabei auf eine Beurteilung hinsichtlich der Anpassungsgüte des Gesamtmodells, wohingegen Partialmaße der Bewertung einzelner Komponenten des geschätzten Strukturgleichungsmodells dienen (zu den einzelnen Gütemaßen vgl. Homburg/Baumgartner 1995a; Backhaus et al. 2006, S. 370 ff.)

Globalkriterien dienen der Überprüfung, wie gut das spezifizierte Strukturmodell in seiner Gesamtheit zu den empirischen Daten passt, es wird also ein Vergleich zwischen der theoretischen und der durch das Modell geschätzten Kovarianzmatrix vorgenommen. Bei der

Anwendung sollten auf Grund der verschiedenen Eigenschaften der Indizes mehrere Gütemaße unterschiedlichen Typs Berücksichtigung finden.

Die folgenden Gütemaße werden von der Software AMOS 5.0 angeboten:

χ^2-Test

Getestet wird die Hypothese H_0, dass die empirische Kovarianzmatrix der theoretischen entspricht. Ziel ist es damit nicht, die Nullhypothese zu verwerfen, sondern einen möglichst geringen χ^2-Wert zu erhalten. Problematisch bei der Anwendung des χ^2-Tests ist die hohe Sensitivität gegenüber einer Abweichung von der Multinormalverteilung der Messvariablen in der Grundgesamtheit zum einen und gegenüber dem Stichprobenumfang zum anderen. Darüber hinaus wird durch den χ^2-Test getestet, ob ein Modell im absoluten Sinne richtig ist. Das entspricht aber nicht dem Ziel der Kausalanalyse, durch ein Hypothesensystem eine möglichst gute Annäherung an die Realität zu erreichen (Jöreskog/Sörbom 1993, S. 212 f.). Es sollte daher auf weitere Tests zurückgegriffen werden.

Root Means Square Residual (RMR)

Der *RMR* veranschaulicht die durchschnittliche Menge der nicht durch das Modell erklärten Residualvarianzen. Je stärker sich der RMR an Null annähert, desto weniger Varianz wird im Modell nicht erklärt, desto besser ist der Fit des Modells. Der RMR sollte nach Möglichkeit nahe bei Null liegen. Der unstandardisierte RMR lässt jedoch keine Festlegung von Richtwerten zu. Es ist problematisch, den RMR zu interpretieren, weil er sich in Relation zur Größe der identifizierten Varianzen und Kovarianzen bewegt. Sein Vorzug liegt insbesondere im Vergleich verschiedener Modelle, welche auf denselben Daten beruhen. Der standardisierte RMR, welcher auf einer Korrelations-Matrix basiert, bewegt sich dagegen in einem normierten Wertebereich zwischen Null und Eins. Hier wird ein standardisierter RMR unter 0.10 in der Regel als Indiz für einen guten Fit gewertet (vgl. Schumacker/Lomax 1996, S. 121).

Goodness of fit Index (GFI)

Der *GFI* kennzeichnet die Menge der durch das Modell erklärten Ausgangsvarianz. Er entspricht damit dem globalen Bestimmtheitsmaß der Regressionsanalyse (R^2). Je stärker sich der GFI an Eins annähert, desto mehr Varianz wird im Modell erklärt und desto besser ist der Fit des Modells. Das bedeutet, der GFI sollte nach Möglichkeit hoch sein. Häufig wird der Wert 0.90 als Mindestmaß angegeben (Homburg/Baumgartner (1995a), S. 167 ff.; Hoyle/Panter (1995), S. 164).

Adjusted Goodness of Fit Index (AGFI)

Der *AGFI* stellt ebenfalls ein Maß für die Menge der durch das Modell erklärten Gesamtvarianz dar, allerdings unter zusätzlicher Berücksichtigung der Anzahl der Freiheitsgrade. Der AGFI sollte nach Möglichkeit ebenfalls hoch sein, d. h. für den AGFI wird üblicherweise ebenfalls ein Wert über 90 Prozent vorausgesetzt (AGFI > 0.90) (Schumacker/Lomax (1996), S. 121).

Normed Fit Index (NFI)

Der Wert der minimierten Diskrepanzfunktion liegt immer zwischen dem Wert eines besonders schlechten Basismodells, in dem alle manifesten Variablen als unkorreliert angenommen werden, und dem eines so genannten saturierten Modells, das einen Wert von 1 aufweist. Der *NFI* vergleicht den Wert der minimierten Diskrepanzfunktion mit dem Wert des Basismodells. Der *NFI* ist normiert und liegt zwischen Null und Eins. Je näher der *NFI* an 1 liegt, desto besser ist die Anpassung des Modells gelungen und desto näher liegt es an dem saturierten Modell. Ist der *NFI* größer als 0,9 kann von einer guten Anpassung des Modells ausgegangen werden (vgl. Bentler/Bonnet 1980, S. 588 ff.).

Comparative Fit Index (CFI)

Mit dem *CFI* kann zusätzlich die Zahl der Freiheitsgrade berücksichtigt werden. Auch beim *CFI* deutet ein Wert von über 0,9 auf eine gute Modellanpassung hin (vgl. Bentler 1990, S. 238 ff.).

Einer der Vorteile der Kausalanalyse ist die Möglichkeit der Prüfung der Anpassungsgüte von Teilen des Hypothesensystems. So ist es möglich, dass Teile des Modells die Realität gut abbilden, während das Gesamtmodell keine gute Anpassung aufweist. Dieses lässt sich anhand der so genannten *Partialkriterien* ermitteln.

Maßgeblich für die Bewertung der partiellen Modellgüte ist zunächst die Betrachtung der Parameterschätzung im Hinblick auf die Übereinstimmung mit den theoretisch postulierten Hypothesen. Dazu gehören einerseits die Betrachtung der *Wirkungsrichtung* sowie andererseits die *Prüfung der Ergebnisse* auf statistische Signifikanz. Die gebräuchlichsten Teststatistiken werden unten stehend erläutert.

Die folgenden Gütemaße werden von der Software AMOS 5.0 angeboten:

Standardfehler der Schätzung (Square Error, SE)

Die *SE* geben an, mit welcher Streuung bei den Parameterschätzungen zu rechnen ist. Je kleiner die Standardfehler der geschätzten Parameter ausfallen, desto zuverlässiger sind die einzelnen Schätzungen zu bewerten.

Critical-Ratio (CR)

Die Berechnung des CR entspricht der Parameterschätzung dividiert durch den Standardfehler der Schätzung. Sind die Ausgangsvariablen in der Grundgesamtheit normalverteilt, so kann ein t-Test auf der Basis des CR angewendet werden. Getestet wird gegen die Nullhypothese, dass die geschätzten Werte sich nicht von Null unterscheiden. Liegt der CR über 1,96 so kann bei einer Irrtumswahrscheinlichkeit von 0,05 ein Beitrag zur Bildung der Modellstruktur des entsprechenden Parameters angenommen werden.

Quadrierte multiple Korrelationskoeffizienten (Indikatorreliabilität)

Anhand der quadrierten multiplen Korrelationskoeffizienten kann mit AMOS 5.0 die *Reliabilität* der Messung der latenten Variablen und der Indikatorvariablen im Kausalmodell gemessen werden. Die Reliabilität einer Variablen gibt wieder, inwieweit eine Messung frei von zufälligen Messfehlern ist. Bezogen auf die Indikatorvariablen geben die quadrierten multiplen Korrelationskoeffizienten an, wie gut die einzelnen Indikatoren der Messung der latenten Variablen dienen. Bezogen auf die latenten endogenen Variablen messen die quadrierten multiplen Korrelationskoeffizienten die Stärke der Kausalbeziehungen in den Strukturgleichungen. Rechnerisch entspricht die Indikatorreliabilität dem Quadrat der Faktorladungen in den Konstrukten. Der Grenzwert für die Indikatorreliabilität liegt üblicherweise zwischen 0,4 und 0,5, was inhaltlich bedeutet, dass zumindest 40-50% der Varianz einer Messvariablen durch den dahinter stehenden Faktor erklärt werden sollten.

Ermittlung der Residuen

Mit den geschätzten Parametern lässt sich die theoretische Kovarianzmatrix erstellen. Die Differenzen zwischen der theoretischen und der empirischen Kovarianzmatrix ergeben die Residuen. Je näher die Residuen an Null liegen, umso geringer ist der nicht durch das Modell erklärte Anteil der Kovarianz der entsprechenden Variablen. Bei einem gut angepassten Modell sollte der Wert der Residuen 0,1 nicht übersteigen. Es ist zu beachten, ob auf Grund von Skalenunterschieden eine

Standardisierung der Residualvarianzen erforderlich ist. Die Differenz- oder Residualmatrix wird von AMOS 5.0 bereitgestellt.

Die nachfolgende Abb. 3.33 fasst die wichtigsten Kriterien zur Beurteilung der Modellgüte zusammen. Es sei darauf hingewiesen, dass die Ergebnisse der Parameterschätzung und die Güte der Anpassung des Modells im Rahmen der Kausalanalyse anhand von verschiedenen Kriterien beurteilt werden sollten. Weichen einzelne Kriterien von den vorgegebenen Werten ab, so muss dies nicht zwingend auf ein unbrauchbares Modell hindeuten. Es sollte daher immer ein geeignetes Bewertungsschema angewendet werden.

Kriterium	Anforderung
Globalkriterien	
RMR	<0,1
GFI	>0,9
AGFI	>0,9
NFI	>0,9
CFI	>0,9
Partialkriterien	
Standardfehler der Schätzung	möglichst klein
CR	>1,96

Abb. 3.33: Gebräuchliche Kriterien zur Beurteilung der Anpassungsgüte eines Kausalmodells

Durch die Veränderung der Modellstruktur kann eine Verbesserung der Prüfkriterien erreicht werden. Wird diese Vorgehensweise gewählt, so verändert sich auch das Hypothesensystem und die theoretischen Vorüberlegungen verlieren teilweise an Gültigkeit. Diese Vorgehensweise bedeutet, dass die Kausalanalyse ihren konfirmatorischen Charakter verliert und zu einem explorativen Analyseverfahren wird, da die neuen Hypothesen nicht auf Grund theoretischer Überlegungen sondern empirischer Analysen zustande gekommen sind. Eine theoretische Begründung dieser Vorgehensweise kann daher nur im Nachhinein erfolgen.

3.4.4 Varianzanalyse

3.4.4.1 Grundgedanke

Typischer Anwendungsbereich der Varianzanalyse ist die Auswertung von *Experimenten* (vgl. Abschnitt 2.2.4.3 im 2. Teil); insofern eignet sich die Varianzanalyse zur Überprüfung von Kausalhypothesen. Anwendung findet die Varianzanalyse dort, wo der Einfluss einer oder mehrerer (mindestens) nominal skalierter Variablen auf eine oder mehrere metrisch skalierte Variablen untersucht werden soll. Eine beispielhafte Fragestellung lautet: Wie hängt die Absatzmenge von der Platzierung des Produkts im Geschäft ab?

Mit Hilfe der Varianzanalyse wird allgemein festgestellt, ob zwischen verschiedenen Gruppen signifikante Unterschiede bestehen, die auf den Einfluss einer oder mehrerer kontrollierbarer Variablen zurück zu führen sind. Eine Varianzanalyse vollzieht sich grundsätzlich in folgenden *Schritten* (Herrmann/Seilheimer 2000, S. 267):

– Modellspezifizierung,

- Zerlegung der Gesamtabweichung,
- Berechnung der Varianzen und Messung der Effekte,
- Signifikanztest,
- Interpretation der Ergebnisse.

Die einzelnen Verfahren der Varianzanalyse unterscheiden sich dabei
- nach der Anzahl der unabhängigen Variablen,
- nach der Anzahl der abhängigen Variablen sowie
- nach dem Skalenniveau der unabhängigen Variablen.

3.4.4.2 Methodische Vorgehensweise

Im Folgenden soll die grundsätzliche Vorgehensweise anhand der univariaten einfaktoriellen Varianzanalyse (ANOVA) erläutert werden. Im Rahmen der univariaten einfaktoriellen Varianzanalyse wird die Wirkung einer einzigen unabhängigen nominalskalierten Variable (Faktor) mit $k = 1,\ldots s$ Ausprägungen (Faktorstufen) auf eine metrisch skalierte abhängige Variable geprüft; das hier dargestellte Verfahren findet bei Experimenten nach einem vollständigen Zufallsplan Anwendung. Die Modellformulierung lautet (vgl. Backhaus et al. 2006, S. 128):

$$y_{ik} = \mu + \alpha_k + u_{ik}$$

mit

y_{ik}	=	Beobachtungswert i der Faktorstufe k ($i = 1, \ldots, n; k = 1,\ldots, s$),
μ	=	Mittelwert der Grundgesamtheit,
α_k	=	Wirkung der Stufe k des Faktors A i. S. der Abweichung des Faktorstufenmittelwerts vom Gesamtmittelwert der Stichprobe $\left(\sum_{k=1}^{s} \alpha_k = 0 \right)$
u_{ik}	=	nicht erklärter Einfluss der Zufallsgrößen in der Grundgesamtheit.

Es ist nun zu überprüfen, ob Unterschiede in den Mittelwerten der abhängigen Variable (z. B. unterschiedliche Absatzmengen) bei den einzelnen Faktorstufen (z.B. unterschiedliche Platzierungen im Geschäft) statistisch signifikant sind. Das Ausgangstableau der einfaktoriellen Varianzanalyse wird in Abb. 3.34 dargestellt.

Die Gruppenmittelwerte $\bar{y}_k$, d. h. die Mittelwerte bei den einzelnen Faktorstufen, streuen um den Gesamtwert $\bar{y}$. Ausgangspunkt der Überlegungen ist die sog. *Streuungszerlegung*. Es gilt, dass sich die Gesamtstreuung, gemessen als Summe der quadrierten Abweichungen der Beobachtungswerte y_{ik} vom Gesamtmittelwert $\bar{y}$, additiv aus der Treatmentquadratsumme und der Fehlerquadratsumme zusammensetzt, es gilt also (vgl. Bortz 2005, S. 254 f.):

$$QS_{Tot} = QS_{treat} + QS_F$$

mit

QS_{Tot} = Totale Quadratsumme,

QS_{treat} = Treatmentquadratsumme,
QS_F = Fehlerquadratsumme.

Beobachtungen i \ Faktorstufen k	1	...	k	...	s
1 2	y_{11}	...	y_{1k}	...	y_{1s}
. . . i . . .	y_{i1}	...	y_{ik}	...	y_{is}
n	y_{n1}	...	y_{nk}	...	y_{ns}
Gruppenmittelwerte $\overline{y}_k$	$\overline{y}_1$		$\overline{y}_k$		$\overline{y}_s$
Gesamtmittelwert	$\overline{y}$				

Abb. 3.34: Ausgangstableau der einfaktoriellen Varianzanalyse

Die Treatmentquadratsumme bezeichnet dabei die Streuung zwischen den Gruppen, welche also auf die verschiedenen Faktorstufen zurück zu führen ist, wohingegen die Fehlerquadratsumme die Streuung innerhalb der Gruppen bezeichnet, die aus zufälligen Schwankungen resultiert. Die einzelnen Quadratsummen berechnen sich wie folgt:

$$QS_{Tot} = \sum_{i=1}^{n} \sum_{k=1}^{s} (y_{ik} - \overline{y})^2$$

$$QS_F = \sum_{i=1}^{n} \sum_{k=1}^{s} (y_{ik} - \overline{y}_k)^2$$

$$QS_{treat} = n \cdot \sum_{k=1}^{s} (\overline{y}_k - \overline{y})^2 = QS_{Tot} - QS_F.$$

Dividiert man die Quadratsummen durch die jeweilige Zahl an Freiheitsgraden, resultieren die empirischen Varianzen als (vgl. Bortz 2005, S. 251 ff.):

$$MQ_{Tot} = \frac{QS_{Tot}}{n \cdot s - 1}$$

$$MQ_{treat} = \frac{QS_{treat}}{s - 1}$$

$$MQ_F = \frac{QS_F}{n \cdot s - s} \quad .$$

Die Freiheitsgrade der Gesamtvarianz setzen sich additiv aus den Freiheitsgraden der Treatmentvarianz und den Freiheitsgraden der Fehlervarianz; zwischen den Varianzen besteht jedoch keine additive Beziehung.

Wird untersucht, ob sich die Gruppenmittelwerte $\bar{y}_i$ signifikant voneinander unterscheiden, ist folgende Nullhypothese aufzustellen:

$$H_0 : \mu_1 = \ldots = \mu_k = \ldots = \mu_s .$$

Die Nullhypothese besagt, dass die Gruppenmittelwerte identisch sind; die zugehörige Alternativhypothese besagt entsprechend, dass sich mindestens zwei Gruppenmittelwerte signifikant voneinander unterscheiden.

Je größer die Treatmentvarianz MQ_{treat} im Vergleich zur Fehlervarianz MQ_F ist, um so größer ist der Einfluss im Vergleich zu zufälligen Einflüssen. Als Prüfgröße wird

$$F_{emp} = \frac{MQ_{treat}}{MQ_F}$$

verwendet (vgl. Fantapié Altobelli 1998, S. 339). Der empirische F-Wert wird mit dem theoretischen Wert der F-Verteilung bei $s-1$ Freiheitsgraden im Zähler, $n \cdot s - s$ Freiheitsgraden im Nenner und einem Signifikanzniveau α verglichen. Ist $F_{emp} > F_{theor}$, so ist die Nullhypothese zu verwerfen, d. h. es ist von einem signifikanten Einfluss des Testfaktors auf die abhängige Variable auszugehen. Die Ergebnisdarstellung erfolgt in Form einer sog. *Varianztabelle* (vgl. Abb. 3.35).

Streuungsursache	Quadratsumme	Freiheitsgrade	Varianz	F_{emp}
Faktorstufe	SQ_{Treat}	s-1	MQ_{Treat}	$\dfrac{MQ_{Treat}}{MQ_F}$
Zufall	SQ_F	ns-s	MQ_F	
Gesamt	SQ_{Tot}	ns-1	MQ_{Tot}	

Abb. 3.35: Ergebnistabelle einer einfaktoriellen Varianzanalyse

Führt die Varianzanalyse zu einem signifikanten F-Wert, so ist lediglich der Schluss zulässig, dass sich mindestens zwei Gruppenmittelwerte signifikant voneinander unterscheiden; welche Mittelwerte im Einzelnen signifikant voneinander unterschiedlich sind, ist aus dem O-verall-Test der Varianzanalyse nicht feststellbar. Zur Durchführung von Einzelvergleichen wurden eine ganze Reihe von Tests entwickelt, bspw. der in SPSS enthaltene Duncan-Test oder der im Folgenden darzustellende *Scheffé-Test* (vgl. hierzu Bortz 2005, S. 274 ff.).

Für die einzelnen Mittelwertpaare können folgende Nullhypothesen aufgestellt werden:

$$H_0^1 : D_1 = \bar{y}_1 - \bar{y}_2 = 0$$
$$H_0^2 : D_2 = \bar{y}_1 - \bar{y}_3 = 0$$

etc., d. h. allgemein

$H_0^k : D_k = \overline{y}_k - \overline{y}_{k'}$, für alle $k \neq k'; k = 1, \ldots, s$.

Beim Scheffé-Test wird überprüft, welche Einzelvergleiche (Mittelwertdifferenzen) signifikant sind; dabei wird der gesamte Hypothesenkomplex über sämtliche Einzelvergleiche auf Signifikanz hin überprüft. Der Scheffé-Test gewährleistet, dass die Wahrscheinlichkeit eines α-Fehlers für jeden Einzelvergleichstest nicht größer ist als das Signifikanzniveau α für den Overall-Test der Varianzanalyse.

Zur Durchführung des Scheffé-Tests werden zunächst die empirischen Mittelwertdifferenzen gemäß Abb. 3.36 ermittelt.

	$\overline{y}_1$	$\overline{y}_2$	$\cdots$	$\overline{y}_k$	$\cdots$	$\overline{y}_s$
$\overline{y}_1$	$-$	D_{12}	$\cdots$	D_{1k}	$\cdots$	D_{1s}
$\overline{y}_2$		$-$	$\cdots$	D_{2k}	$\cdots$	D_{2s}
$\vdots$ $\overline{y}_k$			$-$		$\cdots$	D_{ks}
$\vdots$ $\overline{y}_s$						$-$

Abb. 3.36: Empirische Ermittlung von Mittelwertdifferenzen

Die empirischen Mittelwertdifferenzen D_{ik} werden mit folgender Prüfgröße verglichen:

$$D_{krit} = \sqrt{\frac{2(s-1)MQ_F \cdot F_{theor}(s-1; s(n-1); (1-\alpha))}{n}} .$$

Ist die empirische Differenz größer als die kritische Differenz, so ist die empirische Differenz auf dem α-Niveau signifikant.

Die Anwendung der Varianzanalyse ist an folgenden *Voraussetzungen* gebunden (vgl. Malhotra 2004, S. 477 f.):
– Die Störgröße ist normalverteilt mit einem Erwartungswert in Höhe von Null und konstanter Varianz.
– Es darf kein systematischer Fehler bei der Erhebung auftreten.
– Die Störgrößen sind unkorreliert, d. h. die Beobachtungswerte sind voneinander unabhängig. Während geringfügige Verletzungen der ersten beiden Annahmen keine nennenswerte Gefährdung der Validität der Ergebnisse herbeiführen, kann eine Verletzung der dritten Prämisse zu starken Verzerrungen bei der Berechnung des empirischen F-Werts führen.

Die Vorgehensweise der einfaktoriellen Varianzanalyse soll anhand eines *Beispiels* verdeutlicht werden.

Beispiel 3.33:

Das Unternehmen Hicks möchte für seine Babynahrung eine kurzfristige Absatzsteigerung erzielen und testet vorab in drei ausgewählten Einzelhandelsgeschäften folgende Promotionmaßnahmen:

– P_1: Einsatz von Hostessen am Point of Sales;

– P_2: Gewinnspiel;

– P_3: Sonderpreisaktion.

Die Ergebnisse des Store-Tests sind im folgenden Ausgangstableau enthalten.

	Promotionaktion		
	P_1	P_2	P_3
Beobachtungswerte (Absatz/Tag)	31	32	30
	12	15	20
	26	28	28
Summe	69	75	78
Gruppenmittelwert $\overline{y}_k$	23	25	26
Gesamtmittelwert $\overline{y}$	$24\,^2/_3$		

Angesichts der Testergebnisse nimmt das Unternehmen an, dass die Art der Promotionmaßnahme das Ergebnis signifikant beeinflusst. Es wird folgende Nullhypothese formuliert:

H_0: $\mu(P_1) = \mu(P_2) = \mu(P_3)$.

Streuungszerlegung:

$$QS_{Total} = \left(31 - 24,\overline{6}\right)^2 + \left(12 - 24,\overline{6}\right)^2 + \left(26 - 24,\overline{6}\right)^2 + \left(32 - 24,\overline{6}\right)^2 + \left(15 - 24,\overline{6}\right)^2 +$$
$$+ \left(28 - 24,\overline{6}\right)^2 + \left(30 - 24,\overline{6}\right)^2 + \left(20 - 24,\overline{6}\right)^2 + \left(28 - 24,\overline{6}\right)^2 = 422$$

$$QS_F = 3\left(23 - 24,\overline{6}\right)^2 + 3\left(25 - 24,\overline{6}\right)^2 + 3\left(26 - 24,\overline{6}\right)^2 = 14$$

$$QS_{treat} = QS_{Total} - QS_F = \left(31 - 23\right)^2 + \left(12 - 23\right)^2 + \left(26 - 23\right)^2 + \left(32 - 25\right)^2 + \left(15 - 25\right)^2 +$$
$$+ \left(28 - 25\right)^2 + \left(30 - 26\right)^2 + \left(20 - 26\right)^2 + \left(28 - 26\right)^2 = 408$$

Durch Division mit der zugehörigen Anzahl von Freiheitsgraden erhält man die Varianzen als:

$$MQ_{Tot} = \frac{QS_{Tot}}{n \cdot s - 1} = \frac{422}{3 \cdot 3 - 1} = 52,75$$

$$MQ_{treat} = \frac{QS_{treat}}{s - 1} = \frac{408}{3 - 1} = 204$$

$$MQ_F = \frac{QS_F}{n \cdot s - s} = \frac{14}{3 \cdot 3 - 3} = 2,\overline{3}$$

Der anschließende Signifikanztest führt zu folgenden Ergebnissen:

$$F_{emp} = \frac{MQ_{treat}}{MQ_F} = \frac{204}{2,\overline{3}} = 87,43$$

$$F_{theor} = F_{s-1; n \cdot s - s; \alpha} = F_{2;6;0.05} = 5,14$$

$$F_{emp} = 87,43 > 5,14 = F_{theor} \, .$$

Somit ist die Nullhypothese abzulehnen, d. h. es kann von einem signifikanten Einfluss der Promotionmaßnahme auf die Absatzmenge ausgegangen werden.

3.4.4.3 Varianten der Varianzanalyse

Im vorangegangenen Beispiel wurde das grundsätzliche Vorgehen der Varianzanalyse dargestellt, welche bei Vorliegen eines vollständigen Zufallsplans Anwendung findet. Für die übrigen, in Abschnitt 2.1.2.3 des 2. Teils dargestellten Versuchsanordnungen muss das Verfahren modifiziert werden. Im Folgenden sollen nur ausgewählte Erweiterungen der Varianzanalyse angeführt werden. Ausführliche Darstellungen varianzanalytischer Methoden bei unterschiedlichen Versuchsanordnungen finden sich bei Bortz 2005, S. 289 ff.

Varianzanalyse beim zufälligen Blockplan

Beim *zufälligen Blockplan* wird ein Störfaktor explizit dadurch berücksichtigt, dass nach den Ausprägungen dieses Faktors Blöcke gebildet werden. Auch hier wird die Wirkung eines Testfaktors (z. B. Platzierung im Geschäft) auf eine abhängige Variable (z. B. Absatzmenge) untersucht; die Wirkung wird jedoch getrennt nach den Ausprägungen eines Störfaktors (z. B. Geschlecht der Testpersonen) ermittelt.

Das Ausgangstableau der Varianzanalyse beim zufälligen Blockplan findet sich in Abb. 3.37.

Treatments / Blöcke	1 ... k ... s	Zeilenmittel
1	$y_{11} \cdots y_{1k} \cdots y_{1s}$	$\overline{y}_{1\bullet}$
$\vdots$	$\vdots \qquad \vdots \qquad \vdots$	$\vdots$
l	$y_{l1} \cdots y_{lk} \cdots y_{ls}$	$\overline{y}_{l\bullet}$
$\vdots$	$\vdots \qquad \vdots \qquad \vdots$	$\vdots$
m	$\overline{y}_{m1} \cdots \overline{y}_{mk} \cdots \overline{y}_{ms}$	$\overline{y}_{m\bullet}$
Spaltenmittel	$\overline{y}_{\bullet 1} \cdots \overline{y}_{\bullet k} \cdots \overline{y}_{\bullet s}$	$\overline{y}$

Abb. 3.37: Ausgangstableau der Varianzanalyse beim zufälligen Blockplan

Das theoretische Modell der Varianzanalyse lautet in diesem Fall (vgl. Hüttner/Schwarting 2002, S. 267):

$$y_{lk} = \mu + \alpha_k + \tau_l + u_{lk}$$

mit

y_{lk} = Beobachtungswert in Block l bei der Faktorstufe k,

μ = Mittelwert der Grundgesamtheit,

α_k = Wirkung der Stufe k des Faktors $A\left(\sum\limits_{k=1}^{s}\alpha_k = 0\right)$,

τ_l = Wirkung der Ausprägung l der Störgröße $T\left(\sum\limits_{l=1}^{m}\tau_l = 0\right)$,

u_{lk} = nicht erklärter Einfluss der Zufallsgrößen in der Grundgesamtheit.

Die Gesamtstreuung setzt sich nunmehr folgendermaßen zusammen:

$$QS_{Tot} = QS_{treat} + QS_{bl} + QS_F$$

mit

QS_{Tot} = Totale Quadratsumme,
QS_{treat} = Treatmentquadratsumme,
QS_{bl} = Blockquadratsumme,
QS_F = Fehlerquadratsumme.

Die Berechnung der Quadratsummen erfolgt wir folgt:

$$QS_{Tot} = \sum_{k=1}^{s}\sum_{l=1}^{m}\left(y_{lk} - \overline{y}\right)^2$$

$$QS_{treat} = m\sum_{k=1}^{s}\left(\overline{y}_{\bullet k} - \overline{y}\right)^2$$

$$QS_{bl} = k\sum_{l=1}^{m}\left(\overline{y}_{l\bullet} - \overline{y}\right)^2$$

$$QS_F = \sum_{k=1}^{s}\sum_{l=1}^{m}\left(\overline{y}_{lk} - \overline{y}_{l\bullet} - \overline{y}_{\bullet k} + \overline{y}\right)^2.$$

Die Varianzen erhält man wiederum mittels Division der Quadratsummen durch die Freiheitsgrade:

$$MQ_{Tot} = \frac{QS_{Tot}}{m \cdot s - 1}$$

$$MQ_{treat} = \frac{QS_{treat}}{s - 1}$$

$$MQ_{bl} = \frac{QS_{bl}}{m - 1}$$

$$MQ_F = \frac{QS_F}{(m - 1)(s - 1)}.$$

Die Prüfgrößen für die Effekte der Treatments und der Blockzugehörigkeit erhält man durch Division der entsprechenden Varianzen durch die Fehlervarianz, also

$$F_{emp(treat)} = \frac{MQ_{treat}}{MQ_F}$$

$$F_{emp(bl)} = \frac{MQ_{bl}}{MQ_F}.$$

Beispiel 3.34:

Das Unternehmen des Beispiels 3.33 vermutet, dass die Wirkung alternativer Promotionmaßnahmen auch vom Geschäftstyp abhängig ist. Die drei Promotionmaßnahmen aus dem Beispiel 3.33 werden daher in drei Geschäften getestet:

−G_1: Tante-Emma-Laden;

−G_2: Supermarkt;

−G_3: Discounter.

Der Store-Test zeigt folgende Ergebnisse:

Treatments / Blöcke	P_1	P_2	P_3	Zeilenmittel
G_1	31	32	30	31,00
G_2	12	15	20	15,67
G_3	26	28	28	27,33
Spaltenmittel	23,00	25,00	26,00	24,67

Die einzelnen Quadratsummen resultieren als:

$$QS_{Tot} = \sum_{k=1}^{s} \sum_{l=1}^{m} \left(y_{lk} - \bar{y} \right)^2 = 422$$

$$QS_{treat} = m \sum_{k=1}^{s} \left(\bar{y}_{\bullet k} - \bar{y} \right)^2 = 14$$

$$QS_{bl} = k \sum_{l=1}^{m} \left(\bar{y}_{l\bullet} - \bar{y} \right)^2 = 384,\bar{6}$$

$$QS_F = \sum_{k=1}^{s} \sum_{l=1}^{m} \left(\bar{y}_{lk} - \bar{y}_{l\bullet} - \bar{y}_{\bullet k} + \bar{y} \right)^2 = 23,\bar{3}.$$

Somit können die Varianzen wie folgt errechnet werden:

$$MQ_{Tot} = \frac{QS_{Tot}}{m \cdot s - 1} = 52,75$$

$$MQ_{treat} = \frac{QS_{treat}}{s - 1} = 7$$

$$MQ_{bl} = \frac{QS_{bl}}{m - 1} = 192,\bar{3}$$

$$MQ_F = \frac{QS_F}{(m-1)(s-1)} = 5,8\bar{3}.$$

Es ergeben sich somit die folgenden Prüfgrößen:

$$F_{emp(treat)} = \frac{MQ_{treat}}{MQ_F} = 1{,}2$$

$$F_{emp(bl)} = \frac{MQ_{bl}}{MQ_F} = 32{,}97.$$

Varianzanalyse bei mehrfaktoriellen Plänen

Bei mehrfaktoriellen Plänen wird die Wirkung von mindestens zwei Testfaktoren untersucht. Neben der Wirkung der Platzierung im Geschäft auf die Absatzmenge kann beispielsweise auch der Einfluss alternativer Verpackungen getestet werden.

Zu berücksichtigen ist dabei die Tatsache, dass die Testfaktoren zum einen isoliert auf die abhängige Variable wirken, zum anderen aber auch ihr Zusammenwirken die abhängige Variable beeinflusst. Beispielsweise kann eine ungünstige Platzierung im Geschäft durch eine auffällige und ansprechende Verpackung zumindest teilweise kompensiert werden. Aus diesem Grunde werden im Rahmen einer mehrfaktoriellen Varianzanalyse nicht nur die Wirkungen der Testfaktoren, sondern auch der Einfluss der Interaktionen zwischen den Faktoren analysiert.

Das zu Grunde liegende theoretische Modell lautet am Beispiel eines bifaktoriellen Plans (vgl. Backhaus et al. 2006, S. 133):

$$y_{ikl} = \mu + \alpha_k + \beta_l + (\alpha\beta)_{kl} + u_{ikl}$$

mit

y_{ikl} = Beobachtungswert i bei Treatment k des Faktors A und Treatment l des Faktors B,

μ = Mittelwert der Grundgesamtheit,

α_k = Wirkung des Treatments k des Faktors A,

β_l = Wirkung des Treatments l des Faktors B,

$(\alpha\beta)_{kl}$ = Wirkung der Interaktion der Treatments k und l der Faktoren A und B,

u_{ikl} = nicht erklärter Einfluss der Zufallsgrößen in der Grundgesamtheit.

Das Ausgangstableau der zweifaktoriellen Varianzanalyse ist in Abb. 3.38 dargestellt. Dabei bezeichnen

y_{ikl} = Beobachtungswert i bei Treatment k von Faktor A und Treatment l des Faktors B,

$\bar{y}$ = Gesamtmittelwert,

$\bar{y}_{\bullet kl}$ = Mittelwert bei der Treatmentkombination kl der Faktoren A und B.

$\bar{y}_{\bullet k \bullet}$ = Gesamtmittelwert bei Treatment k von Faktor A,

$\bar{y}_{\bullet\bullet l}$ = Gesamtmittelwert bei Treatment l von Faktor B.

Die Gesamtstreuung QS_{Tot} der Beobachtungswerte setzt sich aus der Streuung innerhalb der Gruppen QS_F (Fehlerstreuung) und der Streuung zwischen den Gruppen QS_z, welche auf das Experiment zurück zu führen ist, zusammen. Die Streuung zwischen den Gruppen lässt sich wiederum zerlegen in Streuung der Haupteffekte QS_A und QS_B und Streuung durch Wechselwirkung der Faktoren A und B, QS_{AxB}.

Treatments Faktor A	Replikationen i	Treatments Faktor B 1	...	l	...	m	Zeilenmittel-werte $\overline{y}_{.k.}$
1	1 . . . n	Beobachtungswerte y_{i1l}					
. . .	Zellenmittel-werte $\overline{y}_{.1l}$	$\overline{y}_{.11}$	...	$\overline{y}_{.1l}$	...	$\overline{y}_{.1m}$	$\overline{y}_{.1.}$
k	1 . . . n	Beobachtungswerte y_{ikl}					
. . .	Zellenmittel-werte $\overline{y}_{.kl}$	$\overline{y}_{.k1}$	...	$\overline{y}_{.kl}$	...	$\overline{y}_{.km}$	$\overline{y}_{.k.}$
s	1 . . . n	Beobachtungswerte y_{isl}					
	Zellenmittel-werte $\overline{y}_{.sl}$	$\overline{y}_{.s1}$	...	$\overline{y}_{.sl}$	...	$\overline{y}_{.sm}$	$\overline{y}_{.s.}$
Spaltenmittel-werte $\overline{y}_{..l}$		$\overline{y}_{..1}$	...	$\overline{y}_{..l}$	...	$\overline{y}_{..m}$	$\overline{y}$

Abb. 3.38: Ausgangstableau der zweifaktoriellen Varianzanalyse

Die einzelnen Streuungen werden wie folgt berechnet (vgl. Bortz 2005, S. 292 ff.):

$$QS_{Tot} = \sum_{i=1}^{n}\sum_{k=1}^{s}\sum_{l=1}^{m}\left(y_{ikl} - \overline{y}\right)^2$$

$$QS_{z} = n\sum_{k=1}^{s}\sum_{l=1}^{m}\left(\overline{y}_{\bullet kl} - \overline{y}\right)^2$$

$$QS_{A} = m \cdot n\sum_{k=1}^{s}\left(\overline{y}_{\bullet k\bullet} - \overline{y}\right)^2$$

$$QS_{B} = s \cdot n\sum_{l=1}^{m}\left(\overline{y}_{\bullet\bullet l} - \overline{y}\right)^2$$

$$QS_{AxB} = QS_{z} - QS_{A} - QS_{B}$$

$$QS_{F} = QS_{Tot} - QS_{z} \,.$$

Die Varianzen resultieren wiederum als Quotienten der Quadratsummen und der zugehörigen Freiheitsgrade:

$$MQ_{Tot} = \frac{QS_{Tot}}{n \cdot s \cdot m}$$

$$MQ_A = \frac{QS_A}{(s-1)}$$

$$MQ_B = \frac{QS_B}{(m-1)}$$

$$MQ_{AxB} = \frac{QS_{AxB}}{(s-1)(m-1)}$$

$$MQ_F = \frac{QS_F}{s \cdot m \,(n-1)}.$$

Als Prüfgrößen verwendet man wieder empirische F-Werte, die sich als Quotienten der jeweiligen Faktorvarianzen durch die Fehlervarianz ergeben; diese Prüfgrößen werden wieder mit den entsprechenden theoretischen Werten der F-Verteilung verglichen (bei entsprechender Anzahl von Freiheitsgraden und Signifikanzniveau α):

$$F_{emp(A)} = \frac{MQ_A}{MQ_F}$$

$$F_{emp(B)} = \frac{MQ_B}{MQ_F}$$

$$F_{emp(AxB)} = \frac{MQ_{AxB}}{MQ_F}.$$

Welche Mittelwertdifferenzen signifikant sind, kann wiederum mit Hilfe des Scheffé-Tests ermittelt werden.

Beispiel 3.35:

Das Unternehmen des Beispiels 3.33 möchte zusätzlich in Erfahrung bringen, ob unterschiedliche Platzierungen im Geschäft die Absatzmenge beeinflussen. Getestet werden zwei alternative Platzierungen:

– A_1: Normalregel im Verbund mit sonstigen Babyprodukten;

– A_2: Normalregel im Verbund mit Konserven.

Die Ergebnisse des Tests sind in der nachfolgenden Tabelle enthalten.

Treatments / Replikationen	A₁			A₂		
	B₁	B₂	B₃	B₁	B₂	B₃
1	31	32	30	22	20	18
2	12	15	21	17	20	17
3	26	28	27	18	17	16

Die Quadratsummen errechnen sich wie folgt:

$$QS_{Tot} = \sum_{i=1}^{n}\sum_{k=1}^{s}\sum_{l=1}^{m}(y_{ikl}-\bar{y})^2 = \left\{(31-21,5)^2+(32-21,5)^2+\ldots+(16-21,5)^2\right\}=618,5$$

$$QS_{z} = n\sum_{k=1}^{s}\sum_{l=1}^{m}(\bar{y}_{\bullet kl}-\bar{y})^2 = 3\cdot\left\{(31-21,5)^2+(20-21,5)^2+\ldots+(17-21,5)^2\right\}=556,5$$

$$QS_{A} = m\cdot n\sum_{k=1}^{s}(\bar{y}_{\bullet k\bullet}-\bar{y})^2 = 3\cdot 3\cdot\left\{(25,5-21,5)^2+(17-21,5)^2+(22-21,5)^2\right\}=328,5$$

$$QS_{B} = s\cdot n\sum_{l=1}^{m}(\bar{y}_{\bullet\bullet l}-\bar{y})^2 = 2\cdot 3\cdot\left\{(24,\bar{6}-21,5)^2+(18,\bar{3}-21,5)^2\right\}=120,\bar{3}$$

$$QS_{AxB} = QS_{z} - QS_{A} - QS_{B} = 618,5 - 328,5 - 120,\bar{3} = 107,\bar{6}$$
$$QS_{F} = QS_{Tot} - QS_{z} = 618,5 - 556,5 = 62.$$

Daraus resultieren folgende Varianzen und Prüfgrößen:

$$MQ_{Tot} = \frac{QS_{Tot}}{n\cdot s\cdot m} = \frac{618,5}{3\cdot 2\cdot 3} = 34,36$$

$$MQ_{A} = \frac{QS_{A}}{(s-1)} = \frac{328,5}{2-1} = 328,5$$

$$MQ_{B} = \frac{QS_{B}}{(m-1)} = \frac{120,\bar{3}}{3-1} = 60,17$$

$$MQ_{AxB} = \frac{QS_{AxB}}{(s-1)(m-1)} = \frac{107,\bar{6}}{(2.1)(3-1)} = 53,83$$

$$MQ_{F} = \frac{QS_{F}}{s\cdot m\,(n-1)} = \frac{62}{2\cdot 3\cdot(3-1)} = 5,17.$$

$$F_{emp(A)} = \frac{MQ_{A}}{MQ_{F}} = \frac{328,5}{5,17} = 63,54$$

$$F_{emp(B)} = \frac{MQ_{B}}{MQ_{F}} = \frac{60,17}{5,17} = 11,65$$

$$F_{emp(AxB)} = \frac{MQ_{AxB}}{MQ_{F}} = \frac{53,83}{5,17} = 10,41.$$

Varianzanalyse beim lateinischen Quadrat

Beim *lateinischen Quadrat* werden zwei Störfaktoren gleichzeitig berücksichtigt (Geschlecht der Probanden, Geschäftstyp, vgl. die Ausführungen in Abschnitt 2.2.4.3 im 2. Teil). Da keine Replikationen erfolgen, sind Interaktionseffekte nicht beschreibbar. Das theoretische Modell lautet (vgl. Hüttner/Schwarting 2002, S. 270):

$$y_{lpk} = \mu + \alpha_k + \tau_l + \upsilon_p + u_{lpk}$$

mit

y_{lpk} = Beobachtungswert in Zeile l und Spalte p beim Treatment k des Faktors A $\left(l = 1, \ldots, m, \ p = 1, \ldots q, \ k = 1, \ldots, s\right)$,

μ = Mittelwert in der Grundgesamtheit,

α_k = Wirkung des Treatments k des Faktors A,

τ_l = Wirkung der Ausprägung l der Störgröße T,

υ_p = Wirkung der Ausprägung p der Störgröße N,

u_{lpk} = nicht erklärter Einfluss der Zufallsgrößen in der Grundgesamtheit.

Die Ausgangssituation der Varianzanalyse beim lateinischen Quadrat ist in Abb. 3.39 dargestellt. Auf Grund der quadratischen Versuchsanordnung muss sich die Zahl der Ausprägungen entsprechen, d. h. $m = q = s$.

Pro Zelle wird dabei im Standardfall ein Messwert y_{lp} erhoben (anstelle von y_{lpk} wird y_{lp} notiert, da ein Treatment k pro Zeile und Spalte nur einmal vorkommt). Lateinische Quadrate mit Messwiederholungen (Replikationen) werden bei Bortz 2005, S. 396 ff. dargestellt. Unter dem Beobachtungswert findet sich in Klammern das zugehörige Treatment.

Störgröße N \ Störgröße T	1 ... 2 ... p ... q					Zeilenmittel
1	y_{11} (1)	y_{12} (2)	$\cdots$	y_{1p}	$\cdots$ y_{1q} (s)	$\overline{y}_{1\bullet}$
2	y_{21} (2)	y_{22} (3)	$\cdots$	y_{2p}	$\cdots$ y_{2q} (1)	$\overline{y}_{2\bullet}$
$\vdots$	$\vdots$	$\vdots$		$\vdots$	$\vdots$	$\vdots$
l	y_{l1}	y_{l2}	$\cdots$	y_{lp}	$\cdots$ y_{lq}	$\overline{y}_{l\bullet}$
$\vdots$	$\vdots$	$\vdots$		$\vdots$	$\vdots$	$\vdots$
m	y_{m1} (s)	y_{m2} (1)	$\cdots$	y_{mp}	$\cdots$ y_{mq} (s – 1)	$\overline{y}_{m\bullet}$
Spaltenmittel	$\overline{y}_{\bullet 1}$	$\overline{y}_{\bullet 2}$	$\cdots$	$\overline{y}_{\bullet p}$	$\cdots$ $\overline{y}_{\bullet q}$	$\overline{y}$

Abb. 3.39: Ausgangssituation der Varianzanalyse beim lateinischen Quadrat

Für die einzelnen Streuungen gilt (vgl. Hüttner/Schwarting 2002, S. 270):

$$QS_{Tot} = \sum_{l=1}^{m} \sum_{p=1}^{q} \left(y_{lp} - \overline{y} \right)^2$$

$$QS_{T} = s \cdot \sum_{l=1}^{m} \left(\overline{y}_{l\bullet} - \overline{y} \right)^2$$

$$QS_{N} = s \cdot \sum_{p=1}^{q} \left(\overline{y}_{\bullet p} - \overline{y} \right)^2$$

$$QS_{treat} = s \cdot \sum_{k=1}^{s} \left(\overline{y}_{k} - \overline{y} \right)^2.$$

($\overline{y}_{k}$ resultiert dabei als Mittelwert der Beobachtungswerte bei Faktorstufe k über alle Zeilen und Spalten).

$$QS_{F} = \sum_{l=1}^{m} \sum_{p=1}^{q} \left(y_{lp}^2 - \overline{y}_{l\bullet} - \overline{y}_{\bullet p} - \overline{y}_{k} + 2\overline{y} \right)^2.$$

QS_F stellt allerdings nur dann eine Fehlerstreuung dar, die als Prüfgröße für die Haupteffekte verwendet werden kann, wenn keine Interaktionen vorliegen. Durch Division mit der jeweiligen Zahl der Freiheitsgrade erhält man

$$MQ_{Tot} = \frac{QS_{Tot}}{k^2 \left(= m^2 = q^2 \right) - 1}$$

$$MQ_{T} = \frac{QS_{T}}{k - 1}$$

$$MQ_{N} = \frac{QS_{N}}{k - 1}$$

$$MQ_{treat} = \frac{QS_{treat}}{k - 1}$$

$$MQ_{F} = \frac{QS_{F}}{(k - 1)(k - 2)}.$$

Die Prüfgrößen erhält man wiederum als

$$F_{emp(T)} = \frac{MQ_{T}}{MQ_{F}}$$

$$F_{emp(N)} = \frac{MQ_{N}}{MQ_{F}}$$

$$F_{emp(treat)} = \frac{MQ_{treat}}{MQ_{F}}.$$

Beispiel 3.36:

Im Rahmen einer Werbeplanung soll erkundet werden, wie sich drei verschiedene Werbespots (Faktor A) für das Produkt auf das Kaufverhalten von drei verschiedene Konsumentengruppen (Faktor B) auswirkt. Um eine Vergleichbarkeit der Ergebnisse zu gewährleisten, erfolgt die Untersuchung zeitgleich an drei verschiedenen Standorten (Faktor C). Die Stichprobe beträgt $N = 180$ Konsumenten.

Auf der Grundlage eines lateinischen Quadrates ergibt sich folgende Datentabelle:

	a_1	a_2	a_3
b_1	c_1	c_2	c_3
b_2	c_2	c_3	c_1
b_3	c_3	c_1	c_2

Erläuterung der Datentabelle:

$n = 30$ Konsumenten der Konsumentengruppe b_1 sehen Werbespot a_1 für das Produkt am Standort c_1, … und $n = 30$ Konsumenten der Konsumentengruppe b_3 sehen Werbespot a_3 für das Produkt am Standort c_2.

Das Ausgangstableau sieht wie folgt aus:

	a_1	a_2	a_3	Zeilenmittel
b_1	11	14	11	12
b_2	12	8	10	10
b_3	10	17	15	14
Spaltenmittel	11	13	12	12

Die Quadratsummen errechnen sich als:

$$QS_{Tot} = n \cdot \sum_{l=1}^{m}\sum_{p=1}^{q}\left(y_{lp} - \overline{y}\right)^2 = 30 \cdot (1+4+1+0+16+4+4+25+9) = 1.920$$

$$QS_{T} = n \cdot s \cdot \sum_{l=1}^{m}\left(\overline{y}_{l\bullet} - \overline{y}\right)^2 = 30 \cdot 3 \cdot \left\{(12-12)^2 + (10-12)^2 + (14-12)^2\right\} = 720$$

$$QS_{N} = n \cdot s \cdot \sum_{p=1}^{q}\left(\overline{y}_{\bullet p} - \overline{y}\right)^2 = 30 \cdot 3 \cdot \left\{(11-12)^2 + (13-12)^2 + (12-12)^2\right\} = 180$$

$$QS_{treat} = n \cdot s \cdot \sum_{k=1}^{s}\left(\overline{y}_{k} - \overline{y}\right)^2 = 30 \cdot 3 \cdot \left\{(12\tfrac{2}{3}-12)^2 + (13\tfrac{2}{3}-12)^2 + (9\tfrac{2}{3}-12)^2\right\} = 780$$

$$QS_{F} = n \cdot \sum_{l=1}^{m}\sum_{p=1}^{q}\left(y_{lp} - \overline{y}_{l\bullet} - \overline{y}_{\bullet p} - \overline{y}_{k} + 2\overline{y}\right)^2 = 240.$$

Daraus resultieren die folgenden Varianzen:

$$MQ_{Tot} = \frac{QS_{Tot}}{k^2\left(= m^2 = q^2\right)-1} = \frac{1920}{8} = 240$$

$$MQ_T = \frac{QS_T}{k-1} = \frac{720}{2} = 360$$

$$MQ_N = \frac{QS_N}{k-1} = \frac{180}{2} = 90$$

$$MQ_{treat} = \frac{QS_{treat}}{k-1} = \frac{780}{2} = 390$$

$$MQ_F = \frac{QS_F}{(k-1)(k-2)} = \frac{240}{2} = 120.$$

Es ergeben sich somit die folgenden Prüfgrößen:

$$F_{emp(T)} = \frac{MQ_T}{MQ_F} = \frac{360}{120} = 3$$

$$F_{emp(N)} = \frac{MQ_N}{MQ_F} = \frac{90}{120} = 0,75$$

$$F_{emp(treat)} = \frac{MQ_{treat}}{MQ_F} = \frac{390}{120} = 3,25.$$

3.4.5 Kontingenzanalyse

3.4.5.1 Grundgedanke

Im Rahmen der Kontingenzanalyse wird die wechselseitige Abhängigkeit zweier oder mehrerer nominalskalierter oder klassierter höherskalierter Variablen untersucht. Als Beispiel kann der Zusammenhang zwischen Geschlecht und Markenwahl angeführt werden.

Ausgangspunkt der Analyse ist eine Häufigkeitstabelle, welche in allgemeiner Form in Abb. 3.40 dargestellt ist. Dabei sind:

n_{kl} = absolute Häufigkeit der Merkmalskombination kl (k=1, …, s; l=1, …, m),

$n_{\bullet l} = \sum_{k=1}^{s} n_{kl}$ = Häufigkeit des Auftretens der Merkmalsausprägung l über alle k (Spaltensumme),

$n_{k\bullet} = \sum_{l=1}^{m} n_{kl}$ = Häufigkeit des Auftretens der Merkmalsprägung k über alle l (Zeilensumme),

n = Gesamtzahl der Fälle.

Variable 1 \ Variable 2	1	. . .	j	. . .	k	Σ
1	n_{11}	. . .	n_{1j}	. . .	n_{1k}	$n_{1.}$
. . .	.		.		.	.
i	n_{i1}	. . .	n_{ij}	. . .	n_{ik}	$n_{i.}$
. . .	.		.		.	.
l	n_{l1}	. . .	n_{lj}	. . .	n_{lk}	$n_{l.}$
Σ	$n_{.1}$	. . .	$n_{.j}$	. . .	$n_{.k}$	n

Abb. 3.40: Häufigkeitstabelle für die Kontingenzanalyse

Die in Abb. 3.40 enthaltenen absoluten Häufigkeiten können anhand der Gesamtzahl der Fälle, der Zeilensummen $n_{i.}$ oder der Spaltensummen $n_{.j}$ relativiert werden (Kreuztabellierung); dies erlaubt ein erstes Urteil, ob ein Zusammenhang zwischen den Variablen vermutet werden kann. Genauere Ergebnisse lassen sich mit einem *χ^2-Unabhängigkeitstest* ermitteln.

3.4.5.2 Methodische Vorgehensweise

Die H_0-Hypothese beim χ^2-Unabhängigkeitstest lautet: Beide Variablen treten unabhängig voneinander auf. Zur Prüfung der Nullhypothese werden die empirischen Häufigkeiten der Merkmalskombinationen k und l, n_{kl} mit den theoretischen Häufigkeiten N_{kl} verglichen; diese errechnen sich als (vgl. Hammann/Erichson 2000, S. 324):

$$N_{kl} = \frac{n_{k\bullet} \cdot n_{\bullet l}}{n}$$

Das Grundprinzip der Kontingenzanalyse basiert darauf, dass ein Zusammenhang zwischen beiden Variablen um so eher anzunehmen ist, je weniger sich die empirischen von den theoretischen Häufigkeiten unterscheiden. Grundlage für die statistische Überprüfung des Zusammenhangs ist dabei die Summe der quadratischen Abweichungen zwischen den beobachteten und den theoretischen Häufigkeiten $(n_{kl} - N_{kl})^2$. Als Prüfgröße wird der empirische χ^2-Wert herangezogen; dieser errechnet sich als (vgl. Bortz 2005, S. 172):

$$\chi^2_{emp} = \sum_{k=1}^{s} \sum_{l=1}^{m} \frac{(n_{kl} - N_{kl})^2}{N_{kl}} = \sum_{k} \sum_{l} \frac{\left(n_{kl} - \frac{n_{k\bullet} \cdot n_{\bullet l}}{n}\right)^2}{\frac{n_{k\bullet} \cdot n_{\bullet l}}{n}}.$$

Voraussetzung ist dabei, dass die erwarteten Häufigkeiten pro Zelle größer als 5 sind. Der empirische χ^2-Wert wird mit dem theoretischen Wert der χ^2-Verteilung bei einem vorgegebenen Signifikanzniveau α und $(k-1)(l-1)$ Freiheitsgraden verglichen; ist $\chi^2_{emp} > \chi^2_{theor}$, ist die H_0-Hypothese abzulehnen, d. h. es kann von einem signifikanten Zusammenhang zwischen den untersuchten Variablen ausgegangen werden. Allerdings liefert die Kontingenzanalyse keine Aussagen über die *Richtung* des Zusammenhangs; dies ist mit Hilfe von Plausibilitätsüberlegungen festzustellen. Bei den Variablen „Geschlecht" und „Markenwahl" wäre etwa davon auszugehen, dass die Geschlechtszugehörigkeit die Markenwahl beeinflusst, nicht jedoch umgekehrt. Die grundsätzliche Vorgehensweise soll anhand eines *Beispiels* illustriert werden.

Beispiel 3.37:

Eine Kosmetikfirma möchte feststellen, ob Männer und Frauen bzgl. Haarstylingmitteln ein unterschiedliches Markenwahlverhalten aufweisen. Im Rahmen eines Store-Tests wurden dabei 5 Marken untersucht. Die nachfolgende Tabelle zeigt die beobachteten und – in Klammern – die erwarteten Häufigkeiten.

Marke / Geschlecht	1	2	3	4	5	$n_{k \cdot}$
Männlich 1	12 (6,4)	14 (11,6)	4 (5,2)	7 (6,8)	16 (10)	40
Weiblich 2	4 (9,6)	15 (17,4)	9 (7,8)	10 (10,2)	9 (15)	60
$n_{\cdot l}$	16	29	13	17	25	100

N_{11} ergibt sich beispielsweise als:

$$N_{11} = \frac{40 \cdot 16}{100} = 6,4.$$

Dieser Wert lässt sich wie folgt interpretieren: Bei gleichem Markenwahlverhalten von Männern und Frauen müssten von den 16 Käufern von Marke 1 40 %, d. h. 6,4 Käufer, Männer sein.

Der empirische χ^2-Wert errechnet sich als

$$\chi_{\text{emp}}^2 = \frac{(12-6,4)^2}{6,4} + \frac{(14-11,6)^2}{11,6} + \ldots + \frac{(9-15)^2}{15} \approx 15,47.$$

Aus der χ^2-Tabelle resultiert bei einem Signifikanzniveau α von 5 % und 4 Freiheitsgraden folgender Wert:

$$\chi_{\text{theor}}^2 = \chi_{(k-1)(l-1),\alpha}^2 = \chi_{(5-1)(2-1);0,05}^2 = 9,49.$$

Da $\chi_{\text{emp}}^2 > \chi_{\text{theor}}^2$, ist die H_0-Hypothese abzulehnen, d. h. es besteht ein signifikanter Zusammenhang zwischen Geschlecht und Markenwahlverhalten.

Zur Absicherung der Interpretation können einzelne Häufigkeiten der Kontingenztafel miteinander verglichen werden (analog zu den Einzelvergleichen im Rahmen der Varianzanalyse, vgl. hierzu Abschn. 3.4.4.2). Ein geeignetes Verfahren wurde von Bresnahan und Shapiro (1966) vorgeschlagen.

3.4.5.3 Varianten der Kontingenzanalyse

In der statistischen Literatur wurde eine Vielzahl weiterer Kontingenzmaße entwickelt, auf die im Einzelnen nicht eingegangen werden kann. Im Folgenden sollen einige der gebräuchlichsten skizziert werden (vgl. Clauss/Ebner 1979, S. 243 ff., Malhotra 2004, S. 445 ff.).

Phi-Koeffizient

Der Phi-Koeffizient (ϕ) misst die Stärke des Zusammenhangs zweier Variablen im Spezialfalle zweifach gestufter Merkmale (2 x 2-Kontingenztabelle). Er berechnet sich als

$$\phi = \sqrt{\frac{\chi^2}{n}}$$

und liegt im Wertebereich zwischen 0 und 1, wobei der Wert 0 einen nicht vorhandenen, der Wert 1 einen vollständigen Zusammenhang aufweist (dies ist dann der Fall, wenn alle Werte in der Tabelle auf der Haupt- oder Nebendiagonale liegen).

Kontingenzkoeffizient C

Der Kontingenzkoeffizient C misst die Stärke des Zusammenhangs auch bei mehrfach gestuften Merkmalen, d. h. bei Merkmalen mit mehr als zwei Ausprägungen. Er kann wie folgt errechnet werden:

$$C = \sqrt{\frac{\chi^2}{\chi^2 + n}} \; .$$

Auch der Kontingenzkoeffizient liegt grundsätzlich zwischen 0 und 1, der Wert von 1 wird allerdings nur asymptotisch erreicht. Da der obere Wert vom Umfang der Tabelle abhängig ist, sollte der Kontingenzkoeffizient nur zum Vergleich von Kontingenztabellen gleicher Größe verwendet werden.

Cramer's V

Cramer's V stellt eine modifizierte Version des Phi-Koeffizienten für Tabellen größeren Umfangs dar. Wird ϕ für Tabellen größer als 2 x 2 errechnet, besitzt er keine Obergrenze; Cramer's V bereinigt im Prinzip den Wert von Phi entweder mit der Zahl der Spalten oder der Zeilen (je nachdem, welcher Wert kleiner ist). Dadurch wird erreicht, dass V im Wertebereich zwischen 0 und 1 liegt. Die Formel lautet:

$$V = \sqrt{\frac{\phi^2}{\min{(s-1),(m-1)}}} \; .$$

Für zwei zweifach-gestufte Merkmale gilt demnach: V = ϕ.

Weitere Verfahren

Zur Untersuchung der Zusammenhänge zwischen mehr als zwei nominalskalierten Variablen kann die sog. Konfigurationsfrequenzanalyse (KFA) angewendet werden, welche ebenfalls auf χ^2 basiert (vgl. ausführlich Krauth 1993). Darüber hinaus gibt es eine ganze Reihe weiterer Verfahren, die in der Literatur unter „log-lineare", „logit" und „probit"-Modelle zu finden sind (vgl. Agresti 1990, Anderson 1990, Gilbert 1993).

3.4.6 Korrelationsanalyse

3.4.6.1 Grundgedanke

Korrelationskoeffizienten werden herangezogen, um die Stärke des Zusammenhangs zwischen zwei Variablen zu messen; in Abhängigkeit des Skalenniveaus wurde dabei eine Vielzahl von Koeffizienten entwickelt (vgl. Abb. 3.41).

Merkmal y	Merkmal x		
	Intervallskala	Dichotomes Merkmal	Ordinalskala
Intervallskala	Produkt-Moment-Korrelation	Punktbiseriale Korrelation	Rangkorrelation
Dichotomes Merkmal		ϕ-Koeffizient	Biseriale Rangkorrelation
Ordinalskala			Rangkorrelation

Quelle: Bortz (2005), S. 224.

Abb. 3.41: Bivariate Korrelationsarten

Im Folgenden soll die grundsätzliche Vorgehensweise anhand des Produkt-Moment-Korrelationskoeffizienten dargelegt werden; auf die übrigen Verfahren wird im nachfolgenden Abschnitt eingegangen.

3.4.6.2 Methodische Vorgehensweise

Der Produkt-Moment-Korrelationskoeffizient ist definiert als

$$r = \frac{\sum\limits_{i=1}^{n}\left(x_i - \overline{x}\right)\left(y_i - \overline{y}\right)}{\sqrt{\sum\limits_{i}\left(x_i - \overline{x}\right)^2 \sum\limits_{i}\left(y_i - \overline{y}\right)^2}} .$$

Dabei gilt: $-1 \leq r \leq +1$. Während die Größe des Korrelationskoeffizienten die Stärke des Zusammenhangs aufzeigt, gibt das Vorzeichen von r die Richtung des Zusammenhangs an. Für $r = +1(-1)$ besteht ein vollständiger positiver (negativer) Zusammenhang zwischen den Variablen. Zu beachten ist allerdings, dass der Produkt-Moment-Korrelationskoeffizient lediglich einen *linearen* Zusammenhang abbilden kann (vgl. Abb. 3.42).

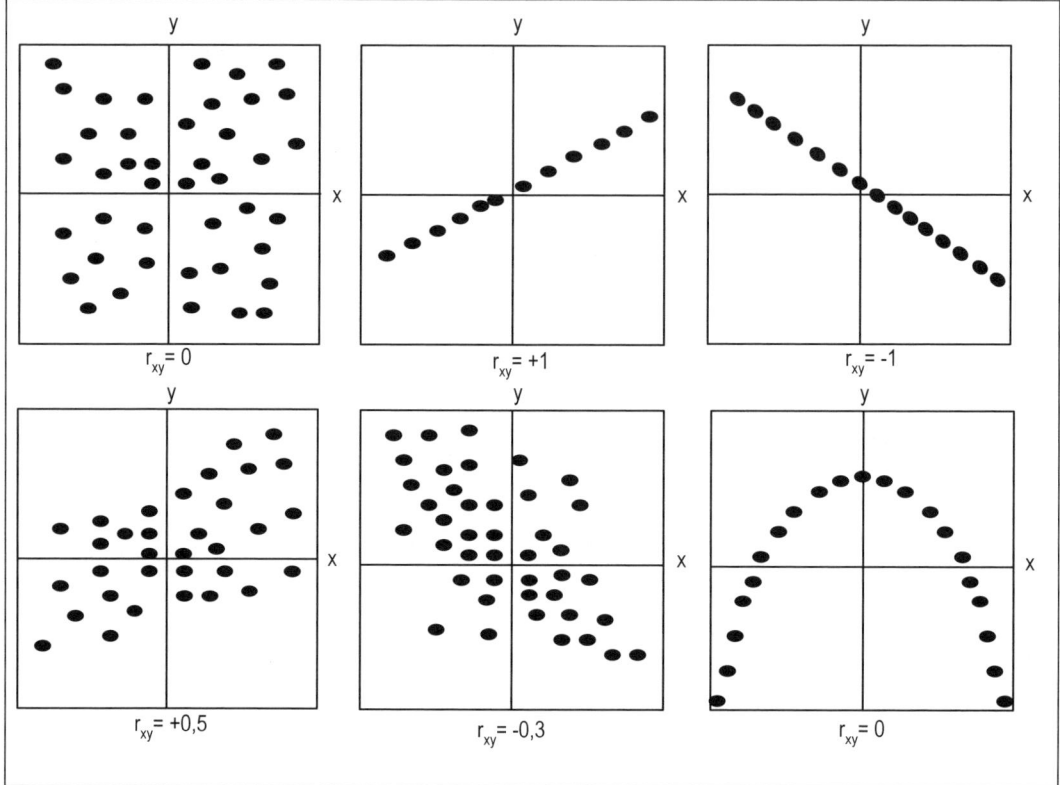

Quelle: In Anlehnung an Überla 1972, S. 15.

Abb. 3.42: Beispiele für Korrelationsdiagramme

Die Korrelationsanalyse ist eng mit der Regressionsanalyse verbunden; so entspricht der Korrelationskoeffizient der Quadratwurzel des Bestimmtheitsmaßes (vgl. die Ausführungen in Abschn. 3.4.2.2). Darüber hinaus gilt, dass die Korrelation zwischen den Variablen x und y der Korrelation zwischen den empirischen y-Werten und den vorhergesagten $\hat{y}$-Werten im Rahmen der Regressionsanalyse entspricht (vgl. Bortz 2005, S. 206).

Statistische Absicherung

Soll auf Grund des empirisch bestimmten Korrelationskoeffizienten r auf den unbekannten Korrelationskoeffizient ρ in der Grundgesamtheit geschlossen werden, muss vorausgesetzt werden können, dass die Grundgesamtheit bivariat normalverteilt ist (vgl. Hartung/Elpelt 1999, S. 144 ff.). Ob eine empirisch ermittelte Korrelation r mit der Nullhypothese

$$H_0 : \rho = 0$$

vereinbar ist, lässt sich mit folgender Prüfgröße testen (vgl. Bortz 2005, S. 217):

$$t = \frac{r\sqrt{n-2}}{\sqrt{1-r^2}} \, .$$

Es kann gezeigt werden, dass für Stichproben von n > 3 der obige Ausdruck t-verteilt mit $n-2$ Freiheitsgraden ist; somit wird der empirische t-Wert mit dem theoretischen Wert der t-Verteilung bei einem Signifikanzniveau α und $n-2$ Freiheitsgraden verglichen (einseitiger Test, d. h. $H_1 : \rho \geq 0$). Kann die Nullhypothese verworfen werden (für $t_{emp} > t_{theor}$), weicht die Korrelation signifikant von Null ab.

Bei großen Stichproben $(n > 25)$ kann auch eine Nullhypothese über den Wert des Korrelationskoeffizienten geprüft werden, der nicht Null ist: $H_0 : \rho = c, c \neq 0$.

Hierzu wird die sog. Fisher's Z-Transformation herangezogen (vgl. Bortz 2005, S. 218 f.):

$$z = \frac{1}{2} \ln \left(\frac{1+r}{1-r} \right) .$$

Die auf diese Weise transformierten Werte sind auch für $\rho \neq 0$ annähernd normalverteilt nach $N \left(\frac{1}{2} \ln \frac{1+\rho}{1-\rho} ; \frac{1}{n-3} \right)$.

Zur Prüfung der Nullhypothese wird berechnet:

$$z = \left(\frac{1}{2} \ln \frac{1+r}{1-r} - \frac{1}{2} \ln \frac{1-c}{1-c} \right) \sqrt{n-3} \, ;$$

H_0 wird abgelehnt, wenn $z < z\left(\frac{\alpha}{2} \right)$ oder $z > z\left(1 - \frac{\alpha}{2} \right)$ resultiert.

Beispiel 3.38:

Im Rahmen der Regressionsanalyse aus Beispiel 3.31 kann der zugehörige Korrelationskoeffizient errechnet werden als:

$$r = \frac{\sum\limits_{i=1}^{n} (p_i - \bar{p})(x_i - \bar{x})}{\sqrt{\sum\limits_{i} (p_i - \bar{p})^2 \cdot \sum\limits_{i} (x_i - \bar{x})^2}} = \frac{-30}{\sqrt{1200}} = -0{,}866 \, .$$

Es liegen n = 5 Beobachtungswerte vor. Der empirisch t-Wert errechnet sich als:

$$t_{emp} = \frac{r\sqrt{n-2}}{\sqrt{1-r^2}} = \frac{0{,}866 \cdot \sqrt{3}}{\sqrt{0{,}250}} = 2{,}999 .$$

Aus der Tabelle der t-Verteilung kann bei einem Signifikanzniveau α von 5 % und n-2 = 3 Freiheitsgraden der theoretische t-Wert (zweiseitige Fragestellung) ermittelt werden als:

$t_{theor} = t_{3;0,05} = 3,182$.

Da der empirische t-Wert kleiner ist als der theoretische, ist die Nullhypothese anzunehmen, dass heißt die Korrelation weicht nicht signifikant von Null ab. Trotz der hohen Werts des Korrelationskoeffizienten wirkt sich hier somit der geringe Stichprobenumfang von n = 5 aus, sodass der Zähler der Prüfgröße einen vergleichsweise geringen Wert annimmt.

3.4.6.3 Varianten der Korrelationsanalyse

Im Folgenden sollen die in Abb. 3.41 angeführten Verfahren im Überblick dargestellt werden. Auf die Darstellung des Phi-Koeffizienten wird verzichtet, da dieser bereits im Zusammenhang mit der Kontingenzanalyse erörtert wurde.

Punktbiseriale Korrelation

Die punktbiseriale Korrelation wird angewendet, um den Zusammenhang zwischen einem dichotomen Merkmal (z. B. Geschlecht) und einem intervallskalierten Merkmal (z. B. Kaufmenge) festzustellen. Den Wert einer punktbiserialen Korrelation erhält man, wenn in die Gleichung für die Produkt-Moment-Korrelation für das dichotome Merkmal die Werte 0 und 1 eingesetzt werden. Dadurch vereinfacht sich die Gleichung zu (vgl. Bortz 2005, S. 225):

$$r_{pb} = \frac{\overline{y}_1 - \overline{y}_0}{s_y} \cdot \sqrt{\frac{n_0 \cdot n_1}{n^2}}$$

mit

n_0, n_1 = Anzahl der Untersuchungseinheiten in den Merkmalskategorien x_0 und x_1 der dichotomen Variablen x,

$\overline{y}_0, \overline{y}_1$ = durchschnittliche Ausprägung der intervallskalierten Variablen y bei den Untersuchungseinheiten in den Kategorien x_0 und x_1 der Variablen x,

n = $n_0 + n_1$ = Gesamtstichprobenumfang,

s_y = Standardabweichung der Variablen y.

Zur statistischen Absicherung $\left(H_0 : \rho = 0\right)$ wird folgende Prüfgröße herangezogen

$$t = \frac{r_{pb}}{\sqrt{\left(1 - r_{pb}^2\right)/(n-2)}} .$$

Beispiel 3.39:

Mit Hilfe eines Fragebogens soll untersucht werden, ob sich das Kaufverhalten von Männern und Frauen im Hinblick auf Geräten der Unterhaltungselektronik unterscheidet. Vermutet wird, dass Männer auf Grund einer höheren Technikaffinität ein stärkeres Interesse an Produkten dieser Kategorie haben. Unter anderem wird auch die Kaufabsicht bei DVD-Geräten in den nächsten sechs Monaten erfragt. An der Befragung nehmen insgesamt n_0=12 Frauen und n_1=10 Männer teil. Die Kaufabsicht wird anhand einer Rating-Skala von „1 = werde ich ganz bestimmt nicht kaufen" bis „10 = werde ich ganz sicher kaufen" erhoben. Als Signifikanzniveau sei $\alpha = 0,01$ vorgegeben. Dieser Test soll als einseitiger Test durchgeführt werden.

Die Befragung führte zu folgenden Ergebnissen:

Frauen (x=0):	6	5	6	8	4	5	7	5	5	7	5
Männer (x=1):	8	7	6	10	9	7	7	8	10		

Aus diesen Datenreihen ergeben sich die folgenden statistischen Werte:

$$\overline{y}_0 = 6{,}3 \qquad \overline{y}_1 = 7{,}2 \qquad n = 22 \ .$$

Die Standardabweichung der Variable y errechnet sich als:

$$s_y = \sqrt{\dfrac{\displaystyle\sum_{i=1}^{n} y_i^2 - \dfrac{\left(\displaystyle\sum_{i=1}^{n} y_i\right)^2}{n}}{n}} = \sqrt{\dfrac{967 - \dfrac{135^2}{22}}{22}} \approx 2{,}51 \ .$$

Somit kann der Korrelationskoeffizient wie folgt ermittelt werden:

$$r_{pb} = \frac{\overline{y}_1 - \overline{y}_0}{s_y} \cdot \sqrt{\frac{n_0 \cdot n_1}{n^2}} = \frac{7{,}2 - 6{,}3}{2{,}51} \cdot \sqrt{\frac{12 \cdot 10}{484}} \approx 0{,}18 \ .$$

Der empirische t-Wert resultiert als:

$$t = \frac{r_{pb}}{\sqrt{\left(1 - r_{pb}^2\right)/(n-2)}} = \frac{0{,}18}{\sqrt{\left(1 - 0{,}18^2\right)/(22-2)}} \approx 0{,}82 \ .$$

Der theoretische t-Wert ergibt sich aus der Tabelle der t-Verteilung (vgl. Anhang) bei $n - 2 = 20$ Freiheitsgraden und einem Signifikanzniveau $\alpha = 0{,}01$ als:

$$t_{theor} = t_{(20;0,01)} = 2{,}528.$$

Da $t_{theor} > t_{emp}$, ist die H_0-Hypothese anzunehmen, d. h. es besteht kein signifikanter Zusammenhang zwischen Geschlecht und Interesse an DVD-Geräten.

Biseriale Rangkorrelation

Die biseriale Rangkorrelation findet dann Anwendung, wenn der Zusammenhang zwischen einer ordinalskalierten und einer dichotomen Variable untersucht werden soll. Eine beispielhafte Fragestellung könnte lauten: Ein Proband wird gebeten, verschiedene Produktmarken hinsichtlich seiner Markenpräferenz in eine Rangfolge zu bringen (Merkmal y). Es soll überprüft werden, ob die Markenpräferenz im Zusammenhang mit den Herkunftsland (Variable x) steht, wobei x_1 = nationale Marke, x_2 = ausländische Marke ist. Der Grundgedanke basiert auf der Überlegung, dass ein perfekter Zusammenhang zwischen den Variablen dann gegeben wäre, wenn alle Beobachtungen der ordinalskalierten Variablen y bei der ersten Ausprägung der dichotomen Variablen, x_1, durchweg höhere (oder niedrigere) Rangplätze aufweisen würden als bei der zweiten Ausprägung x_2. Beispielsweise würde der Proband den nationalen Marken durchweg höhere Rangplätze zuweisen als den internationalen Marken.

Es wird nun untersucht, wie viel höhere Rangplätze (U) bzw. wie viel niedrigere Rangplätze (U') sich in der jeweils anderen Gruppe befinden (vgl. Bortz 2005, S. 231 f.). Der biseriale Rangkorrelationskoeffizient errechnet sich als

$$r_{bisR} = \frac{U - U'}{U_{max}},$$

wobei $U_{max} = n_1 \cdot n_2$ mit

n_1 = Häufigkeit des Auftretens der Merkmalsausprägung x_1 der dichotomen Variablen x,
n_2 = Häufigkeit des Auftretens der Merkmalsausprägung x_2 der dichotomen Variablen x.

Bezeichnet man mit T_1 die Rangsumme der ersten Gruppe (Summe der Rangplätze der Variablen y, welche zur Merkmalsausprägung x_1 der Variablen x gehören) und mit T_2 die Rangsumme der zweiten Gruppe, werden U und U' errechnet als:

$$U = n_1 \cdot n_2 + \frac{n_1(n_1 + 1)}{2} - T_1 \text{ und}$$

$$U' = n_1 \cdot n_2 + \frac{n_2(n_2 + 1)}{2} - T_2.$$

Die statistische Überprüfung der Nullhypothese H_0: $\rho_{bisR} = 0$ erfolgt bei großem μ über den approximativen U-Test (vgl. Bortz 2005, S. 151).

Die Prüfgröße lautet:

$$z = \frac{U - \mu_U}{\sigma_U}$$

mit

$$\mu_U = \frac{n_1 \cdot n_2}{2}$$

$$\sigma_U = \sqrt{\frac{n_1 \cdot n_2 (n + 1)}{12}}.$$

Der empirische z-Wert wird mit dem kritischen z-Wert bei einem vorgegebenen Signifikanzniveau α verglichen; liegt er unterhalb des kritischen z-Werts, so ist die H_0-Hypothese abzulehnen. Nachfolgendes *Beispiel* soll die Zusammenhänge verdeutlichen.

Beispiel 3.40:

Ein Proband soll 18 Produktmarken (10 nationale und 8 ausländische) derselben Produktkategorie in eine Rangfolge bringen. Ziel der Erhebung ist die Feststellung, ob zwischen der Markenpräferenz und der Herkunft der Marke (inländisch oder ausländisch) ein Zusammenhang besteht (sog. „home bias"). Die Ergebnisse der Untersuchung finden sich in der nachfolgenden Tabelle.

Produktmarke	Herkunft (x)	Markenpräferenz (y)
1	Inland	4
2	Inland	7
3	Ausland	9
4	Inland	8
5	Inland	1
6	Inland	6
7	Ausland	5
8	Ausland	2
9	Inland	10
10	Ausland	16
11	Inland	17
12	Inland	11
13	Inland	12
14	Ausland	13
15	Ausland	15
16	Inland	14
17	Ausland	18
18	Ausland	3

Der Korrelationskoeffizient lässt sich folgendermaßen errechnen:

$$r_{bisR} = \frac{U - U'}{U_{max}}$$

$$U_{max} = n_1 \cdot n_2 = 8 \cdot 10 = 80$$

$$U = n_1 \cdot n_2 + \frac{n_1(n_1 + 1)}{2} - T_1 = 80 + \frac{10 \cdot 11}{2} - 90 = 45$$

$$U' = n_1 \cdot n_2 + \frac{n_2(n_2 + 1)}{2} - T_2 = 80 + \frac{8 \cdot 9}{2} - 81 = 35$$

$$r_{bisR} = \frac{45 - 35}{80} = \frac{1}{8} = 0,125.$$

Zur statistischen Überprüfung der Nullhypothese H_0: $\rho_{bisR} = 0$ wird die Prüfgröße ermittelt:

$$z = \frac{U - \mu_U}{\sigma_U}$$

$$\mu_U = \frac{n_1 \cdot n_2}{2} = 10 \cdot \frac{8}{2} = 40$$

$$\sigma_U = \sqrt{\frac{n_1 \cdot n_2 (n+1)}{12}} = \sqrt{\frac{10 \cdot 8 \cdot 19}{12}} = \sqrt{\frac{1520}{12}} \approx 11,25$$

$$z = \frac{U - \mu_U}{\sigma_U} = \frac{45 - 40}{11,25} \approx 0,44 .$$

Aus der U-Test-Tabelle* kann nun der kritische U-Wert entnommen werden. Für U = 45, n_1 = 8 und n_2 = 10 ergibt sich der Wert 20. Da dieser Wert bei einem Signifikanzniveau von α = 0,05 (einseitiger Test) kleiner ist als der Wert von μ_U, ist das Ergebnis nicht signifikant.

*Auszug aus der U-Test-Tabelle (vgl. Bortz 2005, S. 826 ff.):

n_1	n_2		
	9	10	11
7	15	17	19
8	18	20	23
9	21	24	27
10	24	27	31

Rangkorrelation nach Spearman

Liegen zwei ordinalskalierte Variablen vor, wird der Rangkorrelationskoeffizient nach Spearman herangezogen (vgl. Bortz 2005, S. 232 ff.). Eine beispielhafte Fragestellung könnte lauten: Beurteilung von n Produkten durch zwei verschiedene Konsumenten. Es soll überprüft werden, ob zwischen den beiden Rangreihungen ein Zusammenhang besteht, d. h. ob die Probanden eine ähnliche Markenpräferenz aufweisen. Für jede Untersuchungseinheit i wird zunächst die Differenz aus den Rangplätzen gebildet, die ihr die zwei Befragten x und y vergeben haben, d_i. Diese werden anschließend quadriert.

Der Korrelationskoeffizient berechnet sich als

$$r_s = 1 - \frac{6 \cdot \sum_{i=1}^{n} d_i^2}{n\left(n^2 - 1\right)}.$$

Für n > 30 kann approximativ folgende Prüfgröße herangezogen werden:

$$t_{emp} = \frac{r_s}{\sqrt{\left(1 - r_s\right)/\left(n - 2\right)}}.$$

Die H_0-Hypothese $H_0 : \rho_s = 0$ kann abgelehnt werden, wenn t_{emp} (zweiseitige Fragestellung) im Bereich

$$-t\left(\frac{1-\alpha}{2}; n - 2\right) < t_{emp} < t\left(\frac{1-\alpha}{2}; n - 2\right) \text{ liegt.}$$

Folgendes Beispiel soll die Vorgehensweise verdeutlichen:

Beispiel 3.41:

Es soll untersucht werden, inwieweit die Präferenzen der potenziellen Käufer bzgl. ausgewählter Produktmarken derselben Produktklasse übereinstimmen. Beispielsweise bewerten zwei Probanden fünf Produktmarken gemäß nachfolgender Tabelle:

Produkt i	Rang Konsument x	Rang Konsument y	d_i	d_i^2
1	2	4	-2	4
2	5	5	0	0
3	1	2	-1	1
4	4	3	1	1
5	3	1	2	4
Summe				10

Der Korrelationskoeffizient berechnet sich als

$$r_s = 1 - \frac{6 \cdot 10}{5 \cdot (25 - 1)} = 0,5 \,.$$

Als Prüfgröße errechnet man

$$t_{emp} = \frac{0,5}{\sqrt{(1 - 0,5)/(5 - 2)}} = 1,225 \,.$$

Bei einem Signifikanzniveau α von 0,01 und 3 Freiheitsgraden ist die H_0-Hypothese abzulehnen, da gilt:

$$-5,841 < 1,225 < 5,841 \,.$$

Somit korrelieren die Beurteilungen der beiden Probanden hochsignifikant. (Allerdings ist im Beispiel n < 30; der t-Test wurde hier – obwohl „eigentlich" nicht zulässig – nur zur Verdeutlichung durchgeführt.)

Liegen verbundene Ränge vor, d. h. wird derselbe Rangplatz mehreren Untersuchungseinheiten vergeben, dann kann o. g. Formel nur dann verwendet werden, wenn der Anteil verbundener Ränge nicht mehr als 20 % aller Rangplätze ausmacht. Ansonsten muss die Berechnung des Korrelationskoeffizienten modifiziert werden.

Zunächst sind die Rangplätze x und y in sog. Rangzahlen x' und y' zu überführen. Diese resultieren, wenn bei verbundenen Rängen denjenigen Untersuchungseinheiten mit gleichem Rangplatz der Durchschnitt der für diese Untersuchungseinheiten normalerweise zuzuordnenden Rangplätze vergeben wird. Erhalten beispielsweise zwei Produkte bei Konsument x Rang 1, so wird Rang 2 nicht vergeben. Die Rangzahl y' für die betreffenden Rangplätze ist der Durchschnitt der „normalerweise" zu vergebenden Rangplätze 1 und 2, d. h. y' = 1,5.

Der Korrelationskoeffizient wird anhand folgender Formel berechnet:

$$r_s = \frac{2\left(\dfrac{n^3 - n}{12}\right) - T - U - \sum_{i=1}^{n} d_i^2}{2 \cdot \left(\dfrac{n^3 - n}{12} - T\right)\left(\dfrac{n^3 - n}{12} - U\right)}$$

wobei

$$T = \dfrac{\sum\limits_{j=1}^{k(x)} \left(t_j^3 - t_j \right)}{12}$$

$$U = \dfrac{\sum\limits_{j=1}^{k(y)} \left(t_j^3 - t_j \right)}{12}$$

mit

t_j = Anzahl der in t_j zusammengefassten Ränge der Variable x (Häufigkeit der Vergabe eines bestimmten Rangplatzes in jedem Fall, in dem verbundene Ränge auftreten),

u_j = Anzahl der in u_j zusammengefassten Ränge in der Variablen y,

$k(x)$ = Anzahl der verbundenen Ränge in der Variablen x (Zahl der Fälle, in denen bei der Variablen x verbundene Ränge auftreten),

$k(y)$ = Anzahl der verbundenen Ränge in der Variablen y.

Die Vorgehensweise soll anhand eines *Beispiels* erläutert werden.

Beispiel 3.42:

2 Probanden x und y bewerten 5 Produkte gemäß nachfolgender Tabelle.

Produkt i	Rang Konsument x	Rang Konsument y
1	1	1
2	3	1
3	2	3
4	4	5
5	5	3

Bei Konsument x treten keine verbundenen Ränge auf, d. h. $k(x) = 0$. Bei Konsument y treten in zwei Fällen verbundene Ränge auf: So werden sowohl Rang 1 als auch Rang 3 mehrfach vergeben ($k(y) = 2$). Die Rangzahl y' für die Produkte 1 und 2 ergibt sich als $\dfrac{(1+2)}{2} = 1{,}5$, für die Produkte 3 und 5 als $\dfrac{(3+4)}{2} = 3{,}5$.

Da bei Variable x keine verbundenen Ränge auftreten, ist $T = 0$. Bei Variable y treten hingegen in zwei Fällen verbundene Ränge auf. Dabei gilt: $U_1 = U_2 = 2$, da in beiden Fällen verbundener Ränge derselbe Rangplatz je zweimal vergeben wurde. Damit ist

$$U = \dfrac{\sum\limits_{j=1}^{2} \left(u_j^3 - u_j \right)}{12} = \dfrac{\left(2^3 - 2 \right) + \left(2^3 - 2 \right)}{12} = 1.$$

Der Korrelationskoeffizient errechnet sich als

$$U = \frac{2\left(\dfrac{5^3 - 5}{12}\right) - 0 - 1 - 8}{2\sqrt{\left(\dfrac{5^3 - 5}{12} - 0\right)\left(\dfrac{5^3 - 5}{12} - 1\right)}} = \frac{2\left(\dfrac{120}{12}\right) - 9}{2\sqrt{\dfrac{120}{12} \cdot \left(\dfrac{120}{12} - 1\right)}} = 0{,}579 \; .$$

Als Prüfgröße kann für $n > 30$ wiederum

$$t_{emp} = \frac{r_s}{\sqrt{(1 - r_s)/(n - 2)}}$$

herangezogen werden.

3.5 Die Conjoint Analyse als Verfahren zur Messung von Präferenzen

3.5.1 Grundgedanke

Die Conjoint Analyse ist ein in der Marktforschung weit verbreitetes multivariates Verfahren zur Messung von Nachfragerpräferenzen (vgl. Hartmann/Sattler 2004 S. 3). Sie dient dazu, die Präferenzen bzw. Nutzenvorstellungen von Personen bezüglich alternativer Objekte (z. B. Produktkonzepte) zu analysieren. Es handelt sich dabei um ein Verfahren der indirekten Präferenzmessung, d. h. aus Globalurteilen bzgl. der zu bewertenden Objekte wird auf die relative Bedeutung von deren Eigenschaften und Präferenzen bzgl. einzelner Eigenschaftsausprägungen geschlossen. Die Conjoint Analyse basiert auf der Annahme, dass ein Produkt (bzw. eine Dienstleistung) aus einem Bündel von Leistungsmerkmalen bzw. Eigenschaften besteht (z. B. Preis, Verpackung, Marke, Garantie), welche verschiedene Ausprägungen annehmen können (keine Garantie, 1 Jahr oder 2 Jahre Garantie usw.). Der vom Kunden empfundene Gesamtnutzen des Produktes setzt sich annahmegemäß aus den Nutzenwerten der einzelnen Merkmale zusammen. Je besser der Nachfrager die einzelnen Merkmale bewertet, desto höher ist auch seine Präferenz für das Produkt und damit auch sein persönlicher Nutzen und die Wahrscheinlichkeit, dass er dieses Produkt kauft. Formal ergibt sich der Gesamtnutzen U_i eines Produktes i mit $k = 1, \ldots, K$ Merkmalen wie folgt:

$$U_i = \Psi\left[f_1\left(U_{1i}\right), f_2\left(U_{2i}\right), \ldots, f_K\left(U_{Ki}\right)\right]$$

Zentrales Ziel der Conjoint Analyse ist es, die Teilnutzen und damit letztlich die relative Wichtigkeit einzelner Eigenschaften und ihrer unterschiedlichen Ausprägungen für die Gesamtbewertung eines Produktes zu ermitteln. Ausgehend von Gesamturteilen über zu vergleichenden *Stimuli* (ein *Stimulus* besteht jeweils aus einer Kombination von Eigenschaften mit den jeweiligen Eigenschaftsausprägungen), die sich hinsichtlich der Merkmalsausprägungen unterscheiden, wird auf den Nutzenbeitrag der einzelnen Ausprägungen zu diesem Gesamturteil geschlossen. Es handelt sich somit um ein *dekompositionelles Verfahren*, bei dem die unabhängigen Variablen die Ausprägungen der einzelnen Eigenschaften sind und die abhängige Variable die Präferenz der Auskunftspersonen hinsichtlich der zu bewertenden (fiktiven) Produkte darstellt. Gegenüber *self-explicated* Verfahren, bei denen die Präferenz einzelner Produktkomponenten direkt abgefragt wird, besitzt die Conjoint Analyse den großen Vorteil, dass die Probanden „vollständige" Produkte beurteilen und dabei simultan („conjoint") positive und negative Eigenschaftsausprägungen gegeneinander abwägen müssen. Bei einem methodisch korrekten Versuchsaufbau erreicht die Conjoint Analyse dadurch recht hohe Validitätswerte (vgl. Teichert 2000, S. 476).

Typische Anwendungsfälle für die Conjoint Analyse bilden im Marketing Kosten-Nutzenbewertungen alternativer Produktkonzepte, Marktanteilsprognosen konkurrierender Produkte sowie nachfrageorientierte Preisbestimmungen und Marktsegmentierungen (vgl. Hüttner/Schwarting 2002, S. 339, Hensel-Börner/Sattler 2000, S. 706).

Die Vorgehensweise bei einer Conjoint Analyse ist stark von den jeweiligen Untersuchungsumständen abhängig; sie verläuft jedoch zumeist in den folgenden *Schritten*:
- Auswahl der zu untersuchenden Eigenschaften und ihrer möglichen Ausprägungsalternativen,
- Festlegung des Erhebungsdesigns,
- Bewertung der Stimuli,
- Schätzung der Teilnutzenwerte,
- Normierung und Aggregation der ermittelten Nutzenwerte (vgl. Backhaus et al. 2006, S. 561, Teichert 2000, S. 478).

3.5.2 Methodische Vorgehensweise

Auswahl der Eigenschaften und ihrer Ausprägungen

Um bei einer Conjoint Analyse die Teilnutzenwerte einzelner Eigenschaftsausprägungen eines Produktes ermitteln zu können, müssen in einem ersten Schritt zunächst die zu untersuchenden Produktmerkmale sowie deren mögliche Ausprägungen festgelegt werden. Dabei sind einige grundlegende Voraussetzungen an die Wahl der Eigenschaften geknüpft. So sollen ausschließlich Eigenschaften untersucht werden, von denen angenommen wird, dass sie für die Präferenzentscheidung *relevant* sind. Zudem müssen sie aus Sicht der Beurteilenden voneinander *unabhängig* sein, d. h. in ihrem beigemessenen Teilnutzen nicht von anderen Eigenschaften abhängig sein. Außerdem müssen sie vom Hersteller eines Produktes *beeinflussbar* sein und dürfen *keine Ausschlusskriterien* darstellen (vgl. Mengen/Simon 1996, S. 231). Aus Gründen der Komplexität müssen darüber hinaus die Anzahl der zu betrachtenden Eigenschaften sowie deren Ausprägungsalternativen auf einige wenige *begrenzt* sein. Zudem müssen die zu untersuchenden Eigenschaften in einer *kompensatorischen Beziehung* zueinander stehen, da im Grundmodell der Conjoint Analyse unterstellt wird, dass sich die zu ermittelnden Teilnutzen *additiv* zu einem Gesamtnutzen zusammensetzen.

Bei empirischen Untersuchungen lässt sich diese Annahme häufig nicht halten. So werden sicherlich nur wenige Konsumenten bereit sein, bei Flügen niedrige Sicherheitsstandards zu akzeptieren, selbst wenn die Ticketpreise im Gegenzug niedrig sind. Daher werden neben der additiven Verknüpfung auch Alternativen, wie multiplikative bzw. gemischte Verknüpfungen unterstellt (vgl. Hartmann/Sattler 2002, S. 5, Hüttner/Schwarting 2002, S. 340 f.).

Nachfolgend wird an einem *Beispiel* das Grundprinzip der Conjoint Analyse mit kompensatorischen Eigenschaften dargestellt.

Beispiel 3.43:

Ein Hersteller von Peripheriegeräten für PCs möchte einen neuen Drucker entwickeln, der am Markt wettbewerbsfähig ist. Aus Voruntersuchungen ist bekannt, dass die drei Eigenschaften Druckqualität, Druckgeschwindigkeit und Preis für Konsumenten besonders kaufrelevant sind. Für jede Eigenschaft seien jeweils drei unterschiedliche Ausprägungen denkbar:

	Eigenschaftsausprägungen		
Eigenschaften	**1**	**2**	**3**
A: Druckqualität	Normale Auflösung	Hohe Auflösung	Fotoqualität
B: Druckgeschwindigkeit	5 Seiten/Minute	10 Seiten/Minute	20 Seiten/Minute
C: Preis	30 EUR	60 EUR	90 EUR

Erhebungsdesign

Nachdem festgelegt wurde, welche Eigenschaften und welche Eigenschaftsausprägungen untersucht werden sollen, wird im nächsten Schritt das Erhebungsdesign festgelegt. Hierbei werden sowohl die von den Probanden zu vergleichenden Stimuli als auch die Präsentationsart für die Probanden festgelegt. Grundsätzlich können die Stimuli den Probanden entweder als vollständige Produktkonzepte unter Einbeziehung sämtlicher beuteilungsrelevanter Eigenschaften vorgelegt werden (*Profilmethode*), oder die zu vergleichenden Stimuli bestehen jeweils nur aus zwei Eigenschaften (Faktoren), die miteinander verglichen werden (*Zwei-Faktor-* bzw. *Trade-Off-Methode*).

Die allgemeine Formel zur Bestimmung der Anzahl möglicher Stimuli im Rahmen der Profilmethode lautet:

$$A_i = \prod_{k=1}^{K} M_k$$

mit

A_i = Anzahl möglicher Stimuli,
M_k = Anzahl der Ausprägungen der Eigenschaft k,
K = Anzahl der Eigenschaften.

Beispiel 3.44:

Für das Beispiel 3.43 ergeben sich im Fall der Profilmethode insgesamt die in nachfolgender Tabelle enthaltenen $3^3 = 27$ Stimuli:

A1B1C1	A2B1C1	A3B1C1	A1B2C1	A2B2C1	A3B2C1
A1B3C1	A2B3C1	A3B3C1	A1B1C2	A2B1C2	A3B1C2
A1B2C2	A2B2C2	A3B2C2	A1B3C2	A2B3C2	A3B3C2
A1B1C3	A2B1C3	A3B1C3	A1B2C3	A2B2C3	A3B2C3
A1B3C3	A2B3C3	A3B3C3			

Für die *Zwei-Faktor-Methode* werden hingegen bei K Eigenschaften $\binom{K}{2} = \dfrac{K!}{2!(K-2)!}$ *Trade-Off-Matrizen* aufgestellt, welche die möglichen Eigenschaftsausprägungskombinationen der jeweils zu vergleichenden beiden Faktoren enthalten. Im verwendeten Beispiel ergeben sich somit 3 Trade-Off-Matrizen (vgl. Abb. 3.43). Jede Zelle einer Trade-Off-Matrix entspricht dabei einem Stimulus, welcher im weiteren Verlauf von Probanden mit den anderen Stimuli hinsichtlich ihrer Präferenz verglichen werden muss.

A: Druckqualität	**B: Druckgeschwindigkeit**		
	1: 5 Seiten/Minute	2: 10 Seiten/Minute	3: 20 Seiten/Minute
1: Normale Auflösung	A1B1	A1B2	A1B3
2: Hohe Auflösung	A2B1	A2B2	A2B3
3: Fotoqualität	A3B1	A3B2	A3B3
A: Druckqualität	**C: Preis**		
	1: 30 €	2: 60 €	3: 90 €
1: Normale Auflösung	A1C1	A1C2	A1C3
2: Hohe Auflösung	A2C1	A2C2	A2C3
3: Fotoqualität	A3C1	A3C2	A3C3
B: Druckgeschwin-digkeit	**C: Preis**		
	1: 30 €	2: 60 €	3: 90 €
1: 5 Seiten/Minute	B1C1	B1C2	B1C3
2: 10 Seiten/Minute	B2C1	B2C2	B2C3
3: 20 Seiten/Minute	B3C1	B3C2	B3C3

Abb. 3.43: Trade-Off-Matrizen bei der Zwei-Faktor-Methode

Für die Profilmethode spricht, dass den Probanden vollständig beschriebene Stimuli vorgelegt werden, sodass die Beurteilung stärker einer realen Präferenzentscheidung entspricht, was sich tendenziell positiv auf die Validität der Untersuchungsergebnisse auswirkt. Zudem ist die Anzahl der zu betrachtenden Stimuli in der Regel deutlich kleiner als bei der Zwei-

Faktor-Methode. Nachteilig gegenüber der Zwei-Faktor-Methode ist jedoch, dass die an die Auskunftspersonen gestellte Bewertungsaufgabe deutlich anspruchsvoller und komplexer ist, weil der Nutzen von mehreren Eigenschaften gleichzeitig gegeneinander abgewogen werden muss. Empirisch wird auf Grund des simultanen Vergleichs zwischen den Ausprägungen aller relevanten Produkteigenschaften und der damit einhergehenden höheren Validität die Profilmethode zumeist bevorzugt, weshalb sie im weiteren Verlauf auch zu Grunde gelegt wird.

Bei der Präsentationsform werden die Stimuli den Testpersonen klassischer Weise in Form von schriftlichen Kurzbeschreibungen der Produkteigenschaften vorgelegt. Gerade bei Onlineuntersuchungen werden zudem auch multimediale Präsentationsformen genutzt, bei denen die zu bewertenden Eigenschaften durch Audio- und Videoelemente vorgestellt werden (vgl. Ernst/Sattler 2000, S. 161 ff.).

Anzahl der Stimuli

Die Anzahl der zu vergleichenden Stimuli wird bereits bei relativ wenigen zu untersuchenden Eigenschaften und Eigenschaftsausprägungen sehr groß. So ergeben sich im Falle der Profilmethode bereits bei fünf zu untersuchenden Eigenschaften mit jeweils drei möglichen Eigenschaftsausprägungen $5^3=125$ einzelne Stimuli, welche im Rahmen einer empirischen Untersuchung kaum noch von den Testpersonen zu bewerten sein dürften. Daher werden den Probanden zumeist nicht sämtliche Stimuli zur Bewertung vorgelegt (*vollständiges Design*), sondern nur eine statistisch ausgewählte Teilmenge (*reduziertes Design*), welche die Grundgesamtheit möglichst gut abbildet.

Für den speziellen Fall eines *symmetrischen Designs* (sämtliche Eigenschaften weisen dieselbe Anzahl alternativer Eigenschaftsausprägungen auf), bei dem exakt drei Eigenschaften mit jeweils drei Ausprägungsalternativen untersucht werden sollen ($3^3=27$ mögliche Stimuli), lässt sich ein sog. *lateinisches Quadrat* als reduziertes Design bilden. Hierbei müssen von den Probanden nur noch neun Stimuli miteinander verglichen werden. Diese werden dergestalt ausgewählt, dass jede Eigenschaftsausprägung exakt einmal mit jeder Ausprägung einer anderen Produkteigenschaft kombiniert wird. Für das Beispiel 3.43 resultiert das in Abb. 3.44 dargestellte lateinische Quadrat.

A1B1C1	A2B1C2	A3B1C3
A1B2C2	A2B2C3	A3B2C1
A1B3C3	A2B3C1	A3B3C2

Abb. 3.44: Lateinisches Quadrat für das Beispiel 3.44

Bewertung der Stimuli

Für die Bewertung der Stimuli werden Probanden gebeten, die Stimuli in einer Rangfolge zu ordnen, welche die Präferenzen bzw. Nutzenvorstellungen der jeweiligen Testperson wiedergeben. Sollte die *Rangreihung* auf Grund zu vieler Stimuli mit zu vielen gleichzeitig abzuwägenden Eigenschaften für die Probanden zu komplex sein, lassen sich die Präferenzen auch indirekt mittels *Paarvergleichen* bzw. *Ratingskalen* ermitteln (vgl. Hüttner/Schwarting 2002, S. 345 f.). Abb. 3.45 zeigt exemplarisch die Rangreihung des lateinischen Quadrats aus der Abb. 3.44.

Stimulus Nr.	Beschreibung	Rang
1	Normale Auflösung / 5 Seiten/ 30€	4
2	Normale Auflösung / 10 Seiten/ 60€	6
3	Normale Auflösung / 20 Seiten/ 90€	7
4	Hohe Auflösung / 5 Seiten/ 60€	8
5	Hohe Auflösung / 10 Seiten/ 90€	5
6	Hohe Auflösung / 20 Seiten/ 30€	3
7	Fotoqualität / 5 Seiten/ 90€	9
8	Fotoqualität / 10 Seiten/ 30€	1
9	Fotoqualität / 20 Seiten/ 60€	2

Abb. 3.45: Beispielhafte Rangreihung des lateinischen Quadrates

Schätzung der Nutzenwerte

Auf Basis der empirischen Rangdaten werden im nächsten Schritt die Teilnutzenwerte für sämtliche Eigenschafsausprägungen ermittelt. Ziel ist es dabei, die Teilnutzenwerte dergestalt zu bestimmen, dass die resulierenden Gesamtnutzenwerte y_i „möglichst gut" den empirisch abgefragten Rangwerten entsprechen. Allgemein ergibt sich der Gesamtnutzen eines Stimulus i für das additive Modell der Conjoint Analyse aus der Addition der Teilnutzenwerte seiner einzelnen Eigenschaftsausprägungen:

$$y_i = \sum_{k=1}^{K} \sum_{m=1}^{M_k} \beta_{km} \cdot x_{km}$$

mit

y_i = geschätzter Gesamtnutzen für Stimulus i,
β_{km} = Teilnutzenwert für Ausprägung m der Eigenschaft k,
x_{km} = 1 falls bei Stimulus i die Eigenschaft k mit der Ausprägung m vorliegt, 0 sonst.

Zur konkreten Ermittlung der Teilnutzenwerte gibt es grundsätzlich zwei Rechenverfahren, die von den jeweiligen Skalenniveaus der ermittelten Rangwerte abhängen. Bei der *metrischen Schätzung* liegen metrisch skalierte Rangwerte vor, und es wird entweder eine *Dummy kodierte Regression* oder alternativ eine *metrische Varianzanalyse* vorgenommen. Bei der *nicht-metrischen Schätzung* dienen lediglich ordinale Rangwerte als Berechnungsgrundlage. In diesem Fall wird eine *monotone Varianzanalyse* mit einer *monotonen Regression* durchgeführt, um die Teilnutzenwerte zu schätzen.

Da die Ermittlung der Teilnutzenwerte recht schnell sehr komplex wird, bedient man sich bei empirischen Untersuchungen in der Regel statistischer Computerprogramme, wie z.B. *Monanova*, *Linmap* oder auch *OLS-Software* (vgl. Hüttner 2002, S. 348 f., Teichert 2000, S.

494 f.). Im Folgenden wird zum besseren Verständnis auf das grundlegende Prinzip zur Ermittlung der Teilnutzenwerte bei metrisch skalierten Rangwerten eingegangen.

Schätzverfahren zur Bestimmung der Teilnutzenwerte

Ausgangspunkt der Schätzung von Teilnutzenwerten bilden die von Testpersonen vorgenommenen Rangreihungen der Stimuli. Bei einem metrischen Skalenniveau wird unterstellt, dass die einzelnen Rangwerte *äquidistant*, d. h. die Abstände zwischen ihnen gleich groß sind. Dadurch werden die ursprünglich lediglich ordinal skalierten Daten auf ein metrisches Skalenniveau angehoben. Die Teilnutzenwerte lassen sich mit Hilfe einer *Dummy kodierten Regressionsanalyse* aus den abgegebenen Gesamturteilen der Testpersonen ermitteln (alternativ lassen sich die Teilnutzenwerte auch durch eine Varianzanalyse ermitteln; vgl. Backhaus et al. 2006, S. 571 ff.). Die allgemeine Regressionsgleichung lautet dabei

$$y_i = b_0 + \sum_{k=1}^{K} \sum_{m=1}^{M_k-1} b_{km} \cdot x_{km}$$

mit

y_i = Rangwert von Stimulus i.

Dabei sind von den möglichen M_k Eigenschaftsausprägungen einer Eigenschaft k nur M_k-1 linear unabhängige Dummy-Variablen. Die nicht berücksichtigten Eigenschaftsausprägungen lassen sich inhaltlich als Basisausprägung verstehen. Damit ergibt sich die Gesamtzahl Q der Dummy-Variablen aus

$$Q = \sum_{k=1}^{K} M_k - K$$

mit

Q = Anzahl der Dummy-Variablen,
M_k = Anzahl der Ausprägungen von Eigenschaft k,
K = Anzahl der Eigenschaften.

Beispiel 3.45:

Für das Beispiel 3.43 ergibt sich damit exemplarisch für den Drucker Nr. 8 (Fotoqualität, 5 Seiten pro Minute, 90 EUR) folgende Kodierung:

$x_{A1} = 0$	$x_{B1} = 1$	$x_{C1} = 0$
$x_{A2} = 0$	$x_{B2} = 0$	$x_{C2} = 0$
$x_{A3} = 1$	$x_{B3} = 0$	$x_{C3} = 1$

Es gilt:

$$y_8 = b_0 + b_{A1} \cdot x_{A1} + b_{A2} \cdot x_{A2} + b_{A3} \cdot x_{A3} + b_{B1} \cdot x_{B1} + b_{B2} \cdot x_{B2} + b_{B3} \cdot x_{B3} +$$
$$+ b_{C1} \cdot x_{C1} + b_{C2} \cdot x_{C2} + b_{C3} \cdot x_{C3}.$$

Nach Einsetzen der Werte resultiert:

$$y_8 = b_0 + b_{A1} \cdot 0 + b_{A2} \cdot 0 + b_{A3} \cdot 1 + b_{B1} \cdot 1 + b_{B2} \cdot 0 + b_{B3} \cdot 0 + b_{C1} \cdot 0 + b_{C2} \cdot 0 + b_{C3} \cdot 1, \text{ d. h.}$$

$$y_8 = b_0 + b_{A3} \cdot 1 + b_{B1} \cdot 1 + b_{C3} \cdot 1.$$

Um für jede Eigenschaft die Teilnutzenwerte als positive bzw. negative Abweichungen von einem Basisnutzen (Nullpunkt) darzustellen, können die durch die Regression ermittelten b_{km} wie folgt transformiert werden:

$$\beta_{km} = b_{km} - \overline{b}_k$$

mit

β_{km} = Transformierte Teilnutzenwerte für jede Eigenschaft k,

b_{km} = Ermittelte Teilnutzen aus der Regressionsanalyse,

$\overline{b}_k$ = Durchschnittlicher Teilnutzenwert je Eigenschaft k (Basisnutzen).

Die Güte der ermittelten Teilnutzenwerte zeigt sich darin, wie gut die Reihenfolge der rechnerisch resultierenden Gesamtnutzen mit den empirisch ermittelten Rangurteilen der Testpersonen übereinstimmt. Statistisch geben hierüber der *Pearson'sche Korrelationskoeffizient* sowie *Kendall's Tau* Auskunft. Während der Pearson'sche Korrelationskoeffizient die Korrelation zwischen metrisch skalierten Gesamtnutzenwerten und den empirisch ermittelten Rangwerten bestimmt, gibt Kendall's Tau die Korrelation zwischen den empirischen und den errechneten Rangwerten wieder (vgl. Backhaus et al. 2006, S. 592; Teichert 2000, S. 496 ff.).

Normierung und Aggregation der ermittelten Nutzenwerte

Die Größe der Teilnutzenwerte gibt Auskunft über die Einflusshöhe einer Eigenschaftsausprägung auf den Gesamtnutzen eines Produktes. Sie lässt jedoch keinen direkten Schluss auf die relative Wichtigkeit einer Eigenschaft zur Präferenzveränderung zu. Die *relative Wichtigkeit* einer Eigenschaft ergibt sich vielmehr aus der *Spannweite* bzw. Differenz zwischen dem höchsten und dem niedrigsten Teilnutzenwert der möglichen Eigenschaftsausprägungen. Ist die Spannweite sehr groß, so durch Ausprägungsvariation der betreffenden Eigenschaft eine signifikante Änderung des Gesamtnutzenwertes erreicht werden. Die Spannweite bzw. Wichtigkeit w einer Eigenschaft k lässt sich entsprechend der folgenden Formel berechnen:

$$w_k = \max_m \{\beta_{km}\} - \min_m \{\beta_{km}\}.$$

Die relative Wichtigkeit erhält man, wenn man die ermittelte Wichtigkeit der einzelnen Eigenschaften mit der Relevanz der übrigen Eigenschaften vergleicht:

$$w_k = \frac{\max_m \{\beta_{km}\} - \min_m \{\beta_{km}\}}{\sum_{k=1}^{K} \left(\max_m \{\beta_{km}\} - \min_m \{\beta_{km}\}\right)}.$$

Die ermittelten individuellen Präferenzurteile erlauben zunächst keine verallgemeinerbaren Aussagen. Durch eine *Normierung* lassen sich die abgeleiteten Teilnutzenwerte der einzelnen

Testpersonen jedoch miteinander vergleichen. Bei der Normierung werden sämtliche Teilnutzenwerte auf denselben Nullpunkt bezogen und eine einheitliche Skaleneinteilung vorgenommen. Üblicherweise wird der Nullpunkt dadurch bestimmt, dass die Eigenschaftsausprägung mit dem kleinsten ermittelten Teilnutzenwert gleich Null gesetzt wird. Anschließend werden sämtliche Teilnutzenwerte β_{km} um den kleinsten Teilnutzenwert β_{km}^{min} reduziert:

$$\beta_{km}^{neu} = \beta_{km} - \beta_{k}^{min} .$$

Für eine einheitliche Skaleneinteilung ist darüber hinaus die Bestimmung des maximalen Wertebereiches wichtig. Dabei entspricht die Summe der größten Teilnutzenwerte je Eigenschaft dem maximalen Wertebereich, und der Stimulus mit sämtlichen höchsten Teilnutzenwerten erhält einen Gesamtnutzenwert von 1. Damit ergeben sich die übrigen normierten Teilnutzenwerte $\hat{\beta}$ gemäß folgender Formel:

$$\hat{\beta}_{km} = \frac{\beta_{km}^{neu}}{\sum\limits_{k=1}^{K} \max\limits_{m} \left\{ \beta_{km}^{neu} \right\}} .$$

Die so berechneten normierten Teilnutzenwerte liefern gleichzeitig auch eine Aussage über die relative Wichtigkeit der einzelnen Eigenschaften.

Beispiel 3.46:

Nachfolgend werden mit Hilfe von SPSS individuelle Teilnutzenwerte für die in Abb. 3.44 dargestellte Rangfolge für die alternativen Drucker errechnet.

```
 Averaged
 Importance      Utility          Factor

      ▯▯▯▯▯▯▯                     AUFLÖSUN      Auflösung
      ▯33,33 ▯    -2,0000         ---▯             normale Auflösung
      ▯▯▯▯▯▯▯      1,0000          ▯--             hohe Auflösung
           ▯      1,0000          ▯--             Fotoqualität
           ▯
        ▯▯▯▯▯                     DRUCKGES      Druckgeschwindigkeit
   10,52 ▯    ▯    -,6667          -▯              5 Seiten
        ▯▯▯▯▯      -,3333          -▯             10 Seiten
           ▯      1,0000          ▯--            20 Seiten
           ▯
   ▯▯▯▯▯▯▯▯▯▯                     PREIS         Preis
   ▯48,15     ▯    2,3333          ▯----          30 EUR
   ▯▯▯▯▯▯▯▯▯▯      -,3333          -▯             60 EUR
           ▯    -2,0000          ---▯            90 EUR
           ▯
                   5,0000         CONSTANT

 Pearson's R   =   ,925                   Significance =   ,0002

 Kendall's tau =   ,833                   Significance =   ,0009
```

Mit Hilfe der Normierung der Teilnutzenwerte lassen sich nun die Ergebnisse der Individualanalysen aggregieren. Dadurch sind Aussagen über aggregierte Nutzenwerte, wie beispielsweise die durchschnittliche Präferenzstruktur potentieller Käufergruppen möglich.

Für die Aggregation der Individualanalysen wird eine *Mittelwertbildung* über die individuellen Teilnutzenwerte der einzelnen Eigenschaftsausprägungen vorgenommen. Alternativ hierzu ist auch eine *gemeinsame Conjoint-Analyse* denkbar, bei der die Präferenzurteile der einzelnen Testpersonen als Wiederholungen des Untersuchungsdesigns verstanden werden (vgl. Backhaus et al. 2006, S. 582 f.). Dabei ist jedoch zu beachten, dass im Allgemeinen die Korrelationsgüte zwischen den rechnerischen und den empirischen Rangwerten gegenüber Individualanalysen abnimmt.

3.5.3 Varianten der Conjoint-Analyse

Die hier beschriebene Vorgehensweise bei der Conjoint Analyse stellt das Grundverfahren dar. Es wurde im Laufe der Zeit vielfach erweitert und abgewandelt (für eine Übersicht der unterschiedlichen Verfahrensvarianten vgl. z. B. Carroll/Green 1995, S. 386). Zwei in der empirischen Marktforschung sehr populäre Erweiterungen sind die Hybride Conjoint Analyse sowie die Choice based Conjoint Analyse. Beide Varianten werden nachfolgend überblicksartig dargestellt.

Hybride Conjoint Analyse

Hybridmodelle kombinieren die dekompositionelle Conjoint Analyse mit *kompositionellen Direktbefragungen* (*Self-Explicated-Verfahren*). Dabei erfolgt zunächst eine direkte Befragung der Testpersonen zur Relevanz einzelner Produkteigenschaften. Aufbauend auf den Ergebnissen werden anschließend individuell angepasste Untersuchungsdesigns aufgestellt, in welchen nur noch die für die einzelnen Testpersonen relevanten Merkmale und Merkmalsausprägungen analysiert werden müssen. Auf diese Weise reduziert sich die Zahl der von einem Probanden zu bewertenden Stimuli stark, wohingegen die Gesamtzahl der potenziell untersuchbaren Eigenschaften gegenüber einer reinen Conjoint Analyse deutlich zunimmt (Hensel-Börner/Sattler 2000, S. 706).

Eine der am häufigsten angewandten Methoden der hybriden Conjoint Analyse ist die *Adaptive Conjoint Analyse* (*ACA*) (vgl. Hensel-Börner/Sattler 2000, S. 706). Diese computergestützte Conjoint Analyse verläuft in mehreren Phasen, wobei zunächst in einem kompositionellen Befragungsteil für die einzelnen zu untersuchenden Eigenschaften die alternativen Eigenschaftsausprägungen von den Testpersonen zu bewerten sind. Im anschließenden dekompositionellen Teil müssen die Probanden Paarvergleiche zwischen alternativen Stimuli durchführen, welche auf Basis des kompositionellen Untersuchungsteils automatisch erstellt wurden. Im Rahmen der ACA werden so zwei separate Nutzwertschätzungen der Eigenschaftsausprägungen vorgenommen, welche einerseits aus den Präferenzangaben des direkten Befragungsteils resultieren und andererseits aus den Paarvergleichen abgeleitet werden (vgl. Hensel-Börner/Sattler 2000, S. 706 f.). Auf diese Weise lassen sich die aus den Gesamturteilen der Conjoint Analyse abgeleiteten Nutzenwerte mit den direkt abgefragten Präferenzurteilen unterschiedlicher Merkmalsausprägungen vergleichen (vgl. Hüttner/Schwarting 2002, S. 344). Trotz ihrer weiten Verbreitung weist die ACA jedoch auch einige *Schwachpunkte* auf, welche sich vor allem auf die mehrfach von jeder Testperson vorzunehmenden Paarvergleiche sowie auf die mangelnde Vergleichbarkeit der beiden Teilnutzwertschätzungen beziehen (vgl. Green/Krieger/Agarwal 1991, S. 220 f.). Bei der sog. *Customized (Computerized) Conjoint Analysis*, eine Weiterentwicklung der ACA, werden daher im dekompositionellen Teil Vollprofilbeschreibungen verwendet und eine alternative Kalibrierung der Teilnutzwertschätzungen vorgenommen (vgl. Hensel-Börner/Sattler 2000, S. 708).

Choice based Conjoint Analyse

Bei der klassischen Conjoint Analyse werden Präferenzurteile abgefragt. Es zeigt sich jedoch, dass erfragte Präferenzen und tatsächliches Kauf- bzw. Entscheidungsverhalten von Konsumenten z. T. signifikante Unterscheide aufweisen. Diesen Mangel versucht die *Choice based Conjoint Analyse* abzumildern, indem hier die Präferenzewerte aus tatsächlichen Wahlentscheidungen ermittelt werden(vgl. Haaijer/Wedel 2003, S. 371). Dazu werden Testpersonen alternative Stimuli vorgelegt, von denen sie den Stimulus mit dem für sie höchsten Gesamtnutzenwert auswählen sollen. Vielfach werden diese Untersuchungen am Computer vorgenommen.

Die im Rahmen einer Conjoint Analyse ermittelten Teilnutzenwerte werden oftmals dazu genutzt, Marktanteile von (zukünftigen) Produkten zu prognostizieren. Diese werden mit Hilfe von sog. *Choice Simulatoren* ermittelt. Dabei werden alternative *Kaufverhaltensannahmen* unterstellt. Bei dem *First-Choice-Konzept* wird unterstellt, dass sich Konsumenten grundsätzlich für dasjenige Produkt entscheiden, welchem sie den höchsten Gesamtnutzenwert zuordnen. Bei den *Probabilistic-Choice-Modellen*, wie *Bradley-Terry-Luce* oder *LOGIT*, wird hingegen angenommen, dass die Kaufwahrscheinlichkeit mit steigendem Präferenzwert zunimmt (vgl. Green/Srinivasan 1990, S. 14, Hartmann/Sattler 2004, S. 14). Zusätzlich müssen Annahmen über die Art und die Anzahl möglicher Wettbewerbsprodukte getroffen werden, um daraus den Marktanteil eines (Neu-) Produktes zu schätzen. Im einfachsten Fall reagieren die Wettbewerber gar nicht auf die Neueinführung eines Produktes. Sollten die Wettbewerber hingegen ihre bestehenden Produkte verändern, so bleibt zwar die Menge der untersuchten Produkte unverändert, die Gesamtnutzenwerte ändern sich jedoch nach Maßgabe der variierten Produkteigenschaften. In dem Fall, dass die Wettbewerber ihrerseits neue Produkte einführen, müssen zusätzliche Präferenzwerte für die neuen Produkte in die Berechnung der Marktanteile einfließen. Zur Marktanteilsprognose werden abschließend die individuell ermittelten Kaufwahrscheinlichkeiten aggregiert.

Computergestützte Conjoint Analyse

Conjoint-Analysen werden bereits nach wenigen zu untersuchenden Eigenschaften sehr umfangreich und komplex (vgl. Abschnitt 3.5.2). Daher ist insbesondere die Auswertung von empirisch durchgeführten Conjoint-Experimenten zumeist nur mit Hilfe von Computern möglich. Einfachere Experimente lassen sich zunächst noch durch eine in MS Excel durchgeführten dummy-kodierten Regressionsanalyse durchführen (vgl. zur Regressionsanalyse mit MS Excel Poddig/Dichtl/Petersmeier 2003). Eine in der Praxis häufig verwendete Software zum Design, zur Durchführung und zur Auswertung von Choice based Conjoint Analysen stammt von *Sawtooth Software* (vgl. Sattler/Hartmann/Kröger 2003, S. 1).

3.6 Datenanalyse bei qualitativen Daten

3.6.1 Überblick

Qualitative Erhebungen produzieren vergleichsweise weiche Daten, welche sich i. A. nicht mit Hilfe quantitativer Verfahren auswerten lassen. Gelegentlich lassen sich die Ergebnisse sofort aus den Aufzeichnungen bzw. dem Gespräch ableiten; dies ist z. B. bei der Ideengenerierung möglich, etwa im Rahmen einer Gruppendiskussion zur Produktentwicklung. In den meisten Fällen erhält man jedoch aus einer qualitativen Erhebung eine Fülle an audiovisuellem und textlichem Material, welches transkribiert, geordnet und ausgewertet werden muss.

Nach der Transkription des Datenmaterials (vgl. Kap. 2) liegen die Ergebnisse in schriftlicher Form vor. Zur Analyse von Textmaterial sind verschiedene Ansätze entwickelt worden (vgl. Lamnek 1993, S. 107 f.):
- der quantitativ-statistische
- der interpretativ-reduktive und
- der interpretativ-explikative Ansatz.

Anfänglich wurde der Inhaltsanalyse ein quantitatives Methodenverständnis zu Grunde gelegt; mit Hilfe von Häufigkeits-(Frequenz-) oder Kontingenzanalysen wurde Textmaterial quantitativ orientiert untersucht (vgl. Mayring 2003, S. 14 ff.). Hintergrund dieser Auffassung war, dass eine empirische Methode systematisch und intersubjektiv nachvollziehbar sein müsse, um als wissenschaftlich zu gelten. Es zeigte sich jedoch, dass quantitative Techniken für sozialwissenschaftliche Probleme nur eine begrenzte Aussagefähigkeit haben (vgl. Kepper 1996, S. 57). Mittlerweile besteht in der Sozialforschung die Tendenz, qualitative Daten interpretativ auszuwerten. Im Folgenden soll auf die *qualitative Inhaltsanalyse* als zentrale Methode für die Auswertung qualitativer Daten eingegangen werden.

3.6.2 Qualitative Inhaltsanalyse

3.6.2.1 Grundgedanke der qualitativen Inhaltsanalyse

Gegenstand der qualitativen Inhaltsanalyse kann jede Art von aufgezeichneten Kommunikationsvorgängen sein (Dokumente, Audio- und Videobänder, Gesprächsprotokolle usw.). Dabei werden nicht nur der Inhalt, sondern auch die formalen Aspekte des Materials analysiert. Die qualitative Inhaltsanalyse stellt einen Ansatz empirischer, methodisch kontrollierter Auswertung auch größerer Textmengen dar; die Auswertung erfolgt systematisch und nach bestimmten Regeln mit dem Ziel, die Methodik nachvollziehbar und die Ergebnisse verallgemeinerbar zu machen (vgl. Mayring 2000, o. S.).

> Die Inhaltsanalyse stellt einen interdisziplinären Ansatz dar, welcher Elemente verschiedener Disziplinen enthält (vgl. Mayring 2003, S. 24 ff.):
>
> - *Kommunikationswissenschaften* (Content Analysis). Hierbei handelt es sich grundsätzlich um einen quantitativen Ansatz; einige Aspekte lassen sich jedoch auf qualitative Inhaltsanalysen übertragen, etwa die systematische Vorgehensweise, die Einbettung des Materials in ein Kommunikationsmodell, die Anwendung eines Kategoriensystems sowie die intersubjektive Nachprüfbarkeit.

– *Hermeneutik:* Ziel der Hermeneutik ist es, eine Kunstlehre des Auslegens bzw. des Interpretierens nicht nur von Texten, sondern von sinnlich wahrnehmbarer Realität überhaupt zu entwickeln. Für die Entwicklung einer qualitativen Analyse sind hier die genaue Quellenkunde, die explizite Darstellung des Vorverständnisses (Fragestellung, theoretischer Hintergrund etc.) sowie die Suche nach latenten Sinngehalten hinter den sichtbaren Strukturen relevant.

– *Qualitative Sozialforschung:* Als typische Elemente qualitativer Sozialforschung, welche sich auf die qualitative Inhaltsanalyse übertragen lassen, gelten die wissenschaftliche Orientierung an Alltagssituationen, die Übernahme der Perspektive des Untersuchungssubjekts sowie die Möglichkeit der Re-Interpretation qualitativen Materials.

– *Literaturwissenschaft* als Theorie und Methodik systematischer Textanalyse. Wesentliche daraus abzuleitende Anforderungen an eine qualitative Inhaltsanalyse sind die Übernahme semiotischer Grundbegriffe in das zu Grunde liegende Kommunikationsmodell, die Nutzung von Interpretationsregeln für die Textanalyse sowie die Zuordnung bestimmter Bedeutungsinhalte zu Begriffen nach bestimmten Regeln.

– *Psychologie der Textverarbeitung,* welche das Ziel hat, die psychischen Prozesse beim Verstehen, d. h. bei der Verarbeitung von Texten empirisch zu untersuchen. Für die qualitative Inhaltsanalyse lässt sich ableiten, dass das kognitive Schema des Textverständnisses offen gelegt wird und dass das sprachliche Material systematisch zusammengefasst, d. h. nach bestimmten Regeln reduziert wird.

Allgemein sind folgende *Elemente* typisch für eine qualitative Inhaltsanalyse (vgl. Mayring 2000, o. S.):

– *Einordnung in ein Kommunikationsmodell:* Hierzu gehören die Festlegung des Ziels der Analyse, Merkmale des Textproduzenten (wie Erfahrungen, Einstellungen, Gefühle), Entstehungssituation des Materials, soziokultureller Hintergrund, Wirkung des Textes.

– *Regelgeleitetheit:* Dies beinhaltet die Zerlegung des Materials in Analyseeinheiten und dessen schrittweise Bearbeitung nach einem genau definierten inhaltsanalytischen Ablaufmodell.

– *Kategorisierung:* Die einzelnen Analysedimensionen bzw. Variablen werden in Kategorien zusammengefasst, die präzise zu begründen und im Laufe der Auswertung zu überprüfen und ggf. zu überarbeiten sind.

– *Erfüllung von Gütekriterien:* Das Verfahren soll intersubjektiv nachprüfbar sein, die Ergebnisse sollen vergleichbar gemacht und Reliabilitätsprüfungen sollen eingebaut werden.

Der allgemeine Ablauf einer qualitativen Inhaltsangabe besteht aus vier *Phasen* (vgl. Lamnek 1993, S. 108 f.):

– Transkription,
– Einzelanalyse,
– generalisierende Analyse und
– Kontrolle.

Die *Transkription* beinhaltet die Übertragung von Aufzeichnungen jeglicher Art in geschriebene Texte und wurde bereits im Zusammenhang mit der Datenaufbereitung erläutert.

Im Rahmen der *Einzelanalyse* werden die einzelnen Fälle (Interviews, Beobachtungsprotokolle) im Detail untersucht. Hierzu kommen bestimmte Techniken zur Anwendung (Strukturierung, Explikation und Zusammenfassung), welche im nachfolgenden Abschn. 3.6.2.2 beschrieben werden. Ziel ist es, den Text zu strukturieren und bestimmten Kategorien zuzuordnen.

Im Mittelpunkt der Einzelanalyse steht dabei die *Bildung von Kategorien*. Hierbei sind folgende Ansatzpunkte gegeben:
– induktive Kategorienentwicklung und
– deduktive Kategorienanwendung (vgl. Mayring 2000).

Induktive Kategorienentwicklung bedeutet, dass die Kategorien direkt aus dem Material im Rahmen eines Verallgemeinerungsprozesses abgeleitet werden. Aus der Fragestellung der Studie wird ein Definitionskriterium festgelegt, welches bestimmt, welche Aspekte des Materials berücksichtigt werden sollen. Darauf aufbauend wird das Material schrittweise durchgearbeitet, um Kategorien zu bilden. Nach Zuordnung des Materials zu den Kategorien kann die eigentliche Auswertung erfolgen. Abb. 3.46 zeigt den Ablauf einer induktiven Kategorienbildung.

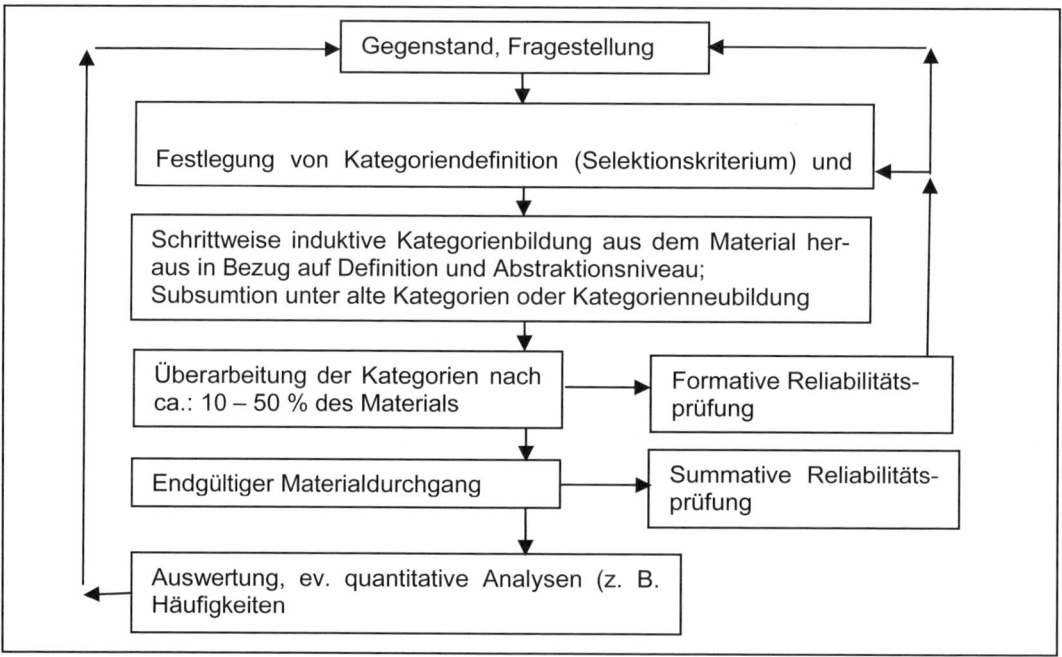

Quelle: Mayring 2000, o. S.
Abb. 3.46: Ablaufmodell induktiver Kategorienbildung

Im Rahmen der *deduktiven Kategorienanwendung* werden vorab festgelegte, theoretisch begründete Strukturierungsdimensionen (Kategorien) gebildet, welche zur Kategorisierung des Materials zu Grunde zu legen sind. Der qualitative Analyseschritt besteht darin, diese solchermaßen deduktiv gewonnenen Kategorien methodisch abgesichert zu Textstellen zuzuordnen. Das Ablaufmodell ist in Abb. 3.47 enthalten. Zentrales Element ist hier die genaue

Definition der anzuwendenden Kategorien und die Festlegung präziser inhaltsanalytischer Regeln, wann eine Textstelle einer bestimmten Kategorie zuzuordnen ist. Zu diesem Zweck empfiehlt sich die Anwendung eines Kodierleitfadens, in welchem explizite Definitionen, Ankerbeispiele und Kodierregeln formuliert werden (vgl. Abschn. 3.6.2.2). Steht das Kategoriensystem fest, wird das Einzelmaterial danach geordnet und strukturiert.

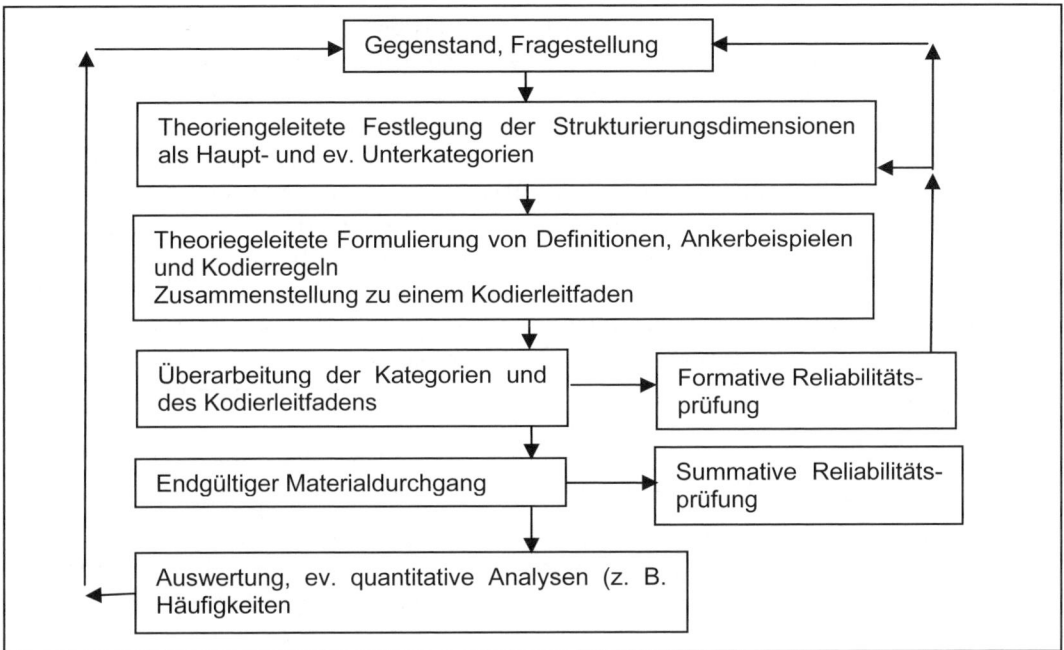

Quelle: Mayring 2000, o. S.
Abb. 3.47: Ablaufmodell deduktiver Kategorienanwendung

Die Ergebnisse der Einzelanalyse bilden die Grundlage für die *generalisierende Analyse*. In dieser Phase werden Gemeinsamkeiten und Unterschiede zwischen den einzelnen Fällen herausgearbeitet; Gemeinsamkeiten können Grundtendenzen enthalten, welche für die Befragten als typisch angesehen werden können; andererseits zeigen die Unterschiede inhaltliche Differenzen auf, welche ebenso Ansätze zur Verhaltenserklärung bieten können. Auf dieser Stufe ist an kreativer Prozess seitens des Forschers erforderlich; dieser soll typische Muster erkennen und sie mit theoretischen Erkenntnissen in Verbindung bringen. Der Fokus liegt hier auf das Aufzeigen von Interdependenzen zwischen den Einzelergebnissen und auf der Reflexion vor dem Hintergrund anerkannter theoretischer Zusammenhänge (vgl. Carson u. a. 2001, S. 176 f.). Dies erlaubt die Erklärung der Phänomene im Zusammenhang mit der unterschiedlichen Fragestellung.

Die letzte Phase ist die *Kontrollphase*. Aufgrund des interpretativen Ansatzes sind Fehlinterpretationen nicht ausgeschlossen, sodass es empfehlenswert ist, die Ergebnisse noch einmal zu kontrollieren. Dies kann durch Selbst- oder Fremdkontrolle geschehen. Im Falle von Widersprüchen oder Unschlüssigkeiten sollte der Bezug zum Original wieder hergestellt werden, um die Interpretation anhand des originären Datenmaterials zu überprüfen. Erfolgt die Auswertung in Gruppenarbeit, bietet es sich an, die Ergebnisse in der Gruppe zu diskutieren. Eine Kontrolle ist unerlässlich, soll die qualitative Inhaltsanalyse den Anforderungen an Objektivität, Reliabilität und Validität genügen (vgl. hierzu die Ausführungen in Abschn. 3.1.3.2).

3.6.2.2 Techniken der qualitativen Inhaltsanalyse

Die Grundtechniken qualitativer Inhaltsanalysen umfassen die Zusammenfassung, die Explikation und die Strukturierung. Die *Zusammenfassung* zielt darauf ab, aus dem häufig umfangreichen Grundmaterial eine reduzierte, überschaubare Form herzustellen, die dennoch ein ausreichend exaktes Abbild des Grundmaterials darstellen (vgl. ausführlich Mayring 2003, S. 59 ff.). Die Aufzeichnungen werden durchgesehen, irrelevante sowie wiederholte Textpassagen werden gestrichen. Irrelevante Passagen sind beispielsweise Füllwörter wie „Wissen Sie", „meine ich" u. Ä. Wiederholungen können zwar darauf hinweisen, dass der Proband einen bestimmten Aspekt eine besondere Bedeutung beimisst, sind jedoch entbehrlich, da sie zu keinen neuen Erkenntnissen führen (vgl. Cropley 2002, S. 128). Anschließend wird der Text in eine einheitliche Sprache umgewandelt und die Sätze werden in eine grammatikalische Kurzform gebracht (*Paraphrasierung*).

> **Beispiel 3.47:**
>
> „Alles in allem kann ich nicht behaupten, dass dieses Produkt eine echte Verbesserung gegenüber der alten Variante darstellt", wird zu „keine echte Verbesserung".

Das aus der Paraphrasierung entstandene Material wird anschließend dadurch verallgemeinert, dass die einzelnen Aussagen auf die gleiche Abstraktionsebene gebracht werden, indem sie umformuliert werden. Dadurch können inhaltsgleiche Paraphrasen, d. h. vergleichbare Aussagenmuster identifiziert werden, die anschließend einer *Reduktion* unterzogen werden können. Im Rahmen einer Reduktion werden aussagegleiche Paraphrasen gestrichen, lediglich die zentrale Aussage wird übernommen. In Einzelfällen sind weitere Reduktionsschritte erforderlich.

> **Beispiel 3.48:**
>
> Die Aussage, „Die am ursprünglichen Produkt vorgenommenen Änderungen sind nur teilweise gelungen" kann zu „nur teilweise gelungen" paraphrasiert werden. Diese Paraphrase kann als aussagegleich wie die aus Beispiel 3.48 angesehen und damit gestrichen werden.

Die zentralen Aussagen bilden die Grundlage für eine fallübergreifende Sammlung bzw. Kategorisierung der Daten (vgl. den vorangegangenen Abschn. 3.6.2.1). Das entstandene Kategoriensystem wird abschließend anhand des Ausgangsmaterials überprüft.

Die zweite Grundtechnik, die *Explikation*, wird insb. auf unverständliche Textpassagen angewandt, deren Bedeutung nicht unmittelbar erschließbar ist (vgl. Mayring 2003, S. 77 ff.). Solche Textstellen müssen weitergehend interpretiert werden, was zusätzliche Informationen erfordert. Mögliche Informationsquellen sind der engere Kontext, das umliegende Textfeld und der weitere Kontext. Häufig müssen Informationen jedoch auch aus Quellen außerhalb des reinen Textes gewonnen werden. Beispielweise kann es erforderlich sein, dass einige Textpassagen vor dem sozialen Hintergrund des Probanden ausgelegt werden müssen. Von besonderer Bedeutung sind auch nonverbale Signale wie Tonfall, Lautstärke, Mimik und Gestik. Diese können die Ergebnisse der Interpretation präzisieren und z. B. Gefühle und Beziehungsaspekte verdeutlichen (vgl. Helfferich 2004, S. 86 f.). Der durch die Explikation erweiterte Text kann anschließend durch Zusammenfassung erneut bearbeitet werden.

Die Technik der *Strukturierung* eignet sich insbesondere bei großen Textmengen. Durch diese Technik werden inhaltliche Aspekte nach bestimmten Ordnungskriterien herausgefiltert und systematisiert. Dadurch entsteht ein Kodierleitfaden, der eine entsprechende Strukturierung und Systematisierung der relevanten Textstelle verspricht; hierzu muss das Kategoriensystem jedoch vorab festgelegt worden sein (vgl. den vorangegangenen Abschn. 3.6.2.1). Die Strukturdimensionen werden aus der untersuchungsspezifischen Fragestellung und theoretischen Vorüberlegungen abgeleitet. Nach dem ersten Materialdurchgang kann es erforderlich sein, das Kategoriensystem zu überarbeiten. Steht das Kategoriensystem endgültig fest, werden konkreten Textstellen prototypische Funktionen zugeordnet, d. h. sie dienen als Ankerbeispiele für bestimmte Kategorien. Abb. 3.48 zeigt ein Beispiel für einen Kodierleitfaden.

Kategorie	Definition	Ankerbeispiele	Kodierregeln
K1: hohes Selbstvertrauen	Hohe subjektive Gewissheit, mit der Anforderung gut fertig geworden zu sein, d. h. – Klarheit über die Art der Anforderung und deren Bewältigung, – Positives, hoffnungsvolles Gefühl beim Umfang mit der Anforderung, – Überzeugung, die Bewältigung der Anforderung selbst in der Hand gehabt zu haben.	„Sicher hat's mal ein Problemchen gegeben, aber das wurde dann halt ausgeräumt, entweder von mir die Einsicht, oder vom Schüler, je nachdem, wer den Fehler gemacht hat. Fehler macht ja ein jeder." (17, 23) Ja klar, Probleme gab's natürlich, aber zum Schluss hatten wir ein sehr gutes Verhältnis, hatten wir uns zusammengerauft." (27,33)	Alle drei Aspekte der Definition müssen in Richtung „hoch" weisen, es soll kein Aspekt auf nur mittleres Selbstvertrauen schließen lassen. Sonst Kodierung „mittleres S".
K2: mittleres Selbstvertrauen	Nur teilweise oder schwankende Gewissheit, mit der Anforderung gut fertig geworden zu sein.	„Ich hab mich da einigermaßen durchlaviert, aber es war oft eine Gratwanderung." (3, 55) „Mit der Zeit ist es etwas besser geworden, aber ob das an mir oder an den Umständen lag, weiß ich nicht." (77, 20)	Wenn nicht alle drei Definitionsaspekte auf „hoch" oder „niedrig" schließen lassen

| K3: niedriges Selbstvertrauen | Überzeugung, mit der Anforderung schlecht fertig geworden zu sein, d. h.
– wenig Klarheit über die Art der Anforderung,
– negatives, pessimistisches Gefühl beim Umgang mit der Anforderung,
– Überzeugung, den Umgang mit der Anforderung nicht selbst in der Hand gehabt zu haben. | „Das hat mein Selbstvertrauen getroffen; da hab ich gemeint, ich bin eine Null – oder ein Minus." (5, 34) | Alle drei Aspekte deuten auf ein niedriges Selbstvertrauen, auch keine Schwankungen erkennbar |

Quelle: Mayring 2000, o. S.
Abb. 3.48: Beispiel für einen Kodierleitfaden

Auch die Strukturierung dient dazu, das vorhandene Material so zu ändern, dass es die Grundlage für fallübergreifende Vergleichsmöglichkeiten bietet.

3.6.3 Besonderheiten bei der Analyse qualitativer Beobachtungen

Auch Beobachtungen können mit Hilfe der qualitativen Inhaltsanalyse ausgewertet werden. Die Analyse bezieht sich meist auf die beobachteten Personen und deren Verhaltensweisen. Soziale Beziehungen können nicht nur direkt, sondern auch mit Hilfe sog. *Artefakte* beobachtet werden, d. h. Spuren oder Gebrauchsgegenstände, denen die Probanden eine bestimmte Bedeutung zuordnen (vgl. Lueger 2000, S. 141 f.). Die Artefakteanalyse kann – zusätzlich zur Inhaltsanalyse – Aufschluss über soziale Zusammenhänge geben. Dabei wird angenommen, dass Artefakten aufgrund ihrer Integration in den Handlungskontext ein Sinn zugeordnet wird (vgl. Sayre 2001, S. 195). Artefakte können oftmals einen zentralen Untersuchungsgegenstand darstellen.

Ziel der Artefakteanalyse ist die Ermittlung des Wirkungszusammenhangs zwischen Kontext und Artefakt. Dieser beinhaltet zwei Richtungen: Zum einen die Wirkung des Kontext auf das Artefakt, zum anderen die Wirkung des Artefakts auf den Kontext. Die Bedeutung des Artefakts und damit die Sinnstrukturen, die hinter der Verwendung stehen, müssen im Detail analysiert werden. Dabei ist die menschliche Vorstellungskraft entscheidend, da Artefakte erst zu Artefakten werden, wenn ihnen eine Bedeutung im sozialen Kontext zugeordnet worden ist. Oftmals ist die Bedeutung schon eindeutig vorgegeben (vgl. Lueger 2000, S. 147), z. B. bei Werkzeugen. Andere Gegenstände können unterschiedliche Bedeutungen haben: Beispielsweise ist ein Auto für einige ein Gebrauchsgegenstand, für andere ein Statussymbol.

Wichtige Artefakte für die Marktforschung sind u. a. Gebrauchsgegenstände, Werkzeuge oder Statussymbole. Auch Einrichtungsstile können wichtige Auskünfte über die Untersuchungseinheiten geben (vgl. Sayre 2001, S. 195); aus diesem Grunde werden Teilnehmer an qualitativen Untersuchungen unabhängig vom Untersuchungsstandort oftmals zunächst in ihrer häuslichen Umgebung fotografiert.

3.6.4 Beurteilung der qualitativen Inhaltsanalyse

Die qualitative Inhaltsanalyse erlaubt die Auswertung der in der Sozialforschung häufig vorkommenden „weichen" Daten; gleichzeitig genügt sie den Standards eines methodisch kontrollierten Vorgehens, sodass die Ergebnisse der Analyse spezifischen Gütekriterien genügen (vgl. die Ausführungen in Abschn. 3.1.3.2 im 2. Teil).

Mit Hilfe qualitativer Inhaltsanalysen lassen sich auch größere Textmengen untersuchen. Unterstützt wird die Analyse mittlerweile durch eine ganze Reihe von Software, welche Hilfestellung bei der qualitativen Arbeit mit Texten bieten (vgl. ausführlich Mayring 2003, S. 100 ff.). Zu nennen sind z. B. ATLAS/ti (http://www.atlasti.de) und winMAX (http://www.winmax.de).

Grenzen der qualitativen Inhaltsanalyse finden sich insbesondere dort, wo der Untersuchungscharakter rein explorativ ist und die mit der qualitativen Inhaltsanalyse verbundene systematische, regelgeleitete Vorgehensweise nicht angemessen erscheint. Insbesondere bei schlecht strukturierten, offenen Untersuchungsgegenständen kann die Bildung und Nutzung fester Kategorien als einschränkend empfunden werden.

3.7 Weiterführende Literatur

Bagozzi, R. (1980): Causal Models in Marketing, New York 1980.

Bamberg, G., Baur, F. (2002): Statistik, 12. Aufl., München 2002.

Borg, I. (1981): Anwendungsorientierte Multidimensionale Skalierung, Berlin u. a. 1981.

Bray, J. H., Maxwell, S. E. (1985): Multivariate Analysis of Variance, Beverly Hills 1985.

Calteral, M., Maclaran, P. (1998): Using Computer Software for the Analysis of Qualitative Market Research, in: Journal of the Market Research Society, Vol. 40 (1988), No. 3, S. 207-222.

Collins, M., Kalian, G. (1980): Coding Verbatim Answers to Open Questions, in: Journal of the Market Research Society, Vol. 22 (Oct. 1980), S. 239-247.

Cox, T., Cox, M. (1994): Multidimensional Scaling, London 1994.

Cureton, E. E., D' Agostino, R. B. (1983): Factor Analysis An Applied Approach, Hillsdale, New Jersey 1983.

Fisz, M. (1989): Wahrscheinlichkeitsrechnung und mathematische Statistik, 11. Aufl., Berlin 1989.

Green, P., Srinivasan, V. (1990): Conjoint Analysis in Marketing: New Developments With Implications for Research and Practice, in: Journal of Marketing, Vol. 59 (1990), No. 10, S. 3-19.

Gubrium, J. F., Holstein, J. (2001): Handbook on Interview Research: Context and Method, Thousand Oaks 2001.

Gustafsson, A., Herrmann, A., Huber, F. (Eds.): Conjoint Measurement. Methods and Applications, 3rd. ed, Berlin 2003.

Hartmann, A., Sattler, H. (2004): Wie robust sind Methoden zur Präferenzmessung?, in: Zeitschrift für betriebswirtschaftliche Forschung (ZfbF), 56. Jg. (2004), Nr. 2, S. 3-22.

Hartung, J., Elpelt, B. (1999): Multivariate Statistik, 6. Aufl. München 1999.

Hoberg, R. (2003): Clusteranalyse, Klassifikation und Datentiefe, Diss., Lohmar, Köln 2003.

Homburg, C., Baumgartner, H. (1995a): Beurteilung von Kausalmodellen – Bestandsaufnahme und Anwendungsempfehlungen, in: Marketing – Zeitschrift für Forschung und Praxis, 17. Jg. (1995), Nr. 3, S. 162-176.

Klecka, W. (1980): Discriminant Analysis, Beverly Hills 1980.

Kreyszig, E. (1979): Statistische Methoden und ihre Anwendungen, 7. Aufl., Göttingen 1979.

Lachenbruch, P. (1975): Discriminant Analysis, New York 1975.

Leik, R. K. (1997): Experimental Design and the Analysis of Variance, Thousand Oaks 1997.

Loehlin, J. C. (1987): Latent variable models: an introduction to factor, path and structural analysis, Hillsdale, N. J. 1987.

Miles, M. B., Huberman, A. M. (1994): Qualitative Data Analysis: An Expanded Sourcebook, 2nd ed., Thousand Oaks 1994.

Pfanzagl, J. (1983): Allgemeine Methodenlehre der Statistik, Bd. I, 6. Aufl., Berlin u. a. 1983.

Steinhausen, D., Langer, K. (1977): Clusteranalyse, Berlin 1977.

Strauss, A., Corbin, J. (1990): Basics of Qualitative Research: Grounded Theory Procedures and Techniques, Newbury Park 1990.

Überla, K. (1972): Faktorenanalyse, 2. Aufl., Berlin u. a. 1972.

4. Interpretation und Präsentation der Ergebnisse

Nach erfolgter Auswertung der Daten – unabhängig davon, ob die Untersuchung quantitativer oder qualitativer Natur ist – sind die Ergebnisse zusammenzustellen, zu interpretieren und dem Auftraggeber (bzw. hausintern) vorzustellen, d. h. es ist ein Forschungsbericht zu erstellen und zu präsentieren.

Bei der *Erstellung des Forschungsberichts* sind zunächst die Ergebnisse in geeigneter Weise zu *visualisieren*. Dies geschieht bei quantitativen Daten in Form von Tabellen und Diagrammen, bei qualitativen Daten als grafische Darstellungen wie z. B. Flussdiagramme, Netzwerkgraphiken u. ä. Die Wahl der geeigneten Darstellungsform aus der Vielfalt der möglichen Alternativen bleibt dem Forscher überlassen, es sind bei der Gestaltung jedoch bestimmte Grundsätze einzuhalten (vgl. Malhotra 2004, S. 648 ff.). Tabellen und Diagramme sind grundsätzlich zu nummerieren und mit einer Überschrift zu versehen; im Text sollte auf sie verwiesen werden. Die Werte sollten dabei in geeigneter Weise geordnet werden, z. B. nach Jahreszahl oder Größe. Darüber hinaus sollte die Maßeinheit der Werte (z. B. in 1000 t) angegeben sein. Bei Sekundärdaten soll die Quelle ersichtlich werden; Ergänzungen und Kommentare sollten als Fußnoten erscheinen. Die optische Gestaltung sollte dabei stets die Kriterien der Zweckmäßigkeit, Aussagefähigkeit und Übersichtlichkeit erfüllen. Auf die Vielzahl möglicher Diagramme (z. B. Säulendiagramme, Flächendiagramme, Kreisdiagramme usw.) kann an dieser Stelle nicht näher eingegangen werden; ein ausführlicher Überblick über die verschiedenen Formen findet sich z. B. bei Pepels 1995, S. 375 ff.

Die *Interpretation* der Ergebnisse kann durch eine ausreichende Visualisierung erheblich erleichtert werden. Manipulative Verzerrungen oder Darstellungen wie z. B. Stauchung/Streckung von Skalen u. ä. sind dabei unbedingt zu vermeiden, da sie den Leser irreführen. Obwohl manche Ergebnisse Spielräume für eine subjektive Interpretation lassen, sollte sich der Forscher bei der Formulierung der Ergebnisse um eine möglichst große Objektivität bemühen, da der Wortlaut suggestiv wirken kann.

Beispiel 3.49:

Das Unternehmen X führt eine Imageanalyse im Vergleich zu Hauptkonkurrenten Y durch. Unternehmen X wird als „traditionell", „altmodisch", „zuverlässig" beurteilt, wohingegen Unternehmen Y als „dynamisch", „innovativ", „modern" bewertet wird. Der Forscher kann das Ergebnis z. B. folgendermaßen interpretieren:

(1) „Unternehmen X ist es gelungen, das Vertrauen seiner Kunden zu gewinnen. Tradition und Zuverlässigkeit werden als wichtige Kennzeichen des Unternehmens wahrgenommen."

(2) „Unternehmen X ist es bislang nicht gelungen, sein eher hausbackenes Image zu verbessern. Fortschritt und Dynamik werden für das Unternehmen als wesensfremd angesehen."

Beim Verfassen des Forschungsberichts ist auf verschiedene Punkte zu achten (vgl. Malhotra 2004, S. 645 ff.; Churchill/Iacobucci 2002, S. 929 ff.). Der Bericht sollte übersichtlich und logisch aufgebaut sein. Typischerweise ist der Aufbau eines Forschungsberichts wie folgt:

– Titelblatt,
– Inhaltsverzeichnis,

- *Executive Summary*, d. h. eine thesenartige Zusammenfassung der Ergebnisse und der daraus abzuleitenden Schlussfolgerungen,
- *Einführung* mit Angabe des konkreten Entscheidungs- und Forschungsproblems,
- *Methodisches Vorgehen* (Untersuchungsdesign, Stichprobenplan, angewandte Verfahren zur Datensammlung und Datenauswertung),
- detaillierte und geordnete Darstellung der *Forschungsergebnisse*, ggf. auf unterschiedlichem Aggregationsniveau,
- *Grenzen* der Ergebnisse (z. B. Bindung an bestimmten Prämissen, Nonresponse-Problem, methodische Einschränkungen usw.),
- *Schlussfolgerungen* aus den Forschungsergebnissen und Empfehlungen für das Management.

Die erhebungstechnischen Details (z. B. Fragebogen, Intervieweranweisungen, Codeplan usw.) sollten in einem *Anhang* dokumentiert werden. Ein Verzeichnis der Quellen schließt den Berichtsband.

Weiterhin sollte bei der Berichterstattung darauf geachtet werden, dass technisches Jargon vermieden wird, d. h. die Formulierung sollte *sprachlich* dem Leser angepasst werden. Lassen sich Fachbegriffe nicht vermeiden, so sollten sie in einem Anhang kurz erläutert werden. Die Formulierungen sollten darüber hinaus kurz und prägnant sein, überflüssige bzw. redundante Aussagen sind zu vermeiden.

Das *Erscheinungsbild* des Berichts sollte ansprechend sein und einen professionellen Eindruck erwecken. Dazu gehören neben Papier- und Druckqualität auch eine großzügige Raumaufteilung auf den Seiten. Des Weiteren sollten Tabellen und Grafiken zur Unterstützung des Textes herangezogen werden.

Nach der Erstellung des Forschungsbereichs erfolgt die *mündliche Präsentation* beim Auftraggeben (vgl. Malhotra 2004, S. 653 f.; Pepels 1995, S. 382 ff.). Mittlerweile erfolgt dies meist unter Zuhilfenahme standardisierter Präsentationssoftware wie z. B. PowerPoint. Ergänzt werden kann die Bildschirmpräsentation durch Flip Charts, Videos und andere Medien. Auch die mündliche Präsentation sollte einen professionellen Eindruck hinterlassen:
- Ausdrucksweise locker, aber nicht flapsig,
- überzeugendes, sicheres Auftreten,
- kurze, prägnante Sätze (KISS-Prinzip: Keep it Simple and Straightforward),
- Vermeidung von „Füllwörtern" („nicht wahr", „wissen Sie" u. Ä.),
- Klare Strukturierung („Tell'em-Prinzip": (1) Tell'em what you're going to tell'em, (2) tell'em, (3) tell'em what you've told'em"),
- Einsatz von unterstützender Gestik und Mimik.

Nach der Präsentation sollte genügend Raum für Fragen sein. Auf Seite des Auftraggebers ist dafür Sorge zu tragen, dass die Ergebnisse intern bekannt und verfügbar gemacht werden.

Teil 4: Marketing-Prognosen

1. Überblick

Marketingpolitische Entscheidungen sind zukunftsgerichtet. Neben der Erfassung des Status quo mit Hilfe primär- oder sekundärstatistischer Datengewinnung ist es daher erforderlich, Umwelt- und Marktentwicklungen zu prognostizieren – dies gilt insbesondere in Zeiten steigender Umweltdynamik. Zur Vorhersage von Umwelt- und Marktentwicklungen werden dabei

– Prognoseverfahren und

– Projektionsverfahren

unterschieden. Während Prognoseverfahren insbesondere zur Vorhersage von Marktentwicklungen geeignet sind, bieten sich Projektionsverfahren zur Vorhersage von (langfristigen) Entwicklungen der globalen Umwelt an.

Prognosen i. w. S. sind Aussagen über künftige Ereignisse, welche auf einer bewussten bzw. unbewussten systematischen Verarbeitung von Vergangenheitsdaten, Erfahrungen oder subjektiven Urteilen beruhen (vgl. Berndt 1996, S. 247). Aufgrund der Zukunftsbezogenheit von Prognosen sind deren Ergebnisse stets mit Unsicherheit behaftet, d. h. die vorhergesagten Ereignisse und Entwicklungen weichen i. A. von den tatsächlich eintretenden Werten ab. Welches Verfahren für eine konkrete Fragestellung geeignet ist, ist daher im Einzelfall zu prüfen. Prognoseverfahren können nach verschiedenen Kriterien systematisiert werden; die wichtigsten sind in Abb. 4.1 enthalten. Nach der *Art der unabhängigen Variablen* wird zwischen Entwicklungs- und Wirkungsprognosen unterschieden. Während bei Entwicklungsprognosen die Zeit die einzige unabhängige Variable ist, sind bei Wirkungsprognosen eine oder mehrere ökonomische Instrumentalvariablen als unabhängige Variablen gegeben (z. B. Preis, Werbeaufwendungen).

Im Hinblick auf die *Fristigkeit* kann zwischen kurz-, mittel- und langfristigen Prognosen unterschieden werden. Die Einordnung hängt hier vom konkreten Prognoseproblem ab: So sind bei der Vorhersage der Absatzmengenreaktion auf eine Sonderpreisaktion im Konsumgüterbereich zwei Monate bereits als langfristig anzusehen, wohingegen bei der Vorhersage gesellschaftlicher Trends 3 Jahre noch als kurzfristig gelten können. Die in Abb. 4.1 enthaltene Faustregel ist daher mit Vorsicht zu genießen.

Nach der *Art der Variablenverknüpfung* wird zwischen quantitativen und qualitativen Prognosen unterschieden. Während quantitative Verfahren auf mathematischen Lösungsalgorithmen beruhen, basieren qualitative Verfahren auf verbal-argumentativen Verknüpfungen (subjektive Einschätzungen bzw. Heuristiken). Schließlich führt das Kriterium der *Herkunft der Daten* zur Unterscheidung in Prognosen auf der Grundlage von Zeitreihen, Prognosen auf der Grundlage von Indikatoren und Prognosen auf der Grundlagen von Primärerhebungen. Prognosen auf der Grundlage von Zeitreihen basieren auf dem Vorliegen von Vergangenheitsdaten für die unabhängige(n) Variable(n). Bei Indikatorprognosen wird eine Vorhersage für eine Variable in Anlehnung an die Entwicklung einer Indikatorvariable erstellt, welche mit einem bestimmten Vorlauf eintritt. Schließlich werden zu Prognosezwecken Primärerhebungen dann durchgeführt, wenn für die unabhängigen Variablen keine Vergangenheitsdaten vorliegen, z. B. bei neuartigen Problemstellungen.

Im Folgenden wird die letzte Einteilung – Herkunft der Daten – zu Grunde gelegt, wobei hier nur die gebräuchlichsten Verfahren dargestellt werden sollen. Ausführliche Darstellungen von Prognoseverfahren finden sich u.a. bei Hansmann 1983, Makridakis/Wheelwright 1989, Mertens/Rässler 2005, Scheer 1983.

Kriterium	Verfahren
Art der unabhängigen Variablen	• Entwicklungsprognosen: unabhängige Variable ist die Zeit • Wirkungsprognosen: unabhängige Variablen sind ökonomische Instrumentalvariablen (z.B. Preis)
Fristigkeit	• kurzfristige Prognosen: Zeithorizont unter 1 Jahr • mittelfristige Prognosen: Zeithorizont 1 - 3 Jahre • langfristige Prognosen: Zeithorizont 3 Jahre und länger
Art der Variablenverknüpfung	• quantitative Prognosen: Verknüpfung mittels mathematischer Operationen • qualitative Prognosen: verbal-argumentative Verknüpfung
Herkunft der Daten	• Prognosen auf der Grundlage von Zeitreihen • Prognosen auf der Grundlage von Indikatoren • Prognosen auf der Grundlage von Primärerhebungen

Abb. 4.1: Systematisierung von Prognoseverfahren

Projektionsverfahren sind von Prognoseverfahren dadurch abzugrenzen, dass sie stärker losgelöst von Vergangenheitsentwicklungen sind; insbesondere wird hier die den meisten Prognoseverfahren innewohnende Zeitstabilitätshypothese fallengelassen (vgl. Bea/Haas 2005, S. 287). Die einzelnen unter 4.1 beschriebenen Prognosemethoden können jedoch durchaus Inputs für Projektionsverfahren liefern. Grundlegende Verfahren der Projektion sind:

– Szenario-Analyse,

– Cross-Impact-Analyse sowie

– Früherkennungssysteme.

2. Prognosen auf der Grundlage von Zeitreihen

Prognoseverfahren auf der Grundlage von Zeitreihen sind durchweg quantitativer Natur. Sie lassen sich in Abhängigkeit des Datenverlaufs in der Vergangenheit differenzieren in:
– Prognosen bei konstantem Datenverlauf,
– Prognosen bei trendförmigem Datenverlauf sowie
– Prognosen bei saisonalen Schwankungen.

Darüber hinaus sind Prognosen auf der Grundlage von Strukturmodellen zu nennen, bei denen sich die Vergangenheitsdaten auf andere unabhängige Variablen als die Zeit beziehen, also die Grundlage für Wirkungsprognosen bilden. Charakteristisch für Prognosen auf der Grundlage von Zeitreihen ist dabei die Annahme der *Zeitstabilität*, d. h. es wird davon ausgegangen, dass die Bedingungen für vergangene Entwicklungen in der Zukunft weiter bestehen werden. Strukturbrüche werden damit ausgeschlossen.

2.1 Prognoseverfahren bei konstantem Datenverlauf

Bei *konstantem Datenverlauf* sind zum einen Verfahren zur Mittelwertbildung heranzuziehen, d. h. der Vorhersagewert für die Folgeperiode ist ein – wie auch immer berechneter – Mittelwert aus der Datenreihe. Daneben kann auch die Exponentielle Glättung 1. Ordnung herangezogen werden. Abbildung 4.2 enthält einen Überblick über die einzelnen Prognoseverfahren bei konstantem Datenverlauf.

Methode	Berechnung	Charakterisierung	Beurteilung
Arithmetisches Mittel	$x_T^* = \dfrac{1}{n} \sum\limits_{T-n}^{T-1} x_t$	Prognosewert = Mittelwert aller n Vergangenheitswerte	Auch veraltetes Datenmaterial geht (mit demselben Gewicht 1/n) in die Prognose ein
Gleitende Durchschnitte	$x_T^* = \dfrac{1}{m} \sum\limits_{T-m}^{T-1} x_t$	Prognosewert = Mittelwert der letzten m Vergangenheitswerte	Ausschaltung älteren Datenmaterials, jedoch nach wie vor gleiche Gewichtung der Vergangenheitswerte
Gewogene gleitende Durchschnitte	$x_T^* = \sum\limits_{T-m}^{T-1} g_t \cdot x_t$	Prognosewert = gewogener Mittelwert der letzten m Vergangenheitswerte	Jüngere Daten können stärker gewichtet werden
Exponentielle Glättung 1. Ordnung	$x_T^* = x_{T-1}^* + \alpha (x_{T-1} - x_{T-1}^*)$	Prognosewert setzt sich aus Prognosewert der Vorperiode und (mit α gewichtetem) Prognosefehler der Vorperiode zusammen	Jüngere Daten werden stärker gewichtet: Verfahren entspricht dem Verfahren "gewogene Durchschnitte" mit exponentiell abnehmenden Gewichten bei zunehmendem Alter der Daten
x_t = Beobachtungswert der Periode t x_T^* = Prognosewert für die Periode T g_t = Gewichtungsfaktor α = Glättungsparameter			

Abb. 4.2: Prognoseverfahren bei konstantem Datenverlauf

Mit Hilfe dieser Verfahren können Entwicklungsprognosen erstellt werden, wenn die tatsächlichen Werte zufällig um einen konstanten Wert schwanken. Grundlage für die genannten Prognoseverfahren ist dabei eine Zeitreihe von Vergangenheitsdaten (z. B. Umsatz- oder Absatzdaten):

$$x_{T-1}, x_{T-2}, x_{T-3}, \ldots, x_{T-n}.$$

Gesucht ist der Prognosewert für die Periode T, x_T^*.

2.1.1 Arithmetisches Mittel und gleitende Durchschnitte

Unter Heranziehung des *arithmetischen Mittels* resultiert der Prognosewert als

$$x_T^* = \frac{1}{n} \sum_{t=T-n}^{T-1} x_t.$$

Bei diesem Verfahren gehen sämtliche – auch veraltete! – Vergangenheitswerte in die Prognose ein, und zwar mit demselben Gewicht $1/n$. Somit werden ältere Daten im gleichen Ausmaß wie jüngere Daten berücksichtigt. Dem liegt implizit die Annahme zu Grunde, dass sämtliche Vergangenheitsdaten dieselbe prognostische Relevanz besitzen. Da dies bei vielen Fragestellungen angezweifelt werden kann, werden stattdessen häufig *gleitende Durchschnitte* herangezogen, bei welchen ältere Werte nicht mehr berücksichtigt werden. Bei diesem Verfahren errechnet sich der Prognosewert für jede Periode als Durchschnitt der letzten m Vergangenheitswerte; einer Veralterung des Datenmaterials wird dadurch vorgebeugt. Damit resultiert der Prognosewert für die Periode T als

$$x_T^* = \frac{1}{m} \sum_{t=T-m}^{T-1} x_t.$$

Es wird ersichtlich, dass jeder der m Vergangenheitswerte mit demselben Gewicht $1/m$ in den Prognosewert eingeht. Will man jüngere Entwicklungen stärker berücksichtigen, so können die Vergangenheitswerte unterschiedlich gewichtet werden, z. B. indem jüngere Daten ein stärkeres Gewicht als ältere Daten erhalten. Die auf diese Weise gewonnene Prognose auf Basis *gewogener gleitender Durchschnitte* lautet formal:

$$x_T^* = \frac{1}{m} \sum_{t=T-m}^{T-1} g_t \cdot x_t,$$

wobei g_t (t = T − 1, …, T − m) der dem Vergangenheitswert x_t zugehörige Gewichtungsfaktor darstellt. Abb. 4.3 zeigt anhand eines Beispiels, welche Prognosewerte bei unterschiedlichen Verfahren resultieren. Zusätzlich ist in der letzten Zeile die *mittlere absolute Abweichung* (MAD, mean absolute deviation) als Maß für die Prognosegüte angegeben (vgl. ausführlich Abschn. 5 in diesem Teil):

$$MAD = \frac{1}{n} \left| x_T^* - x_T \right|.$$

t	x_t (Umsatz in Mio. €)	Prognosewerte x_T^*		
		Arithmetisches Mittel	Gleitende Durchschnitte (m = 3)	Gewogene gleitende Durchschnitte (m = 3; g_{T-1} = 0,6; g_{T-2}= 0,3; g_{T-3} = 0,1)
1	10,00	–	–	–
2	11,50	10,00	–	–
3	12,00	10,75	–	–
4	9,00	11,17	11,17	11,65
5	10,50	10,63	10,83	10,15
6	8,50	10,60	10,50	10,20
7	9,50	10,25	9,33	9,15
8	10,50	10,14	9,50	9,30
9	11,00	10,19	9,50	10,00
10	9,50	10,28	10,33	10,70
MAD		1,094	1,143	1,207

Abb. 4.3: Beispiel für Prognoseverfahren im Vergleich

Es wird ersichtlich, dass in diesem Beispiel das Verfahren „Arithmetisches Mittel" zu den besten Prognoseergebnissen führt. Die Einbeziehung anderer Werte für m oder unterschiedlicher Gewichtungen kann jedoch zu völlig anderen Ergebnissen führen.

2.1.2 Exponentielle Glättung 1. Ordnung

Im Rahmen der exponentiellen Glättung 1. Ordnung resultiert der Prognosewert für die Periode T als gewichtete Summe des Prognosewerts der Vorperiode und des Prognosefehlers der Vorperiode:

$$x_T^* = x_{T-1}^* + \alpha\left(x_{T-1} - x_{T-1}^*\right).$$

Der Prognosewert der Vorperiode wird somit um einen bestimmten Anteil α des Prognosefehlers nach oben oder nach unten korrigiert. Dadurch wird versucht, jüngere Entwicklungen stärker zu berücksichtigen, wobei das Ausmaß der Berücksichtigung des Prognosefehlers von der Höhe des Glättungsfaktors α abhängt. Der Wert von α liegt im Intervall [0; 1]; übliche Glättungsfaktoren liegen in der Praxis dabei zwischen 0,1 und 0,3.

Berücksichtigt man, dass

$$x_{T-1}^* = x_{T-2}^* + \alpha\left(x_{T-2} - x_{T-2}^*\right),$$

$$x_{T-2}^* = x_{T-3}^* + \alpha\left(x_{T-3} - x_{T-3}^*\right) \ldots,$$

erhält man durch rekursives Einsetzen in die Ausgangsformel für x_T^* folgenden Ausdruck:

$$x_T^* = \alpha x_{T-1} + \alpha(1-\alpha)\cdot x_{T-2} + \alpha(1-\alpha)^2\cdot x_{T-3} + \ldots$$
$$= \alpha\sum_{t=0}^{\infty}(1-\alpha)^t\cdot x_{T-1-t}.$$

Daraus wird deutlich, dass das Verfahren der exponentiellen Glättung 1. Ordnung dem Verfahren „gewogene Durchschnitte" mit exponentiell abnehmenden Gewichten entspricht. Abb. 4.4 zeigt die Struktur der Gewichtungsfaktoren bei alternativen Ausgangswerten von α.

t \ α	0,1	0,2	0,3	0,4	0,5	0,6	0,7	0,8	0,9
0	0,1	0,2	0,3	0,4	0,5	0,6	0,7	0,8	0,9
1	0,09	0,16	0,21	0,24	0,25	0,24	0,21	0,16	0,09
2	0,081	0,128	0,147	0,144	0,125	0,096	0,063	0,032	0,009
3	0,0729	0,1024	0,1029	0,0864	0,0625	0,0384	0,0189	0,0064	0,0009
4	0,06561	0,08192	0,07203	0,05184	0,03125	0,01536	0,00567	0,00128	0,00009

Abb. 4.4: Die Größe des Gewichtsfaktors $\alpha \, (1-\alpha)^t$ für alternative Parameter im Rahmen der exponentiellen Glättung

Je höher der Ausgangswert für α ist, umso stärker werden jüngere und umso geringer werden ältere Vergangenheitswerte gewichtet. Je größer α ist, umso schneller findet eine Anpassung an Prozessänderungen statt; hingegen führt ein kleiner Wert von α zu einer besseren Filtrierung von Zufallsschwankungen, d. h. zu einer höheren Stabilität. Bei Konstanz des Prozesses und größeren Zufallsschwankungen ist daher ein kleiner Wert für α zu wählen. Sind dagegen Änderungen im Prozess zu erwarten, so ist α zu erhöhen. Ein Beispiel für die exponentielle Glättung 1. Ordnung bei alternativen α-Werten findet sich in Abb. 4.5. Für die konkrete Berechnung der Prognosewerte wird als Ausgangspunkt für x^*_{T-1} der tatsächliche Wert x_{T-1} eingesetzt.

t	X_t (Umsatz in Mio. €)	Prognosewerte	
		α = 0,2	α = 0,3
1	10,00	–	–
2	11,50	10,00	10,00
3	12,00	10,30	10,45
4	9,00	10,64	10,92
5	10,50	10,32	10,35
6	8,50	10,36	10,40
7	9,50	9,99	9,83
8	10,50	9,90	9,74
9	11,00	10,02	9,97
10	9,50	10,22	10,28
MAD		1,074	1,102

Abb. 4.5: Beispiel für die exponentielle Glättung 1. Ordnung mit alternativen α-Werten

2.2 Prognoseverfahren bei trendförmigem Datenverlauf

Bei *trendförmigem Datenverlauf* können die exponentielle Glättung 2. Ordnung (vgl. hierzu Schröder 2005, S. 29 ff.) sowie die Trendextrapolation herangezogen werden. Während die exponentielle Glättung 2. Ordnung einen Prognosewert x^*_T für die Folgeperiode bei Vorhandensein eines linearen Trends angibt, wird im Rahmen der Trendextrapolation der bisherige (lineare oder nichtlineare) Trend identifiziert und fortgeschrieben.

2.2.1 Exponentielle Glättung 2. Ordnung (nach *Brown*)

Die exponentielle Glättung 2. Ordnung wird angewandt, wenn ein linearer Trend vorliegt (für nichtlineare Trends kommen Glättungsverfahren höherer Ordnung in Frage, auf die hier jedoch nicht näher eingegangen wird). Bei der exponentiellen Glättung 2. Ordnung werden die Glättungswerte 1. Ordnung, $x_t^{(1)}$ als Beobachtungswerte interpretiert, auf welche wiederum die exponentielle Glättung 1. Ordnung angewendet wird. Das Vorgehen beruht auf der Idee, dass der Trend die langfristige Veränderung der Mittelwerte darstellt; aus diesem Grunde wird versucht, den Trend durch die Ermittlung des Mittelwerts der Mittelwerte zu erfassen.

Der Mittelwert 2. Ordnung, $x_T^{(2)}$, resultiert aus der Glättung der Mittelwerte 1. Ordnung; es gilt also

$$x_T^{(2)} = x_{T-1}^{(2)} + \alpha\left(x_T^{(1)} - x_{T-1}^{(2)}\right).$$

In analoger Weise gilt:

$$x_{T-1}^{(2)} = x_{T-2}^{(2)} + \alpha\left(x_{T-1}^{(1)} - x_{T-2}^{(2)}\right)$$

und allgemein

$$x_t^{(2)} = x_{t-1}^{(2)} + \alpha\left(x_t^{(1)} - x_{t-1}^{(2)}\right)$$

d. h. der Mittelwert 2. Ordnung ist gleich dem Mittelwert 2. Ordnung der Vorperiode zuzüglich der mit dem Glättungsparameter α gewichteten Differenz aus dem Mittelwert 1. Ordnung und dem Mittelwert 2. Ordnung der Vorperiode.

Die Mittelwerte 2. Ordnung stellen jedoch noch keine Prognosewerte dar; zur Berechnung des Prognosewerts für die Periode T, x_T^*, ist noch der Trendanstieg zu berücksichtigen. Ausgehend vom linearen Modell

$$x_t = a + b_t \cdot t + u_t$$

(u_t ist dabei die Realisation der Störgröße in t) kann gezeigt werden, dass der Anstieg der Trendgeraden in einer beliebigen Periode t allgemein

$$\hat{b}_t = \frac{\alpha}{1-\alpha}\left(x_t^{(1)} - x_t^{(2)}\right)$$

und der Ordinatenabschnitt

$$\hat{a}_t = 2\cdot x_t^{(1)} - x_t^{(2)}$$

betragen. Der Prognosewert für die Periode T = t+i errechnet sich dann als (vgl. Schröder 2005, S. 30):

$$x_T^* = \hat{a}_T + \hat{b}_T \cdot i.$$

Zur Initialisierung des Verfahrens müssen Anfangswerte für $x_0^{(1)}$ und $x_0^{(2)}$ geschätzt werden.

Beispiel 4.1:

Auf der Grundlage der Umsatzwerte aus der Vergangenheit möchte ein Unternehmen eine Umsatzprognose für die Folgeperioden erstellen. Die Prognosewerte errechnen sich wie folgt ($\alpha = 0,2$):

t	x_t (Umsatz in Mio. €)	$x_t^{(1)}$ (Mittelwert 1. Ordnung)	$x_t^{(2)}$ (Mittelwert 2. Ordnung)	$\hat{b}_t$ (Trendanstieg in t)	$\hat{a}_t$ (Ordinatenabschnitt in t)	x_{t+1}^* (Prognosewert)
0*	9,50	9,50	9,50	0,00	9,50	---
1	10,00	9,50	9,50	0,00	9,50	9,50
2	10,50	9,60	9,52	0,02	9,68	9,70
3	11,50	9,78	9,57	0,05	9,99	10,04
4	11,00	10,12	9,68	0,11	10,57	10,68
5	12,50	10,30	9,81	0,12	10,79	10,92
6	12,10	10,74	9,99	0,19	11,49	11,67
7	13,40	11,01	10,20	0,20	11,83	12,03
8	14,10	11,49	10,45	0,26	12,52	12,78
9	14,50	12,01	10,77	0,31	13,26	13,57
10	15,50	12,51	11,11	0,35	13,90	14,25
11		*13,11*	*11,51*	*0,40*	*14,70*	*15,10*

*Anfangswerte
MAD = 0,996

Rechenbeispiel:

Gesucht ist der Prognosewert x_{11}^*. Es gilt:

$$x_{11}^{(1)} = 12,51 + 0,2 \cdot (15,50\text{-}12,51) = 13,11$$

$$x_{10}^{(2)} = 10,77 + 0,2 \cdot (12,51\text{-}10,77) = 11,11$$

$$x_{11}^{(2)} = 11,11 + 0,2 \cdot (13,11\text{-}12,51) = 11,51$$

$$\hat{a}_{11} = 2 \cdot 13,11 - 11,51 = 14,70$$

$$\hat{b}_{11} = \frac{0,2}{1-0,2} \cdot (13,11 - 11,51) = 0,40$$

Der gesuchte Prognosewert (T = 10 + 1 = 11) resultiert damit als

$$x_{11}^* = 14,70 + 0,40 \cdot 1 = 15,10.$$

2.2.2 Trendextrapolation

Liegt kein konstanter, nur von Zufallsschwankungen beeinflusster Verlauf einer Zeitreihe aus der Vergangenheit vor und interessiert der langfristig zu erwartende Datenverlauf, so kommen Verfahren der Trendextrapolation zur Anwendung. Hierbei ist zu unterscheiden, ob ein linearer oder ein nichtlinearer Trend vorliegt.

2.2.2.1 Linearer Trend

Im Rahmen der *linearen Trendextrapolation* wird der bisherige Datenverlauf mit Hilfe einer linearen Funktion abgebildet, deren Verlauf auch für die Zukunft fortgeschrieben wird. Die Trendgerade

$$x_t^* = \hat{a} + \hat{b} \cdot t$$

wird so bestimmt, dass die Summe der quadrierten Abweichungen zwischen den Beobachtungswerten und den Werten der Trendgeraden minimiert wird (die Methode der Kleinsten Quadrate kann auch zur Erstellung von Wirkungsprognosen verwendet werden; vgl. hierzu Abschn. 2.4). Zu minimieren ist die Zielfunktion

$$Z = \sum_{t=1}^{n} e_t^2 = \sum_{t=1}^{n} (x_t - x_t^*)^2 = \sum_{t=1}^{n} (x_t - \hat{a} - \hat{b} \cdot t)^2 \rightarrow \text{Min!}$$

Bildlich gesprochen ist die Trendgerade so zu legen, dass sie die Punktwolke der Vergangenheitsdaten möglichst genau wiedergibt (vgl. Abb. 4.6).

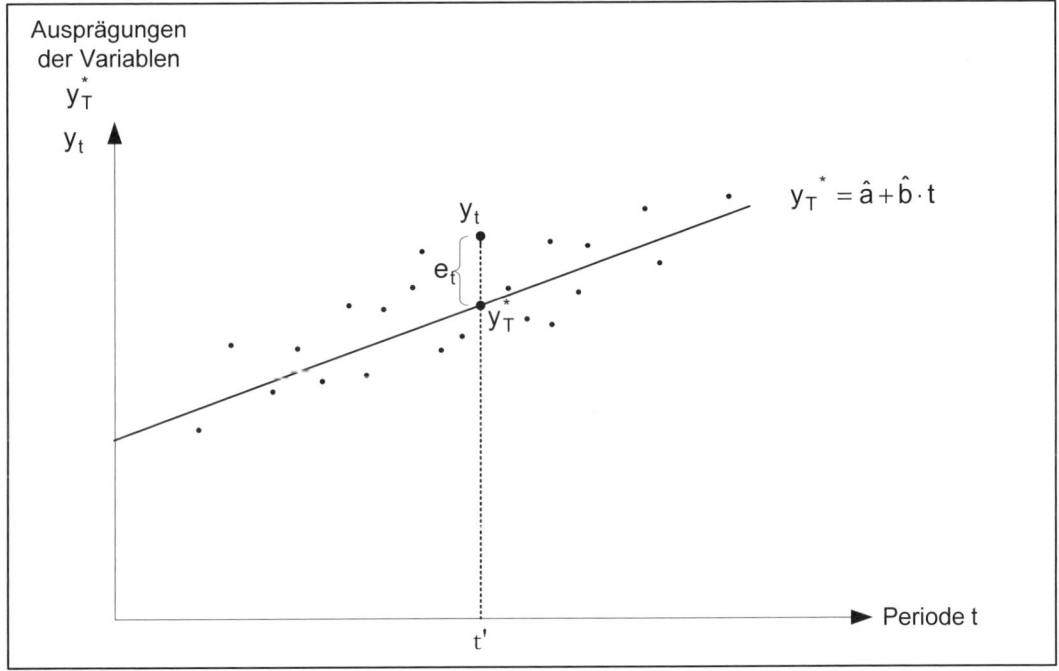

Abb. 4.6: Graphische Darstellung der Trendextrapolation

Partielles Ableiten der Zielfunktion nach $\hat{a}$ und $\hat{b}$ und Nullsetzen der Ableitungen führt nach einigen Umformungen zu

$$\hat{a} = \bar{x} - \hat{b} \cdot \bar{t} \quad \text{und}$$

$$\hat{b} = \frac{\dfrac{1}{n} \cdot \sum_t t \cdot x_t - \overline{x} \cdot \overline{t}}{\dfrac{1}{n} \cdot \sum_t t^2 - (\overline{t})^2} \, .$$

Das nachfolgende *Beispiel* verdeutlicht die Zusammenhänge exemplarisch.

Beispiel 4.2:
Für die Werte des Beispiels 4.1 möchte das Unternehmen eine langfristige Umsatzentwicklung auf der Grundlage der Umsatzdaten der letzten 10 Perioden prognostizieren. Die Berechnung der Parameter der Trendgeraden kann anhand nachfolgender Tabelle erfolgen:

Periode t	x_t	$t \cdot x_t$	t^2
1	10,00	10,00	1
2	10,50	21,00	4
3	11,50	34,50	9
4	11,00	44,00	16
5	12,50	62,50	25
6	12,10	72,60	36
7	13,40	93,80	49
8	14,10	112,80	64
9	14,50	130,50	81
10	15,50	155,00	100
$\Sigma = 55$ $\overline{t} = 5,5$	$\Sigma = 125,10$ $\overline{x} = 12,51$	$\Sigma = 736,70$	$\Sigma = 385$

Damit errechnen sich die Parameterwerte wie folgt:

$$\hat{b} = \frac{\frac{1}{10} \cdot 736,70 - 12,51 \cdot 5,5}{\frac{1}{10} \cdot 385 - (5,5)^2} = \frac{4,865}{9,25} = 0,59$$

$$\hat{a} = 12,51 - 0,59 \cdot 5,5 = 9,27.$$

Die gesuchte Trendgerade lautet somit:
$$x_t^* = 9,27 + 0,59 \cdot t \, .$$

Die nachfolgende Abbildung zeigt die Zusammenhänge grafisch.

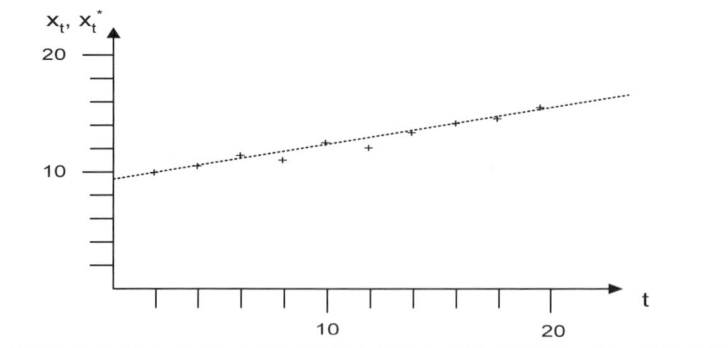

2.2.2.2 Nichtlinearer Trend

In vielen Fällen sind die zu prognostizierenden Trends nichtlinearer Natur, sodass die im vorangegangenen Abschnitt dargestellten Verfahren nicht mehr anwendbar sind. Für Polynome 2. Grades (d. h. quadratische Trends) kann die exponentielle Glättung 3. Ordnung zur Anwendung kommen (und entsprechend höherer Ordnung bei Polynomen höheren Grades). Das Verfahren ist jedoch sehr aufwändig (vgl. hierzu z. B. Winters 1960). Alternativ kann auch für nichtlineare Trends eine *Trendextrapolation* erfolgen.

In vielen Fällen ist die Trendfunktion zwar nichtlinear, jedoch linearisierbar. Beispielsweise kann die Funktion

$$x_t^* = a \cdot t^b$$

durch Logarithmen transformiert werden zu:

$$\ln x_t^* = \ln a + b \cdot \ln t\,.$$

Weitere mögliche Modelle sind halblogarithmische Transformationen wie

$$\ln x_t^* = \hat{a} + \hat{b} \cdot t \text{ oder}$$
$$x_t^* = \hat{a} + \hat{b} \cdot \ln t\,.$$

Die logarithmische Transformation der zu prognostizierenden Variable x_t^* berücksichtigt zunehmende absolute Zuwächse, z. B. einen progressiven Umsatzverlauf bei konstanten Wachstumsraten. Hingegen führt die logarithmische Transformation von t zu abnehmenden Zuwächsen der Prognosevariablen, d. h. zu einem degressiven Funktionsverlauf. Weitere linearisierbare Modelle sind Polynome K-ter Ordnung, da sie linear in den Parametern sind. Allgemein gilt bei einem Polynom des Grades K (vgl. Sander 2004, S. 257):

$$x_t^* = \hat{a} + \sum_{k=1}^{K} \hat{b}_k \cdot t^k\,.$$

Die Variablen t^k lassen sich dabei durch z_{kt} substituieren. Für K = 2 resultiert z. B. ein parabelförmiger, für K = 3 ein S-förmiger Wachstumsverlauf. Solche linearisierbaren Modelle können nach erfolgter Logarithmierung auf der Grundlage der logarithmierten Werte parametrisiert werden. Beim Modell

$$\ln x_t^* = \ln \hat{a} + \hat{b} \cdot \ln t$$

erhält man beispielsweise mit der Methode der kleinsten Quadrate Schätzwerte für $\ln \hat{a}$ und $\hat{b}$; aus $\ln \hat{a}$ kann anschließend durch Entlogarithmieren $\hat{a}$ ermittelt werden.

Ist das Modell nicht linearisierbar, so muss die Parameterschätzung iterativ auf der Grundlage besonderer Algorithmen erfolgen, z. B. mit Hilfe des Marquardt-Algorithmus (vgl. Marquardt 1963).

Eine Sonderform nichtlinearer Prognosemodelle stellen sog. *Wachstumsfunktionen* dar. Auch hier wird die Entwicklung einer ökonomischen Größe in Abhängigkeit von der Zeit t dargestellt, wobei der Funktionsverlauf nichtlinearer Natur ist. Typisch für Wachstumsfunktionen ist jedoch, dass ein oberer Grenzwert existiert (Sättigungsniveau, Sättigungsgrenze), gegen den die Funktion konvergiert. Im Marketing spielen insb. *Diffusionsmodelle* eine wichtige Rolle (vgl. ausführlich Fantapié Altobelli 1991).

In ihrer ursprünglichen Form wurden Diffusionsmodelle zu dem Zweck entwickelt, die autonome Ausbreitung von Neuerungen (z. B. Produktinnovationen) im Zeitablauf abzubilden. Somit lassen sich auf der Basis der Grundmodelle der Diffusionstheorie lediglich Entwicklungsprognosen erstellen. Die allgemeine Struktur der Grundmodelle der Diffusionstheorie kann wie folgt charakterisiert werden: Der Bestandszuwachs einer Neuerung in der Periode t, $dN(t)/dt$, ist ein (konstanter) Anteil des noch nicht ausgeschöpften Marktpotenzials für die Innovation. Je nach Modellformulierung wird dieser Anteil in Abhängigkeit von der Massenkommunikation, der interpersonellen Kommunikation oder beider Kommunikationsformen gleichzeitig ausgedrückt, wobei angenommen wird, dass die Innovatoren von der Massenkommunikation, die Imitatoren dagegen von der interpersonellen Kommunikation beeinflusst werden (vgl. z. B. Bass 1969, S. 216 und Mahajan/Peterson 1985, S. 21).

---

(1) Modelle mit reiner Innovatorennachfrage

Exponentielles Modell:

$$\frac{dN(t)}{dt} = a \cdot \left[\overline{N} - N(t)\right] \qquad\qquad N(t) = \overline{N} \cdot \left(1 - e^{at}\right)$$

(2) Modelle mit reiner Imitatorennachfrage

Logistisches Modell

$$\frac{dN(t)}{dt} = b \cdot N(t) \cdot \left[\overline{N} - N(t)\right] \qquad\qquad N(t) = \frac{\overline{N}}{1 + \left[\dfrac{\overline{N} - N_0}{N_0} \cdot e^{-b\overline{N}(t-t_0)}\right]}$$

Gompertz-Modell

$$\frac{dN(t)}{dt} = b \cdot N(t) \cdot \left[\ln\overline{N} - \ln N(t)\right] \qquad\qquad N(t) = \overline{N} \cdot e^{\left[-\left(\ln\frac{\overline{N}}{N_0} \cdot e^{-bt}\right)\right]}$$

(3) Modelle mit gleichzeitiger Innovatoren- und Imitatorennachfrage

Verallgemeinertes Modell

$$\frac{dN(t)}{dt} = a \cdot \left[\overline{N} - N(t)\right] + b \cdot N(t) \cdot \left[\overline{N} - N(t)\right] \qquad N(t) = \frac{\overline{N} - \dfrac{a(N - N_0)}{(a + b \cdot N_0)} \cdot e^{-(a + b \cdot \overline{N})(t - t_0)}}{1 + \dfrac{b \cdot (\overline{N} - N_0)}{(a + b \cdot N_0)} \cdot e^{-(a + b \cdot \overline{N})(t - t_0)}}$$

Quelle: Fantapié Altobelli 1991, S. 37 ff.

Abb. 4.7: Bestandsentwicklung und Neuübernahmen einer Innovation in verschiedenen Diffusionsmodellen

Abb. 4.7 zeigt vier besonders häufig herangezogene Diffusionsmodelle. Dabei gibt $\overline{N}$ das Sättigungsniveau (z. B. das Marktpotenzial), N(t) den Bestand in der Periode t und dN(t)/dt den Bestandszuwachs der Neuerung in Periode t (z. B. Neukunden in t) an. Die Parameter a (Innovatorennachfrage) bzw. b (Imitatorennachfrage) sind in geeigneter Weise zu schätzen. Die Modelle sind i. d. R. – so auch in Abb. 4.7 – als Differenzialgleichungen formuliert, d. h. es erfolgt eine stetige Betrachtung der Zeit. Bei diskreter Zeitbetrachtung werden sie in Form von Differenzengleichungen formuliert.

Die Diffusionsparameter a bzw. b werden als im Zeitablauf konstant angenommen. Eine Berücksichtigung von Marketingvariablen erfolgt nicht; selbst die Annahme, die Innovatorennachfrage – repräsentiert durch den Koeffizienten a – entwickle sich in Abhängigkeit der Massenkommunikation, impliziert in keinster Weise eine explizite Berücksichtigung der Kommunikationspolitik in den Diffusionsmodellen, da zwischen der Periodennachfrage dN(t)/dt und der Kommunikationspolitik als erklärende Variable keinerlei funktionaler Zusammenhang unterstellt wird.

Abb. 4.8 zeigt exemplarische Funktionsverläufe der vier in Abb. 4.7 dargestellten Grundmodelle. Es wird ersichtlich, dass das exponentielle Modell konkav verläuft, wohingegen die übrigen Modelle einen S-förmigen Verlauf aufweisen.

Das logistische und das Gompertz-Modell unterscheiden sich dahingehend, dass der Funktionsverlauf beim Gompertz-Modell – im Gegensatz zum logistischen Modell – nicht symmetrisch zum Wendepunkt ist. Das verallgemeinerte Grundmodell setzt sich additiv aus dem exponentiellen und dem logistischen Modell zusammen, d. h. es werden sowohl eine Innovatoren- als auch eine Imitatorennachfrage berücksichtigt. Welches Modell für das jeweils vorliegende Problem adäquat ist, ist im Einzelfall zu beurteilen.

Zur Parameterschätzung wird i. d. R. auf Vergangenheitsdaten zurückgegriffen; die Schätzung erfolgt auf der Grundlage einer nichtlinearen Regressionsanalyse. Alternativ kann eine Parametrisierung auch auf der Grundlage von Expertenbefragungen oder in Analogie zu anderen Diffusionsprozessen erfolgen (z. B. Schätzung der Diffusion von Mobile Banking in Analogie zur Diffusion von Online Banking).

Die beschriebenen Grundmodelle haben zahlreiche Erweiterungen erfahren. Von großer Bedeutung für das Marketing ist dabei die Einbeziehung der *Wirkung einzelner Marketinginstrumente* auf den Diffusionsverlauf

Grundsätzlich gilt, dass sowohl das Marktpotenzial $\overline{N}$ als auch die Diffusionskoeffizienten a bzw. b als Funktionen von Marketingvariablen ausgedrückt werden können, wobei Letzteres die gebräuchlichere Variante darstellt. Die Werbepolitik kann z. B. durch die Höhe der Werbeaufwendungen für das jeweilige Produkt, W(t), die Preispolitik durch die absolute Preishöhe, p(t), operationalisiert werden. Die Grundmodelle werden in der Form erweitert, dass die Parameter a bzw. b in Abhängigkeit von den genannten Marketingvariablen ausgedrückt werden, wobei hinsichtlich des funktionalen Zusammenhangs unterschiedliche Modelltypen herangezogen werden. Die Abb. 4.9 zeigt alternative Modellerweiterungen im Überblick; je nachdem, welches Grundmodell zu Grunde gelegt wird, kann jeweils der Parameter a oder b als Funktion von W(t) bzw. p(t) ausgedrückt werden (vgl. z. B. Horsky/Simon 1983; Robinson/Lakhani 1975).

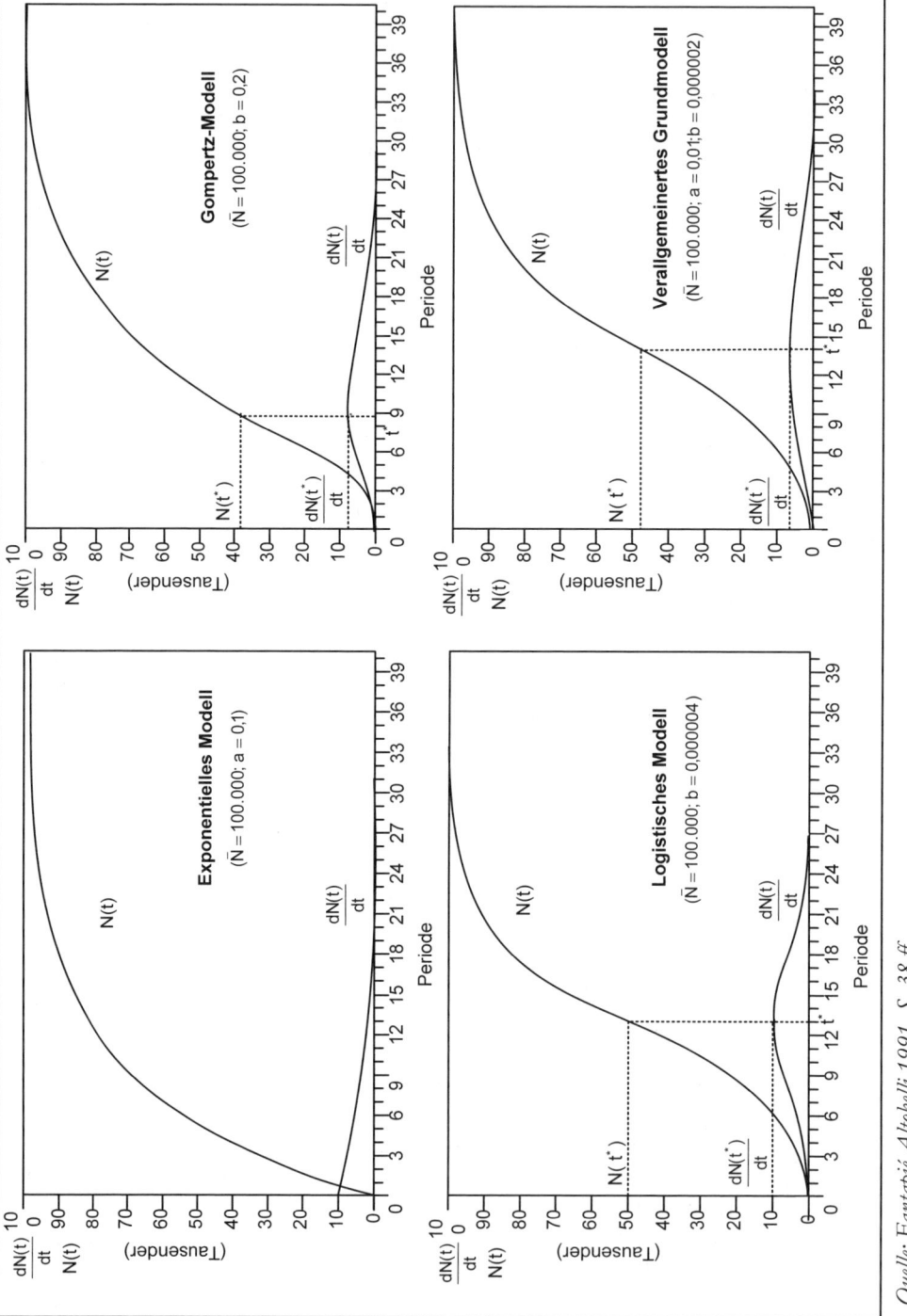

Quelle: Fantapié Altobelli 1991, S. 38 ff.

Abb. 4.8: Beispielhafte Funktionsverläufe für den Bestand und den Bestandszuwachs bei verschiedenen Wachstumsmodellen

---

Modelle unter Berücksichtigung der Werbeaufwendungen

I. Logarithmische Werbeerfolgsfunktion

(1) Modelle mit statischer Werbewirkung

(a) Ohne autonome Nachfrage

$a(t) = a_1 \cdot \ln W(t)$ $\qquad\qquad\qquad$ $b(t) = b_1 \cdot \ln W(t)$

(b) Mit autonomer Nachfrage

$a(t) = a_0 + a_1 \cdot \ln W(t)$ $\qquad\qquad$ $b(t) = b_0 + b_1 \cdot \ln W(t)$

(2) Modelle mit dynamischer Werbewirkung

(a) Ohne autonome Nachfrage

$a(t) = a_1 \cdot \ln W(t) + a_2 \cdot \ln W(t-1)$ $\qquad$ $b(t) = b_1 \cdot \ln W(t) + b_2 \cdot \ln W(t-1)$

(b) Mit autonomer Nachfrage

$a(t) = a_0 + a_1 \cdot \ln W(t) + a_2 \cdot \ln W(t-1)$ $\qquad$ $b(t) = b_0 + b_1 \cdot \ln W(t) + b_2 \cdot \ln W(t-1)$

II. S-förmige Werbeerfolgsfunktionen

(c) Ohne autonome Nachfrage

$a(t) = a_1 \cdot \dfrac{W(t)^\delta}{c + W(t)^\delta}$ $\qquad\qquad$ $b(t) = b_1 \cdot \dfrac{W(t)^\delta}{c + W(t)^\delta}$

(d) Mit autonomer Nachfrage

$a(t) = a_0 + a_1 \cdot \dfrac{W(t)^\delta}{c + W(t)^\delta}$ $\qquad\qquad$ $b(t) = b_0 + b_1 \cdot \dfrac{W(t)^\delta}{c + W(t)^\delta}$

Modelle unter Berücksichtigung der Preispolitik

I. Lineare Preis-Absatz-Funktion

$a = a_1 \cdot a_2 \cdot p(t)$ $\qquad\qquad\qquad$ $b - b_1 \cdot b_2 \cdot p(t)$

II. Nichtlineare Preis-Absatz-Funktion

(1) Ohne preisunabhängige Nachfrage

$a(t) = a_1 \cdot e^{-k \cdot p(t)}$ $\qquad\qquad\qquad$ $b(t) = b_1 \cdot e^{-k \cdot p(t)}$

(2) Mit preisunabhängiger Nachfrage

$a(t) = a_0 + (a_1 - a_0) \cdot e^{-k \cdot p(t)}$ $\qquad$ $b(t) = b_0 + (b_1 - b_0) \cdot e^{-k \cdot p(t)}$

Quelle: Fantapié Altobelli 1991, S. 152 ff., 212 f.

Abb. 4.9: Ausgewählte Möglichkeiten der Berücksichtigung von Marketingvariablen in Diffusionsmodellen

Unterschiedliche Preis- oder Werbestrategien (d. h. unterschiedliche Ausprägungen von p(t) und W(t) im Zeitablauf) führen zu Veränderungen der Parameter, d. h. a und b sind nicht mehr konstant, sondern variieren in Abhängigkeit von den Ausprägungen der betrachteten Marketingvariablen. Somit können die erweiterten Diffusionsmodelle zur Wirkungsprognose herangezogen werden. Unter Berücksichtigung der Kostendaten lässt sich zudem die kapitalwertmaximale Strategie ermitteln.

Schließlich besteht die Möglichkeit, von der Annahme eines konstanten Sättigungsniveaus $\overline{N}$ (Marktpotenzial) abzugehen. Vielmehr kann dieser Grenzwert in Abhängigkeit von der Zeit als $\overline{N}(t)$ dynamisch formuliert werden, wobei $\overline{N}(t)$ im Zeitablauf steigen oder fallen kann. Die hinter der Variable t jeweils stehenden Faktoren (z. B. Substituierbarkeit der betrachteten Innovation im Zeitablauf, Erhältlichkeit der Innovation, notwendige Komplementärprodukte zur Nutzung der Innovation usw.) müssen dabei im Einzelnen eruiert werden (vgl. hierzu Fantapié Altobelli 1991, S. 78 ff.).

2.3 Prognoseverfahren bei saisonalen Schwankungen

In vielen Fällen werden ökonomische Variablen (z. B. Absatzmengenentwicklungen) von Saisoneffekten beeinflusst. Ein saisonal schwankender Verlauf liegt dann vor, wenn

– zu regelmäßig wiederkehrenden Zeitpunkten ein Spitzen- oder Minimalwert der Variable anfällt,

– die Spitzenwerte um 30 – 50 % über dem Durchschnitt liegen und

– ein identifizierbarer und eindeutiger Ursachenkomplex für die Spitzenwerte verantwortlich ist, welcher auch für den Prognosezeitraum Gültigkeit besitzt.

Als Beispiele lassen sich Weihnachtsartikel, Bademoden u. Ä. anführen. Liegen saisonale Schwankungen vor, so sind einfache Trendextrapolationen oder Mittelwerte nicht in der Lage, die tatsächliche Entwicklung adäquat abzubilden, was dazu führt, dass die Prognosequalität unzureichend ist. Im Falle eines saisonal schwankenden Datenverlaufs sind die dargestellten Verfahren daher in geeigneter Weise zu modifizieren; gebräuchlich sind dabei die *Methode der Kleinsten Quadrate* sowie die Verfahren von *Winters* und *Harrison*. Eine ausführliche Darstellung der genannten Verfahren findet sich u. a. bei Schuhr 2005, S. 41 ff. und Scheer 1983, S. 113 ff.

Im Folgenden soll die Methode der Kleinsten Quadrate (Regressionsanalyse) dargestellt werden. Dabei wird folgende Ausgangssiutation zu Grunde gelegt:

– Es liegt ein Trend vor, und

– die Werte schwanken systematisch um diesen Trend, d. h. es sind periodisch wiederkehrende Zyklen zu beobachten.

Das Grundmodell zur Trendextrapolation

$$x^* = \hat{a} + \hat{b} \cdot t + u_t$$

(vgl. Abschn. 2.2.2.1) muss in diesem Fall um Saisonkomponenten erweitert werden. Dies geschieht in der Weise, dass 0/1-Variablen eingeführt werden: Die Saisonkomponenten wirken sich damit nur dann aus, wenn die entsprechende Saison vorliegt (die Saisonvariable erhält dann den Wert 1); ansonsten beträgt die Saisonvariable Null, d. h. es gilt:

$$S_j = \begin{cases} 1 \text{ beiVorliegen der Saison } j \, (j = 1, \ldots, m) \\ 0 \text{ sonst.} \end{cases}$$

Das modifizierte Regressionsmodell lautet dann:

$$x_t^* = \hat{b}_1 \cdot S_1 + \hat{b}_2 \cdot S_2 + \ldots + \hat{b}_K \cdot S_K + \hat{b}_{K+1} \cdot t + u_t.$$

Das Absolutglied ist jeweils im Koeffizienten $\hat{b}_k \, (k = 1, \ldots, K)$ enthalten, eine Trennung ist nicht möglich. Somit können die Saisoneffekte nicht absolut angegeben werden, sondern nur relativ als Abweichungen der Koeffizienten b_j voneinander oder von deren Mittelwert (vgl. Hammann/Erichson 2000, S. 431). Mit Hilfe der Vergangenheitsdaten für die betrachtete Variable (z. B. Absatzmenge) und der künstlich erzeugten Zeitreihen der 0/1-Variablen wird eine lineare Mehrfachregression durchgeführt. Ein *Beispiel* soll die Zusammenhänge verdeutlichen.

Beispiel 4.3:

Für ein bestimmtes Produkt liegen Vergangenheitswerte für die letzten 30 Quartale vor. Der Datenverlauf lässt vermuten, dass die Werte quartalsweise systematisch um einen steigenden Trend schwanken.

Jahr	1. Quartal	2. Quartal	3. Quartal	4. Quartal
1	48,06	70,43	77,26	70,13
2	54,89	83,87	92,03	80,40
3	57,37	85,84	92,04	89,40
4	66,15	86,74	95,14	85,33
5	66,51	89,37	104,93	91,10
6	72,82	106,47	106,18	90,72
7	81,64	99,72	106,30	100,41
8	76,46	104,82	–	–

Damit kann die Datenmatrix der unabhängigen Variablen wie folgt dargestellt werden:

$$\mathbf{S} = \begin{bmatrix} 1 & 0 & 0 & 0 & 1 \\ 0 & 1 & 0 & 0 & 2 \\ 0 & 0 & 1 & 0 & 3 \\ 0 & 0 & 0 & 1 & 4 \\ 1 & 0 & 0 & 0 & 5 \\ 0 & 1 & 0 & 0 & 6 \\ \vdots & \vdots & \vdots & \vdots & \vdots \\ 1 & 0 & 0 & 0 & 29 \\ 0 & 1 & 0 & 0 & 30 \end{bmatrix}$$

Die ersten vier Spalten sind die Datenreihen der Saisonvariablen S_1, S_2, S_3, S_4, die fünfte Spalte die Datenreihe der Variable t. Die Parameter der Regressionsfunktion $\hat{b}_1, \hat{b}_2, \ldots \hat{b}_5$ erhält man durch Lösung des folgenden Gleichungssystems:

$$\mathbf{S'S}\,\hat{\mathbf{b}} = \mathbf{S'X}.$$

Es ergibt sich folgende Regressionsfunktion:

$$x_t^* = 48,8\,S_1 + 73,1\,S_2 + 79,6\,S_3 + 69,0\,S_4 + 1,11t\,.$$

Die Prognosewerte für die Quartale 31 und 32 lauten beispielsweise:

$$x_{31}^* = 79,6 + 1,11 \cdot 31 = 114$$

$$x_{32}^* = 69,0 + 1,11 \cdot 32 = 105.$$

Quelle: Hamman/Erichson 2000, S. 431 ff.

2.4 Prognosen auf der Grundlage von Strukturmodellen

Anders als bei der Trendextrapolation wird in (ökonomischen) *Strukturmodellen* nicht die Zeit als unabhängige Variable eingesetzt, sondern es werden weitere erklärende Variablen (sog. Prädiktorvariablen) herangezogen (ausführliche Darstellungen ökonometrischer Modelle finden sich z. B. bei Schneeweiß 1990). Damit handelt es sich bei Strukturmodellen um *Wirkungsprognosen*, da zwischen abhängigen und unabhängigen Variablen ein Ursache-Wirkungszusammenhang zu Grunde gelegt wird. Kennzeichnend für Strukturmodelle ist daher, dass mindestens zwei Zeitreihen vorliegen müssen, nämlich für die zu prognostizierende Variable sowie für die Prädiktorvariablen.

Strukturmodelle lassen sich in Eingleichungsmodelle und in Mehrgleichungsmodelle unterscheiden. Ausgangpunkt von *Eingleichungsmodellen* ist das allgemeine lineare Modell

$$y_t^* = \hat{a} + \hat{b}_1 \cdot x_{1t} + \ldots + \hat{b}_K \cdot x_{Kt} + u_t$$

mit

y_t^* = Prognosewert der abhängigen Variable für die Periode t $(t = 1, \ldots, K)$,

a = Absolutglied,

b_k = Regressionskoeffizient $(k = 1, \ldots, K)$,

x_{kt} = Wert der Prädiktorvariable k in Periode t,

u_t = Störterm in Periode t.

Erklärende Variablen können vom Unternehmen beeinflussbar oder nicht beeinflussbar sein. Beeinflussbare Variablen sind z. B. ökonomische Instrumentalvariablen, etwa die verschiedenen Marketinginstrumente. Nicht beeinflussbar sind hingegen viele Rahmenbedingungen aus der Umwelt und dem Unternehmen, wie z. B. Konjunktur, Konkurrenzmaßnahmen, Kapazität. Darüber hinaus können in ein Strukturmodell auch Trend- und Saisonkomponenten integriert werden (vgl. Abschn. 2.2 und 2.3). Beispielsweise kann eine Absatzprognose für einen Anbieter von DVDs auf der Grundlage des folgenden Modells erfolgen:

$$y_t^* = a + b_1 \cdot p_t + b_2 \cdot W_t + b_3 \cdot B_{t-1} + b_4 \cdot K_t + u_t$$

mit

y_t^* = Absatzmenge in Periode t $(t = 1, \ldots, T)$,

p_t = Absatzpreis in Periode t,

W_t = Werbebudget in Periode t,

B_{t-1} = Bestand an DVD-Geräten in der Vorperiode,

K_t = Kaufkraft der Zielgruppe in Periode t.

Welche Variablen in einem Strukturmodell zu berücksichtigen sind, ist vorab aufgrund theoretischer bzw. sachlogischer Überlegungen zu klären. Moderne Software erlaubt die Einbeziehung einer großen Zahl von Variablen; allerdings erhöht sich dadurch die Wahrscheinlichkeit von Messfehlern, und es tritt verstärkt das Problem der Multikollinearität auf, d. h. der gegenseitigen Abhängigkeit der erklärenden Variablen. Dadurch wird die Prognosequalität nicht unbedingt verbessert.

Einen Spezialfall von Eingleichungsmodellen bilden *Marktreaktionsfunktionen*. Als Marktreaktionsfunktionen werden funktionale Zusammenhänge zwischen einer ökonomischen (i. d. R. Absatzmenge oder Umsatz) oder einer außerökonomischen (z. B. Bekanntheit, Image) abhängigen Variablen und einer oder mehreren Marketing-Instrumentalvariablen bezeichnet, allgemein

$$x_t = f\left(M_{1t}, \ldots, M_{it}, \ldots, M_{nt}\right)$$

mit M_i = Ausprägung der Marketingvariable i in Periode t $\left(i = 1, \ldots, u \cdot t = 1, \ldots, T\right)$

(zur Aufstellung und Operationalisierung von Marktreaktionsfunktionen vgl. ausführlich Steffenhagen 1978).

Die Aufstellung einer Marktreaktionsfunktion erlaubt es, die Auswirkungen auf die abhängige Variable als Folge der Veränderung einer oder mehrerer Marketing-Instrumentalvariablen (z. B. Preis, Werbeetat, Produktqualität) zu prognostizieren. Marktreaktionsfunktionen lassen sich dabei nach verschiedenen Kriterien systematisieren.

Nach der Anzahl der berücksichtigten Marketingvariablen wird zwischen monoinstrumentalen und polyinstrumentalen Marktreaktionsfunktionen unterschieden. Während *monoinstrumentale* Marktreaktionsfunktionen die Wirkung eines einzigen Marketinginstruments berücksichtigen (z. B. im Rahmen einer Preisabsatzfunktion), umfassen *polyinstrumentale* Marktreaktionsfunktionen explizit mehr als eine Marketing-Instrumentalvariable (z. B. Wirkung von Preishöhe und Höhe des Werbeetats auf die Absatzmenge). Solche Ansätze erlauben es, den Marketing-Mix zu optimieren.

Nach dem Zeithorizont wird zwischen statischen und dynamischen Marktreaktionsfunktionen unterschieden. Bei *statischen* Marktreaktionsfunktionen wird unterstellt, dass sich die Marketing-Instrumentalvariablen ausschließlich in der Periode t auswirken, in denen sie auch eingesetzt werden. Hingegen werden bei *dynamischen* Marktreaktionsfunktionen periodenübergreifende Effekte (sog. *Carry-over-Effekte*) oder Wirkungsverzögerungen (sog. *Time-lag-Effekte*) berücksichtigt. Bei Carry-over-Effekten wirkt sich beispielsweise eine in t getroffene Marketingmaßnahme auch in den Folgeperioden t + 1, t + 2 etc. aus, bei Vorliegen eines Time-lags wirkt die in t getroffene Maßnahme erst in späteren Perioden. Abb. 4.10 zeigt exemplarische Marktreaktionsfunktionen im Überblick.

Bei der Formulierung von Markreaktionsfunktion wird implizit unterstellt, dass alle nicht explizit als erklärende Variablen einbezogenen Faktoren keinen Einfluss auf die abhängige Variable besitzen bzw. im betrachteten Zeitraum konstant gehalten werden. Wird beispielsweise der Einfluss des Preises auf die Absatzmenge untersucht, so müssen die übrigen Marketinginstrumente unverändert sein, da ansonsten die Wirkung der Preishöhe nicht isolierbar ist. Diese ceteris-paribus-Bedingung ist immer dann problematisch, wenn einige Einflussgrößen (z. B. Konkurrenzmaßnahmen) nicht vom Unternehmen kontrollierbar sind.

	Statisch	**Dynamisch**
Monoinstrumental	$x_t = x_t(p_t)$ (Preisabsatzfunktion) $x_t = x_t(W_t)$ (Werbeerfolgsfunktion) mit x_t = Absatzmenge in Periode t, p_t = Preis in Periode t, W_t = Werbebudget in Periode t	$x_t = x_t(W_{t-1})$ (Werbeerfolgsfunktion mit einperiodigem Time-lag-Effekt) $x_t = x_t(W_t, W_{t-1})$ (Werbeerfolgsfunktion mit einperiodigem Carry-over-Effekt) $x_t = x_t(W_t, W_{t-1} ..., W_{t-n})$ (Werbeerfolgsfunktion mit n-periodigem Carry-over-Effekt)
Polyinstrumental	$x_t = x_t(p_t, W_t)$ $x_t = x_t(p_t, W_t, Q_t, S_t)$ mit Q_t = Qualitätsniveau in Periode t S_t = Serviceniveau in Periode t	$x_t = x_t(p_t, W_t, W_{t-1})$ (Marktreaktionsfunktion mit einperiodigem Carry-over-Effekt der Werbewirkung) $x_t = x_t(p_t, W_{t-1}, W_{t-2})$ (Marktreaktionsfunktion mit einperiodigem Time-lag- und Carry-over-Effekt der Werbewirkung)

Abb. 4.10: Beispielhafte Marktreaktionsfunktionen

Die konkrete Funktionsform hängt vom Datenverlauf ab; so sind sowohl lineare als auch nichtlineare Spezifikationen möglich. Für Preisabsatzfunktionen sind beispielsweise folgende Funktionen gebräuchlich:

$$x_t = a - b \cdot p_t \quad \text{(lineare Preisabsatzfunktion), oder}$$
$$x_t = a \cdot p_t^{-b} \quad \text{(multiplikative Preisabsatzfunktion)}$$

mit a,b = Parameter (konstant).

Für Werbeerfolgsfunktionen wird häufig ein degressiver Verlauf unterstellt, z. B.

$$x_t = a + b \cdot \sqrt{W} \quad \text{(konkave Werbeerfolgsfunktion).}$$

Auch S-förmige Funktionsverläufe konnten empirisch nachgewiesen werden.

Die empirische Ermittlung von Marktreaktionsfunktionen erfolgt in erster Linie auf der Grundlage von Vergangenheitsdaten mittels linearer oder nichtlinearer Regressionsanalyse. Weitere Möglichkeiten bestehen in der Ermittlung auf der Grundlage von Primärerhebungen (vgl. die Ausführungen in Kap. 4 in diesem Teil).

Neben den bisher dargestellten Eingleichungsmodellen können Prognosen auch auf der Grundlage ökonometrischer *Mehrgleichungsmodelle* erfolgen. Mehrgleichungsmodelle setzen sich aus mehreren miteinander verbundenen (interdependenten) Gleichungen zusammen. Zu unterscheiden ist dabei zwischen rekursiven und simultanen Gleichungssystemen (vgl. Hammann/Erichson 2000, S. 460). Ein *rekursives* System ist z. B.

$$x_t = \alpha + \beta \cdot y_{t-1}$$
$$y_t = \gamma + x_t + \varepsilon \cdot z_{t1},$$

ein *simultanes* Gleichungssystem hingegen

$$x_t = \alpha + \beta \cdot y_t$$
$$y_t = \gamma + x_t + \varepsilon \cdot z_t.$$

In beiden Systemen liegt eine Wechselwirkung zwischen x und y vor. Im rekursiven System erfolgt eine zeitverzögerte Wirkung von y auf x, im simultanen System hingegen wirkt x auf y und y auf x in derselben Periode. Aufgrund schätztechnischer Probleme beim simultanen Gleichungssystem ist die Modellierung eines rekursiven Systems anzustreben. Von besonderer Bedeutung ist dabei die Festlegung der Periodenlänge. Bei der Formulierung kurzer Periodenlängen kann ein simultanes Gleichungssystem häufig in ein rekursives Gleichungssystem überführt werden (vgl. Sander 2004, S. 259).

3. Prognosen auf der Grundlage von Indikatoren

Indikatoren sind beobachtbare Größen, welche vorzeitig Hinweise auf den eigentlich interessierenden Sachverhalt liefern; das Verfahren der Indikatorprognose versucht damit, zeitliche Strukturen im Sinne von lead-lag-Beziehungen zwischen ökonomischen Variablen aufzudecken und mittels statistischer Methoden eine Vorhersage der zukünftigen Entwicklung der interessierenden Variable abzuleiten:

$$y_t^* = f(x_{t-k})$$

mit

y_t^* = Prognosewert der interessierenden Variable in Periode t,

x_{t-k} = Wert der Indikatorvariable, welche mit einem Vorlauf k eintritt.

Eine Indikatorprognose vollzieht sich dabei in folgenden *Schritten* (eine ausführliche Darstellung des Verfahrens findet sich bei Niederhübner 2005, S. 205 ff.):

– Wahl einer geeigneten Indikatorvariable;

– Bestimmung der Vorlauflänge (Time-lag) zwischen der Indikatorvariable und der abhängigen Variable;

– Ermittlung der Prognosefunktion, welche den funktionalen Zusammenhang zwischen den Variablen beschreibt.

Bei der *Wahl geeigneter Indikatoren* ist darauf zu achten, dass diese in einem statistisch signifikanten Zusammenhang zur Prognosevariable stehen. Darüber hinaus müssen die Indikatoren im zeitlichen Vorlauf zur interessierenden Variable stehen (vgl. Abb. 4.11). Nach Möglichkeit soll die Zeitreihe des Indikators weitestgehend den gleichen Verlauf wie die zu prognostizierende Variable aufweisen, jedoch zeitversetzt. Auf diese Weise lässt sich von der Ausprägung des Indikators auf die zu einem späteren Zeitpunkt zu erwartende Ausprägung der interessierenden Variable schließen. Typische Indikatoren sind (vgl. Meffert 1992, S. 351 ff.):

– makroökonomische Indikatoren,

– Indikatoren auf Basis institutioneller oder technischer Relationen sowie

– soziodemographische bzw. sozioökonomische Indikatoren.

Gebräuchliche *makroökonomische Indikatoren* sind z. B. der Geschäftsklimaindex, der Index der industriellen Nettoproduktion, der Auftragsbestand sowie das verfügbare Einkommen. *Institutionelle* oder *technische Relationen* stehen häufig in einem besonders engen Zusammenhang zu der zu prognostizierenden Variable. So kann der Absatz eines Produkts oftmals als Indikator für den zu erwartenden Absatz eines Komplementärprodukts herangezogen werden (z. B. Absatz von Druckern eines bestimmten Typs und Absatz von dazu gehörigen Tintenpatronen). Bei langlebigen Gebrauchsgütern kann das durchschnittliche Alter der Produkte (z. B. Automobile, PCs, Haushaltsgeräte) unter Berücksichtigung ihrer durchschnittlichen Lebensdauer Hinweise auf den zu erwartenden Ersatzbedarf liefern. *Soziodemographische* und *sozioökonomische Indikatoren* eignen sich insb. für mittel- bis langfristige Prognosen; so kann eine langfristige Absatzprognose für bestimmte Güter auf der Grundlage von Indikatoren wie Altersstruktur der Bevölkerung, zahlenmäßige Bevölkerungsentwicklung (z. B. Geburtenrate), generelle Wertetrends etc. erstellt werden.

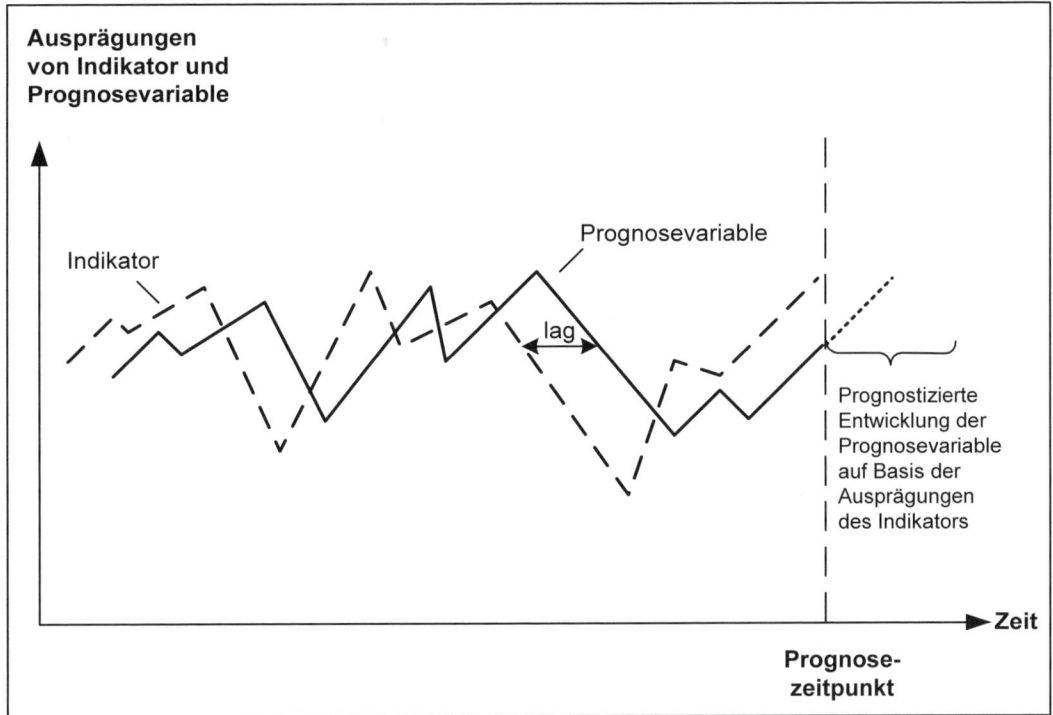

Abb. 4.11: Grundschema von Indikatorprognosen

Die Bestimmung der Vorlauflänge kann mittels sog. *Lag-Korrelationskoeffizienten* erfolgen, welche die Stärke des Zusammenhangs zwischen Indikator und Prognosevariable messen. Für alternative Vorlauflängen k ist der Lag-Korrelationskoeffizient definiert als (vgl. Berndt 1996, S. 268):

$$r_{xy}(k) = \frac{\frac{1}{n-k}\sum_{i=1}^{n-k}(x_i - \overline{x})(y_{i+k} - \overline{y})}{\sqrt{\frac{1}{n-k}\sum_{i=1}^{n-k}(x_i - \overline{x})^2 \cdot \frac{1}{n-k}\sum_{i=1}^{n-k}(y_{i+k} - \overline{y})^2}}$$

mit $\quad \overline{x} = \dfrac{1}{n-k}\sum_{i=1}^{n-k} x_i$ und $\overline{y} = \dfrac{1}{n-k}\sum_{i=1}^{n-k} y_{i+k}$.

Jene Vorlauflänge k ist für die Indikatorprognose heranzuziehen, für die der Lag-Korrelationskoeffizient den maximalen Wert annimmt. Gleichzeitig erlaubt der Lag-Korrelationskoeffizient, die Qualität des Indikators zu beurteilen. Ab einem Wert von 0,8 gilt der herangezogene Indikator als sehr gut; unter einem Wert von 0,4 gilt der Indikator als schlecht (vgl. Dormayer/Lindbauer 1984).

Die Ermittlung der *Prognosefunktion* erfolgt i. A. mit Hilfe der Regressionsanalyse (vgl. Abschn. 3.4.2 in Teil 3). Bei j = 1,..., m Indikatoren und gleicher Vorlaufstruktur für alle Indikatoren ergibt sich die Regressionsgleichung beispielsweise als

$$y_t = \hat{a} + \hat{b}_1 \cdot x^1_{t-k} + \ldots + \hat{b}_m x^m_{t-k} + u_t$$

mit

y_t = Wert der Prognosevariable in t,

$\hat{a}, \hat{b}_j$ = Regressionskoeffizienten,

x^j_{t-k} = Wert der Indikatorvariable j mit einem Vorlauf von k Perioden,

u_t = Störvariable.

Die Beurteilung der ermittelten Regressionsfunktion kann mittels der üblichen statistischen Maße (z. B. Bestimmtheitsmaß) bzw. mittels Signifikanztests (F-Test, t-Test) erfolgen.

4. Prognosen auf der Grundlage von Primärerhebungen

Prognosen auf der Grundlage von Primärerhebungen beruhen auf eigens durchgeführten empirischen Untersuchungen (vgl. hierzu Teil 2); Untersuchungseinheiten sind dabei solche, von denen qualifizierte Aufschlüsse über den Prognosegegenstand zu erwarten sind (Konsumenten, Absatzmittler und Absatzhelfer, Buying-Center-Mitglieder und Experten im weitesten Sinn). Alle nachfolgend dargestellten Verfahren eignen sich zur Wirkungsprognose; mittels Befragungen und Panel-Erhebungen können aber auch Entwicklungsprognosen erstellt werden. Zu den Verfahren gehören im Einzelnen:

– Prognosen auf der Grundlage von Befragungen,

– Prognosen auf der Grundlage von Testmarktuntersuchungen,

– Prognosen auf der Grundlage von Panel-Erhebungen.

4.1 Prognosen auf der Grundlage von Befragungen

Prognosen auf der Grundlage von Befragungen werden nicht auf der Grundlage objektiven Zahlenmaterials aus der Vergangenheit erstellt, sondern beruhen vielmehr auf Erfahrung, Intuition und subjektiven Einschätzungen der Befragten. Aus diesem Grund sind sie zumeist den qualitativen Prognoseverfahren zuzuordnen, wenn auch die Befragung als solche durchaus quantitativ angelegt sein kann (zu qualitativen vs. quantitativen Befragungstechniken vgl. die Ausführungen in Abschn. 2.2.1 im 2. Teil). Nach der Art der Untersuchungseinheiten wird dabei zwischen Konsumentenbefragungen und Expertenbefragungen unterschieden.

4.1.1 Konsumentenbefragungen

Konsumentenbefragungen werden i. A. durchgeführt, um Absatzprognosen im Konsumgüter- und Dienstleistungsbereich zu erstellen. Dabei kann es sich sowohl um Entwicklungsprognosen – z. B. Kaufabsicht bzgl. eines neu einzuführenden Produkts – als auch um Wirkungsprognosen (z. B. Kaufabsicht bei alternativen Preishöhen) handeln. Des Weiteren lassen sich Konsumentenbefragungen in direkte und indirekte Befragungen unterscheiden.

Im Rahmen einer *direkten Konsumentenbefragung* wird unmittelbar nach dem interessierenden Sachverhalt gefragt. Im Rahmen der Produktgestaltung können beispielsweise den Konsumenten verschiedene Produktentwürfe vorgelegt werden mit der Bitte, die Kaufbereitschaft auf einer Skala von 1 (würde ich bestimmt nicht kaufen) bis 5 (würde ich ganz bestimmt kaufen) anzugeben. Aus den Ergebnissen der Befragung kann eine Prognose über die Absatzchancen der verschiedenen Produktentwürfe erstellt werden. Weitere Anwendungsgebiete direkter Konsumentenbefragungen sind die Ermittlung von Zahlungsbereitschaften sowie die Werbepretests (vgl. hierzu die Ausführungen im 5. Teil).

Beispiel 4.4:

Im Rahmen einer Erhebung über die Gestaltung von Internetauftritten verschiedener Branchen wurde versucht zu ermitteln, welche Komponenten eines Internetauftritts für die Nutzer von Bedeutung sind. Die Befragten wurden gebeten, auf einer Skala zwischen 1 (unwichtig) bis 6 (sehr wichtig) ihre Präferenzen bzgl. einzelner (vorgegebener) Komponenten anzugeben. Für die Branche „Hausgeräte" sind die Ergebnisse der Erhebung (Mittelwerte) in nachfolgender Tabelle enthalten.

Komponente	Bewertung	Rang
Detailinformationen zu den Produkten	5,6	1.
Bildliche und textliche Übersicht über die Geräte	5,1	2.
Online-Problemhilfe	5,0	3.
Ratschläge für umweltgerechte Nutzung	4,9	4.
Interaktive Produktberatung	4,9	5.
Interaktives Kundendienstverzeichnis	4,5	6.
Ratschläge für Waschen, Trocknen etc.	4,5	7.
Online-Bestellmöglichkeit von Prospekten	4,5	8.
Interaktive Online-Betriebsanleitung	4,4	9.
Interaktives Händlerverzeichnis	4,3	10.
Hintergrundinformationen zu den Produkten	4,2	11.
Online-Kochbuch	3,8	12.
Forum für Erfahrungstipps	3,8	13.
Unternehmensinformationen	3,5	14.
Online-Wettbewerb für Hausmittel	3,4	15.
Haushaltsgewinnspiel	3,0	16.
Online-Messe-/Event-/Promotionskalender	2,9	17.

Aus den Ergebnissen kann beispielsweise geschlossen werden, dass Werbeauftritte von Anbietern mit detaillierten Informationen und Online-Beratung präferiert werden.

Quelle: Fantapié Altobelli/Hoffmann 1997, S. 30 ff.

Die Prognosequalität direkter Konsumentenbefragungen ist jedoch kritisch zu hinterfragen. Im Rahmen von Präferenzmessungen besteht beispielsweise die Tendenz, alle Eigenschaften als vergleichsweise wichtig zu bewerten. Das Weiteren kann das Verfahren zu bewussten Falschantworten führen, etwa sozial erwünschte Antworten (z. B. Umweltfreundlichkeit) oder aus Prestigegründen die Angabe einer höheren Zahlungsbereitschaft als in der Realität. Darüber hinaus gilt, dass die einseitige Konzentration auf den interessierenden Sachverhalt (Produktleistung, Zahlungsbereitschaft) das reale Kaufverhalten nur unzureichend abbildet. In einer realen Kaufsituation steht i. d. R. nicht eine bestimmte Eigenschaft im Vordergrund, sondern es findet ein Abwägen zwischen Eigenschaften statt, z. B. Produktqualität und Produktpreis. Somit ist die Validität von Prognosen aufgrund direkter Konsumentenbefragungen eingeschränkt.

Die Validität von Konsumentenbefragungen kann erhöht werden, wenn die Befragung *indirekt* (z. B. auf der Grundlage des Conjoint Measurements) erfolgt (vgl. auch die Ausführungen in Abschn. 3.5.1 im 3. Teil). Im Rahmen des Conjoint Measurement wird nicht direkt nach der Präferenz für einzelne Produkteigenschaften bzw. deren Ausprägungen gefragt, sonder es erfolgt eine Gesamtbewertung der Untersuchungsobjekte. Die Probanden werden gebeten, die Untersuchungsobjekte (meist Produkte) zu bewerten und in eine Rangfolge zu bringen. Aus der Rangfolge der Objekte kann mittels mathematischer Algorithmen auf die Bedeutung der einzelnen Produkteigenschaften bzw. ihrer Ausprägungen geschlossen werden („Teilnutzenwerte").

Beispiel 4.5:

Im Rahmen der in Beispiel 4.4 beschriebenen Untersuchung zu den Präferenzen bzgl. der Komponenten von Internetauftritten wurden in einer zweiten Erhebungswelle die bei jeder Branche gemäß der direkten Befragung wichtigsten Komponenten als Grundlage für eine Conjoint-Analyse herangezogen. Die Globalurteile wurden im Wege von Paarvergleichen erhoben. Für die Branche „Hausgeräte" werden die Komponenten mit den Rangplätzen 1– 8 zu Grunde gelegt. Die Ergebnisse sind in nachfolgender Abbildung enthalten.

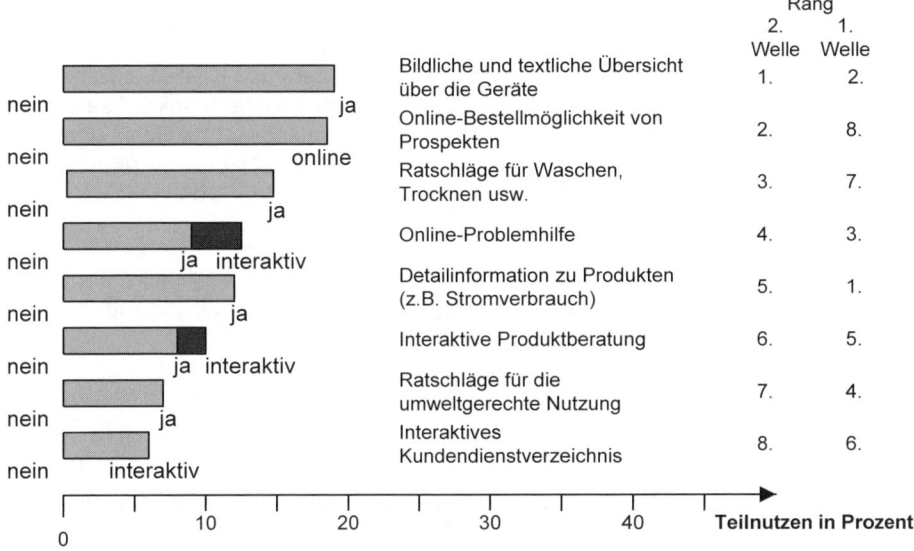

Die Conjoint-Analyse führt zu deutlich unterschiedlichen Bewertungen im Vergleich zur direkten Befragung. Dieses Verfahren ordnet bspw. den Detailinformationen über Produkte einen geringeren Nutzeneinfluss als bei der ersten Befragungswelle zu: Mit 12 % rangieren diese nur auf Platz 5 der Prioritätenskala. Bildliche und textliche Gerätebeschreibungen stehen mit knapp 19 % Beitrag zum Gesamtnutzen an erster Stelle. Mit fast dem gleichen Wert folgt die Online-Bestellmöglichkeit von Prospekten, der zuvor eine untergeordnete Bedeutung zukam. Große Relevanz wurde auch hier der Online-Problemhilfe beigemessen. Allerdings scheinen sich die Internet-Nutzer mit der Angabe einer Hotline, die sie beim Auftreten eines Problems anrufen können, zu begnügen. Der Nutzen einer interaktiven Problemhilfe übersteigt den Nutzen der Telefonnummern-Angabe nicht wesentlich. Ähnliches gilt für eine interaktive Produktberatung im Vergleich zu einer nicht-interaktiven Produktübersicht. Etwas abgeschlagen in den Nutzerpräferenzen sind die Optionen „Ratschläge für umweltfreundliche Nutzung" und „interaktives Kundendienst-Verzeichnis".

Quelle: Fantapié Altobelli / Hoffmann 1997, S. 72.

Vorteilhaft am Conjoint Measurement ist die bessere Abbildung des realen Kaufverhaltens durch die Abgabe von Globalurteilen über die Untersuchungsobjekte. Die Ergebnisse einer Conjoint-Analyse sind daher von höherer Validität als die einer direkten Befragung und geben wertvolle Hinweise auf die Akzeptanz von Produkten, aber auch auf Ansatzpunkte zur Produktverbesserung. Gemäß der Hypothese, dass das Produkt mit dem höchsten Gesamtnutzen präferiert und gekauft wird (sog. First Choice-Regel) können die Anbieter versuchen, sich bei der Produktgestaltung den Idealvorstellungen der Konsumenten anzunähern.

Wird der Preis als Produkteigenschaft in die Untersuchung mit einbezogen, so lassen sich darüber hinaus für unterschiedliche Preise die jeweils zugehörigen Teilnutzenwerte ermitteln. Die auf dieser Grundlage gewonnenen individuellen Preisabsatzfunktionen können anschließend aggregiert werden, um eine Preisabsatzfunktion für den Gesamtmarkt zu erhalten (vgl. die Ausführungen in Abschn. 3.4 im 5. Teil). Abb. 4.12 zeigt eine abschließende Beurteilung von Konsumentenbefragungen als Prognoseinstrument.

Vorteile	Nachteile
• unmittelbare Marktinformation • weitere Anregungen von Konsumenten zur Verbesserung der Produktleistung möglich • Aufgreifen von Marktstimmungen und Trends möglich	• hoher Zeit- und Kostenaufwand • geringe Validität (direkte Befragung) • Repräsentativität häufig eingeschränkt (Stichprobenbildung notwendig) • Auskunftsbereitschaft und -vermögen häufig zu gering

Quelle: Sander 2004, S. 278.
Abb. 4.12: Beurteilung von Konsumentenbefragungen als Prognoseinstrument

4.1.2 Expertenbefragungen

Expertenbefragungen werden i. d. R. für komplexe, neuartige und schlecht strukturierbare Prognoseprobleme herangezogen. Beispiele sind Absatzprognosen für neue Produkte, für die naturgemäß noch keine Marktinformationen vorhanden sind, oder langfristige Prognosen insb. im technologischen Bereich sowie in der Trendforschung. Als Experten gelten dabei Personen, welche im Hinblick auf den Untersuchungsgegenstand (z. B. bestimmte Märkte, Zielgruppen, Produkte, Methoden) über ein besonderes Fachwissen bzw. besondere Erfahrungen verfügen. Wer für eine bestimmte Fragestellung als Experte betrachtet werden kann, ist stark situationsabhängig. Im Folgenden sollen einmalige und mehrmalige Expertenbefragungen als grundlegende Varianten vorgestellt werden. In den meisten Fällen finden Expertenbefragungen als Gruppenbefragungen statt.

Einmalige Expertenbefragungen besitzen ein breites Anwendungsspektrum, von der kurzfristigen Ermittlung von Marktreaktionsfunktionen bis hin zur Erstellung von Szenarien (ggf. mit den zugehörigen Eintrittswahrscheinlichkeiten) im Rahmen der Szenario-Analyse (vgl. hierzu Abschn. 5.1). Im Folgenden soll speziell auf die *Schätzung von Marktreaktionsfunktionen* eingegangen werden, wenn keine Vergangenheitsdaten vorliegen. Mittlerweile ein Klassiker ist dabei das ADBUDG-Modell von Little zur Schätzung einer Werbeerfolgsfunktion.

Das Modell von Little (1970) unterstellt einen S-förmigen Verlauf der Werbeerfolgsfunktion:

$$m = a + (b - a)\frac{W^{\delta}}{\delta + W^{\delta}}$$

mit

m   = Marktanteil,
W   = Werbeausgaben für das Produkt,
a, b, c, δ = Parameter der Funktion.

Diese Werberesponsefunktion ist äußerst flexibel, da sie für δ > 1 einen S-förmigen, für δ < 1 einen konkaven Verlauf hat (vgl. Sebastian 1985, S. 81). Aufgabe der Experten ist es nun, die Parameter der Funktion zu bestimmen. Anstelle einer direkten Bestimmung der Parameter, welche die Experten in den meisten Fällen überfordern dürfte, wird versucht, die Parameterwerte auf indirektem Wege zu bestimmen.

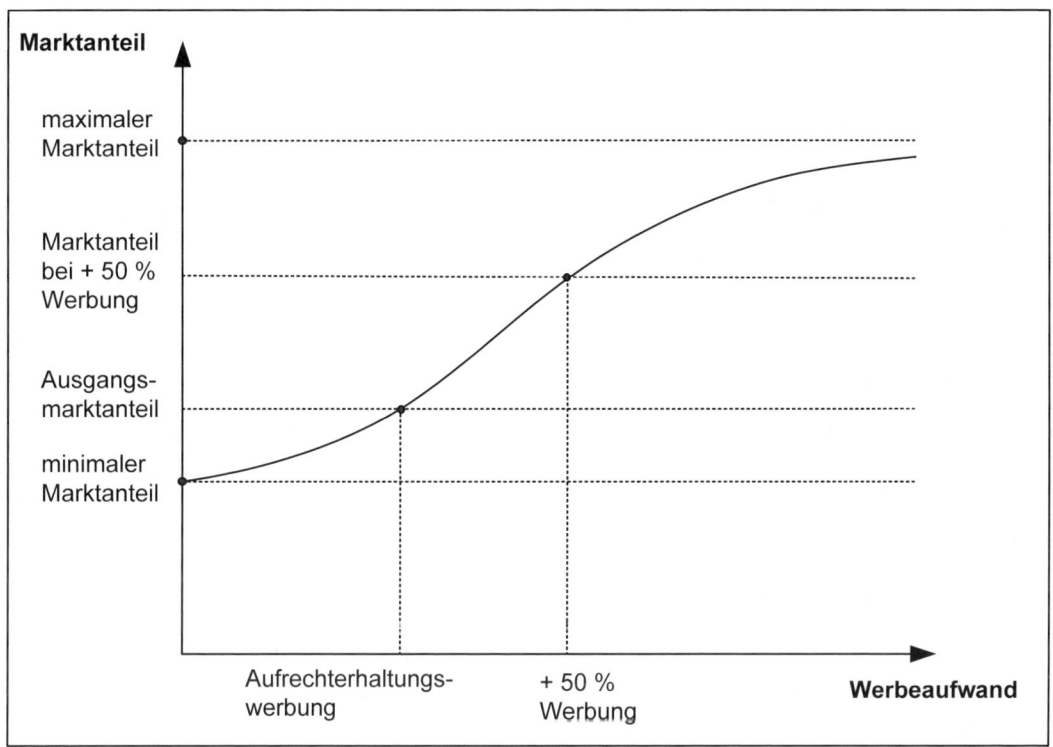

Quelle: Berndt 1996, S. 280.
 Abb. 4.13: Ausgangssituation der Expertenschätzung einer Werbewirkungsfunktion

Zur Bestimmung der (noch unbekannten) Parameter werden folgende *vier Fragen* an den Experten gerichtet (vgl. hierzu Berndt 1996, S. 279 ff.):

Frage 1:   Welcher Marktanteil ergibt sich, wenn die Werbung für das Produkt eingestellt würde?

Frage 2:   Welcher Marktanteil ergibt sich bei einem finanziell unbeschränkten Werbebudget?

Frage 3:   Welcher Werbeaufwand ist notwendig, um den derzeitigen Marktanteil des Produkts aufrechtzuerhalten?

Frage 4: Welcher Marktanteil ergibt sich, wenn das Werbebudget gegenüber dem Aufrechterhaltungs-Werbebudget (aus Frage 3) um 50 % aufgestockt wird?

Abb. 4.13 zeigt den Zusammenhang zwischen den vier Fragen und den Verlauf der Werbeerfolgsfunktion. Die aus den Fragen ermittelten Wertepaare werden zur Bestimmung der Parameterwerte herangezogen.

Auswertung von Frage 1:

Im Falle der völligen Einstellung der Werbeausgaben ($W = 0$) resultiert ein Marktanteil von m_0. Einsetzen in die Werbeerfolgsfunktion führt zu:

$$m_0 = a + (b-a) \cdot \frac{0}{c} = a. \qquad \text{I.}$$

Somit gilt: $a = m_0$.

Auswertung von Frage 2:

Für den Fall, dass unbegrenzte Mittel für Werbung ausgegeben werden $(W \to \infty)$, resultiert gemäß der Aussage der Experten ein maximaler Marktanteil in Höhe von m_∞. Einsetzen dieses Wertepaars in die Werbeerfolgsfunktion ergibt:

$$m_\infty = a + (b-a) \cdot \lim_{W \to \infty} \frac{W^\delta}{c + W^\delta} = a (b-a) \cdot 1 = b. \qquad \text{II.}$$

Damit gilt: $b = m_\infty$.

Setzt man die ermittelten Parameter a und b in die Funktion ein, so erhält man:

$$m = m_0 + (m_\infty - m_0) \cdot \frac{W^\delta}{c + W^\delta}. \qquad \text{III.}$$

Diese Gleichung enthält noch zwei unbekannte Parameter, nämlich c und δ.

Auswertung von Frage 3:

Gemäß Aussage der Experten ist ein Werbeaufwand in Höhe von $\overline{W}$ erforderlich, um den derzeitigen Marktanteil in Höhe von $\overline{m}$ zu halten. Einsetzen in die Funktionsgleichung führt zu:

$$\overline{m} = m_0 + (m_\infty - m_0) \cdot \frac{\overline{W}^\delta}{c + \overline{W}^\delta}. \qquad \text{IV.}$$

Auswertung von Frage 4:

Die Experten geben an, dass bei Aufstockung der Aufrechterhaltungswertung $\overline{W}$ um 50 % auf $1,5\,\overline{W}$ ein Marktanteil in Höhe von $m_{1,5\overline{W}}$ resultieren würde. Durch Einsetzen in die Werberfolgsfunktion erhält man:

$$m_{1,5\overline{W}} = m_0 + (m_\infty - m_0) \cdot \frac{(1,5\overline{W})^\delta}{c + (1,5\overline{W})^\delta}. \qquad \text{V.}$$

Durch simultanes Lösen der Gleichungen IV und V erhält man die gesuchten Parameter c und δ. Damit ist der Funktionsverlauf vollständig bestimmt; für alternative Höhen des Werbebudgets können die zu erwartenden Marktanteile prognostiziert werden.

Beispiel 4.6:

Die Firma Insolvenzia.com möchte auf Basis einer Expertenschätzung den funktionalen Zusammenhang zwischen dem eingesetzten Werbebudget sowie dem damit erreichbaren Marktanteil ermitteln. Dabei gehen die Verantwortlichen von folgendem S-förmigen Verlauf aus:

$$m = a + (b - a) \cdot \frac{W^{\delta}}{c + W^{\delta}}$$

mit   m = Marktanteil,
          W = Werbebudget,
          a, b, c, δ = Parameter.

Die Befragung eines Experten ergab folgende Schätzungen:

1) Würde man das Werbebudget auf Null reduzieren, ergäbe sich ein Marktanteil von 0,3.
2) Bei einem unendlich hohen Werbebudget hingegen wäre ein Marktanteil von 0,7 realisierbar.
3) Um den derzeitigen Marktanteil von 0,5 zu halten ist ein Werbebudget in Höhe von 2.000.000 nötig.
4) Würde dieses Werbebudget nochmals um 50 % auf dann 3.000.000 aufgestockt werden, ist mit einem Marktanteil von 0,6 zu rechnen.

Ermittlung der Werbeerfolgsfunktion:

Aus 1): $W = 0 \Rightarrow m_0 = a = 0,3$,

Aus 2): $W = \infty \Rightarrow m_{\infty} = b = 0,7$.

Es resultiert:

$$m = 0,3 + 0,4 \cdot \frac{W^{\delta}}{c + W^{\delta}} \, .$$

Aus 3):

$$0,5 = 0,3 + 0,4 \cdot \frac{2.000.000^{\delta}}{c + 2.000.000^{\delta}}$$

Auflösen nach c:

$$c = 2.000.000^{\delta} \tag{I}$$

Aus 4):

$$0,6 = 0,3 + 0,4 \cdot \frac{3.000.000^{\delta}}{c + 3.000.000^{\delta}}$$

$$c = \frac{1}{3} \cdot 33.000.000^{\delta} \tag{II}$$

Gleichsetzen von (I) und (II):

$$2.000.000^{\delta} = \frac{1}{3} \cdot 3.000.000^{\delta}$$

$$3 \cdot 2.000.000^{\delta} = 3.000.000^{\delta}$$

Logarithmieren:
$$\ln 3 + \delta \cdot \ln 2.000.000 = \delta \cdot \ln 3.000.000$$

Auflösen nach δ:
$$\delta = \frac{\ln 3}{\ln 3.000.000 - \ln 2.000.000} = 2{,}7095$$

Einsetzen in (I) oder in (II):
$$c = 2.000.000^{2,7095} = 1{,}182 \cdot 10^{17}$$

Resultierende Werbewirkungsfunktion:
$$m = 0{,}3 + 0{,}4 \cdot \frac{W^{2,7095}}{1{,}182 \cdot 10^{17} + W^{2,7095}}$$

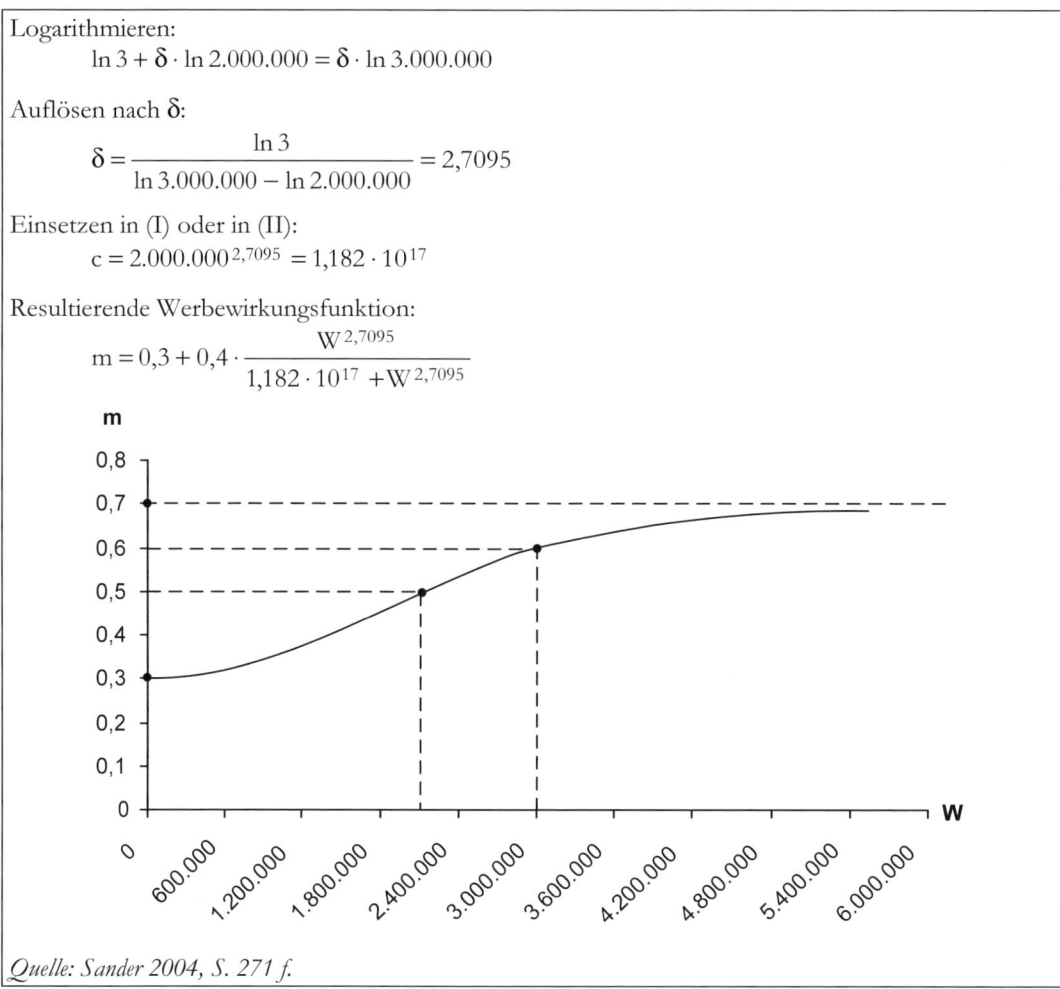

Quelle: Sander 2004, S. 271 f.

Im Rahmen mehrmaliger Expertenbefragungen hat sich die *Delphi-Methode* durchgesetzt (vgl. z. B. Becker 1974; Gisholt 1976; Häder/Häder 1994). Wesentliche Einsatzgebiete von Delphi-Prognosen sind

— technologisch orientierte Entwicklungsprognosen („Bis zu welchem Jahr erwarten Sie eine breite Durchsetzung der Brennstoffzelle?"),

— Trendforschung („Bis zu welchem Jahr werden zwei Drittel der Führungspositionen von Frauen besetzt sein?"),

also Fragestellungen mit langfristigem Zeithorizont und schwer abbildbarem Ursachenkomplex. Die Befragung vollzieht sich in mehreren Schritten unter Verwendung eines standardisierten Fragebogens. Die Befragung erfolgt dabei anonym, um eine gegenseitige Beeinflussung der Experten zu verhindern. Angestrebt wird eine Konvergenz der Ergebnisse. Abb. 4.14 zeigt den typischen Ablauf einer Delphi-Befragung im Überblick.

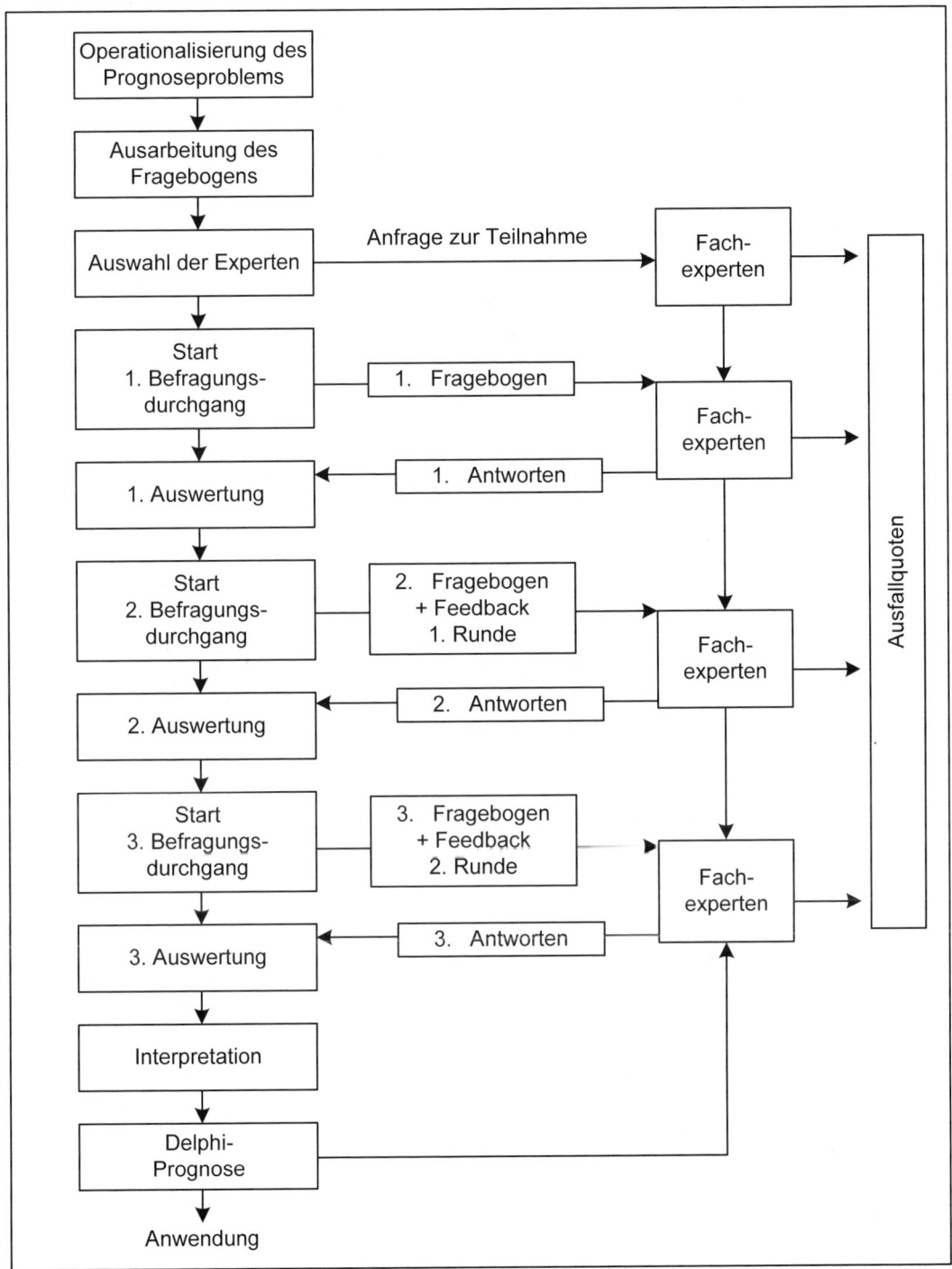

Abb. 4.14: Ablaufschema einer Delphi-Befragung

Nach jeder Befragungsrunde wird die statistische Gruppenantwort ermittelt (üblicherweise auf der Grundlage des Medians). Darüber hinaus wird der Quartilabstand (oder auch andere Streuungsmaße) als Maß für die Übereinstimmung der Experten errechnet.

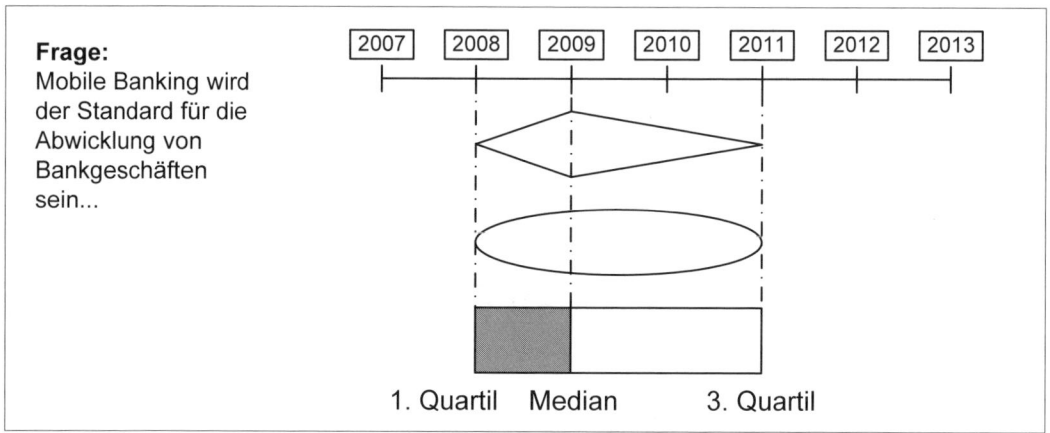

Abb. 4.15: Möglichkeiten der Visualisierung von Delphi-Ergebnissen

In der 2. Befragungsrunde werden die Auswertungsergebnisse der 1. Runde den Experten als Zusatzinformation mitgeteilt mit der Bitte, ihre Aussagen anhand dieser Werte zu überprüfen und ggf. zu revidieren. Experten, deren Antwort stark von der durchschnittlichen Gruppenmeinung abweicht – i. d. R. solche, deren Antworten außerhalb des Quartilabstands liegen – werden zusätzlich gebeten, ihre Aussagen zu begründen. Dadurch soll der Informationsstand des Expertenteams verbessert und die Zuverlässigkeit der Prognoseergebnisse erhöht werden. In analoger Weise erfolgt die Auswertung für die Folgerunde. Üblich sind dabei 2 – 3 Befragungsdurchgänge; dies ist jedoch von der Konvergenzgeschwindigkeit und der verfügbaren Zeit abhängig. Die Ergebnisse einer Delphi-Befragung werden i. d. R. durch Rauten, Ellipsen oder Rechtecke visualisiert (vgl. Abb. 4.15).

Beispiel 4.7:

2004 befasste sich ein international besetztes Forscherteam unter Leitung des IZT (Institut für Zukunftsstudien und Technologiebewertung Berlin) mit den langfristigen Entwicklungen im europäischen Energiesektor. 670 internationale Expertinnen und Experten waren an der Studie beteiligt.

Die Studie zeigt, dass die befragten Experten denjenigen Technologien die höchste Priorität einräumen, die den Energieverbrauch bei gleichzeitigem Nutzen reduzieren. Dieser Vorrang der Energieeffizienz beruht dabei nicht nur auf ökologischen Gesichtspunkten, sondern berücksichtigt auch Aspekte wie Kostenwirtschaftlichkeit und Versorgungssicherheit. Die Bedeutung erneuerbarer Energien wird zunehmen; der großflächige Einsatz von Wasserstoff ist dagegen in der nahen Zukunft noch keine realistische Option. Die Ergebnisse lassen sich im Einzelnen der folgenden Abbildung entnehmen.

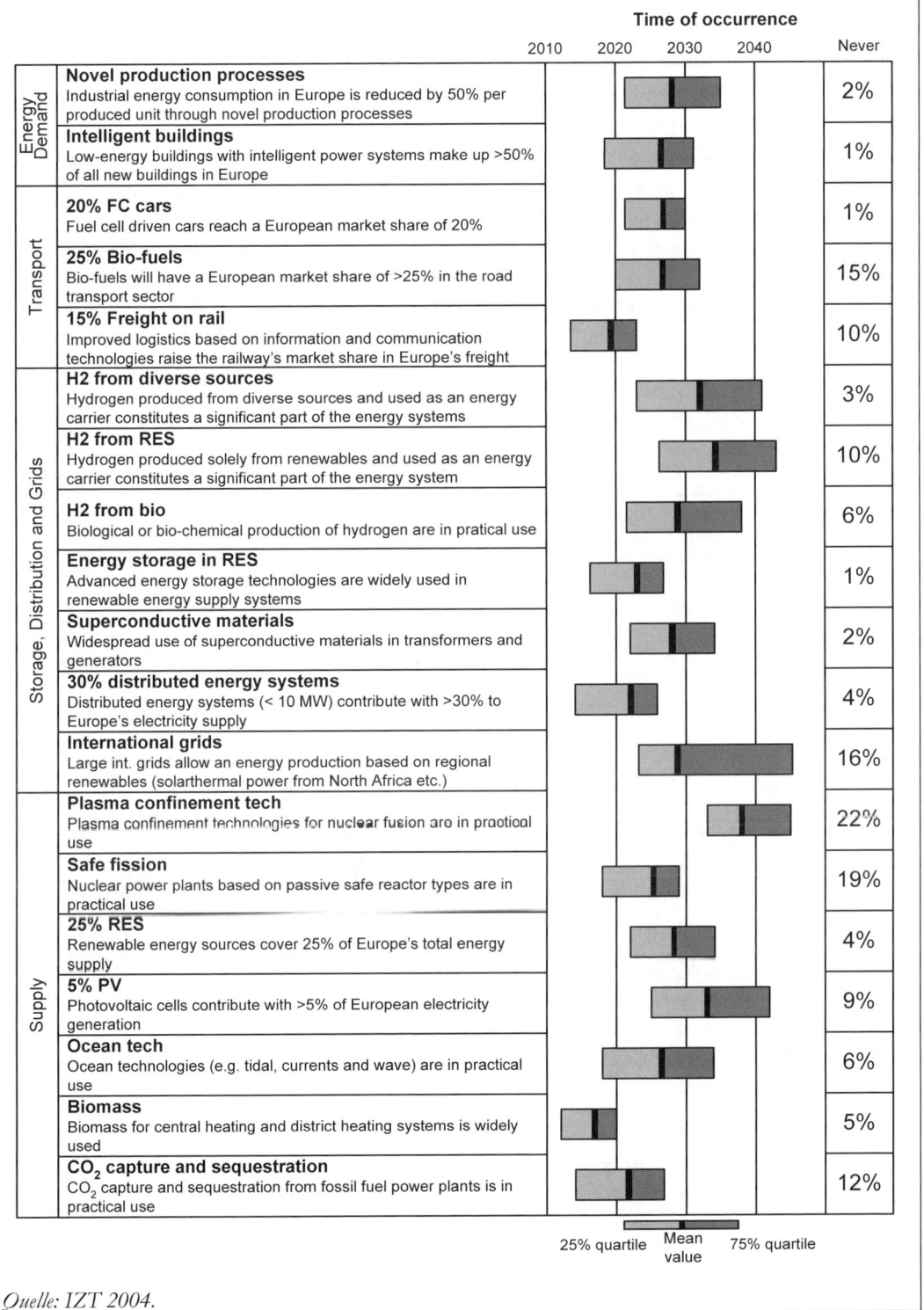

Quelle: IZT 2004.

Neben der klassischen „Paper-and-pencil"-Version setzt sich zunehmend die Delphi-Konferenz (auch: Elektronisches Delphi, Echtzeitdelphi) durch. Die Computer der Konferenzteilnehmer sind mit einem Leitcomputer vernetzt, der die Einzelbeiträge auswertet und zusammenfasst. Dadurch können erhebliche Zeitersparnisse realisiert werden.

Die Delphi-Methode hat sich in der Praxis als zuverlässig und leistungsfähig erwiesen; die Qualität der Ergebnisse hängt jedoch davon ab, inwieweit es gelingt, die der Methode innewohnenden *Probleme* zu bewältigen. Eine erste wichtige Voraussetzung ist die Auswahl geeigneter Experten, welche in ihrem Fachgebiet führend sindund die verschiedenen Einflüsse und Entwicklungen kennen. Hinsichtlich der Teilnehmerzahl gibt es keine festen Regeln; bei komplexen Fragestellungen sind jedoch höhere Teilnehmerzahlen erforderlich als bei einfachen. Außerdem ist von Runde zu Runde mit einer sinkenden Beteiligungszahl zu rechnen, die Ausfallquote beträgt i. d. R. 50 – 80 %. Ein weiteres Problem besteht darin, dass die Expertenmeinungen in Richtung Median konvergieren; liegt der „wahre Wert" jedoch außerhalb des Quartilabstands der ersten Befragungsrunde, entfernt sich der Prognosewert mit jeder zusätzlichen Befragungsrunde vom wahren Wert, d. h. die Prognoseergebnisse werden zunehmend schlechter (vgl. Abb. 4.16).

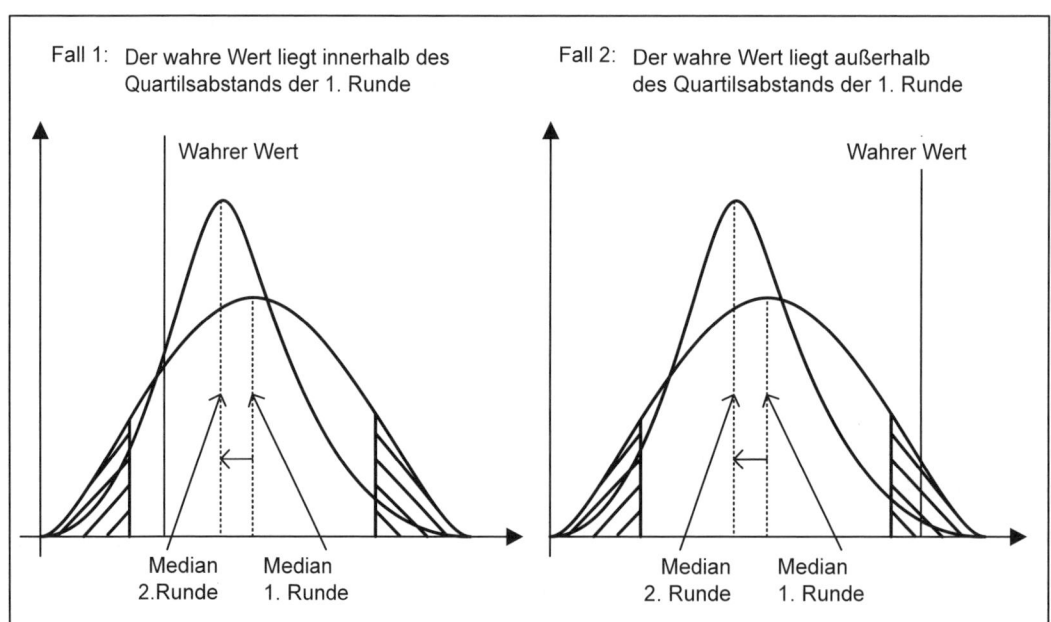

Abb. 4.16: Prognosegenauigkeit der Delphi-Methode bei alternativen Ausprägungen des wahren Werts

Weitere Einsatzmöglichkeiten von Expertenbefragungen zu Prognosezwecken finden sich im Rahmen der Szenario- und der Cross-Impact-Analyse. Die Verfahren werden ausführlich in Kap. 5 beschrieben.

4.2   Prognosen auf der Grundlage von Testmarktuntersuchungen

Eine *Testmarktuntersuchung* ist dadurch charakterisiert, dass auf einem abgegrenzten Teilmarkt die Wirkungen von Marketingmaßnahmen auf eine Zielgröße – i. d. R. Absatzmenge oder Umsatz – überprüft werden (zu Experimenten in der Marktforschung vgl. ausführlich Abschn. 2.2.4 im 2. Teil; zur praktischen Anwendung ausgewählter experimenteller Verfahren in der Marktforschung vgl. die Ausführungen im 5. Teil). Da Experimente zur Überprüfung von Kausalhypothesen eingesetzt werden, eigenen sie sich vorzüglich zur Gewinnung von Wirkungsprognosen. Auf der Grundlage von Testmarktuntersuchungen lassen sich Ursache-Wirkungs-Beziehungen verschiedenster Art ermitteln. Die Marketing-Variablen werden unter kontrollierten Bedingungen systematisch variiert (z. B. alternative Preishöhen), und es werden die zugehörigen Ausprägungen der abhängigen Variablen (z. B. Absatzmenge) gemessen. Die Auswertung der auf diese Weise gewonnenen Daten kann beispielsweise mit Hilfe der Regressionsanalyse erfolgen. Insofern sind Testmarktuntersuchungen ein äußerst geeignetes Instrument zur Ermittlung von Marktreaktionsfunktionen, wenn keine Vergangenheitsdaten vorliegen.

Typische Erscheinungsformen von Testmarktuntersuchungen sind (vgl. Berndt 1996, S. 275 ff.):

– Regionaler Markttest,

– Store-Test (Mikrotestmarkt),

– Mini-Testmarktpanel und

– Labor-Markttest (Testmarktsimulation).

Die einzelnen Formen von Testmarktuntersuchungen werden ausführlich in Abschn. 1.3 des 5. Teils beschrieben, sodass sie an dieser Stelle nur skizziert werden sollen.

Im Rahmen eines *regionalen Markttests* wird ein Produkt – z. B. ein neues Produkt oder eine neue Produktvariante – probeweise unter kontrollierten Bedingungen in einem regional abgegrenzten Teilmarkt angeboten, ggf. unter gleichzeitiger Überprüfung unterschiedlicher Absatzwege oder unterschiedlicher Preisniveaus. Der Testmarkt sollte für den Gesamtmarkt repräsentativ sein, d. h. ähnliche Kunden, Bedarfs-, Handels-, Medien- und Wettbewerbsstrukturen aufweisen (vgl. Homburg/Krohmer 2003, S. 208). Problematisch sind hier insb. der hohe Zeitbedarf, die hohen Kosten und die mangelnde Kontrollierbarkeit von Störeinflüssen – u. a. Konkurrenzmaßnahmen. Vorteilhaft ist die große Realitätsnähe auf Grund der Feldsituation.

Im Rahmen eines *Store-Tests* wird die Wirksamkeit von Marketingmaßnahmen in einer begrenzten Zahl von Einzelhandelsgeschäften geprüft. Beispielsweise können in verschiedenen Geschäften alternative Produktvarianten oder alternative Preishöhen getestet werden. Häufig werden die Ergebnisse von Store-Tests durch ein Handelspanel ergänzt (vgl. Erichson 2002, S. 426). Gerade für Neuprodukteinführungen ist es von Bedeutung, nicht nur die Erstkäufe, sondern auch die Wiederkaufraten zu erheben, um die langfristigen Erfolgschancen eines Produkts prognostizieren zu können. Solche Daten können nur aus Paneldaten ermittelt werden.

Ein *Mini-Testmarktpanel* ist dadurch charakterisiert, dass in einem abgegrenzten regionalen Gebiet Daten aus Haushalts- und Handelspanels elektronisch über Scannerklassen erhoben werden. Ein Beispiel ist GfK BehavorScan.

Während es sich bei den bisher dargestellten Formen um Feldexperimente handelt, finden *Testmarktsimulationen* unter Laborbedingungen statt. In erster Linie werden sie herangezogen, um die Absatzchancen neuer Produktkonzepte prognostizieren zu können, ggf. unter gleichzeitigem Test der Markteinführungsstrategie. Vorteilhaft an Testmarktsimulationen sind die vollständige Kontrollierbarkeit von Störeinflüssen (interne Validität), die im Vergleich zu Feldexperimenten deutlich geringeren Kosten und die Zeitersparnis. Als nachteilig erweisen sich die mangelnde Abbildung der realen Kaufsituation (externe Validität) sowie die zumeist unzureichende Berücksichtigung des Wiederkaufprozesses.

4.3 Prognosen auf der Grundlage von Panelerhebungen

Als Panel gilt ein gleich bleibender Kreis von Erhebungseinheiten, welche über einen längeren Zeitraum über den gleichen Erhebungsgegenstand in regelmäßigen Abständen befragt werden (vgl. die Ausführungen in Abschn. 2.2.3 des 2. Teils). Paneldaten können in verschiedenerlei Hinsicht zur Erstellung von Absatz- oder Marktanteilsprognosen herangezogen werden. Im Folgenden werden das Markov-Modell und das Parfitt-Collins-Modell vorgestellt werden.

4.3.1 Markov-Modell

Panelerhebungen erlauben es, das Markenwahlverhalten von Käufern im Zeitablauf zu erfassen. Wie in Abschn. 2.2.3.2 des 2. Teils bereits beschrieben wurde, erfasst die Analyse der *Käuferwanderung* die Wanderungsbewegungen zwischen konkurrierenden Marken, d. h. sie beantwortet die Frage, welche Marken von Zuwanderung profitieren und welche Marken hingegen Abwanderungen in Kauf nehmen mussten.

Das *Markov-Modell* basiert auf der Analyse der Markenwahl bzgl. einer bestimmten Produktklasse im Zeitablauf. Bei dem im Folgenden dargestellten Markov-Modell 1. Ordnung werden dabei die Wanderungsbewegungen von Periode t nach Periode t + 1 betrachtet. Das Modell beruht auf die folgenden *Prämissen* (vgl. Massy/Montgomery/Morrison 1970, S. 80 ff.):

- Pro Periode kauft ein Konsument nur eine Marke aus der betrachteten Produktklasse, und zwar in gleich bleibender Menge.
- Die Zahl der Marken der betrachteten Produktklasse ist vorgegeben und konstant.
- Zwischen den Käufen der einzelnen Marken einer Produktklasse besteht eine stochastische Abhängigkeit 1. Ordnung, d. h. die Markenwahl in Periode t hängt ab von der Markenwahl in t − 1.
- Die Zeit wird als diskrete Variable betrachtet, die Periodenabgrenzungen sind im Zeitablauf konstant.
- Die Übergangswahrscheinlichkeiten, d. h. die Wahrscheinlichkeit, dass in Periode t + 1 Marke j gekauft wird, wenn in Periode t Marke i gekauft wurde, sind im Zeitablauf konstant $(i = 1,\ldots,m; j = 1,\ldots m)$.
- Für die Matrix der Übergangswahrscheinlichkeiten gilt:

$$
\mathbf{P} = \begin{bmatrix}
P_{11} & P_{12} & \cdots & P_{1j} & \cdots & P_{1m} \\
P_{21} & P_{22} & \cdots & P_{2j} & \cdots & P_{2m} \\
\vdots & \vdots & & \vdots & & \vdots \\
P_{i1} & P_{i2} & \cdots & P_{ij} & \cdots & P_{im} \\
\vdots & \vdots & & \vdots & & \vdots \\
P_{m1} & P_{m2} & \cdots & P_{mj} & \cdots & P_{mm}
\end{bmatrix}
$$

wobei $\sum\limits_{j} P_{ij} = 1$ für alle $i = 1, \ldots, m$.

Die Übergangswahrscheinlichkeiten lassen sich aus Paneldaten gewinnen (vgl. Beispiel 4.8). Die Werte auf der Diagonalen ($i = j$) kennzeichnen markentreues Verhalten; für $i \neq j$ findet dagegen ein Markenwechsel statt. Für die Anwendung des Markov-Modells müssen zusätzlich die Marktanteile im Ausgangszeitpunkt 0, d. h. die Ausgangskaufwahrscheinlichkeiten für , $t = 0$ bekannt sein. In Vektorschreibweise gilt:

$$
\mathbf{Q^0} = \begin{bmatrix} Q_1^0 & Q_2^0 \ldots Q_i^0 \ldots Q_m^0 \end{bmatrix} \text{ mit } \sum_{i=1}^{m} Q_i^0 = 1.
$$

Q_i^0 kennzeichnet dabei die Ausgangskaufwahrscheinlichkeit der Marke i zum Zeitpunkt $t = 0$. Die Marktanteile der einzelnen Marken in der Folgeperiode $t = 1$ errechnen sich dann als

$$
\mathbf{Q^1} = \mathbf{Q^0} \cdot \mathbf{P},
$$

d. h. der Vektor der Ausgangskaufwahrscheinlichkeiten wird mit der Matrix der Übergangswahrscheinlichkeiten multipliziert. Damit ergibt sich formal:

$$
\mathbf{Q^{t+1}} = \mathbf{Q^t} \cdot \mathbf{P} \text{ für } t = 1, \ldots, T.
$$

Für die einzelnen Marken gilt also:

$$
Q_j^1 = \sum_{i=1}^{m} P_{ij} \cdot Q_i^0
$$

$$
Q_j^2 = \sum_{i=1}^{m} P_{ij} \cdot Q_i^1, \ldots
$$

Bzw. allgemein:

$$
Q_j^{t+1} = \sum_{i=1}^{m} P_{ij} \cdot Q_i^t.
$$

Damit lässt sich für die einzelnen Marken die Entwicklung der Kaufwahrscheinlichkeiten im Zeitablauf errechnen. Bei Vorliegen einer konstanten und homogenen Käuferschaft lassen sich die Kaufwahrscheinlichkeiten als Marktanteile interpretieren (vgl. Schaich 1967). Insofern erlauben Markov-Modelle unmittelbar eine Marktanteilprognose.

Es gilt also

$$E\left(m_j^t\right) = Q_j^t \quad \text{für alle j, t}$$

mit

$$E\left(m_j^t\right) = \text{erwarteter Marktanteil der Marke j in Periode t.}$$

Gemäß der Prämissen des Markov-Modells 1. Ordnung gilt für die erwartete Absatzmenge der Marke j in Periode t, $E\left(x_j^t\right)$:

$$E\left(x_j^t\right) = Q_j^t \cdot N \cdot x$$

mit

N	= (konstante) Zahl der Käufer,
x	= (konstante) Nachfragemenge pro Kauf.

Beispiel 4.8:

Auf dem Markt der Premium-Babywindeln konkurrieren drei Marken A, B und C. In der Periode t = 0 besitzt der Marktführer B einen Marktanteil von 40%, A und C jeweils von 30%. Damit gilt: $\mathbf{Q}^0 = (0,3 \quad 0,4 \quad 0,3)$.

Aus einer Panelerhebung resultierten folgende Wanderungsbewegungen zwischen den Marken:

Kauf in t+1 / Kauf in t	A	B	C	Σ
A	150	120	30	300
B	100	200	100	400
C	100	50	50	200

Durch Division mit der jeweiligen Zeilensumme resultiert folgende Matrix der Übergangswahrscheinlichkeiten:

$$\mathbf{P} = \begin{bmatrix} 0,5 & 0,4 & 0,1 \\ 0,25 & 0,5 & 0,25 \\ 0,5 & 0,25 & 0,25 \end{bmatrix}.$$

Die Kaufwahrscheinlichkeiten in Periode 1 resultieren damit als:

$$\mathbf{Q}^1 = \mathbf{Q}^0 \cdot \mathbf{P}$$

$$= \begin{bmatrix} 0,3 & 0,4 & 0,3 \end{bmatrix} \cdot \begin{bmatrix} 0,5 & 0,4 & 0,1 \\ 0,25 & 0,5 & 0,25 \\ 0,5 & 0,25 & 0,25 \end{bmatrix} =$$

$$= \begin{bmatrix} 0,4 & 0,395 & 0,205 \end{bmatrix}$$

Analog resultieren:

$$\mathbf{Q}^2 = \begin{bmatrix} 0{,}401 & 0{,}409 & 0{,}19 \end{bmatrix}$$

$$\mathbf{Q}^3 = \begin{bmatrix} 0{,}398 & 0{,}412 & 0{,}19 \end{bmatrix}.$$

Es zeigt sich, dass in t = 3 ist der Marktanteil von B nur unwesentlich gestiegen ist, C verliert 11 Prozentpunkte und A gewinnt 10 Prozentpunkte. Beträgt die Käuferschaft N 100.000 und die durchschnittlich gekaufte Menge 5 Einheiten, so lässt sich die Kaufmenge von Marke A in t = 3 beispielsweise prognostizieren als

$$E(x_A) = 0{,}398 \cdot 100.000 \cdot 5 = 199.000 \,.$$

Das Markov-Modell 1. Ordnung beruht auf vergleichsweise restriktiven Prämissen. Auch handelt es sich um ein rein endogenes Modell, eigene Marketingmaßnahmen oder Konkurrenzeinflüsse werden nicht berücksichtigt. Damit bleibt seine Anwendung auf Entwicklungsprognosen beschränkt. Es ist jedoch möglich, das Modell dahingehend zu erweitern, dass:

– stochastische Prozesse höherer Ordnung berücksichtigt werden, d. h. bei der Ermittlung der Übergangswahrscheinlichkeiten mehr als eine Periode berücksichtigt wird (vgl. z. B. Hanke/Opitz 1996);
– von einer heterogenen Käuferschaft ausgegangen wird, indem das Markenwahlverhalten unterschiedlicher Marktsegmente berücksichtigt und anschließend über alle Marktsegmente aggregiert wird;
– eine zahlenmäßig variable Käuferschaft zu Grunde gelegt wird (vgl. Trilck 1976, S. 143 ff.).

4.3.2 Parfitt-Collins-Modell

Das Parfitt-Collins-Modell (vgl. Parfitt/Collins 1968) hat in der Praxis breite Anwendung für Neuproduktprognosen gefunden, da sich die Inputdaten des Modells ausschließlich aus Paneldaten gewinnen lassen. Das Grundprinzip des Parfitt-Collins-Modells beruht auf folgender Überlegung (vgl. auch Hammann/Erichson 2000, S. 465 ff.; Pepels 1995, S. 422 f.):

Bei Einführung eines neuen Produkts lässt sich dessen Marktanteil m wie folgt aufspalten:

$$m = m^E + m^W$$

mit m^E = Erstkaufanteil
m^W = Wiederkaufanteil.

Eine dauerhafte Marktdurchdringung der Produktinnovation ist nur dann möglich, wenn der Wiederkaufanteil ausreichend groß ist. Langfristig kann der Erstkaufanteil vernachlässigt werden, d. h. der langfristige Marktanteil entspricht annähernd dem Wiederkaufanteil. Dabei gilt:

$$m = P \cdot W \cdot Q.$$

Die Variablen P, W und Q sind die Grenzwerte folgender Variablen:
P_t = Penetration (Erstkäuferrate) in t,
W_s = Wiederkaufrate (Bedarfsdeckungsrate) in der Periode s nach dem erfolgten Erstkauf,
Q_t = Kaufindex (relative Kaufintensität in t).

Die *Penetration* P_t (Käuferreichweite) errechnet sich als Zahl der Abnehmer, welche das neue Produkt mindestens einmal gekauft haben (N(t)), bezogen auf das Sättigungsniveau, d. h. die maximale Anzahl an Abnehmern $(\overline{N})$:

$$P_t = \frac{N(t)}{\overline{N}}.$$

Mit fortschreitendem Diffusionsprozess wird die Zahl der Erstkäufer vernachlässigbar, der Absatz wird von den Wiederkäufern getragen. Die *Wiederkaufrate* W_s bezeichnet den Anteil der Kaufmenge des neuen Produkts an der Kaufmenge aller Marken in der Produktklasse, die von den Erstkäufern des neuen Produkts in der Periode s nach ihrem Erstkauf (Adoptionszeitpunkt) gekauft wurde. Der Index s gibt also an, welche individuelle Zeitspanne zwischen dem Erstkauf und dem Wiederkauf der betreffenden Person vergangen ist. Die Wiederkaufrate wird durch Aggregation über alle Erstkäufer gebildet.

Beispiel 4.9:

Das Unternehmen Leckerei führt im Zeitpunkt t = 0 einen neuen Fruchtaufstrich auf den Markt ein. Eine Panelerhebung führt zu folgenden Daten (die oberen Werte in den Zellen bezeichnen die Käufe des neuen Produkts, die unteren Werte die Käufe in der Produktklasse insgesamt).

Periode s nach Erstkauf	Periode t nach Einführung			Wiederkaufraten W_s
	1	2	3	
1	5 / 40	4 / 35	4 / 25	$\frac{13}{100} = 13\%$
2		6 / 35	4 / 45	$\frac{10}{80} = 12{,}5\%$
3			3 / 25	$\frac{3}{25} = 12\%$

Beispielsweise haben die Erstkäufer von Periode t = 1 in der ersten Periode nach dem Erstkauf (s = 1) 40 Käufe in der Produktklasse getätigt, wovon 5 auf das neue Produkt entfallen. In der zweiten Periode nach dem Erstkauf entfallen von den 35 Käufen in der Produktklasse 6 auf das neue Produkt, usw. Die Wiederkaufrate resultiert als Summe der Werte der oberen Zeilen dividiert durch die Summe der Werte der unteren Zeile.

Schließlich errechnet sich der Kaufindex Q_t (relative Kaufintensität) wie folgt:

$$Q_t = \frac{\text{Durchschnittliche Kaufmenge des Produkts pro Käufer und Zeiteinheit}}{\text{Durchschnittliche Kaufmenge der Produktklasse pro Käufer und Zeiteinheit}},$$

d. h. die Kaufintensität des Neuprodukts wird auf die Kaufintensität der Produktklasse bezogen.

Im Gleichgewichtszustand hat die Penetration ihren oberen Grenzwert erreicht, und es treten keine weiteren Erstkäufer mehr auf. Bei einer langfristig erreichbaren Penetration von 50 %, einer langfristig erreichbaren Wiederkaufrate von 10 % und einem Intensitätsfaktor Q von 1,1 würde demnach folgender langfristiger Marktanteil resultieren:

$$m = 0{,}5 \cdot 0{,}1 \cdot 1{,}1 = 6{,}6\%.$$

Die langfristige Entwicklung der Penetration und der Wiederkaufrate können auf der Grundlage der Zeitreihen der aus Paneldaten errechneten Werte regressionsanalytisch ermittelt werden. Für die Entwicklung der Penetration wird dabei eine Exponentialfunktion der Form

$$P_t = a - b \cdot e^{-c \cdot t},$$

für die Entwicklung der Wiederkaufrate eine Hyperbelfunktion der Form

$$W_s = \alpha + \frac{\beta}{\gamma + s}$$

zu Grunde gelegt (vgl. Shoemaker/Staelin 1976). Das Modell kann dahingehend erweitert werden, dass eine Segmentierung der Erstkäufer nach dem Erstkaufzeitpunkt vorgenommen wird.

Vorteilhaft am Modell ist seine einfache Umsetzung in die Praxis, da sämtliche Inputdaten aus Panelerhebungen gewonnen werden können. Als *nachteilig* erweist sich die Tatsache, dass das Modell – wie auch vorab das Markov-Modell – rein endogener Natur ist.

5. Projektionsverfahren

Bei Projektionsverfahren handelt es sich um qualitative Prognoseverfahren langfristiger Natur, die auf der Grundlage von Expertenurteilen erstellt werden. Im Folgenden werden die Szenario-Analyse, die Cross-Impact-Analyse und Früherkennungssysteme dargestellt.

5.1. Szenario-Analyse

Im Gegensatz zu herkömmlichen Prognoseverfahren wird im Rahmen der *Szenario-Analyse* keine eindimensionale Vorhersage, sondern ein mehrdimensionales Spektrum alternativer Umweltentwicklungen erstellt (Szenarien). Grundlage für die Szenario-Erstellung sind dabei Expertenbefragungen (zur Szenario-Technik vgl. ausführlich z. B. Reibnitz 1987; Geschka/Hammer 1986; Götze 1991).

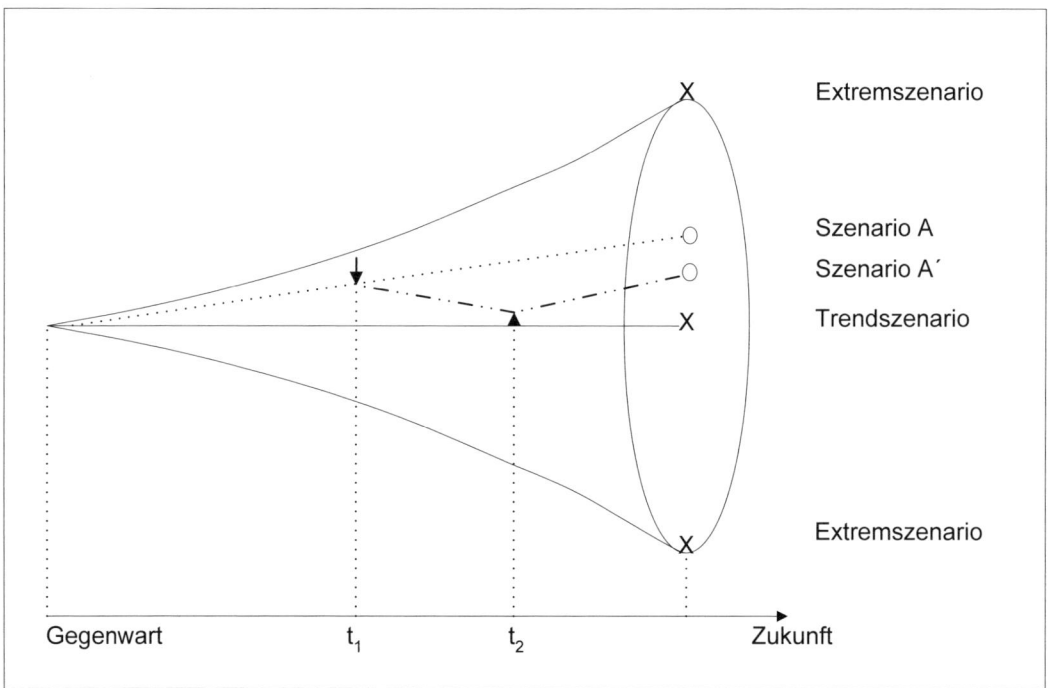

Quelle: Bea/Haas 2005, S. 289.
Abb. 4.17: Szenario-Analyse

Abb. 4.17 zeigt grafisch alternative Szenarien. Der sich öffnende Trichter symbolisiert alle denkbaren Umweltentwicklungen, wobei sich die möglichen Szenarien im Zeitablauf immer stärker auseinander entwickeln. Im Zentrum des Trichters befindet sich ein Trendszenario, das die bisherige Entwicklung fortschreibt (z. B. mit Hilfe der Trendextrapolation). Begrenzt wird das Spektrum möglicher Entwicklungen durch sogenannte Extremszenarien. Szenario A repräsentiert eine denkbare störungsfreie Entwicklung; bei Szenario A´ wird hingegen berücksichtigt, dass im Zeitpunkt t_1 ein Störereignis eintreten kann, auf welches in t_2 mit Gegenmaßnahmen reagiert wird, um die Entwicklung in die alte Richtung zu korrigieren.

Eine Szenario-Erstellung vollzieht sich in mehreren Phasen, welche grob in
– Analyse,
– Projektion und
– Auswertung unterteilt werden können (vgl. Abbildung 4.18).

Phasen	Teilaufgaben
(1) Analyse	• Abgrenzung des Untersuchungsgegenstands (sachlich, zeitlich, räumlich) • Umfeldanalyse: Identifizierung, Strukturierung, Bewertung der wichtigsten Einflussbereiche auf das Untersuchungsfeld (z. B. gesamtwirtschaftliche, technologische, politische Umwelt)
(2) Projektion	• Erfassung aller wichtigen Einflussfaktoren (Deskriptoren) der relevanten Umfelder (z. B. Entwicklung des BIP für die gesamtwirtschaftliche Entwicklung) • Ermittlung von Ist-Werten und Prognose der Entwicklung der einzelnen Deskriptoren • Bildung konsistenter Annahmenbündel für sog. kritische Deskriptoren, welche sich nicht mit einwertigen Prognosen erfassen lassen • Ergänzung der gebildeten Annahmenbündel durch die Trends der unkritischen Deskriptoren und Zusammenfassung zu Szenarien • Störfallanalyse (Analyse der Auswirkungen möglicher Störereignisse auf die Szenarien und ggf. Modifikation/Ergänzung der bisherigen Szenarien)
(3) Auswertung	• Analyse der Konsequenzen der ermittelten Szenarien auf den Untersuchungsgegenstand • Entwicklung von Maßnahmen für alternative Szenarien

Quelle: Fantapié Altobelli 1998, S. 349.
Abb. 4.18: Phasen der Szenarioerstellung

Die verschiedenen bislang entwickelten Szenario-Ansätze unterscheiden sich insbesondere im Hinblick auf die bei der Szenario-Erstellung angewandte Methode: Sie reichen von rein verbalen Ansätzen bis hin zu anspruchsvollen Konzepten auf der Grundlage mathematischer Methoden wie z.B. der *Cross-Impact-Analyse* (vgl. Abschn. 5.2).

Vorteilhaft an der Szenario-Analyse ist die Berücksichtigung mehrerer Einflussfaktoren auf den Prognosegegenstand; auch wird das Prognoseproblem systematisch durchdacht, eine Einbeziehung von Störereignissen ist ebenfalls möglich. *Problematisch* ist jedoch zum einen die Notwendigkeit der Abgrenzung der relevanten Umwelt zur Reduktion der Komplexität, da hierdurch Bereiche ausgeklammert werden, deren Relevanz evtl. erst zu einem späteren Zeitpunkt erkannt wird. Zum anderen erfordert die Szenario-Analyse eine hohe Qualifikation der beteiligten Personen, u.a. im Hinblick auf Kreativität und vernetztes Denken. Des Weiteren ist das Top-Management an der Szenario-Erstellung zu beteiligen, um Akzeptanzprobleme zu vermeiden (vgl. Bea/Haas 2005, S. 291 f.).

5.2 Cross-Impact-Analyse

Die „klassische" Form der Szenario-Analyse enthält keinerlei Aussagen über die Eintritts-wahrscheinlichkeiten der einzelnen Deskriptoren bzw. der daraus gebildeten Szenarien. Eine Erweiterung erfährt die Szenario-Analyse durch die *Cross-Impact-Analyse*, welche mittlerweile auch den Standard in der strategischen Planung darstellt (zur Cross-Impact-Analyse vgl. ausführlich Gordon/Hayward 1968 sowie Alarcón/Ashley 1998).

Die Cross-Impact-Analyse versucht, die Zusammenhänge zwischen den unterschiedlichen Deskriptorausprägungen darzustellen, zu analysieren und deren gegenseitigen Auswirkungen zu erfassen. Sie stellt also eine Technik dar, welche Verknüpfungen von Ereignissen explizit berücksichtigt. Das Verfahren beruht darauf, dass die Wahrscheinlichkeit, dass ein bestimmtes Ereignis zu Stande kommt, vom Eintritt bzw. Nichteintritt eines anderen Ereignisses beeinflusst wird. Sie vollzieht sich dabei in folgenden *Schritten*:

− Ermittlung der zu berücksichtigenden Ereignisse;
− Schätzung der (unbedingten) Eintrittswahrscheinlichkeiten der einzelnen Ereignisse,
− Schätzung der Impacts aller betrachteten Ereignisse auf die übrigen Ereignisse,
− Berechnung der bedingten Eintrittswahrscheinlichkeiten der Ereignisse.

Der erste Schritt einer Cross-Impact-Analyse besteht in der *Ermittlung der zu berücksichtigenden Ereignisse*. Von der geeigneten Wahl der Ereignisse hängt der Erfolg der Analyse ab, da relevante Ereignisse, die nicht berücksichtigt werden, das Ergebnis verfälschen; andererseits führt eine zu hohe Anzahl an Ereignissen zu einer zu hohen Komplexität. In der Praxis werden meist 10 − 40 Ereignisse einbezogen.

In einem weiteren Schritt werden für die einzelnen Ereignisse *Eintrittswahrscheinlichkeiten* geschätzt (zu den verschiedenen Ansätzen der Wahrscheinlichkeitsschätzung vgl. z. B. Berndt 1996, S. 293 ff.). Die Ereignisse werden dabei zunächst isoliert betrachtet, d. h. es werden die unbedingten Eintrittswahrscheinlichkeiten geschätzt. Der nächste Schritt besteht in der *Berechnung der Impacts*. Die Ereignisse werden zunächst in Matrixform angeordnet; anschließend wird für jedes Ereignispaar i,j geschätzt, inwieweit Ereignis i einen positiven, neutralen oder negativen Einfluss auf Ereignis j ausübt (Impacts). Die Impacts werden als ganze Zahlenwerte, i. d. R. im Intervall [- 3; + 3] angegeben. Der Betrag des Impacts gibt dabei die Stärke dessen Einflusses auf ein anderes Ereignis an, wohingegen das Vorzeichen die Richtung des Einflusses aufzeigt. Ein Impact von Ereignis 2 auf Ereignis 1 in Höhe von −2 führt z. B. zu einer Abschwächung der ursprünglichen Eintrittswahrscheinlichkeit von Ereignis 1.

Auf der Grundlage eines mathematischen Algorithmus können unter Anwendung eines Simulationsprogramms in einem weiteren Schritt die *bedingten Wahrscheinlichkeiten* für das Eintreten eines Ereignisses i für den Fall, dass Ereignis j eintritt, bestimmt werden. Die ursprünglichen Ausgangswahrscheinlichkeiten werden also unter Berücksichtigung der geschätzten Impacts korrigiert. Abb. 4.19 zeigt ein Beispiel für das Ergebnis einer Cross-Impact-Analyse. Abb. 4.19 lässt die folgende Interpretation zu: Ereignis 1 hat − isoliert gesehen − eine Eintrittswahrscheinlichkeit von 0,6. Tritt jedoch Ereignis 3 ein, so reduziert sich die Eintrittswahrscheinlichkeit von Ereignis 1 auf 0,2.

Wenn dieses Ereignis eintritt ...	...verändert sich die Eintrittswahrscheinlichkeit von ...				
	Ausgangs-wahrschein-lichkeit	Ereignis 1	Ereignis 2	Ereignis 3	Ereignis 4
Ereignis 1	0,20		0,70	0,40	0,20
Ereignis 2	0,60	0,50		0,20	0,40
Ereignis 3	0,30	0,15	0,40		0,10
Ereignis 4	0,20	0,30	0,10	0,50	

Abb. 4.19: Ausgangswahrscheinlichkeiten und bedingte Eintrittswahrscheinlichkeiten als Ergebnis einer Cross-Impact-Analyse

Die Cross-Impact-Analyse hat in der strategischen Planung mittlerweile eine weite Verbreitung gefunden, unterstützt durch die Entwicklung geeigneter Softwareprodukte wie z. B. Szeno-Plan von Sinus Software und Consulting GmbH. Als *kritisch* ist Folgendes anzumerken:

- Das Verfahren enthält starke subjektive Elemente (Auswahl der Einflussfaktoren, Schätzung der Ausgangswahrscheinlichkeiten und der Impacts).
- Es werden lediglich Ereignispaare betrachtet; in der Realität kann ein Ereignis jedoch von mehreren Entwicklungen beeinflusst werden.
- Das Sammeln, Auswerten und Interpretieren der Daten kann – trotz leistungsfähiger Software-Tools – sehr zeitaufwändig sein.

Vorteilhaft sind die explizite Auseinandersetzung mit den Wirkungszusammenhängen der verschiedenen Ereignisse und die Quantifizierung der ansonsten eher diffusen Szenarien. Nachfolgend wird ein Beispiel für die Anwendung der Cross-Impact-Analyse bei der Szenarioerstellung aus der Praxis beschrieben.

Beispiel 4.10:

23.08.2002 – (idw) Akademie für Technikfolgenabschätzung in Baden-Württemberg

Der Strompreis in Deutschland wird bis zum Jahr 2010 um mindestens zehn Prozent steigen. Gleichzeitig soll sich der Ausstoß des klimaschädlichen Gases Kohlendioxid bis 2010 im Strombereich um mindestens zehn Prozent gegenüber den Werten von 2000 vermindern. Zu diesen Feststellungen kommt eine aktuelle Studie der Akademie für Technikfolgenabschätzung in Baden-Württemberg (TA-Akademie), an der zehn namhafte Wissenschaftler aus dem Energiebereich mitgewirkt haben. In dieser werden die Auswirkungen der Liberalisierung des deutschen Strommarktes bis zum Jahr 2010 untersucht.

Einig waren sich die Experten in der Annahme, dass in den kommenden Jahren auf jeden Fall weitere Anstrengungen im Klimaschutz unternommen werden. „Um die energiepolitischen Ziele hinsichtlich Klimaschutz und Umweltverträglichkeit durchzusetzen, sind im liberalisierten Markt weiterhin staatliche Regulierungen erforderlich", so Georg Förster, wissenschaftlicher Mitarbeiter der TA-Akademie und Autor der Studie. „Die Preise werden sich dadurch in jedem Fall weiter erhöhen, unabhängig davon, ob der Klimaschutz im nationalen Alleingang oder durch Maßnahmen auf europäischer Ebene realisiert wird". Der Strommarkt ist derzeit bundesweit für rund ein Drittel des klimaschädlichen Treibhausgases Kohlendioxid verantwortlich, die anderen zwei Drittel stammen vor allem aus der Wärmeerzeugung und dem Verkehrsbereich.

Die Studie der TA-Akademie wurde mit Hilfe der Cross-Impact-Analyse, einem von der TA-Akademie fortentwickelten innovativen Szenarioverfahren aus der Strategieplanung durchgeführt, in dessen Rahmen die beteiligten Wissenschaftler insgesamt vier Zukunftsszenarien entworfen haben, wie sich der Strommarkt bis zum Jahr 2010 auf der Basis der derzeitigen Energiepolitik zum Klimaschutz und zur Ressourcenschonung entwickeln wird. Die einzelnen Modelle unterscheiden sich jedoch hinsichtlich der staatlichen Eingriffstiefe, der Stromversorgung (Preise, Emissionen, Kraftwerkspark) und dem Verbraucherverhalten.

Szenario 1, „Europäische Harmonisierung und geringes ökologisches Marktagieren auf der Verbraucherseite", geht davon aus, dass sich bis zum Jahr 2010 eine EU-weite Gesetzgebung zur Förderung der Energieerzeugung aus regenerativen Energiequellen sowie der Kraft-Wärme-Kopplung etabliert hat. Darüber hinaus wird EU-weit ein Instrument zur CO_2-Reduktion eingerichtet (Emissions-Zertifikatshandel oder CO_2-Steuer). Auf Grund der geringen staatlichen Eingriffstiefe ist hier mit den geringsten volkswirtschaftlichen Mehrkosten zu rechnen, so dass die Strompreise schwächer ansteigen, allerdings mindestens um zehn Prozent. Entsprechend fällt die Minderung der CO_2-Emissionen am geringsten von allen Szenarien aus, reduziert sich jedoch ebenfalls um mindestens zehn Prozent.

Im Szenario 2, „Europäische Harmonisierung und ökologisch orientiertes Marktagieren durch verstärktes privates Umwelthandeln", werden ähnliche Voraussetzungen wie im Szenario eins angenommen. Zusätzlich wird jedoch diese Modellrechnung mit der Annahme verknüpft, dass die Verbraucher zunehmend Strom einsparen und energieeffiziente Geräte kaufen. Deshalb steigt der Stromimportsaldo geringer an als in Szenario 1, der CO_2-Ausstoß reduziert sich bis 2010 um mehr als zehn Prozent gegenüber dem Jahr 2000. Der Gasanteil steigt von derzeit rund acht Prozent auf über 15 Prozent, der Strompreis steigt real gegenüber dem Jahr 2000 um mehr als zehn Prozent.

Szenario 3, „Nationale Instrumente und zusätzliche staatliche Maßnahmen im Bereich der Stromeffizienz", geht davon aus, dass keine EU-weite Harmonisierung des Strommarktes stattfindet, sondern die Politik auf nationaler Ebene besondere energie- und umweltpolitische Maßnahmen ergreift. Darüber hinaus werden weitere politische Maßnahmen zur Steigerung der Stromeffizienz umgesetzt, die private Ökostromnachfrage bleibt weiterhin gering. Diese staatlichen Eingriffe bewirken volkswirtschaftliche Mehrkosten für die Stromversorgung, die deutlich über denen in Szenario eins und zwei liegen. Die Verbraucher müssten danach im Jahr 2010 deutlich mehr als 10 % für ihren Strom bezahlen, gleichzeitig hätte dies zur Folge, dass das Einsparverhalten in Haushalten und die Effizienzsteigerung in der Industrie intensiviert würden. Der Kohlendioxidausstoß würde deutlich über 10 Prozent sinken.

Im Szenario 4, „Nationale Instrumente und starkes ökologisch orientiertes Marktagieren auf der Verbraucherseite", findet ebenfalls keine EU-weite Harmonisierung statt. Die Politik auf nationaler Ebene ergreift besondere energie- und umweltpolitische Maßnahmen. Zur Steigerung der Stromeffizienz wird in erster Linie auf Lenkungseffekte durch einen steigenden Steueranteil an den Strompreisen gesetzt. Gleichzeitig wird davon ausgegangen, dass sich auf der Verbraucherseite ein verstärktes ökologisches Handeln durchsetzt. Von den vier Szenarien ist dieses das eingriffstärkste, weil zu den nationalen Maßnahmen für die Förderung der Energiezeugung aus regenerativen Energiequellen sowie der Kraft-Wärme-Kopplung und der Reduktion der CO_2-Emissionen noch eine Erhöhung des relativen Steueranteils an den Strompreisen hinzukäme. Infolge dessen würden die Strompreise gegenüber dem Jahr 2000 um wesentlich mehr als 10% ansteigen. Die vergleichsweise größte CO_2-Reduktion wird insbesondere durch das stärkere Einsparverhalten im privaten Bereich und eine stärkere Stromeffizienz in der Industrie hervorgerufen.

„Für alle vier Szenarien gilt auch, dass der Stromimport steigen wird, allerdings bis maximal fünf Prozent. Der Anteil von Gas am Energiemix wird ebenfalls zunehmen, auch dezentrale Kraftwerke sind definitiv weiter im Kommen", so Georg Förster. Modellrechnungen zeigen, dass sich die Deutschland-Szenarien weitgehend auf Baden-Württemberg übertragen lassen. Hier haben die Forscher außerdem die volkswirtschaftlichen Mehrkosten für die Strombereitstellung genauer beziffert: Sie reichen von 110 Millionen Euro für Szenario 1 bis 170 Millionen Euro für Szenario 4, aufsummiert bis zum Jahr 2010.

Quelle: o.V. 2002.

5.3 Früherkennungssysteme

Früherkennungssysteme (FES) sind spezielle Informationssysteme, deren Ziel die möglichst frühzeitige Erkennung, Diagnose und Weitergabe von führungsrelevantem Wissen ist (vgl. Bea/Haas 2005, S. 293). *Früherkennungssysteme der 1. Generation* (etwa zu Beginn der 70er Jahre) basierten auf dem traditionellen Rechnungswesen. Kern solcher FES waren Kennzahlensysteme, welche Abweichungen zwischen Ist-Größen bzw. hochgerechneten Wird-Größen und Plan-Größen erfassten (vgl. Bea/Haas 2005, S. 294). Dem Vorteil der vergleichsweisen Einfachheit der Anwendung steht jedoch der Nachteil gegenüber, dass sie für die Vorhersage langfristiger Umweltentwicklungen zuwenig Anhaltspunkte liefern, insbesondere für ein Management strategischer Überraschungen.

Früherkennungssysteme der 2. Generation beruhen auf der Indikatormethode. Im einzelnen umfassen sie folgende Schritte (vgl. Schmidt 1994, S. 75 ff.; Hahn/Krystek 1979, S. 80 ff.):
– Definition und Abgrenzung von Beobachtungsbereichen,
– Identifikation und Auswahl von Indikatoren mit guten Frühwarneigenschaften,
– Ermittlung von Soll-Werten und Toleranzgrenzen für die einzelnen Indikatoren,
– Erhebung der Ausprägungen der Indikatoren,
– Auswertung und Verarbeitung der Ergebnisse.

Problematisch an FES der 2. Generation ist zum einen die Auswahl von Beobachtungsfeldern und Indikatoren; dadurch wird das Untersuchungsfeld unter Umständen viel zu stark eingegrenzt. Des Weiteren ist die Vorab-Festellung von Toleranzbereichen schwierig; auch dominieren in der Praxis – wie bei FES der 1. Generation – quantitative Einflussgrößen (vgl. Bea/Haas 2005, S. 296 f.).

Früherkennungssysteme der 3. Generation weisen eine verstärkte strategische Ausrichtung auf; Ziel ist die Entwicklung eines „strategischen Radars", durch welches die Unternehmensumwelt (und das Unternehmen selbst) permanent auf Anzeichen von Veränderungen hin überwacht werden; dies soll durch rechtzeitige Aufnahme und Verarbeitung sogenannter „schwacher Signale" erfolgen, welche solche Veränderungen frühzeitig ankündigen. Grundlegend für FES der 3. Generation ist dabei das von Ansoff entwickelte *Konzept der schwachen Signale* (vgl. Ansoff 1981), welches auf folgenden Überlegungen basiert:
– Strategische Überraschungen kündigen sich durch schwache Signale an.
– Schwache Signale müssen erkannt und verarbeitet werden.
– Auf schwache Signale ist mit abgestuften strategischen Reaktionen zu reagieren.

Eine *strategische Überraschung (Diskontinuität)* ist eine plötzliche, unvorhergesehene Veränderung der Unternehmensperspektive, welche eine Bedrohung oder Chance darstellen kann. Solche Diskontinuitäten werden i. d. R. durch schwache Signale angekündigt, welche Indikatorcharakter aufweisen und meist qualitativer Natur sind. Gelingt es, solche schwachen Signale frühzeitig zu erkennen und zu verarbeiten, kann Zeit gewonnen werden, um potentielle Bedrohungen abzuwehren oder Chancen zu nutzen. Die wahrgenommenen Signale sind dabei umso schwächer, je frühzeitiger das Signal beobachtet wird. Ansoff (1981, S. 238 ff.) unterscheidet dabei fünf *Ungewissheitsgrade*:

– Anzeichen der Bedrohung oder Chance: Der Informationsstand ist noch sehr vage, die Quelle der Bedrohung ist noch unbekannt.

– Ursachen der Bedrohung oder Chance: Die Bedrohung selbst ist noch nicht bekannt, wohl aber deren Quelle.

– Konkrete Bedrohung oder Chance: Die Merkmale der Bedrohung oder Chance wie auch Art, Ausmaß und Zeitpunkt der Wirkung sind bekannt; konkrete Maßnahmen können jedoch noch nicht eingeleitet werden.

– Konkrete Reaktion: Es können erste Reaktionen stattfinden, deren Wirkungen können jedoch noch nicht exakt prognostiziert werden.

– Konkretes Ergebnis: Eine Abschätzung der konkreten Folgen der strategischen Überraschung auf den Gewinn sowie Wirkungsprognosen bezüglich der Reaktionen sind möglich.

In Abhängigkeit vom Ungewissheitsgrad der strategischen Überraschung sind abgestufte *Reaktionsstrategien* einzusetzen. Ansoff unterscheidet dabei (Ansoff 1981, S. 242 ff.):

– Strategie der Selbstwahrnehmung (Prüfung kritischer Ressourcen, Stärken-Schwächen-Analyse, Kennzahlenanalyse u. a.);

– Strategie der Umweltwahrnehmung (Umweltanalyse und -prognose, Einsatz von FES);

– Strategie der internen Flexibilität (Schaffung von Reaktionsbereitschaft beim Management und im Realgüterprozess, flexible Planung, Bereitstellung flexibler Kapazitäten);

– Strategie der externen Flexibilität (Positionierung des Unternehmens zur Sicherung einer langfristig angemessenen Rentabilität, ausreichende Diversifikation zu Risikostreuung);

– Strategie der unternehmensinternen Bereitschaft (Anpassung von Leistungspotential, Struktur und Ressourcen des Unternehmens an die Erfordernisse der Bedrohung oder Chance);

– Strategie des externen Handelns (konkrete Wahl der Strategie, ihre taktisch-operative Umsetzung und Realisation).

Der Zusammenhang zwischen Ungewissheitsgrad und Reaktionsstrategie ist aus Abbildung 4.20 ersichtlich.

Positiv am Konzept der schwachen Signale ist die Tatsache, dass die Notwendigkeit herausgestellt wird, künftige Umweltentwicklungen zu antizipieren und ihnen bereits in einem frühen Stadium zu begegnen. Als *problematisch* erweist sich, dass eine genaue allgemeine Charakterisierung schwacher Signale nicht möglich ist; auch deren Erfassung, Operationalisierung und Bewertung ist mit Schwierigkeiten verbunden. Die Implementierung des Konzepts im Sinne eines Diskontinuitätenmanagements ist ebenfalls nicht ganz unproblematisch (ein diesbezüglicher Ansatz findet sich bei Bea/Haas 2005, S. 306 ff.).

Reaktionsstrategie \ Ungewissheitsgrade	(1) Anzeichen der Bedrohung oder Chance	(2) Ursache der Bedrohung oder Chance	(3) konkrete Bedrohung oder Chance	(4) konkrete Reaktion	(5) konkretes Ergebnis
Umweltwahrnehmung, Selbstwahrnehmung	▓	▓	▓	▓	▓
interne Flexibilität	▓	▓	▓	▓	▓
externe Flexibilität		▓	▓	▓	▓
unternehmensinterne Bereitschaft			▓	▓	▓
direktes Handeln				▓	▓

Quelle: Ansoff 1981, S. 248.
Abb. 4.20: Reaktionsstrategien bei unterschiedlichen Graden der Ungewissheit

6.   Messung der Prognosegüte

Die Beurteilung von Prognoseverfahren i. S. einer Validierung des Prognosemodells kann sowohl ex ante, also vor deren Einsatz, als auch ex post, d. h. nach erfolgter Anwendung, vorgenommen werden.

6.1   Ex-ante-Messung

Ex ante sind zunächst allgemeine Überlegungen zur Validität des Modells anzustellen (vgl. Sander 2004, S. 284):
- grundsätzliche Eignung des Prognoseverfahrens (im Hinblick auf den Informationsstand, den Prognosezeitraum etc.);
- Güte des Prognosemodells (ob z. B. sämtliche relevanten Variablen einbezogen wurden);
- Qualität der in das Prognosemodell eingehenden Daten (z. B. Zuverlässigkeit der Datenquelle, Aktualität etc.).

Die Validierung eines Prognosemodells kann dabei nach den folgenden Ansatzpunkten erfolgen:
- historische Validierung,
- Validierung durch Vorhersage,
- Face-Validierung.

Die *historische Validierung* ist nichts anderes als eine Ex-post-Prognose, bei der die Outputzeitreihen des Modells nachträglich mit den empirischen Zeitreihen verglichen werden (vgl. Amstutz 1972, S. 570). Als Maß für die Übereinstimmung werden am häufigsten der Standardfehler und das Bestimmtheitsmaß verwendet (vgl. Abschn. 6.2). Diese Maße werden auch zum Vergleich der deskriptiven Fähigkeiten alternativer Modelle herangezogen; dadurch kann ermittelt werden, welches der zur Auswahl stehenden Prognosemodelle die zu prognostizierende(n) Variable(n) am genauesten abbildet. Als *kritisch* ist bei dieser Methode anzumerken, dass das Modell mit der besseren Anpassung in der Vergangenheit nicht zwangsläufig die besten Prognosen liefert. Eine gute Anpassung in der Vergangenheit ist schon deshalb keine Gewähr für gute Prognosen in der Zukunft, weil sich die Umweltbedingungen, auf denen die Modellannahmen basieren, im Zeitablauf verändern können; dadurch verliert das Modell seine Aktualität (vgl. Schmalen 1979, S. 102). Auch ist die Anwendung des Verfahrens auf quantitative Prognosen beschränkt.

Die *Validierung durch Vorhersage* erfolgt bei der laufenden Anwendung eines Prognosemodells. Konnte das Modell die Entwicklung der Prognosevariable über einen längeren Zeitraum hinweg hinreichend genau prognostizieren, wird das Modell als valide akzeptiert. Anders als bei der historischen Validierung erfolgt die Überprüfung des Modells im Rahmen einer Ex-ante-Prognose.

Eine für das Testen von Modellen zweckmäßigere und in der Praxis oft angewandte Variante dieses Verfahrens besteht in der Erzeugung „künstlicher" Ex-ante-Prognosen (vgl. z. B. Heeler/Hustad 1980, S. 1009 ff.). Zunächst wird das Modell unter Heranziehung des gesamten Datenmaterials für die T Beobachtungsperioden parametrisiert und im Rahmen einer Ex-post-Prognose validiert. Das Datenmaterial wird dann reduziert, es werden also lediglich die Beobachtungswerte der ersten k Perioden, k < T, herangezogen. Das Modell wird dann mit der reduzierten Datenbasis erneut parametrisiert. Auf der Grundlage des „neuen" Modells werden schließlich Prognosen für t_{k+1}, $t_{k+2}, \ldots, t_T$ erstellt und mit den entsprechenden Beobachtungswerten verglichen. Ergeben sich signifikante Abweichungen, so ist die Prognosefähigkeit des Modells zu verneinen.

Diese Vorgehensweise bietet auch die Möglichkeit, den für eine hinreichende Prognosegenauigkeit erforderlichen Umfang an Zeitreihendaten festzustellen. Ähnlich wie die historische Validierung ist auch die Validierung durch Vorhersage jedoch mit dem Problem behaftet, dass selbst laufend gute Prognoseergebnisse keine Gewähr für die künftige Prognosequalität leisten.

Face-Validität (Augenscheinvalidität) besitzt ein Modell dann, wenn die Modellergebnisse sachkundigen Personen als plausibel erscheinen (vgl. Klenger/Krautter 1972, S. 126). Beispielsweise kann der Marketingabteilung die Modellprognose für die Anzahl der Erstkäufer in einer bestimmten Periode vorgelegt werden und danach gefragt werden, ob die Marketingexperten dieser Vorhersage zustimmen würden.

Bei Fehlen jeglicher Beobachtungswerte, mit denen die Modellergebnisse verglichen werden können, ist die Face-Validierung die einzige Möglichkeit, die Qualität eines Modells zu beurteilen. Freilich ist diese Vorgehensweise sehr subjektiv; auch können persönliche Einflüsse die Befragten u. U. dazu verleiten, die Modellergebnisse entgegen ihrer Überzeugung zu akzeptieren. Als Ergänzung zu den anderen Validierungsverfahren ist die Face-Validierung jedoch durchaus sinnvoll. Zudem kann die Face-Validierung auch bei qualitativen Prognoseverfahren eingesetzt werden.

6.2 Ex-post-Messung

Die Ex-post-Beurteilung von Prognoseverfahren beruht auf dem Vergleich zwischen den prognostizierten und den tatsächlich eingetretenen Prognosewerten, es handelt sich also um eine Prognosekontrolle. Im Allgemeinen erfolgt sie lediglich bei quantitativen Prognoseverfahren. Als Fehlermaß wird allgemein die Abweichung zwischen dem prognostizierten und dem tatsächlichen Wert zu Grunde gelegt:

$$e_t = x_t^* - x_t \; .$$

Damit sich positive und negative Abweichungen nicht kompensieren, werden als Fehlermaße verschiedene Ausprägungen der folgenden *Metrik* verwendet (vgl. Brockhoff 2005, S. 770):

$$F = \left(\sum_{t=1}^{T} S_t \left| x_t^* - x_t \right|^m \right)^{\frac{1}{m}}$$

mit

T = Prognosezeitraum der Vergangenheit, für welchen tatsächliche und prognostizierte Variablenwerte vorliegen,

S_t, m = Parameter (vgl. Abb. 4.21),

x_t^* = Prognosewert für die Periode t,

x_t = tatsächlicher Wert für die Periode t.

Abb. 4.21 zeigt einige gebräuchliche Fehlermaße. Am häufigsten werden die mittlere absolute Abweichung (Mean Absolute Deviation, MAD) und die mittlere quadratische Abweichung (Mean Square Error, MSE) herangezogen. In manchen Fällen sind jedoch relative Prognosemaße geeigneter (vgl. z. B. Schwarze 1973, S. 556; Theil 1965, S. 27 f.).

	$S_t = \dfrac{1}{T}$	$S_t = \dfrac{1}{x_t}$
m = 1	(1) Mean Absolute Deviation (MAD) $$F_1 = \frac{1}{T}\sum_{t=1}^{T} \left| x_t^* - x_t \right|$$	(2) Relative absolute Abweichung $$F_2 = \sum_{t=1}^{T} \frac{\left| x_t^* - x_t \right|}{x_t}$$
m = 2	(3) Mean Square Error (MSE) $$F_3 = \frac{1}{T}\sum_{t=1}^{T} \left(x_t^* - x_t \right)^2$$ (5) Root Mean Square Error $$F_5 = \sqrt{\frac{1}{T}\sum_{t=1}^{T} \left(x_t^* - x_t \right)^2}$$	(4) Relative quadratische Abweichung $$F_4 = \frac{\sum_{t=1}^{T} \left(x_t^* - x_t \right)^2}{\sum_{t=1}^{T} x_t^2}$$ (6) U-Koeffizient $$F_6 = \sqrt{\frac{\sum_{t=1}^{T} \left(x_t^* - x_t \right)^2}{\sum_{t=1}^{T} x_t^2}}$$
m = ∞	unüblich	(7) Maximale relative Abweichung $$F_7 = \max_t \frac{x_t^* - x_t}{x_t}$$

Quelle: In Anlehnung an Brockhoff 2005, S. 770.
Abb. 4.21: Gebräuchliche Fehlermaße zur Beurteilung der Prognosegüte

Abschließend sei noch darauf hingewiesen, dass die Prognosequalität durchaus verbessert werden kann, wenn verschiedene Prognosemethoden miteinander verknüpft werden (z. B. Korrektur quantitativer Prognosen durch Ergebnisse qualitativer Prognoseverfahren, u. a.).

7. Weiterführende Literatur

Brown, R. G. (1963): Smoothing, Forecasting and Prediction of Discrete Stationary Times Series, Englewood Cliffs 1963.

Dormayer, H. J., Lindlbauer, J. D. (1984): Sectoral Indicators by Use of Survey Data, in: Oppenländer, K. H., Poser, G. (Hrsg.): Leading Indicators and Business Cycle Surveys, Aldershot 1984, S. 467-484.

Häder, M., Häder, S. (1994): Die Grundlagen der Delphi-Methode. Ein Literaturbericht, ZUMA Arbeitsbericht Nr. 94/2, o. O. 1994.

Holt, C. C. (1957): Forecasting Seasonals and Trends by Exponentially Weighted Moving Averages, Office of Naval Research Memorandum, Pittsburgh 1957.

Horsky, D., Simon, L. (1983): Advertising and the Diffusion of New Products, in: Marketing Science, Vol. 2, No. 1 (Winter 1983), S. 1-17.

Johnston, J. (1963): Econometric Methods, New York u. a. 1963.

Lewandowski, R. (1974): Prognose- und Informationssysteme und ihre Anwendungen, Berlin 1974.

Makridakis, S., Wheelwright, S. C. (1989): Forecasting Methods for Management, 4. Aufl., New York u. a. 1989.

Robinson, B., Lakhani, C. (1975): Dynamic Price Models for New Product Planning, in: Management Science, Vol. 21 (1975), No. 10, S. 1113-1122.

Schneeweiß, H. (1990): Ökonometrie, 4. Aufl., Würzburg 1990.

Steffenhagen, H. (1978): Wirkungen absatzpolitischer Instrumente. Theorie und Messung der Marktreaktion, Stuttgart 1978.

Trigg, D. W. (1964): Monitoring a Forecasting System, in: Operational Research Quarterly, Vol. 15 (1964), S. 271-283.

Teil 5: Ausgewählte Anwendungen der Marktforschung

1. Produktforschung

1.1 Gegenstand der Produktforschung

Dauerhafte Wettbewerbsvorteile lassen sich nur dann erzielen, wenn das eigene Leistungsangebot den Bedürfnissen der Konsumenten begegnet. In Anbetracht der hohen Flopraten bei Produktneueinführungen – im Konsumgüterbereich bis zu 80 % – kommt der Produktforschung daher eine zentrale Rolle zu.

Im Rahmen von *Produktinnovationen* sind folgende generelle Zielsetzungen der Produktforschung zu nennen (vgl. Berekoven/Eckert/Ellenrieder 2004, S.162):
– Ermittlung von Produktalternativen bzw. Produktvarianten,
– Identifikation der besten Alternative aus einer Vielzahl von Produktvorschlägen,
– Ermittlung der optimalen Gestaltung einzelner Produktelemente (Name, Design etc.),
– Überprüfung eines Produkts in seiner Gesamtheit, um dessen Marktchancen beurteilen
  zu können.

Auch bereits auf dem Markt etablierte Produkte erfordern eine regelmäßige Überprüfung. Typische Zielsetzungen sind:
– Ursachenanalyse bei unerwarteten Marktanteilsverlusten,
– Überprüfung von Produkteigenschaften und Produktimage im Vergleich zu Konkurrenzprodukten,
– Überprüfung der Anmutung und der Marktchancen eines Produkts bei Veränderung einer oder mehrerer Produkteigenschaften.

Je nachdem, ob die Produktleistung oder die Durchsetzungsfähigkeit des Produkts am Markt untersucht werden, wird zwischen Produkttests und Testmarktuntersuchungen unterschieden.

1.2 Produkttests

1.2.1 Arten von Produkttests

Produkttests werden zur Überprüfung der Produktleistung herangezogen und lassen sich nach verschiedenen Kriterien unterscheiden (vgl. Abb. 5.1).

Testumfang

Allgemein kann ein Produkt als ein Bündel von Merkmalen charakterisiert werden, welche geeignet sind, eines oder mehrere Bedürfnisse von Konsumenten zu befriedigen. Solche Merkmale umfassen neben der Grundfunktion des Produkts weitere Eigenschaften wie Design, Verpackung, Marke, Preis, Handling usw. Wird das Produkt in seiner Gesamtheit getestet, spricht man von einem *Volltest*, anderenfalls von einem *Partialtest* (z. B. Verpackungstest, Namenstest).

Kriterium	Varianten
Testumfang	• Volltest • Partialtest
Form der Darbietung	• Blindtest • identifizierter Test • teilneutralisierter Test
Testdauer	• Kurzzeittest • Langzeittest
Testort	• Home-Use-Test (Feldtest) • Studiotest (Labortest)
Zahl der Testprodukte	• monadischer Test • nichtmonadischer Test
Testinhalt	• Eindruckstest • Präferenztest • Diskriminanztest • Deskriptionstest • Evaluationstest • Akzeptanztest

Abb. 5.1: Arten von Produkttests

Form der Darbietung

Nach der Form der Darbietung wird zwischen Blindtest und identifiziertem Test unterschieden. Im Rahmen eines *Blindtests* werden den Testpersonen Produkte vorgelegt, bei welchen möglichst alle visuellen Elemente (z. B. Markenname, Markenlogo, typische Farben oder Formen) entfernt wurden. Dadurch erhofft man sich eine möglichst objektive Meinung bzgl. der zu testenden Eigenschaften. Blindtests werden im Rahmen sensorischer Produktforschung eingesetzt, insb. für Nahrungsmittel, Alkoholika, Zigaretten u. a.

Im Rahmen eines *identifizierten Tests* werden einer Testperson die Produkte bewusst in markenüblicher Verpackung unter Offenlegung von Markenname und Markenlogo vorgelegt. Nicht selten weichen die Ergebnisse eines identifizierten Tests von denen eines Blindtests ab. Daraus wird die Bedeutung des Markenimage für die Produktbeurteilung deutlich.

Neben den beiden genannten Testvarianten gibt es noch zahlreiche weitere Versuchsanordnungen, welche zwischen dem Blindtest und dem identifizierten Test anzusiedeln sind. Bei diesen sogenannten *teilneutralisierten Tests* werden nicht alle, sondern nur einige wenige äußere Merkmale entfernt, um deren Wirkung im Hinblick auf Produktwahrnehmung und -beurteilung zu überprüfen. Darüber hinaus kann unterschieden werden in
– Substitutionstest und
– Eliminationstest.

Beim *Substitutionstest* werden einzelne Produktmerkmale sukzessive gegeneinander ausgetauscht, um die Kundenreaktionen auf die einzelnen Merkmale zu überprüfen. Hingegen werden beim *Eliminationstest* die verschiedenen Produktmerkmale nacheinander verdeckt. Das Produkt wird zunächst im Rahmen eines Volltests überprüft; anschließend werden sukzessive einzelne Produktkomponenten wie Marke, Packung, Preis etc. eliminiert, bis schließlich nur noch das anonymisierte Produkt mit ausschließlichem Grundnutzen verbleibt, d. h. der Test geht in einen Blindtest über. Erhält ein Produkt zu Beginn des Volltests z. B. noch 70% Zustimmung und später ohne Angabe der Marke 50%, so wird die Bedeutung des Markennamens und des Markenimages für die Produktbeurteilung deutlich.

Testdauer

Nach dem Zeitbedarf kann zwischen Kurzzeittest und Langzeittest unterschieden werden. *Kurzzeittests* versuchen, durch eine sehr kurze Konfrontation mit einem Produkt beim Probanden erste Eindrücke zu ermitteln. In der Regel werden Kurzzeittests in einem Studio durchgeführt. Hingegen werden die Testpersonen im Rahmen eines *Langzeittests* über einen längeren Zeitraum mit dem Produkt konfrontiert. Ziel ist hier nicht die Ermittlung erster spontaner Eindrücke wie beim Kurzzeittest, sondern die Produktbeurteilung nach wiederholtem Ge- bzw. Verbrauch. Aus diesem Grunde erfolgen Langzeittests typischerweise als Home-Use-Test. Gelegentlich werden Kurz- und Langzeittests im Rahmen eines sog. *Doppeltests* kombiniert (vgl. Berekoven/Eckert/Ellenrieder 2004, S. 164).

Testort

Nach dem Testort wird unterschieden zwischen Studiotest und Home-Use-Test. Bei einem *Studiotest* handelt es sich um ein Laborexperiment; die Probanden werden i. d. R. auf der Straße angesprochen und zur Mitarbeit eingeladen. Beliebte Testorte sind zentral gelegene Restaurants, Ausstellungsstände oder eigens dafür ausgestattete Fahrzeuge (Caravan-Test). Typischerweise erfolgt der Test in Form einer mündlichen Befragung oder aber als apparativ gestützte Beobachtung (z. B. Schnellgreifbühne; vgl. die Ausführungen in Abschn. 2.2.2.2.2 des 2. Teils). Bei einem *Home-Use-Test* handelt es sich um einen Feldtest. Die Testpersonen nehmen das Testprodukt mit nach Hause (bzw. das Produkt wird ihnen per Post zugeschickt) und können es dort in gewohnter häuslicher Atmosphäre verwenden und bewerten. Die Erhebung erfolgt typischerweise auf der Grundlage eines schriftlichen Fragebogens, welcher den Testpersonen zusammen mit dem Produkt zugesendet wird. Nach Ablauf des Tests schicken die Testpersonen den Fragebogen an das Marktforschungsinstitut zurück.

Gegenüber dem Studiotest mit einer künstlichen und häufig starren Atmosphäre stellt die häusliche Umgebung beim Home-Use-Test einen entscheidenden Vorteil dar, da die Testergebnisse aufgrund der Feldsituation realitätsnäher ist. Hinzu kommt die hohe Rücklaufquote, die bis zu 90% betragen kann. Nachteilig ist an dieser Testmethode die Tatsache, dass hinsichtlich des Testablaufs wie auch bezüglich des Ausfüllens des Fragebogens keinerlei Kontrollmöglichkeiten gegeben sind. So kann der Einfluss von Familienmitgliedern auf das Urteil des Probanden nicht ausgeschlossen werden; darüber hinaus ist nicht gewährleistet, dass der Fragebogen tatsächlich von der Testperson selbst ausgefüllt wird. Hinzu kommt, dass der Forscher nicht nachvollziehen kann, aufgrund welcher Erlebnisse mit dem Produkt die Testpersonen zu ihren Urteilen gekommen sind. Bei einem Studiotest ist die Situation hingegen kontrollierbar; zudem ist der Zeitaufwand geringer. Abb. 5.2 zeigt zusammenfassend die Vor- und Nachteile des Home-Use-Tests im Vergleich zum Studiotest.

Vorteile	Nachteile
• höhere Realitätsnähe auf Grund der Feldsituation • Stichprobenauswahl i. d. R. repräsentativ auf der Grundlage eines umfangreichen Adressenpools • hohe Rücklaufquote	• zeitaufwändig • keine Kontrolle des Testablaufs • keine Kontrolle der Fragebogenausfüllung • Ge- bzw. Verbrauch des Produkts nicht beobachtbar

Abb. 5.2: Vor und Nachteile des Home-Use-Tests im Vergleich zum Studiotest

Zahl der Testprodukte

Nach der Zahl der einbezogenen Testprodukte wird zwischen monadischem und nichtmonadischem Test unterschieden. Beim *monadischen Test* (Einzeltest, Solotest) wird der Testperson ein einziges Produkt (bzw. eine einzige Produktvariante) vorgelegt (vgl. Bauer 1981, S. 29). Der Test kann sowohl als Volltest als auch als Partialtest durchgeführt werden. Im Rahmen dieser Testanordnung hat der Proband keine Vergleichsmöglichkeiten zu anderen Produkten, sondern kann das Testobjekt lediglich anhand seiner Kenntnisse und Erfahrungen beurteilen. Der Einzeltest wird immer dann verwendet, wenn es sich um eine absolute Marktneuheit handelt und somit ein Vergleich mit Konkurrenzprodukten nicht vorgenommen werden kann. Gerade bei innovativen und technisch komplexen Gütern ist tatsächlich oftmals zunächst auch nur eine Variante der Produktneuheit verfügbar, sodass eine vergleichende Testanordnung von vornherein ausgeschlossen ist (vgl. Koppelmann 2001, S. 483).

Im Rahmen eines *nichtmonadischen Tests* (Mehrfachtest, Vergleichstest) werden den Testpersonen mindestens zwei Produkte bzw. Produktvarianten vorgelegt. Es kann sich dabei zum einen um unterschiedliche Varianten desselben Produkts handeln, um festzustellen, welche Eigenschaften bzw. Eigenschaftsausprägungen von den Probanden präferiert werden, oder aber es wird das eigene Produkt gegenüber Konkurrenzprodukten getestet. Der Vergleich kann dabei simultan *(paralleler Vergleichstest)* oder aber unmittelbar nacheinander *(sukzessiver Vergleichstest)* erfolgen. Eine Variante stellt der sog. *triadische Test* dar, bei welchem drei Produkte (zwei davon identisch) im Blindtest getestet werden. Hierdurch kann ermittelt werden, ob sich das eigene Produkt eindeutig von den anderen abhebt.

Testinhalt

Nach dem Testinhalt wird unterschieden in
– Eindruckstest,
– Präferenztest,
– Diskriminanztest,
– Deskriptionstest,
– Evaluationstest und
– Akzeptanztest.

Eine ausführliche Darstellung der einzelnen Testanordnungen findet sich in Abschn. 1.2.2.2, sodass an dieser Stelle nicht weiter darauf eingegangen wird.

1.2.2 Ausgewählte Testanordnungen der Produktforschung

Im Folgenden sollen ausgewählte Testanordnungen der Produktforschung dargestellt werden:
– Konzepttests,
– Produkttests i. e. S. sowie
– Partialtests.

1.2.2.1 Konzepttest

Der *Konzepttest* (in der Literatur auch als *Konzeptionstest* bezeichnet) wird zur Überprüfung eines Neuprodukts bzw. einer neuen Produktvariante vor der Realisierung eingesetzt, d. h. mittels eines Konzepttests werden Produktideen überprüft. Bei diesem Testverfahren kommt es darauf an, noch vor der eigentlichen Produktentwicklung zu testen, ob die geplante Gestaltung des Produkts die in sie gesetzten Ziele erfüllt (vgl. Koppelmann 2001, S. 472). Den Testpersonen werden hier nicht konkrete Produkte, sondern Produktideen bzw. Produktentwürfe vorgelegt; die Beurteilung erfolgt daher nicht aufgrund einer unmittelbaren Erfahrung, sondern auf der Basis eines subjektiven Eindrucks bzw. einer subjektiven Vorstellung.

Grundlage für Konzepttests sind verbale Umschreibungen des Produkts, Reinzeichnungen (Layouts), computergestützte Abbildungen oder Modelle. Gerade im Internet lassen sich Produkttests auch ohne Vorhandensein eines Prototypen vornehmen, da eine realitätsnahe Darstellung sämtlicher visuell wahrnehmbarer Produkteigenschaften möglich ist. Darüber hinaus kann das Produkt aus allen möglichen Blickwinkeln betrachtet werden – inkl. einer Innenansicht, welche bei vielen Produkten ohne eine Produktzerstörung nicht möglich wäre (zu Produkttests im Internet vgl. ausführlich Arndt 2003).

Ein weiterer Vorteil computergestützter Tests liegt in der Möglichkeit, innerhalb kürzester Zeit mehrere Konzeptvarianten und Entwürfe zu überprüfen. Eine Korrektur möglicher Konzeptmängel ist z. T. noch während der Erhebung möglich; ein verbessertes Konzept kann unverzüglich wieder am Bildschirm präsentiert und erneut überprüft werden. Je realitätsnäher und umfassender die Computerdarstellung ist, umso näher rückt ein Konzepttest an den Produkttest i. e. S. (vgl. Abschn. 1.2.2.2).

Die Überprüfung von Produktkonzepten empfiehlt sich grundsätzlich nicht nur mit potenziellen Käufern, sondern auch mit Absatzhelfern oder Händlern. Dadurch können verschiedene Sichtweisen berücksichtigt und realistischere Einschätzungen über die Marktchancen generiert werden. Die Erhebung erfolgt in Form einer schriftlichen oder mündlichen Befragung, oft auch als Gruppendiskussion. Gerade für Neuproduktideen sind *Fokusgruppen* eine wichtige Quelle von Verbesserungsvorschlägen (vgl. Abschn. 2.2.1.1.3 im 2. Teil des Buches).

Aufgrund des frühzeitigen Kundenfeedbacks können Fehlentwicklungen schon vor Beginn der Produktentwicklung korrigiert werden, was spätere kostenintensive Produktmodifikationen vermeiden hilft. Allerdings erlaubt ein Konzepttest noch keinerlei Rückschlüsse auf das spätere Produkterlebnis, d. h. die Ergebnisse sind lediglich vorläufiger Natur. In späteren Phasen des Produktentwicklungsprozesses sind Produkttests i. e. S. erforderlich, um realistische Aussagen bzgl. der Akzeptanz eines Produkts erhalten zu können.

Beispiel 5.1: Cute I Concept Test (Schaefer Marktforschung GmbH)

Cute I Concept Test zielt auf die Ermittlung der Attraktivität und der denkbaren Probierneigung bzw. Erstkaufbereitschaft sowie der Erwartungen an Produkteigenschaften und Benefits bei Neuproduktideen ab. Die Testpersonen werden in erster Linie schriftlich-postalisch aus einem 45.000 Haushalte umfassenden Produkttest-Panels (PTP) rekrutiert. Darüber hinaus unterhält das Institut seit 2001 auch ein Online-Panel (SPOT) mit rd. 25.000 Teilnehmern, um Konzepttests auch interaktiv via Internet durchführen zu können.

Die Testteilnehmer erhalten das Konzeptblatt entweder per Post zugesandt, oder das Konzept wird auf der SPOT-Homepage vorgestellt. Begleitend erhalten die Testpersonen einen Fragebogen, um die vorgestellte Produktidee zu bewerten. Das Konzeptblatt kann dabei ein einfaches Verbalkonzept, ein Verbalkonzept plus Abbildung oder ein Anzeigen ähnliches Sujet sein. Typische Fragestellungen sind:

–Likes & Dislikes,

–Bewertung der Kommunikationsleistung bzgl. relevanter Produkteigenschaften und Benefits,

–Bewertung von Glaubwürdigkeit, Überzeugungskraft und Verständlichkeit (u. U. auch emotionale Ansprache),

–Uniqueness des Produkts,

–denkbare Verwendungsanlässe,

–Kaufbereitschaft und Preisvorstellung.

Als methodische Alternative werden Conjoint-Verfahren eingesetzt, um die Erfolgschancen verschiedener, systematisch variierter Konzeptalternativen zu erforschen.

Quelle: Schaefer Marktforschung GmbH 2003, S. 6 ff.

Andere Konzepttestverfahren gehen weiter und optimieren nicht nur das Produktkonzept, sondern simulieren auch alternative Preis- und Marketingstrategien, wie z. B. der GfK Optimizer.

Beispiel 5.2: Der GfK Optimizer am Beispiel eines Fahrradherstellers

Bei der Optimierung des Produktangebots soll durch höherwertige Komponenten eine Aufwertung des Fahrrades erzielt werden. Folgende Fragestellungen standen hierbei im Vordergrund:

–Welche Ausstattung wünschen sich die Kunden?

–Wie groß ist die Zahlungsbereitschaft für zusätzliche Funktionen oder mehr Komfort?

–Wie sieht das ideale Angebot aus?

Der GfK Optimizer beruht dabei auf einer Conjoint-Analyse. Die Untersuchung am Beispiel Fahrrad führte zu folgenden Empfehlungen für die Produktpolitik (vgl. die nachfolgenden Abbildungen):

–Konzentration auf Komfortmerkmale, die auf den ersten Blick einen Vorteil erkennen lassen.

–Verzicht auf technische Spielereien, die keinen klaren Kundennutzen transportieren.

–Zusatzfunktionen müssen so gestaltet sein, dass sie eine eigenständige Reparatur ermöglichen.

–Je nach Fahrradtyp des Kunden ist ein zielgruppenspezifisches Angebot erforderlich.

–Für wichtige Komfortmerkmale können auf den Grundpreis 30% aufgeschlagen werden.

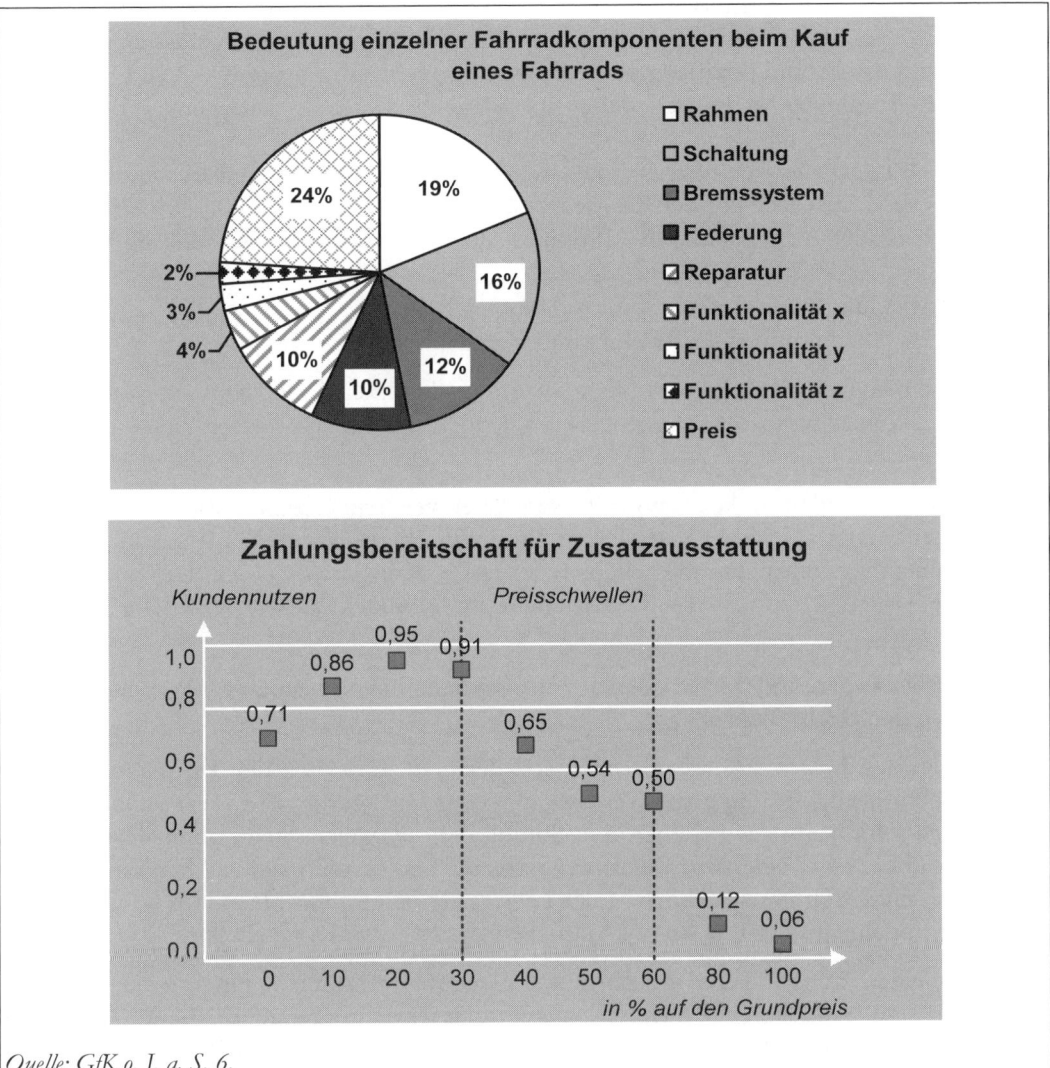

Quelle: GfK o. J. a, S. 6.

1.2.2.2 Produkttest i. e. S.

Ein Produkttest i. e. S. kann als eine experimentelle Untersuchung bezeichnet werden, bei der eine nach bestimmten Kriterien ausgewählte Gruppe von Testpersonen kostenlos zur Verfügung gestellte Produkte ge- oder verbraucht, um anschließend das Produkt als Ganzes bzw. dessen Eigenschaften zu bewerten.

Beim Produkttest wird die Produktleistung eines bereits entwickelten Produkts untersucht. Das Produkt muss hier zumindest als Prototyp vorliegen. Bei *Marktneuheiten* kann mit Hilfe eines Produkttests von den bei den Testpersonen ermittelten Einstellungen, Präferenzen, Kaufabsichten und Produktwahlverhalten auf den vermutlichen Markterfolg geschlossen werden. Bei bereits *etablierten Produkten* kann hingegen im Rahmen eines Produkttests geprüft werden, ob z. B. ein möglicher Absatzrückgang auf mangelhafte Produkteigenschaften oder auf veränderte Marktbedingungen zurückzuführen ist. Im Anschluss an die Analyse kann dann das Produkt markt- und verbrauchergerecht umgestaltet werden. Die Überarbeitung des Produktes kann sich dabei auf folgende Bereiche beziehen (vgl. G. R. P. Munich 1997):

- Berücksichtigung des veränderten Stellenwerts der funktionalen und qualitativen Merkmale des Produkts aus Sicht der Kunden,
- Veränderung der Aufmachung des Produkts, der Anmutung, der Ästhetik und des Symbolwerts,
- evtl. Entwicklung eines veränderten Produktimages,
- verbesserte Abstimmung von Produkt und Verpackung.

Im Idealfall bieten sich Produkttests als Präventivmaßnahme bereits dann an, wenn sich das Konkurrenzverhalten gravierend geändert hat, jedoch noch keine Absatzeinbußen eingetreten sind.

Abzugrenzen ist der Produkttest vom *Warentest*, bei welchem lediglich objektive Produkteigenschaften bereits am Markt befindlicher Produkte überprüft werden. Es geht also nicht um die subjektive Wahrnehmung seitens potenzieller Konsumenten, sondern um eine vergleichende Untersuchung alternativer Marken im Hinblick auf verschiedene Qualitätsmerkmale.

Produkttests existieren in verschiedenen Ausprägungen; im Folgenden sollen die wichtigsten Formen dargestellt werden.

Im Rahmen des *Eindruckstests* (Soforttest) soll der erste Eindruck der Testpersonen registriert werden, nachdem ihnen das Testprodukt vorgelegt wurde. Der Test kann sehr aufschlussreich sein, wenn das Produkt über Stimuli verfügt, welche beim potenziellen Käufer eine Aktivierung bzw. eine Aufforderung zum Kauf hervorrufen sollen. Hier kann getestet werden, ob diese Stimuli tatsächlich in der Lage sind, die gewünschte Wirkung hervorzurufen (vgl. Koppelmann 2001, S. 484). Eindruckstests sind stets Kurzzeittests.

Im Allgemeinen werden bei Kurzzeittests apparative Verfahren herangezogen, insb. Tachistoskop und Schnellgreifbühne (vgl. ausführlich Abschn. 2.2.2.2.2). Beim *Tachistoskop* wird das Produkt für eine sehr kurze Zeit sichtbar gemacht (bis 1/1000 s). Aufgrund der sehr kurzen Konfrontation mit dem Testobjekt können Rückschlüsse auf die bei der Testperson entstandenen Eindrücke und ihre unbewussten Reaktionen gewonnen werden. Bei der *Schnellgreifbühne* wird vom Probanden eine konkrete Entscheidung zwischen mehreren Testobjekten gefordert, welche für eine kurze Zeit (ca. 5 s) dem Probanden sichtbar gemacht werden. Auch hier können Rückschlüsse auf die Anmutung eines Produkts als Ganzes bzw. bestimmter Eigenschaften (z. B. Verpackung) gezogen werden.

Im Gegensatz zum Eindruckstest handelt es sich bei den im Folgenden dargestellten Verfahren um *Erfahrungstests*, bei welchen den Testpersonen das Produkt zum probeweisen Ge- oder Verbrauch überlassen wird. Im Rahmen des *Präferenztests* soll die Testperson nach probeweisem Ge- oder Verbrauch eines Produkts entscheiden, ob sie das Produkt gegenüber einem oder mehreren Vergleichprodukten vorziehen würde. Zum Vergleich werden entweder alternative Testprodukte im Test selbst berücksichtigt, oder der Proband soll sich auf das Produkt beziehen, das er üblicherweise kauft. Beim *ungerichteten Präferenztest* wird lediglich nach dem Vorhandensein einer Präferenz gefragt; beim *gerichteten Präferenztest* werden zusätzlich das Ausmaß und die Gründe der Präferenz hinterfragt (vgl. Bauer 1981, S. 97).

Beim *Diskriminanztest* (Diskriminationstest, Unterscheidungstest) wird erhoben, ob die Testpersonen in der Lage sind, zwischen zwei oder mehreren Vergleichsprodukten zu differenzieren. Dies kann das Produkt als Ganzes oder bestimmte Eigenschaften betreffen. Üblicherweise erfolgt der Test dabei als Blindtest. Wie schon beim Präferenztest kann die Testanordnung gerichtet oder ungerichtet sein. Ziel ist die Feststellung, ob die Testperson objektiv vorhandene Unterschiede zwischen den Testobjekten subjektiv wahrnimmt.

Im Rahmen eines *Deskriptionstests* wird erfasst, welche Produkteigenschaften in welcher Ausprägung bzw. Intensität von den Probanden wahrgenommen werden. Zusätzlich kann nach der Wichtigkeit einzelner Produktmerkmale oder nach der Idealvorstellung bzgl. ausgewählter Merkmale gefragt werden. Beim *Deskriptionsratingtest* haben die Testpersonen hingegen die Produkte bzgl. der Ausprägung bestimmter vorgegebener Merkmale in eine Rangfolge zu bringen (vgl. Bauer 1981, S. 168).

Evaluationstests haben den Zweck festzustellen, wie das Testprodukt als Ganzes oder bzgl. bestimmter relevanter Merkmale von den Probanden bewertet wird bzw. welche Preisvorstellungen der Proband mit dem Testprodukt verbindet. Mithin lassen sich der qualitätsbezogene und der preisbezogene Evaluationstest unterscheiden. Bei einem *qualitätsbezogenen Evaluationstests* wird die subjektive Bewertung des Produkts bzw. einzelner Produkteigenschaften untersucht; dabei wird das Testprodukt ggf. mit einem Idealprodukt verglichen. Auch hier kann die Testanordnung gewichtet oder ungewichtet sein. Beim *preisbezogenen Evaluationstest* werden die Probanden entweder im Rahmen eines Preisschätzungstests dazu aufgefordert, dem Testprodukt einen ihrer Meinung nach angemessenen Preis zuzuordnen, oder sie sollen im Rahmen eines Preisreaktionstests einen vorgegebenen Preis als günstig, angemessen oder teuer beurteilen (zu den verschiedenen Formen von Preistests vgl. ausführlich Kap. 3 in diesem Teil).

Untersuchung der aktuellen Kauf-, Ge- oder Verbrauchsbereitschaft		Untersuchung der potenziellen Kauf-, Ge- oder Verbrauchsbereitschaft	
Qualitätsbezogener Akzeptanztest	Preisbezogener Akzeptanztest	Qualitätsbezogener Akzeptanztest	Preisbezogener Akzeptanztest
Anbieten des Produkts (nach dem probeweisen Verbrauch) „zum Dank für die Mitarbeit" zu einem Preis unter dem potentiellen Marktpreis	Anbieten des Produkts zu einem bestimmten Preis, der von Testperson zu Testperson variiert werden kann	z. B. Vorlegen eines Fragebogens mit Antwortkategorien von „ich würde dieses Produkt bestimmt …" bis „… bestimmt nicht kaufen"	Einbeziehung des Preises in die Antwortkategorien des qualitätsbezogenen Akzeptanztests; Frage nach dem Preis, zu dem die Testperson das Produkt kaufen würde

Quelle: Berndt 1995, S. 108.
Abb. 5.3: Ausgewählte Ausprägungen von Akzeptanztests

Anhand sog *Akzeptanztests* soll ermittelt werden, ob bei dem Probanden bei Vorlage des Testprodukts eine potenzielle oder sogar eine aktuelle Kaufabsicht besteht (vgl. Sander 2004, S. 385). Zusätzlich zur Produktleistung können im Rahmen von Akzeptanztests also erste Rückschlüsse auf künftige Absatzzahlen gewonnen werden. Wie beim Evaluationstest wird auch hier zwischen qualitätsbezogenen und preisbezogenen Akzeptanztests unterschieden (vgl. Abb. 5.3).

Es bleibt festzuhalten, dass in der Praxis viele verschiedene Erscheinungsformen von Produkttests gängig sind, die allesamt ihr eigenes konkretes Ziel verfolgen und meist eine eigene Bezeichnung aufweisen, wenn auch die Versuchsanordnungen zum Teil sehr ähnlich gestaltet sind. Diese große Vielfalt von Testanordnungen ist durch die Tatsache erklärbar, dass es viele individuell entwickelte Ausgestaltungen von Versuchsanordnungen gibt und sich darüber hinaus einzelne Strukturmerkmale des einen Tests mit denen eines anderen kombinieren lassen (vgl. Bauer 1981, S. 26). Hinzu kommt die Möglichkeit der Verknüpfung ganzer Produkttests zu einer Kette von Testanordnungen; als Beispiel einer solchen Kombination soll hier der so bezeichnete *Doppeltest* dienen. Hier wird an die Durchführung eines Kurzzeittests ein Langzeittest gekoppelt. Diese Testfolge wählt man bei der Überprüfung völliger Marktneuheiten, wenn man befürchtet, dass die ersten Eindrücke bei einem Probanden von seinen späteren ausführlicheren Erfahrungen mit dem Produkt deutlich abweichen könnten.

Beispiel 5.3: Optima (TNS Infratest) am Beispiel Haushaltsreiniger

Das Modell Optima von TNS Infratest stellt einen integrativen Ansatz zur Positionierung von Marken, zur Quantifizierung der Auswirkungen bei Umpositionierungen oder zur Potenzialschätzung bei Neuprodukten bzw. Brand Extensions dar. Damit lässt sich der Ansatz sowohl für etablierte als auch für Neuproduktentwicklungen einsetzen. Das Modul *Optima Volume* zur Optimierung von Neuproduktentwicklungen vollzieht sich in folgenden Schritten:

1. Schritt: Placement-Interview mit Rangplatzierung existierender Marken seitens der Testpersonen. Anschließend Konzeptvorstellung und Einordnung des Konzepts sowie Aushändigung des Neuprodukts. Auf dieser Grundlage werden Stärken und Schwächen des Neuprodukts im Vergleich zu den Konkurrenzmarken ermittelt; darüber hinaus erfolgt eine Volumenschätzung.
2. Schritt: Home-Use-Test des Neuprodukts.
3. Schritt: Folgeinterview mit Einordnung des Neuprodukts im Präferenzranking und Ermittlung von Kaufmotiven. Nach dem Home-Use-Test wird die (Wieder-)Kaufbereitschaft für das Neuprodukt erhoben. Am Beispiel zeigt sich, dass das Neuprodukt „Frisch" nach der Probierphase bei vielen ursprünglich Kaufbereiten auf Ablehnung stößt.

Akzeptanz und Ablehnung des Neuprodukts vor und nach der Probierphase		
Pre Trial	**Akzeptanz Frisch**	**Ablehnung Frisch**
	59 %	39 %
Post Trial	**Akzeptanz Frisch**	**Ablehnung Frisch**
	41 %	61 %

Volumenschätzung „Frisch"

	Aktuelle Marktanteile	Volumenschätzung	Absoluter Verlust an Neuprodukt	Relativer Verlust in % an Neuprodukt	Abweichung vom erwarteten Verlust
	1	2	3	4	5
Marke A	19,3	17,5	1,8	42,2	24,7
Marke B	48,5	47,6	0,9	21,3	-26,3
Marke C	4,8	4,1	0,7	16,4	12,3
Marke D	3,7	3,1	0,6	13,8	10,7
Andere Marken	23,7	23,4	0,3	6,3	-17,1
Neuprodukt		4,3			4,3
Total	100,0	100,0		100,0	

Annahmen:
30 % Bekanntheit; 8 % Sampling; 100% Distribution

Die Befragungsdaten werden anschließend exogen (z. B. über Paneldaten) oder intern validiert. Auf der Grundlage der Befragungsergebnisse erfolgt eine Prognose des Kaufvolumens und des Marktanteils. Dabei werden unterschiedliche Szenarien zu Grunde gelegt (z. B. bzgl. des Bekanntheitsgrads des Neuprodukts).

Käuferreichweite* Frisch (Penetration in %)

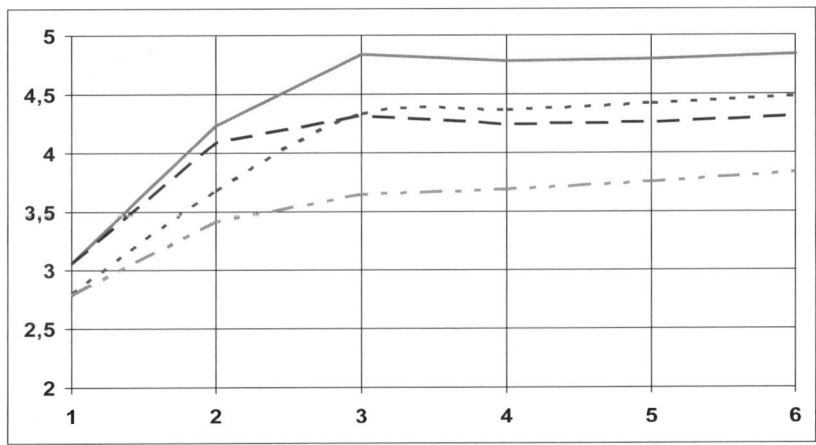

*6-Monats-Penetration nach Launch bei unterschiedlichen Szenarien

Quelle: TNS Infratest 2001, S. 65 ff.

1.2.2.3 Partialtest

Im Rahmen von *Partialtests* wird nicht nur die qualitativ-technische Produktleistung überprüft, sondern es werden auch sekundäre Eigenschaften wie Ästhetik, Verpackung, Markennamen oder Handling getestet. Die gebräuchlichsten Varianten von Partialtests sind:
– Geschmacks- bzw. Dufttest,

- Namenstest,
- Packungstest,
- Klangtest und
- Handlingtest.

Preistests als weitere Form von Partialtests werden hier nicht dargestellt, da sie ausführlich in Kap. 3 in diesem Teil des Buches behandelt werden.

Geschmacks- bzw. Dufttest

In der Lebensmittel- und der Tabakindustrie sind der Geschmacks- und der Dufttest gebräuchlich. Der *Geschmackstest* befasst sich nicht nur mit dem eigentlichen Geschmack, sondern auch mit Aspekten wie dem Gefühl auf der Zunge und in der Mundhöhle beim Zerbeißen und Herunterschlucken von Esswaren, der Konsistenz von Lebensmitteln und Getränken usw. Der *Dufttest* findet insb. bei Parfüms, Kosmetika, Lufterfrischern und Tabakwaren statt. Die Problematik von Geschmacks- und Dufttests liegt üblicherweise in der Schwierigkeit, den empfundenen Geschmack oder Duft verbal zu artikulieren.

Namenstest

Der Produkt- oder Markenname ist für das Branding von großer Bedeutung. Aus diesem Grund empfiehlt es sich, einen anvisierten Markennamen vorab zu testen. Untersucht werden dabei insb. Aspekte wie Merkfähigkeit und Assoziationsleistungen. Die *Merkfähigkeit* wird z. B. dadurch überprüft, dass den Testpersonen im Rahmen eines Folder-Tests eine Mappe mit Produktnamen und Produktbeschreibungen zur Durchsicht ausgehändigt wird; im Rahmen einer anschließenden Befragung wird überprüft, wie häufig unterschiedliche Produktnamen erinnert werden. Im Rahmen des *Tests der Assoziationsleistung* werden die Testpersonen gebeten, anzugeben, welche Assoziationen sie mit dem zu testenden Namen verbinden. Eine weitere Variante des Namenstests besteht darin, die Testpersonen zu bitten, passende Namen für das vorgelegte Produkt zu nennen.

Beispiel 5.4: Internationaler Namenstest NameScan

Aufgrund der Tatsache, dass sich Medikamentenamen häufig sehr ähneln, kam es in der Vergangenheit wegen der Verwechslung der Namen zum Teil zu einer Verschreibung von falschen Arzneimitteln durch die Ärzte oder einer nicht korrekten Aushändigung von Medikamenten durch die Apotheker. Um dieses Risiko zu verringern, wurde im Rahmen der Medikamentenverordnung eine Richtlinie herausgegeben, die festlegt, dass jeder mögliche Medikamentenname zunächst auf seine internationale Geeignetheit hin geprüft werden muss. Dies geschieht mit internationalen Namenstests wie z. B. NameScan. Mit diesem Testverfahren soll sichergestellt werden, dass Medikamente erst dann auf den Markt gelangen, nachdem Namen gefunden wurden, die hinsichtlich der Unverwechselbarkeit empirisch überprüft worden sind. Das methodische Vorgehen dieser internationalen Namenstests ist angelehnt am sog. FDA-Standard (Federal Drug Association).

Zunächst werden mehrere Namensvorschläge erarbeitet, die in einem strengen Bezug zum Wirkstoff oder dem Indikationsgebiet stehen. Im Anschluss daran werden die Namen durch eine Gruppe von Versuchspersonen hinsichtlich einer bestimmten Anzahl von relevanten Kriterien bewertet und im Rahmen des sogenannten NameScan-Index in eine Rangreihung gebracht. Zur Einordnung der Ergebnisse werden insgesamt vier Klassen gebildet; Erfahrungswerte markieren dabei eine Akzeptanzgrenze, ab welcher Medikamentennamen die Kriterien gut genug erfüllt haben:

0	–	200	sehr gut
201	–	400	gut
401	–	500	befriedigend
501	–	1000	mangelhaft

Eine solche Klassifizierung der Namen wird sowohl für den nationalen Raum, als auch für den internationalen Einsatz durchgeführt. Eine risikobezogene Gewichtung bestimmter Kriterien sowie die sogenannte Benchmark-Analyse stellen zudem sicher, dass nur solche Namen für Medikamente vergeben werden, die die geforderten Kriterien erfüllten.

Quelle: Produkt + Markt 2002; Westphal 2004, S. 30.

Packungstest

Eine *Packung* ist untrennbar mit dem eigentlichen Produkt verbunden und wird vom Kunden zusammen mit dem Produkt als eine Verkaufseinheit angesehen (z. B. Parfümflaschen, Spraydosen etc.). Im Gegensatz dazu dient die *Verpackung* vor allem der Lagerung, dem Transport und dem Schutz des Produkts vor Beschädigung oder Verderb und ist vom Produkt abtrennbar. Während beim Verpackungstest vornehmlich technische Aspekte wie z. B. Haltbarkeit oder Stapelfähigkeit getestet werden, wird beim Packungstest insb. die Präsentationsfunktion bzw. die kommunikative Funktion getestet.

Konkret wird beim Packungstest überprüft, ob die Packung beim Kunden die beabsichtigte Assoziation zum Produkt weckt, ob sie Kaufanreize setzt oder ob sich die Packung gegenüber den Packungen von Konkurrenzprodukten durchsetzen kann. Gebräuchlich sind dabei Store-Tests oder der Einsatz apparativer Testverfahren wie z. B. die Schnellgreifbühne (vgl. die Ausführungen in Abschn. 2.2.2.2.2 im 2. Teil.).

Beispiel 5.5:

Das Marktforschungsinstitut MWResearch GmbH führt Packungstests mit Hilfe zweier verschiedener Testanordnungen durch:
1. Regaltest: Es wird ein Einkaufsregal simuliert, in welchem den Probanden verschiedene Produktpackungen vorgestellt werden (inkl. der zu testenden Packung). Die Probanden müssen sich für eine Packung entscheiden. Im Rahmen einer anschließenden Befragung werden die Gründe erhoben, warum sich die Käufer für oder gegen das Testprodukt entschieden haben.
2. Cares for Packages: Im Rahmen einer Conjoint-Analyse wird der Beitrag der einzelnen Gestaltungsmerkmale am Gesamtbild der Packung erhoben. Dies erfolgt dadurch, dass den Testpersonen verschiedene Packungskonzepte am PC zur Bewertung vorgelegt werden. Auf Basis der Gesamtbewertung wird auf den Nutzen der verschiedenen Merkmalsausprägungen geschlossen.

Quelle: Westphal 2004, S. 34 f.

Klangtest

Wie der Geschmacks- und der Dufttest gehört auch der Klangtest zur sog. sensorischen Produktforschung. In der Automobilindustrie hat er schon eine lange Tradition – etwa um den „richtigen" Klang beim Schließvorgang von Autotüren oder den erwünschten Sound von Motor und Auspuffanlage zu finden. In der Lebensmittelindustrie wird er hingegen bisher eher selten eingesetzt.

Beispiel 5.6:

Die Firma Bahlsen hat eigens für die Entwicklung und Überprüfung von Süßgebäck wie z. B. „Leibnitz Butterkekse" und „Russisch Brot" einen Test entwickelt, um zu untersuchen, ob das Knack-Geräusch des Gebäcks die selben Qualitätsanforderungen wie Design oder Geschmack erfüllen kann. Insbesondere soll das Geräusch Frische signalisieren und zum Verzehr animieren. Zu diesem Zweck verfügt Bahlsen über ein Entwicklungsteam, das Klangtests in einer hauseigenen Testküche in Hannover durchführt.

Quelle: Hötinghof 2004, S. 88.

Handlingtest

Im Rahmen eines Handlingtests wird die Handhabung des Produkts überprüft, d. h. das Produkt wird beim Ge- und Verbrauch getestet, um herauszufinden, ob das Handling den Anforderungen entspricht (z. B. ob es leicht zu öffnen oder leicht zu dosieren ist, ob die Packung wiederverschließbar ist oder ob die Oberflächenbeschaffenheit, Festigkeit, Gewicht, Gewichtsverteilung etc. den Vorstellungen der Kunden entsprechen).

1.3 Testmarktuntersuchungen

Im Rahmen von Testmarktuntersuchungen werden nicht die eigentlichen Produkteigenschaften, sondern die Durchsetzungsfähigkeit der Produkte am Markt getestet. Die wichtigsten Varianten sind dabei
– regionaler Markttest,
– Testmarktsimulation,
– kontrollierter Markttest (Store-Test) und
– elektronischer Testmarkt.

1.3.1 Regionaler Markttest

Im Rahmen eines *regionalen Markttests* wird das Produkt unter realen Bedingungen in einen regional abgegrenzten Markt unter Einsatz ausgewählter oder sämtlicher Marketinginstrumente getestet. Damit handelt es sich hier um ein *Feldexperiment*. Der regionale Markttest erlaubt es daher, die gesamte Marketingkonzeption zu testen, da neben dem Produkt als solches auch die übrigen Marketinginstrumente überprüft werden können. Angewendet wird ein regionaler Markttest insb. im Zusammenhang mit einer Neuprodukteinführung. Voraussetzung für die Aussagefähigkeit der Testmarktergebnisse ist allerdings, dass der Testmarkt für den Gesamtmarkt repräsentativ ist. Darüber hinaus sollte der Testmarkt isolierbar sein, vor allem im Hinblick auf den gezielten Einsatz der Marketinginstrumente.

Beliebte Testgebiete waren (West-)Berlin, Hessen und das Saarland; inzwischen ist jedoch die Bedeutung regionaler Markttests stark zurückgegangen. Hierfür sind u. a. folgende *Gründe* zu nennen (vgl. Hüttner/Schwarting 2002, S. 392 f.; Erichson 2002, S. 428 f.):
– Die Durchführung einer regionalen Testmarktuntersuchung ist sehr teuer und zeitaufwändig (mindestens 10 Monate).
– Eine Geheimhaltung vor der Konkurrenz ist nicht möglich, sodass das Produkt während der Testphase von der Konkurrenz imitiert werden kann.

– Häufige Nutzung ein und desselben Gebiets führt zu Testeffekten (ähnlich wie der Panel-
effekt, vgl. Abschn. 2.2.3.3.2 im 2. Teil) bei den beteiligten Verbrauchern und Händlern.
– Eine repräsentative Zufallsauswahl der Testmärkte ist nicht möglich.
– Der Handel ist oftmals nicht oder nur gegen Vergütung bereit, das neue Produkt regional
zu listen.
– Die Überregionalität der Medien macht eine gezielte Werbestreuung im Testmarkt oftmals unmöglich.
– Die teilweise noch gravierenden Unterschiede zwischen Ost- und Westdeutschland erfordern zumindest zwei regionale Testmärkte.
– Die Validität der Testmarktergebnisse kann durch Störmaßnahmen der Konkurrenz be-
einträchtigt werden.

Aus den genannten Gründen haben die Marktforschungsinstitute eine Reihe sog. *Testmarkt-
Ersatzverfahren* entwickelt, welche im Folgenden dargestellt werden.

1.3.2 Testmarktsimulation

Verfahren der *Testmarktsimulation* finden als Studio-Tests statt, d. h. unter Laborbedingungen. Kombiniert wird der Studio-Test mit einem Home-Use-Test. Das erste deutsche
Testmarktsimulationsverfahren wurde von der GfK im Jahre 1980 entwickelt (TESI). Mittlerweile sind eine Vielzahl von Verfahren auf dem Markt, wie z. B. QUARTZ von A.C.
Nielsen oder BASES von TNS Infratest.

Das grundlegende Vorgehen bei einer Testmarktsimulation ist wie folgt:
– Anwerben der Testpersonen,
– Durchführung der Simulation und
– Hochrechnung der Testergebnisse auf den Gesamtmarkt.

Im Rahmen der Simulation erfolgt zunächst eine *Vorbefragung*, um den relevanten Markt abzubilden (vgl. Gaul/Baier/Apergis 1996, S. 206). Bei dem hier dargestellten TESI-Ver-
fahren von GfK werden im Rahmen der Vorbefragung u. a. das Relevant Set (Set der in
Frage kommenden Marken), der Letztkauf und die Stammmarke ermittelt. Hingegen erfolgt
bei QUARTZ von A.C. Nielsen ein Konzepttest, im Rahmen dessen zunächst das Produkt
und das Konzeptboard den Probanden zur Beurteilung vorgelegt werden und anschließend
deren Kaufbereitschaft erfragt wird (vgl. GfK o. J. b, A.C. Nielsen o. J. a).

Im Anschluss an die Vorbefragung werden die Testpersonen mit Werbemaßnahmen für
das Testprodukt und die wichtigsten Konkurrenzprodukte konfrontiert. Die Testpersonen
haben anschließend die Aufgabe, aus einem im Studio aufgebauten Regal ein Produkt ihrer
Wahl einzukaufen.

Im Anschluss an den Studiotest erfolgt ein Home-Use-Test, d. h. das Testprodukt und das
bevorzugte Produkt werden in häuslicher Umgebung erprobt. Anschließend werden Nach-
kaufinterviews geführt, um die Verwendungserfahrungen festzustellen. Abschließend wird
eine zweite Testmarktsimulation durchgeführt, um die Wiederkaufrate zu bestimmen.

Methodisch basiert TESI auf dem *Parfitt-Collins-Modell* (vgl. die Ausführungen in Abschn.
4.3.2 im 4. Teil). Prognostiziert werden Erstkauf, Wiederkauf und Marktanteil des Produkts

für die ersten 24 Monate nach Produkteinführung. Im Vergleich zu regionalen Testmarkt-untersuchungen sind Testmarktsimulationen deutlich günstiger – zwischen 35.000 Euro (BASES) und ca. 65.000 Euro (TESI). Die Zeitdauer ist dabei begrenzt (ca. 8-12 Wochen). Ein weiterer Vorteil ist die Möglichkeit der Geheimhaltung. Als nachteilig erweist sich insb. die geringe externe Validität aufgrund der Laborsituation.

Neue Impulse erhält die Testmarktsimulation durch den Einsatz sog. *virtueller Läden*. Hierbei handelt es sich um 3D-Darstellungen simulierter Geschäfte mittels spezieller Software, die eine wirklichkeitsgetreue Einkaufstour am PC ermöglichen. Wesentliche *Vorteile* sind (vgl. Burke 1996, S. 111):

– Realistischeres Nachempfinden des vielfältigen Angebots eines echten Supermarkts als bei anderen Labortechniken,
– Möglichkeit zur schnellen Änderung von Testparametern wie Sortiment, Produktverpa-ckungen, Verkaufsförderungsmaßnahmen, Regalgestaltung usw.,
– schnelle und fehlerfreie Datenerfassung, da die kaufgesteuerten Informationen vom Computer automatisch tabuliert und gespeichert werden,
– niedrigere Produktionskosten, da die Warenpräsentation lediglich elektronisch simuliert werden muss,
– hohes Maß an Flexibilität, da die Simulation sich sowohl zum Testen neuer Marketing-konzepte als auch zur Feinabstimmung bestehender Programme verwenden lässt,
– Elimination eines Großteils der in Feldversuchen auftretenden Störfaktoren und
– Möglichkeit zum Test neuer Konzepte, ohne zunächst überhaupt Herstellungs- oder Werbekosten zu verursachen.

1.3.3 Kontrollierter Markttest

Im Rahmen eines *kontrollierten Markttests* (*Store-Tests*) wird das Produkt unter kontrollierten Be-dingungen in ausgewählten Einzelhandelsgeschäften getestet. Das beauftragte Marktfor-schungsinstitut übernimmt für die Dauer des Tests die Lieferung, die Bestandskontrolle, die Preisgestaltung und die Abrechnung für das betreffende Testprodukt. Angeboten werden Store-Tests u. a. von GfK und A.C. Nielsen (vgl. GfK o. J. d und A.C. Nielsen o. J. b, S. 13).

Das Testmodell des *Nielsen Kontrollierter Markttest* umfasst 20-30 Testgeschäfte auf der Ein-zelhandelsstufe. Die Testzeit beträgt je nach Art des Tests und Umschlaggeschwindigkeit des Testprodukts zwischen vier Wochen und 6 Monaten. Für den Test stehen alle wesentli-chen Vertriebsschienen des Einzelhandels zur Verfügung. Zur Anwendung kommen dabei drei verschiedene Testdesigns (vgl. Abb. 5.4; zu den verschiedenen experimentellen Designs in der Marktforschung vgl. ausführlich Abschn. 2.2.4.3 im 2. Teil des Buches).

Auch Store-Tests sind im Hinblick auf Testdauer, Testkosten und Geheimhaltung von Vor-teil. Darüber hinaus ist im Vergleich zu Labortests die Validität höher, da sie unter Feldbe-dingungen erfolgen. Als nachteilig erweisen sich insb. die folgenden Punkte:
– Es wird lediglich die Kaufsituation im Laden betrachtet, d. h. es liegen keine Informatio-nen über die individuellen Kaufentscheidungen der einzelnen Verbraucher oder über die Wirkung von Werbemaßnahmen vor.

Vorher-nachher-Test
mit Test- und
Kontrollgruppe

Dieses Testmodell mit einer oder mehreren Testgruppen und einer Kontrollgruppe ist die klassische Testanordnung. Sie zeichnet sich durch eine breite Anwendungsmöglichkeit aus. Voraussetzung ist, dass Testgruppe(n) und Kontrollgruppe(n) strukturgleich sind.

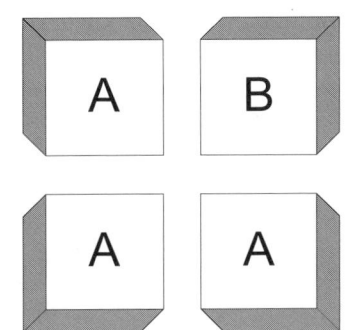

Lateinisches Quadrat
(2x2)

Diese in den dreißiger Jahren von dem amerikanischen Statistiker Fisher entwickelte Form des Experiments hat gegenüber dem Vorher-nachher-Test den Vorteil, mögliche Unterschiede zwischen den Gruppen von Geschäften dadurch auszugleichen, dass jede Testmaßnahme in allen beteiligten Geschäften durchgeführt wird. Saisonale und sonstige Entwicklungseffekte werden durch die Rotation der Testmaßnahme kompensiert. Der Einfluss der Testmaßnahme kann exakt isoliert werden. Mittels Varianzanalyse und F-Test wird die Signifikanz des Testergebnisses statistisch berechnet.

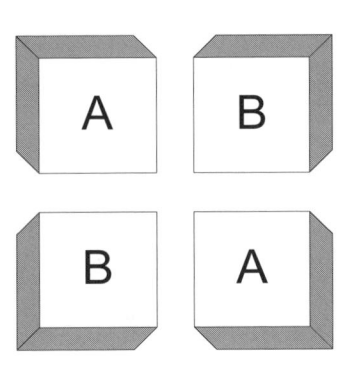

Side-by-side-Test

Dieses seltener angewendete Testverfahren liefert besonders präzise Ergebnisse, da ein und dieselbe Testsituation in allen Geschäften während der gesamten Testzeit realisiert ist. Im Gegensatz zum lateinischen Quadrat hat der Verbraucher die Wahl zwischen zwei oder mehreren Alternativen. Die Präferenzordnung der Konsumenten wird genau ermittelt, wobei das Ergebnis aber gelegentlich überzeichnet wird.

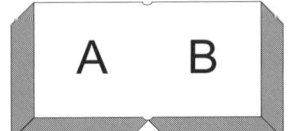

Quelle: A. C. Nielsen o. J. b, o. S.
Abb. 5.4: Testmodelle von A. C. Nielsen Kontrollierter Markttest

– Die gemessene Nachfrage nach dem Testprodukt kann nicht wie bei der Testmarktsimulation nach Erst- und Wiederholungskäufen differenziert werden, worunter die prognostische Qualität des Verfahrens leidet.

1.3.4   Elektronischer Testmarkt

Elektronische Testmärkte kombinieren einen regionalen Testmarkt mit einem elektronischen Panel. In Deutschland befindet sich nach der Einstellung von Nielsen Telerim lediglich das 1985 eingeführte GfK-BehaviorScan auf dem Markt (vgl. GfK o. J. c). Testmarkt bei BehaviorScan ist Haßloch in der Pfalz. Dort waren bereits 1985 über 90% der Haushalte kabelfähig (mittlerweile 100%), da die Stadt im Einzugsgebiet des Kabelpilotprojekts Ludwigshafen lag. Durch Kooperationsvereinbarungen mit dem lokalen Handel konnte ein Einzelhandelspanel mit – je nach Warengruppe – bis zu 95% Marktabdeckung (*Coverage*) gewonnen werden.

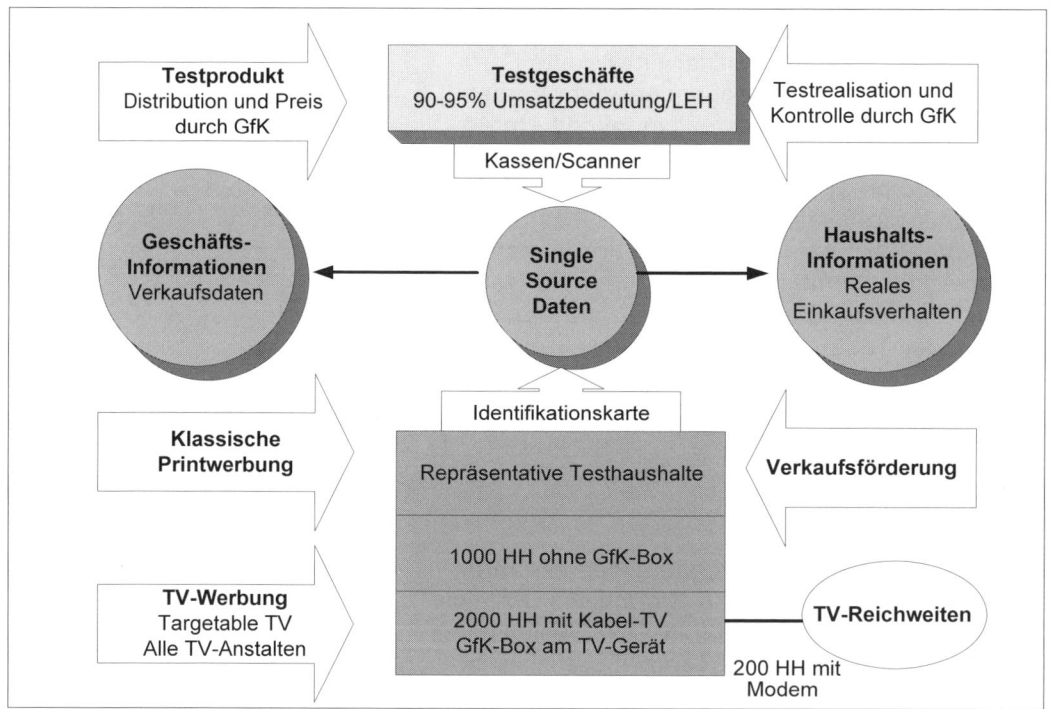

Quelle: GfK o. J. c, S. 5.
Abb. 5.5: Die Struktur von GfK BehaviorScan

Die Stichprobe besteht aus 2000 repräsentativen Testhaushalten mit Kabelanschluss und GfK-Box, welche individuell angesteuert werden können, und einer Kontrollgruppe aus 1000 Haushalten ohne GfK-Box. Die Testhaushalte werden gezielt mit präparierten Medien konfrontiert (TV-Sender, Printmedien, Plakate etc.). Die Werbemittel enthalten dabei das zu testende Produkt. In den Testgeschäften werden die Einkäufe der Probanden elektronisch per Scannerkasse erfasst, wobei sich die Teilnehmer mittels einer Identifikationskarte ausweisen müssen. Abb. 5.5 zeigt die Struktur von GfK BehaviorScan im Überblick. Auf diese Weise können auf experimentellem Wege die Wirkungen alternativer Marketingmaßnahmen (z. B. Werbemittel, Preis) auf ökonomische Zielgrößen wie Absatz oder Umsatz des zu testenden Produkts ermittelt werden.

Der wesentliche *Vorteil* von BehaviorScan besteht im Einsatz von Targetable TV, wodurch die Testhaushalte gezielt und individuell mit Werbespots angesteuert werden können. Dadurch wird die Werbewirkung isolierbar.

Eine Targetable TV-Prozedur läuft prinzipiell in folgenden *Schritten* ab (vgl. Litzenroth 1986, S. 234 f.):
1. Die 2000 Testhaushalte werden mit Hilfe von mathematischen Optimierungsprogrammen so in zwei gleich große Gruppen aufgeteilt, dass beide vor Einsetzen der Testwerbung ein identisches Kaufverhalten bezüglich der vom jeweiligen Test betroffenen Warengruppe erwarten lassen. Als Resultat dieses Matchings erhält man jeweils eine Testgruppe und eine Kontrollgruppe, die sich bei jedem Test anders zusammensetzen.
2. Die Konverternummern der Testgruppe werden in einen Steuerungsrechner im BehaviorScan-Studio eingegeben.
3. Der Steuerungsrechner programmiert jeden Konverter in den Testhaushalten so vor, dass bei den Haushalten der Testgruppe fortan gewisse reguläre Werbespots durch Testwerbespots gleicher Länge überblendet werden.
4. Testspots werden synchron mit dem Erscheinen regulärer Spots über einen speziellen Kabelkanal ausgestrahlt.
5. Der Konverter schaltet gegebenenfalls von einem normalen Kabelkanal auf den speziellen Kabelkanal um. Da diese Umschaltungen halbbildgenau in der Schwarzphase zwischen zwei Werbespots erfolgen, sind sie für den Betrachter nicht wahrnehmbar.

Ein weiterer Vorteil liegt in der Konzeption als Panelerhebung, wodurch sowohl Erst- als auch Wiederholungskäufe erfasst werden können und eine Prognose nach dem Parfitt-Collins-Modell möglich ist.

Problematisch sind zum einen die z. T. nicht unerheblichen Kosten. Darüber hinaus ist eine Geheimhaltung nur eingeschränkt möglich. Aufgrund der Beschränkung auf vergleichsweise kleine Testgebiete stellt sich zudem die Frage nach der Repräsentativität für den Gesamtmarkt. Zudem besteht die Gefahr der Überlastung des Testgebiets. Im Hinblick auf die Eignung von Produkten als Testobjekte im Mini-Testmarkt sind darüber hinaus folgende Restriktionen zu berücksichtigen (vgl. Berekoven/Eckert/Ellenrieder 2004, S. 173 f.):
– Die Zahl der potenziellen Käufer darf nicht zu gering sein, um aussagekräftige und projizierbare Ergebnisse zu erlangen.
– Die Länge des Kaufzyklus darf nicht so groß sein, dass in einem angemessenen Zeitraum nicht mit der Stabilisierung der Wiederkaufrate zu rechnen ist.
– Es darf sich nicht um regionale Marken oder Spezialitäten handeln.
– Der Umsatz der Warengruppe darf nicht zu einem übermäßigen Teil über solche Distributionskanäle abgewickelt werden, in denen er für den Mini-Markttest nicht zu erfassen ist (z. B. Wochenmärkte).

Abb. 5.6 zeigt zusammenfassend die wichtigsten Vor- und Nachteile der dargestellten Testmarktalternativen im Vergleich.

Testverfahren	Regionaler Testmarkt	Kontrollierter Markttest	Testmarktsimulation	Elektronischer Testmarkt
Kennzeichnung	• Feldexperiment • Probeweiser Verkauf von Produkten unter kontrollierten Bedingungen in einem räumlich abgegrenzten Markt bei Einsatz ausgewählter oder aller Marketing-instrumente	• Feldexperiment • Probeweiser Verkauf von Produkten unter kontrollierten Bedingungen in ausgewählten Handels-geschäften	• Laborexperiment • nach Vorführung von Werbemaßnahmen werden Käufe der Testpersonen in einem künstlich aufgebauten Supermarkt registriert • i. d. R. anschließend Nachkaufinterviews	• Feldexperiment • Kombination aus regio-naler Testmarktunter-suchung und elektro-nischem Panel • Test- u. Kontrollgruppe werden mit unterschiedli-chen Werbemaßnahmen konfrontiert • Käufe per Scannerkasse erfasst
Testdauer	10-16 Monate	1-6 Monate	8 - 12 Wochen	ca. 6 Monate
Kosten	relativ hoch	relativ gering	gering	relativ gering
Kontroll-möglichkeiten	gering; Gefahr von Störeinflüssen hoch	relativ gering; Gefahr von Störeinflüssen hoch	sehr gut; kaum Störeinflüsse	gut; geringe Störeinflüsse
Möglichkeit der Geheimhaltung	nicht gegeben	in Grenzen gegeben	uneingeschränkt gegeben	i. d. R. gegeben
Prognose-möglichkeiten	• i. d. R. hohe Repräsenta-tivität und große Reali-tätsnähe • Erst- und Wiederholungs-käufe erfassbar	• Realitätsnähe hoch, Repräsentativität auf-grund der geringen Zahl an Testgeschäften gering • Erst- und Wiederholungs-käufe nicht erfassbar	• eingeschränkte Reali-tätsnähe • Repräsentativität hängt v. Auswahlverfahren ab • Erst- und Wiederho-lungskäufe erfassbar	• hohe Realitätsnähe, aber ggf. Testeffekt • mittlere bis hohe Repräsentativität • Erst- und Wiederho-lungskäufe erfassbar
Isolierbarkeit einzelner Maßnahmen	gering	gering	hoch	hoch

Beurteilung

Quelle: In Anlehnung an Fantapié Altobelli 1998, S. 241.
Abb. 5.6: Testmarktalternativen im Vergleich

Nach Abschluss der Testmarktuntersuchung sind die Testergebnisse auf den Gesamtmarkt hochzurechnen. Abb. 5.7 zeigt die gebräuchlichsten Projektionsverfahren für Testmarktdaten im Überblick.

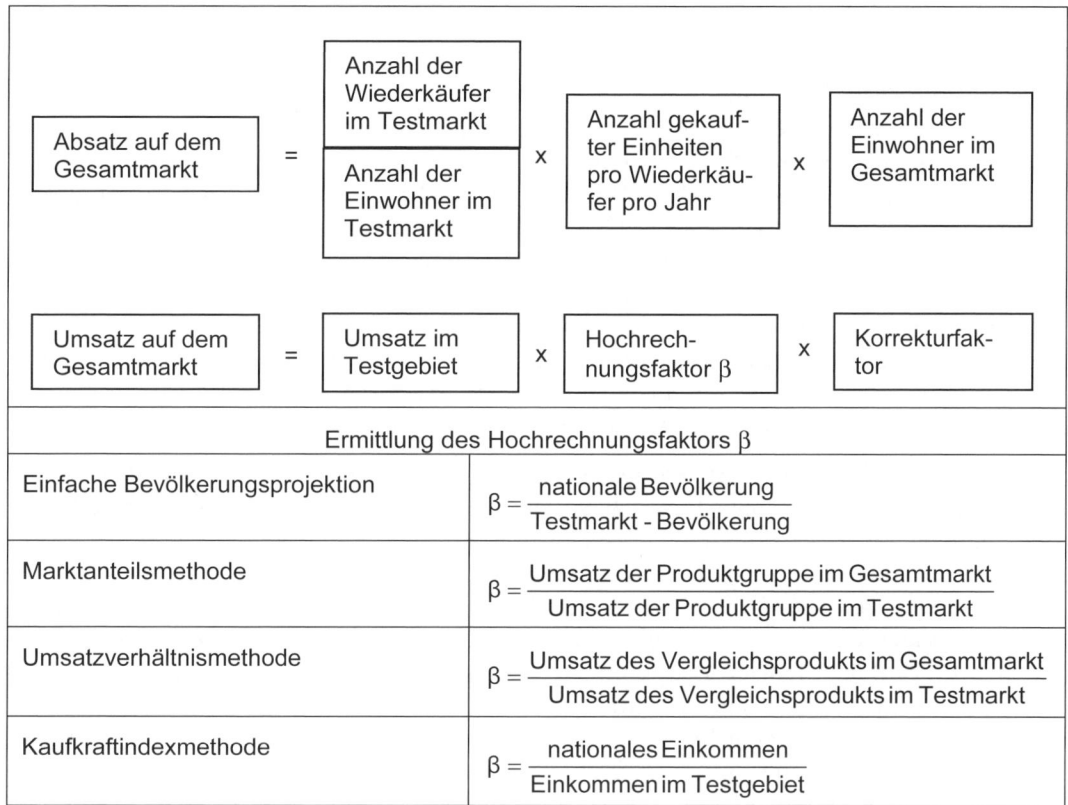

Quelle: In Anlehnung an Sander 2004, S. 388.

Abb. 5.7: Projektionsverfahren für Testmarktdaten

1.4 Weiterführende Literatur

Arndt, R. (2003): Konzept- und Produkttests im Internet, in: Theobald, A.; Dreyer, M.; Starsetski, T. (Hrsg.): Online Marktforschung. Theoretische Grundlagen und praktische Erfahrungen, 2. Aufl., Wiesbaden 2003, S. 271-280.

Bauer, E. (1981): Produkttests in der Marketingforschung, Göttingen 1981.

Gaul, W., Baier, D., Apergis, A. (1996): Verfahren der Testmarktsimulation in Deutschland. Eine vergleichende Analyse, in: Marketing ZfP, 1996, Nr. 3, S. 203-218.

Höfner, K. (1996): Der Markttest für Konsumgüter in Deutschland, Stuttgart 1996.

Urban, G., Katz, G. (1983): Pretest Market Models, in: Journal of Marketing Research, 1983, No. 3, S. 221-234.

2. Werbeforschung

2.1 Gegenstand der Werbeforschung

Die Werbeforschung ist ein weites Gebiet mit einer Vielzahl an Methoden und Test-Designs. In Abhängigkeit des Objekts der Werbeforschung wird dabei in Werbeträger- und in Werbemittelforschung unterschieden. Während die *Werbeträgerforschung* primär auf die Messung der Reichweite der einzelnen Medien zielt, befasst sich die *Werbemittelforschung* schwerpunktmäßig mit der Wirkung von Werbemitteln auf psychologische und ökonomische Zielgrößen. Vereinzelt wird die Werbemittelforschung auch als *Werbewirkungsforschung* bezeichnet (vgl. z. B. Steffenhagen 1999, S. 292). Werbewirkungsforschung beinhaltet somit die Überprüfung des Zielerreichungsgrades der Werbung. Voraussetzung für eine fundierte Werbewirkungsforschung ist eine klare und eindeutige Festlegung der *Werbeziele* nach Inhalt, Ausmaß und zeitlichem Bezug. Des Weiteren ist zu klären, ob die Werbeziele unmittelbar durch Werbung beeinflussbar sind (dies gilt für die psychologischen und streutechnischen Werbeziele), oder ob sie auch von anderen Faktoren abhängen, etwa Preis- und Distributionspolitik, wie dies bei den ökonomischen Zielen der Fall ist.

Die Ermittlung der Werbewirkung bei ökonomischen Zielen erfordert eine Isolierung der Werbung als Beeinflussungsfaktor. Hierzu ist es erforderlich, Zielerreichungsgrade der Branche bzw. der Konkurrenten als Vergleichsgrößen heranzuziehen, um allgemeine Einflussfaktoren, die die Branche als Ganzes betreffen, herauszufiltern. In der Praxis ist aber eine Isolierung der ökonomischen Werbewirkung äußerst schwierig. Leichter zu erheben und unmittelbar auf Werbemaßnahmen zurückzuführen ist die Ermittlung der psychologischen Werbewirkung. Je nach Zeitpunkt der Werbewirkungsforschung wird dabei zwischen *Pretests* und *Posttests* unterschieden. Im Prinzip können hierfür sämtliche Verfahren der Marktforschung Anwendung finden; gängige Messgrößen sind die Erinnerung (*Recall-Test*) und die Wiedererkennung (*Recognition-Test*). Des Weiteren sind Verfahren zur Einstellungsmessung sowie explorative und projektive Verfahren gebräuchlich. Die streutechnische Werbewirkung lässt sich auf der Grundlage von *Mediaanalysen* bewerten. Erfolgt die Überprüfung der Zielgrößen am Markt kontinuierlich, so spricht man von *Werbetracking*.

Die Verwendung der Begriffe „Werbewirkung" und „Werbeerfolg" ist bis heute uneinheitlich. Grundsätzlich bezeichnet die Werbewirkung den Beziehungszusammenhang zwischen den werblichen Stimuli und der Reaktion der Rezipienten. Dabei wird unterschieden zwischen ökonomischer Werbewirkung (Wirkung auf ökonomische Werbeziele wie Absatzmenge, Umsatz, Gewinn, Marktanteil), psychologischer Werbewirkung (z. B. Wahrnehmung, Markenbekanntheit, Erinnerung, Kaufabsicht) und streutechnischer Werbewirkung (z. B. Reichweite, Kontakte). Die Werbewirkung bzgl. ökonomischer Zielvariablen wird auch als *Werbeerfolg* bezeichnet.

Sogenannte *Stufenmodelle der Werbewirkung* unterstellen eine Abfolge der verschiedenen Wirkungskategorien, die im Allgemeinen mit der Wahrnehmung der Werbung beginnt und mit der konkreten Kaufhandlung endet; dazwischen werden die übrigen psychologischen Stufen nacheinander durchlaufen.

Autoren	Psychologische Zielgrößen					Ökonomische Zielgrößen
	Stufe I	Stufe II	Stufe III	Stufe IV	Stufe V	Stufe VI
AIDA-Regel nach Lewis	Attention	Interest	Desire			Action
Lavidge/Steiner	Awareness	Knowledge	Liking	Preference	Conviction	Purchase
Colley	Awareness	Comprehension	Conviction			Action
Fischerkoesen	Bekanntheit	Image	Nutzen (erwartet)	Präferenz		Handlung
Seyffert	Sinneswirkung	Aufmerksamkeitswirkung	Vorstellungswirkung	Gefühlswirkung	Gedächtniswirkung	Willenswirkung
Kroeber-Riel	Aufmerksamkeit	Kognitive Vorgänge	Emotionale Vorgänge	Einstellung	Kaufabsicht	Kauf
McGuire	Aufmerksamkeit	Kenntnis	Einverständnis mit der Schlussfolgerung	Behalten der neuen Einstellung		Verhalten auf Basis der neuen Einstellung
DAGMAR Batra et al.	Unaware	Aware	Comprehension and Image	Attitude		Action

Quelle: Schweiger/Schrattenecker 2006, S. 171.
Abb. 5.8: Stufenmodelle der Werbewirkung

Bekanntestes Stufenmodell der Werbewirkung ist die *AIDA-Regel*. Diese besagt, dass ein Werbeadressat beim Kontakt mit einer Werbebotschaft nacheinander die Wirkungsstufen Attention (Aufmerksamkeit), Interest (Interesse), Desire (Kaufabsicht) und Action (Kaufhandlung) durchläuft; eine Kaufhandlung findet also erst statt, wenn der Rezipient die vorangegangenen psychologischen Prozesse durchlaufen hat. Phasenabgrenzung und -abfolge sind jedoch umstritten. Abb. 5.8 zeigt ausgewählte Stufenmodelle der Werbewirkung im Überblick.

2.2 Werbeträgerforschung

2.2.1 Überblick

Ziel der Werbeträgerforschung (Mediaforschung) ist die Analyse der verschiedenen Werbeträger im Hinblick auf deren Beitrag zur Erreichung von Werbezielen. Kern der Mediaforschung ist die *Mediaanalyse*. Diese basiert auf primärstatistischen Erhebungen von Kontaktmenge und Kontaktqualität der einzelnen Werbeträger und ermittelt eine Vielzahl von Kennzahlen der Werbeplanung. Ergänzend werden demographische und psychographische Merkmale wie auch das Medien- und Konsumverhalten der Nutzerschaft erhoben. Die Ergebnisse der Mediaforschung liefern wichtige Hinweise für die Werbestreuplanung. Zu den bekanntesten Mediaanalysen in Deutschland zählen die Mediaanalyse der Arbeitsgemeinschaft Media-Analyse, die Allensbacher Werbeträger-Analyse sowie die Infratest Multi-Media-Analyse.

– Die *Allensbacher Werbeträger-Analyse (AWA)* ist eine jährlich veröffentlichte Dokumentation der Mediaforschung des Instituts für Demoskopie Allensbach. Die AWA enthält zum einen Daten über die Reichweite von Zeitschriften, Zeitungen, Hörfunk, Fernsehen, Kino und Außenwerbung, zum anderen auch Angaben über die soziodemographische und psychographische Struktur der Mediennutzer sowie über das Verbraucherverhalten der Zielgruppen.

– Die *Arbeitsgemeinschaft Media-Analyse e. V. (AG.MA)* ist ein Zusammenschluss von Werbeträgern, Werbeagenturen und Werbetreibenden zu Zwecken der Mediaforschung. Die Ergebnisse werden jährlich in der Media-Analyse publiziert.

– Die *Infratest Multi-Media-Analyse (IMMA)* ist schließlich eine laufend durchgeführte Erhebung des Medienmarktes durch das Marktforschungsinstitut TNS Infratest. Die Erhebung enthält umfangreiche Daten zur Mediaforschung und zum Konsumverhalten und gehört zu den größten Markt-Media-Erhebungen in Deutschland.

2.2.2 Gegenstand der Werbeträgerforschung

Gegenstand der Werbeträgerforschung (Mediaforschung) sind in Deutschland insb. die Fernsehzuschauerforschung, welche von der GfK Nürnberg durchgeführt wird, sowie die Printforschung (Leseranalyse). Darüber hinaus werden regelmäßige Analysen auch für andere Mediengattungen durchgeführt, z. B. die Struktur der Internetnutzer durch das Hamburger Marktforschungsinstitut W3B.

Die *Zuschauerforschung* ist der Teilbereich der Mediaforschung, der sich mit der Analyse der Struktur und Nutzungsgewohnheiten – insb. Einschaltquoten – der TV-Zuschauer befasst. Die Erhebung erfolgt mittels automatischer Erfassungsgeräte bei Panel-Haushalten oder durch Befragungen. Erhoben werden u. a. folgende Kennzahlen:

– Seher pro halbe Stunde,
– Seher pro Tag,
– Zuschauer je Werbeblock.

Die Ergebnisse der Zuschauerforschung bilden die Grundlage zur Ermittlung von Zuschauermarktanteilen und liefern wichtige Hinweise für die Mediaplanung. Da auf die Fernsehforschung ausführlich in Abschn. 2.2.3.1.4 des 2. Teils eingegangen wurde, soll die Thematik an dieser Stelle nicht weiter vertieft werden. In Deutschland wird die Fernsehforschung von der GfK Nürnberg auf der Grundlage eines repräsentativen Zuschauerpanels ermittelt (vgl. GfK o. J. h).

Bei einer *Leseranalyse* handelt es sich um eine repräsentative Erhebung zur Feststellung der Reichweiten der Printmedien, der Leserstruktur wie auch der Lesegewohnheiten. Eine Leseranalyse liefert die Grundlage zur Berechnung einer ganzen Reihe von Kennzahlen wie z. B. Leser pro Nummer, Leser pro Ausgabe, Leser pro Exemplar. Darüber hinaus kann die Kontaktwahrscheinlichkeit (Kontaktchance) ermittelt werden, d. h. die Wahrscheinlichkeit, dass eine durchschnittliche Ausgabe eines Mediums genutzt wird. Sie ergibt sich als Durchschnitt aller individuellen Kontaktwahrscheinlichkeiten der befragten Stichprobenmitglieder und ist eine Kennziffer für die durchschnittliche Reichweite eines Titels.

Zu den Lesegewohnheiten werden erhoben:
– Lesedauer (Gesamtzeit über alle Lesevorgänge, in der eine Person eine Ausgabe eines Printmediums nutzt);
– Lesehäufigkeit (Anzahl der Ausgaben eines Printmediums, die eine Person innerhalb eines bestimmten Zeitraums liest;
– Leseintensität (Nutzungsintensität eines Printmediums);
– Lesemuster (Leseverhalten, das sich anhand der Kriterien Lesehäufigkeit, Leseort und Anzahl der Lesetage beschreiben lässt).

Die Ergebnisse der Leseranalyse liefern wichtige Hinweise für den Einsatz von Printmedien in der Werbung. Zu erwähnen ist darüber hinaus die *Leseranalyse bei Entscheidungsträgern in Wirtschaft und Verwaltung (LAE)*, eine zielgruppenspezifische Leseranalyse der Arbeitsgemeinschaft Leseranalyse Entscheidungsträger.

2.2.3 Kennziffern der Werbeträgerforschung

Kennziffern der Werbeträgerforschung werden im Rahmen der Mediaforschung ermittelt und stellen wichtige Maßzahlen zur Beurteilung von Medien bzw. Mediaplänen. Abb. 5.9 zeigt die wichtigsten Kennziffern der Werbeträgerforschung im Überblick. Eine ausführliche Beschreibung sämtlicher Kennziffern der Mediaplanung wie auch grundsätzlicher Begriffe der Werbeforschung findet sich insb. bei Koschnik 2003.

Affinität	Kennzahl zur Bewertung der Kontaktqualität. Sie gibt an, in welchem Ausmaß die Nutzer eines Werbeträgers den Zielgruppen der Werbung entsprechen und kann als Prozentsatz oder als Indexwert berechnet werden. Als Prozentsatz berechnet sich die Affinität als $$\frac{\text{absolute Reichweite in der Zielgruppe}}{\text{absolute Reichweite in der Gesamtbevölkerung}} \times 100.$$ Den Indexwert erhält man, indem der o. a. Prozentsatz durch den Anteil der Zielgruppe an der Gesamtbevölkerung dividiert wird. Ein Indexwert >1 (<1) bedeutet, dass die Zielgruppe in der Nutzerschaft des Mediums über-(unter-)repräsentiert ist.
Durchschnittskontakt	Als Durchschnittskontakt wird die durchschnittliche Anzahl der Kontakte mit einem Werbeträger bezeichnet, bezogen auf alle Personen, welche vom Werbeträger erreicht wurden, also (mindestens einen) Kontakt mit dem Werbeträger hatten.
Einschaltquote	Kennziffer, welche von der Gesellschaft für Konsumforschung (GfK) im Auftrag der sieben größten Fernsehsender ermittelt wird. Die Einschaltquote besagt, wie viel Prozent der Fernsehhaushalte in Deutschland eine bestimmte Sendung über die gesamte Sendezeit gesehen haben.
Gross Rating Points (GRP)	Addierte Zahl der Kontakte (ohne Überschneidungen), ausgedrückt als Prozentwert einer Zielgruppe. Die Kennziffer dient der Bewertung des relativen Werbedrucks.
Kontakthäufigkeit	Durchschnittliche Anzahl der Kontakte der Zielpersonen bzw. Zielgruppen mit einem oder mehreren Werbträgern oder Werbemitteln. Sie wird auch als Kontaktfrequenz bezeichnet.
Leser pro Ausgabe (LPA)	Rechnerisch ermittelte Zahl der Leser einer durchschnittlichen Ausgabe eines Printmediums. Für ein bestimmtes Erscheinungsintervall resultiert der LPA-Wert als Quotient aus der Summe der Leser-pro-Nummer-Werte der in diesem Zeitraum erschienenen Exemplare und der Anzahl der erschienenen Exemplare.
Leser pro Exemplar (LPE)	Zahl der Personen, die ein Exemplar eines Printmediums lesen. Der LPE-Wert wird nicht direkt erhoben, sondern resultiert als Quotient aus Leser im Erscheinungsintervall und verbreiteter Auflage im Erscheinungsintervall.
Leser pro Nummer (LPN)	Zahl der Personen, die eine bestimmte Ausgabe eines Printmediums genutzt haben und damit einen Werbeträgerkontakt hatten. Die Ermittlung erfolgt durch Feststellung des letzten Lesevorgangs.
Leser-Blatt-Bindung	Intensität der Bindung eines Lesers an einen bestimmten Titel. Die Messung erfolgt meist auf der Grundlage von Statements, welche Wertschätzung, empfundene Verzichtbarkeit u. Ä. seitens des Lesers zum Ausdruck bringen. Die Ermittlung der Leser-Blatt-Bindung beruht auf der Vermutung, dass diese die Intensität des Werbemittelkontakts beeinflusst.

Leserstruktur	Erhebung im Rahmen einer Leseranalyse. Folgende Variablen werden erhoben: (1) Weitester Leserkreis (Personen, die in den letzten 12 Erscheinungsintervallen mindestens eine Ausgabe eines Printmediums genutzt haben); (2) Fluktuation der Leserschaft (personenmäßige Veränderung im Leserkreis eines Printmediums bei gleichbleibender Gesamtzahl der Leser); (3) Leser pro Ausgabe; (4) Leser pro Nummer; (5) Leser pro Exemplar; (6) Leser pro Seite (Zahl der Kontakte einer oder mehrerer Personen mit einer bestimmten Seite eines Printmediums als Indikator für die Wahrscheinlichkeit eines Werbemittelkontakts).
Medienakzeptanz	Qualitatives Kriterium der Medienbewertung. Einflussfaktoren der Medienakzeptanz sind u. a. Glaubwürdigkeit, Informationswert, Unterhaltungswert, Nutzerbindung.
Medien-Kontakt-Einheit (MKE)	Maßeinheit der Mediaforschung mit der Aufgabe, die Kontakte verschiedener Werbeträger vergleichbar zu machen. Die MKE bildet die Grundlage für die Berechnung der Nutzungswahrscheinlichkeit von Werbeträgern. Bei Printmedien beträgt die MKE eine Ausgabe, beim Hörfunk eine Stunde, beim Fernsehen 30 Minuten und beim Kino eine Woche.
Nutzungswahrscheinlichkeit	Die Nutzungswahrscheinlichkeit ermittelt sich als Quotient aus der Nutzerschaft pro Ausgabe (bzw. pro Sendetag) und dem weitesten Nutzerkreis (Personen, die im Referenzzeitraum mindestens eine Ausgabe des Mediums genutzt haben); sie gibt die Wahrscheinlichkeit an, dass ein Mediennutzer Kontakt mit einer durchschnittlichen Ausgabe eines Mediums hat.
Reichweite	Zentrale Kennzahl der Werbeplanung. Sie beschreibt das Ausmaß, in welchem die Werbeadressaten erreicht werden. Reichweiten können nach verschiedenen Kriterien klassifiziert werden: (1) *Bruttoreichweite* (Zahl der erzielten Kontakte mit einem Werbeträger oder einem Werbemittel, unabhängig von der Zahl der erreichten Personen) und *Nettoreichweite* (Zahl der erreichten Personen, die mindestens einen Kontakt hatten); (2) *Werbeträgerreichweite* (Zahl der erzielten Werbeträgerkontakte bzw. der durch einen Werbeträger erreichten Personen) und *Werbemittelreichweite* (Zahl der durch ein Werbemittel erreichten Personen bzw. erzielten Werbemittelkontakte); (3) *Quantitative Reichweite* (Zahl der insgesamt erreichten Personen) und *qualitative Reichweite* (Anzahl der erreichten Personen der Zielgruppe).

Quelle: In Anlehnung an Fantapié Altobelli 2004.

Abb. 5.9: Kennziffern der Mediaforschung

2.3 Werbemittelforschung

2.3.1 Überblick

Die Werbemittelforschung befasst sich mit der Überprüfung der Wirksamkeit eines Werbemittels, d. h. des Ausmaßes der Erfüllung festgelegter Werbeziele durch das zu testende Werbemittel. Abb. 5.10 enthält einen Überblick über die Systematisierungskriterien von Werbemitteltests.

Zeitpunkt der Durchführung	– Pretest – Posttest
Ort der Durchführung	– Labortest – Feldtest
Zu testende Variable	Test zur Messung von – momentanen Reaktionen – dauerhaften Gedächtnisreaktionen – finalen Verhaltensreaktionen
Wissensstand der Testpersonen	– versteckte Versuchsanordnung – offene Versuchsanordnung
Zu testendes Werbemittel	– Anzeigentest – Plakattest – Spot-Test – Website-Test etc.
Stadium in der Erstellung des Werbemittels	– Konzepttest – Gestaltungstest

Abb. 5.10: Systematik von Werbemitteltests

Nach dem *Zeitpunkt der Durchführung* wird zwischen Pretests und Posttests unterschieden. Bei einem *Pretest* handelt es sich um einen Werbetest, der vor Schaltung einer Werbemaßnahme durchgeführt wird, um deren voraussichtliche Werbewirkung auszuloten. Ein Pretest bildet die Grundlage für die Bewertung und Auswahl eines Werbemittels im Hinblick auf die erreichbare Werbewirkung, d. h. er dient der Werbewirkungsprognose.

Hingegen ist ein *Posttest* ein Werbetest zur nachträglichen Bewertung der Wirksamkeit einer Werbekampagne, d. h. zur Werbeerfolgskontrolle. Ein Posttest ermöglicht somit die Ermittlung der Zielerreichung eine Werbekampagne und liefert Anhaltspunkte für künftige Werbemaßnahmen. Gebräuchliche Posttest-Verfahren sind der Recall-Test, der Recognition-Test, der Copy-Test und der Impact-Test.

Das Kriterium der *zu testenden Variable* beinhaltet eine Unterscheidung in Messung momentaner Reaktionen, Messung dauerhafter Gedächtnisreaktionen und Messung finaler Verhaltenswirkungen (vgl. hierzu Steffenhagen 1999). Damit zielt das Kriterium auf die Wirkung des Werbemittels auf psychologische und ökonomische Zielgrößen.

Momentane Reaktionen sind Vorgänge, welche sich im unmittelbaren Anschluss an den Werbemittelkontakt beim Rezipienten abspielen. Dazu gehören z. B. Aktivierung, Aufmerksamkeit, Wahrnehmung, Anmutungen u. a. *Dauerhafte Gedächtnisreaktionen* sind Inhalte des

Langzeitgedächtnisses, welche auf Grund des Kontakts mit einem Werbemittel geprägt bzw. verändert werden. Dazu gehören Variablen wie Wissen, Interesse, Einstellung, Kaufabsicht. Schließlich beinhalten *finale Verhaltensreaktionen* Informations-, Kauf- und Verwendungsverhalten.

Die wichtigsten psychologischen Zielgrößen der Werbung sollen hier der Vollständigkeit halber kurz skizziert werden (vgl. ausführlich z. B. Trommsdorff 2004; Kroeber-Riel/Weinberg 2003, S. 40-418):

–**Aktivierung:** Erregungszustand des Zentralnervensystems, durch den der Organismus mit Energie versorgt und in einen Zustand der Leistungsfähigkeit und Leistungsbereitschaft versetzt wird. Die Aktivierung ist eine Voraussetzung für die Aufmerksamkeit eines Individuums gegenüber einem bestimmten Reiz (z. B. einer Werbebotschaft).

–**Aufmerksamkeit:** Vorübergehende Erhöhung der Aktivierung, wodurch das Individuum gegenüber bestimmten Reizen sensibilisiert wird. Aufmerksamkeit führt bei simultanem Auftreten mehrerer Stimuli zur Reizauswahl; aus diesem Grunde muss Werbung Stimuli bieten, die Aufmerksamkeit erzielen, da sie ansonsten unbeachtet bleibt.

–**Wahrnehmung:** Kognitiver Prozess der Informationsgewinnung durch Aufnahme bestimmter Reize. Für die Werbung sind insb. folgende Aspekte von Bedeutung:
  (1) Die Wahrnehmung erfolgt subjektiv, d. h. die objektiven Reize werden vom Individuum verarbeitet und interpretiert.
  (2) Die Wahrnehmung erfolgt selektiv, d. h. es werden nur solche Reize wahrgenommen, welche zuvor Aufmerksamkeit erregt haben.

–**Einstellung:** Relativ stabile, gelernte innere Bereitschaft eines Individuums, auf bestimmte Stimuli konsistent positiv oder negativ zu reagieren. Die einstellungsbildende Wirkung medialer Angebote hängt von zahlreichen Variablen ab, u. a. von der Glaubwürdigkeit, Aufmachung und Überzeugungskraft des Mediums, aber auch vom Involvement des Rezipienten.

–**Involvement:** Wahrgenommene Wichtigkeit eines Stimulus bzw. persönliche Bindung eines Individuums gegenüber einem Stimulus. Involvement ist mit einem inneren Zustand der Aktivierung verbunden und besitzt eine verhaltensanregende Kraft. Das Involvement ist stets auf einen bestimmten Reiz gerichtet (z. B. Produkt, Person, Situation, Aufgabe, Verhalten etc.). Hohes Involvement bedeutet eine besonders intensive innere Beteiligung des Konsumenten und ist verbunden mit aktiver Informationssuche, aktiver Auseinandersetzung, hoher Verarbeitungstiefe, stark verankerter Einstellung, hoher Gedächtnisleistung sowie Ansprechbarkeit durch rationale Argumentation. Den Regelfall in Werbung und Marketing bildet allerdings Low-Involvement, d. h. eine nur geringe innere Beteiligung der Werbeadressaten; aus diesem Grunde ist in den meisten Fällen eine eher emotionale kommunikative Ansprache der Zielpersonen angebracht.

Nach dem *Wissensstand der Testpersonen* wird zwischen offenen und verdeckten Versuchsanordnungen unterschieden (vgl. hierzu auch die Ausführungen in Abschn. 2.2.2.1 im 2. Teil). Während bei einer *offenen Versuchsanordnung* den Testpersonen die Untersuchungssituation bewusst ist, wird im Rahmen einer *verdeckten Versuchsanordnung* die Untersuchungssituation verschleiert, sodass ein Beobachtungseffekt vermieden wird.

Nach dem *zu testenden Werbemittel* wird z. B. zwischen Anzeigentest, TV-Spot-Test, Plakattest usw. unterschieden. Die Unterscheidung ist insofern bedeutsam, als die Versuchsanordnungen je nach Gegenstand des Tests z. T. modifiziert werden müssen. Schließlich beinhaltet das Kriterium des *Stadiums der Einstellung des Werbemittels* eine Unterscheidung in Konzepttest und Gestaltungstest. Während *Konzepttests* in einem frühen Stadium der Werbemittelentwicklung auf der Grundlage von Layouts oder Storyboards erfolgen, werden *Gestaltungstests* auf Basis fertiggestellter Werbemittel durchgeführt. Im Allgemeinen bieten Marktforschungsinstitute den Auftraggebern ein Gesamtportfolio an Verfahren an, sodass ein Werbemittel von der ersten Konzeption bis zum Posttest evaluiert werden kann. Abb. 5.11 zeigt das Werbemitteltest-Spektrum am Beispiel von TNS Infratest.

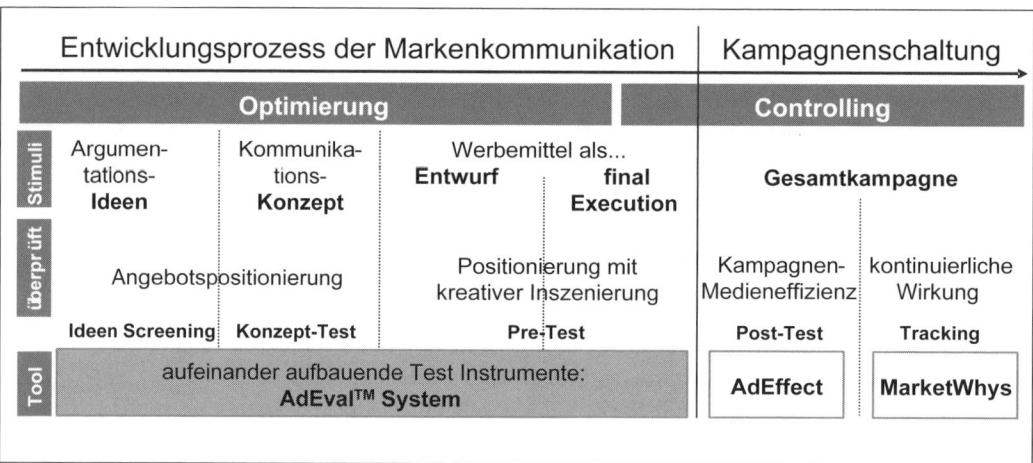

Quelle: TNS Infratest o. J., o.S.
Abb. 5.11: Das Werbemitteltest-Portfolio von TNS Infratest

2.3.2 Werbemittelpretests

Pretests werden vor Einsatz des Werbemittels durchgeführt; damit handelt es sich durchweg um Labortests. Pretests umfassen Konzepttests und Gestaltungstests und können sowohl mit offener als auch mit versteckter Versuchsanordnung durchgeführt werden. Pretests werden auch als Copy-Tests bezeichnet.

Konzepttests werden nicht mit fertigen Werbemitteln, sondern mit Entwürfen durchgeführt. Nach Vorlage des Entwurfs werden die Probanden befragt, ob z. B. die Besonderheiten des Produkts klar, prägnant und überzeugend kommuniziert werden (vgl. Berndt 2004, S. 311). *Gestaltungstests* werden hingegen mit fertigen Werbemitteln durchgeführt.

Beispiel 5.7: GfK AD*CREATOR Konzepttest

AD*CREATOR ist ein Pretest zum Check der Werbewirkung bereits in der Konzept- und ersten Umsetzungsphase von Werbespots. Der Test liefert Antwort auf die folgenden Fragen:

–Verständnis: Wird die Story verstanden und richtig wiedergegeben?

–Kommunikationsleistung: Vermittelt der Film die intendierten Kommunikationsinhalte? Wird die Kommunikationsstrategie unterstützt?

–Likeability: Gefällt das Konzept? Oder weist der Film ein kontraproduktives Reibungspotenzial auf?

–Involvement: Weckt der Film ausreichend starkes Interesse? Identifiziert sich die Zielgruppe mit der Story?

–Gedächtnisverankerung: Ist die Darbietung eigenständig und der Marke eindeutig zuordenbar? Wird sich der künftige Film im Gedächtnis der Zielgruppe verankern?

–Produktbewertung: Welcher Einfluss auf das Produktimage ist zu erwarten?

–Storyboardanalyse: Welchen Wirkungsbeitrag haben die einzelnen Szenen? Gibt es Schwächen im Ablauf der Story? Welches sind die wichtigsten Szenen?

Zur besseren Beurteilung des Spots unter Low-Involvement-Bedingungen wird neben der ganzheitlichen Beurteilung des Werbefilms auch das rein visuelle Potenzial isoliert bewertet, d. h. ohne Text bzw. Ton.

Quelle: GfK o. J. e.

Grundsätzlich werden in Pretests unterschiedliche Aspekte eines Werbemittels überprüft. Hierzu werden die Probanden in ein Teststudio eingeladen, und es wird ihnen das zu testende Werbemittel – ggf. in Verbindung mit weiteren Werbemitteln – dargeboten. Am Beispiel eines Anzeigentests werden üblicherweise folgende Werte ermittelt:

– Anzeigenerinnerung (Anteil der Leser, die sich an eine Werbeanzeige erinnern);
– Produkterinnerung (Anteil der Leser, die sich an ein bestimmtes Produkt erinnern);
– Markenerinnerung (Anteil der Leser, die sich an die Marke des beworbenen Produkts erinnern);
– Bilderinnerung (Anteil der Leser, die sich an das (die) Bildelement(e) der Anzeige erinnern);
– Texterinnerung (Anteil der Leser, die sich an den Anzeigentext erinnern).

Darüber hinaus erfolgt eine allgemeine Beurteilung der Anzeige anhand einer Notenskala wie auch die Erstellung eines Anzeigenprofils mit Hilfe eines Polaritätenprofils. In analoger Weise können auch Werbespots getestet werden. Abb. 5.12 zeigt ein fiktives Beispiel für einen Anzeigentest (AdEval von TNS Infratest). Beispielsweise zeigt sich, dass bei kurzzeitiger Darbietung der Anzeige knapp die Hälfte der Befragten der Meinung ist, dass die Frau sich in den Finger schneidet. Dies lenkt von einer überzeugenden Motivwirkung ab. Wenn hingegen das Bild korrekt verstanden wird, ist ein positiver Effekt auf die Gesamtleistung der Anzeige zu verzeichnen. Auch der Claim „Wenn nichts passiert" wird nur selten nach dem Erstkontakt erkannt, trägt aber zur positiven Anzeigenwirkung bei (vgl. TNS Infratest o. J., o. S.). Insgesamt zeigt sich, dass die Anzeige Anlässe zu Missverständnissen gibt, wenn sie – wie es in der Realität oftmals der Fall ist – nur kurz betrachtet wird.

Im Rahmen von *Gestaltungstests* werden Verfahren der explorativen Analyse (mit offener Versuchsanordnung) und Verfahren mit verdeckter Versuchsanordnung unterschieden. Bei *explorativen Testverfahren* werden die einzelnen Elemente des Werbemittels detailliert analysiert. Typischerweise wird das Werbemittel den Probanden zunächst kurzzeitig vorgelegt, um erste spontane Eindrücke und Anmerkungen zu erfahren. Anschließend wird das Werbemittel erneut auf Dauer vorgelegt; die Probanden werden detailliert nach den einzelnen Elementen des Werbemittels gefragt, nach dem Verständnis der Werbebotschaft, den ausgelösten Emotionen und Assoziationen usw. Unterstützt werden explorative Testanordnungen durch apparative Verfahren (vgl. ausführlich die Darstellung in Abschn. 2.2.2.2.2 im 2. Teil). Gebräuchliche technische Hilfsmittel sind Tachistoskop, Hautwiderstandsmessung und Blickaufzeichnung.

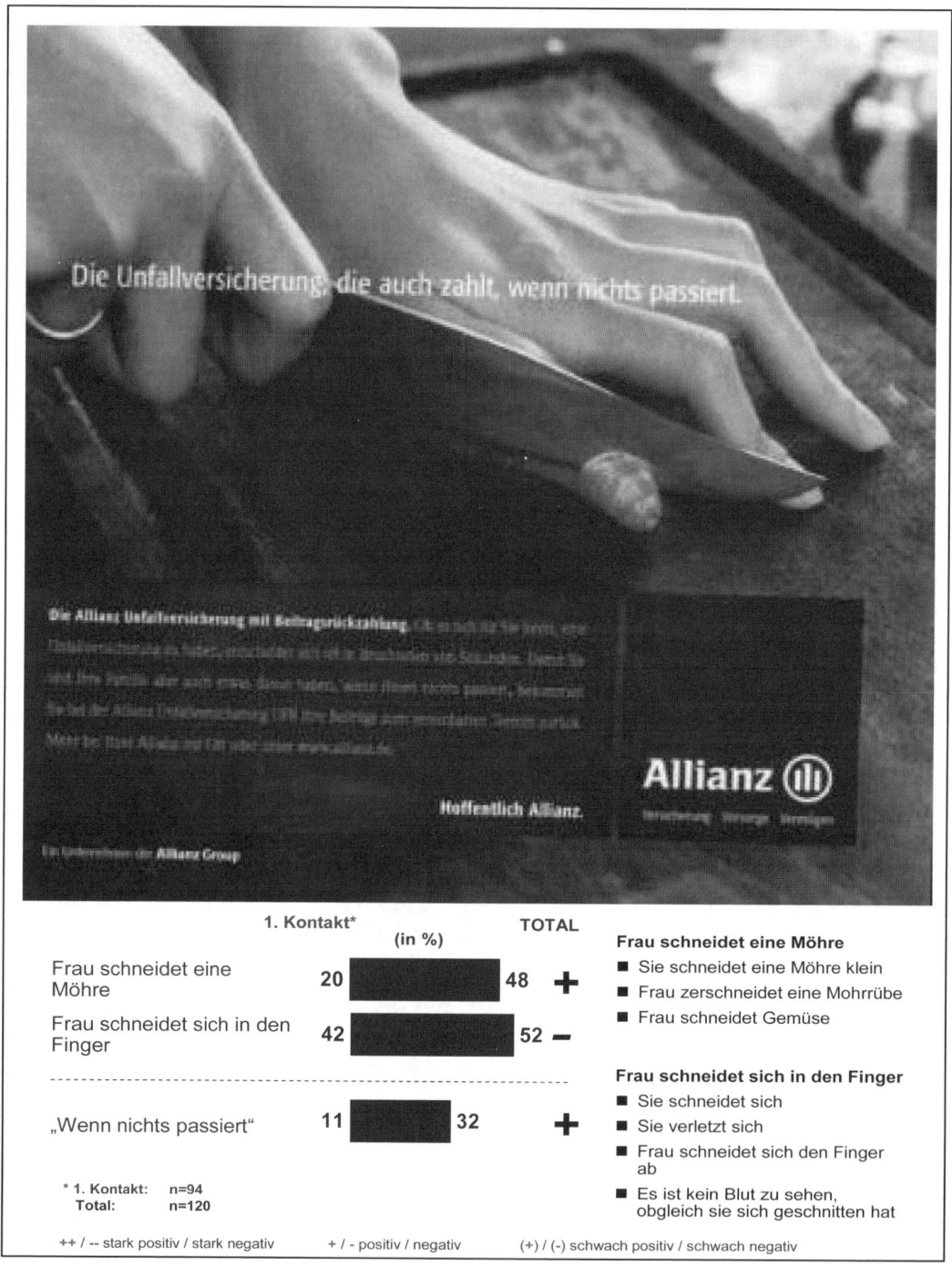

Quelle: TNS Infratest o. J., o. S.
Abb. 5.12: Ergebnisse eines fiktiven Anzeigentests nach AdEval

Ein *Tachistoskop* ist ein Projektionsgerät, mit dem es möglich ist, im Rahmen eines Werbemitteltests die Darbietungszeit von Werbemitteln auf bis zu 0,0001 Sekunden zu verkürzen (vgl. Schweiger/Schrattenecker 2006, S. 328). Durch stufenweise Verlängerung der Darbietungszeit und anschließende Befragung der Testpersonen kann festgestellt werden, welche Elemente des Werbemittels jeweils wahrgenommen werden; dies erlaubt gewisse Rückschlüsse auf die ersten Anmutungen eines Werbemittels bei der in der Realität häufig anzutreffenden sehr kurzen Betrachtungsdauer.

Die *Hautwiderstandsmessung* (elektrodermale Reaktion) ist ein Verfahren zur Messung der Aktivierung. Das Verfahren beruht darauf, dass auf bestimmte Reize (z. B. der Kontakt mit einem Werbemittel) die Schweißdrüsen von Händen und Fußsohlen reagieren, was zu einer Veränderung des Hautwiderstands führt. Erfasst wird die Spannungsverschiebung mittels angebrachter Elektroden.

> Das Verfahren basiert darauf, dass die ausgelösten Aktivierungen des Zentralnervensystems, welche sich in der elektrodermalen Reaktion zeigen, registriert werden. Die zu testenden Werbematerialien können dadurch in Abhängigkeit der ausgelösten Aktivierungswirkung im Hinblick auf Anregungswirkung, Aufnahmebereitschaft und Verarbeitung von Informationen erfasst werden (vgl. ifuma 2004a, o. S.). Bei Werbemitteln mit zeitlicher Ausdehnung, also insb. Fernseh- oder Hörfunkspots, kann die Aktivierung eindeutig auf bestimmte Sequenzen zurückgeführt werden, wodurch Ansatzpunkte für die Verbesserung des Spots ersichtlich werden.
>
> Im Anschluss an die experimentelle Erhebung erfolgt meist zusätzlich eine Befragung, um spontane Eindrücke, Anmutungen, Emotionen und Assoziationen, welche vom Werbemittel ausgelöst werden, zu eruieren.

Bei der *Blickaufzeichnung* bzw. *Blickregistrierung* handelt es sich um ein apparatives Testverfahren zur Feststellung des Blickverlaufs bei der Betrachtung einer Anzeige. Hierdurch kann ermittelt werden, welche Anzeigenelemente wie lange und in welcher Reihenfolge betrachtet werden. Die Blickaufzeichnung erfolgt mit Hilfe einer Spezialbrille, welche den Blickverlauf anhand der Pupillenbewegungen registriert, oder mit Hilfe einer versteckten Kamera. Darüber hinaus besteht die Möglichkeit, eine Kamera in einem PC-Bildschirm zu integrieren, sodass die Augenbewegungen beim Betrachten eines Spots, einer Anzeige oder einer Website exakt, aber völlig unauffällig für den Probanden erfasst werden können. Abb. 5.13 zeigt exemplarisch den Blickverlauf beim Betrachten einer Website.

> Im Rahmen von Blickaufzeichnungen werden sog. Fixationen und Sakkaden ermittelt. *Sakkaden* zeigen die Blickbewegung, d. h. Sprünge zwischen den einzelnen Elementen eines Werbemittels (Headline, Bild, Bodycopy, Markenname etc.). Hierdurch wird die Reihenfolge deutlich, in welcher die einzelnen Elemente betrachtet werden. Zwischen den Sakkaden ruht das Auge für ca. ½ Sekunde auf den einzelnen Elementen *(Fixationen)*. Solche Fixationen sind das eigentlich interessierende Kriterium der Blickaufzeichnung, da nur während einer Fixation werbliche Informationen aufgenommen werden können (vgl. Schweiger/Schrattenecker 2006, S. 322 f.). Unter anderem kann hierdurch ermittelt werden, welcher Anteil der Probanden den Markennamen oder das Produkt tatsächlich wahrgenommen hat. Darüber hinaus liefert die Gesamtheit der Fixationen für eine Anzeige Hinweise für Interesse oder Involvement der Probanden (vgl. ifuma 2004b, o. S.). Die Blickaufzeichnung erlaubt eine Optimierung der Anzeigengestaltung.

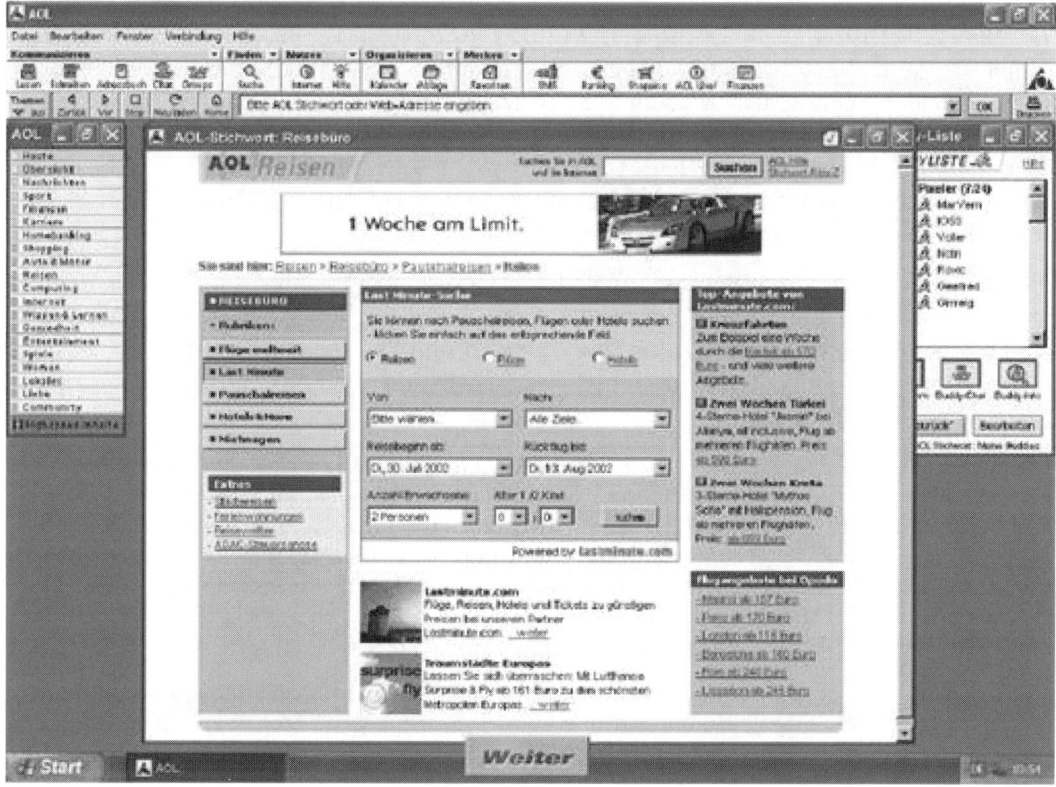

Quelle: AOL o. J., S. 6.
Abb. 5.13: Blickaufzeichnung beim Betrachten einer Website

Die Ergebnisse der Blickaufzeichnung in Abb. 5.13 zeigen beispielsweise Folgendes (vgl. AOL o. J., S. 6):
– Probanden, die durch den Werbeträger AOL gesurft sind, haben die Opel-Werbung zu 87 % wahrgenommen.
– Die Opel-Werbung bei AOL wurde durchschnittlich 4,1 Sekunden lang betrachtet. (Im Vergleich hierzu werden 1/1-4C-Print-Werbungen durchschnittlich ca. 2 Sekunden lang betrachtet).

Verdeckte Versuchsanordnungen der Werbemittelforschung umfassen quasi-biotische und biotische Versuchsanordnungen und beinhalten insb. Verfahren wie Foldertest, Illustriertenversandtest und Wartezimmertest. Im Rahmen eines *Foldertests* wird dem Probanden eine Mappe mit ca. 15 – 20 Anzeigen vorgelegt, in welcher auch die zu testende Anzeige enthalten ist. Im Anschluss daran werden insb. Anzeigen- und Markenerinnerung erfragt. Bei Rahmen einem *Illustriertenversandtest* werden den Testpersonen präparierte Exemplare einer Zeitschrift geschickt, in welchen die zu testende Anzeige enthalten ist. Die anschließende Befragung erfolgt analog. Schließlich erfolgt im Rahmen eines *Wartezimmertests* eine verdeckte Leseverhaltensbeobachtung (Compagnon-Verfahren). Die Testperson wird mit Hilfe einer versteckten Kamera beim Lesen einer Zeitschrift beobachtet. Die Kamera erfasst die Zeitschrift, die auf einem Glastisch liegt, und das Gesicht der Testperson, das eine bestimmte Anzeige betrachtet und sich in der Tischplatte spiegelt. Im Anschluss daran kann im Rahmen eines Recall-Tests die Erinnerung der Testperson an die Anzeige überprüft werden (vgl. Bruhn 2005, S. 495).

Weitere Verfahren mit – zumindest teilweise – verdeckter Versuchsanordnung versuchen, im Studio die Situation beim Fernsehen zu simulieren, um die Wirksamkeit von Werbespots zu überprüfen. Diese werden in ein redaktionelles Umfeld eingebunden, um die Testsituation zu verschleiern. Ein Beispiel ist AD*VANTAGE von GfK.

Beispiel 5.8: GfK AD*VANTAGE Werbemitteltest

Bei AD*VANTAGE handelt es sich um einen Studiotest in Form eines Einzelinterviews. Unter Einsatz modernster Computertechnologie wird jeder Testperson ein 1 ½-stündiges Fernsehprogramm dargeboten. Dieses enthält Moderation, Programmteile, Werbeblöcke einschließlich des Testspots sowie eine Reihe von Fragen, die der Moderator stellt und welche vom Probanden auf einem Formular beantwortet werden müssen. Die Stichprobe beträgt üblicherweise n = 125 Testpersonen. Zentrale Kerndimensionen für die Bewertung eines Werbespots sind dabei:

– Visibility: Wird die Werbung wahrgenommen?

– Branding: Wer wurde beworben?

– Communication: Welche Visuals und Botschaften werden erinnert?

– Brand Enhancement: Gelingt der Aufbau einer positiven Einstellung gegenüber der Marke?

– CC Persuasion: Löst der Film ausreichend hohes Probierinteresse bei Neukäufern aus? Führt der Werbefilm zu einer Intensivierung bei bestehenden Käufern?

Darüber hinaus erfolgt im Rahmen einer sog. Scene-to-Scene-Analyse eine Identifizierung von Stärken und Schwächen einzelner Bilder hinsichtlich relevanter Werbedimensionen.

Quelle: GfK o. J. f.

2.3.3 Werbemittelposttests

Werbemittelposttests werden zur Erfolgskontrolle von Werbekampagnen eingesetzt. Sie erfolgen üblicherweise als Feldtests. Die Werbewirkung wird anhand verschiedener Kriterien gemessen, z. B. (vgl. Hammann/Erichson 2000, S. 222):

– Erinnerung des Werbemittels,

– Markenerinnerung bzw. Markenbekanntheit,

– Einstellung zum Produkt,

– Kaufabsicht.

Am gebräuchlichsten ist die Messung der Erinnerungswirkungen eines Werbemittels; hierbei wird zwischen Recall- und Recognition-Tests unterschieden (vgl. Schweiger/Schrattenecker 2006, S. 336 f.).

Ein *Recall-Test* ist ein Verfahren zur Feststellung der Erinnerung der Werbeadressaten an eine Werbemaßnahme. Beim Unaided Recall (ungestützt) werden die Testpersonen danach gefragt, an welche Werbemittel (z. B. Anzeigen im zuletzt genutzten Exemplar einer Zeitschrift) sie sich spontan erinnern; beim Aided Recall (gestützt) erfolgt eine Unterstützung z. B. durch Vorlage der Marken, die im Werbeträger beworben wurden. Zur Überprüfung von Fernsehspots wird häufig der sog. Day-After-Recall eingesetzt, im Rahmen dessen die Testpersonen am Tag nach der Ausstrahlung danach befragt werden, ob sie sich an den Spot erinnern und an welche Elemente.

Eine Sonderform des ungestützten Recall-Tests ist der *Impact-Test*. Beim Impact-Test handelt es sich um einen Werbetest zur Messung des Werbeeindrucks beim Rezipienten nach Stärke und Intensität. Folgende Fragestellungen sind Gegenstand eines Impact-Tests:
– welche Werbeobjekte in einem Werbeträger beworben wurden,
– Beschreibung der bei der Testperson erinnerten Werbemittel,
– Eindrücke der vermittelten Werbebotschaft.

Der *Recognition-Test* ist hingegen ein Verfahren zur Messung der Wiedererkennung eines Werbemittels insb. im Printbereich. Der Testperson wird ein Werbemittel mit der Frage vorgelegt, ob sie dieses Werbemittel schon einmal wahrgenommen hat. Beim kontrollierten Recognition-Test werden in einem Folder sowohl publizierte als auch nicht publizierte Anzeigen vorgelegt, um die Täuschungsquote aufzudecken.

Zur Messung der Einstellung können die verschiedenen, in Abschn. 3.3.2 des 2. Teils dargestellten Skalierungsverfahren herangezogen werden. Die Messung der Kaufabsicht kann ebenfalls durch Befragung ermittelt werden.

Relevante Kennziffern der Werbeerfolgskontrolle sind darüber hinaus der Share of Mind und der Share of Voice (vgl. Bruhn 2005, S. 306 und 514):
– Der *Share of Mind* bezeichnet den Anteil der vom eigenen Streuplan erzielten Kontakte pro Zielperson an den von den Streuplänen der Mitbewerber erzielten Kontakten pro Zielperson. Diese Kennziffer misst die Effizienz des eigenen Streuplans im Vergleich zur Konkurrenz.
– Der *Share of Voice* ist ebenfalls eine Kennziffer für die Effizienz der eigenen Werbemaßnahmen. Er errechnet sich als erreichte Zielgruppenkontakte der eigenen Marke in Relation zu den Gesamtkontakten der Branche für die betreffende Produktkategorie.

Wird die Werbewirkung laufend erhoben und den Werbeaufwendungen gegenübergestellt, liegt ein *Werbetracking* vor. Als Beispiel seien hier der IVE Werbemonitor sowie GfK ATS* genannt (vgl. GfK o. J. g).

Beispiel 5.9: GfK ATS* Werbetracking

ATS ist ein Tracking-Instrument zur Abbildung dynamischer Werbeeffekte. Die Erhebung erfolgt in Form einer Wellenerhebung in regelmäßigen – i. d. R. monatlichen – Abständen. Die Stichprobe wird nach dem Quotenverfahren gebildet, empfohlen wird eine Stichprobe von 300 Probanden pro Erhebungswelle. Gemessen werden folgende Zielgrößen:
– Awareness: Spontane und gestützte Messung von Marken-, Kommunikations- und Werbewahrnehmung;
– Kaufkriterien: Relevantes Markenset, Markenablehnung, Präferenzen;
– Kommunikationsleistung: Recall der Werbeinhalte, wahrgenommene (Haupt-)Botschaften, Prägnanz, Interesse;
– Markenimage: detaillierte Bewertung von ausgewählten Markenbestandteilen.

–Die Erhebung erfolgt in Form computerunterstützter persönlicher (CAPI) oder telefonischer (CATI) Interviews.

Quelle: GfK o. J. g.

2.4 Weiterführende Literatur

Erichson, B., Maretzki, J. (1993): Werbeerfolgskontrolle, in: Berndt, R., Hermanns, A. (Hrsg.): Handbuch Marketing-Kommunikation, Wiesbaden 1993, S. 521-560.

Keitz, B. v. (1997): Kommunikations-Tests mit apparativer Unterstützung. The State of the Art, in: planung & analyse, 1997, Nr. 2, S. 40-45.

Leven, W. (1996): Werbewirkungsforschung aus Sicht der Praxis, in: Werbeforschung & Praxis, 1996, Nr. 4, S. 31-35.

Pepels, W. (1996): Werbeeffizienzmessung, Stuttgart 1996.

Rehorn, J. (1988): Werbetests, Neuwied 1988.

Schweiger, G., Schrattenecker, G. (2006): Werbung, 6. Aufl., Stuttgart 2006.

Trommsdorff, V. (2003): Werbepretests – Praxis und Erfolgsfaktoren, Hamburg 2003.

3. Preisforschung

3.1 Gegenstand der Preisforschung

Preisforschung beinhaltet die systematische Sammlung, Aufbereitung und Interpretation von Informationen als Grundlage für Preisentscheidungen. Die Bedeutung des Preises für das Marketing liegt darin, dass der Preis sowohl direkt als auch indirekt (über die Menge) den Umsatz und den Gewinn eines Unternehmens bestimmt.

Grundsätzlich kann die Preisbestimmung
- kostenorientiert,
- wettbewerbsorientiert sowie
- nachfrageorientiert

erfolgen (vgl. ausführlich Sander 2004, S. 457 ff.). Eine valide und fundierte Preispolitik ist dabei ausschließlich durch die dritte Variante möglich, da nur eine nachfrageorientierte Preisbestimmung die Zahlungsbereitschaft der Kunden in angemessener Weise berücksichtigen kann.

An der nachfrageorientierten Preisbestimmung setzt die Preisforschung an. Zentrale Fragestellungen in der Preisforschung sind dabei (vgl. Wildner 2003, S. 5):
- Ermittlung angemessener Preise (für ein gegebenes Produkt);
- Ermittlung von Preiselastizitäten und Preisabsatzfunktionen (für ein gegebenes Produkt),
- Ermittlung der Preisbereitschaft für alternative Produktausstattungen.

Im Mittelpunkt der Preisforschung stehen somit Analysen von Preiswahrnehmungen und Reaktionen von Kunden auf Preisänderungen.

Methodisch steht der Preisforschung das gesamte Spektrum der Marktforschung zur Verfügung: Befragung, Beobachtung, Panelerhebungen, Experimente. Im Folgenden werden für die einzelnen Fragestellungen der Preisforschung ausgewählte methodische Ansätze vorgestellt.

3.2 Ermittlung angemessener Preise

Die erste Fragestellung der Preisforschung besteht in der Ermittlung akzeptabler Preise für ein gegebenes Produkt, d. h. von Preishöhen, welche von einer Mehrheit der (potenziellen) Konsumenten als angemessen betrachtet werden. Üblicherweise erfolgt die Ermittlung akzeptabler Preise auf der Grundlage von Befragungen. Hierbei wird unterschieden zwischen (vgl. Lange 1972, S. 128 ff.):
- Preisbereitschaftstest,
- Preisschätzungstest,
- Preisklassentest und
- Preisreaktionstest.
Anwendung finden diese Verfahren häufig im Rahmen der Preisfindung für Neuprodukte.

Ziel eines *Preisbereitschaftstests* (auch: preisbezogener Akzeptanztest) ist die Ermittlung der Bereitschaft der Probanden, das Produkt zu einem vorgegebenen Preis zu kaufen. Da die dokumentierte Kaufbereitschaft und die tatsächliche Kaufhandlung häufig abweichen, wird im Rahmen der Befragung ein zeitlicher Bezug der Kaufentscheidung durch Fragezusätze wie z. B. „in nächster Zeit" hergestellt, um eine realitätsnähere Abbildung zu gewährleisten (vgl. Lange 1972, S. 121). Die Realitätsnähe kann zusätzlich gesteigert werden, wenn die Probanden in eine tatsächliche Kaufentscheidungssituation versetzt werden. Den Probanden wird in diesem Fall das Testprodukt probeweise überlassen; anschließend wird im Rahmen eines Labortests ermittelt, ob und ggf. in welcher Stückzahl das Produkt zu einem vorgegebenen Preis von den Testpersonen erworben wird (vgl. Bauer 1981, S. 207 ff.). Abb. 5.14 zeigt exemplarisch ein mögliches Ergebnis eines Preisbereitschaftstests.

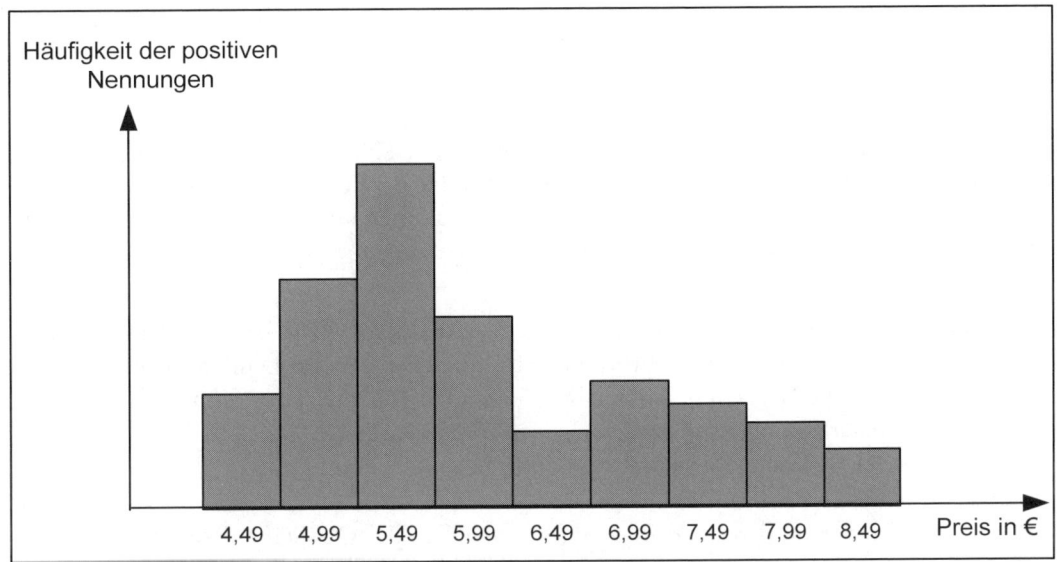

Quelle: In Anlehnung an Lange 1972, S. 121.
Abb. 5.14: Mögliche Ergebnisse eines Preisbereitschaftstests

Ziel eines *Preisschätzungstests* ist die Ermittlung der subjektiven Preisvorstellungen und -kenntnisse der Konsumenten. Den Befragten wird zunächst das Produkt vorgelegt – je nach Phase des Produktentwicklungsprozesses entweder als fertiges Produkt, als Verpackung oder als Zeichnung (ggf. am PC-Bildschirm). Anschließend werden die Konsumenten nach ihren Preisvorstellungen gefragt. Die Preisvorstellungen der Konsumenten werden schließlich mit den realen bzw. anvisierten Preisen verglichen. Schätzen die Probanden z. B. den Preis höher ein, als er tatsächlich verlangt wird, ist dies ein Hinweis auf unausgeschöpfte Preisspielräume.

Im Rahmen eines *Preisklassentests* wird das Produkt den Testpersonen probeweise überlassen. Anschließend werden die Probanden danach gefragt
– welchen Preis sie höchstens für das Produkt zu zahlen bereit wären und
– welcher Preis zumindest zu fordern ist, damit die Probanden nicht an der Qualität des Produkts zweifeln.

Auf diese Weise resultiert für jeden Probanden eine Preisspanne, innerhalb derer er bereit ist, das Produkt zu kaufen. Der angemessene Preisbereich für den Gesamtmarkt resultiert durch Aggregation der individuellen Preisspannen. Abb. 5.15 zeigt die möglichen Ergebnisse eines Preisklassentests.

Preis	Personen, für die der Preis von € … den höchsten annehmbaren Preis darstellt		Personen, für die der Preis von € … den niedrigsten noch annehmbaren Preis darstellt		Anteil der potenziellen Käufer
in €	%	% kumul.	%	% kumul.	%
4,49	0	0	4	4	4
4,99	0	0	26	30	30
5,49	3	3	45	75	75
5,99	21	24	15	90	87
6,49	45	69	7	97	73
6,99	28	97	3	100	31
7,49	3	100	0	100	3

Abb. 5.15: Beispiel für einen Preisklassentest

Bei einem Preis von € 6,49 sind beispielsweise 97 % der Käufer der Meinung, der Preis sei nicht zu niedrig; allerdings ist dieser Preis für 24 % der Käufer zu hoch. Die Differenz der beiden Werte (73 %) gibt den Anteil der Auskunftspersonen an, welche das Produkt zu diesem Preis kaufen würden. Im Beispiel hat der Preis von 5,99 die höchste Akzeptanz, da 87% der Käufer diesen Preis zahlen würden.

Im Rahmen von *Preisreaktionstests* hat sich insb. die Analyse nach *Westendorp* (1976) bewährt (vgl. Wildner 2003, S. 6 ff.). Das Produkt wird zunächst den Probanden vorgestellt. Anschließend werden die Befragten gebeten, die folgenden vier Preise zu nennen:
– Preis, der als gerade noch als günstig wahrgenommen wird;
– Preis, der als relativ hoch, aber noch vertretbar bewertet wird;
– Betrag, ab dem der Preis zu hoch wird;
– Betrag, ab dem der Preis so niedrig ist, dass Zweifel an der Qualität entstehen.

Die Auswertung erfolgt in kumulierter Form (vgl. Abb. 5.16). Dieser Preisreaktionstest führt zu folgenden Ergebnissen:
– *Preisuntergrenze (Point of Marginal Cheapness):*
    Diese resultiert als Schnittpunkt der Kurven „zu billig" und „relativ hoch". Eine Preissenkung unterhalb dieses Preises ist zu vermeiden, da der Anteil der Probanden, die das Angebot als zu billig beurteilen, über den Anteil derjenigen steigt, welche den Preis als zu hoch empfinden.
– *Preisobergrenze (Point of Marginal Expensiveness):*
    Die Preisobergrenze resultiert als Schnittpunkt der Kurven „noch günstig" und „zu teuer". Eine Preiserhöhung über diesen Punkt hinaus hat zur Folge, dass der Anteil derjenigen, welche das Produkt für zu teuer halten, über den Anteil derjenigen steigt, die es als noch günstig erachten.
– *Akzeptabler Bereich:*
    Der akzeptable Bereich liegt zwischen der Preisober- und der -untergrenze. Preise innerhalb dieses Bereichs werden von einer breiten Mehrheit der Verbraucher akzeptiert.

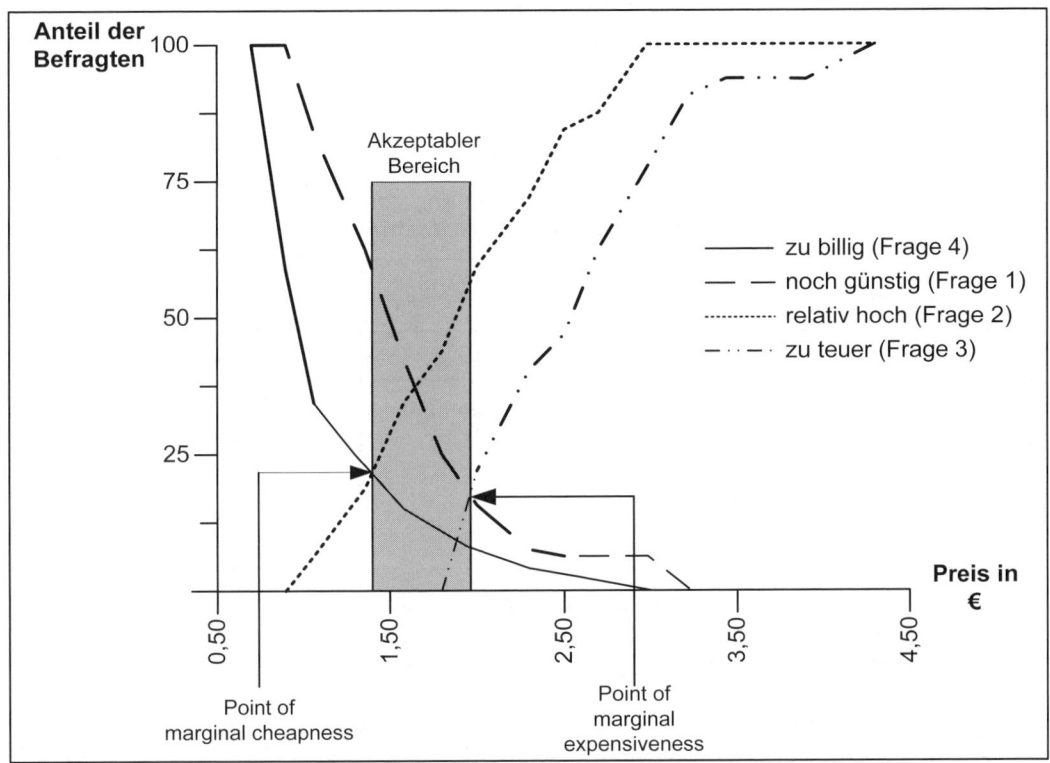

Quelle: In Anlehnung an Wildner 2003, S. 7.
Abb. 5.16: Mögliche Ergebnisse eines Preisreaktionstests

An den hier dargestellten Verfahren wird häufig kritisiert, dass sich der Proband in einer künstlichen Entscheidungssituation befindet; häufig besteht dabei eine hohe Diskrepanz zwischen angegebener Zahlungsbereitschaft und tatsächlichem Kaufverhalten. Darüber hinaus sind diese Tests meist *monadisch* angelegt, wodurch Vergleichsmöglichkeiten mit z. B. Konkurrenzprodukten fehlen. Schließlich erlauben die Verfahren lediglich Aussagen darüber, ob bestimmte Preise durchsetzungsfähig sind. Die absatz- oder umsatzmäßigen Auswirkungen auf Preisveränderungen (Preiselastizitäten) können durch solche Verfahren nicht ermittelt werden.

3.3   Ermittlung von Preiselastizitäten und Preisabsatzfunktionen

Verfahren zur Ermittlung von Preiselastizitäten und Preisabsatzfunktionen haben die Prognose der Auswirkungen von Preisänderungen auf den Absatz zum Ziel. Grundlage für die Ermittlung von Preisabsatzfunktionen sind dabei die individuellen Zahlungsbereitschaften der Konsumenten. Eine Preisabsatzfunktion erhält man durch die Aggregation der individuellen Zahlungsbetreitschaften (vgl. ausführlich Adler 2003, S. 27 ff.). Hierzu stehen folgende Verfahren zur Verfügung:
– Schätzung auf der Grundlage von Kaufdaten,

– Schätzung auf der Grundlage von Befragungen und
– Schätzung auf der Grundlage von Kaufangeboten.

Abb. 5.17 zeigt die einzelnen Verfahren im Überblick.

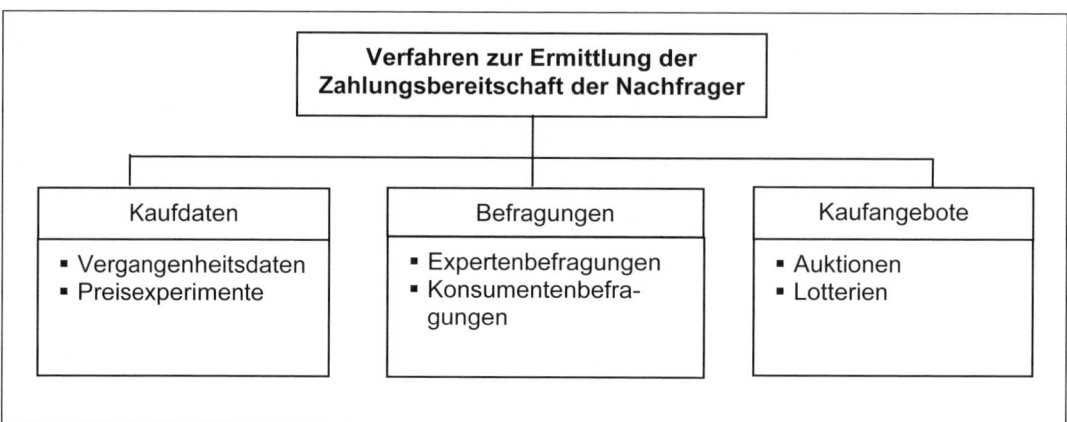

Abb. 5.17: Verfahren zur Ermittlung der individuellen Zahlungsbereitschaft

3.3.1 Ermittlung auf der Grundlage von Kaufdaten

Kaufdaten (revealed preference data) bilden die Datenbasis für die Modellierung des Zusammenhangs zwischen Preishöhe und Absatzwirkung. Ist dies erfolgt, so kann für jede Preisänderung im untersuchten Preisbereich deren Wirkung auf die Absatzmenge prognostiziert werden. Die erforderliche Datenbasis kann dabei einerseits durch Vergangenheitsdaten (i. d. R. Scannerdaten) geliefert werden, andererseits durch eigens durchgeführte Preisexperimente.

Bei *Vergangenheitsdaten* handelt es sich üblicherweise um Paneldaten, welche kontinuierlich von Marktforschungsinstituten erhoben werden (vgl. zu Panels ausführlich Abschn. 2.2.3 im 2. Teil). Die in der Vergangenheit geforderten Preise und die zugehörigen Absatzmengen lassen sich in ein Preis-Mengen-Diagramm eintragen. Durch die resultierende Punktewolke kann mit Hilfe der Regressionsanalyse (vgl. Abschn. 3.4.2 im 3. Teil) eine Regressionsgerade angepasst werden (vgl. Abb. 5.18).

Für eine valide Schätzung der Preisabsatzfunktion ist darauf zu achten, dass die in der Vergangenheit geforderten Preise eine ausreichende Streuung aufweisen. Ansonsten können die beobachteten Veränderungen der Absatzmenge nicht zuverlässig auf Preisänderungen zurückgeführt werden. Aus diesem Grunde werden die Paneldaten nicht in aggregierter Form zu Grunde gelegt (z. B. Gesamt und nach Geschäftstypen gegliedert), sondern sie werden nach sog. Subsegmenten weiter differenziert. Dadurch kann eine höhere Streuung des Preises erhoben werden (vgl. Wildner 2003, S. 9).

Entscheidend für die Modellierung ist weiterhin, dass möglichst alle relevanten Variablen in die Analyse einbezogen werden (insb. Konkurrenzpreise und Sonderpreisaktionen des Handels für das eigene Produkt sowie für Konkurrenzprodukte). Da die Modelle mit zunehmender Variablenzahl tendenziell instabil werden, hat es sich in der Praxis bewährt, mehrere Variablen zu sog. *Metavariablen* zusammenzufassen (vgl. Wildner 2003, S. 10 f.).

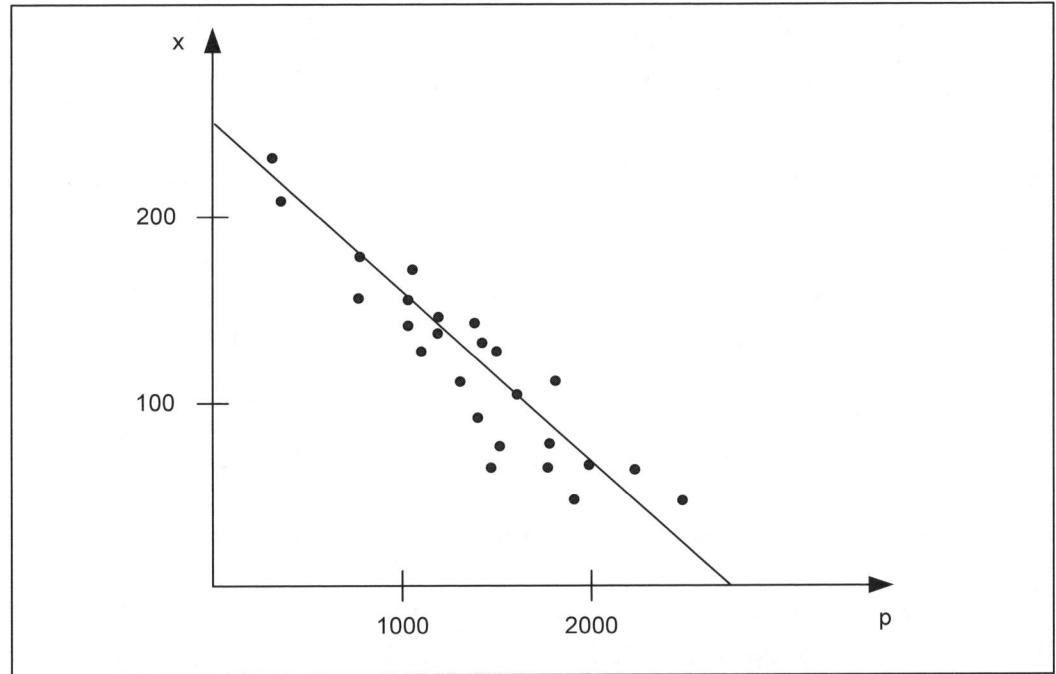

Abb. 5.18: Preisabsatzfunktion auf Basis von empirischen Daten der Vergangenheit

Vorteilhaft an dieser Methode sind die hohe externe Validität, die Schnelligkeit der Auswertung (ca. 4 Wochen) sowie die niedrigen Kosten (ca. 20.000 € zzgl. Datenbezug). *Nachteilig* sind die i. d. R. geringe Variationsbreite des Preises sowie die Beschränkung auf solche Produkte, für welche regelmäßig Paneldaten erhoben werden (vor allem Konsumgüter des täglichen Bedarfs).

Mit Hilfe von *Preisexperimenten* werden die Auswirkungen von Preisänderungen auf die Absatzmenge untersucht. Häufig erfolgen Preisexperimente im Rahmen von *Store-Tests*, wobei zwischen Längsschnittanalysen und Querschnittanalysen unterschieden werden kann. Im Rahmen von Längsschnittanalysen wird der Preis im Zeitablauf (z B. in einem Supermarkt) systematisch variiert und es werden die resultierenden Absatzmengen erfasst. Hingegen werden im Rahmen von Querschnittsanalysen in verschiedenen Testgeschäften zum selben Zeitpunkt unterschiedliche Preise getestet. Die daraus resultierenden Preis-Mengen-Daten können wie Vergangenheitsdaten regressionsanalytisch ausgewertet werden.

Als *vorteilhaft* ist hier zum einen die reale Feldsituation zu nennen; darüber hinaus lässt sich i. A. eine größere Bandbreite an Preisen untersuchen als bei Vorliegen von Vergangenheitsdaten. Allerdings wird die Variationsbreite der zu testenden Preise i. d. R. durch die einbezogenen Handelsunternehmen begrenzt; insb. der Test von Preiserhöhungen scheitert an der mangelnden Kooperationsbereitschaft des Handels, da er negative Auswirkungen auf das Image bei seinen Kunden fürchtet. Aus diesem Grunde wurden alternative Verfahren entwickelt, welche (teilweise) als *Laboruntersuchungen* stattfinden. Dazu gehört beispielsweise PriceChallenger von GfK.

Beispiel 5.10: Der GfK PriceChallenger

Eine PriceChallenger Studie vollzieht sich in folgenden Schritten:
- Datenerhebung,
- Modellbildung mit Befragungsdaten,
- Korrektur des auf den Befragungsdaten basierenden Modells mit den Ergebnissen einer Scanneranalyse,
- Auswertung mit Hilfe eines Simulationsprogramms.

Die Kosten belaufen sich bei einer Stichprobe von 400 Probanden auf ca. 35.000 €.

Die *Datenerhebung* erfolgt grundsätzlich durch persönliche computergestützte Interviews. Zunächst wird für jeden Befragten bei der betreffenden Produktkategorie der *Relevant Set* ermittelt, d. h. die Produkte, die für einen Kauf grundsätzlich in Frage kommen. Mit den Produkten des Relevant Set erfolgt anschließend eine Preissimulation, d. h. für unterschiedlich kombinierte Preisstufen der ausgewählten Produkte muss der Befragte angeben, welches bzw. welche Produkte er in dieser Situation kaufen würde.

Die *Modellbildung* bildet die Grundlage für die auf der Basis der Befragungsdaten vorzunehmenden Berechnungen. Die dem PriceChallenger zu Grunde liegenden Hypothesen lauten:

(1) Jedes Produkt stiftet für jeden Befragten einen bestimmten Nutzen.

(2) Je höher der relative Nutzen und je niedriger der relative Preis eines Produktes sind, umso höher ist die Wahrscheinlichkeit, dass das Produkt gekauft wird.

(3) Preisschwellen wirken wie eine Verteuerung der Produkte um x%, wobei x ausschließlich vom Produkt, nicht aber vom Befragten abhängt.

Die Wahrscheinlichkeit, dass der Befragte i das Produkt j kauft, P_{ij} lässt sich wie folgt schätzen:

$$P_{ij} = \frac{1}{1 + \sum_{k \neq j} e^{\beta \cdot [(u_{ij} - u_{ik}) + (p_k - p_j)]}}$$

mit

u_{ij}, u_{ik} = Nutzen des Produkts j bzw. k für Person i,

p_j, p_k = Preis für Produkt j bzw. k,

β = Parameter, der die Form der Preisabsatzfunktion steuert und die generelle Preiselastizität in der betrachteten Produktkategorie widerspiegelt.

Da der Preis bei der Befragung im Mittelpunkt steht, wird die Preiselastizität – teilweise deutlich – überschätzt. Aus diesem Grunde werden die Ergebnisse der Befragung auf experimentellem Wege korrigiert. Dies geschieht auf der Grundlage von Scannerdaten von 200 Geschäften, welche die betreffenden Produkte zu Marktpreisen verkaufen. Aus diesen Daten werden die durchschnittlichen Preiselastizitäten zum Marktpreis errechnet unter Berücksichtigung von
- sonstigen Promotionsmaßnahmen für die Marke,
- Zahl der geführten Konkurrenzprodukte,

–Zahl der Promotions für die Konkurrenzprodukte,
–durchschnittlichen Konkurrenzpreisen.

Diese Daten bilden den Input für ein neuronales Netz, mit welchem der Zusammenhang zwischen Marketing-Mix und Marktanteil geschätzt werden kann.

Die auf diese Weise ermittelten Preiselastizitäten liegen üblicherweise 3-4-mal unterhalb der aus der Befragung gewonnenen Werte. Nun wird der Parameter β der obigen Funktionsgleichung so verändert, dass die Preiselastizität aus den Befragungsdaten mit der Preiselastizität aus den Scannerdaten übereinstimmt. Dadurch wird die Überschätzung der Preiselastizität aus den Befragungsdaten korrigiert.

Die *Auswertung* der Daten kann auf vielfältige Weise erfolgen. Die im Rahmen der Befragung erhobenen soziodemographischen Merkmale können zur Zielgruppenbildung herangezogen werden. Es können beliebige Preissimulationen durchgeführt und ihre Auswirkungen auf die Marktanteile ermittelt werden. Darüber hinaus kann die Erreichung vorgegebener Ziele (z. B. Umsatzmaximierung) für einzelne Produkte oder ganze Produktgruppen optimiert werden.

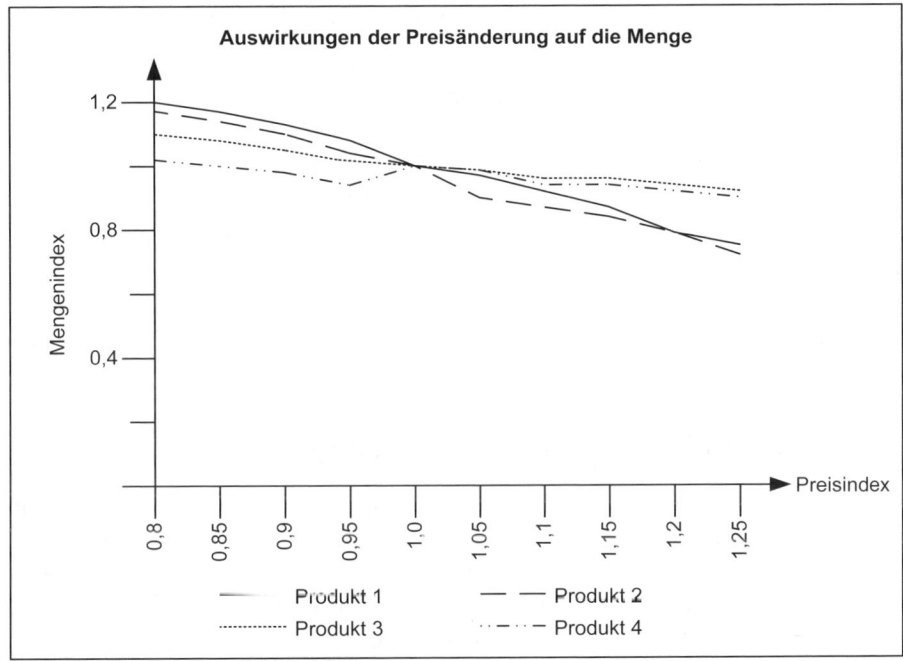

Beispielsweise wurden für vier Produkte verschiedene Preiserhöhungen simuliert. Bei der Analyse der nachgefragten Menge der vier Hauptprodukte zeigen sich deutliche Parallelen zwischen den Produkten 1 und 2 sowie 3 und 4.

Interessant ist jedoch eine Preisanhebung bis auf 10%. Während bereits geringste Preiserhöhungen (bis 5%) bei Produkt 2 drastische Marktreaktionen zeigen, liegt bei Produkt 1 die Preisschwelle erst bei über 5%. Somit könnte der Preis für Produkt 1 bis zu 5% angehoben werden, ohne dass der Verbraucher mit einer deutlichen Nachfragereduktion reagiert. Wird der Preis der Produkte 1 und 2 um bis zu knapp 20% gesenkt, ergeben sich nahezu proportionale Mengensteigerungen um ebenfalls etwa 20%. Die gleiche relative Preisänderung bei den Produkten 3 und 4 zeigt dagegen einen flacheren Reaktionsverlauf. Eine paarweise gleiche Entwicklung lässt sich auch bei Preissteigerungen von über 10% beobachten.

Um die Auswirkungen einer Preiserhöhung bei Produkt 1 auf den Marktanteil zu testen, wurden 2 Szenarien (A: Preiserhöhung etwas über 5%; B: Preiserhöhung deutlich über 5%) durchgespielt. Im Ergebnis zeigt sich, dass der Preis für Produkt 1 bedenkenlos um 5% erhöht werden kann, ohne dass die Wettbewerber wesentlich von dieser Preiserhöhung profitieren.

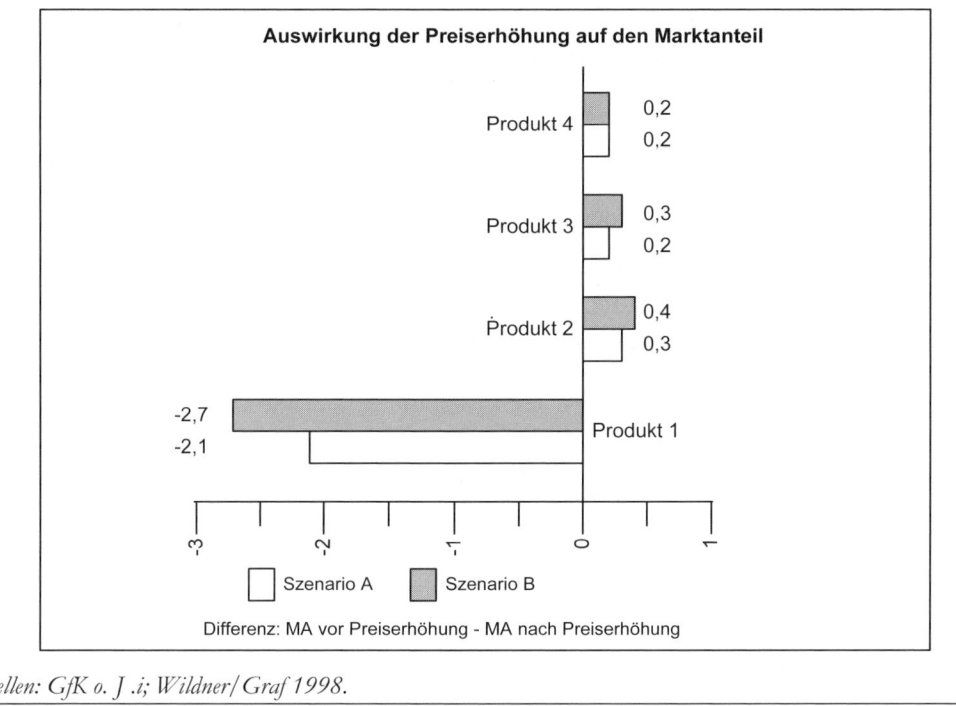

Quellen: GfK o. J .i; Wildner/ Graf 1998.

3.3.2 Ermittlung auf der Grundlage von Befragungen

Befragungen zur Ermittlung von Preisabsatzfunktionen umfassen zum einen Konsumentenbefragungen, zum anderen Expertenbefragungen. Im Rahmen von *Konsumentenbefragungen* werden direkte und indirekte Preisbefragungen unterschieden. Bei *direkten* Befragungen geben die Probanden an, wieviel sie bereit sind, für ein bestimmtes Produkt zu zahlen. Typische Fragen sind beispielsweise (vgl. Adler 2003, S. 6):

- „Wieviel wären Sie bereit, für dieses Produkt maximal zu zahlen?" oder,
- „Bei welchem Geldbetrag wäre es Ihnen gleichgültig, ob Sie das Produkt kaufen oder das Geld behalten?"

Vorteilhaft sind an dieser Methode die Einfachheit und Schnelligkeit ihrer Durchführung. Als *nachteilig* erweisen sich die hohen Verweigerungsraten bei der Beantwortung wie auch die Tatsache, dass die Frage nach dem Maximalpreis zu einem strategischen Antwortverhalten der Befragten führt. Ein Beispiel aus der Marktforschungspraxis ist der BASES Price Advisor von AC Nielsen.

Beispiel 5.11: BASES Price Advisor von AC Nielsen

Im Rahmen von BASES Price Advisor werden den Probanden typische Produktkonzepte ohne Preisangabe präsentiert. Im Anschluss daran werden die Befragten gefragt, welcher Preis für das betreffende Produkt von ihnen als „sehr günstig", „durchschnittlich" und „teuer" angesehen würde. Des Weiteren werden Variablen wie Kaufabsicht, Kaufvolumen und Kaufhäufigkeit zu jedem der von ihnen genannten Preise erhoben. Auf dieser Grundlage erhält man die individuelle Nachfragemenge pro Preis. Durch Aggregation kann anschließend eine Preis-Absatz-Funktion ermittelt werden.

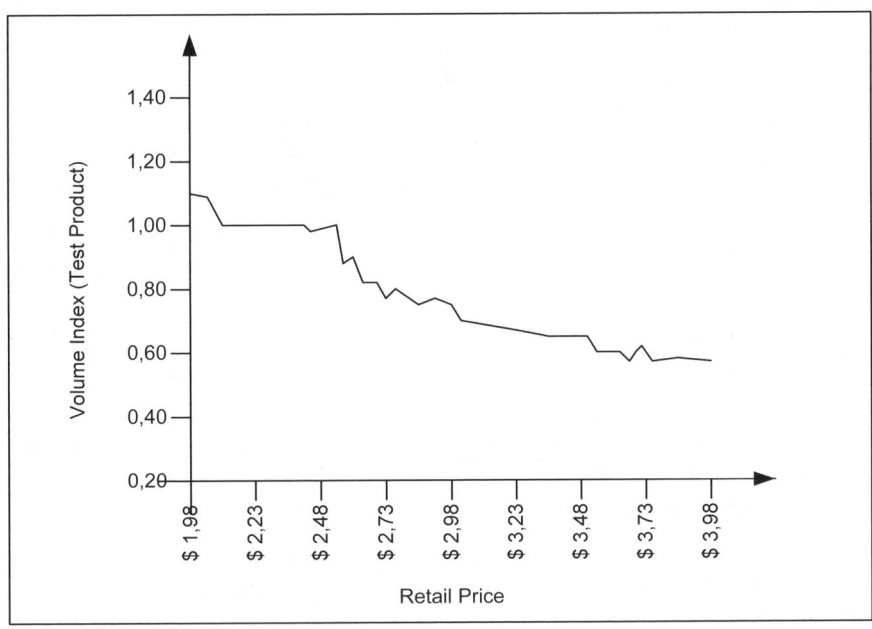

Quelle: A.C. Nielsen 2005.

Eine weitere Möglichkeit der direkten Preisbefragung besteht in der Durchführung eines *Bietspiels* (vgl. Wricke/Hermann 2002, S. 573 f.). Ausgehend von einem Startpreis wird der Preis um festgelegte Schritte erhöht. Je nachdem, ob der Befragte das Angebot annimmt oder ablehnt, wird der Preis weiter erhöht oder wieder gesenkt. Bei Ablehnung wird dabei die Schrittweite der Erhöhung reduziert. Durch dieses iterative Vorgehen kann exakt die maximale Zahlungsbereitschaft ermittelt werden. Nachteilig ist hier der sog. Starting Point Bias, der daraus resultiert, dass der Startpreis vom Befragten als Ankerpreis verwendet wird.

Schließlich kann die Zahlungsbereitschaft auch dadurch ermittelt werden, dass den Probanden eine Reihe von *Preiskarten* vorgelegt wird, auf denen jeweils ein Preis für das betreffende Produkt angegeben ist. Die Probanden haben nun die Aufgabe, diejenige Karte auszuwählen, welche ihrer maximalen Zahlungsbereitschaft entspricht (vgl. Mitchell/Carson 1989, S. 100).

Im Rahmen *indirekter Preisbefragungen* kommt insb. die Conjoint-Analyse zur Anwendung (vgl. ausführlich Abschn. 3.5 des ersten Teils). Da die Conjoint-Analyse typischerweise zur

Ermittlung der Preisbereitschaft für alternative Produktausstattungen eingesetzt wird, wird sie in Abschn. 3.4 in diesem Teil dargestellt.

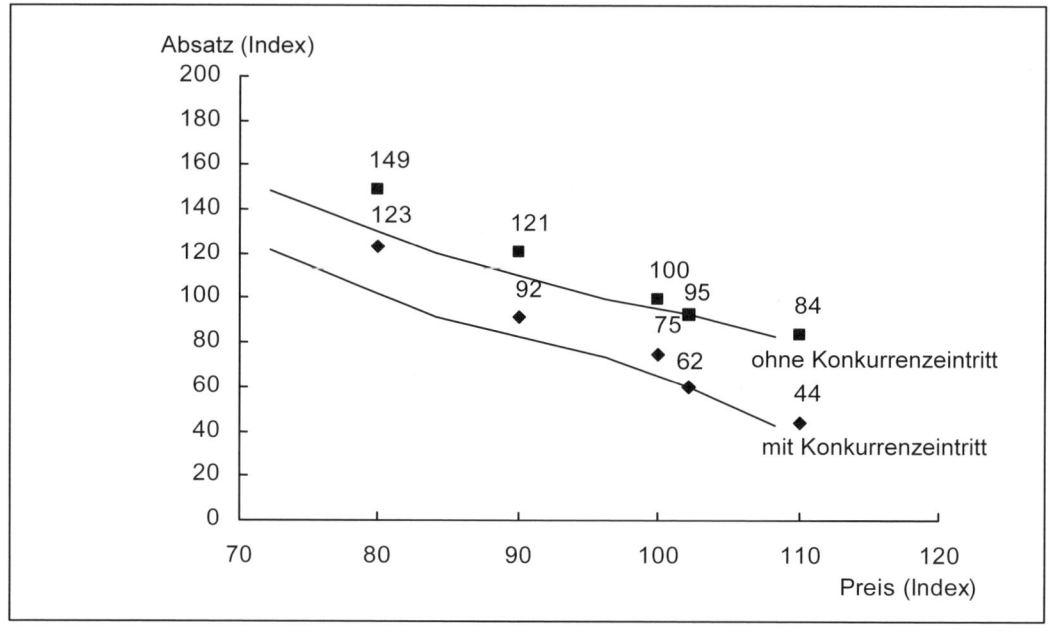

Quelle: Simon/Kucher 1988, S. 177.

Abb. 5.19: Preisabsatzfunktionen auf Basis einer Expertenschätzung

Preisabsatzfunktionen lassen sich schließlich auch mittels einmaliger oder mehrstufiger *Expertenbefragungen* ermitteln. Abb. 5.19 zeigt exemplarisch eine auf der Basis einer Expertenschätzung gewonnene Preisabsatzfunktion. Eine Expertenbefragung bietet sich insb. dann an, wenn das Produkt derart neuartig und komplex ist, dass eine Preisbeurteilung seitens der Konsumenten nicht sinnvoll erscheint, oder aber wenn eine Konsumentenbefragung z. B. aus Geheimhaltungsgründen nicht möglich ist.

3.3.3 Ermittlung auf der Grundlage von Kaufangeboten

Diese Gruppe von Verfahren beruht darauf, dass den Probanden konkrete Kaufangebote präsentiert werden; die Zahlungsbereitschaft resultiert aus der Annahme bzw. Ablehnung der Kaufangebote. Solche Kaufangebote umfassen

– Auktionen und
– Lotterien.

Eine *Auktion* ist eine Marktveranstaltung, bei welcher Güter im öffentlichen Bietverfahren an den Höchstbietenden veräußert werden. War bisher der Verkauf von Produkten über Auktionen in den meisten Fällen unwirtschaftlich, so hat die Verbreitung des Internets dazu beigetragen, dass die Transaktionskosten bei der Durchführung von Auktionen erheblich reduziert werden konnten. Der wesentliche Vorteil von Auktionen im Vergleich zum Setzen fester Preise oder zu Preisverhandlungen besteht dabei darin, dass eine Anpassung der Nachfrage an das Angebot kostengünstig und zeitnah erfolgen kann. Während bei klassischen Transaktionen der Käufer bei gegebenem Preis über die Menge entscheiden kann, bestimmt der Käufer im Rahmen einer Auktion bei gegebener Menge den von ihm maximal zu zahlenden Preis. Insofern handelt es sich bei Auktionen um eine – durch ein Regelsystem geordnete – Form der Preisindividualisierung (vgl. Diller 2000, S. 300). Es werden dabei nur Gebote abgegeben, die höchstens dem Reservationspreis entsprechen, da der Käufer ansonsten eine negative Konsumentenrente erzielen würde.

Je nachdem, in welcher Weise Gebote abgegeben werden und wie der Preis bestimmt wird, lassen sich verschiedene *Auktionsformen* unterscheiden (vgl. Skiera/Spann 2003, S. 628 f.):
– Englische Auktion,
– Holländische Auktion,
– Höchstpreisauktion (First Price Sealed Bid Auction),
– Vickrey-Auktion (Second Price Sealed Bid Auction).

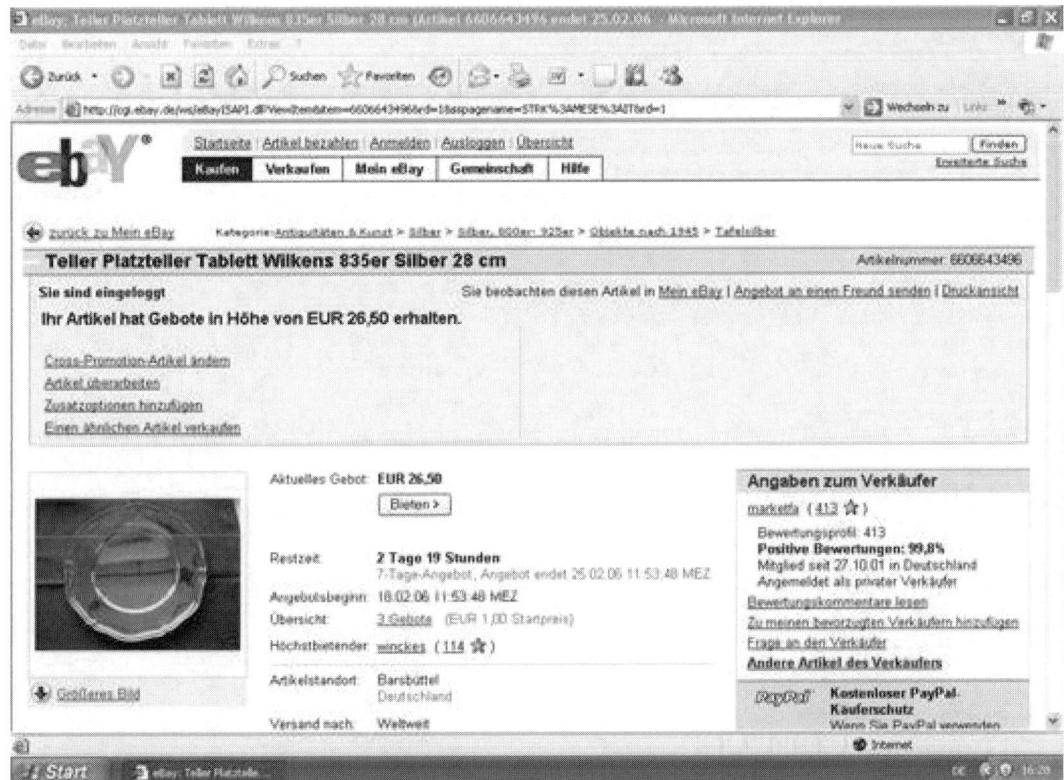

Abb. 5.20: Beispiel für eine eBay-Auktion

Die *Englische Auktion* ist der am häufigsten eingesetzte Auktionsmechanismus. Die Käufer geben in einem offenen Bieterwettbewerb steigende Angebote ab. Den Zuschlag erhält der Bieter mit dem höchsten Gebot. Mehrfaches Bieten ist zulässig. Nach diesem Prinzip arbeitet auch grundsätzlich die Online-Auktionsplattform eBay (vgl. Abb. 5.20). Mittels einer Englischen Auktion können die individuellen maximalen Zahlungsbereitschaften der unterlegenen Bieter ermittelt werden, nicht jedoch die Obergrenze des Höchstbieters, da sein Gebot nicht unbedingt seiner maximalen Zahlungsbereitschaft entsprechen muss, sondern lediglich über der Preisobergrenze des zweithöchsten Bieters liegen muss (vgl. Adler 2003, S. 22). Abb. 5.25 zeigt exemplarisch die Gebotsübersicht für die Auktion der Abb. 5.20.

Bei einer *Holländischen Auktion* ist das Verfahren genau umgekehrt: Der Auktionator beginnt mit einem Höchstpreis und senkt ihn sukzessive, bis sich ein Bieter bereit erklärt, das Produkt zum gerade gültigen Preis zu kaufen. Nach diesem Mechanismus werden beispielsweise Blumenauktionen in den Niederlanden durchgeführt. Darüber hinaus hat der Autovermieter Sixt eine Zeitlang den Verkauf von Gebrauchtwagen im Internet (www.esixt.de) nach diesem Muster abgewickelt. Mit Hilfe Holländischer Auktionen lässt sich lediglich die Preisobergrenze des Höchstbieters ermitteln, da dieser als einziger ein Gebot abgibt (vgl. Adler 2003, S. 23). Da bei diesem Auktionstyp jedoch mehrere Mengen desselben Artikels angeboten werden können, können auch mehrere Bieter den Zuschlag erhalten, wodurch mehrere Punkte der Preisabsatzfunktion (i. S. v. Preis-Mengen-Kombinationen) ermittelt werden können.

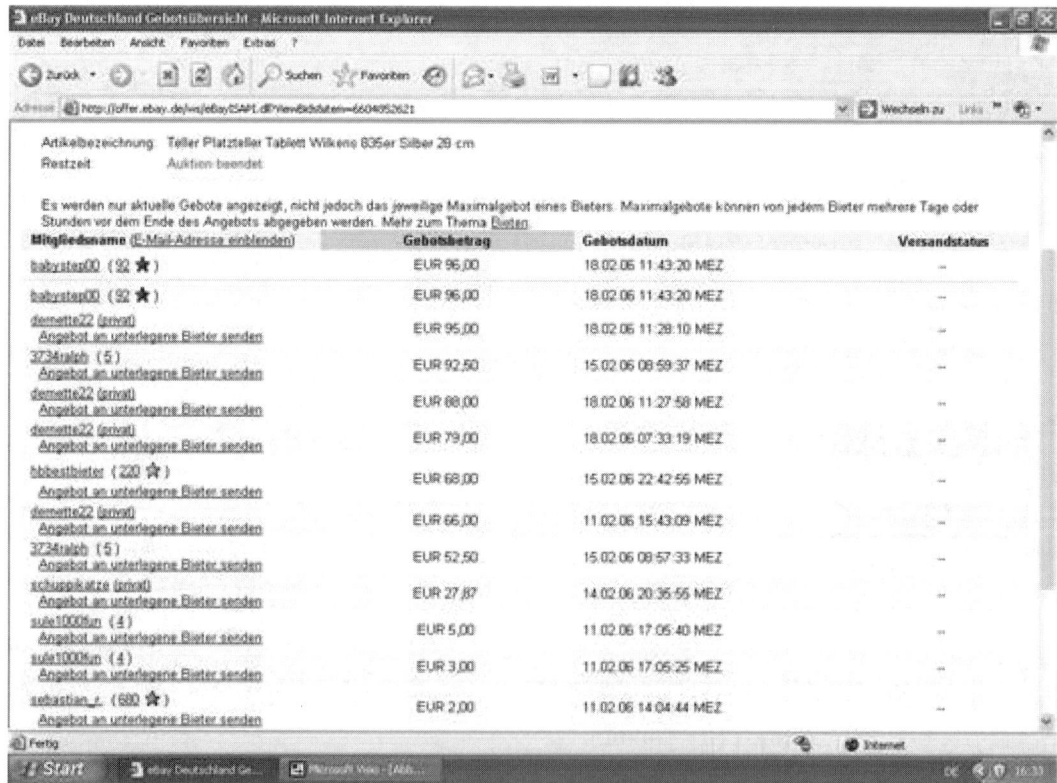

Abb. 5.21: Gebotsübersicht am Ende einer eBay-Auktion

Bei einer *Höchstpreisauktion* (First Price Sealed Bid Auction) werden die Gebote einmalig und verdeckt abgegeben, d. h. die Mitbieter haben keine Informationen über die abgegebenen Gebote. Auch hier erhält derjenige Anbieter den Zuschlag, welcher das höchste Gebot abgibt.

Eine *Vickrey-Auktion* (Second Price Sealed Bid Auction) funktioniert im Prinzip genau gleich wie eine Höchstpreisauktion mit dem Unterschied, dass der Höchstbieter den Zuschlag bekommt, jedoch nur den Preis des zweithöchsten Gebots zahlt.

Die beiden letztgenannten Auktionstypen sind grundsätzlich geeignet, maximale Zahlungsbereitschaften als Inputdaten für eine Preisabsatzfunktion zu generieren, da die Bieter ein Maximalgebot in Höhe der jeweils maximalen Zahlungsbereitschaft abgeben müssen:
– Bei einem Gebot unterhalb der maximalen Zahlungsbereitschaft besteht die Gefahr, dass sie den Zuschlag nicht erhalten, zumal sie sich nicht an den Geboten der Mitbieter orientieren können.
– Bei einem Gebot oberhalb der maximalen Zahlungsbereitschaft erzielen sie im Falle des Zuschlags eine negative Konsumentenrente.

Zur Ermittlung der tatsächlichen Zahlungsbereitschaften ist die Vickrey-Auktion besonders geeignet, da sie anreizkompatible Gebotsabgaben induziert (vgl. Skiera/Revenstorff 1999, S. 226). So erzielt der Höchstbieter bei einer Vickrey-Auktion auf jeden Fall eine positive Konsumentenrente, da er einen niedrigeren Preis als sein Höchstgebot zahlen muss; bei einer Höchstpreisauktion erzielt er hingegen eine Konsumentenrente von Null. Nachteilig ist an einer Vickrey-Auktion die Tatsache, dass der Mechanismus den Bietern nur schwer kommunizierbar ist; zudem entspricht die Bietsituation nicht einer realen Kaufsituation (vgl. Adler 2003, S. 26).

Eine alternative, ebenfalls anreizkompatible Vorgehensweise zur Ermittlung von Zahlungsbereitschaften ist die individuelle Durchführung einer Lotterie (vgl. Wertenbroch/Skiera 2002, S. 230). Der Ablauf des Verfahrens ist in Abb. 5.22 skizziert.

Zunächst wird per Zufallsprinzip eine Stichprobe von Teilnehmern gezogen. Die Teilnehmer werden gebeten, ein Gebot für das Produkt abzugeben. Anschließend erhalten sie die Möglichkeit, das anfängliche Gebot zu revidieren. Zu diesem Zweck wird den Probanden mitgeteilt, der Preis des Produkts p stehe noch nicht fest und werde erst durch einen Zufallsmechanismus bestimmt. Die Verteilung, welche diesem Zufallsmechanismus zu Grunde liegt, ist den Testpersonen jedoch unbekannt.

In einem weiteren Schritt werden die Teilnehmer gebeten, einen Preis p' zu nennen, der genau ihrer maximalen Zahlungsbereitschaft entspricht. Das Auftreten strategischen Verhaltens wird dabei durch folgenden Mechanismus verhindert:
– Nach Nennung des endgültigen Gebots p' zieht jeder Proband aus einer Urne eine Karte mit dem tatsächlichen Preis p.
– Ist dieser zufällig gezogene Preis höchstens so hoch wie das zuvor abgegebene Gebot, muss der Proband das Produkt zum Preis p kaufen. Damit erzielt der Proband in jedem Falle eine nicht negative Konsumentenrente.
– Liegt der gezogene Preis oberhalb des abgegebenen Maximalgebots, so darf das Produkt nicht gekauft werden.

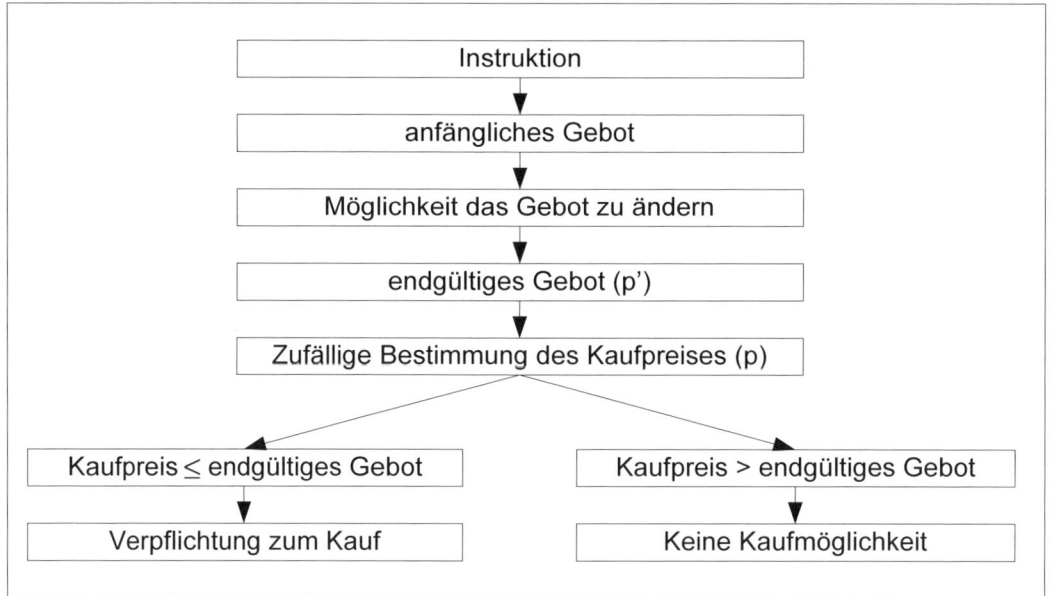

Quelle: In Anlehnung an Wertenbroch/Skiera 2002, S. 230.
Abb. 5.22: Ermittlung von Zahlungsbereitschaften mittels einer Lotterie

Dadurch wird gewährleistet, dass das Gebot des Probanden tatsächlich seiner maximalen Zahlungsbereitschaft entspricht, da eine höhere Gebotsabgabe zu einer negativen Konsumentenrente führen würde, eine niedrigere ggf. dazu, dass die Chance auf den Kauf des Produkts verpasst wird.

3.4 Ermittlung der Zahlungsbereitschaft bei unterschiedlicher Produktausstattung

Die bislang beschriebenen Verfahren zur Ermittlung der Zahlungsbereitschaft gehen von einem gegebenen Produkt aus. In vielen Fällen – etwa im Rahmen von Produktinnovation, -variation oder -differenzierung – steht die Produktausstattung jedoch noch nicht fest, d. h. bzgl. der einzelnen Produktmerkmale und Merkmalsausprägungen bestehen erhebliche Freiheitsgrade (vgl. Wildner 2003, S. 21). Der Zusammenhang zwischen Zahlungsbereitschaft und Produktausstattung kann mit Hilfe der *Conjoint-Analyse* ermittelt werden (vgl. Abschn. 3.5 im 3. Teil).

Eine Conjoint-Analyse ist eine Form der indirekten Preisbefragung, bei welcher individuelle Nutzenstrukturen geschätzt werden. Zur Ermittlung der Zahlungsbereitschaft wird dabei der Preis in alternativen Ausprägungen in das Untersuchungsdesign einbezogen.

Ausgangspunkt für die Ermittlung der Zahlungsbereitschaft ist die Überlegung, dass der Nachfrager bei seiner Kaufentscheidung seinen Nutzen maximieren will. Hierzu vergleicht er seinen Reservationspreis r mit dem für die Leistung zu zahlenden Preis p und wählt die

Alternative aus, für die die Differenz maximal wird, d. h. er versucht seinen *Nettonutzen* U zu maximieren (vgl. Adler 2003, S. 3).

$$U_1(i,p) = r_1(i) - p \rightarrow \text{Max!} \tag{1}$$

mit

U_1 (i,p) = Nettonutzen der Leistung i bei Preis p für Nachfrager 1 (Konsumentenrente), i = 1, …, n, l = 1, …, s.

r_1 (i) = Reservationspreis des Konsumenten l für Leistung i (maximale Zahlungsbereitschaft),

p = tatsächlicher Produktpreis.

Im Rahmen der Conjoint-Analyse wird der subjektive Wert der Leistung, der *Leistungsnutzen*, in Form einer individuellen Nutzengröße angegeben, welche als Summe der Teilnutzenwerte für die relevanten Ausprägungen der Produktmerkmale resultiert. Durch den *Reservationspreis* erfolgt eine monetäre Bewertung des Leistungsnutzens, d. h. der Nachfrager drückt durch den Reservationspreis aus, wie viel Geldeinheiten ihm die Leistung maximal Wert ist. Da im Rahmen einer Conjoint-Analyse keine direkte Abfrage der (maximalen) Zahlungsbereitschaft für alternative Produktentwürfe erfolgt, muss diese auf indirektem Wege bestimmt werden (vgl. im Folgenden ausführlich Adler 2003, S. 14 ff.).

Zur Bestimmung des *Reservationspreises* muss die Ausgangsgleichung (1) so transformiert werden, dass der tatsächliche Preis p (in €) in Nutzengrößen transformiert wird. Dies geschieht durch einen Skalierungsparameter π_1. Der Nettonutzen U_1^N (in Nutzengrößen) für Konsument l resultiert damit aus der Differenz zwischen dem Leistungsnutzen L_1 und dem skalierten Preis, $\pi_1 \cdot p$:

$$U_1^N = L_1 - \pi_1 \cdot p . \tag{2}$$

Der monetäre Nutzen des Konsumenten l, U_1^M (in Geldeinheiten), resultiert durch Division von Gleichung 2 durch den Skalierungsparameter π (vgl. Kalish/Nelson 1991, S. 328):

$$U_1^M = \frac{L_1}{\pi_1} - p = r_1(i) - p . \tag{3}$$

Zur Berechnung der Zahlungsbereitschaft ist derjenige Preis p^{max} zu bestimmen, bei welchem der Nettonutzen gleich Null ist ($U_1^M = U(r_1) = 0$). Bei diesem Preis ist der Nachfrager zwischen Kauf und Nichtkauf indifferent, da er in diesem Falle eine Konsumentenrente in Höhe von Null erzielt. Es gilt also:

$$p_1^{max} = r_1(i) = \frac{L_1}{\pi_1} , \tag{4}$$

die maximale Zahlungsbereitschaft entspricht also dem Quotienten aus dem Leistungsnutzen L_1 und dem individuellen Preisparameter π_1. Im Rahmen einer Conjoint-Analyse wird die Schätzung des Preisparameters üblicherweise auf der Grundlage eines Vektormodells vorgenommen, d. h. es wird ein linearer Zusammenhang zwischen den Ausprägungen des

Preises und den jeweiligen Nutzenbeiträgen unterstellt. Dies impliziert, dass die vom Konsumenten wahrgenommene Preiswirkung für sämtliche zu bewertenden Produkte identisch ist. Für die praktische Durchführung ist es dabei sinnvoll, bei den Stimuli gleiche Preisabstände d^P zwischen den einzelnen Preisstufen zu erheben.

Im SPSS wird dieser Sachverhalt dadurch abgebildet, dass ein linearer Zusammenhang zwischen Faktor und Teilnutzen spezifiziert wird, also z. B.
```
Factor    Model   Levels  Label
AUFLÖSUN  d    3       Auflösung
DRUCKGES  d    3       Druckgeschwindigkeit
PREIS     l    3       Preis
(Models:  d=discrete, l=linear, i=ideal, ai=antiideal, <=less, >=more)
```

Der Preisparameter π_l lässt sich dabei wie folgt berechnen:

$$\pi_l = \frac{d^{TN}}{d^P}, \tag{5}$$

d. h. die (konstante) Differenz der Teilnutzenwerte d^{TN} zwischen den einzelnen Preisstufen wird durch den ebenfalls konstanten Preisabstand d^P dividiert. Der Preisparameter π_l hat dabei i. A. ein negatives Vorzeichen, da mit zunehmendem Preis der Nutzen i. d. R. abnimmt. Inhaltlich entspricht π_l dabei der individuellen Steigung der Preis-Teilnutzenfunktion, d. h. er gibt an, in welchem Ausmaß sich die Zahlungsbereitschaft des Konsumenten erhöht bzw. senkt, wenn der Leistungsnutzen verändert wird (vgl. Beispiel 5.12).

Die aus der Conjoint-Analyse geschätzten Nutzenwerte erlauben lediglich Aussagen in Form relativer Nutzenbeziehungen, da die errechneten Nutzenwerte höchstens intervallskaliert sind. Zur Ermittlung der maximalen Zahlungsbereitschaft für konkrete Produkte wird jedoch nicht die Kenntnis relativer Nutzenänderungen benötigt, sondern absoluter Nutzenwerte, d. h. es ist ein Nutzennullpunkt zu bestimmen. Die Festlegung des Nutzennullpunkts erfolgt dergestalt, dass
– Produkte, die für den Konsumenten grundsätzlich in Frage kommen (Relevant Set), einen positiven Nutzen aufweisen;
– Produkte, die für den Kauf nicht in Frage kommen, einen negativen Nutzen erhalten;
– Produkten, bei welchen der Konsument zwischen Kauf und Nichtkauf indifferent ist, ein Nutzenwert von Null zugewiesen wird (vgl. Tacke 1989, S. 190).

Beispiel 5.12:

Ausgangspunkt ist Beispiel 3.44 aus Abschn. 3.5 im 3. Teil des Buches. Es soll die Zahlungsbereitschaft für alternative Drucker ermittelt werden. Folgende Merkmale und Merkmalsausprägungen werden zu Grunde gelegt:

Eigenschaft / Eigenschaftsausprägung	1	2	3
A: Druckqualität	Normale Auflösung	Hohe Auflösung	Fotoqualität
B: Druckgeschwindigkeit	5 Seiten/Minute	10 Seiten/Minute	20 Seiten/Minute
C: Preis	30 €	60 €	90 €

Aus der Conjoint-Analyse resultierten folgende Teilnutzenwerte (vgl. Beispiel 3.47 im 3. Teil):

```
Averaged
Importance    Utility        Factor

    ☐☐☐☐☐☐☐ ☐                   AUFLÖSUN     Auflösung
    ☐ 33,33 ☐  -2,0000            -☐           normale Auflösung
    ☐☐☐☐☐☐☐☐☐  1,0000            ☐ -          hohe Auflösung
            ☐  1,0000            ☐ -          Fotoqualität
            ☐
        ☐☐☐☐☐                   DRUCKGES     Druckgeschwindigkeit
18,52 ☐     ☐  -,6667            ☐            5 Seiten
      ☐☐☐☐☐ ☐  -,3333            ☐            10 Seiten
            ☐  1,0000            ☐ -          20 Seiten
            ☐
☐☐☐☐☐☐☐☐☐☐☐☐                    PREIS        Preis
☐ 48,15    ☐  -2,1667            -☐           30 EUR
☐☐☐☐☐☐☐☐☐☐☐☐  -4,3333           ---☐          60 EUR
           ☐  -6,5000          ----☐          90 EUR
           ☐  B = -2,1667
           ☐
              9,3333             CONSTANT

Pearson's R   =  ,920                    Significance =  ,0002

Kendall's tau =  ,833                    Significance =  ,0009
```

Der Skalierungsparameter π_l resultiert damit aus dem Quotienten

$$\frac{-2,1667}{30} = -0,0722 \,,$$

d. h. eine Preiserhöhung von 30 € (z. B. von 60 € auf 90 €) führt zu einer Nutzenminderung von – 2,1667 (von – 4,3333 auf – 6,5000).

Für den betrachteten Nachfrager würde eine Erhöhung der Auflösung von „normal" auf „hoch" einen Nutzenzuwachs von 3 (=1 – (– 2)) herbeiführen. Der Preis, der zu einer Nutzenminderung in Höhe von – 3 führen würde (wodurch der Nutzenzuwachs also kompensiert, d. h. keine Änderung des Nutzens entstehen würde), resultiert als

$$\frac{-3}{-0,0722} = 41,55 € \,,$$

d. h. für eine Erhöhung der Auflösung von „normal" auf „hoch" wäre der Nachfrager maximal bereit, 41,55 € zu bezahlen.

Dies erfolgt dadurch, dass die Nutzenskala so transformiert wird, dass zu der Summe der jeweiligen Teilnutzenwerte eine geeignete Konstante addiert wird. Zur konkreten Bestimmung des Nullpunkts bietet es sich an, sog. *Limit Cards* einzusetzen (vgl. Voeth/Hahn 1998). Eine Limit Card gibt an, bis zu welchem Rangplatz der Befragte gerade noch bereit wäre, das Produkt zu kaufen. Der Nutzennullpunkt entspricht dann dem Gesamtnutzenwert des letzten Stimulus in der Rangreihe, den der Konsument gerade noch erwerben würde. (Alternativ kann auch der Mittelwert der Gesamtnutzenwerte jeweils vor und nach der gesetzten Limit Card herangezogen werden.)

Beispiel 5.13:

Der Befragte hat die Stimuli des Beispiels 5.12 wie folgt bewertet:

Stimulus	Rang
1: Normale Auflösung / 5 Seiten / 30 €	4.
2: Normale Auflösung / 10 Seiten / 60€	6.
3: Normale Auflösung / 20 Seiten / 90 €	7.
4: Hohe Auflösung / 5 Seiten / 60 €	8.
5: Hohe Auflösung / 10 Seiten / 90 €	5.
6: Hohe Auflösung / 20 Seiten / 30 €	3.
7: Fotoqualität / 5 Seiten / 90 €	9.
8: Fotoqualität / 10 Seiten / 30 €	1.
9: Fotoqualität / 20 Seiten / 60 €	2.

Seine Limit Card setzt er zwischen Stimulus 1 (Rang 4) und Stimulus 5 (Rang 5). Das bedeutet, der Konsument würde den Drucker 1 (Normale Auflösung, Druckgeschwindigkeit 5 Seiten pro Minute) für 30 € gerade noch kaufen. Der Gesamtnutzen des Stimulus, welcher sich aus dem Basisnutzen und den entsprechenden Teilnutzenwerten zusammensetzt, resultiert als

$$9{,}3333 - 2{,}0000 + 0{,}6667 + 2{,}1667 = 5{,}8333,$$

d. h. der Nutzennullpunkt liegt bei etwa 5,83.

Zur Ermittlung der Zahlungsbereitschaft für ein konkretes Produkt muss die Conjoint-Analyse dahingehend modifiziert werden, dass zunächst die jeweiligen Gesamtnutzenwerte ohne Berücksichtigung des Preises berechnet werden. In einem weiteren Schritt ist derjenige Preis zu bestimmen, bei welchem der Gesamtnutzen des Produkts genau dem Nutzennullpunkt entspricht, d. h. dem Nutzen desjenigen Stimulus, welcher gerade noch gekauft würde. Der auf diese Weise ermittelte Preis entspricht der gesuchten individuellen Zahlungsbereitschaft.

Ausgangspunkt für die Bestimmung der Zahlungsbereitschaft ist das linear-additive Teilnutzenwertmodell der Conjoint-Analyse, bei welchem die Preisvariable als *Vektormodell* spezifiziert wird:

$$U_l^i = \underbrace{\mu_l}_{\text{Basisnutzen}} + \underbrace{\sum_{k=1}^{K} \sum_{m=1}^{M_k} \beta_{kml} \cdot x_{km}}_{\text{Teilnutzen Leistung}} - \underbrace{\beta_l^p \cdot x_m^p}_{\text{Teilnutzen Preis}} \tag{6}$$

mit

U_l^i = Gesamtnutzen des Stimulus i für Nachfrager l,

μ_l = Basisnutzen,

M_k = Anzahl der Ausprägungen von Eigenschaft k,

β_{kml} = Teilnutzenwert für Ausprägung m von Leistungseigenschaft k (j = 1, …, K) bei Nachfrager l,

x_{km} = $\begin{cases} 1, \text{falls bei Stimulus i die Eigenschaft k in Ausprägung m vorliegt}, \\ 0 \text{ sonst}, \end{cases}$

β_l^P = Preisparameter des Vektormodells (linearer Term),

x_m^P = Preisstufen.

Mit Hilfe von Gleichung 6 lässt sich der Gesamtnutzen des Nutzennullpunktes errechnen, U_l^0.

Der Gesamtnutzen des Stimulus lässt sich gemäß Gleichung 6 in eine leistungsabhängige Komponente (U_l^{Li}) und in eine preisabhängige Nutzenkomponente (U_l^{pi}) zerlegen, d. h. es gilt:

$$U_l^i = U_l^{Li} + U_l^{pi} \tag{7}$$

mit

$$U_l^{Li} = \mu_l + \sum_{k=1}^{K} \sum_{m=1}^{M_k} \beta_{kml} \cdot x_{km} \qquad \text{und} \tag{8}$$

$$U_l^{pi} = \beta_l^P \cdot x_m^P . \tag{9}$$

Damit der Gesamtnutzen genau den Wert Null annimmt, muss gelten:

$$U_l^{pi} = U_l^0 + U_l^{Li} \tag{10}$$

d. h. der Preis muss einen Teilnutzen stiften, der genau der Differenz aus dem Gesamtnutzen des Nutzennullpunkts und dem leistungsabhängigem Nutzen entspricht. In diesem Fall ist der Befragte zwischen Kauf und Nichtkauf indifferent.

In einem weiteren Schritt muss der Nutzenwert U_l^{pi}, welcher in Nutzeneinheiten skaliert ist, in monetäre Nutzengrößen transformiert werden. Zu diesem Zweck wird U_l^{pi} in die Preis-Teilnutzenfunktion eingesetzt:

$$U_l^{pi} = \alpha_l + \pi_l \cdot r_l \tag{11}$$

mit

α_l = Konstante,

π_l = Skalierungsparameter des Preises,

r_l = Reservationspreis.

Aus (11) wird ersichtlich, dass der Parameter π_l die individuelle Steigung der Preis-Teilnutzenfunktion wiedergibt. Die (individuelle) Konstante α_i ist der Ordinatenabschnitt der Funktion, d. h. der (maximale) Teilnutzen, der bei einem Preis von Null resultiert. Er lässt sich berechnen, indem bei bekanntem π_l eine beliebige Kombination von Teilnutzen U_l^P und Preis in Gleichung (11) eingesetzt wird. Der gesuchte Reservationspreis, d. h. die maximale individuelle Zahlungsbereitschaft des Befragten, resultiert als

$$r_l = \frac{U_l^{pi} - \alpha_l}{\pi_l}.$$

Beispiel 5.14:

Für das Beispiel 5.13 sollen die Reservationspreise des Befragten für zwei konkrete Produktausstattungen A und B ermittelt werden.

Merkmal	Drucker A	Drucker B
Druckqualität	Hoch	Foto
Druckgeschwindigkeit	20 Seiten/Minute	10 Seiten/Minute

Gemäß Beispiel 5.13 wird Stimulus 1 gerade noch akzeptiert; dessen Nutzen repräsentiert somit den Nutzennullpunkt. In einem ersten Schritt sind die Gesamtnutzen von Stimulus 1 sowie der betrachteten Drucker A und B ohne Berücksichtigung der Preise zu bestimmen. Diese ergeben sich aus der Summe der jeweiligen Basis- und Teilnutzenwerte, d. h. als U_l^{Li} gemäß Gleichung 8.

Merkmal	Stimulus 1	Drucker A	Drucker B
Druckqualität	-2,0000	1,0000	1,0000
Druckgeschwindigkeit	0,6667	1,0000	0,3333
Preis	-2,1667		
Basisnutzen	9,3333	9,3333	9,3333
Summe	**5,8333**	**11,3333**	**10,6666**

Hieraus resultieren:

$$U_l^{pA} = U_l^{p1} + U_l^{LA}$$
$$= 5,8333 - 11,3333 = -5,5$$

und analog

$$U_l^{pB} = U_l^{p1} + U_l^{LB}$$
$$= 5,8333 - 10,6666 = -4,8333.$$

Zur Bestimmung der maximalen Zahlungsbereitschaft muss die Preis-Teilnutzenfunktion bestimmt werden. Gemäß Beispiel 5.12 beträgt der Wert des Preisparameters

$$\pi_l = \frac{-2,1667}{30} = -0,0722.$$

Wird ein konkretes Wertepaar (z. B. 60; -4,3333) in Gleichung 11 eingesetzt, resultiert somit

$$-4,3333 = \alpha_l - \frac{2,1667}{30} \cdot 60$$

$$\Rightarrow \alpha_l = \frac{2,1667}{30} \cdot 60 - 4,3333 = 0,0001.$$

Die maximale Zahlungsbereitschaft des Befragten für die Drucker A und B lassen sich durch Umformen von Gleichung 11 folgendermaßen errechnen:

$$r_l^A = \frac{-5,5 - 0,0001}{-0,0722} = 76,18$$

$$r_l^B = \frac{-4,8333 - 0,0001}{-0,0722} = 66,94,$$

d. h. die maximale Zahlungsbereitschaft des Befragten für Drucker A beträgt 76,18 € und für Drucker B 66,94 €.

Nachfolgende Abbildung zeigt den grafischen Verlauf der Preis-Teilnutzenfunktion für den betrachteten Nachfrager.

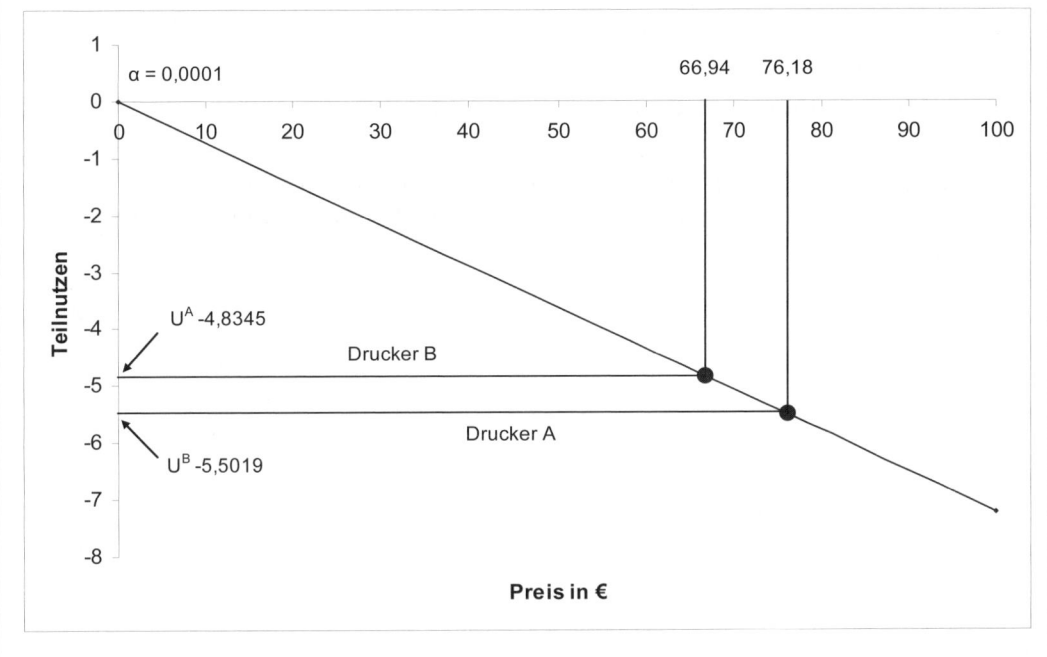

Sind die individuellen Zahlungsbereitschaften für alle Probanden erhoben, so lässt sich eine Preisabsatzfunktion durch Aggregation der individuellen Zahlungsbereitschaften ermitteln (zu den Einzelheiten vgl. Green/Srinivasan 1990; Adler 2003, S. 30 ff.; Simon/Kucher 1988).

Vorteilhaft ist an der indirekten Preisbefragung mittels Conjoint-Analyse – im Vergleich zu einer direkten Preisbefragung – die höhere Ähnlichkeit zu einer realen Kaufentscheidung. Zudem wird die Bedeutung des Preises nicht überbetont. Allerdings konnten die Vorteile bislang nicht empirisch nachgewiesen werden. Insbesondere konnte bei Conjoint-Analysen ein erheblicher *Hypothetical Bias* festgestellt werden, d. h. die erhobene (hypothetische) Zahlungsbereitschaft weicht von der realen Zahlungsbereitschaft oftmals erheblich ab (vgl. Sattler/Nitschke 2003, S. 376).

3.5 Weiterführende Literatur

Becker, G. M., DeGroot, M. H., Marschak, J. (1964): Measuring Utility by a Single-Response Sequential Method, in: Behavioral Science, Vol. 9 (1964), No. 3, S. 226-232.

Blamires, C. (1998): Pricing Research, in: McDonald, C., Vangelder, P. (Hrsg.): ESOMAR Handbook of Market and Opinion Research, Amsterdam 1998, S. 739-773.

Green, P. E., Rao, V. R. (1971): Conjoint Measurement of Qualifying Judgemental Data, in: Journal of Marketing Research, Vol. 8 (1971), No. 3, S. 355-363.

Hoffmann, E., Menkhaus, D., Chakravarti, D., Field, R., Whipple, G. D. (1993): Using Laboratory Experimental Auctions in Marketing Research: A Case Study of New Packaging for Fresh Beef, in: Marketing Science, Vol. 12 (1993), No. 3, S. 318-338.

Sattler, H., Nitschke, T. (2003): Ein empirischer Vergleich von Instrumenten zur Erhebung von Zahlungsbereitschaften, in: Zeitschrift für betriebswirtschaftliche Forschung (ZfbF), 55. Jg. (2003), Nr. 4, S. 364-381.

Voeth, M. , Hahn, C. (1998): Limit Conjoint-Analyse, in: Marketing ZfP, 20. Jg. (1998), Nr. 2, S. 119-132.

Westendorp, P. H. v. (1976): NSS Price Sensitivity Meter – A New Approach to the Study of Consumer Perception of Price, Proceedings of the 29th ESOMAR Congress, Amsterdam 1976.

Anhang

Statistische Tabellen

Im Folgenden sind die gängigsten statistischen Tafeln abgebildet, teilweise als Auszüge. Tabelliert sind im Einzelnen für ausgewählte Vertrauenswahrscheinlichkeiten $(1-\alpha)$ die Quantile folgender Verteilungen:

- χ^2-Verteilung (Chi-Quadrat-Verteilung),
- t-Verteilung,
- Standardnormalverteilung sowie
- F-Verteilung.

Auf die Darstellung weniger gebräuchlicher Verteilungen wie z. B. der U-Verteilung wurde hier verzichtet. Die Darstellung der F-Verteilung musste in stark gekürzter Form erfolgen. Vollständige tabellarische Darstellungen finden sich beispielsweise in:

- Graf, U., Henning, H.-J., Stange, K., Willrich, P.-T. (1997): Formeln und Tabellen der angewandten Statistik, Berlin u. a. 1987, korr. Nachdruck 1997.
- Müller, P. H., Neumann, P., Storm, R. (1979): Tafeln der mathematischen Statistik, 3. Aufl., Leipzig 1979.
- Pearson, E.S., Hartley H.O. (1976): Biometrika Tables for Statisticians, 3rd ed., Cambridge 1976.
- Wetzel, W., Jöhnk, M.-D., Naeve, P. (1976): Statistische Tabellen, Berlin 1976.

Darüber hinaus soll an dieser Stelle darauf hingewiesen werden, dass statistische Tabellen auch aus dem Statistik-Softwarepaket „R" generiert werden können.

Bei der praktischen Anwendung der in Teil 3 dargestellten Verfahren der Datenanalyse ist darauf hinzuweisen, dass ein „Nachschlagen" der Quantile der jeweils relevanten Verteilung bei einer bestimmten Vertrauenswahrscheinlichkeit in den Tabellen zumeist entfällt, da die gebräuchlichen Softwarepakete das jeweilige exakte Signifikanzniveau der Ergebnisse unmittelbar angeben (z. B. als p = .0247, was bedeuten würde, dass das betreffende Ergebnis auf dem 0,95 %-Niveau signifikant wäre, nicht aber auf dem 99 %-Niveau).

Chi-Quadrat-Verteilung (Auszug)

Quantile der Chi-Quadrat-Verteilung bei der Vertrauenswahrscheinlichkeit 1-α;

Approximation für n > 30: $\chi_\alpha^2(n) \approx \frac{1}{2}\left(z_\alpha + \sqrt{2n-1}\right)^2$

FG	0,01	0,025	0,05	0,1	0,5	0,9	0,95	0,975	0,99
1	0,0002	0,0010	0,0039	0,0158	0,4549	2,7055	3,8415	5,0239	6,6349
2	0,0201	0,0506	0,1026	0,2107	1,3863	4,6052	5,9915	7,3778	9,2103
3	0,1148	0,2158	0,3518	0,5844	2,3660	6,2514	7,8147	9,3484	11,345
4	0,2971	0,4844	0,7107	1,0636	3,3567	7,7794	9,4877	11,143	13,277
5	0,5543	0,8312	1,1455	1,6103	4,3515	9,2364	11,070	12,833	15,086
6	0,8721	1,2373	1,6354	2,2041	5,3481	10,645	12,592	14,449	16,812
7	1,2390	1,6899	2,1674	2,8331	6,3458	12,017	14,067	16,013	18,475
8	1,6465	2,1797	2,7326	3,4895	7,3441	13,362	15,507	17,535	20,090
9	2,0879	2,7004	3,3251	4,1682	8,3428	14,684	16,919	19,023	21,666
10	2,5582	3,2470	3,9403	4,8652	9,3418	15,987	18,307	20,483	23,209
11	3,0535	3,8157	4,5748	5,5778	10,341	17,275	19,675	21,920	24,725
12	3,5706	4,4038	5,2260	6,3038	11,340	18,549	21,026	23,337	26,217
13	4,1069	5,0088	5,8919	7,0415	12,340	19,812	22,362	24,736	27,688
14	4,6604	5,6287	6,5706	7,7895	13,339	21,064	23,685	26,119	29,141
15	5,2293	6,2621	7,2609	8,5468	14,339	22,307	24,996	27,488	30,578
16	5,8122	6,9077	7,9616	9,3122	15,338	23,542	26,296	28,845	32,000
17	6,4078	7,5642	8,6718	10,085	16,338	24,769	27,587	30,191	33,409
18	7,0149	8,2307	9,3905	10,865	17,338	25,989	28,869	31,526	34,805
19	7,6327	8,9065	10,117	11,651	18,338	27,204	30,144	32,852	36,191
20	8,2604	9,5908	10,851	12,443	19,337	28,412	31,410	34,170	37,566
21	8,8972	10,283	11,591	13,240	20,337	29,615	32,671	35,479	38,932
22	9,5425	10,982	12,338	14,041	21,337	30,813	33,924	36,781	40,289
23	10,196	11,689	13,091	14,848	22,337	32,007	35,172	38,076	41,638
24	10,856	12,401	13,848	15,659	23,337	33,196	36,415	39,364	42,980
25	11,524	13,120	14,611	16,473	24,337	34,382	37,652	40,646	44,314
26	12,198	13,844	15,379	17,292	25,336	35,563	38,885	41,923	45,642
27	12,879	14,573	16,151	18,114	26,336	36,741	40,113	43,195	46,963
28	13,565	15,308	16,928	18,939	27,336	37,916	41,337	44,461	48,278
29	14,256	16,047	17,708	19,768	28,336	39,087	42,557	45,722	49,588
30	14,953	16,791	18,493	20,599	29,336	40,256	43,773	46,979	50,892

t-Verteilung (Auszug)

Quantile $t_{1-\alpha;\ v}$ der t-Verteilung bei der Vertrauenswahrscheinlichkeit 1-α in Abhängigkeit vom Freiheitsgrad v (einseitig) (α = Signifikanzsniveau; v = Freiheitsgrade)

v	\multicolumn{6}{c}{Statistische Sicherheit 1-α}	v
	0,90	0,95	0,975	0,99	0,995	0,999	
1	3,078	6,314	12,71	31,82	63,66	318,3	1
2	1,886	2,920	4,303	6,965	9,925	22,33	2
3	1,638	2,353	3,182	4,541	5,841	10,21	3
4	1,533	2,132	2,776	3,747	4,604	7,173	4
5	1,476	2,015	2,571	3,365	4,032	5,893	5
6	1,440	1,943	2,447	3,143	3,707	5,208	6
7	1,415	1,895	2,365	2,998	3,499	4,785	7
8	1,397	1,860	2,306	2,896	3,355	4,501	8
9	1,383	1,833	2,262	2,821	3,250	4,297	9
10	1,372	1,812	2,228	2,764	3,169	4,144	10
11	1,363	1,796	2,201	2,718	3,106	4,025	11
12	1,356	1,782	2,179	2,681	3,055	3,930	12
13	1,350	1,771	2,160	2,650	3,012	3,852	13
14	1,345	1,761	2,145	2,624	2,977	3,787	14
15	1,341	1,753	2,131	2,602	2,947	3,733	15
16	1,337	1,746	2,120	2,583	2,921	3,686	16
17	1,333	1,740	2,110	2,567	2,898	3,646	17
18	1,330	1,734	2,101	2,552	2,878	3,610	18
19	1,328	1,729	2,093	2,539	2,861	3,579	19
20	1,325	1,725	2,086	2,528	2,845	3,552	20
21	1,323	1,721	2,080	2,518	2,831	3,527	21
22	1,321	1,717	2,074	2,508	2,819	3,505	22
23	1,319	1,714	2,069	2,500	2,807	3,485	23
24	1,318	1,711	2,064	2,592	2,797	3,467	24
25	1,316	1,708	2,060	2,485	2,787	3,450	25
26	1,315	1,706	2,056	2,479	2,779	3,435	26
27	1,314	1,703	2,052	2,473	2,771	3,421	27
28	1,313	1,701	2,048	2,467	2,763	3,408	28
29	1,311	1,699	2,045	2,462	2,756	3,396	29
30	1,310	1,697	2,042	2,457	2,750	3,385	30
40	1,303	1,684	2,021	2,443	2,704	3,307	40
50	1,299	1,676	2,009	2,403	2,678	3,261	50
60	1,296	1,671	2,000	2,390	2,660	3,232	60
70	1,294	1,667	1,994	2,381	2,648	3,211	70
80	1,292	1,664	1,990	2,374	2,639	3,195	80
90	1,291	1,662	1,987	2,368	2,632	3,183	90
100	1,290	1,660	1,984	2,364	2,626	3,174	100
200	1,286	1,652	1,972	2,345	2,601	3,131	200
500	1,283	1,648	1,965	2,334	2,586	3,107	500
oo	1,282	1,645	1,960	2,326	2,576	3,090	oo

t-Verteilung (Auszug)

Quantile $t_{1-\alpha;\,v}$ der t-Verteilung bei der Vertrauenswahrscheinlichkeit 1-α in Abhängigkeit vom Freiheitsgrad v (zweiseitig) (α = Signifikanzsniveau; v = Freiheitsgrade)

v	\multicolumn{7}{c}{Statistische Sicherheit 1-α}	v
	0,80	0,90	0,95	0,98	0,99	0,998	0,999	
1	3,078	6,314	12,71	31,82	63,66	318,3	636,6	1
2	1,886	2,920	4,303	6,965	9,925	22,33	31,60	2
3	1,638	2,353	3,182	4,541	5,841	10,21	12,92	3
4	1,533	2,132	2,776	3,747	4,604	7,173	8,610	4
5	1,476	2,015	2,571	3,365	4,032	5,893	6,869	5
6	1,440	1,943	2,447	3,143	3,707	5,208	5,959	6
7	1,415	1,895	2,365	2,998	3,499	4,785	5,408	7
8	1,397	1,860	2,306	2,896	3,355	4,501	5,041	8
9	1,383	1,833	2,262	2,821	3,250	4,297	4,781	9
10	1,372	1,812	2,228	2,764	3,169	4,144	4,587	10
11	1,363	1,796	2,201	2,718	3,106	4,025	4,437	11
12	1,356	1,782	2,179	2,681	3,055	3,930	4,318	12
13	1,350	1,771	2,160	2,650	3,012	3,852	4,221	13
14	1,345	1,761	2,145	2,624	2,977	3,787	4,140	14
15	1,341	1,753	2,131	2,602	2,947	3,733	4,073	15
16	1,337	1,746	2,120	2,583	2,921	3,686	4,015	16
17	1,333	1,740	2,110	2,567	2,898	3,646	3,965	17
18	1,330	1,734	2,101	2,552	2,878	3,610	3,992	18
19	1,328	1,729	2,093	2,539	2,861	3,579	3,883	19
20	1,325	1,725	2,086	2,528	2,845	3,552	3,850	20
21	1,323	1,721	2,080	2,518	2,831	3,527	3,819	21
22	1,321	1,717	2,074	2,508	2,819	3,505	3,792	22
23	1,319	1,714	2,069	2,500	2,807	3,485	3,768	23
24	1,318	1,711	2,064	2,592	2,797	3,467	3,745	24
25	1,316	1,708	2,060	2,485	2,787	3,450	3,725	25
26	1,315	1,706	2,056	2,479	2,779	3,435	3,707	26
27	1,314	1,703	2,052	2,473	2,771	3,421	3,690	27
28	1,313	1,701	2,048	2,467	2,763	3,408	3,674	28
29	1,311	1,699	2,045	2,462	2,756	3,396	3,659	29
30	1,310	1,697	2,042	2,457	2,750	3,385	3,646	30
40	1,303	1,684	2,021	2,443	2,704	3,307	3,551	40
50	1,299	1,676	2,009	2,403	2,678	3,261	3,496	50
60	1,296	1,671	2,000	2,390	2,660	3,232	3,460	60
80	1,292	1,664	1,990	2,374	2,639	3,195	3,416	80
100	1,290	1,660	1,984	2,364	2,626	3,174	3,390	100
200	1,286	1,652	1,972	2,345	2,601	3,131	3,340	200
500	1,283	1,648	1,965	2,334	2,586	3,107	3,310	500
∞	1,282	1,645	1,960	2,326	2,576	3,090	3,291	∞

Normalverteilung

Werte der Verteilungsfunktion der Standardnormalverteilung für Ausprägungen der standardisierten Variablen z zwischen 0,00 und 3,99.

z	0,00	0,01	0,02	0,03	0,04	0,05	0,06	0,07	0,08	0,09
0,0	0,5000	0,5040	0,5080	0,5120	0,5160	0,5199	0,5239	0,5279	0,5319	0,5359
0,1	0,5398	0,5438	0,5478	0,5517	0,5557	0,5596	0,5636	0,5675	0,5714	0,5753
0,2	0,5793	0,5832	0,5871	0,5910	0,5948	0,5987	0,6026	0,6064	0,6103	0,6141
0,3	0,6179	0,6217	0,6255	0,6293	0,6331	0,6368	0,6406	0,6443	0,6480	0,6517
0,4	0,6554	0,6591	0,6628	0,6664	0,6700	0,6736	0,6772	0,6808	0,6844	0,6879
0,5	0,6915	0,6950	0,6985	0,7019	0,7054	0,7088	0,7123	0,7157	0,7190	0,7224
0,6	0,7257	0,7291	0,7324	0,7357	0,7389	0,7422	0,7454	0,7486	0,7517	0,7549
0,7	0,7580	0,7611	0,7642	0,7673	0,7704	0,7734	0,7764	0,7794	0,7823	0,7852
0,8	0,7881	0,7910	0,7939	0,7967	0,7995	0,8023	0,8051	0,8078	0,8106	0,8133
0,9	0,8159	0,8186	0,8212	0,8238	0,8264	0,8289	0,8315	0,8340	0,8365	0,8389
1,0	0,8413	0,8438	0,8461	0,8485	0,8508	0,8531	0,8554	0,8577	0,8599	0,8621
1,1	0,8643	0,8665	0,8686	0,8708	0,8729	0,8749	0,8770	0,8790	0,8810	0,8830
1,2	0,8849	0,8869	0,8888	0,8907	0,8925	0,8944	0,8962	0,8980	0,8997	0,9015
1,3	0,9032	0,9049	0,9066	0,9082	0,9099	0,9115	0,9131	0,9147	0,9162	0,9177
1,4	0,9192	0,9207	0,9222	0,9236	0,9251	0,9265	0,9279	0,9292	0,9306	0,9319
1,5	0,9332	0,9345	0,9357	0,9370	0,9382	0,9394	0,9406	0,9418	0,9429	0,9441
1,6	0,9452	0,9463	0,9474	0,9484	0,9495	0,9505	0,9515	0,9525	0,9535	0,9545
1,7	0,9554	0,9564	0,9573	0,9582	0,9591	0,9599	0,9608	0,9616	0,9625	0,9633
1,8	0,9641	0,9649	0,9656	0,9664	0,9671	0,9678	0,9686	0,9693	0,9699	0,9706
1,9	0,9713	0,9719	0,9726	0,9732	0,9738	0,9744	0,9750	0,9756	0,9761	0,9767
2,0	0,9772	0,9778	0,9783	0,9788	0,9793	0,9798	0,9803	0,9808	0,9812	0,9817
2,1	0,9821	0,9826	0,9830	0,9834	0,9838	0,9842	0,9846	0,9850	0,9854	0,9857
2,2	0,9861	0,9864	0,9868	0,9871	0,9875	0,9878	0,9881	0,9884	0,9887	0,9890
2,3	0,9893	0,9896	0,9898	0,9901	0,9904	0,9906	0,9909	0,9911	0,9913	0,9916
2,4	0,9918	0,9920	0,9922	0,9925	0,9927	0,9929	0,9931	0,9932	0,9934	0,9936
2,5	0,9938	0,9940	0,9941	0,9943	0,9945	0,9946	0,9948	0,9949	0,9951	0,9952
2,6	0,9953	0,9955	0,9956	0,9957	0,9959	0,9960	0,9961	0,9962	0,9963	0,9964
2,7	0,9965	0,9966	0,9967	0,9968	0,9969	0,9970	0,9971	0,9972	0,9973	0,9974
2,8	0,9974	0,9975	0,9976	0,9977	0,9977	0,9978	0,9979	0,9979	0,9980	0,9981
2,9	0,9981	0,9982	0,9982	0,9983	0,9984	0,9984	0,9985	0,9985	0,9986	0,9986
3,0	0,9987	0,9987	0,9987	0,9988	0,9988	0,9989	0,9989	0,9989	0,9990	0,9990
3,1	0,9990	0,9991	0,9991	0,9991	0,9992	0,9992	0,9992	0,9992	0,9993	0,9993
3,2	0,9993	0,9993	0,9994	0,9994	0,9994	0,9994	0,9994	0,9995	0,9995	0,9995
3,3	0,9995	0,9995	0,9995	0,9996	0,9996	0,9996	0,9996	0,9996	0,9996	0,9997
3,4	0,9997	0,9997	0,9997	0,9997	0,9997	0,9997	0,9997	0,9997	0,9997	0,9998
3,5	0,9998	0,9998	0,9998	0,9998	0,9998	0,9998	0,9998	0,9998	0,9998	0,9998
3,6	0,9998	0,9998	0,9999	0,9999	0,9999	0,9999	0,9999	0,9999	0,9999	0,9999
3,7	0,9999	0,9999	0,9999	0,9999	0,9999	0,9999	0,9999	0,9999	0,9999	0,9999
3,8	0,9999	0,9999	0,9999	0,9999	0,9999	0,9999	0,9999	0,9999	0,9999	0,9999
3,9	1,0000	1,0000	1,0000	1,0000	1,0000	1,0000	1,0000	1,0000	1,0000	1,0000

F-Verteilung (Auszug)

Werte der F-Verteilung mit v1 Freiheitsgraden im Zähler, v2 Freiheitsgraden im Nenner und einer Vertrauenswahrscheinlichkeit $(1-\alpha)=0{,}95$ bzw. einem Signifikanzniveau $\alpha=0{,}05$

v2 \ v1	1	2	3	4	5	6	7	8	9	10	11	12	13	14	15	20	25	30	40	60	120	∞
1	161,45	18,51	10,13	7,71	6,61	5,99	5,59	5,32	5,12	4,96	4,84	4,75	4,67	4,60	4,54	4,35	4,24	4,17	4,08	4,00	3,92	3,84
2	199,50	19,00	9,55	6,94	5,79	5,14	4,74	4,46	4,26	4,10	3,98	3,89	3,81	3,74	3,68	3,49	3,39	3,32	3,23	3,15	3,07	3,00
3	215,71	19,16	9,28	6,59	5,41	4,76	4,35	4,07	3,86	3,71	3,59	3,49	3,41	3,34	3,29	3,10	2,99	2,92	2,84	2,76	2,68	2,60
4	224,58	19,25	9,12	6,39	5,19	4,53	4,12	3,84	3,63	3,48	3,36	3,26	3,18	3,11	3,06	2,87	2,76	2,69	2,61	2,53	2,45	2,37
5	230,16	19,30	9,01	6,26	5,05	4,39	3,97	3,69	3,48	3,33	3,20	3,11	3,03	2,96	2,90	2,71	2,60	2,53	2,45	2,37	2,29	2,21
6	233,99	19,33	8,94	6,16	4,95	4,28	3,87	3,58	3,37	3,22	3,09	3,00	2,92	2,85	2,79	2,60	2,49	2,42	2,34	2,25	2,17	2,10
7	236,77	19,35	8,89	6,09	4,88	4,21	3,79	3,50	3,29	3,14	3,01	2,91	2,83	2,76	2,71	2,51	2,40	2,33	2,25	2,17	2,09	2,01
8	238,88	19,37	8,85	6,04	4,82	4,15	3,73	3,44	3,23	3,07	2,95	2,85	2,77	2,70	2,64	2,45	2,34	2,27	2,18	2,10	2,02	1,94
9	240,54	19,39	8,81	6,00	4,77	4,10	3,68	3,39	3,18	3,02	2,90	2,80	2,71	2,65	2,59	2,39	2,28	2,21	2,12	2,04	1,96	1,88
10	241,88	19,40	8,79	5,96	4,74	4,06	3,64	3,35	3,14	2,98	2,85	2,75	2,67	2,60	2,54	2,35	2,24	2,16	2,08	1,99	1,91	1,83
12	243,91	19,41	8,74	5,91	4,68	4,00	3,57	3,28	3,07	2,91	2,79	2,69	2,60	2,53	2,48	2,28	2,16	2,09	2,00	1,92	1,83	1,75
15	245,90	19,43	8,70	5,86	4,62	3,94	3,51	3,22	3,01	2,85	2,72	2,62	2,53	2,46	2,40	2,20	2,09	2,01	1,92	1,84	1,75	1,67
20	248,00	19,45	8,66	5,80	4,56	3,87	3,44	3,15	2,94	2,77	2,65	2,54	2,46	2,39	2,33	2,12	2,01	1,93	1,84	1,75	1,66	1,57
24	249,10	19,45	8,64	5,77	4,53	3,84	3,41	3,12	2,90	2,74	2,61	2,51	2,42	2,35	2,29	2,08	1,96	1,89	1,79	1,70	1,61	1,52
30	250,10	19,46	8,62	5,75	4,50	3,81	3,38	3,08	2,86	2,70	2,57	2,47	2,38	2,31	2,25	2,04	1,92	1,84	1,74	1,65	1,55	1,46
40	251,10	19,47	8,59	5,72	4,46	3,77	3,34	3,04	2,83	2,66	2,53	2,43	2,34	2,27	2,20	1,99	1,87	1,79	1,69	1,59	1,50	1,39
60	252,20	19,48	8,57	5,69	4,43	3,74	3,30	3,01	0,79	2,62	2,49	2,38	2,30	2,22	2,16	1,95	1,82	1,74	1,64	1,53	1,43	1,32
120	253,30	19,49	8,55	5,66	4,40	3,70	3,27	2,97	2,75	2,58	2,45	2,34	2,25	2,18	2,11	1,90	1,77	1,68	1,58	1,47	1,35	1,22
∞	254,30	19,50	8,53	5,63	4,36	3,67	3,23	2,93	2,71	2,54	2,40	2,30	2,21	2,13	2,07	1,84	1,71	1,62	1,51	1,39	1,25	1,00

Literaturverzeichnis

A.C. Nielsen (2004a): Handelspanel, [http://www.acnielsen.at/at/services/retail/], Abruf vom 8.11.2004.

A.C. Nielsen (2004b): MarketTrack, [http://www.acnielsen.at/at/services/retail/MarketTrack], Abruf vom 8.11.2004.

A.C. Nielsen (2004c): Key Account Tracking, [http://www.acnielsen.at/at/services/retail/KeyAccount Tracking], Abruf vom 8.11.2004.

A.C. Nielsen (2004d): Store Observation, [http://www.acnielsen.at/at/services/retail/StoreObservation], Abruf vom 8.11.2004.

A.C. Nielsen (2004e): Consumer Panels, http://www.acnielsen.de/services/consumer, Abruf vom 5.11.04.

A.C. Nielsen (2004f): Pharma & Healthcare Services, [http://www.acnielsen.at/at/services/retail/pharma. html], Abruf vom 12.11.2004.

A.C. Nielsen (2005): BASES Price Advisor, [http://www.bases.com/services/price_advisor.html], Abruf vom 16.2.2005.

A.C. Nielsen (o. J. a): Nielsen Testmarketing: A.C. Nielsen QUARTZ, o. O. o. J.

A.C. Nielsen (o. J. b): Nielsen Testmarketing: A.C. Nielsen Kontrollierter Markttest, o. O. o. J.

Aaker, D. A., Kumar, V., Day, G. S. (2003): Marketing Research 8th ed., New York u. a. 2003.

Adler, J. (1996): Informationsökonomische Fundierung von Austauschprozessen, Wiesbaden 1996.

Adler, J. (2003): Möglichkeiten der Messung von Zahlungsbereitschaften der Nachfrage, Duisburger Arbeitspapiere zum Marketing, Nr. 7, Duisburg 2003.

ADM Arbeitskreis Deutscher Marktforschungsinstitute (1979): Muster-Stichproben-Pläne, bearb. v. F. Schaefer, München 1979.

Agresti, A. (1990): Categorical Data Analysis, New York 1990.

Alarcón, L. F., Ashley, D. B. (1998): Project Management Decision Making Using Cross Impact Analysis, in: International Journal of Project Management, Vol. 16 (1998), No. 3, S. 142-152.

Allison, P. D. (2001): Missing Data, Thousand Oaks 2001.

Amoo, T., Friedman, H. H. (2000): Overall Evaluation Rating Scales: An Assessment, in: International Journal of Market Research, Vol. 42, No. 3 (Summer 2000), S. 301-311.

Amstutz, A. E. (1972): Development, Validation and Implementation of Computerized Microanalytic Simulations of Market Behavior, in: Guetzkow, H., Kotler, P., Schultz, R. L. (Hrsg.): Simulation in Social and Administrative Science, Englewood Cliffs 1972, S. 550-572.

Anderson, E. B. (1990): The Statistical Analysis of Categorical Data, New York 1990.

Ansoff, H. I. (1981): Die Bewältigung von Überraschungen und Diskontinuitäten durch die Unternehmensführung – Strategische Reaktionen auf schwache Signale, in: Steinmann, H. (Hrsg.): Planung und Kontrolle, München 1981, S. 233-265.

AOL Deutschland (o. J.): Werbewirksamkeitsstudie zum Internet-Auftritt von AOL. Auszüge aus einer vom Institut Dr. von Keitz durchgeführten Studie, [http://www.aol.de/content/Mediaspace_ Studien Unterseite/333642-1037965000636.ppt], Abruf vom 22.1.06.

Arndt, R. (2003): Konzept- und Produkttests im Internet, in: Theobald, A., Dreyer, M., Starsetski, T. (Hrsg.): Online Marktforschung. Theoretische Grundlagen und praktische Erfahrungen, 2. Aufl., Wiesbaden 2003, S. 271-280.

Backhaus, K., Erichson, B., Plinke, W., Weiber, R. (2006): Multivariate Analysemethoden, 11. überarb. Aufl., Berlin u. a. 2006.

Bagozzi, R. P. (1980): Causal Models in Marketing, New York 1980.

Baker, S. (2000): Laddering: Making Sense of Meaning, in: Partington, D. (ed.): Essential Skills for Management Research, London 2002, S. 226-253.

Bamberg, G., Baur, F. (2002): Statistik, 12. Aufl., München 2002.

Barker, R. F. (1987): A Demographic Profile of Marketing Research Interviewers, in: Journal of the Market Research Society, 29.7.1987, S. 279-292.

Bass, F. M. (1969): A New Product Growth Model for Comsumer Durables, in: Management Science, Vol. 15 (1969), No. 5, S. 215-227.

Batinic, B. (2002): Online-Marktforschung auf dem Prüfstand, in: Diller, H. (Hrsg.): Neue Entwicklungen in der Marktforschung, Nürnberg 2002, S. 77-95.

Bauer, E. (1981): Produkttests in der Marketingforschung, Göttingen 1981.

Bea, F. X., Haas, J. (2005): Strategisches Management, 4. Aufl., Stuttgart 2005.

Becker, D. (1974): Analyse der Delphi-Methode und Ansätze zu ihrer optimalen Gestaltung, Frankfurt, Zürich 1974.

Becker, G. M., DeGroot, M. H., Marschak, J. (1964): Measuring Utility by a Single-Response Sequential Method, in: Behavioral Science, Vol. 9 (1964), No. 3, S. 226-232.

Becker, W. (1973): Beobachtungsverfahren in der demoskopischen Marktforschung, Stuttgart 1973.

Bemmaor, A. C., Wagner, O. (2000): A Multiple-Item Model of Paired Comparisons: Separating Chance from Latent Performance, in: Journal of Marketing Research, Vol. 37, No. 4 (November 2000), S. 514-524.

Bentler, P. M. (1990): Comparative Fit Indexes in Structural Models, in: Psychological Bulletin, Vol. 107 (1990), No. 2, S. 238-246.

Bentler, P. M., Bonett, D. G. (1980): Significance Test and Goodness of Fit in the Analysis of Covariance Structure, in: Psychological Bulletin, Vol. 88 (1980), S. 588-606.

Bentler, P. M., Chou, C. P. (1995): Estimations and tests in structural equation modeling, in: Hoyle, R. (ed.): Structual equation modeling: Concepts, issues and applications, Thousand Oaks, Calif. 1995, S. 37-55.

Berekoven, L., Eckert, W., Ellenrieder, P. (2004): Marktforschung, 10. Aufl., Wiesbaden 2004.

Berndt, R. (1995): Marketing 2. Marketing-Politik, Berlin u. a. 1995.

Berndt, R. (1996): Marketing 1. Käuferverhalten, Marktforschung und Marketing-Prognosen, 3. Aufl., Berlin u. a. 1996.

Berndt, R. (2004): Marketing-Strategie und Politik, 4. Aufl., Berlin u. a. 2004.

Berndt, R., Fantapié Altobelli, C., Sander, M. (2003): Internationales Marketing-Management, 2. Aufl., Berlin u. a. 2003.

Bidlingmaier, J. (1983): Marketing, Bd. 1, 10. Aufl., Opladen 1983.

Blamires, C. (1998): Pricing Research, in: McDonald, C.,Vangelder, P. (Hrsg.): ESOMAR Handbook of Market and Opinion Research, Amsterdam 1998, S. 739-773.

Böhler, H. (2004): Marktforschung, 3. völlig neu bearb. und erw. Aufl., Stuttgart 2004.

Bollen, K. A. (1989): Structural Equations with Latent Variables, New York 1989.

Borg, I. (1981): Anwendungsorientierte Multidimensionale Skalierung, Berlin u. a. 1981.

Borg, J., Staufenbiehl, T. (1997): Theorien und Methoden der Skalierung, 3. Aufl., Bern 1997.

Bortz, J. (2005): Statistik für Sozialwissenschaftler, 6. vollst. überarb. u. akt. Aufl., Berlin u. a. 2005.

Bottomley, P. A. (2000): Testing the Reliability of Weight Elicitation Methods: Direct Rating Versus Point Allocation, in: Journal of Marketing Research, Vol. 37 (2000), No. 4, S. 508-513.

Bray, J. H., Maxwell, S. E. (1985): Multivariate Analysis of Variance, Beverly Hills 1985.

Bresnahan, J. L., Shapiro, M. M. (1966): A General Equation and Technique for the Exact Partitioning of Chi-Square Contingency Tables, in: Psychological Bulletin, Vol. 66 (1966), S. 252-262.

Brockhoff, K. (2005): Prognosen, in: Bea, F. X., Friedl, B., Schweitzer, M. (Hrsg.): Allgemeine Betriebswirtschaftslehre. Bd. 2: Führung, 9. Aufl., Stuttgart 2005, S. 759-799.

Brown, R. G. (1963): Smoothing, Forecasting and Prediction of Discrete Stationary Times Series, Englewood Cliffs 1963.

Browne, M. W. (1982): Covariance structures, in: Hawkings, D. M. (Hrsg.): Topics in applied multivariate analysis, Cambridge 1982, S. 72-141.

Browne, M. W. (1984): Asymptotically distribution-free methods for the analysis of covariance structures, in: British Journal of Mathematical and Statistical Psychology, Vol. 37 (1984), S. 62 83.

Bruhn, M. (2005): Kommunikationspolitik, 3. Aufl., München 2005.

Burke, R. R. (1996): Der virtuelle Laden – Testmarkt der Zukunft?, in: Harvard Business Manager, 18. Jg. (1996), Nr. 4, S. 107-117.

Calteral, M., Maclaran, P. (1998): Using Computer Software for the Analysis of Qualitative Market Research, in: Journal of the Market Research Society, Vol. 40 (1998), No. 3, S. 207-222.

Campbell, D. T., Russo, M. J. (2001): Social Measurement, Thousand Oaks 2001.

Campbell, D. T., Stanley, J. C. (1963): Experimental and Quasi-Experimental Designs for Research on Teaching, in: Gage, N. L. (ed.): Handbook of Research on Teaching, Chicago 1963, S. 171-246.

Campbell, D. T., Stanley, J. C. (1966): Experimental and Quasi-Experimental Designs for Research, Boston 1966.

Carroll, D. J., Green, P. E. (1995): Psychometric Methods in Marketing Research: Part 1, Conjoint Analysis, in: Journal of Marketing Research, Vol. 32 (1995), No. 4, S. 385-391.

Carson, D. et. al. (2001): Qualitative Marketing Research, London u. a. 2001.

Chrzanowska, J. (2002): Interviewing Groups and Individuals in Qualitative Marketing Research, London u. a. 2002.

Churchill, G. A. Jr., Iacobucci, D. (2002): Marketing Research, 8th ed., Mason 2002.

Clauss, G., Ebner, H. (1979): Grundlagen der Statistik für Psychologen, Pädagogen und Soziologen, 3. Aufl., Zürich u. a. 1979.

Cochran, W. G. (1977): Sampling Techniques, 3rd ed., New York 1977.

Collins, M., Kalian, G. (1980): Coding Verbatim Answers to Open Questions, in: Journal of the Market Research Society, Vol. 22 (Oct. 1980), S. 239-247.

Cook, T. D., Campbell, D. T. (1979): Quasi-Experimentation, Design and Analysis Issues for Field Settings, Chicago 1979.

Cook, T. D., Campbell, D. T., Peracchio, L. (1990): Quasi Experimentation, in: Dunnette, M. D., Hough, L. M. (eds.): Handbook of Industrial and Organizational Psychology, Vol. 1, Palo Alto 1990, S. 491-576.

Cox, T., Cox, M. (1994): Multidimensional Scaling, London 1994.

Cropley, A. J. (2002): Qualitative Forschungsmethoden. Eine praxisnahe Einführung, Eschborn 2002.

Cureton, E. E., D' Agostino, R. B. (1983): Factor Analysis – An Applied Approach, Hillsdale, New Jersey 1983.

Daymon C., Holloway, I. (2002): Qualitative Research Methods in Public Relations and Marketing Communications, o. O. 2002.

Decker, R., Temme, T. (2000): Diskriminanzanalyse, in: Herrmann, A., Homburg, C. (Hrsg.): Marktforschung. Methoden, Anwendungen, Praxisbeispiele, 2. Aufl., Wiesbaden 2000, S. 295-335.

Desai, P. (2002): Methods beyond Interviewing in Qualitative Market-Research, London u. a. 2003.

Diamantopoulos, A., Reynolds, N., Schlegelmilch, B. (1994): Pretesting in Questionnaire Design: The Impact of Respondents Characteristics on Error Detection, in: Journal of the Market Research Society, Vol. 36 (1994), No. 4, S. 295-314.

Diekmann, A. (1997): Empirische Sozialforschung. Grundlagen, Methoden, Anwendungen, Reinbek 1997.

Diller, H. (2000): Preispolitik, 3. Aufl., Stuttgart u. a. 2000.

Dormayer, H. J., Lindlbauer, J. D. (1984): Sectoral Indicators by Use of Survey Data, in: Oppenländer, K. H., Poser, G. (Hrsg.): Leading Indicators and Business Cycle Surveys, Aldershot 1984, S. 467-484.

Draper, N., Smith, H. (1966): Applied Regression Analysis, New York 1966.

Ebel, B., Lauszus, D. (2000): Preisabsatzfunktionen, in: Herrmann, A., Homburg, C. (Hrsg.): Marktforschung. Methoden, Anwendungen, Praxisbeispiele, 2. Aufl., Wiesbaden 2000, S. 833-859.

Erichson, B. (2002): Prüfung von Produktideen und -konzepten, in: Albers, S., Herrmann, A. (Hrsg.): Handbuch Produktmanagement, 2. Aufl., Wiesbaden 2002, S. 413-438.

Erichson, B., Maretzki, J. (1993): Werbeerfolgskontrolle, in: Berndt, R., Hermanns, A. (Hrsg.): Handbuch Marketing-Kommunikation, Wiesbaden 1993, S. 521-560.

Ernst, O., Sattler, H. (2000): Multimediale versus traditionelle Conjoint-Analysen. Ein empirischer Vergleich alternativer Präsentationsformen, in: Marketing ZFP, 22. Jg. (2000), Nr. 2, S. 161-172.

Fantapié Altobelli, C. (1991): Die Diffusion neuer Kommunikationstechniken in der Bundesrepublik Deutschland. Erklärung, Prognose und marketingpolitische Implikationen, Heidelberg 1991.

Fantapié Altobelli, C. (1998): Umwelt und Marktinformationen, in: Berndt, R., Fantapié Altobelli, C., Schuster, P. (Hrsg.): Springers Handbuch der Betriebswirtschaftslehre, Bd. 2, Berlin u. a. 1998, S. 304-353.

Fantapié Altobelli, C. (2004): Sachgebiet „Werbung", in: Sjurts, I. (Hrsg.): Lexikon der Werbewirtschaft, Wiesbaden 2004.

Fantapié Altobelli, C., Hoffmann, S. (1997): Die optimale Online-Werbung für jede Branche, Unterföhring 1997.

Fantapié Altobelli, C., Sander, M. (2001): Internet Branding. Marketing und Markenführung im Internet, Stuttgart 2001.

Fisz, M. (1989): Wahrscheinlichkeitsrechnung und mathematische Statistik, 11. Aufl., Berlin 1989.

Fourt, L. A., Woodlock, J. W. (1960): Early Prediction of Market Success for New Grocery Products, in: Journal of Marketing, Vol. 25 (1960), No. 2, S. 31-38.

Frees, B., Bosenick, T. (2004): Mit qualitativen Methoden Webseiten optimieren, in: planung & analyse, 2004, Nr. 3, S. 79-82.

Frese, E., Werder, A. v. (1993): Zentralbereiche. Organisatorische Formen und Effizienzbeurteilung, in: Frese, E., Werder, A. v., Maly, W. (Hrsg.): Zentralbereiche. Theoretische Grundlagen und praktische Erfahrungen, Stuttgart 1993, S. 1-50.

G.R.P. Munich (1997): Primär- und Sekundärmerkmale von Produkten, Marken und Dienstleistungen, [http://www.grp-net.com/service/1802.html], Erstelldatum: 1997, Abruf vom 6.10.2004.

Gaul, W., Baier, D., Apergis, A. (1996): Verfahren der Testmarktsimulation in Deutschland. Eine vergleichende Analyse, in: Marketing ZfP, 18. Jg. (1996), Nr. 3, S. 203-218.

Gaus, H., Oberländer, S., Zanger, C. (1997): Means-End Chains für Automodelle – eine Laddering-Anwendung, Wirtschaftswissenschaftliches Diskussionspapiere 07/97, TU Chemnitz-Zwickau 1997.

gdp (2004): Kundenlaufstudie, [http://www.gdp-group.com/de/kundenlaufstudie.php], Abruf vom 5.8.2004.

Geschka, H., Hammer, R. (1986): Die Szenario-Technik in der strategischen Unternehmensplanung, in: Hahn, D., Taylor, B. (Hrsg.): Strategische Unternehmensplanung, Würzburg, Wien 1986, S. 238-263.

GfK (2004a): GfK Consumer Scope Haushaltspanel, o. O. 2004.

GfK (2004b): GfK ConsumerScope Individualpanel, o. O. 2004.

GfK (2004c): ConsumerScope, [http://www.gfk.de], Abruf vom 8.11.2004.

GfK (2004d): ConsumerScan, [http://www.gfk.de/produkte], Abruf vom 4.11.2004.

GfK (2004e): GfK Fernsehforschung, [http://www.gfk.de/produkte/statisch/services/produkt1_1_3_074.php], Abruf vom 10. 12. 2004.

GfK (o. J. a): So entwickeln Sie kundenorientierte Produkte! GfK*Optimizer®. Die innovative Methode zur Bewertung und Optimierung neuer Produktkonzepte, Nürnberg o. J.

GfK (o. J. b): TeSi – Das transparente Testmarktsimulationsmodell, Nürnberg o. J.

GfK (o. J. c): GfK-BehaviorScan – Europe's first experimental test market using Targetable TV, Nürnberg o. J.

GfK (o. J. d): GfK Store Test, o. O. o. J.

GfK (o. J. e): AD*CREATOR®, Der Pretest zur Beurteilung von Storyboards, Nürnberg o. J.

GfK (o. J. f): AD*VANTAGE®, Der Pretest für ganzheitliche Werbewirkungsmessung, Nürnberg o. J.

GfK (o. J. g): ATS*. Das Tracking-System für den Markterfolg Ihrer Werbung, Nürnberg o. J.

GfK (o. J. h): Fernsehzuschauerforschung in Deutschland, Nürnberg o. J.

GfK (o. J. i): Manche Preiskämpfe sind ganz einfach! GfK Price Challenger – Ermittelt den optimalen Preis Ihrer Produkte im Wettbewerbsumfeld, Nürnberg o. J.

Gilbert, N. (1993): Analyzing Tabular Data. Loglinear and Logistic Models for Social Researchers, London 1993.

Gisholt, D. (1976): Marketing-Prognosen unter besonderer Berücksichtigung der Delphi-Methode, Bern, Stuttgart 1976.

Gordon, T. J., Hayward, H. (1968): Initial Experiments with the Cross Impact Method of Forecasting, in: Futures, Vol. 1 (1968), No. 2, S. 101-116.

Gordon, W. J. J. (1961): Synectics. The Development of Creative Capacity, New York 1961.

Götze, K. (1991): Szenario-Technik in der strategischen Unternehmensplanung, Wiesbaden 1991.

Graf, U., Henning, H.-J., Stange, K., Willrich, P.-T. (1997): Formeln und Tabellen der angewandten Statistik, Berlin u. a. 1987, korr. Nachdruck 1997.

Grecco, C., King, H. (1999): Of Browsers and Plug-Ins: Researching Web Surfers' Technological Capabilities, in: Quirk Marketing Research Review, 1999, No. 7, S. 58-62.

Green, P. E., Krieger, A. M., Argarwal, M. (1991): Adaptive Conjoint Analysis: Some Caveats and Suggestions, in: Journal of Marketing Research, Vol. 28 (1991), No. 2, S. 215-222.

Green, P. E., Rao, V. R. (1971): Conjoint Measurement of Qualifying Judgemental Data, in: Journal of Marketing Research, Vol. 8 (1971), No. 3, S. 355-363.

Green, P. E., Srinivasan, V. (1990): Conjoint Analysis in Marketing: New Developments with Implications for Research and Practice, in: Journal of Marketing, Vol. 54 (1990), No. 4, S. 3-19.

Grundei, J. (2000): Die Organisation der Marktforschung. Gestaltungsmöglichkeiten und Effizienzbewertung, Diskussionspapier 2000/2, Wirtschaftswissenschaftliche Dokumentation, Fachbereich 14, TU Berlin, Berlin 2000.

Grüner, K. W. (1974): Beobachtung, Stuttgart 1974.

Gubrium, J. F., Holstein, J. (2001): Handbook on Interview Research: Context and Method, Thousand Oaks 2001.

Guenzel, P. J., Berkmans, T. R., Cannell, C. F. (1983): General Interviewing Techniques, Ann Arbour 1983.

Günther, M., Vossebein, V., Wildner, R. (1998): Marktforschung und Panels: Arten, Erhebung, Analyse, Anwendung, Wiesbaden 1998.

Gustafsson, A., Herrmann, A., Huber, F. (Eds.): Conjoint Measurement. Methods and Applications, 3. Aufl., Berlin 2003.

Haaijer, R., Wedel, M. (2003): Conjoint Choice Experiments: General Characteristics and Alternative Model Specifications, in: Gustafsson, A., Herrmann, A., Huber, F. (Ed.): Conjoint-Measurement. Methods and Applications, 3rd ed., Berlin 2003, S. 371-412.

Häder, M., Häder, S. (1994): Die Grundlagen der Delphi-Methode. Ein Literaturbericht, ZUMA Arbeitsbericht Nr. 94/2, o. O. 1994.

Haedrich, G. (1964): Der Interviewereinfluss in der Marktforschung, Wiesbaden 1964.

Hafermalz, O. (1976): Schriftliche Befragung – Möglichkeiten und Grenzen, Wiesbaden 1976.

Hahn, D., Krystek, V. (1979): Betriebliche und überbetriebliche Frühwarnsysteme, in: Zeitschrift für betriebswirtschaftliche Forschung (ZfbF), 31. Jg. (1979), Nr. 2, S. 76-88.

Haimerl, E., Lebok, U. (2004): Wenn Marken in die "Sackgasse" geraten ... – Markentechnische Überwindung von Verbraucher-Vorurteilen mittels Psychodrama, in: planung & analyse, 2004, Nr. 3, S. 48-54.

Haimerl, E., Roleff, R. (2001): Role Play and Psychodrama in Market Research: Integration of Observation, Interviews and Experiments, in: Beckmann, S. C., Elliott, R. H. (Eds.): Interpretive Consumer Research, o. O. 2001, S. 109-132.

Hammann, P., Erichson, B. (2000): Marktforschung, 4. überarb. u. erw. Auf., Stuttgart 2000.

Hanke, K., Opitz, O. (1996): Mathematische Unternehmensplanung: Eine Einführung, Landsberg a. L. 1996.

Hansmann, K. W. (1983): Kurzlehrbuch Prognoseverfahren, Wiesbaden 1983.

Hartmann, A., Sattler H. (2002): Commercial Use of Conjoint Analysis in Germany, Austria, and Switzerland, Arbeitspapier Nr. 6, Universität Hamburg, Hamburg 2002.

Hartmann, A., Sattler H. (2004): Wie robust sind Methoden zur Präferenzmessung?, in: Zeitschrift für betriebswirtschaftliche Forschung (ZfbF), 56. Jg. (2004), Nr. 2, S. 3-22.

Hartung, J., Elpelt, B. (1999): Multivariate Statistik, 6. Aufl., München 1999.

Hartung, J., Elpelt, B., Klösener, K. H. (2005): Statistik, 14. Aufl., München 2005.

Hauptmanns, P., Lander, B. (2003): Zur Problematik von Internet-Stichproben, in: Theobald, A., Dreyer, M., Starsetzky. T. (Hrsg.): Online-Marktforschung, 2. Aufl., Wiesbaden 2003, S. 27-40.

Hayduk, L. (1987): Structural equation modelling with LISREL, Baltimore 1987.

Heeler, R. M., Hustad, T. (1980): Problems in Predicting New Product Growth for Consumer Durables, in: Management Science, Vol. 26 (1980), No. 10, S. 1007-1020.

Heinzelbecker, K. (1995): Datenbanken, extern, in: Tietz, B., Köhler, R., Zentes, J. (Hrsg.): Handwörterbuch des Marketing, 2. Aufl., Stuttgart 1995, S. 420-430.

Heise, D. (1975): Causal Analysis, New York 1975.

Helfferich, C. (2004): Die Qualität qualitativer Daten. Manual für die Durchführung qualitativer Interviews, Wiesbaden 2004.

Hensel, B., Meixner, J (2004): Interactive Insights: Marken erspielen, in: planung & analyse, 2004, Nr. 3, S. 70-73.

Hensel-Börner, S., Sattler, H. (2000): Ein empirischer Vergleich zwischen der Customized Computerized Conjoint Analysis (CCC), der Adaptive Conjoint Analysis (ACA) und Self-Explicated-Verfahren, in: Zeitschrift für Betriebswirtschaft (ZfB), 70. Jg. (2000), Nr. 6, S. 705-727.

Herrmann, A., Seilheimer, C. (2000): Varianz- und Kovarianzanalyse, in: Herrmann, A., Homburg, C. (Hrsg.): Marktforschung. Methoden, Anwendungen, Praxisbeispiele, 2. Aufl., Wiesbaden 2000, S. 265-294.

Hill, R. P. (1995): Researching Sensitive Topics in Marketing – The Special Case of Vulnerable Populations, in: Journal of Public Policy & Marketing, Vol. 14 (1995), No. 1, S. 143-148.

Hoberg, R. (2003): Clusteranalyse, Klassifikation und Datentiefe, Diss., Lohmar, Köln 2003.

Hoffmann, E., Menkhaus, D., Chahravarti, D., Field, R., Whipple, G. D. (1993): Using Laboratory Experimental Auctions in Marketing Research: A Case Study of New Packaging for Fresh Beef, in: Marketing Science, Vol. 12 (1993), No. 3, S. 318-338.

Höfinghof, T. (2004): Das Ohr isst mit, in: Der Spiegel, Nr. 22 vom 24.5.2004, S. 88.

Höfner, K. (1996): Der Markttest für Konsumgüter in Deutschland, Stuttgart 1996.

Holt, C. C. (1957): Forecasting Seasonals and Trends by Exponentially Weighted Moving Averages, Office of Naval Research Memorandum, Pittsburgh 1957.

Homburg, C. (1989): Exploratorische Ansätze der Kausalanalyse als Instrument der Marketingplanung, Frankfurt am Main 1989.

Homburg, C. (1992): Die Kausalanalyse, eine Einführung, in: Wirtschaftswissenschaftliches Studium, 21. Jg. (1992), Nr. 10, S. 499-508.

Homburg, C., Baumgartner, H. (1995a): Beurteilung von Kausalmodellen – Bestandsaufnahme und Anwendungsempfehlungen, in: Marketing – Zeitschrift für Forschung und Praxis, 17. Jg. (1995), Nr. 3, S. 162-176.

Homburg, C., Baumgartner, H. (1995b): Die Kausalanalyse als Instrument der Marketingforschung: eine Bestandsaufnahme, in: Zeitschrift für Betriebswirtschaft (ZfB), 65. Jg. (1995), Nr. 10, S. 1091-1108.

Homburg, C., Hildebrandt, L. (1998): Die Kausalanalyse: ein Instrument der empirischen betriebswirtschaftlichen Forschung, Stuttgart 1998.

Homburg, C., Krohmer, H. (2003): Marketingmanagement, 2. Aufl., Wiesbaden 2003.

Homburg, C., Pflesser, C. (2000a): Konfirmatorische Faktorenanalyse, in: Herrmann, A., Homburg, C. (Hrsg.): Marktforschung. Methoden, Anwendungen, Praxisbeispiele, 2. Aufl., Wiesbaden 2000, S. 413-437.

Homburg, C., Pflesser, C. (2000b): Strukturgleichungsmodelle mit latenten Variablen: Kausalanalyse, in: Herrmann, A., Homburg, C. (Hrsg.): Marktforschung. Methoden, Anwendungen, Praxisbeispiele, 2. Aufl., Wiesbaden 2000, S. 633-659.

Horsky, D., Simon, L. (1983): Advertising and the Diffusion of New Products, in: Marketing Science, Vol. 2, No. 1 (Winter 1983), S. 1-17.

Horváth, P. (1996): Online Recherche. Neue Wege zum Wissen der Welt, Wiesbaden 1996

Hoyle, R. (Hrsg.) (1995): Structual equation modeling: Concepts, issues and applications, Thousand Oaks, Calif. 1995.

Hoyle, R., Panther, A. T. (1995): Writing About Structural Equation Models, in: Hoyle, R. (Hrsg.): Structual equation modeling: Concepts, issues and applications, Thousand Oaks, Calif. 1995, S. 158-176.

Hüttner, M., Czenkowsky, T. (Hrsg.): (1988): Zum Stande von Marktforschung, Prognose, Langfrist-Informationsbeschaffung und strategischer Unternehmensplanung in der deutschen Wirtschaft, Bremen 1988.

Hüttner, M., Schwarting V. (2000): Exploratorische Faktorenanalyse, in: Herrmann, A., Homburg, C. (Hrsg.): Marktforschung. Methoden, Anwendungen, Praxisbeispiele, 2. Aufl., Wiesbaden 2000, S. 381-412.

Hüttner, M., Schwarting V. (2002): Grundzüge der Marktforschung, 7. überarb. Aufl., München, Wien 2002.

ifuma (2004a): Blickaufzeichnung in der Werbeforschung, [http://www.ifuma.de/mainNeu.htm? page=blick.htm&subMenu=aparalDRAGLyr&menu=menu3Lyr], Erstelldatum: 2004, Abruf vom 30.1.2006.

ifuma (2004b): Elektrodermale Aktivierungsmessung (EDR), [http://www.ifuma.de/mainNeu.htm? page=blick.htm&subMenu=aparalDRAGLyr&menu=menu3Lyr], Erstelldatum: 2004, Abruf vom 30.1.2006.

IZT Institut für Zukunftsstudien und Technologiebewertung (2004): EurEnDel. Technologie and Social Visions for Europe's Energy Future – A Europe-wide Delphi Study. Summary Report, November 2004.

Jennrich, R. (1977): Stepwise Discriminant Analysis, in: Enslein, K., Ralston, A., Wilfen, H. (eds.): Statistical Methods for Digital Computers, New York 1977, S. 76-95.

Johnston, J. (1963): Econometric Methods, New York u. a. 1963.

Jöreskog, K. G. (1973): A general method for estimating a linear structural equation system, Uppsala 1973.

Jöreskog, K. G. (1978): Casual models with latent variables especially for longitudinal data, Uppsala 1978.

Jöreskog, K. G., Sörbom, D. (1979): Advances in factor analysis and structural equation models, Cambridge 1979.

Jöreskog, K. G., Sörbom, D. (1982): System under indirect observation: causality, structure, prediction, Amsterdam, New York 1982.

Jöreskog, K. G., Sörbom, D. (1989): LISREL 7: A guide to the program and applications, 2. Aufl., Chicago 1989.

Jöreskog, K. G., Sörbom, D. (1993): LISREL 8: Structural equation modeling with the SIMPLIS command language, Chicago 1993.

Kaiser, W. (2004): Die Bedeutung qualitativer Marktforschung in der Praxis der betrieblichen Marktforschung, [http://www.qualitative-research.net/fqs-texte/2-04/2-04Kaiser-d.htm], Erstelldatum 27.5.2004, Abruf vom 23.8.2004.

Kalish, S., Nelson, P. (1991): A Comparison of Ranking, Rating and Reservation Price Measurement in Conjoint Analysis, in: Marketing Letters, Vol. 2 (1991), No. 4, S. 327-335.

Kamenz, U. (2001): Marktforschung, 2. Aufl., Stuttgart 2001.

Keitz, B. v. (1997): Kommunikations-Tests mit apparativer Unterstützung. The State of the Art, in: planung & analyse, 1997, Nr. 2, S. 40-45.

Kellerer, H. (1963): Theorie und Technik des Stichprobenverfahrens, 3. Aufl., München 1963.

Kepper, G. (1995): Qualitative Marktforschung – über Urteile und Vorurteile, in: planung & analyse, 1995, Nr. 6, S. 58-63.

Kepper, G. (1996): Qualitative Marktforschung: Methoden, Einsatzmöglichkeiten und Beurteilungskriterien, 2. Aufl., Wiesbaden 1996.

Kepper, G. (2000): Methoden der qualitativen Marktforschung, in: Herrmann, A., Homburg, C. (Hrsg.): Marktforschung. Methoden, Anwendungen, Praxisbeispiele, 2. Aufl., Wiesbaden 2000, S. 159-202.

Klecka, W. (1980): Discriminant Analysis, Beverly Hills 1980.

Klenger, F., Krautter, J. (1972): Simulation des Käuferverhaltens, Bd. 3, Wiesbaden 1972.

Konert, F. J. (1986): Vermittlung emotionaler Erlebniswerte, Heidelberg, Wien 1986.

Koppelmann, U. (2001): Produktmarketing – Entscheidungsgrundlagen für Produktmanager, 5. Aufl., Berlin 2001.

Koschnik, W. J. (2003): FOWS-Lexikon. Werbeplanung, Mediaplanung, Marktforschung, Kommunikationsforschung, Mediaforschung, 3 Bd., 3. Aufl., München 2003.

Krafft, M. (1997): Der Ansatz der Logistischen Regression und seine Interpretation, in: Zeitschrift für Betriebswirtschaft (ZfB), 67. Jg. (1997), Nr. 5/6, S. 625-642.

Krafft, M. (2000): Logistische Regression, in: Herrmann, A., Homburg, C. (Hrsg.): Marktforschung. Methoden, Anwendungen, Praxisbeispiele, 2. Aufl., Wiesbaden 2000, S. 237-264.

Krauth, J. (1993): Einführung in die Konfigurationsfrequenzanalyse (KFA), Weinheim 1993.

Kreyszig, E. (1979): Statistische Methoden und ihre Anwendungen, 7. Aufl., Göttingen 1979.

Kroeber-Riel, W., Weinberg, P. (2003): Konsumentenverhalten, 8. Aufl., München 2003.

Krosnick, J. A., Alwin, D. F. (1987): An Evaluation of a Cognitive Theory of Response-Order Effects in Survey Measurement, in: Public Opinion Quarterly, Vol. 51 (1987), No. 2, S. 201-219.

Kuß, A., Tomczak, T. (2000): Käuferverhalten. Eine marketingorientierte Einführung, 2. Aufl., Stuttgart 2000.

Lachenbruch, P. (1975): Discriminant Analysis, New York 1975.

Lamnek, S. (1993): Qualitative Sozialforschung. Methoden und Techniken, Bd. 2, 2. Aufl., Weinheim 1993.

Lange, M. (1972): Preisbildung bei neuen Produkten, Berlin 1972.

Lee, R. M. (1993): Doing Research on Sensitive Topics, Thousand Oaks 1993.

Leik, R. K. (1997): Experimental Design and the Analysis of Variance, Thousand Oaks 1997.

Leven, W. (1996): Werbewirkungsforschung aus Sicht der Praxis, in: Werbeforschung & Praxis, 1996, Nr. 4, S. 31-35.

Lewandowski, R. (1974): Prognose- und Informations-Systeme und ihre Anwendungen, Berlin 1974.

Likert, R., Roslow, S., Murphy, G. (1993): A Simple and Reliable Method of Scoring the Thurston Attitude Scales, in: Personnel Psychology, Vol. 46 (1993), No. 3, S. 689-690.

Little, J. D. (1970): Models and Managers: The Concept of a Decision Calculus, in: Management Science, Vol. 16 (1970), No. 8, S. B-466–B-485.

Litzenroth, H. A. (1986): Neue Perspektiven für die Panelforschung durch hoch entwickelte Technologien, in: Jahrbuch der Absatz- und Verbrauchsforschung, 32. Jg. (1986), Nr. 3, S. 212-240.

Loehlin, J. C. (1987): Latent variable models: an introduction to factor, path and structural analysis, Hillsdale, N. J. 1987.

Lueger, M. (2000): Grundlagen qualitativer Feldforschung, Wien 2000.

Luyens, S. (1995): Coding Verbatims by Computers, in: Marketing Research: A Magazine of Management & Applications, Vol. 7 (1995), No. 2, S. 20-25.

Mahajan, V., Jain, A. K., Bergler, M. (1977): Parameter Estimation in Marketing Models in the Presence of Multicollinearity: An Application of Ridge Regression, in: Journal of Marketing Research, Vol. 14 (1977), No. 4, S. 586-591.

Mahajan, V., Peterson, R. A. (1985): Models for Innovation Diffusion, Sage University Papers, Series: Quantitative Applications in the Social Sciences, Beverly Hills, London, New Delhi 1985.

Makridakis, S., Wheelwright, S. C. (1989): Forecasting Methods for Management, 4. Aufl., New York u. a. 1989.

Malhotra, N. K. (2004): Marketing Research, 4th ed., Upper Saddle River 2004.

Marquardt, D. W. (1963): An Algorithm for Least Squares Estimation of Nonlinear Parameters, in: Journal of the Society of Industrial and Applied Mathematics, Vol. 11 (1963), No. 2, S. 431-441.

Massy, W. F., Montgomery, D. B., Morrison, D. G. (1970): Stochastic Models of Buying Behavior, London, Cambridge (Mass.) 1970.

Mayring, P. (2000): Qualitative Sozialforschung/Forum: Qualitative Social Research, Vol. 1 (Juni 2000), No. 2, o. S.

Mayring, P. (2003): Qualitative Inhaltsanalyse. Grundlagen und Techniken, 8. Aufl., Weinheim 2003.

Meffert, H. (1992): Marketingforschung und Käuferverhalten, 2. Aufl., Wiesbaden 1992.

Meffert, H., Steffenhagen, H. (1977): Marketing-Prognosenmodelle, Stuttgart 1977.

Mengen, A., Simon, H. (1996): Produkt- und Preisgestaltung mit Conjoint Measurement, in: WISU, 1996, Nr. 3, S. 229-236.

Merton, R. K., Fiske, M., Kendall, P. L. (1990): The Focused Interview. A Manual of Problems and Procedures, 2. Aufl., New York u. a. 1990.

Merton, R. K., Kendall, P. L. (1979): Das fokussierte Interview, in: Hopf, C., Weingarten, E. (Hrsg.): Qualitative Sozialforschung, Stuttgart 1979, S. 171-204.

Mertens, P., Rässler, S. (Hrsg.) (2005): Prognoserechnung, 6. Aufl., Heidelberg 2005.

Mertens, P., Griese, J. (1991): Industrielle Datenverarbeitung, Bd. 2: Informations- und Planungssysteme, 6. Aufl., Wiesbaden 1991.

Miles, M. B., Huberman, A. M. (1994): Qualitative Data Analysis: An Expanded Sourcebook, 2nd ed., Thousand Oaks 1994.

Miller, C. C., Salkind, N. (2002): Handbook of Research Design and Social Measurement, 6th ed., Thousand Oaks 2002.

Mindah, W. A. (1961): Fitting the Semantic Differential to the Marketing-Problem, in: Journal of Marketing, Vol. 25, No. 4 (April 1961), S. 28-33.

Mitchell, R. C., Carson, R. T. (1989): Using Surveys to Value Public Goods: The Contingent Valuation Method, Washington 1989.

Müller, P. H., Neumann, P., Storm, R. (1979): Tafeln der mathematischen Statistik, 3. Aufl., Leipzig 1979.

Müller, S. (2000): Grundlagen der qualitativen Marktforschung, in: Herrmann, A., Homburg, C. (Hrsg.): Marktforschung. Methoden, Anwendungen, Praxisbeispiele, 2. Aufl., Wiesbaden 2000, S. 127-157.

Naderer, G. (2000): Online-Gruppendiskussionen, Möglichkeiten und Grenzen, [http://www.ifm-mannheim.de/index3_v.html], Erstelldatum: 2000, Abruf vom 2.11.2004.

Naether Marktforschung (2001a): Knorr Pasta Sauces, a qualitative survey conducted on behalf of Unilever Bestfoods, Hamburg 2001.

Naether Marktforschung (2001b): Young parents – a qualitative study on attitudes and behaviour of young parents, Hamburg 2001.

Niederhübner, N. (2005): Indikatorprognose, in: Mertens, P., Rässler, S. (Hrsg.): Prognoserechnung, 6. Aufl., Heidelberg 2005, S. 205-214.

Nieschlag, R., Dichtl, F., Hörschgen, H. (2002), Marketing, 19. Aufl., Berlin 2002.

Noelle-Neumann, E. (1970): Wanted: Rules for Wording Structured Questionnaires, in: Public Opinion Quarterly, Vol. 34 (Summer 1970), S. 200.

Noelle-Neumann, E. (1974): Probleme des Fragebogenaufbaus, in: Behrens, K. C. (Hrsg.): Handbuch der Marktforschung, Wiesbaden 1974, S. 243-253.

Noelle-Neumann, E., Petersen, T. (2000): Alle, nicht jeder. Einführung in die Methoden der Demoskopie, 3. Aufl., Berlin 2000.

Nolte, D. A. (2004): Qualitative Marktforschung. Grundlagen, Methoden und Anwendungsbereiche, Diplomarbeit, Helmut-Schmidt-Universität Hamburg, Hamburg 2004.

o. V. (2002): TA Akademie: Strompreise werden deutlich klettern, [http://www.uni-protokolle.de/nachrichten/id/5352/], Erstelldatum: 23.8.2002, Abruf vom 18.10.2005.

Olson, J., Reynolds, T. (1983): Understanding Consumers' Cognitive Structures – Implications for Advertising and Consumer Psychology, Lexington (Mass.), Toronto 1983, S. 77-90.

Osborn, A. F. (1953): Applied Imagination, New York 1953.

Parfitt, J. H., Collins, B. J. K. (1968): Use of Consumer Panels for Brand Share Prediction, in: Journal of Marketing Research, Vol. 5 (1968), No. 2, S. 131-148.

Patzer, G. (1995): Using Secondary Data in Marketing Research, Westport 1995.

Payne, S. L. (1951): The Art of Asking Questions, Princeton 1951.

Pearson, E. S., Hartley, H. O. (1976): Biometrika Tables for Statisticians, 3rd ed., Cambridge 1976.

Pepels, W. (1995): Käuferverhalten und Marktforschung, Stuttgart 1995.

Pepels, W. (1996): Werbeeffizienzmessung, Stuttgart 1996.

Pfanzagl, J. (1983): Allgemeine Methodenlehre der Statistik, Bd. 1, 6. Aufl., Berlin u. a. 1983.

Pindyck, R. S., Rubinfeld, D. (1991): Econometric Models and Econometric Forecasts, New York et. al. 1991.

Poddig, T., Dichtl, H., Petersmeier, K. (2003): Statistik, Ökonometrie, Optimierung. Methoden und ihre praktische Anwendung in Finanzanalyse und Portfoliomanagement, 3. Aufl., Bad Soden 2003.

Pokropp, F. (1996): Stichproben: Theorien und Verfahren, 2. Aufl., München 1996.

Popping, R. (2000): Computer-Assisted Text Analysis, Thousand Oaks 2000.

Produkt + Markt (2002): Internationaler Namenstest NameScan: Welche Namen eignen sich für den internationalen Einsatz und können für die Zulassung bei der FDA/EMEA eingereicht werden?, [http://www.produktundmarkt.de/index.php2.id=46], Erstelldatum: 2002, Abruf vom 6.10.2004.

Raab, G., Unger, A., Unger, F. (2004): Methoden der Marktforschung, Wiesbaden 2004.

Rahman, S. H. (2003): Modelling of International Market Selection Process: a Qualitative Study of Successful Australian International Businesses, in: Qualitative Market Research. An International Journal, Vol. 6 (2003), No. 2, S. 119-132.

Rehorn, J. (1988): Werbetests, Neuwied 1988.

Reibnitz, U. v. (1987): Szenarien. Optionen für die Zukunft, Hamburg 1987.

Reinmuth, J. E., Geurts, M. D. (1975): The Collection of Sensitive Information using a Two-Stage Randomized Response Model, in: Journal of Marketing Research, Vol. 12 (November 1975), S. 402-407.

Robinson, B., Lakhani, C. (1975): Dynamic Price Models for New Product Planning, in: Management Science, Vol. 21 (1975), No. 10, S. 1113-1122.

Salcher, E. F. (1995): Psychologische Marktforschung, 2., neubearb. Aufl., Berlin u.a. 1995.

Sampath, S. (2000): Sampling Theory and Methods, Boca Raton 2000.

Sander, M. (1998): Unternehmen und Umwelt, in: Berndt, R., Fantapié Altobelli, C., Schuster, P. (Hrsg.) (1998): Springers Handbuch der Betriebswirtschaftslehre, Bd. 1, Berlin u. a. 1998, S. 41-67.

Sander, M. (2004): Marketing-Management, Stuttgart 2004.

Sarris, V. (1992): Methodologische Grundlagen der Experimentalpsychologie. Bd. 2: Versuchsplanung und Stadien des psychologischen Experiments, München 1992.

Sattler, H., Hartmann, A., Kröger, S. (2003): Number of Tasks in Choice-Based Conjoint Analysis, Arbeitspapier Nr. 13, Universität Hamburg, Hamburg 2003.

Sattler, H., Nitschke, T. (2003): Ein empirischer Vergleich von Instrumenten zur Erhebung von Zahlungsbereitschaften, in: Zeitschrift für betriebswirtschaftliche Forschung (ZfbF), 55. Jg. (2003), Nr. 4, S. 364-381.

Sayre, S. (2001): Qualitative Methods for Marketplace Research, Thousand Oaks u. a. 2001.

Schaefer Marktforschung GmbH (2003): CUTE™. Das Produkttest-Programm des Instituts, Hamburg 2003.

Schaeffer, N. C. (1991): Hardly Ever of Constantly? Group Comparisons using Vague Quantifiers, in: Public Opinion Quarterly, Vol. 55 (Fall 1991), S. 395-423.

Schaich, E. (1967): Eine Nachfragetheorie ohne Nachfragefunktionen, Diss., München 1967.

Schaich, E. (1998): Schätz- und Testmethoden für Sozialwissenschaftler, 3. Aufl., München 1998.

Scheer, A. W. (1983): Absatzprognosen, Berlin u. a. 1983.

Schlicksupp, H. (1995): Kreativitätstechniken, in: Tietz, B., Köhler, R., Zentes, J. (Hrsg.): Handwörterbuch des Marketing, 2. Aufl., Stuttgart 1995, S. 1289-1309.

Schmalen, H. (1979): Marketing-Mix für neuartige Gebrauchsgüter. Ein Simulationsmodell zur Wirkungsanalyse alternativer Preis-, Werbe- und Lizenzstrategien, Wiesbaden 1979.

Schmidt, R. (1994): Frühwarnsysteme für das Krisenmanagement, in: Berndt, R. (Hrsg.): Management-Qualität contra Rezession und Krise, Berlin u. a. 1994, S. 73-85.

Schneeweiß, H. (1990): Ökonometrie, 4. Aufl., Würzburg 1990.

Schröder, M. (2005): Einführung in die kurzfristige Zeitreihenprognose und Vergleich der einzelnen Verfahren, in: Mertens, P., Rässler, S. (Hrsg.): Prognoserechnung, 6. Aufl., Heidelberg 2005, S. 7-38.

Schub von Bossiatzky, G. (1992): Psychologische Marktforschung. Qualitative Methoden und ihre Anwendung in der Markt-, Produkt- und Kommunikationsforschung, München 1992.

Schuhr, R. (2005): Einführung in die Prognose saisonaler Zeitreihen mithilfe exponentieller Glättungstechniken und Vergleich der Verfahren von Winter und Harrison, in: Mertens, P., Rässler, S. (Hrsg.): Prognoseverfahren, 6. Aufl., Heidelberg 2005, S. 39-60.

Schumacker, R. E., Lomax, R. G. (1996): A beginner's guide to structural equation modelling, Mahwah, N. J. 1996.

Schuman, H., Presser S. (1979): The Assessment of "No Opinions" in Attitude Surveys, in: Schnessler, K. F. (Ed.): Sociological Methodology, San Francisco 1979, S. 245-275.

Schuman, H., Presser, S. (1981): Questions and Answers in Attitude Surveys, Orlando 1981.

Schwarz, H. J. (1987): Diversifikation: Abenteuer oder Existenzsicherung?, in: Absatzwirtschaft, 1987, Nr. 4, S. 86-93.

Schwarz, N. et al. (1985): Response Scales: Effects of Category Range on Reported Behavior and Comparative Judgments, in: Public Opinion Quarterly, Vol. 49 (Fall 1985), S. 388-395.

Schwarze, J. (1973): Probleme der Fehlermessung bei quantitativen ökonomischen Prognosen, in: Zeitschrift für die gesamte Staatswissenschaft, Bd. 129 (1973), Nr. 3, S. 535-558.

Schweiger, G., Schrattenecker, G. (2006): Werbung, 6. Aufl., Stuttgart 2006.

Sebastian, K.-H. (1985): Werbewirkungsanalysen für neue Produkte, Wiesbaden 1985.

Sellitz, C., Whritsman, L., Cook, S. W. (1976): Research Methods in Social Relations, 3rd ed., New York 1976.

Sharma, S., James W. L. (1981): Latent Root Regression: An Alternative Procedure for Estimating Parameters in the Presence of Multicollinearity, in: Journal of Marketing Research, Vol. 18 (1981), No. 2, S. 154-171.

Shoemaker, R., Staelin, R. (1976): The Effects of Sampling Variation on Sales Forecasts for New Consumer Products, in: Journal of Marketing Research, Vol. 13 (1976), No. 2, S. 138-143.

Simon, H., Kucher, E. (1988): Die Bestimmung empirischer Preisabsatzfunktionen. Methoden, Befunde, Erfahrungen, in: Zeitschrift für Betriebswirtschaft (ZfB), 58. Jg. (1988), Nr. 1, S. 171-183.

Singer, E., Frankel, M. R., Glassman, M. B. (1983): The Effect of Interviewer Characteristics and Expectations on Response, in: Public Opinion Quarterly, Vol. 47 (Spring 1983), S. 68-83.

Skiera, B., Albers, S. (2000): Regressionsanalyse, in: Herrmann, A., Homburg, C. (Hrsg.): Marktforschung. Methoden, Anwendungen, Praxisbeispiele, 2. Aufl., Wiesbaden 2000, S. 203-236.

Skiera, B., Revenstorff, I. (1999): Auktionen als Instrument zur Erhebung von Zahlungsbereitschaften, in: Zeitschrift für betriebswirtschaftöliche Forschung (ZfbF), 51. Jg. (1999), Nr. 3, S. 224-242.

Skiera, B., Spann, M. (2003): Auktionen, in: Diller, H., Herrmann, A. (Hrsg.): Handbuch Preispolitik, Wiesbaden 2003, S. 625-641.

Sociogramma (2006): Eye Tracking, [http://www.sociogramma.de/5eyetracking.html], Abruf vom 13.1.2006.

Starsetzki, T. (2003): Rekrutierungsformen und ihre Einsatzbereiche, in: Theobald, A., Dreyer, M., Starsetzki, T. (Hrsg.): Online-Marktforschung, 2. Aufl., Wiesbaden 2003, S. 41-50.

Steffenhagen, H. (1978): Wirkungen absatzpolitischer Instrumente. Theorie und Messung der Marktreaktion, Stuttgart 1978.

Steffenhagen, H. (1999): Werbewirkungsforschung, in: WiSt, 28. Jg. (1999), Nr. 6, S. 292-298.

Steinhausen, D., Langer, K. (1977): Clusteranalyse, Berlin 1977.

Stevens, S. S. (1965): Mathematics, Measurement and Psychophysics, in: Stevens, S. S. (Ed.): Handbook of Experimental Psychology, 7th ed., New York u. a. 1965, S. 1-49.

Strauss, A., Corbin, J. (1990): Basics of Qualitative Research: Grounded Theory Procedures and Techniques, Newbury Park 1990.

Strohschein, F. R. (1965): Die Befragungsstatistik in der Marktforschung, Wiesbaden 1965.

Studman, S., Blair, E. (1998): Marketing Research. A Problem Solving Approach, Boston u. a. 1998.

Sudman, S. (1976): Applied Sampling, New York 1976.

Survey Research Center (o. J.): Interviewers Manual, Institute for Social Research, University of Michigan, Ann Arbour o. J.

Tacke, G. (1989): Nichtlineare Preisbildung: höhere Gewinne durch Differenzierung, Wiesbaden 1989.

Tatsuoka, M. (1988): Multivariate analysis. Techniques for educational and psychological research, 2. Aufl., New York 1988.

Teichert, T. (2000): Conjoint Analyse, in: Herrmann, A., Homburg, C. (Hrsg.): Marktforschung. Methoden, Anwendungen, Praxisbeispiele, 2. Aufl., Wiesbaden 2000, S. 472-511.

Theil, H. (1965): Economic Forecasts and Policy, Amsterdam 1965.

Thompson, S. K. (2002): Sampling, New York 2002.

TNS Infratest (2001): Optima™ Strategien zur Optimierung des Markenportfolios, o. O. 2001.

TNS Infratest (o. J.): Kommunikationsforschung. Das TNS Produktportfolio AdEval, Hamburg o. J.

Tomczak, T. (1992): Forschungsmethoden in der Marketingwissenschaft: Ein Plädoyer für den qualitativen Forschungsansatz, in: Marketing ZFP, 14. Jg. (1992), Nr. 2, S. 77-87.

Tourangeau, R., Smith, J. (1996): Asking Sensitive Questions: The Impact of Data Collection Mode, Question Format, and Question Context, in: Public Opinion Quarterly, Vol. 60 (Summer 1996), S. 275-304.

Trigg, D. W. (1964): Monitoring a Forecasting System, in: Operational Research Quarterly, Vol. 15. (1964), S. 271-283.

Trilck, K. (1976): Zur Optimierung Markoffscher Markenwahlprozesse mit Hilfe der Preispolitik, Diss., Hamburg 1976.

Trommsdorff, V. (2003): Werbepretests – Praxis und Erfolgsfaktoren, Hamburg 2003.

Trommsdorff, V. (2004): Konsumentenverhalten, 6. Aufl., Stuttgart 2004.

Überla, K. (1972): Faktorenanalyse, 2. Aufl., Berlin u. a. 1972.

Ungar, A. J. (1986): Projectable Surveys: Separating Useful Data from Illusions, in: Business Marketing, Vol. 71 (December 1986), S. 90.

Urban, D. (1993): Logit-Analyse: Statistische Verfahren zur Analyse von Modellen mit qualitativen Response-Variablen, Stuttgart 1993.

Urban, G., Katz, G. (1983): Pretest Market Models, in: Journal of Marketing Research, 20. Jg. (1983), Nr. 3, S. 221-234.

Voeth, M., Hahn, C. (1998): Limit Conjoint-Analyse, in: Marketing ZfP, 20. Jg. (1998), Nr. 2, S. 119-132.

Wanke, M., Schwarz, N., Noelle-Neumann, E. (1995): Asking Comparative Questions: The Impact of the Direction of Comparison, in: Public Opinion Quarterly, Vol. 59 (Fall 1995), S. 347-372.

Wegener Marktforschung (2004): Grabrede, Heidelberg 2004.

Weis, H. C., Steinmetz, P. (2002): Marktforschung, 5. Aufl., Ludwigshafen 2002.

Weller, D., Grimmer, W. (2004): Qualitative Methoden als Bestandteil einer integralen Marktforschung, in: planung & analyse, 2004, Nr. 3, S. 61-65.

Wertenbroch, K., Skiera, B. (2002): Measuring Consumers' Willingness to Pay at the Point of Purchase, in: Journal of Marketing Research, Vol. 39 (2002), No. 2, S. 228-241.

Westendorp, P. H. v. (1976): NSS Price Sensitivity Meter – A New Approach to the Study of Consumer Perception of Price, Proceedings of the 29th ESOMAR Congress, Amsterdam 1976.

Westphal, J. (2004): Produktforschung, Diplomarbeit am Institut für Marketing an der Universität der Bundeswehr Hamburg, Hamburg 2004.

Wetzel, W., Jöhnk, M.-D., Naeve, P. (1976): Statistische Tabellen, Berlin 1976.

Wildner, R. (2003): Marktforschung für den Preis, in: Jahrbuch der Absatz- und Verbrauchsforschung, 49. Jg. (2003), Nr. 1, S. 4-25.

Wildner, R., Graf, C. (1998): Pricing – Preisfindung für Verbrauchsgüter durch Marktforschung, in: Schmengler, H. J. (Hrsg.): Marketing Praxis: Jahrbuch 1998, Düsseldorf 1998, S. 174-180.

Winters, P. R. (1960): Forecasting Sales by Exponentially Weighted Moving Averages, in: Management Science, Vol. 6 (1960), No. 3, S. 324-337.

Wricke, M., Herrmann, A. (2002): Ansätze zur Erfassung der individuellen Zahlungsbereitschaft, in: WiSt, 31. Jg. (2002), Nr. 10, S. 573-578.

Wührer, G. A. (2000): Mehrdimensionale Skalierung, in: Herrmann, A., Homburg, C. (Hrsg.): Marktforschung. Methoden, Anwendungen, Praxisbeispiele, 2. Aufl., Wiesbaden 2000, S. 439-469.

Zanger, C., Sistenich, F. (1996): Qualitative Marktforschung. Struktur, Methode und Anwendungsraum des hermeneutischen Ansatzes, in: WiSt, 25. Jg. (1996), Nr. 7, S. 351-354.

Zentes, J. (1987): EDV-gestütztes Marketing, Berlin u. a. 1987.

Zentes, J. (1994): Elektronische Panels und Single-Source-Ansätze in der Konsumentenforschung, in: Forschungsgruppe Konsum und Verhalten (Hrsg.): Konsumentenforschung, München 1994, S. 349-365.

Zentes, J. (2005): Marketing, in: Baetge, J. u. a. (Hrsg.): Vahlens Kompendium der Betriebswirtschaftslehre, Bd. 1, 4. Aufl., München 1998, S. 309-384.

Zimmermann, E. (1972): Das Experiment in den Sozialwissenschaften, Stuttgart 1972.

Zwicky, F. (1966): Entdecken, Erfinden, Forschen im Morphologischen Weltbild, München 1966.

Sachverzeichnis

Ablaufordnungsfrage, 82

Ablehnungsbereich, 232, 234

Ablenkungsfrage, 82

Absatzmarktforschung, 5 f.

ACA, s. Adaptive Conjoint Analyse

Adaptive Conjoint Analyse (ACA), 344 f.

ADBUDG-Modell, 384 f.

Adjusted Goodness of Fit Index (AGFI), 303

ADM Master Sample, 203 f.

After-only-Design, 148

Aggregation, 274, 344

Ähnlichkeitsmaß, 249, 274

Ähnlichkeitsmatrix, 249, 251

AIDA-Regel 435 f.

Aided Recall, 447

Aktualgenetische Verfahren, 106 f.

Akzeptanztest, 414, 416, 421 f., 451

Allensbacher Werbeträger-Analyse (AWA), 436

α-Fehler, 235

Alternativfrage, 74

Alternativhypothese, 230

Alterseffekt, 136

Amtliche Statistik, 29

Analytische Frage, 81

Anglemeter, 107

Ankerpunktmethode, 271

Anpassungmaße, 247 f., 302

Antwortbeeinflussung, 165

Antwortkategorie, 78 ff.

Antwortmöglichkeiten, 69 ff., 73

Antwortregistrierung, 165

Antwortverteilung, 79

Antwortzeitmessung, 109

Anzeigentest, 440, 442 f.

Apparative Verfahren, 105 f., 163, 420, 443, 425, 445

Arbeitsgemeinschaft Media-Analyse e.V. (AGMA), 436

Arithmetisches Mittel, 224 f., 360 f.

Artefakteanalyse, 352

Assoziative Verfahren, 53, 57

Asymptotically Distribution Free (ADF), 302

Attribute-Listing, 60

Auktion, 460 ff.

Ausfalleffekt, 143

Ausgangskaufwahrscheinlichkeit, 395

Ausgleichsfrage, 82

Auskunftskontrollfrage, 82

Ausstrahlungseffekt, 83

Auswahl, 183 ff.

- bewusste, 184 ff.

- geschichtete, 185, 195 ff.

- mehrstufige, 185, 197

- nichtzufällige, 184, 185 ff.

- Quoten-, 186 ff.

- typische, 187

- willkürliche, 184 ff., 188

- Zufalls-, 189 ff.

Auswahlbasis, 184

Auswahleinheit, 184

Auswahleffekt, 143

Auswahlplan, 183 f.

Auswahlprinzip, 183 f.

Auswahltechniken, 199 ff.

Auswahlverfahren, 183 ff.

Auswertungsobjektivität, 166

Average-Linkage-Verfahren, 256

Ballontest, 50

Bartlett-Test, 238

Bedarfsdeckungsrate, 131

Bedingte Wahrscheinlichkeiten, 402

Before-After with Control Group Design, 150

Befragung, 35 ff., 445

- Delphi-, 55

- direkte, 458

- einmalige, 36

- Einthemen-, 36

- indirekte, 43, 46, 382, 459

- Internet-, S. 41

- mehrmalige, 36

- Mehrthemen-, 36

- nichtstandardisierte, 36

- Omnibus-, 36

- Online-, 35, 36, 41, 42

- persönliche, 35, 38 ff., 42 ff., 417

- qualitative, 87 ff.

- quantitative, 36 ff.

- schriftliche, 35, 37 f., 42, 417

- standardisierte, 36

- telefonische, 35, 40 f., 42

Befragungsarten, 35 ff., 61 f.

Befragungstaktik, 63 ff.

Befragungstechniken, 37, 42, 60 ff., 87 ff.

Benchmarking, 24

Beobachtung, 95 ff., 100 ff., 415
- Arten der, 95
- Aufzeichnungsverfahren der, 103 ff.
- Feld-, 96
- Labor-, 96
- nichtstandardisierte, 96
- nichtteilnehmende, 97
- Online-, 110 ff.
- qualitative, 100 ff.
- quantitative, 100 ff., 352 ff.
- standardisierte, 95
- teilnehmende, 96, 104

Beobachtungseffekt, 102

Beobachtungsleitfaden, 101

Beobachtungsprotokoll, 101

Beobachtungsumfeld, 102

Beschaffungsmarktforschung, 6

Bestandsaufnahme, 98

Bestimmtheitsmaß, 284 ff.

β-Fehler, 235

Beta-Koeffizient, 286 f.

Bewusste Auswahl, 184 ff.

Bilderzähltest, 50

Biotische Verfahren, 89, 97

Bipolare Skalen, 172 f.

Biseriale Rangkorrelation, 325, 329

Bisoziative Verfahren, 57

Bivariate Verfahren, 219 f.

Blickregistrierung, 108, 443, 445

Blickverlauf, 98, 108, 445

Blindtest, 414 f., 416, 421

Blockplan, zufälliger, 156, 311

Buchstabenverfahren, 201

CAPI, s. Computer Assisted Personal Interviewing

Caravan-Test, 415

Carry-Over-Effekte, 375 f.

CATI, s. Computer Assisted Telephone Interviewing

χ²-Test, 231, 233, 303
-Anpassungstest, 233
-Unabhängigkeitstest, 231, 321

Choice based Conjoint Analyse, 345

Choice Simulator, 345

City-Block-Distanz, 252, 272

Cluster Sampling, 199

Clusteralgorithmen, 254, 255 ff.

Clusteranalyse, 248 ff., 280

Clusterbeschreibung, 255

Clusterbildung, 255 ff.
- agglomerative Verfahren, 255
- divisive Verfahren, 255
- hierarchische Verfahren, 255 ff.
- partitionierende Verfahren, 258

Codeplan, 214, 356

Compagnon-Verfahren, 108, 446

Comparative Fit Index (CFI), 303

Complete-Linkage-Verfahren, 256

Computer Assisted Personal Interviewing (CAPI), 38, 213, 215

Computer Assisted Telephone Interviewing (CATI), 40, 213, 215

Computerbefragung, 40

Computerized Conjoint Analysis, 345

Conjoint-Analyse, 175 f., 280, 335 ff., 382, 459, 464

Control Group, s. Kontrollgruppe

Convenience sample, 186

Cookie, 110

Copy-Test, 440, 442

Coverage, s. Marktabdeckung

Cramers V, 324

Critical Ratio (CR), 304

Cross-Impact-Analyse, 400 ff.

Cross-loading, 247

Customized Conjoint Analysis, 345

Cut-Off-Verfahren, 187, 189

Daktyloskop, 109

Data Mining, 29

Database-Marketing, 31

Daten, 21

Datenaufbereitung, 21, 212 ff.

Datengewichtung, 215

Datenkodierung, 213

Datenmatrix, 215

Datenniveau, 227, s. a. Skalenniveau

Datenanalyse, 219 ff., 346 ff.

Datenauswertung, s. Datenanalyse

Datenbank, 30 ff.

Datenreduktion 219

Datensammlung, 209 ff.

Day-After-Recall, 448

Debrefing, 87

Dekompositionelles Verfahren, 335
Delphi-Befragung, 55, 388 ff.
Delphi-Konferenz, 392
Demoskopische Marktforschung, 5
Dendrogramm, 255
Dependenzanalyse, 279 f.
Design, experimentelles, 147 ff., 339
Deskriptionsratingtest, 421
Deskriptionstest, 414, 416, 421
Deskriptive Analyse, 18, 24, 36
Dialogfrage, 76
Diffusionsmodelle, 368 ff.
Diskontinuierliche Skalen, 172 f.
Diskrepanzfunktion, 247, 301
Diskriminanzachse, 260 f.
Diskriminanzanalyse, 259 ff., 279
Diskriminanzfunktion, 260 f., 265 ff.
Diskriminanzgleichung, 262
Diskriminanzkoeffizient, 260, 263, 267 f.
Diskriminanzkriterium, 260 ff.
Diskriminanztest, 414, 416, 421
Diskriminanzvalidität, 166
Diskriminanzwert, 265
Diskriminationstest, s. Diskriminanztest
Disparitäten, 274
Dispersionsmaße, 224
Disproportionale Schichtung, 196
Distanzmaß, 249, 253, 272
- City-Block-, 252
- Euklidische, 252
- Mahalanobis-, 252
Distanzmatrix, 249, 253, 255
Distributionsanalyse, 127
Distributionspotenzial, 127
Doppeltest, 415, 422
Drittpersonentechnik, 48 ff., 92
Dufttest, 423 f.
Dummy-Regression, 291 f., 340 f.
Dummy-Variable, 217, 276
Durchführungsobjektivität, 166

EA-CA-Design, 148 f., 150, 153
EA-Design, 148 f.
EAN-Code 109
EBA-CBA-Design, 150 f., 153, 159 f.
EBA-Design, 148 f.
EB-CA-Design, 158, 160

Echtes Experiment, 141, 150 ff.
Eigenwert, 241 f., 263 ff.
Eigenwertanteil, 268
Eindruckstest, 414, 416, 420
Einfache Zufallsauswahl, 190 ff., 198
Einfachstruktur, 279
Eingruppen-Vorher-Nachher-Messung, 148 f.
Einkaufslistentest, 48
Einkaufstracking, 120
Einmalige Befragung, 36
Einseitige Fragestellung, 231, 234, 236
Einstellungsmessung, 179 ff., 434
Einthemenbefragung, 36
Einzelanalyse, 347
Einzelbefragung, 36
Einzelhandelspanel, 114 ff.
Einzelinterview, 43
Einzeltest, 416
Electronic Diary, 129
Elektroenzephalogramm, 108
Elektronischer Testmarkt, 426, 430 ff.
Eliminationstest, 414 f.
Ellbow-Kriterium, 242 f., 254
Entwicklungsprognose, 357, 360 ff.
Equamax-Rotation, 243
Erfahrungstest, 420
Ergänzungstechnik, 47
Ergebnisfragen, 81
Ergebnisinterpretation, 355 f.
Ergebnispräsentation, 21, 355 f.
Erhebungseinheiten, 182 ff.
Erhebungsgesamtheit, 183 f.
Erhebungskosten, 207
Erhebungssituation, 97 f.
Ersatzverfahren von Zufallsstichproben, 199 ff.
Erweitertes Experiment, 141, 154 ff.
Euklidische Distanz, 252, 269, 272
Evaluationstest, 414, 416, 421 f.
- preisbezogener, 421
- qualitätsbezogener, 421
Ex-ante-Messung, 408
Executive Summary, 356
Experiment, S. 27, 137 ff., 150 ff., 393
- echtes, 141, 150 ff.
- erweitertes, 141, 154 ff.
- Ex-post-facto-, 140
- Feld-, 139

- formales, 150
- Labor-, 139
- Online-, 140
- projektives, 140
- Quasi-, 141
- Validität, 141 ff.
- vollständiges, 150
Experimental Group, s. Experimentiergruppe
Experimentelles Design, s. a. Testdesign, 147 ff.
Experimentiergruppe, 147
Expertenbefragung, 384 ff., 400, 460
Expertenvalidität, 166, 170
Explikation, 350
Explorativ
- Analyse, 23, 443
- Interview, 44, 87 f.
- Studie, 18, 23
Explorative Faktorenanalyse, 236 ff.
Exponentielle Glättung, 361 ff.
Ex-post-facto-Forschung, 27, 140
Ex-post-Messung, 409
Expressive Verfahren, 50

Face to Face-Befragung, 38 f.
Face-Validität, 166, 408 f.
Factor Score Coefficients, 244
Faktordiagramm, 245 f.
Faktorenanalyse, 236 ff., 271, 279 f.
- explorative, 236 ff.
- konfirmatorische, 246 ff.
Faktoreninterpretation, 243
Faktorenrotation, 243
Faktorextraktion, 239
Faktorieller Plan, 157
Faktorladung, 238, 240 ff., 246
Faktorladungsmatrix, 238, 241
Faktorwert, 244 f.
Fallstudienanalyse, S. 24
Fehler, 164 f., 182, 235
- 1. Art, 235
- 2. Art, 235
- α-Fehler, 235
- β-Fehler, 235
- systematischer, 164 f., 182, 209
- Zufallsfehler, 164, 182, 189
Fehlerstreuung, 256 f., 306 f., 312, 314
Fehlerquellen, 164 f.
Feldarbeit, 209 ff.

Feldbeobachtung, 96
Feldexperiment, 139 f., 426
Feldorganisation, 16, 209 f.
Fernsehzuschauerforschung, 121 ff., 436
Filterfrage, 82 f.
First-Choice-Konzept, 345
First-Choice-Regel, 384
Fishbein-Modell, 179
Fisher's Z-Transformation, 327
Fitfunktion, 301
Fixation, 445
Focus Group, s. Fokusgruppe
Fokusgruppe, 54, 417
Fokussiertes Interview 45, 88 f.
Foldertest, 446
Food-Panel 114, 118
Formales Experiment, 150
Formparameter, 224, 228
Forschungsansatz, 18, 23
Forschungsbericht, 355
Fragearten 69 ff.
- analytische, 81
- Ergebnisfragen, 81 ff.
- geschlossene, 74
- Instrumentalfragen, 81 ff.
- offene, 73
Fragebogengestaltung, 60 ff., 84 ff.
Fragebogenlänge, 80 ff.
Fragebogenpretest, 86
Fragenformulierung, 69 ff.
Freiheitsgrade, 300, 307
Früherkennungssysteme, 400, 405 ff.
F-Test, 231, 233, 287
Fundamentaltheorem, 239, 246
Furthest neighbour, 256
Fusionierungsalgorithmen, s. Clusteralgorithmen

Gabelungsfrage, 82 f.
Gain-and-Loss-Analyse, 133
Geburtstagsverfahren, 201
Generalized Least Squares, (GLS), 302
Generationeneffekt, 136
Geometrisches Mittel, 224 f.
Gesamtstreuung, 306, 312
Geschichtete Auswahl, 124 f., 128, 185, 195 ff., 198
Geschichtseffekt, 136
Geschlossene Frage, 74

Geschmackstest, 423 f.

Gestaltungstest, 440, 442 f.

Gewogener Durchschnitt, 363

Gewogener gleitender Durchschnitt, 360

GfK-BehaviorScan, 123, 394, 429

GfK-Box, 430 f.

GfK Fernsehforschung, 122 f.

Gleitender Durchschnitt, 360

Globalmaß, 302

Goodness of Fit Index (GFI), 303

Großhandelspanel, 116

Grundgesamtheit, 124, 127, 183 f., 207

Gruppenbefragung, s. Gruppendiskussion

Gruppendiskussion, 36, 54 ff., 92 ff., 108
- kombinierte, 54, 94
- kontradiktorische, 54, 94
- kumulative, 54, 93

Gruppeninterview, s. Gruppendiskussion

Gültigkeit s. Validität

Gütefunktion, 235

Gütekriterien, 166 ff., 266, 303, 347

Guttmann-Skala, 175

Halo-Effekt, 83

Handelspanel, 113 ff., 124 ff.

Handlingtest, 424, 426

Häufigkeit, 222

Häufigkeitsverteilung, 222, 224 ff.

Hauptachsenanalyse, 240 f., 279

Haupteffekt, 157

Hauptkomponentenanalyse, 240 f.

Haushaltspanel, 118 ff., 127 ff.

Hautwiderstandsmessung, 107, 443, 445

Heterograder Fall, 190

HGROUP-100-Methode, 256

Hidden-Issue-Questioning, 89

Hirnstrommessung, 108

Historische Validierung, 408

Hochrechnung, 433

Home-Use-Test, 414 f., 427, 440

Homograder Fall, 190, 193

Hybride Conjoint Analyse, 344

Hypothese, 23

Hypothesentests, 230 ff., 267

Hypothetische Konstrukte, 171

Idealpunktmodell, 276 f.

Idealvektormodell, 276 ff.

Identifizierter Test, 414

Illustriertenversandtest, 446

Impact-Test, 440, 448

Imputation, 215

Indexzahl, 229

Indikatoren, 246, 378

Indikatorprognose, 357, 378 ff.

Indirekte Befragung, 43, 46, 382, 459

Individualpanel, 121, 127

Induktive Verfahren, 230 ff.

Inhaltsanalyse, qualitative, 346 ff.

Inhaltsvalidität, 166

Inhome Interviewing, 103

Inhome Scanning, 129

Innengruppenvarianz, 267, s. a. Fehlerstreuung

Innergruppenstandardabweichung, 263

Institutsmarktforschung, 14

Instrumentalfrage, 81

Instrumentalisierungseffekt, 143

Interaktionseffekt, 157

Interdependenzanalyse, 219, 279 f.

Interne-Konsistenz-Reliabilität, 166

Internetbefragung, 41 f.

Interpretationsobjektivität, 166

Intervallskala, 172 f.

Interview, 43 ff., 87 ff.
- Einzel-, 43
- exploratives, 44, 87 f.
- fokussiertes, 45, 88 f.
- narratives, 87
- qualitatives, 43 f.

Interviewer, 209 ff.

Interviewerbias, 165

Interviewerkontrolle, 211

Interviewerschulung, 210

Interviewtechnik, 89, s. a. Befragungstechnik

Inventurmethode, 125

Irrtumswahrscheinlichkeit, 206, 220, 231 f., 234, 267, 304

Jaccard-Koeffizient, 250

Kaiser-Kriterium, 241 f.

Kaiser-Meyer-Olkin-Kriterium, 238

Kalendermethode, 128 f.

Kategorisierung, 213 f., 347 ff.

Käuferkumulation, 130
Käuferpenetration, 131, 398
Käuferreichweite, s. Käuferpenetration
Käuferwanderung, 132 f., 394
Kauffrequenz, 132
Kaufintensität, 132
Kaufkraftindexmethode, 433
Kaufwahrscheinlichkeit, 395 f.
Kausalhypothese, 26, 137, 305
Kausale Studie, 18, 26, 36
Kausalanalyse, 280, 292 ff.
Kausalität, 26, 137, 295
Kendall's Tau, 342
Kennzahlen der Werbeplanung, 436, 437 ff.
Key Account Tracking, 115
Klangtest, 424 ff.
Klassifikationsverfahren, 248 ff.
Klumpenauswahl, 185, 198 f.
Kodierleitfaden, 351
Kohortenanalyse, 112 ff., 136 f.
Kohorteneffekt, 136
Kombinatorische Verfahren, 59
Kombinierte Gruppendiskussion, 54, 94
Kommunalität, 240 f.
Kommunikationsmodell, 347
Komparative Skalierung, 174, 175 f.
Konfidenzintervall, 189, 191, 288 f.
Konfigurationsfrequenzanalyse, 324 f.
Konfirmatorische Faktorenanalyse, 246 ff., 294
Konfirmatorische Verfahren, 219
Konkurrentvalidität, 166
Konstantsummenskala, 175, 177
Konstrukt
- latentes, 246
- hypothetisches, 171
Konstruktionstechniken, 48
Konstruktvalidität, 166, 170
Konsumentenbefragung, 381 ff., 458
Konsumentenrente, 463, 465
Kontaktfrage, 82
Kontingenzanalyse, 280, 321 ff.
Kontingenzkoeffizient, 324
Kontinuierliche Skala, 172 ff., 175
Kontradiktorische Gruppendiskussion, 54, 94
Kontrolle der Feldarbeit, 209 ff.
Kontrollgruppe, 147
Kontrollgruppenanordnung ohne Randomisierung, 159 f.

Kontrollierte Variable, 139
Kontrollierter Markttest, 426, 428 ff., 431
Konvergenzeffekt, 143
Konvergenzvalidität, 166
Konzentrationsauswahl, 184 f., 187 ff., 188
Konzentrationsmaße, 224
Konzentrationsparameter, 229
Konzept der schwachen Signale, 405
Konzepttest, 417, 440 f., 442
Korrelation, 246, 295, 328
Korrelationsanalyse, 280, 325 ff.
Korrelationsfrage, 81, 83
Korrelationskoeffizient, 237 f., 295
- kanonischer, 265
- partieller, 295 f.
- Produkt-Moment-, 325
- Rang-, 332
Korrelationsmatrix, 237 ff., 241, 300
Korrelative Validität, 170
Korrespondenzhypothesen, 293
Kovarianzmatrix, 247, 302 ff.
Kreativgruppe, 56, 60
Kreuztabellierung, 322
Kriteriumsvalidität, 166
Kumulative Gruppendiskussion, 54, 94
Kumulierte Häufigkeit, 222
Kundenlaufstudie, 98 f.
Kurzzeittest, 414 f., 420

Laborbeobachtung, 96
Laborexperiment, 139, 193 f., 414 ff., 427, 440, 451, 456
Labortest s. Laborexperiment
Laddering, 89, 90 ff.
Lageparameter, 224
Lag-Korrelationskoeffizienten, 379
Längsschnittanalyse, 26, 36, 112, 136, 455
Langzeittest, 414 f.
Lateinisches Quadrat, 156, 318, 339, 320
Latente Variable, 246, 292, 298
Leistungsnutzen, 465
Lichtschranke, 108
Lidschlagfrequenz, 108
Likert-Skala, 175, 178
Limit Cards, 467
Linear-additives Teilnutzenwertmodell, 468
Lineare Transformation, 290

Linkage sampling, s. Schneeballverfahren
L-Norm, s. Minkowski-Metrik
Logfile, 110
Lokalisationsmaße, 224 f.
Lorenz-Kurve, 229
Lotterie, 460, 463 f.
Lottery sampling, 190

MAA, s. mittlere absolute Abweichung
MAD, s. mittlere absolute Abweichung
Mahalanobis-Distanz, 252
MAIS, s. Marketing-Informationssystem
Management-Informationssystem (MIS), 12
Mann-Withney-U-Test, 231
Markentreue, 395
Markenwahlverhalten, 98, 394
Marketingforschung, 5
Marketing-Informationssystem (MAIS), 12
Markov-Modell, 394 ff.
Marktabdeckung (Coverage), 134, 430
Marktanalyse, 31
Marktanteilsmethode, 433
Marktforschung,
- betriebliche, 8
- demoskopische, 5
- internationale, 6
- nationale, 6
- ökoskopische, 5
- qualitative, 6, 18
- quantitative, 6, 18
Marktforschungsberater, 16
Marktforschungsinstitut, 14, 29, 30, 32
Marktforschungskooperation, 11
Marktreaktionsfunktion, 375 f., 384, 393
Maßstabsfrage, 81
Maßzahlen, 224 ff.
Matching, 145
Maximum-Likelihood-Methode (ML), 247, 291, 303
McNemar-Test, 231
Mean Absolute Deviation (MAD), s. mittlere absolute Abweichung
Mean Square Error (MSE), 410
Means-End-Modell, 90 f.
Mechanische Verfahren, 106, 108 f.
Mediaanalysen, 434, 436
Mediaforschung, siehe Werbeträgerforschung
Median, 224 f.
Mehrfachauswahlfrage, 76 ff.

Mehrfachtest, 416
Mehrfaktorielle Pläne, 157 f., 314
Mehrgruppenfall, 266
Mehrmalige Befragung, 36
Mehrstufige Auswahl, 197 f.
Mehrthemenbefragung, 36
Merkfähigkeitstest, 424
Messmodell, 294 f.
Messtheorie, 293
Messung, 162
Messverfahren, 163 ff.
- Anforderung an, 166 f.
- nonverbale, 163
- persönliche, 163
- verbale, 163
Messvorgang, 147
Messzahl, 229
Metavariable, 455
Metrische Daten, 174, 227
Metrische Schätzung, 340
Mini-Group, 55
Minimum-Varianz-Methode, 256
Mini-Testmarktpanel, 123, 393 f.
Minkowski-Metrik, 252, 270, 272
MIS, s. Management-Informationssystem
Missing Values, 213, 216
Mittelwert, 225 ff., 237 ff.
Mittlere absolute Abweichung (MAD, mean absolute deviation), 226 f., 360
Modellspezifikation, 246
Modus, 224 f.
Monadische Skalierung, 174
Monadischer Test, 414, 416, 453
Monetärer Nutzen, 465
Monopolare Skalen, 172 f., 179
Monotoniebedingungen, 274
Morphologische Methode, 59
Mortalität, 143
MSE, siehe Mean Square Error
Multiattributmodelle, 175, 179, 185
Multidimensionale Skalierung, 175, 270 ff., 280
Multikollinearität, 287
Multiple-Choice-Frage, s. Mehrfachauswahlfrage
Multistage sampling, 197
Multivariate Verfahren, 219 ff.
Mystery Shopping, 96, 104 f.

Nachher-Messung mit Kontrollgruppe, 148 f., 150, 153
Namenstest, 424 f.
Narratives Interview, 87
Neuronales Netz, 457
Nichtdirektive Interviewtechnik, 89
Nichtdurchschaubare Erhebungssituation, 97
Nichtkomparative Skalierung, 174 f., 177 ff.
Nichtmetrische Schätzung, 340
Nichtmonadischer Test, 414, 416
Nichtstandardisierte Befragung, 36
Nichtstandardisierte Beobachtung, 96
Nichtteilnehmende Beobachtung, 97
Nichtvergleichende Skalierung, 174
Nichtzufällige Auswahl, 184 f.
Nielsen Kontrollierter Markttest, 428
Nielsen-Gebiete, 126 f.
Nominalskala, 172 f., 227, 249
Non Food-Panel 115, 119
Nonequivalent Controll Group Design, 159
Nonresponse-Problem, 356
Nonverbale Messverfahren, 163
Normalgleichungen, 278 f.
Normed Fit Index (NFI), 303
Nullhypothese, 230 ff., 236, 267, 287 f., 302 ff., 308 ff., 322 ff.
Nutzennullpunkt, 466
Nutzerprofil, 110
Nyktoskop, 107

Objektivität, 166, 169
Offene Erhebungssituation, 97
Offene Frage, 73
Ökoskopische Marktforschung, 5
Omnibusbefragung, 36
One-Group Pretest Posttest-Design, 148
One-Shot-Case-Study, 148 f.
Online-Befragung, 35 f., 41 f.
Online-Beobachtung, 110 ff.
Online-Datenbank, 32
Online-Experiment, 140
Online-Panel, 113, 418
Operationalisierung, 171 f.
Optimale Schichtung, 196
Ordinalskala, 172 f., 227
Orthogonale Rotation, 279

Paarvergleich, 175, 271, 340

Packungstest, 424 f.
Panel, 112 ff.
- Einzelhandels-, 114
- Fernsehzuschauer-, 121
- Food-, 114
- Großhandels-, 116
- Handels-, 113 ff., 124 ff.
- Haushalts-, 118 ff., 127 ff.
- Individual-, 121, 127
- Mini-Testmarkt-, 123
- Non Food-, 119
- Online-, 113
- Rotation, 135
- Single Source-, 113
- Spezial-, 121
- Verbraucher-, 113, 116 ff., 127 ff.
- Vorverbraucher-, 117
Paneleffekt, 135
Panelerhebung, 26, 27, 112 ff., 125, 128
Panaesterblichkeit, 134 f.
Pantry-Check, 98
Paper-Diary-Methode, s. Kalendermethode
Parallelisierung, 146
Parallel-Test-Reliabilität, 166
Parameterschätzung, 296, 300 f., 369
Paraphrasierung, 92, 350
Parfitt-Collins-Modell, 394, 397 ff., 427, 431
Partialkriterien, 302, 304
Partialtest, 414, 416 f., 423
Penetration, 398
Pentops, 38
Perimeter, 107
Periodeneffekt, 136
Personenzuordnungstest, 49
Pfaddiagramm, 299
Pfadmodell 297
Phi-Koeffizient, 324 f.
Plakattest, 440
Point of Marginal Cheapness, s. Preisuntergrenze
Point of Marginal Expensiveness, s. Preisobergrenze
Polaritätsprofil, 179
Portfolio-Analyse, 127
PoS-Scanning, 128
Posttest, 434, 440, 442, 447 f.
Posttest-Only-Control-Group Design 150
Powerfunktion, 235
Präferenz, 276
Präferenzfunktion, 277

Präferenzmessung, 219, 221, 233, 335 ff.

Präferenzregression, 276

Präferenztest, 414, 416, 420 f.

Präferenzvektor, 277

Präzisionsfrage, 81

Preis-Absatz-Funktion, 384, 453 ff., 471

Preisbefragung, indirekte, 459, 464

Preisbereitschaftstest, 450 f.

Preisbestimmung, 450

Preiselastizität, 453 ff., 457

Preisexperiment, s. Preistest

Preisforschung, 6, 450 ff.

Preisklassentest, 450 f.

Preisobergrenze (Point of Marginal Expensiveness), 452

Preisreaktionstest, 421, 450, 452 f.

Preisschätzungstest, 421, 450 f.

Preis-Teilnutzenfunktion, 469 f.

Preistest, 424, 454 f.

Preisuntergrenze (Point of Marginal Cheapness), 452

Pretest, 381, 434, 440, 442 ff.

Pretesteffekt, 144

Pretest-Posttest-Control-Group-Design, 150

Primäreinheit, 197

Primärerhebung, 24, 211, 376, 436

Primärforschung, 19, 31, 35 ff.

Printforschung, 436

Probabilistic-Choice-Modell, 345

Problemzentriertes Interview, 88

Produktforschung, 6, 413 ff.

Produkt-Moment-Korrelation, 325

Produktpersonifizierung, 48

Produkttests, 413 ff.

Profilmethode, 337 f.

Prognoseverfahren, 357 ff.

Prognosegüte, 408

Prognosekontrolle, 409

Prognosevalidität, 166

Programmanalysator, 109

Progressive Abstraktion, 60

Projektionsverfahren, 358, 400 ff.

- für Testmarktdaten, 433

Projektives Experiment, 140

Projektives Verfahren, 46 ff.

Property-Fitting, 279

Proportionale Schichtung, 196

Protokollanalyse, 87

Proximitätsmaß, 249

Prüfverfahren, s. Testverfahren

Psychodrawing, 51

Psychogalvanometer, 107

Psychologisches Tiefeninterview, 44

Psychologisch-funktionelle Frage, 82

Psychomotorische Verfahren, 106, 107 f.

Pufferfrage, 82

Punktbiseriale Korrelation, 325, 328

Pupillometer, 107

Q-Sort, 175

Qualitative Befragung, 43 ff., 87 ff.

Qualitative Beobachtung, 100 ff.

Qualitative Datenanalyse, 346 ff.

Qualitative Marktforschung, 6, 18

Quantitative Befragung, 36, 60 ff.

Quantitative Beobachtung, 100 ff.

Quantitative Marktforschung, 6, 18

Quartilsabstand, 226 f.

Quartimax-Rotation, 243

Quasi-biotische Erhebungssituation, 97

Quasi-Experiment, 141, 158 ff.

Querschnittsanalyse, 25, 36, 136, 455

Quote, 229

Quotenanweisung, 186

Quotenauswahl, 184 ff., 188

Quotenstichprobe s. Quotenauswahl

Randomisiertes EBA-CBA-Design 150, 153

Randomisierung, 145, 147, 155

Random-Route-Verfahren, 202

Randomverfahren, 164

Random-Walk-Verfahren, s. Random-Route-Verfahren

Rangkorrelation, 325 ff.

Rangreihung, 175 f., 271

Rating-Skala, 175, 177 f., 340

Ratingverfahren, 271

Recall-Test, 434, 440, 447

Recognition-Test, 434, 440, 448

Regionaler Markttest, 393, 426 f., 432

Regression,

- Dummy-, 291, 340 f.

- logistische, 290

- monotone, 340

Regressionsanalyse, 244, 277, 280 ff., 341, 380

- lineare, 281 ff., 376

- nichtlineare, 289 f., 376
- nichtmetrische, 290 ff.
Regressionseffekt, 143
Regressionsfunktion, 281 ff., 373 f.
Regressionsgleichung s. Regressionsfunktion
Regressionskoeffizienten, 281 f.
- standardisierte, 286
Regressionsmodell,
- lineares, 280
- multiples, 284
- Prämissen des, 288
Reifungseffekt, 143
Relative Häufigkeit, 222
Relevant Set, 456, 466
Reliabilität, 166 ff.,
Replikation, 155
Repräsentativität, 170 f.
Reservationspreis, 461, 465, 469 f.
Residuen, Ermittlung der, 304
Revealed Preference Data, 454
Rohdatenmatrix, 249
Rollenspiel, 51
Root Means Square Residual (RMR), 303
Rosenberg-Modell, 179
Rotation, 243 f., 279
- orthogonale, 279
- schiefwinklige (oblique), 279
Russel-Rao-Koeffizient, 250

Sachfrage, 81
Saisoneffekte, 372 ff.
Sakkaden, 445
Sampling Point, 128, 205
Satzergänzungstest, 47
Scale Free Least Squares (SLS), 302
Scanning, 109 f., 454
Scheffé-Test, 308
Schichtung, 196
- disproportionale, 196
- optimale, 196
- proportionale, 196
Schiefemaße, 228
Schlussziffernverfahren, 200
Schneeballverfahren, 203
Schnellgreifbühne, 107, 415, 420, 425
Schriftliche Befragung, 35, 37, 42
Schwedenschlüssel, 202
Scree-Test, 241 ff.

Segmentierung, 130
Sekundäreinheit, 197
Sekundärerhebung, s. Sekundärforschung
Sekundärforschung, 19, 28 ff.
Self-explicated Verfahren, 336, 344
Semantische Validität, 170
Semantisches Differenzial, 175, 178
Semi-direktive Interviewtechnik, 89
Sensorische Produktforschung, 425
Sequenzielle Auswahl, 203
Shepard-Diagramm, 274
Sichtspaltdeformation, 107
Signifikanzniveau, 231, 234, 238, 287
Signifikanztest, 230, 266
Silent Shopping, 104
Simple-Matching-Koeffizient, 250 f.
Single Source-Panel, 113
Single-Linkage-Verfahren, 255
Skala, 172 ff.
Skalafrage, 76 ff.
Skalenarten, 172 ff.
Skalenniveau, 172 f., 222, 249, 252
Skalierung, 174 ff.
- komparative, 174, 175 ff.
- metrische, 174
- monadische, 174
- nichtkomparative, 174 f., 177 ff.
- nichtvergleichende, 174
- vergleichende, 174
Snowball sampling, s. Schneeballverfahren
Soforttest, s. Eindruckstest
Solomon-Vier-Gruppen-Design, 151, 153
Solotest, 416
Spannweite, s. Variationsbreite
Spezialpanels, 121 ff.
Split-Ballot-Technik, 76
Spot-Test, 440
Spurenanalyse, 98
Standardabweichung, 191, 206, 226 f., 237, 245
Standardfehler, 191, 206, 288
- der Schätzung (Square Error, SE), 304
Standardisierte Befragung, 36
Standardisierte Beobachtung, 95
Standardisierung 36, 217, 237 f., 244 f., 252, 267, 305
Stapel-Skalierung, 179
Starting Point Bias, 459
Stichprobe, 124, 128, 182, , 185 ff., 198

Stichprobenfehler, 189
Stichprobenumfang, 183 f., 205 ff.
Stichprobenvarianz, 207
Stimmfrequenzanalyse, 108
Stimulus, 335
Store Observation, 115
Store-Test, 393, 425, 428, 455
Störgröße, 139, 142, 146, 155 f.
Störvariable, s. Störgröße
Stratified sampling, 196
Stress-Maß, 274 f.
Streutechnische Werbewirkung, 434
Streuung, 224, 226 f., 284, 286, 304, 306 ff.
Streuungszerlegung, 306
Strukturbrüche, 359
Strukturentdeckende Verfahren, 219, 236
Strukturmodell, 293 ff.
Strukturprüfende Verfahren, 219, 259
Studio-Test, s. Labortest
Stufenmodelle der Werbewirkung, 434 f.
Substanztheorie, 293
Substitutionstest, 414 f.
Suchmaschine, 32
Suggestivfrage, 71
Symbolic Analysis, 90
Symbolzuordnungstest, 48
Systematische Auswahl mit Zufallsstart, 201
Systematischer Fehler, 164 f., 182, 209
Szenario-Analyse, 400 ff.

Tachistoskop, 106, 420, 443, 445
Tanimoto-Koeffizient, 250
Targetable TV, 431
TDE, s. Touchtone Data Entry
Teilerhebung, 182 f., 184
Teilnehmende Beobachtung, 96, 104
Teilneutralisierter Test, 414
Teilnutzenwert, 336, 340, 468
Telefonische Befragung, 35, 40 f., 42
Telemeter, 109
Test, s. Experiment
Testeffekt, 143
Testdesign, 147 ff., 428, 433
Testgebiete, 426 f.
Testmarkt-Ersatzverfahren, 427
Testmarktergebnisse, 426
Testmarktsimulation, 394, 426 ff., 432

Testmarktuntersuchung, 140, 393, 426 ff.
Test-Retest-Reliabilität, 166
Teststudio, 16
Testumfang, 413
Testverfahren, 232 ff.
Thermografie, 108
Thurstone-Skala, 175
Tiefeninterview, 44, 89 f.
Time-Lag-Effekte, 375 f.
Totale Quadratsumme, s. Gesamtstreuung
Touchtone Data Entry (TDE), 40
Trade-Off-Methode, 337 f.
Transkription, 213, 347
Transparenz, 169
Treatment, 144
Treatmentquadratsumme, 306 f., 312
Trend
- linearer, 363, 365 f.
- nicht linearer, 367 f.
Trendextrapolation, 362, 364 ff., 367, 372
Trendszenario, 400
Trennschärfe von Tests, 235
Triadischer Test, 416
Trichterfrage, 90
Trichterprinzip, 82
Trommsdorff-Modell, 179
t-Test, 231, 233, 288
Tunnelfrage, 90
Two-Stage-Least-Squares (TSLS), 301
Typische Auswahl, 187

Umsatzverhältnismethode, 433
Unähnlichkeiten, 273
Unaided Recall, 447
Univariate Verfahren, 219 f.
Unterscheidungstest, siehe Diskriminanztest
Untersuchungsdesign, 18
Untersuchungseinheit, 165
Untersuchungshypothese, 230, 296
Untersuchungsträger, 165
Unterweisungsfrage, 82
Unweighted Least Squares (ULS), 302
Urnenmodell, 190

Validierung, 408 f.
Validität, 141 ff., 166 ff., 382
Variable, 139

- kontrollierte, 139
- latente, 293 f.
Variablentransformation, 217
Varianz, 207, 226 f., 307
Varianzanalyse, 280, 305 ff.
- beim lateinischen Quadrat, 318 ff-
- beim zufälligen Blockplan, 311 ff.
- einfaktorielle, 305 ff.
- mehrfaktorielle, 314 ff.
- monotone, 340
Varianztabelle, 308
Variationsbreite, 226 f.
Varimax-Rotation, 243, 278
Vektormodell, 465, 468
Verallgemeinertes Modell, 368 ff.
Verbraucherpanel, 113, 116 ff., 127 ff.
Verbundene Ränge, 333
Verdeckte Erhebungssituation, 97
Vergleichende Skalierung, 174
Vergleichstest, 416
Verhältnisskala, 172 f.
Verhältniszahlen, 229
Verpackungstest, 425
Versuchsanordnung s. a. Testdesign
- offene, 440 f., 442
- verdeckte, 146, 440 f., 442, 446 f.
Verteilungsparameter, 224
Vertrauenswahrscheinlichkeit, 206
Vertriebsstrukturanalyse, 127
Virtuelle Läden, 428
Virtueller Produkttest, 140
Voice Recognition (VRE), 40
Vollerhebung, 182 f., 185
Vollständiges Experiment, 150
Volltest, 414, 416
Vorexperimentelles Design, 141, 148 f.
Vorher-Nachher-Messung
- mit Kontrollgruppe, 150, 153
- mit unterschiedlichen Samples, 158, 160
Vorhersagevalidität, 170
Vorverbraucherpanel, 117
Vorzeichen-Rang-Test, 231
VRE, s. Voice Recognition

Wachstumsfunktion, 367
Ward-Verfahren, 256
Warentest, 420
Wartezimmertest, 446

Website-Test, 440
Wellenerhebung, 112
Werbeerfolg, 434, 440
Werbeforschung, 6, 434 ff.
Werbemittelforschung, 434, 440 ff.
Werbemitteltest, 140, 381, 442 ff.
Werbetracking, 434, 448
Werbeträgerforschung, 434, 436 ff.
Werbewirkungsforschung, 434
Werbewirkungsprognose, 440
Wettbewerbsanalyse, 31
Wiederkäuferrate, 131
Wiederkaufrate, 131, 398, 427, 431
Wilcoxon-Test, 231
Wilks' Lambda, 266
Willkürliche Auswahl, 184 ff., 188
Wirkungsprognose, 357, 359, 365, 372, 374, 381, 393, 440
Wölbungsmaße, 228 f.
Wortassoziationstest, 53

Zahlungsbereitschaft, 381, 453 ff., 464, 470
Zeiteffekt, 142
Zeitreihendesign, 159 f.
Zeitstabilität, 358 f.
Zensus, 182
Zentroid, 255, 258, 260 f., 269
Zitatzuordnungstest, 48
Zöllner-Verfahren, 107
z-Test, 231, 233
Z-Transformation, 327
Zufälliger Blockplan, 156, 311 f.
Zufallsauswahl, 185, 189 ff.
- einfache, 185, 190 f.
- geschichtete, 195 ff.
- mehrstufige, 197
Zufallsfehler, 164, 182, 189
Zufallsplan, vollständiger, 155, 306 ff.
Zufallsstichprobe, s. Zufallsauswahl
Zufallszahlentafel, 199
Zuschauerforschung, 437
Zwei-Faktor-Methode, 337 ff.
Zweiseitige Fragestellung, 230, 232, 235
Zweistufenschätzmethode, s. Two-Stage-Least-Square (TSLS)

wisu-texte

Lehrbücher für den Wirtschaftsstudenten

in der UTB-Reihe

Betriebswirtschaft

Koppelmann
Marketing
Einführung in die
Entscheidungsprobleme
des Absatzes
und der Beschaffung
8. Aufl. 2006
212 S., kt. 19,90 €
ISBN 978-3-8252-8320-9

Sieben/Schildbach
**Betriebswirtschaftliche
Entscheidungstheorie**
4. Aufl. 1994
248 S., kt. 19,90 €
ISBN 978-3-8282-4656-7

von Wysocki/Wohlgemuth
**Konzernrechnungs-
legung**
4. Aufl. 1996
416 S., kt. 34,90 €
ISBN 978-3-8282-4659-1

Grob
**Fallstudien zur
Betriebswirtschaftslehre**
1993
384 S., kt. 28,- €
ISBN 978-3-8282-4651-6

Kloock/Kuhner
**Bilanz- und
Erfolgsrechnung**
4. Aufl. in Vorbereitung

Kloock/Sieben/
Schildbach/Homburg
**Kosten- und
Leistungsrechnung**
9. Aufl. 2005
340 S., kt. 32,90 €
ISBN 978-3-8252-8312-4

Nicolai
Personalmanagement
2006
325 S., kt. 25,90 €
ISBN 978-3-8252-8323-0

Volkswirtschaft

Görgens/Ruckriegel/Seitz
Europäische Geldpolitik
4. Aufl. 2004
559 S., Ln. 36,90 €
ISBN 978-3-8252-8285-1

Hoyer/Rettig/Rothe
**Grundlagen der mikro-
ökonomischen Theorie**
3. Aufl. 1993
348 S., kt. 21,- €
ISBN 978-3-8282-4655-9

Kirsch
**Neue Politische
Ökonomie**
5. Aufl. 2004
446 S., kt. 32,90 €
ISBN 978-3-8252-8272-1

Rettig/Böckmann/
Voggenreiter
**Makroökonomische
Theorie**
7. Aufl. 1999
344 S., kt. 29,90 €
ISBN 978-3-8282-4663-X

Koch/Czogalla
**Grundlagen der
Wirtschaftspolitik**
2. Aufl. 2004
447 S., kt. 26,90 €
ISBN 978-3-8252-8265-3

Streit
**Theorie der
Wirtschaftspolitik**
6. Aufl. 2005
457 S., kt. 34,90 €
ISBN 978-3-8252-8298-1

Wagner/Jahn
**Neue Arbeitsmarkt-
theorien**
2. Aufl. 2004
432 S., kt. 29,90 €
ISBN 978-3-8252-8258-5

Zerche/Gründger
Sozialpolitik
Einführung in
die ökonomische Theorie
der Sozialpolitik
2. Aufl. 1996
172 S., kt. 21,- €
ISBN 978-3-8282-4661-3

Rechtswissenschaft

Weimar/Schimikowski
Bürgerliches Recht (I-III)
4. Aufl. 1991
344 S., kt. 19,90 €
ISBN 3-8282-4660-5

Diederichsen/Tietze
**Grundkurs im BGB
in Fällen und Fragen**
5. Aufl. 2007
130 S., kt. 15,90 €
ISBN 978-3-8252-8322-3

 LUCIUS & LUCIUS *Stuttgart*

Claudia Mast
Simone Huck
Karoline Güller

Kundenkommunikation

Ein Leitfaden

2005. X/413 S., 74 Abb., kt.
€ 25,90/sFr 45,30
UTB 2492 (ISBN 978-3-8252-2492-9)

Der Leitfaden gibt einen Überblick über die PR-orientierte Kommunikation mit dem Kunden. Im Mittelpunkt der Analyse stehen: die Besonderheiten der Zielgruppe Kunden, Kundenzeitschriften, Medien als Multiplikatoren, Kampagnen zur Kundengewinnung und -bindung sowie innovative Wege der Kundenansprache. Kommunikationsverantwortliche aus Unternehmen und Agenturen sowie Journalisten geben zahlreiche Hinweise, Tipps und Beispiele aus der Praxis der Kundenkommunikation.

Günter Schweiger
Gertraud Schrattenecker

Werbung

Eine Einführung

5., neu bearbeitete Aufl.

2001. XII/336 S., 106 Abb., kt.
€ 18,90 / sFr 33,40
UTB 1370 (ISBN 978-3-8252-1370-1)

Dieses erfolgreiche Kurzlehrbuch bietet eine Einführung in das betriebswirtschaftliche Teilgebiet der Werbung. Systematisch und leicht verständlich werden alle wesentlichen Aspekte behandelt, die umfangreichen betriebswirtschaftlichen Planungsprozesse ebenso wie die Anwendungsmöglichkeiten verhaltenswissenschaftlicher Erkenntnisse in der Werbepraxis. Zahlreiche Beispiele und

Abbildungen veranschaulichen dabei die dargestellte Theorie.

Matthias Sander

Marketing-Management

Märkte, Marktinformationen und Marktbearbeitung

2004. XXII/929 S., 519 Abb. und Übers., kt.
€ 49,90 / sFr 85,50
UTB 8251 (ISBN 978-3-8252-8251-6)

Dieses Buch stellt umfassend die grundlegenden Sachverhalte des Marketing dar: die Informationsgrundlagen wie auch die Marktbearbeitung. Grundsätzlich zeichnet sich dieses Buch durch eine entscheidungsorientierte Darstellungsweise aus, wodurch sowohl Studenten als auch Praktikern Handlungsempfehlungen aufgezeigt werden.

Alfred Kuß
Torsten Tomczak

Käuferverhalten

Eine marketingorientierte Einführung

3. überarbeitete Auflage

2004. XVII/279 S., 66 Abb., kt.
€ 19,90 / sFr 34,90
UTB 1604 (ISBN 978-3-8252-1604-7)

Die Autoren bieten eine kurze und übersichtliche Darstellung der Konsumentenforschung. Es werden Beispiele und Anwendungen aus dem Bereich des Marketing verwendet und entsprechende Bezüge hergestellt. Das Buch wendet sich gleichermaßen an Studierende wie an Praktiker im Marketing.

 *Stuttgart*